元部件 检测判断通法 与妙招 随时查

阳鸿钧 等编著

YUANBUJIAN JIANCE PANDUAN TONGFA
YU MIAOZHAO SUISHICHA

化学工业出版社

·北京·

图书在版编目（CIP）数据

元部件检测判断通法与妙招随时查/阳鸿钧等编著 . —北京：
化学工业出版社，2015.11
ISBN 978-7-122-25464-1

Ⅰ.①元…　Ⅱ.①阳…　Ⅲ.①元器件-检测-基本知识②零
部件-检测-基本知识　Ⅳ.①TB4

中国版本图书馆 CIP 数据核字（2015）第 250404 号

责任编辑：刘　哲　　　　　　　　　　　装帧设计：王晓宇
责任校对：宋　夏

出版发行：化学工业出版社（北京市东城区青年湖南街 13 号　邮政编码 100011）
印　　装：三河市延风印装有限公司
787mm×1092mm　1/16　印张 26　字数 711 千字　2016 年 4 月北京第 1 版第 1 次印刷

购书咨询：010-64518888（传真：010-64519686）　售后服务：010-64518899
网　　址：http：//www.cip.com.cn
凡购买本书，如有缺损质量问题，本社销售中心负责调换。

定　　价：79.00 元　　　　　　　　　　　　　　　　版权所有　违者必究

前言
Foreword

电子设备、电气设备、汽车和电动车、办公设备、通信设备、仪器仪表、工控电器、数码电器、家用电器等设备的维修与应用，离不开其元器件、零部件的检测判断。元器件、零部件的检测判断是基本功夫与必备要求，也是必要的操作技能。为了更好地服务大众读者，本书以元器件、零部件检测判断大全的形式、快速查阅的平台进行编写，从而满足读者对元器件、零部件检测判断的要求与期望。

本书由3篇组成，第1篇为基本元件的检测判断，第2篇为实用元件的检测判断，第3篇为应用元件的检测判断。

第1篇基本元件，包括电阻与电位器、电容、电感与线圈、二极管、三极管、晶闸管、场效应晶体管、IGBT与IPM、单结晶体管、电子管、集成电路等。

第2篇实用元件，包括保险管、红外管与激光管（头）、传感器、磁头、晶振与振荡器、石英谐振器、压电陶瓷片、电池、灯泡、变压器、电机与压缩机、阀、霍尔元件、开关、电声器件、连接器、继电器、控制器、显示屏、接收头与遥控器等。

第3篇为应用元件，包括电视机、电冰箱、洗衣机、空调、电脑、微波炉、电磁炉、电饭煲与电压力锅、热水器、饮水机、豆浆机、电水壶、手机、打印机、电风扇、视盘机、显示器、电动车与其充电器、汽车、变频器、复读机、收音/录放机、数码设备、剃须刀、MP3/4、iPad mini2等。

总之，本书针对性强，实用性强，内容全面，资料翔实，通俗易懂，携带查阅方便，是电子工程师、维修工程师、电器维修人员、大学师生、刚毕业的大学生、职业院校学生、相关职业人员不可缺少的案头参考书。

为了保证本书的全面性、实用性和准确性，在编写中参考了一些相关技术资料，在此表示感谢。由于有的资料最初原始资料不详，故没有一一列出参考文献，在此特意说明，以便再版时增补。

本书由阳鸿钧、任俊、阳红珍、许小菊、阳梅开、雷东、许应菊、李敏、夏春、任杰、毛采云、阳荀妹、侯平英、谢锋、王山、凌方、张小红、阳红艳、李德、唐中良、米芳、许秋菊、许满菊、曾丞林、欧小宝、陈永、阳许倩、李娟、李力、扬留、肖蛾、郭单、罗五、谢素素、竹雄、单冬、汤令坪、王庆、周小花、潘凤缓、张珍等人员参加编写或支持编写。

由于时间有限，书中不足之处，敬请批评、指正。

编者

目录
CONTENTS

第 1 篇

基本元件

1.1.1 概述

→ 问 1 **怎样判断元件是电阻？——看图法**

答 判断一个元件是否是电阻，可以根据电阻的一些常见外形（图 1-1-1）来判断：观察需要判断的元件，如果其外形特征与电阻的一些常见外形相符合，则说明该元件可能是电阻。

→ 问 2 **怎样判断元件是电阻？——符号与文字法**

答 电阻在电路中一般用 R 加数字表示，如图 1-1-2 所示。例如，R2 表示编号为 2 的电阻。电阻的单位一般为欧姆（Ω），倍率单位有千欧（kΩ）、兆欧（MΩ）等。换算方法为：$1M\Omega = 1000k\Omega = 1000000\Omega$。许多电路中的默认单位是 Ω，因此，不标注出来。实物电阻的参数标注方法有直标法、色标法、数标法。

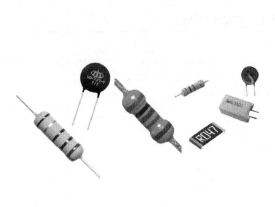

图 1-1-1 电阻的常见外形

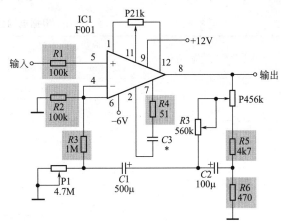

图 1-1-2 电阻在电路中的表示

电阻的常见符号如图 1-1-3 所示。

旧符号

图 1-1-3 电阻的常见符号

→ 问 3 **怎样读取电阻直标法的参数？——看图法**

答 电阻直标法就是在电阻实物上直接标出电阻的有关参数，主要参数有电阻值、功率、精

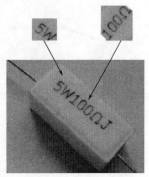

图 1-1-4　判断电阻直标法的参数

度等。

电阻直标法的参数可以直接读出电阻实物上的参数，如图 1-1-4 所示：电阻实物上面直接标有 5W39ΩJ，则这只电阻阻值为 39Ω±5%，功率为 5W。直标法中，例如 4.7kΩ 的电阻器，为了防止在印刷或使用中将小数点漏掉，因此，常把 4.7kΩ 的电阻写成 4k7，用 k 来表示小数点。

→ 问 4 怎样读取电阻数标法的参数？——规律法

答　电阻数标是有一定规定规律的，根据这些规定规律可以读出电阻的相关参数。

电阻数标的规定规律如下：

① 采用 3 位数表示，或者采用 4 位数表示；

② 采用 3 位数表示，前两位表示有效数字，第三位表示有多少个零，单位一般为 Ω，例如 263＝26000Ω＝26kΩ；

③ 采用 4 位数表示，前三位表示有效数字，第四位表示有多少个零，单位一般为 Ω，例如 2502＝25000Ω＝25kΩ；

④ 电阻误差字母的含义见表 1-1-1。

表 1-1-1　电阻误差字母的含义

误差字母	A	B	C	D	F	G	J	K
误差±%	0.05	0.1	0.25	0.5	1	2	5	10

→ 问 5 怎样判断电阻的额定功率？——几何尺寸法

答　实际中 1W 以下额定功率的碳膜电阻、金属膜电阻，其额定功率在电阻上一般没有标出，可以根据电阻的几何尺寸——长度（不包括金属引脚）、直径来辨认，参考依据见表 1-1-2。

表 1-1-2　根据电阻的几何尺寸来辨认

电阻器额定功率/W	碳膜电阻器		金属膜电阻器	
	长度/mm	直径/mm	长度/mm	直径/mm
1/8	11	3.9	6～8	2～2.5
1/4	18.5	5.5	7～8.3	2.5～2.9
1/2	28.5	5.5	10.8	4.2
1	30.5	7.2	13.0	6.6
2	48.5	9.5	18.5	8.5

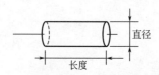

→ 问 6 怎样判断电阻的额定功率是否正确？——等级判断法

答　电阻的额定功率一般在一定的规定等级中，如果标准的等级中没有该额定功率，则说明判断可能不正确。

常见电阻的功率等级见表 1-1-3。

表 1-1-3　不同电阻的功率等级

名称	额定功率/W					
实芯电阻	0.25	0.5	1	2	5	—
线绕电阻	0.5	1	2	6	10	15
	25	35	50	75	100	150
薄膜电阻	0.025	0.05	0.125	0.25	0.5	1
	2	5	10	25	50	100

→ **问 7** 怎样判断电阻间额定功率的大小？——体积法

答　电阻间功率的大小，可以根据其外形来判断：对于同一类型的电阻，一般体积越大，其额定功率越大。

→ **问 8** 怎样判断电阻的额定功率的大小？——符号法

答　电阻的功率有 0.05W、0.125W、0.25W、0.5W、1W、2W、3W、7W、10W 等。在一些电路图中，非线绕电阻的额定功率表示符号如图 1-1-5 所示。

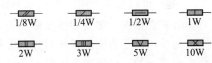

图 1-1-5　非线绕电阻的额定功率表示符号

→ **问 9** 怎样检测电阻的参数与好坏？——直接测试法

答　直接测试法就是直接用欧姆表、电桥等仪器仪表测出电阻的相关参数的一种方法。一般测试小于 1Ω 的小电阻，可以采用单臂电桥。测试 1Ω～1MΩ 的电阻，可以采用电桥或欧姆表（或万用表）。测试 1MΩ 以上的大电阻，可以采用兆欧表。

检测电阻的好坏可以利用测量的数值与其标准值进行比较，如果吻合，则说明所检测的电阻是好的。如果相差较大，超过了允许误差范围，则说明所检测的电阻是坏的。

→ **问 10** 怎样检测电阻的阻值？——间接测试法

答　检测电阻阻值的间接测试法就是通过测试电阻两端的电压，以及流过电阻中的电流，然后利用欧姆定律计算出该电阻的阻值。该方法一般用于带电电路中电阻阻值的测试，检测时应注意安全，以及相关的元件、电路带来的检测影响。为了减少相关的元件、电路带来的检测影响，可以单独给检测电阻设计一个专用检测电路来进行检测、判断。

→ **问 11** 怎样检测电阻的阻值？——图解数字万用表法

答　使用数字万用表判断电阻好坏的方法与主要步骤如下：首先把红笔线插入"Ω⊬·))"插孔，黑笔线插入 COM 插孔，以及把功能开关调到 Ω 量程，然后把笔线并接到待测电阻上，再根据显示器上数值读出来即可，如图 1-1-6 所示。

说明：测在线电阻时，为了避免万用表受损，需要确认被测电路已经关掉电源，以及电容已经放完电，才能够进行检测。另外，20Ω、200Ω 挡检测电阻时，表笔线会带来 0.1～0.3Ω 的测量误差（根据具体型号的万用表而异）。为了得到精确的读数，可以将读数减去红、黑两表笔短路读数值，作为实际检测读数。当开路时，数字万用表会显示为 1。当被测电阻值大于 1MΩ 时，有的数字万用表需要数秒后才能够读数稳定。

→ **问 12** 怎样判断电阻的好坏？——数字万用表法

答　根据被测电阻的阻值，选择适合的 Ω 挡位，红表笔插入 V/Ω 孔，黑表笔插入 COM 孔，把万用表的两个表

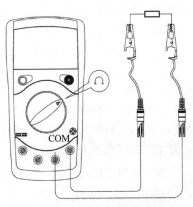

图 1-1-6　图解数字万用表法

第 1 篇　基本元件

笔与电阻的两端接起来,观察数字万用表显示屏上的数字,如果显示屏上出现0,或者显示的数字不断地变化,或者显示的电阻值与电阻上的标示值相差很大,则说明所检测的电阻可能损坏了。

如果被测电阻值超出所选择量程的最大值,万用表会显示1,这时需要选择更高的量程。

→ 问 13 怎样判断电阻的好坏?——指针万用表法

答 把万用表的挡位调到 Ω 挡,根据被测电阻器的阻值,选择适合的倍率挡位;再对选择的电阻挡位进行校零,步骤是把万用表的红黑两表笔短接,观察指针是否处于0位置,如果表针不指示0位置,则需要调节万用表的调零旋钮,将指针指示电阻刻度的0位置;然后,把万用表的两个表笔分别接在电阻的两端,观察表针的变化,如果表针没有偏转,或指示不稳定,或测量值与电阻上标示值差别很大,则说明电阻已经损坏。

→ 问 14 怎样判断电阻的好坏?——外观法

答 可以根据电阻的外观来判断:如果电阻表面烧焦、发黑、变色、损伤,以及通电后有发热等异常情况,则说明所判断的电阻异常。

另外,低阻值电阻损坏时往往是烧焦、发黑,高阻值电阻损坏时很少有痕迹。水泥电阻是线绕电阻的一种,烧坏时会断裂,否则也没有可见痕迹。保险电阻烧坏时,有的表面会炸掉一块皮,有的也没有什么痕迹,但一般不会烧焦、发黑。线绕电阻用作大电流限流,阻值不大。圆柱形线绕电阻烧坏时有的会发黑,或表面爆皮、裂纹,有的没有痕迹。

→ 问 15 怎样检测固定电阻的阻值?——万用表法

答 可以采用万用表的电阻挡来检测与判断:把万用表的两表笔,不分正负地分别与固定电阻的两端引脚可靠接触,读出万用表检测出的指示值即可。

实际检测中,为了提高测量精度,需要根据被测固定电阻的标称值大小来选择量程,以便使万用表指示值尽可能落到其指示全刻度起始的 $20\%\sim80\%$ 弧度范围的中段位置。另外,还要考虑电阻误差等级。如果读数与标称阻值间超出误差范围,则说明该固定电阻变质或者损坏了。

检测时需要注意的一些事项如下:

① 测几十千欧以上阻值的电阻时,手不要触及表笔与电阻的导电部分;

② 检测在线电阻时,需要从电路上把电阻一端脚从电路上焊开,以免电路中的其他元件对测试产生影响,造成测量误差;

③ 色环电阻的阻值可以根据色环标志来确定,同时用万用表检测实际阻值,然后两者比较,从而更准确地判断出固定电阻的数值;

④ 检测中,如果发现挡位选择不当,需要立即改正;

⑤ 检测时,需要注意电阻的误差等级。

→ 问 16 怎样判断普通电阻的好坏?——万用表法

答 如果检测的普通电阻的数值与其实际数值明显偏大或者出现无穷大、数值0等异常情况,则说明所检测的普通电阻可能已经损坏了。

说明 ①在路测量电阻时,需要切断线路板电源,并且需要考虑电路中其他元器件对该检测电阻值的影响。如果电路中接有电容,还需要把电容放电。

②除非生产时标称错误,一般情况电阻阻值只会变大,不存在阻值变小的情况。当阻值大小超过误差允许范围时,可认为电阻损坏。

→ 问 17 怎样判断大电阻的好坏?——万用表 + 并联电阻法

答 采用 DT-830 等数字万用表测量电阻,如果被测电阻值超过 $20M\Omega$ 时,表头会显示1,表示超量限,无法检测、判断。

如果手中没有其他数字万用表换用,只能采用原数字万用表来检测,这时可以采用万用表 +

并联电阻来进行检测、判断。具体方法如下：检测之前，用一只小于但接近 $20\mathrm{M\Omega}$ 的电阻 R，把它与数字万用表并联，需要测出其精确的阻值 R；再将待测的电阻 R_X 插入 X_1、X_2 插座，这样，数字万用表显示的是 R 与 R_X 并联后的阻值 $R_并$；根据公式 $R_并 = RR_X/(R+R_X)$，推出 $R_X = RR_并/(R-R_并)$。相关图例如图 1-1-7 所示。

最后，根据检测的数值 R_X 与其实际数值比较，如果差异大，则可以判断 R_X 可能损坏了。

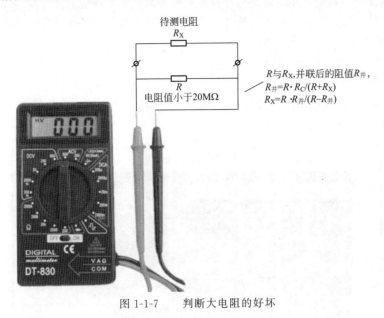

图 1-1-7　判断大电阻的好坏

1.1.2　色环电阻

→ **问 18** 怎样理解色环电阻的色环含义？——规律法

答 色环电阻的色环对照关系见表 1-1-4。

表 1-1-4　色环电阻的色环对照关系

颜色	数值	倍乘数	误差/%	温度关系/（×10/℃）
棕	1	10	±1	100
红	2	100	±2	50
橙	3	1k	—	15
黄	4	10k	—	25
绿	5	100k	±0.5	
蓝	6	1M	±0.25	10
紫	7	10M	±0.1	5
灰	8		±0.05	
白	9	—	—	1
黑	0	1	—	
金	—	0.1	±5	—
银	—	0.01	±10	—
无色			±20	

→ 问 19 怎样理解色环电阻的色环含义？——口诀法

答 色环电阻的色环对照关系口诀如下：

棕一红二橙是三，四黄五绿六为蓝，

七紫八灰九对白，黑是零，金五银十表误差

具体口诀含义只要对照色环电阻的色环对照关系表即可了解判断了。

色环与数字的对应关系、倍率幂指数与色环颜色的对应关系的另外一首口诀如下：

黑色最小为零，棕一红二橙三；

黄四绿五蓝六，紫七灰八白九。

→ 问 20 怎样理解色环电阻的色环含义？——软件法

答 判断色环电阻的色环含义与参数可以采用一些软件，例如五色环电阻阻值在线计算器（图 1-1-8）、色环电阻识别程序。

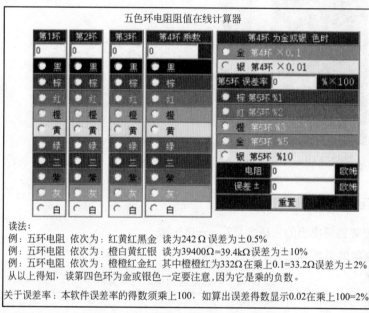

读法：

例：五环电阻 依次为：红黄红黑金 读为242Ω 误差为±0.5%

例：五环电阻 依次为：橙白黄红银 读为39400Ω=39.4kΩ误差为±10%

例：五环电阻 依次为：橙橙红金红 其中橙橙红为332Ω乘上0.1=33.2Ω误差为±2%

从以上得知，读第四色环为金或银色一定要注意，因为它是乘的负数。

关于误差率：本软件误差率的得数须乘上100，如算出误差得数显示0.02在乘上100=2%

图 1-1-8 五色环电阻阻值在线计算器

→ 问 21 怎样理解色环电阻的色环含义？——图解法

答 判断色环电阻的色环含义与参数，可以采用与图 1-1-9 所示的图例进行对照来判断。

→ 问 22 怎样判断色环电阻的参数是否正确？——规律法

答 判断色环电阻的参数是否正确，可以根据色环电阻阻值是否符合国家制定的标准系列的标注。如果标准系列中没有，则可能是判断错误引起的。

国家制定的标准系列的标注见表 1-1-5。

表 1-1-5 国家制定的标准系列的标注

1Ω	1.1Ω	1.2Ω	1.3Ω	1.5Ω	1.6Ω	1.8Ω	2.0Ω	2.2Ω	2.4Ω	2.7Ω
3.0Ω	3.3Ω	3.6Ω	3.9Ω	4.3Ω	4.7Ω	5.1Ω	5.6Ω	6.2Ω	6.8Ω	7.5Ω
8.2Ω	9.1Ω	10Ω	11Ω	12Ω	13Ω	15Ω	16Ω	18Ω	20Ω	22Ω
24Ω	27Ω	30Ω	33Ω	36Ω	39Ω	43Ω	47Ω	51Ω	56Ω	62Ω
68Ω	75Ω	82Ω	91Ω	100Ω	110Ω	120Ω	150Ω	160Ω	180Ω	200Ω

220Ω	240Ω	270Ω	300Ω	330Ω	360Ω	390Ω	430Ω	470Ω	510Ω	560Ω
620Ω	3.6k	3.9k	4.3k	4.7k	5.1k	5.6k	6.2k	6.8k	7.5k	8.2k
9.1k	10k	11k	12k	13k	15k	16k	18k	20k	22k	24k
27k	30k	33k	36k	39k	43k	47k	51k	56k	62k	68k
75k	82k	91k	100k	110k	120k	130k	150k	160k	180k	200k
220k	240k	270k	300k	330k	360k	390k	430k	470k	510k	560k
620k	680k	750k	820k	910k	1M	1.1M	1.2M	1.3M	1.5M	1.6M
1.8M	2.0M	2.2M	2.4M	2.7M	3.0M	3.3M	3.6M	3.9M	4.3M	4.7M
5.1M	5.6M	6.2M	6.8M	7.5M	8.2M	9.1M	10M	22M		

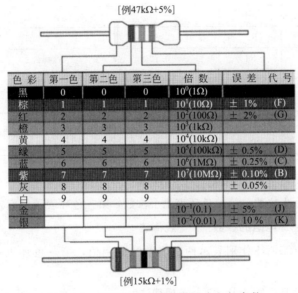

图 1-1-9　图解色环电阻的色环含义与参数

→ **问 23**　怎样快速识读色环电阻的参数？——误差色环法

答　要想快速判断色环电阻的参数，则可以先找到表示误差的色环，据此排好色环，再根据色环规律判断出色环电阻的参数。

表示误差的色环一般为金色环、银色环、棕色环，而且金色环与银色环一般很少用作电阻色环的第一环。因此，电阻上只要有金色环、银色环，可以快速判断，它们（金色环、银色环）就是色环电阻的最后一环。

→ **问 24**　怎样快速识读色环电阻的参数？——色环间隔法

答　有些色环电阻表示误差的色环与表示数值间的色环间隔不同，从而可以快速判断出误差色环，进而可以确定色环的顺序。尤其对于具有棕色环（其既可以作为误差环，又常作为有效数字环）的判断更有效。

→ **问 25**　怎样判断电阻的额定功率？——经验法

答　如果需要判断的电阻是色环电阻，则其额定功率可以根据经验来判断：

① 常用的色环电阻额定功率一般是 0.25W 的；

② 比 0.25W 大一些的色环电阻额定功率，常见的是 0.5W，该类电阻底色往往是蓝色；

③ 1W 以上色环电阻额定功率的底色一般是灰色。

→ 问 26 怎样判断色环电阻的额定功率？——尺寸法

答 如果需要判断的电阻是色环电阻，则其额定功率可以根据经验来判断，具体尺寸与额定功率对照见表 1-1-6。

表 1-1-6 具体尺寸与额定功率对照

名称	型号	额定功率/W	最大直径/mm	最大长度/mm
超小型碳膜电阻	RT13	0.125	1.8	4.1
质量认证碳膜电阻	RT14	0.25	2.5	6.4
小型碳膜电阻	RTX	0.125	2.5	6.4
碳膜电阻	RT	0.25	5.5	18.5
碳膜电阻	RT	0.5	5.5	28.0
碳膜电阻	RT	1	7.2	30.5
碳膜电阻	RT	2	9.5	48.5
金属膜电阻	RJ	0.125	2.2	7.0
金属膜电阻	RJ	0.25	2.8	8.0
金属膜电阻	RJ	0.5	4.2	10.8
金属膜电阻	RJ	1	6.6	13.0
金属膜电阻	RJ	2	8.6	18.5

→ 问 27 怎样识读三色环电阻的参数？——规律法

答 第一色环表示十位数，第二色环表示个位数，第三色环表示倍率。

→ 问 28 怎样识读四色环电阻的参数？——规律法

答 第一色环、第二色环分别表示两位有效数的阻值，第三色环表示倍率，第四环表示误差。

→ 问 29 怎样识读五色环电阻的参数？——规律法

答 第一色环、第二色环、第三色环分别表示三位有效数的阻值，第四色环表示倍率，第五色环表示误差。

→ 问 30 怎样判断五色环电阻的种类？——经验法

答 ① 如果电阻体只有中间一条黑色的色环，一般说明该电阻可能为零欧姆电阻。

② 如果第五条色环是黑色，一般说明该电阻可能为绕线电阻。

③ 如果第五条色环是白色，一般说明该电阻可能为保险丝电阻。

→ 问 31 怎样识读六色环电阻的参数？——规律法

答 第一色环、第二色环、第三色环分别表示三位有效数的阻值，第四色环表示倍率，第五色环表示误差，第六色环表示该电阻的温度系数。即六色环电阻前五色环与五色环电阻表示方法一样，只是第六色环表示该电阻的温度系数。

1.1.3 金属膜电阻

→ 问 32 怎样判断精密金属膜电阻最大负载电压、绝缘电压？——1.5～2倍最大工作电压法

答 精密金属膜电阻最大负载电压、绝缘电压的关系见表 1-1-7。

表 1-1-7　精密金属膜电阻最大负载电压、绝缘电压的关系

类型	最大工作电压	工作温度	最大负载电压	绝缘电压
1/8W	150V		300V	
1/4WS	200V		400V	300V
0.4W(0204)	200V		400V	
1/2WSS	250V		400V	
1/4W	250V		500V	
1/2WS	300V		500V	400V
0.6W(0207)	300V		500V	
1WSS	400V		500V	
1/2W	350V	−55～＋155℃	500V	
1WS	400V		600V	500V
2WSS	450V		600V	
1W	500V		700V	
2WS	500V		700V	700V
3WSS	500V		800V	
2W	500V		1000V	
3WS	500V		1000V	1000V
4WSS	500V		1000V	

根据精密金属膜电阻最大负载电压、绝缘电压与最大工作电压的关系得出：

最大负载电压＝绝缘电压＝(1.5～2)×最大工作电压

→ 问 33　怎样判断电阻额定连续工作电压？——公式法

答　判断电阻额定连续工作电压，可以根据以下公式来判断：

$$额定连续工作电压＝\sqrt{功率×电阻}$$

→ 问 34　怎样判断超精密金属膜电阻（模压封装）——图解法

答　精密金属膜电阻（模压封装）的图解判断图例如图 1-1-10 所示。

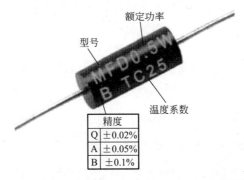

图 1-1-10　精密金属膜电阻（模压封装）的图解判断

→ 问 35　怎样判断氧化金属膜电阻最大负载电压、绝缘电压？　——查表法

答　判断氧化金属膜电阻最大负载电压、绝缘电压，可以通过查表 1-1-8 得知。

表 1-1-8　氧化金属膜电阻最大负载电压、绝缘电压

类型	1/4W	1/2WS	1/2W	1WS	1W	2WS	2W	3WS	3W	5WS	5W	7WS
最大工作电压	200V	250V	250V	300V	500V	500V	550V	750V	800V	1000V	1000V	1000V
最大负载电压	350V	400V	400V	500V	600V	600V	600V	800V	1000V	1000V	1000V	1000V
绝缘电压	350V	400V	400V	500V	600V	600V	600V	800V	750V	750V	750V	750V
工作温度	$-55\sim+235℃$											
电阻范围±1% ±2%±5%	$1\Omega\sim510k\Omega$，E24 系列											
温度系数	$\pm200ppm^{①}/℃$											

①1ppm＝10^{-6}

1.1.4　碳膜电阻

问 36　怎样判断碳膜电阻最大负载电压、绝缘电压？——2 倍最大工作电压法

答　一些碳膜电阻最大负载电压、绝缘电压与最大工作电压的关系见表 1-1-9。

表 1-1-9　碳膜电阻最大负载电压、绝缘电压与最大工作电压的关系

类型	1/8W	1/4WS	1/4W	1/2WS	1/3W	1/2WSS	1/2W	1WS	1W	2WS	2W	3WS
最大工作电压	150V	200V	250V	300V	280V	320V	350V	400V	450V	500V	500V	500V
最大负载电压	300V	400V	500V	500V	500V	600V	700V	800V	1000V	1000V	1000V	1000V
绝缘电压	300V	400V	500V	500V	500V	600V	700V	800V	1000V	1000V	1000V	1000V
工作温度	$-55\sim+155℃$											
电阻范围±2%～±5%	$1\Omega\sim22M\Omega$，E24 系列											

根据碳膜电阻最大负载电压、绝缘电压与最大工作电压的关系得出：

$$最大负载电压＝绝缘电压＝2\times最大工作电压$$

问 37　怎样判断烧断电阻的阻值？——断点检测法

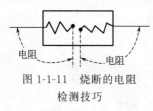

图 1-1-11　烧断的电阻
检测技巧

答　一些烧断的电阻可通过检测烧断点分别与其两端的电阻（之和）来判断其阻值：先拆下烧断电阻，用酒精洗净烧断电阻的表面烧焦物，找出烧断点，然后利用万用表检测两端电阻数值，再把检测的电阻数值相加，即可以得出烧断电阻的阻值，如图 1-1-11 所示。

说明：一般≥1/8W 的碳膜电阻、线绕电阻、水泥电阻等可以采用该方法。

1.1.5　精密电阻与保险（熔断）电阻

问 38　怎样检测精密电阻的阻值？——2×4 线电阻检测法

答　精密电阻的检测，需要采用精度高的设备以及正确的方法检测。如果采用普通 2 线电阻检测精密电阻，则误差较大。因此，检测精密电阻，一般需要采用 2×4 线电阻检测法进行，并且采用高精度的设备检测。

问 39　怎样判断是保险（熔断）电阻？——标注法

答　保险电阻与一般电阻的标注明显不同，例如保险电阻标注为 FU、Fx、PSx、FSx 等

（其中 x 表示数字）。还有一种保险电阻外形类似贴片电解电容，其颜色一般为白色，并且电阻表面上一般有字符标注其承载电流大小，实例如图 1-1-12 所示。

最大承载电流为400mA

外形类似贴片电解电容
的保险电阻，一般为白色

图 1-1-12　外形类似贴片
电解电容的保险电阻

问 40　怎样判断是保险（熔断）电阻？——颜色法

答　① 保险电阻与其他色环电阻比较，其上面只有一个色环。

② 类似普通电阻形状的保险电阻，其颜色一般为绿色。

③ 外形类似整流二极管的保险电阻，其颜色一般为黑色，并且没有整流二极管的白色环极性标注。该类保险电阻表面上一般有字符标注其承载电流大小、耐压大小。

④ 扁平贴片保险电阻，其颜色一般为绿色、灰色，并且其上面往往具有数值代码，因此，可以通过数值代码了解其阻值（一般阻值不很大）。

问 41　怎样判断是保险（熔断）电阻？——电路应用法

答　根据其在电路中的应用特点来判断是保险电阻的方法与要点如下：

① 在一些电路中保险电阻是长脚焊接在电路板上，与电路板距离较远，以便于散热与区分；

② 保险电阻一般应用于电源电路的电流容量较大或二次电源产生的低压或高压电路中。

问 42　怎样判断保险（熔断）电阻的好坏？——万用表法

答　把万用表调到 $R \times 1$ 挡，进行检测，如果阻值为无穷大∞，则说明该保险电阻开路，如果测得的阻值与标称值相差很远，表明电阻变值，不宜继续使用。

如果判断在线电阻时，需要从电路上把保险电阻一端脚从电路上焊开，以免电路中的其他元件对测试产生影响，造成测量误差。

另外，注意保险电阻还可能存在击穿短路现象。有少数保险电阻在电路中被击穿短路，如果使用的万用表的挡位、读数精度不够，很难判断出电阻是否出现该种故障。

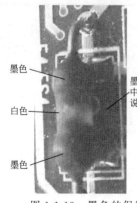

墨色

白色

墨色的保护电阻
中间变成了白色，
说明已经烧断

墨色

图 1-1-13　墨色的保护电阻中间
变成了白色的判断

问 43　怎样判断保险（熔断）电阻的好坏？——观察法

答　对于过流比较严重的保险电阻可以通过观察法来检测与判断。

裂痕——可能损坏了。

表面爆皮——可能损坏了。

引脚断裂——可能损坏了。

炸掉一块皮——可能损坏了。

表面发黑——负荷过重，电流超过额定值很多倍所致，可能损坏了。

表面烧焦——负荷过重，电流超过额定值很多倍所致，可能损坏了。

颜色变化——例如墨色的保护电阻，中间变成了白色，说明已经烧断了，如图 1-1-13 所示。

问 44　怎样判断保险（熔断）电阻流过电流的大小？——观察法

答　① 如果保险（熔断）电阻表面发黑、烧焦，则说明该电阻流过的电流超过额定值很多倍所致。

② 如果保险（熔断）电阻表面无任何痕迹而其开路，则说明流过的电流刚好等于或稍大于保险（熔断）电阻的额定熔断值。

1.1.6 水泥电阻

→ 问 45 怎样判断水泥电阻的好坏？——万用表法

答 可以采用万用表的电阻挡来检测与判断：把万用表的两表笔，不分正负地分别与电阻的两端引脚可靠接触，读出万用表检测出的指示值即可。

实际检测中，为提高测量精度，需要根据被测电阻的标称值大小来选择量程，以便使指示值尽可能落到全刻度起始的 20%～80% 弧度范围的刻度中段位置。另外，还要考虑电阻误差等级。如果读数与标称阻值间超出误差范围，则说明该电阻值变值或者损坏了。

检测时需要注意的一些事项如下：

① 测几十千欧以上阻值的电阻时，手不要触及表笔与电阻的导电部分；

② 检测在线电阻时，应从电路上把电阻一端脚从电路上焊开，以免电路中的其他元件对测试产生影响，造成测量误差。

说明：水泥电阻好坏的万用表法判断与普通固定电阻万用表法判断是基本一样的。

→ 问 46 怎样判断是水泥电阻？——型号法

答 陶瓷绝缘功率型绕线电阻，常称为水泥电阻。它广泛应用于计算机、电视机、仪器、仪表、音响之中。常见型号为 Rx27-1 型、IV 型、Rx27-3 型（3A、3B、3C、A）、Rx27-2 型、Rx-4（4V、4H）型。

→ 问 47 怎样识读水泥电阻的参数？——外形＋功率＋型号法

答 水泥电阻采用电阻丝绕制（图 1-1-14），一般功率大，外形像白色"石头"坚硬，外形尺寸也较大。因此，从它的外形，结合功率、型号可以很容易判断其参数。水泥电阻常见的功率有 2W、3W、5W、7W、8W、10W、15W、20W、30W、40W 等规格。

水泥电阻的功率、阻值范围与外形尺寸对应关系见表 1-1-10～表 1-1-12。

表 1-1-10 水泥电阻的功率、阻值范围与外形尺寸对应关系

型号	功率/W	水泥电阻阻值范围/Ω	外形尺寸/mm		
			L	H	W
RX27-3（A、B、C）	5	0.1～680	27	9.5	9.5
	7	0.15～1.2k	35	9.5	9.5
	10	0.2～1.8k	48	9.5	9.5
	15	0.2～2.2k	48	12.5	12.5
	20	0.33～2.7k	63	12.5	12.5
RX27-4（H）	10	0.2～1.8k	48	9.8	25
	15	0.2～2.2k	48	13	28.5
	20	0.33～3k	63.5	13	28.5
	30	1～3.9k	75	19	38
	40	1～4.3k	90	19	38
RX27-1	2	0.2～200	18	6.4	6.4
	3	0.2～330	22	8.0	8.0
	5	0.2～680	22	9.5	9.5
	7	0.15～1.2k	35	9.5	9.5
	10	0.2～1.8k	48	9.5	9.5
	15	0.2～2.2k	48	12.5	12.5

型号	功率/W	水泥电阻阻值范围/Ω	外形尺寸/mm		
			L	H	W
RX27-Ⅳ	7	0.15~1.2k	47	11	11
	10	0.2~1.8k	60	11	11

表 1-1-11　水泥电阻的功率、阻值范围与外形尺寸对应关系 2

功率	尺寸/mm					阻值范围/Ω		最大工作电压/V
	L±0.5	H±3	D±1	D1±1	d	线绕式	金属氧化物	
2W	18	32.0±3	7	7	0.65±0.03	0.1~50	50~20k	150
3W	22	32.0±3	8	8	0.8±0.03	0.1~50	50~33k	300
4W	25	32.0±3	6	6	0.8±0.03	0.02~50	50~33k	300
5W	22	32.0±3	9.5	9	0.8±0.03	0.1~50	50~50k	350
7W	35	32.0±3	9.5	9	0.8±0.03	0.1~100	100~50k	500
10W	48	32.0±3	9.5	9	0.8±0.03	0.1~100	100~50k	500
15W	48	32.0±3	12.5	12	0.8±0.03	0.1~100	100~150k	500
20W	60	32.0±3	14	13	0.8±0.03	0.1~100	100~150k	500
25W	60	32.0±3	14	13	0.8±0.03	0.1~100	100~150k	1000
30W	77	32.0±3	18	17	0.8±0.03	0.1~500	100~150k	1000
40W	90	32.0±3	19	18	0.8±0.03	0.1~500	100~150k	1000
50W	90	32.0±3	19	18	0.8±0.03	0.1~500	100~150k	1000

表 1-1-12　水泥电阻的功率、阻值范围与外形尺寸对应关系 3

功率	尺寸/mm					阻值范围/Ω		最大工作电压/V
	L±0.5	H±3	D±1	D1±1	d	线绕式	金属氧化物	
5W	22	27.0±3	10	9	1.5	0.1~50	50~50k	350
7W	35	27.0±3	10	9	3	0.1~100	100~47k	500
10W	48	27.0±3	10	9	3	0.1~100	100~47k	750
15W	48	27.0±3	12.5	12.5	3	0.1~100	100~47k	750
20W	60	27.0±3	13	14	5	0.1~100	100~47k	750
25W	60	27.0±3	13	14	5	0.1~100	100~47k	750

功率	尺寸/mm						阻值范围/Ω		最大工作电压/V
	L±0.5	H±3	D±1	D1±1	h	d	线绕式	金属氧化物	
2W	20	4~15±1	11.5	7.5	5^{+2}_{-1}	0.65±0.03	0.01~50	50~50k	150
3W	25	4~15±1	12	8.5	5^{+2}_{-1}	0.8±0.03	0.01~50	50~50k	300

功率	尺寸/mm						阻值范围/Ω		最大工作电压/V
	$L\pm0.5$	$H\pm3$	$D\pm1$	$D1\pm1$	h	d	线绕式	金属氧化物	
5W	25	4～15±1	13	9	5^{+2}_{-1}	0.8±0.03	0.01～50	50～50k	350
7W	39	4～15±1	13	9	5^{+2}_{-1}	0.8±0.03	0.01～100	100～47k	500
10W	51	4～15±1	13	9	5^{+2}_{-1}	0.8±0.03	0.01～100	100～47k	750
10WS	35	4～15±1	16	12	7.5^{+2}_{-1}	0.8±0.03	0.01～100	100～47k	750

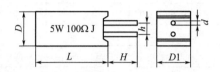

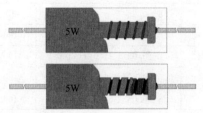

图 1-1-14 水泥电阻内部结构

问 48 怎样识读水泥电阻的参数？——标注法

答 许多水泥电阻实际物体上均标有额定功率、阻值、允许误差代码等参数信息，因此，可以从这些标注含义上判断水泥电阻的参数，如图 1-1-15 所示。

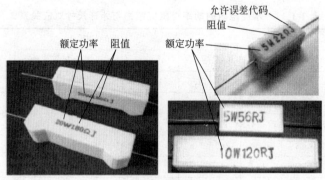

图 1-1-15 水泥电阻的参数标注

1.1.7 热敏电阻

问 49 怎样判断元件是热敏电阻？——命名规律法

答 判断元件是否是热敏电阻，可以根据元件的命名规律来判断。热敏电阻的命名规律见表 1-1-13 和表 1-1-14。

表 1-1-13　热敏电阻的命名规律（新规格）

| 第一部分:主称 | | 第二部分:类别 | | 第三部分:用途或特征 | | 第四部分:序号 |
字母	含义	字母	含义	数字	含义	
M	敏感电阻器	Z	正温度系数热敏电阻器	1	普通型	用数字或字母与数字混合表示序号,代表着某种规格、性能
				5	测温用	
				6	温度控制用	
				7	消磁用	
				9	恒温型	
		F	负温度系数热敏电阻器	0	特殊型	
				1	普通型	
				2	稳压用	
				3	微波测量用	
				4	旁热式	
				5	测温用	
				6	控制温度用	
				8	线性型	

表 1-1-14　热敏电阻的命名规律（旧规格）

| 第一部分:主称 | | 第二部分:类别 | | 第三部分:用途或特征 | | 第四部分:序号 |
字母	含义	字母	含义	字母	含义	
R	电阻器	R	热敏	B	温度补偿用	用数字表示序号,代表着某种规格、性能
				C	温度测量与控制用	
				F	负温度系数	
				G	功率测量用	
				P	旁热式	
				W	稳压用	
				Z	正温度系数	

　　另外，M 公司的热敏电阻命名规律如图 1-1-16 所示。

→ 问 50 怎样判断热敏电阻的类型？——公式法

　　答　PTC、NTC 热敏电阻的识别可以采用公式法来判断：在室温 t_1 下测得电阻值为 R_{t1}，用电烙铁余热靠近热敏电阻，测出电阻此时的阻值为 R_{t2}，同时用温度计测出此时热敏电阻表面的平均温度为 t_2，再将测得的数值代入下列公式中：

$$\alpha t \approx (R_{t2} - R_{t1})/[R_{t1}(t_2 - t_1)]$$

　　然后，根据计算结果来判断：

　　如果 $\alpha t < 0$，说明为负温度系数热敏电阻 NTC。

　　如果 $\alpha t > 0$，说明为正温度系数热敏电阻 PTC。

```
MP  DC  10  B2  200  M  200
                          额定电压
                       电阻值误差等级
                    电阻值(在25℃)/Ω
                 转换温度/℃
              标称直径/mm
           型号
     M公司
```

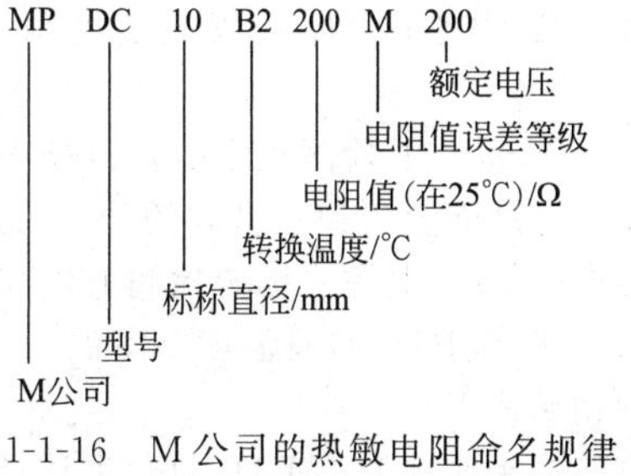

图 1-1-16　M 公司的热敏电阻命名规律

→ 问 51 怎样检测正温度系数热敏电阻（PTC）？——万用表法

　　答　万用表法检测正温度系数热敏电阻（PTC）的方法与要点如下。

① 把万用表调到 $R \times 1$ 挡。

② 分两步操作。

第1步　常温检测（室内温度接近25℃）。把两表笔接触PTC热敏电阻的两引脚，测出其实际阻值，与标称阻值相对比。如果两者相差在±2Ω内，说明正常。如果实际阻值与标称阻值相差过大，则说明其性能不良或已损坏。

第2步　加温检测。在常温测试正常的基础上，即可进行第二步测试——加温检测。将一热源（例如电烙铁）靠近PTC热敏电阻，对其加热，用万用表监测其电阻值是否随温度的升高而增大。如果是，则说明该热敏电阻正常。如果阻值没有变化，则说明其性能变劣。

说明：不要使热源与PTC热敏电阻靠得太近，或直接接触热敏电阻，以防止将热敏电阻烫坏。

→ 问 52　怎样检测正温度系数热敏电阻（PTC）？——灯泡法

答　把正温度系数热敏电阻与白炽灯串接好后（图1-1-17），插上电源。正常情况：插上电源后白炽灯即正常发光，经数秒后灯泡便逐渐由亮变暗，后来暗淡，直到无光熄灭。如果在接通电源后，出现灯泡不发光、灯泡长亮不变暗、灯泡亮度降到一定程度始终不熄灭等情况，均说明正温度系数热敏电阻内部可能短路、断路、失去自动控制作用等异常现象。

→ 问 53　怎样判断正温度系数热敏电阻性能是否正常？——电路法

答　将正温度系数热敏电阻根据图1-1-18所示接入电路中，接通开关，再根据电流表、电压表的情况来判断：电流表读数应变小、电压表读数应变大，说明该正温度系数热敏电阻的性能是好的。

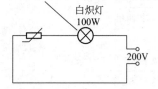

当插上电源，白炽灯即正常发光，经数秒后灯泡便逐渐由亮变暗，直至暗淡到无光熄灭,证明PTC热敏电阻无任何故障

白炽灯
100W

200V

图 1-1-17　热敏电阻与白炽灯串接

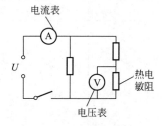

图 1-1-18　正温度系数热敏电阻检测电路

→ 问 54　怎样判断正温度系数热敏电阻性能是否正常？——万用表＋灯泡法

答　① 把万用表调到 $R \times 1$ 挡，测量PTC两端检测其阻值是否与标称值一致，如果一致，说明该正温度系数热敏电阻可能是好的，如果不一致，说明该正温度系数热敏电阻损坏了。

② 常态下检测正常后，再把PTC串到100W白炽灯泡线路中，接通200V交流电，正常情况下，灯泡会迅速点亮，约几秒后灯泡瞬间变暗熄灭。

③ 断开电源，迅速检测PTC两端的电阻，阻值一般应为无穷大。

④ 等PTC自身温度与室温相同时，再测量正温度系数热敏电阻两端阻值，正常情况应又回到初始值。

如果所检测的PTC符合上述条件与要点，可以判断该正温度系数热敏电阻是好的。

→ 问 55　怎样判断正温度系数热敏电阻的好坏？——直观法

答　正温度系数的热敏电阻PTC是以低钛酸钡为主要原料的一种半导体陶瓷元件。正温度系数的热敏电阻的结构形式有圆盘式、蜂窝式、口琴式、带式等，其中蜂窝式有圆形、方形等种类。

判断 PTC 的好坏可以采用直观法，具体方法与要点如下：把怀疑异常的 PTC 拆下来，拿在手上摇晃，如果能够听到有碎片碰撞的响声，则说明该 PTC 已经损坏。

→问 56 怎样判断负温度系数热敏电阻（NTC）的好坏？——常温检测法

答 把万用表调到 $R \times 1$ 挡，进行检测，即万用表两表笔接触热敏电阻的两引脚测其阻值，并且与负温度系数热敏电阻标称阻值对比，如果两者相差在 $\pm 2\Omega$ 内即为正常，相差过大，则说明负温度系数热敏电阻不良或者损坏。

→问 57 怎样判断负温度系数热敏电阻（NTC）的好坏？——电烙铁加温检测法

答 用电烙铁靠近热敏电阻，使其对负温度系数热敏电阻进行加热或者热量辐射，加热的同时用万用表监测负温度系数热敏电阻的阻值是否随温度的升高而减小，如果能够，说明负温度系数热敏电阻是正常的，如果不能够，说明负温度系数热敏电阻不再"热敏"，已经损坏了。

→问 58 怎样判断负温度系数热敏电阻（NTC）的好坏？——手握法

答 有的热敏电阻可以把它握在手里测试一下阻值，与没有握在手里数值作比较，看是否发生变化，如果有变化，说明热敏电阻是好的。

注意：手需要一定的温度，因此，检测前可以把手搓一搓，以提高手的温度。同时，该方法对于热灵敏度高的负温度系数热敏电阻效果明显一些。对于热灵敏度低的负温度系数热敏电阻基本没有效果。

→问 59 怎样判断负温度系数热敏电阻性能是否正常？——电路法

答 将负温度系数热敏电阻根据图 1-1-19 所示接入电路中，接通开关，再根据电流表、电压表的情况来判断：电流表读数应变大、电压表读数应变小，说明该负温度系数热敏电阻的性能是好的。

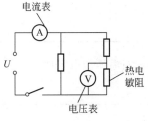

图 1-1-19 负温度系数热敏电阻检测电路

→问 60 怎样判断负温度系数热敏电阻的好坏？——综合法

答 综合法判断负温度系数热敏电阻的好坏就是先常温检测，后加温检测，从而判断负温度系数热敏电阻是否损坏了的一种方法。综合法具体检测要点如下。

① 常温检测的方法与普通固定电阻的检测方法基本一样。但是要注意负温度系数热敏电阻的标称温度一般是在环境温度 25℃ 下进行的。因此，常温检测负温度系数热敏电阻时环境温度应尽量在 25℃ 左右进行。另外，测量功率不得超过规定值，以免电流热效应引起测量误差。

② 加温检测就是将一热源（例如电烙铁）靠近 NTC 对其进行加热，并且同时用万用表检测其阻值是否随温度的升高而减小。如果是，说明该 NTC 是正常的，如果阻值没有变化，说明该 NTC 性能变劣。

注意：操作时，热源不要与 NTC 靠得过近或直接接触 NTC，以防止烫坏 NTC。

1.1.8 压敏电阻

→问 61 怎样判断元件是压敏电阻？——命名规律法

答 判断元件是否是压敏电阻，可以根据元件的命名规律来判断。国产压敏电阻的命名规律见表 1-1-15。

表 1.1-15 国产压敏电阻的命名规律

第一部分:主称		第二部分:类别		第三部分:用途或特征		第四部分:序号
字母	含义	字母	含义	字母	含义	
M	敏感电阻	Y	压敏电阻	无	普通型	用数字表示序号,有的在序号的后面还有标称电压、通流容量或电阻体直径、标称电压、电压误差等
				D	通用	
				B	补偿用	
				C	消磁用	
				E	消噪用	
				G	过压保护用	
				H	灭弧用	
				K	高可靠用	
				L	防雷用	
				M	防静电用	
				N	高能型	
				P	高频用	
				S	元器件保护用	
				T	特殊型	
				W	稳压用	
				Y	环形	
				Z	组合型	

日系压敏电阻型号命名规律见表 1-1-16。

表 1-1-16 日系压敏电阻型号命名规律

以 7 组英文字母与阿拉伯数字组成	
3~4 个英文字母	表示商标、厂名、产品代号等
1~2 个英文字母	表示压敏电阻产品系列代号(具体代号厂家自定)
2 位阿拉伯数字	表示瓷片,单位为 mm(圆的直径或正方形的边长)
1 个英文字母	表示瓷片的形状,其中 D 表示圆片、S 表示正方形片
3 位阿拉伯数字	表示压敏电阻的名义压敏电压,其中前两位数字表示实际压敏电压数字,第三位数字表示后面 0 的个数
1 个英文字母	表示压敏电压的公差范围,其中 K 为 ±10%、J 为 ±5%、L 为 ±15%
附加码,位数不确定	无附加码,表示直角引线的散装标准品。如果有附加码,则表示压敏电阻的其他特征,例如外弯脚引线、引线长度、编带包装等

IEC 通用压敏电阻型号命名规律见表 1-1-17。

表 1-1-17 IEC 通用压敏电阻型号命名规律

以 7 组英文字母与阿拉伯数字组成	
3~4 个英文字母	表示商标、厂名、产品代号等
1~2 个英文字母	表示压敏电阻产品系列代号(具体代号厂家自定)
2 位阿拉伯数字	表示瓷片,单位为 mm(圆的直径或正方形的边长)

以 7 组英文字母与阿拉伯数字组成

1 个英文字母	表示压敏电压的公差范围,其中 K 为±10%,L 为±15%,M 为±20%
2～4 位阿拉伯数字	表示压敏电阻的最大连续交流工作电压 U_{RMS} 的值
附加码,位数不确定	无附加码,表示直角引线的散装标准品。如果有附加码,则表示压敏电阻的其他特征

→ 问 62 怎样判断压敏电阻的好坏？——观察法

答 通过目测压敏电阻表面来判断是否损坏,例如压敏电阻表面出现爆裂、烧焦的迹象等异常情况,说明该压敏电阻异常。

→ 问 63 怎样判断压敏电阻的好坏？——绝缘电阻法

答 把万用表调到 $R×1k$ 挡,测量压敏电阻。测量压敏电阻两引脚间的正、反向绝缘电阻,正常均为无穷大∞。如果数值小,则说明该压敏电阻漏电流大、已损坏等现象。

→ 问 64 怎样判断压敏电阻的好坏？——检测值与标称值对比法

答 把万用表调到 $R×10k$ 挡,检测压敏电阻。如果万用表显示的是压敏电阻上的标称阻值（或者偏差在允许的偏差范围）,则说明检测的压敏电阻是正常的。如果检测的数值离压敏电阻上的标称阻值太大,则说明所检测的压敏电阻异常。

1.1.9 光敏电阻

→ 问 65 怎样判断光敏电阻的好坏？——万用表法

答 把万用表调到 $R×1k$ 挡,使光敏电阻的受光面与入射光线（可以采用 25W 白炽灯照射）保持垂直,这时万用表上直接测得的电阻就是亮阻。把光敏电阻置于完全黑暗的场所,这时万用表检测的电阻就是暗阻。正常的亮阻一般为几千欧～几十千欧,正常的暗阻一般为几～几十兆欧。如果检测的数值与正常的亮阻、暗阻数值相差大,说明光敏电阻可能损坏了。

→ 问 66 怎样判断光敏电阻的好坏？——间断受光法

答 将光敏电阻透光窗口对准入射光线,用小黑纸片在光敏电阻的遮光窗上部晃动,使光敏电阻间断受光。这时万用表指针应随黑纸片的晃动而左右摆动,如果万用表指针始终停在某一位置,不随纸片晃动摆动,则说明该光敏电阻已经损坏。

1.1.10 消磁电阻

→ 问 67 怎样判断消磁电阻的质量？——万用表法

答 把万用表调到 $R×1$ 挡,在室温条件下,用万用表测得消磁电阻实际值,如果与其标称阻值相差±2Ω 内,则说明该消磁电阻是正常的。

→ 问 68 怎样判断消磁电阻的好坏？——加温检测法

答 用一热源对消磁电阻进行加热（例如可用电烙铁烘烤或将消磁电阻放在不同温度的水中）,同时用万用表观察其阻值是否随温度升高而加大。如果阻值随温度升高而加增大,则说明消磁电阻是正常的,否则,说明消磁电阻已经损坏。

1.1.11 排电阻

→ 问 69 怎样判断排电阻的公共端？——经验法

答 排阻分为 A 类、B 类、C 类、D 类、E 类、F 类、G 类、H 类、T 类,具体见表 1-1-18。其中,A 型排阻的引脚总是为奇数的,它的左端一般是一个公共端,常用白色的圆点表示；B 型的排阻引脚数总是偶数的，没有公共端；C 型的排阻引脚数总是奇数的，没有公共端；D 型的排阻引脚数总是奇数的，公共端在中间。

表 1-1-18　排阻的内部结构

型号	等效电路	型号	等效电路	型号	等效电路
A	R_1 R_2 … R_n　1 2 3 … $n+1$　$R_1=R_2=\cdots=R_n$	B	R_1 R_2 … R_n　1 2 3 4 … $2n$　$R_1=R_2=\cdots=R_n$	C	R_1 R_2 … R_n　1 2 … n $n+1$　$R_1=R_2=\cdots=R_n$
D	R_1 R_2 … R_{n+1} R_n　1 2 … $m+1$ … n $n+1$　$R_1=R_2=\cdots=R_n$	E	R_1 R_1 … R_1 R_2 R_2 … R_2　1 2 3 4 5 … $n+1$ n　$R_1=R_2$ 或 $R_1\neq R_2$	F	R_1 R_1 … R_1 R_2 R_2 … R_2　1 2 3 … $n+1$ n　$R_1=R_2$ 或 $R_1\neq R_2$
G	R_1 R_2 … R_n　1 2 3 … $n+1$ $n+2$　$R_1=R_2=\cdots=R_n$	H	R_1 R_1 … R_1 R_2 R_2 … R_2　1 2 3 4 5 … n $n+1$　$R_1=R_2$ 或 $R_1\neq R_2$	I	1 2 3 … $n+1$　$R_1=R_2$ 或 $R_1\neq R_2$

→ **问 70**　怎样判断通孔安装排阻的公共端？——丝印特征法

答　通孔安装的排阻，一般在线路板上用丝印将公共端圈起来的方式来表示，也有的在线路板上用丝印在第一脚附近写有数字序号 1。

→ **问 71**　怎样判断排电阻的公共端？——测量法

答　有的排电阻有公共端，有的没有公共端。排电阻的公共端可以用万用表电阻挡来测量：首先调好万用表挡位，然后任意选择排电阻一端，测量该端与其余引脚间的电阻。如果一个引脚与其他引脚间的电阻相等，则说明该脚为公共端；否则，说明另外一脚为公共端。

1.1.12　贴片电阻

→ **问 72**　怎样识读贴片电阻的参数？——数字索位标称法

答　判断贴片电阻的参数，可以根据贴片电阻上的标注规律来判断。贴片电阻的参数标注如下：数字索位标称法、色环标称法、E96 数字代码与字母混合标称法等。其中，数字索位标称法一般在矩形贴片电阻中采用。

数字索位标称法就是在贴片电阻体上用三位数字来标明其阻值，其中第一位与第二位表示有效数字，第三位表示在有效数字后面加 0 的个数。例如：473 表示 47000Ω。如果是小数，则用 R 表示小数点，以及占用一位有效数字，其余两位是有效数字。例如：2R4 表示 2.4Ω，R15 表示 0.15Ω。

→ **问 73**　怎样识读贴片电阻的参数？——色环标称法

答　一般圆柱形贴片电阻常采用色环标称法。色环标称的贴片电阻与普通电阻一样，大多采用四环（也有的采用三环）标明其阻值：第一环与第二环表示有效数字，第三环表示倍率。色环代码的对照见表 1-1-19。

表 1-1-19　色环代码的对照

色环	棕	红	橙	黄	绿	蓝	紫	灰	白	黑	金	银	无色
第一环	1	2	3	4	5	6	7	8	9	0			

色环	棕	红	橙	黄	绿	蓝	紫	灰	白	黑	金	银	无色
第二环	1	2	3	4	5	6	7	8	9	0			
第三环	10^1	10^2	10^3	10^4	10^5	10^6	10^7	10^8	10^9	10^0	10^{-1}	10^{-2}	
第四环											$\pm 5\%$	$\pm 10\%$	$\pm 20\%$

→ **问 74** 怎样识读贴片电阻的参数？——E96 数字代码与字母混合标称法

答 有的贴片电阻采用数字代码与字母混合标称法。该方法也是采用三位表示阻值：两位数字加一位字母，其中两位数字表示的是 E96 系列电阻代码，字母代码第三位表示倍率，具体见表 1-1-20 和表 1-1-21。

表 1-1-20　E96 系列电阻代码　　　　　　　　　　　　　　　　　Ω

代码	01	02	03	04	05	06	07	08	09	10
阻值	100	102	105	107	110	113	115	118	121	124
代码	11	12	13	14	15	16	17	18	19	20
阻值	127	130	133	137	140	143	147	150	165	158
代码	21	22	23	24	25	26	27	28	29	30
阻值	162	165	169	174	178	182	187	191	196	200
代码	31	32	33	34	35	36	37	38	39	40
阻值	205	210	215	221	226	232	237	243	249	255
代码	41	42	43	44	45	46	47	48	49	50
阻值	261	267	274	280	287	294	301	309	316	324
代码	51	52	53	54	55	56	57	58	59	60
阻值	332	340	348	357	365	374	383	392	402	412
代码	61	62	63	64	65	66	67	68	69	70
阻值	422	432	442	453	464	475	487	499	511	523
代码	71	72	73	74	75	76	77	78	79	80
阻值	536	549	562	576	590	604	619	634	649	665
代码	81	82	83	84	85	86	87	88	89	90
阻值	681	698	715	732	750	768	787	806	825	845
代码	91	92	93	94	95	96				
阻值	866	887	908	931	953	976				

表 1-1-21　倍率

代码字母	代表倍率	代码字母	代表倍率
A	10^0	G	10^6
B	10^1	H	10^7
C	10^2	X	10^{-1}
D	10^3	Y	10^{-2}
E	10^4	Z	10^{-3}
F	10^5		

→ **问 75** 怎样识读国内贴片电阻的参数？——规律法

答 判断国内贴片电阻的参数，可以根据其命名规律来判断。国内贴片电阻的一些命名规律见表 1-1-22。

表 1-1-22　国内贴片电阻的命名规律

例如 RS-05K102JT	
R	表示电阻
S	表示功率，0402 为 1/16W，0603 为 1/10W，0805 为 1/8W，1206 为 1/4W，1210 为 1/3W，1812 为 1/2W，2010 为 3/4W，2512 为 1W
05	表示尺寸(英寸)，02 表示为 0402、03 表示为 0603、05 表示为 0805、06 表示为 1206、1210 表示为 1210、1812 表示为 1812、10 表示为 1210、12 表示为 2512
K	表示温度系数，单位为 100ppm
102	5% 精度阻值表示法：前两位表示有效数字，第三位表示有多少个零，基本单位是 Ω，例如 102＝10000Ω＝1kΩ。1% 阻值表示法为：前三位表示有效数字，第四位表示有多少个零，基本单位是 Ω，例如 1002＝100000Ω＝10kΩ
J	J 表示精度为 5%，F 表示精度为 1%
T	表示编带包装

→ **问 76** 怎样判断贴片电阻的参数是否正确？——规律法

答 判断贴片电阻的参数是否正确，可以根据贴片电阻阻值是否符合国家制定的标准系列。如果标准系列中没有的，则可能是判断错误引起的。

国家制定的标准系列见表 1-1-23。

表 1-1-23　国家制定的标准系列　　　　　　　　　　　　　　　　Ω

E-1 标准系列									
100									

E-3 标准系列									
100	220	470							

E-6 标准系列									
100	150	220	330	470	680				

E-12 标准系列									
100	120	150	180	220	270				
330	390	470	560	680	820				

E-24 标准系列									
100	110	120	130	150	160	180	200		
220	240	270	300	330	360	390	430		
470	510	560	620	680	750	820	910		

E-96 标准系列									
100	102	105	107	110	113	115	118	121	124
127	130	130	137	140	143	147	150	154	158
162	165	169	174	178	182	187	191	196	200

E-96 标准系列

205	210	215	221	226	232	237	243	249	255
261	267	274	280	287	294	301	309	316	324
332	340	348	357	365	374	383	392	402	412
422	432	442	453	464	475	487	499	511	523
536	549	562	576	590	604	619	634	649	665
681	698	715	732	750	768	787	806	825	845
866	887	909	931	953	976				

E-192 标准系列

100	101	102	104	105	106	107	109	110	111
113	114	115	117	118	120	121	123	124	126
127	129	130	132	133	135	137	138	140	142
143	145	147	149	150	152	154	156	158	160
162	164	165	167	169	172	174	176	178	180
182	184	187	189	191	193	193	196	198	200
203	205	208	210	213	215	218	221	223	226
229	232	234	237	240	243	246	249	252	255
258	261	264	267	271	274	277	280	284	287
291	294	298	301	305	309	312	316	320	324
328	332	336	340	344	348	352	357	361	365
370	374	379	383	388	392	397	402	407	412
417	422	427	432	437	442	448	453	459	464
470	475	481	487	493	499	505	511	517	523
530	536	542	549	556	562	569	576	583	590
597	604	612	619	626	634	642	649	657	665
673	681	690	698	706	715	723	732	741	750
759	768	777	787	796	806	816	825	835	845
856	866	876	887	898	909	920	931	942	953
965	976	988							

0603 1%代码表

阻值	代码	阻值	代码	阻值	代码	阻值	代码	阻值	代码	阻值	代码
100	01	147	17	215	33	316	49	464	65	681	81
102	02	150	18	221	34	324	50	475	66	698	82
105	03	154	19	226	35	332	51	487	67	715	83
107	04	158	20	232	36	340	52	499	68	732	84
110	05	162	21	237	37	348	53	511	69	750	85
113	06	165	22	243	38	357	54	523	70	768	86

阻值	代码	阻值	代码	阻值	代码	阻值	代码	阻值	代码	阻值	代码
115	07	169	23	249	39	365	55	536	71	787	87
118	08	174	24	255	40	374	56	549	72	806	88
121	09	178	25	261	41	383	57	562	73	825	89
124	10	182	26	267	42	392	58	576	74	845	90
127	11	187	27	274	43	402	59	866	91
127	11	187	27	274	43	402	59	604	76	866	91
130	12	191	28	280	44	412	60	604	76	887	92
133	13	196	29	287	45	422	61	619	77	909	93
137	14	200	30	294	46	432	62	634	78	931	94
140	15	205	31	301	47	442	63	649	79	953	95
143	16	210	32	309	48	453	64	665	80	976	9

乘数表

代码	乘数	代码	乘数	代码	乘数	代码	乘数	代码	乘数
A	10^0	C	10^2	E	10^4	G	10^6	X	10^{-1}
B	10^1	D	10^3	F	10^5	H	10^7	Y	10^{-2}

→ 问 77 怎样检测小阻值贴片电阻? ——串接法

答 平常,由于直接检测小阻值贴片电阻不方便,因此,可以把相同的小阻值贴片电阻串接好,检测它们的总电阻,然后除以总个数,这样即可得到每一个小阻值贴片电阻的阻值。

→ 问 78 怎样判断贴片压敏电阻的好坏? ——万用表法

答 把万用表调到 $R \times 1k$ 挡,测量贴片压敏电阻两电极间的正向、反向绝缘电阻,正常情况下均为无穷大∞;否则,说明该贴片压敏电阻漏电流大。如果测量的电阻很小,说明该贴片压敏电阻已损坏。

→ 问 79 怎样理解贴片电阻数字的含义? ——规则法

答 贴片电阻的标称方法有数字法与色环法,其中数字法的识别判断方法如下。

(1)电阻的表示

对于误差大于±2‰的贴片电阻,一般用三位数字表示(例如 E24 系列),其中,前两个数字依次为十位、个位,最后位数表示为 10 的 X(X 等于最后那位数字)次方。单位一般为 Ω。四位数的 E96 系列贴片电阻,前三位表示有效数字,第四位表示有效数字后零的个数。

小于 1Ω 的电阻,有的用字母 R 代表小数点,后面的数字为有效数字。有的标称阻值精确到 $m\Omega$ 以上时,R 表示小数点,单位为 Ω。标称阻值精确到 $m\Omega$ 以下,M 表示小数点,单位为 $m\Omega$。

高精密贴片电阻,一般是黑色片式封装,底面与两边为白色,在上表面标出代码。有的代码由两位数字加一位字母组成,其中前两位数字是代表有效数值的代码,后一位字母是有效数值后应乘的数,基本单位为Ω。数字代码的数值对照见表 1-1-24。

表 1-1-24 数字代码的数值对照

代码	数值	代码	数值	代码	数值	代码	数值
01	100	25	178	49	316	73	562
02	102	26	182	50	324	74	576

代码	数值	代码	数值	代码	数值	代码	数值
03	105	27	187	51	332	75	590
04	107	28	191	52	340	76	604
05	110	29	196	53	348	77	619
06	113	30	200	54	357	78	634
07	115	31	205	55	365	79	649
08	118	32	210	56	374	80	665
09	121	33	215	57	383	81	681
10	124	34	221	58	392	82	698
11	127	35	226	59	402	83	715
12	130	36	232	60	412	84	732
13	133	37	237	61	422	85	750
14	137	38	243	62	432	86	768
15	140	39	249	63	442	87	787
16	143	40	255	64	453	88	806
17	147	41	261	65	464	89	825
18	150	42	267	66	475	90	845
19	154	43	274	67	487	91	866
20	158	44	280	68	499	92	887
21	162	45	287	69	511	93	909
22	165	46	294	70	523	94	931
23	169	47	301	71	536	95	953
24	174	48	309	72	549	96	976

字母表示乘数对照见表1-1-25。

表 1-1-25　字母表示乘数对照

字母代码	A	B	C	D	E	F	G	H	X	Y	Z
应乘的数	10^0	10^1	10^2	10^3	10^4	10^5	10^6	10^7	10^{-1}	10^{-2}	10^{-3}

（2）误差表示

贴片电阻的误差一般用单独的字母表示，具体对照见表1-1-26。

表 1-1-26　贴片电阻的误差字母对照

字母	C	D	F	G	J	K	M
误差（±%）	25	0.5	1	2	5	10	20

（3）功率表示

贴片电阻的功率一般用三位数字表示，读作XXW。例如：005表示为5W。

→ 问 80 怎样判断贴片排电阻的公共端？——经验法

答 贴片排电阻有的有公共端，有的没有公共端。有公共端的其公共端一般位于其两侧，具体需要根据型号而定。

若干个电阻，它们的一个引脚连到一起后引出来，作为公共引脚。其余引脚正常引出。有的排阻公共引脚用一个色点标出来。

贴片排电阻的判断，也可以根据其内部结构来判断。一些排阻的内部结构如图1-1-20所示。

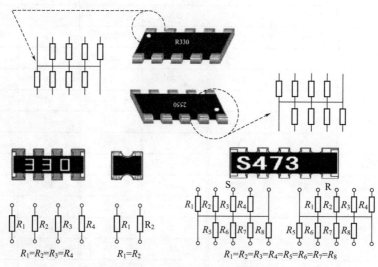

图1-1-20　贴片排电阻内部结构

→ **问81** 怎样判断贴片排阻的类型？——标示法

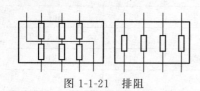

图1-1-21　排阻

答　贴片排阻内部一般是由等阻值电阻构成的，其公共端一般位于两侧。排阻可以分为并阻和串阻。串阻与并阻的区别：串阻的各个电阻是彼此分离独立的，如图1-1-21所示。

电阻在电路中一般用R加数字表示，并联排阻（并阻）一般用英文字母RP表示，串联排阻（串阻）一般用英文字母RN表示。根据它们的这个表示方法，即可判断贴片排阻的类型。

→ **问82** 怎样判断贴片固定电阻的好坏？——万用表法

答　先把万用表两表笔分别与电阻的两电极端相接，这样可以测出实际电阻值。如果所测的电阻值为0或者无穷大∞，则说明检测的贴片电阻可能损坏了。

万用表检测贴片电阻的一些注意事项如下：

① 检测电阻时，手不要触及表笔与电阻的导电部分；

② 不要带电检测电阻；

③ 检测在线电阻时，会有一定的检测误差；

④ 万用表表笔要与贴片电阻端电极充分接触。

→ **问83** 怎样判断贴片电阻的好坏？——观察法

答　实际中的外观特征如下：

① 贴片电阻外形变形，则该电阻可能损坏了；

② 贴片电阻体表面如果颜色烧黑，则该电阻可能损坏了；

③ 贴片电阻表面一般是平整的，如果出现一些凸凹现象，则该电阻可能损坏了；

④ 贴片电阻引出端电极覆盖均匀镀层，如果出现脱落现象，则该电阻可能损坏了；

⑤ 贴片电阻表面二次玻璃体保护膜覆盖完好，如果出现脱落，则该电阻可能损坏了；

⑥ 贴片电阻引出端电极一般是平整、无裂痕针孔的，没有变色现象，如果出现裂纹，则该电阻可能损坏了。

→ **问 84** 怎样判断贴片电阻阻值减小？——观察法

答 贴片电阻可以应用在串联电路中，也可以应用在并联电路中。

在并联电路中，如果该电阻阻值减小，会使电阻所在的支路电流增大。电流增大，可能会烧毁该支路上的元件。

在串联电路中，如果电阻减小，该电阻分得的电压将明显减小，其他电阻分得电压会明显增大。如果该串联电路是一基准电压电阻分级电路，则该电阻阻值的减小，会给若干个电路造成不良的影响。

→ **问 85** 怎样检测贴片电阻的阻值？——加电流法

答 需要构筑简单电路，利用欧姆定律来计算出贴片电阻：$R = U/I$。因此，给电路通电后，需要检测出流过贴片电阻的电流以及贴片电阻两端的电压，这样才能够计算出电阻的数值。

→ **问 86** 怎样判断贴片电阻的功率？——常见功率法

答 一般家电设备中常见小功率电路中应用贴片电阻的功率，通常为 1/4W、1/8W。因此，对于这些设备的电路中的贴片电阻的代换，如果不知道功率，代换时，可以直接选择 1/4W 或者 1/8W 的贴片电阻进行即可。

→ **问 87** 怎样判断贴片电阻的温度对功率的影响？——数字法

答 数字法判断贴片电阻的温度对功率的影响的要点就是知道两个数字：25％、70℃。

25％——大功率贴片电阻的功率一般在其 25％ 以下工作为好，并且需要考虑温度对贴片电阻具有一定的影响。

70℃——一般贴片电阻在环境温度大于 70℃ 时，其额定功率会下降。

→ **问 88** 怎样判断贴片电阻是采样电阻？——综合法

答 贴片电阻可以在应用电路中作为采样电阻。判断应用电路中的电阻是采样电阻的方法与要点如下。

① 功能法——设计安置在需要采样电流的电路位置，通过测量电阻两端的电压值来反馈，进而确定电路中电流大小的功能电阻，就是采样电阻。

② 特点法——采样电阻的阻值一般要求比较小，一般为 1Ω 以下，这样才能够使该功能电阻不会影响原电路中电流的大小，从而保证采样的精度。采样电阻有时也叫做合金电阻、电流检测电阻、电流感测电阻、合金取样电阻等。

③ 特点法——采样电阻主要用在电流控制电路、调整电路、过流保护电路、短路保护电路中。

→ **问 89** 怎样判断贴片电阻是限流电阻？——综合法

答 ① 功能法——设计安置在需要限制电流的电路位置。电阻值越大，则通过的电流越小。

② 计算法——测量电阻的两端工作电压 U，通过欧姆定律 $I = U/R$ 计算出电流，然后判断电路是否限制了电流的大小，从而判断该电阻是限流电阻。也就是通过限流电阻限流，为后续提供了需要的相对的低电流。

→ **问 90** 怎样判断贴片电阻是降压电阻？——综合法

答 ① 功能法——设计安置在需要利用电阻产生电压降的电路位置。一般电阻值越大，电压降越大。

② 计算法——电阻上的电压降可以用欧姆定律 $U = IR$ 计算。当电流 I 一定时，电压降 U 的

大小与电阻的阻值 R 成正比。通过降压电阻降压，为后续提供了需要的相对的低压。

→ **问 91** 怎样判断贴片电阻是分压电阻？——特点法

答 特点法判断贴片电阻是分压电阻，是根据电阻的降压作用可以构成分压器。分压器的分压比取决于构成分压器的电阻的阻值比。

1. 1. 13 电位器

→ **问 92** 怎样判断电位器的好坏？——听声法

答 电位器开关通、断时，正常会发出"喀哒"的清脆声，如果有，则说明电位器是正常的。如果电位器内部接触点与电阻体存在"沙沙"的摩擦声、断断续续的沙声，则说明该电位器质量不好。

→ **问 93** 怎样判断电位器的好坏？——万用表法

答 ① 把万用表调到合适的电阻挡。

② 认准活动臂端，固定臂端两端。

③ 用万用表的欧姆挡测固定臂端两端，正常的读数应为电位器的标称阻值。如果万用表的指针不动或阻值相差很大，则说明该电位器已经损坏。

④ 检测电位器的活动臂与固定臂两端接触是否良好，即一表笔与活动臂端连接，一表笔与固定臂端连接（固定臂两端中的任一端连接），然后转动转轴，这时电阻值也随慢慢旋转逐渐变化，增大还是减小与逆时针方向旋转还是顺时针方向旋转有关。

如果万用表的指针在电位器的轴柄转动过程中有跳动现象，则说明活动触点有接触不良的现象。

电位器的内部结构如图 1-1-22 所示，图中 1、3 两端为固定臂端，2 端为活动臂端。

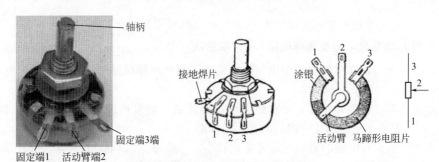

图 1-1-22　电位器的内部结构

→ **问 94** 怎样判断电位器的好坏？——转动法

答 检测时，转动电位器旋柄（即转动轴柄），如果旋柄转动平滑、开关灵活，说明该电位器为正常。如果可以 360°旋转，旋转时感觉不平滑费力，则说明该电位器可能损坏了。

另外，将电位器的转轴按逆时针方向旋到接近关的位置，此时电阻应越小越好。然后慢慢按顺时针旋转轴柄，电阻应逐渐增大。旋到极端位置时，阻值应接近电位器的标称值。如果在电位器的轴柄转动过程中，万用表指针具有跳动现象，说明该电位器具有接触不良好等现象。

→ **问 95** 怎样判断碳膜电位器的好坏？——维修法

答 当不便判断碳膜电位器的好坏时，可以直接对碳膜电位器进行维修，看能否消除故障：一般用铅笔在电位器的碳膜上涂一涂，然后在铅笔涂过后再滴一点缝纫机油即可。如果能够将铅笔芯压成粉末，用缝纫机油调成糊状，再放在异常的碳膜上也可。

→ **问 96** 怎样判断电位器的好坏？——代换法

答 利用好的电位器代换需要判断的电位器，并且安装好后测试。如果测试正常，说明原来的电位器异常。如果测试结果与应用原来的电位器情况是一样的，则说明原来的电位器可能是好的。

该方法适用性强，推拉电位器、碳膜电位器等多适用。

1.2 电容

1.2.1 概述

→ 问 97 怎样判断元件是电容？ ——标志法

答 ① 电路中电容一般用大写字母 C 加数字表示。

② 电路中电容一般用图标 ╫ ╟ 表示，如图 1-2-1 所示。

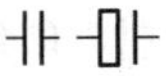

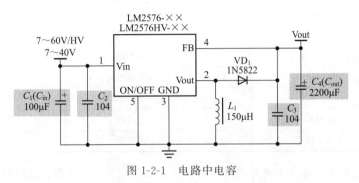

图 1-2-1 电路中电容

→ 问 98 怎样判断电容的种类？ ——文字符号法

答 CA 表示为钽电解电容；CBB 表示为金属化聚丙烯电容；CBF 表示为聚四氟乙烯电容；CB 表示为聚苯乙烯电容；CC 表示为高频瓷介电容；CD 表示为铝电解电容；CE 表示为其他电解电容；CG 表示为合金电解电容；CH 表示为复合介质电容；CI 表示为玻璃釉电容；CJ 表示为金属化纸介电容；CLS 表示为聚碳酸酯电容；CL 表示为聚酯（涤纶）电容；CN 表示为铌电解电容；CN 文字符号表示为排容；CO 表示为玻璃膜电容；CQ 表示为漆膜介质电容；CT 表示为低频瓷介电容；CY 表示为云母电容；CZ 表示为纸介电容；C 文字符号表示为贴片电容、普通电容，或者其他电容；EC 或 CE 文字符号表示为电解电容；MKP 电容表示为金属化聚丙烯电容；MKT 电容表示为金属化聚乙酯电容；Mylar 电容表示为聚乙酯电容；PP 电容表示为聚丙烯电容；PS 电容表示为聚苯乙烯电容；TC 文字符号表示为钽电容。

→ 问 99 怎样判断电容的种类？ ——应用法

答 应用法判断电容的种类，就是根据电容常见的应用情况来判断。

谐振回路——常见应用的电容有云母电容、高频陶瓷电容等。

隔直流——常见应用的电容有纸介电容、涤纶电容、云母电容、电解电容、陶瓷电容等。

滤波——常见应用的电容有电解电容等。

旁路——常见应用的电容有涤纶电容、纸介电容、陶瓷电容、电解电容等。

→ 问 100 怎样判断电容端子的类型？ ——图解法

答 图解法判断电容端子类型的图例如图 1-2-2 所示。

SE-A   SE-B   SE-C   SE-D   SE-E   双引线引出

图 1-2-2 电容端子类型

答 国产电容的命名一般由 4 部分组成，其中：

第一 一般用字母表明名称，电容用 C 表示；

第二 一般用字母表示材料；

第三 一般用数字表示分类；

第四 一般用数字表示序号；

具体各部分的一些特点如下。

（1）国产电容第二部分字母表示材料的含义对照见表 1-2-1。

表 1-2-1 国产电容第二部分字母表示材料的含义对照

字母	材料	字母	材料	字母	材料
A	钽电解	H	纸膜复合	Q	漆膜
B	非极性有机薄膜	I	玻璃釉	T	低频陶瓷
C	高频瓷介	J	金属化纸介	V	云母纸
D	铝电解	L	极性有机薄膜	Y	云母
E	其他材料	N	铌电解	Z	纸介
G	合金电解	O	玻璃膜		

说明 B 表示聚苯乙烯等非极性有机薄膜，常在 B 后面再加一字母，以区分具体材料，例如 BB 表示为聚丙烯；BF 表示为聚四氟乙烯；L 表示涤纶等极性有机薄膜，常在 L 后面再加一字母，以区分具体材料，例如 LS 表示为聚碳酸酯。

（2）国产电容第三部分数字或字母代表的含义对照见表 1-2-2。

表 1-2-2 国产电容第三部分数字或字母代表的含义对照

数字或字母	含义			
	瓷介电容	云母电容	有机电容	电解电容解
1	圆形	非密封	非密封	箔式
2	管形	非密封	非密封	箔式
3	叠片	密封	密封	烧结粉、非固体
4	独石	密封	密封	烧结粉、固体
5	穿心		穿心	
6	支柱等			
7				无极性
8	高压	高压	高压	
9			特殊	特殊
G	高功率型			
T	叠片式			
W	微调型			
J	金属化型			
Y	高压型			

答 进口电容的命名一般由 6 部分组成。

第 1 项 用字母表示类别。

第 2 项 用两位数字表示其外形、结构、封装方式、引线开始与轴的关系。

第 3 项　温度补偿型电容的温度特性，有用字母表示的，也有用颜色表示的。

第 4 项　用数字与字母表示耐压，其中字母代表有效数值，数字代表被乘数 10 的幂。

第 5 项　标称容量，一般用三位数字表示，其中前两位表示有效数值，第三位表示 10 的幂。有小数时，一般用 R 或 P 表示。普通电容的单位一般是 pF，电解电容的单位一般是 μF。

第 6 项　允许偏差，一般用一个字母表示，含义与国产电容的基本相同。也有的用色标法表示，意义与国产电容的标志方法基本相同。

具体各部分的一些特点如下。

（1）第 1 项用字母表示类别的字母含义对照见表 1-2-3。

表 1-2-3　第 1 项用字母表示类别的字母含义对照

字母	含义	字母	含义
CM、CB、DM	云母电容	CL、CLR	非固体钽电解电容
CC、CK、CKB	瓷介电容	CY、CYR	玻璃釉电容
CE、CV、NDS	铝电解电容	CA、CN、CP	纸介电容
CS、CSR、NDS	固体钽电解电容	CH、CHR	金属化纸介电容

（2）第 3 项温度补偿型电容的温度特性有关字母、颜色含义对照见表 1-2-4。

表 1-2-4　第 3 项温度补偿型电容的温度特性有关字母、颜色含义对照

序号	字母	颜色	温度系数	允许偏差	序号	字母	颜色	温度系数
1	A	金	+100		12	R	黄	−220
2	B	灰	+30		13	S	绿	−330
3	C	黑	0		14	T	蓝	−470
4	G			±30	15	U	紫	−750
5	H	棕	−30	±60	16	V		−1000
6	J			±120	17	W		−1500
7	K			±250	18	X		−2200
8	L	红	−80	±500	19	Y		−3300
9	M			±1000	20	Z		−4700
10	N			±2500	21	SL		+350~−1000
11	P	橙	−150		22	YN		−800~−5800

说明：表中温度系数的单位为 ppm/℃，允许偏差为%。

（3）第 4 项用数字与字母表示耐压，它们间的对照关系见表 1-2-5。

表 1-2-5　电容耐压数字与字母的对照关系

字母	A	B	C	D	E	F	G	H	J	K	Z
耐压值/V	1.0	1.25	1.6	2.0	2.5	3.15	4.0	5.0	6.3	8.0	9.0

→ **问 103** 怎样判断电容的单位？——规律法

答　① 电容常见的单位有微法（μF）、纳法（nF）、皮法（pF）、法（F）等，它们间的关系如下：1 法拉（F）= 1000000 微法（μF），1 微法（μF）= 1000 纳法（nF）= 1000000 皮法（pF）。

② 容量小于 10000pF 的电容，一般用 pF 作单位。

③ 大于 10000pF 的电容，一般用 μF 作单位。

④ 大于 100pF 小于 1μF 的电容，一般不标注单位。

⑤ 没有小数点的标识，单位一般为 pF。有小数点的标识，单位一般为 μF。

⑥ 法拉是一个很不常用的单位。一般应用的电容的容量往往比 1F 小得多，因此，电容常用的单位为微法（μF）、纳法（nF）、皮法（pF）等。

⑦ 进口电容基本单位为 P，辅助单位有 G、M、N。它们间的换算关系为：1G＝1000μF，1M＝1μF＝1000pF。

→ 问 104 怎样判断电容的特点？——种类法

答 判断电容的特点可以根据电容的种类来判断。一些电容的特点见表1-2-6。

表 1-2-6　电容的特点

种类	容量范围	直流工作电压/V	运用频率/MHz	准确度	漏电电阻/MΩ
薄膜电容	3pF～0.1μF	63～500	高频、低频	Ⅰ～Ⅲ	>10000
瓷介电容	1pF～0.1μF	63～630	低频、高频 50～3000 以下	02～Ⅲ	>10000
瓷介微调电容	2/7～7/25pF	250～500	高频	—	>1000～10000
金属壳密封金属化纸介电容	0.22～30μF	160～1600	直流、脉动电流	Ⅰ～Ⅲ	>30～5000
金属壳密封纸介电容	0.01～10μF	250～1600	直流、脉动直流	Ⅰ～Ⅲ	>1000～5000
可变电容	最小>7pF，最大<1100pF	100 以上	低频、高频	—	>500
铝电解电容	1μF～10000μF	4～500	直流、脉动直流	Ⅳ Ⅴ	—
钽、铌电解电容	0.47～1000μF	6.3～160	直流、脉动直流	Ⅲ Ⅳ	—
云母电容	10pF～0.51μF	100～7000	75～250 以下	02～Ⅲ	>10000
中、小型金属化纸介电容	0.01～0.22μF	160、250、400	8 以下	Ⅰ～Ⅲ	>2000
中小型纸介电容	470pF～0.22μF	63～630	8 以下	Ⅰ～Ⅲ	>5000

→ 问 105 怎样判断电容的容量（直标法）？——规律法

答 电容的容量有的采用直标法标注。电容的直标法分为标有单位的直接法与不标单位的直标法。

（1）标有单位的直接法

该种表示法有的是用 mF、μF、nF、pF 等直接在外壳上表示出电容的容量，如图1-2-3所示。

该种表示法有的是用字母 m 简称毫法，用字母 μ 简称微法，用字母 n 简称纳法，用字母 p 简称皮法，也就是简称的标注。

另外，有的电容是在数字前面冠以 R，则表示为零点几 μF 的电容。例如 R47 表示为 0.47μF 的电容。容量大的电容，其容量值一般在电容上直接标明，例如 10μF/16V。

（2）不标单位的直标法

有的用 1～4 位大于 1 的数表示，则容量单位一般为 pF。如果用零点几或零点零几表示，则单位一般是 μF。

有的电容，默认单位为 μF。不标单位的直标法如图1-2-4所示。

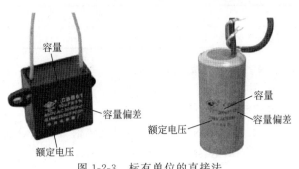

图 1-2-3　标有单位的直接法　　　　图 1-2-4　不标单位的直标法

→ 问 106　怎样判断电容的容量（文字符号法）？——规律法

答　电容容量的文字符号法，就是用数字、文字符号有规律地组合来表示电容的容量。

文字符号表示电容量的单位，常见的有 p、n、μ、m、F 等。

有一些电容采用数字与符号方式标示，其常见的方法如下。

① 数字前面加 R，用来表示零点几微法的电容。例如 $0.47\mu F$ 标为 R47。

② 不带小数点的整数标示，单位一般为 pF。例如 5600pF，标为 5600。

③ 带小数点的标示，单位一般为 μF。例如，$0.056\mu F$，标为 0.056。

电容容量的允许偏差一般用字母表示，字母含义对照见表 1-2-7。

表 1-2-7　允许偏差字母含义对照

字母	B	C	D	F	G
允许容差	$\pm 0.1pF$	$\pm 0.2pF$	$\pm 0.5pF$	$\pm 1pF$	$\pm 2pF$

→ 问 107　怎样判断电容的容量（数码表示法）？——规律法

答　容量小的电容，其容量值在电容上用字母表示或数字表示。

电容容量的数码表示法，就是用数码表示电容的容量，一般是用三位数来表示容量的大小，单位一般为 pF。其中，前面的两位数表示电容值的有效数字，第三位数表示有效数字后面要加多少个零。

该种表示法中有一个特殊情况，就是当第三位数字为 9 时，则是用有效数字乘上 10^{-1} 来表示容量大小。

→ 问 108　怎样判断电容的容量（色环表示法）？——规律法

答　电容容量的色环表示法与数码表示法相似。不同的是，色环表示法标的不是数字，而是用某种颜色代表某个数码，并且单位一般为 pF。电容色环表示法中颜色对应的数码见表 1-2-8。

表 1-2-8　电容色环表示法中颜色对应的数码

颜色	黑	棕	红	橙	黄	绿	蓝	紫	灰	白
数码	0	1	2	3	4	5	6	7	8	9

判断色环表示法电容容量的方法与要点如下：一般是沿着引线方向，第一、二种颜色表示的数码为容量的有效数字，第三种颜色表示的数码为有效数字后面添加的 0 的个数，一般单位为 pF。

有的小型电解电容的耐压也有采用色标法的，位置一般是靠近正极引出线的根部，颜色与耐压对照见表 1-2-9。

表 1-2-9　颜色与耐压对照

颜色	黑	棕	红	橙	黄	绿	蓝	紫	灰
耐压/V	4	6.3	10	16	25	32	40	50	63

有些电容上的色环较宽，占有二个或三个色环宽时，则表示有同一种颜色的两个或三个色环。

→ 问 109　怎样判断电容的容抗？——公式法

答　电容容量的大小就是表示其能储存电能的大小，电容对交流信号的阻碍作用称为容抗。容抗与交流信号的频率、电容量有关。判断电容的容抗大小，可以采用下面的公式来计算：

$$容抗\ X_C = 1/2\pi fC\ （f\ 表示交流信号的频率，C\ 表示电容容量）$$

→ 问 110　怎样判断电容的误差（直标法）？——规律法

答　电容允许误差（精度等级）就是电容的标称容量与其实际容量之差，再除以标称容量所得的百分数。

电容误差的直标法就是直接把容量误差标在电容上，判断时，只要直接读出来即可。例如 $10\mu F \pm 0.5\mu F$，误差就是 $\pm 0.5\mu F$。

→ 问 111　怎样判断电容的误差（字母码法）？——规律法

答　电容误差的字母码法，就是采用代表容量误差的字母标在电容上。判断时，只要根据字母的含义判断即可。

常见的代表容量误差的字母含义见表 1-2-10 和表 1-2-11。

表 1-2-10　常见的代表容量误差的字母含义

级别	005	01	02	I	II		III		IV	V	VI
符号	D	F	G	J	K	L	M	N			
允许误差	±5%	±1%	±2%	±5%	±10%	±15%	±20%	±30%	+20，−10	+50，−20	+50，−30

表 1-2-11　电容偏差标识符号

字母	Q	S	T	R	H	Z
偏差范围/%	+30，−10	+20，−30	+50，−20	+50，−10	+100，−10	+100，−0	+80，−20

如：一电容为 104J，表示容量为 $0.1\mu F$，误差为 $\pm 5\%$。一电容为 224K，表示容量为 $0.22\mu F$，误差为 $\pm 10\%$。

→ 问 112　怎样判断电容的误差？——类型法

答　判断电容的误差，可以根据电容标称容量系列与电容类别来判断，具体特点见表 1-2-12 和表 1-2-13。

表 1-2-12　电容标称容量系列与允许误差

标称值系列	允许误差	标称容量系列										
E24	±5%	1.0	1.1	1.2	1.3	1.5	1.6	1.8	2.0	2.2	2.4	2.7	3.0
		3.3	3.6	3.9	4.3	4.7	5.1	5.6	6.2	6.8	7.5	8.2	9.1
E12	±10%	1.0	1.2	1.5	1.8	2.2	2.7	3.3	3.9	4.7	5.6	6.8	8.2
E6	±20%	1.0	1.5	2.2	3.3	4.7	6.8						

表 1-2-13　不同类别电容标称容量允许误差

电容类别	允许误差	容量范围	标称容量系列
纸介、纸膜复合低频、有机薄膜（有极性）电容	±5% ±10% ±20%	100pF～1μF	E6 系列值
		1～100μF	1,2,4,6,8,10,15,20 30,50,60,80,100
高频（无极性）有机薄膜、瓷介质、玻璃釉、云母电容	±5%	>4.7pF	E24 系列值
	±10%	≤4.7pF	E12 系列值
	±20%		E6 系列值
铝、钽、铌、钛电解电容	±10%		E6 系列值
	±20%		
	Ⅴ		
	Ⅵ		

→问 113　怎样判断电容的最高使用频率？——类型法

答　电容的电参数随电场频率不同而变化。高频条件下工作的电容，由于介电常数在高频时比低频时小，电容量也相应减小，损耗也随频率的升高而增加。

判断电容的最高使用频率可以根据电容的类型来判断：

小型云母电容最高使用频率在 250MHz 以内；

小型纸介电容最高使用频率为 80MHz；

圆管形瓷介电容最高使用频率为 200MHz；

圆盘形瓷介电容最高使用频率可达 3000MHz；

圆片形瓷介电容最高使用频率为 300MHz；

中型纸介电容最高使用频率只有 8MHz。

→问 114　怎样判断国外电容的容量？——规律法

答　国外生产的电容的规格数值、表示方法与我国生产的电容有所不同，具体可以根据其规律来判断，见表 1-2-14。

表 1-2-14　判断国外电容的容量

项目	解说
标有单位的直标法	有的与国产的标法一样。例如，0.01μF 表示为 0.01 微法。有的电容用字母 R 表示小数点，例如 R56μF 表示 0.56 微法 国产不常用的标法，例如 220MFD 表示为 220μF
不标单位的直标法	不标单位的直标法中，用 1～4 位数表示，单位一般为 pF。电解电容的单位一般为 μF
用量级单位 p、n、μ、m 标示法	用数字与一个字母表示电容的标称容量。其中数字表示有效值，字母表示数量级。p 表示微微法，n 表示毫微法，μ 表示微法，m 表示毫法 字母所在位置一般还表示小数点的位置。例如 4p7 表示 4.7pF

→问 115　怎样检测电容的容量？——电容表法

答　要测出电容准确的容量，可以用电容表测试。测试时，根据所测电容容量的大小，选择合适的量程，把电容的两脚分别接电容表两表笔，然后从显示屏上直接读出电容容量即可。

→ **问 116** 怎样判断电容损坏了？——现象法

答 电容损坏引发的故障在电子设备中属于常见，尤其是电解电容的损坏最为常见。

判断电容是否损坏，可以根据电容的异常现象来判断：电容出现容量变小、完全失去容量、漏电、短路、断路等现象，则说明该电容损坏了。

→ **问 117** 怎样判断电容的极性？——观察法

答 ① 在 PCB 的电容位置上有两个半圆，涂颜色的半圆对应的引脚一般为负极，如图 1-2-5 所示。

② 线路板上安装电解电容的位置标有符号表示极性，例如标有＋符号表示正极，如图 1-2-6 所示。

图 1-2-5　涂颜色的半圆

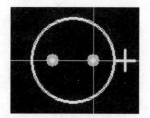

图 1-2-6　线路板上的＋符号

③ 电容上面有标志的黑块对应的引脚为负极端。

④ 根据电容引脚长短来区别其正极端、负极端：一般情况是长脚为正极端，短脚为负极端，如图 1-2-7 所示。有的钽电容在正极侧的本体上标"＋"号。

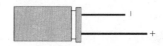 

图 1-2-7　根据电容引脚长短来区别其正极端、负极端

⑤ 电容本体上的＋号表示电容的极性，如图 1-2-8 所示。

⑥ 对于表贴铝电解电容，被油墨涂实的一侧常表示为负极，正极侧底座一般被切角处理，如图 1-2-9 所示。

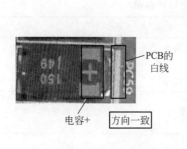 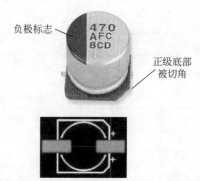

图 1-2-8　电容的极性　　　　图 1-2-9　表贴铝电解电容的极性标注

⑦ 对于表贴钽电容，有的在线路板上用丝印＋号表示正极，同时把器件的外形轮廓画出来。一般外形轮廓有切角的一边为正极标注，如图 1-2-10 所示。

⑧ 电容上有黑色条纹的对应针脚为负极，铝电容为黑色半圆。在电路板上，白色半圆对应的是负极。

图 1-2-10　表贴钽电容的极性标注

→ 问 118　怎样判断电容的极性？——万用表法

答　将电容短路放电，把两引脚做好 A、B 标记，并且把万用表调到 $R \times 100\Omega$ 或 $R \times 1k\Omega$ 挡，然后黑表笔接 A 引脚，红表笔接 B 引脚，待指针静止不动后读数，测完后短路放电。再将黑表笔接 B 引脚，红表笔接 A 引脚，检测读数。再比较两次读数，阻值较大的一次，红表笔所接的为负极，黑表笔所接的为正极。

→ 问 119　怎样判断电容的外加电压最大值？——额定工作电压法

答　电容工作电压也称为耐压、额定工作电压，表示电容在使用时允许加在其两端的最大电压值。使用时，外加电压最大值一定要小于电容的耐压，通常取额定工作电压的 2/3 以下即可。

→ 问 120　怎样检测电容的容量？——指针式万用表法

答　选择万用表的 $R \times 1k$ 挡，把两表笔分别接触电容的两引脚，观察指针的偏转角度，再与几个好的已知容量的电容进行比较，即可估计该电容容量。

→ 问 121　怎样检测电容的容量？——数字万用表法

答　把电容插孔直接插入数字万用表相应孔内测量即可。容量为 $1\mu F$ 以下的电容，有的需要借助仪器才可以较准确地测量出容量。

具体的操作步骤如下：将数字万用表的功能/量程开关置于 F 挡（如图 1-2-11 所示），如果不知道被测电容的大小，应先选择最小量程再逐步增大量程（超量程时，数字万用表会显示 1），直到过量程显示消失，得到读数为止。根据被测的电容，用带夹短测试线插入 CAP＋端子与 CAP－端子或小检测座进行检测，表显示器上即会显示出被测电容值。

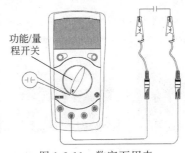

图 1-2-11　数字万用表

不允许在线检测被测电容，一定要先短路放电后，再进行检测。当被测电容漏电或击穿，检测值会不稳定，则可以初步判定该电容有问题。对于小电容的检测，需要使用短线，最好使用小检测孔，以免引入任何杂散电容。

→ 问 122　怎样判断电容的好坏？——代换法

答　为判断电容的好坏，可以采用与需要判断电容的类型、容量、耐压相同的电容进行代换应用。如果代换后应用正常，则可以判断应用异常的原电容坏了。

也可以采用串联或并联的方法进行代换。例如需要判断 $47\mu F/25V$ 的电容是否损坏，则可以把 $47\mu F/25V$ 的电容从线路上拆卸下来，然后用两只 $100\mu F/16V$ 电容串联后代替安装线路，也可用两只 $22\mu F/25V$ 的电容并联后替代应用。再根据应用后的效果来判断原电容是否损坏，或者是好的。

另外，对于电解电容，可以用耐压不低于原电容容量、与原电容相近的电解电容代换。对于普通贴片陶瓷电容，可以用同种颜色的贴片陶瓷电容进行应急代换检测。

→ 问 123　怎样判断通用电容的好坏？——指针万用表＋对比法

答　把万用表调到 $R \times 1k$ 挡，两表笔分别接触电容的两引脚，观察指针的偏转角度，然后与几个好的已知容量的电容进行比较，即可估计该电容容量。根据估计的容量是否与原来值相吻合，如果吻合，说明该电容正常；如果不吻合，说明该电容损坏。

→ 问 124 怎样判断 10pF 以下的固定电容的好坏？——万用表法

答 因为 10pF 以下的固定电容容量太小，用万用表进行测量，只能够定性地检查其是否有漏电、内部短路或击穿现象。检测时，选择万用表 $R\times 10k$ 或者 $R\times 1k$ 挡，用两表笔分别任意接电容的两引脚，正常阻值应为无穷大。如果测得阻值（指针向右摆动）为零，则说明该电容漏电损坏或内部击穿。

如果在线测量时，电容两引脚的阻值为 0，则可能是因为电路板上两引脚间线路是相通的。

→ 问 125 怎样判断容量较小的固定电容的好坏？——万用表法

答 用万用表直接检测容量较小的电容时，往往看不出表针的摆动。因此，检测时可以借助一个外加直流电压，用万用表直流电压挡进行测量，也就是把万用表调到相应的直流电压挡，负（黑）表笔接直流电源负极，正（红）表笔接被测的电容一端，另一端接电源正极。性能良好的电容，接通电源的瞬间，万用表的表针有较大的摆幅，并且容量越大，表针的摆幅也越大。表针摆动后，应能够逐渐返回到零位。

如果电容在电源接通的瞬间，万用表的指针不摆动，则说明该电容失效或者断路。如果万用表指针一直指示电源电压而不做摆动，则说明该电容已经被击穿短路。如果指针摆动正常，但是不返回零位，则说明该电容有漏电现象，并且所指示的电压值越高，表明该电容漏电量越大。

测量容量小的电容所用的辅助直流电压不能够超过被测电容的耐压，以免损坏该电容。另外，本检测方法只能够大概判断电容的好坏，不能够很精细地判断。

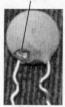

损坏的电容　　损坏的电容　　损坏的电容

图 1-2-12　观察法判断电容的好坏

→ 问 126 怎样判断电容的好坏？——观察法

答 判断电容的好坏，可以通过观察电容的外在特征来判断：

① 存在引脚腐蚀现象，可能该电容损坏了；

② 存在漏液现象，可能该电容损坏了；

③ 存在烧焦现象，可能该电容损坏了；

④ 存在缺块现象，可能该电容损坏了。

相关图例如图 1-2-12 所示。

→ 问 127 怎样判断通用电容的好坏？——指针万用表法

答 检测时，量程调到万用表相应电阻挡，将万用表两表笔分别接到电容的两个接线端子上，电容的好坏与万用表的指示对应如下：

① 电容断路——万用表指针不动；

② 电容被击穿——两端子间为通路，万用表指针大幅度摆到零位置并不再返回；

③ 电容正常——万用表指针大幅度摆向零位置方向，再又慢慢地回到几百千欧的位置。

→ 问 128 怎样判断小电容的容量？——利用基准电容法

答 ① 首先需要根据图 1-2-13 所示将线路连接好。其中，变压器初级接开关、保险、市电；变压器次级为 6V 输出。C 为基准电容，PV 为交流电压表（需要交流 10V 挡），C_X 为被测电容。

② 利用电容分压原理，计算出小电容 C_X 的容量：

$$C_X = C(U_1/U_2 - 1)$$

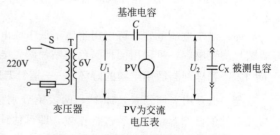

图 1-2-13　基准电容测量小电容容量

设 $U_1/U_2-1=a$，那么：

$$C_X=aC$$

再计算出不同 U_2 下的 a 值，具体见表 1-2-15。

表 1-2-15 不同 U_2 下的 a 值

U_2/V	5	4	3	2	1
a 值	0.2	0.5	1	2	5

③ 检测时，根据交流电压表 PV 所指示的电压值 U_2，以及根据表中找出相应 a 值，然后把基准电容 C 的容值乘以 a 值，即可以得到被测电容 C_X 的电容值。

→ 问 129 怎样判断直标法电容的容量与允许误差？ ——规律法

答 电容的直标法就是在电容外壳上直接标出标称电容量与允许误差，如 $33pF\pm5\%$，$33pF$ 为标称电容量，$\pm5\%$ 为允许误差。

→ 问 130 怎样判断陶瓷电容的耐压？ ——规律法

答 低压陶瓷电容耐压标示，其中有一横的耐压为 $50V$，二横的耐压为 $100V$，没有一横耐压为 $500V$。

→ 问 131 怎样理解电容误差常用字母的含义？ ——规律法

答 电容误差常用字母的含义对照如下：

字母	B	C	D	F	G	J	K	M	N	P	S	Z
电容误差/%	±0.1	±0.25	±0.5	±1	±2	±5	±10	±20	±30	表示$+100$、-10	表示$+50$、-20	表示$+80$、-20

→ 问 132 怎样判断小电容（10pF 以下）的好坏？ ——定性检测法

答 $10pF$ 以下固定电容可以采用检测电容法定性来判断，也就是说用万用表只能定性地检查其是否有漏电、内部短路或击穿等现象。

用万用表检测的要点与方法如下：把万用表调到 $R\times10k$ 挡，用两表笔分别任意接电容的两引脚端，此时，检测的阻值正常情况一般为无穷大。如果此时检测的阻值为零，则说明该电容内部击穿或者漏电损坏。

→ 问 133 怎样判断小电容的好坏？ ——自制小电容检测器法

答 判断小电容的好坏，可以通过自制小电容检测器来判断。小电容检测器的电路如图 1-2-14 所示（该电路适于检测容量在 $0.1\mu F$ 以下，几十皮法以上的小电容）。

小电容检测器是利用发光二极管发光与否来判断小电容的好坏。检测时，红表笔、黑表笔接触小电容两端，会有一充电电流流经待测的电容。此时，充电电流虽小，但是经过放大后，可以驱动发光二极管 LED 点亮发光。如果发光二极管 LED 没有发光，则说明该电容没有充电能力，即损坏了。如果发光二极管 LED 不闪亮，说明该电容内部断线损坏了。如果发光二极管 LED 闪亮后发光亮度仅是变暗而不能够熄

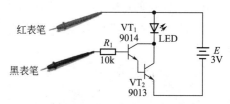

图 1-2-14 小电容检测器的电路

灭，则说明该电容内部存在漏电现象。如果发光二极管 LED 常亮不熄灭，说明该电容内部已经短路损坏了。

如果把红表笔、黑表笔同时接触待测电容的两端，发光二极管 LED 闪亮一下然后熄灭，说明该电容是好的。

→ 问 134 怎样判断小电容（10pF～0.01μF）的好坏？ ——复合三极管法

答 复合三极管法判断小电容（10pF～0.01μF）的好坏，就是利用复合三极管把被测电容的充放电过程进行放大，从而使万用表指针摆幅加大，便于观察。

三极管一般选择 β 值 100 以上，以及穿透电流小的管子，例如可以选择 3DG6、3DC6、9013 等。

三极管按图 1-2-15 所示连接成复合三极管，并且万用表的红表笔与黑表笔分别与复合管的发射极 e、集电极 c 触碰。性能良好的电容，接通的瞬间，万用表的指针有较大的摆幅，并且容量越大，表针的摆幅也越大。如果指针不摆动，则说明该电容可能损坏了。

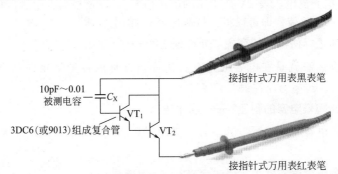

图 1-2-15　复合三极管法

→ 问 135 怎样判断小电容（pF 级）的好坏？ ——并接法

答 对 pF 级小容量电容的精确检测，一般用电容测试仪或电容电桥来测量。如果没有专用仪表，可以采用在电路上并接电容的方法，试验原来的电容是否失效：并接电容后，电路正常，卸下并接电容后，电路异常，则说明原来的电容异常。

→ 问 136 怎样判断小电容（几百皮法到零点零几微法）的好坏？ ——测电笔法

答 如图 1-2-16 所示，一手接触测电笔的笔帽，一手拿着充上电的电容的一脚，然后把测电笔的笔尖接触电容的另外一脚，这时测电笔发光管正常会出现由亮渐暗直到熄灭的现象。容量不同，测电笔发光管点亮时间不同。如果测电笔不亮，则说明该电容可能损坏了。

→ 问 137 怎样判断小电容的好坏？ ——耳机法

答 将耳机与待测电容连接在一起（图 1-2-17），碰触干电池。如果能够听到"喀啦"一声，并且电容容量越大，响声越大，多碰几次后听不到响声，则说明该被测电容是好的。如果多次碰触，都可以听到"喀啦"、"咔咔"声，则说明该电容内部漏电严重或内部短路。如果一次响声也没有，则说明该电容内部引线断开。

图 1-2-17 中的耳机可以选择 800～1500Ω 的，电池可以选择一节 1.5V 的干电池，则可以检测容量 100pF 以上的各种电容。如果电源电压提高到 9V，则可以检测容量在 10pF 以上的各种电容。

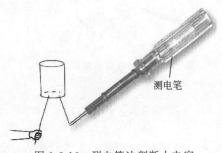

图 1-2-16　测电笔法判断小电容

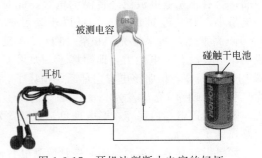

图 1-2-17　耳机法判断小电容的好坏

→ 问 138 怎样判断 0.01μF 以上固定电容的好坏？——万用表法

答 把万用表调到 $R\times10k$ 挡，直接检测电容有无充电过程，有无内部短路或漏电，以及根据指针向右摆动的幅度大小估出电容的容量。

→ 问 139 怎样判断固定电容（1μF 以上）的好坏？——指针万用表法

答 选择万用表法的 $R\times1k$ 电阻挡位，用万用表检测电容两电极，正常表针向阻值小的方向摆动，然后慢慢回摆到∞附近。再交换表笔检测一次，观察表针的摆动情况来判断：

① 摆幅越大，说明该电容的电容量越大；

② 如果表笔一直碰触电容引线，表针应指在∞附近，否则，说明该电容存在漏电现象，阻值越小，说明该电容漏电量越大，也就是可以判断该电容质量差；

③ 如果测量时表针不动，则说明该电容已失效或断路；

④ 如果表针摆动，但是不能够回到起始点，则说明该电容漏电量较大，也就是可以判断该电容质量差。

→ 问 140 怎样判断固定电容（5000pF 以上）的好坏？——指针万用表法

答 ① 用万用表电阻挡可以大致判断 5000pF 以上电容的好坏，5000pF 以下电容只能够判断电容内部是否被击穿。

② 检测时，把万用表电阻挡量程放在量程高挡，两表笔分别与电容两端接触，这时指针快速地摆动一下然后复原。反向连接，摆动的幅度比第一次更大，后又复原，则说明该电容是好的。电容的容量越大，检测时万用表的指针摆动越大，指针复原的时间也较长。

→ 问 141 怎样判断电容的好坏？——数字万用表法

答 ① 根据被判断电容的规格，正确选择数字万用表的适当挡位：一般容量小于 1μF 的电容选择 20k 挡，$1\sim100\mu F$ 的电容选择 2k 挡，容量大于 100μF 的电容选择 200k 挡。

② 把万用表的红表笔、黑表笔分别接在电容的正极、负极。

③ 观察显示屏显示的数字，如果从 000 开始增加，最后显示 1，说明该电容是好的。如果显示屏始终显示 000，则说明该电容内部短路。如果显示的数字始终是 1，则说明该电容内部极间断路。

→ 问 142 怎样判断通用电容的好坏？——数字万用表法

答 把万用表调到电容挡，把电容引脚直接插入数字万用表测量电容的相应插孔座检测即可。然后根据检测的容量与电容的标称容量比较，如果两者一致，说明正常；如果两者不一致，说明该电容可能损坏了。

说明：容量为 1μF 以下的电容，一般需要借助其他仪器才可以较准确地测量出容量。

→ 问 143 怎样检测电容的绝缘电阻？——兆欧表法

答 选择合适的兆欧表，选择耐压足够的二极管，例如一般情况可以选择 1N4007 型硅整流二极管，然后根据图 1-2-18 连接好。

摇动兆欧表，表针开始迅速指向 0，然后指向∞，最后停在的位置就是该电容的绝缘值。摇动兆欧表时，如果表针停在 0 位置不再偏转，则说明该电容内部短路；如果表针不偏转，而是慢慢靠近∞，则说明该电容内部开路。

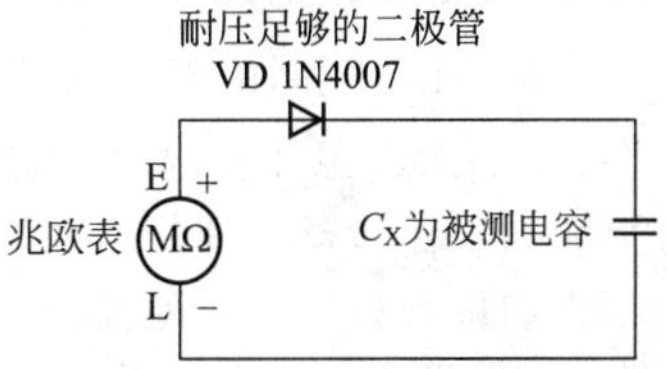

图 1-2-18　兆欧表法检测电容的绝缘电阻

→ 问 144 怎样判断电容的好坏？——兆欧表法

答 使用 500V 兆欧表，可以粗略地判别电容的好坏。把电容的两头接在兆欧表的两端子上，再摇动兆欧表的摇把。如果兆欧表的指针开始时指向零位置，随之逐渐上升，一直到达几十兆欧或几百兆欧，这时停止摇动摇把。然后，戴绝缘耐压手套，松开两个线头（不可以用手直接碰电容的两个接线头），再将电容的两个线头相碰，正常应发出很强的电火花和劈啪声，则说明该电容是好的。

说明：将电容的两个线头相碰时，注意采取安全措施。

→ 问 145 怎样判断容量较大电容的好坏？——指针万用表法

答 对容量较大的电容可以采用万用表的电阻挡进行检测、判断。检测时，一般选择万用表的 $R\times 1k$ 或 $R\times 10k$ 挡，正常的电容漏电电阻需要大于 $500k\Omega$。另外，也可以通过万用表表针的摆动情况来判断：

① 如果表针不动——说明该电容内部开路；

② 如果表针摆动很小——说明该电容失效；

③ 如果表针指在零欧姆不动——说明该电容内部短路或击穿；

④ 如果表针向零方向偏转返回后，停留在一个较低的阻值上——说明该电容漏电较大；

⑤ 如果表针零方向上摆动很大，返回后又停留在高阻或无穷大的位置上——说明该电容的质量好。

→ 问 146 怎样判断大容量电容的漏电电阻？——500 型万用表法

答 把 500 型万用表调到 $R\times 10$ 或 $R\times 100$ 挡，等万用表指针指向最大值时，再立即改用万用表的 $R\times 1k\Omega$ 挡来测量，指针会在较短时间内稳定，从而读出该稳定的数值。该稳定的数值就是大容量电容的漏电电阻值。

1.2.2 无极性电容

→ 问 147 怎样判断无极性电容内部短路或电容量严重衰减？——现象法

答 判断无极性电容内部短路或电容量严重衰减，可以根据其应用中出现的故障现象来判断。例如无极性电容在吊扇、台扇单相电机中应用时，如果电动机无法产生转矩而产生故障现象时，若排除其他原因，则可能就是电容内部出现短路现象或电容量严重衰减，使电动机定子绕组间得不到应有的电压、电流相位差，从而引起电动机不能够正常运转。

→ 问 148 怎样判断无极性电容内部热击穿？——外壳特征法

答 如果电容外壳膨胀、壳体表面温度很高，随着电容放电加大，温度剧升时继续使用，电容内部会出现热击穿，电容外壳会炸裂。

→ 问 149 怎样判断无极性电容受潮腐蚀？——引出线法

答 如果电容长时间放置在潮湿环境中，其引出线（引脚）很容易造成腐蚀霉烂而出现接触不良等现象。因此，如果电容引脚出现腐蚀现象，则说明该无极性电容受潮腐蚀。

→ 问 150 怎样判断无极性电容的好坏？——交流电压测试法

答 在待判断的电容两端接上一根带电源导线的插头，在导线与电容间串接一只保险管，再将插头插入电源插座内（注意待判断电容的耐压要满足要求），观察情况：

① 如果保险丝立即烧毁，则说明该电容内部已经短路；

② 如果数秒后，保险丝没有烧断，则拔下电源插头，手持带绝缘柄的螺丝刀，将电容两端短路，如果没有电火花出现，或者电火花很微弱并且没有声响，则说明该电容内部已经断路或者电容量已经严重衰减，也就是说明该电容损坏了，如果在短路放电的瞬间会冒出电火花，说明该电容正常，并且电容量越大，电火花越强烈，并伴有很清脆的炸响声。

说明 熔断器熔丝的额定电流 I_n 的确定：$I_n=0.8/C(A)$，其中 C 是电容的电容量。根据实际，确定是否选择 $220V$ 的交流电源上检测。

→ 问 151 怎样判断无极性电容的好坏？——充放电特性测试法

答 把万用表调到 $R \times 1k$ 挡，把两只表笔分别接在电容两电极上。正常情况下，万用表指针大幅度摆动，指向零电位后，指针又会慢慢退回到几百千欧处。如果指针在零电位处不动，则说明该电容内部短路。如果指针在某刻度处停下不退回，则说明该电容已经严重漏电。

另外，用万用表检测电极引脚与外壳体间的电阻值，正常时应为无穷大。

→ 问 152 怎样判断无极性电容的好坏？——兆欧表法

答 兆欧表可以判断无极性电容内部是否存在短路、开路等现象。

一般耐压的无极性电容，可以选择量程为 250V 级的兆欧表。检测时，需要把兆欧表的引线夹分别接在电容引线上，由慢到快摇动兆欧表手柄，如果表针指向无穷大∞时，则说明该电容器内部开路。如果表针指向表盘的 0 位，则表明电容内部短路。

说明：一些兆欧表型号、主要参数及适用范围见表 1-2-16。

表 1-2-16 兆欧表型号、主要参数及适用范围

型号	额定电压/V	测量范围	准确度等级
ZC25-1	100	0～100MΩ	1.0
ZC25-2	250	0～250MΩ	1.0
ZC25-3	500	0～500MΩ	1.0
ZC25-4	1000	0～1000MΩ	1.0
ZC26-3	500	0～200MΩ	1.0(0～600V 交流)
ZC28-3	500	0～200MΩ	1.0
DY30	500、1000、2500	20GΩ	

1.2.3 安规电容与交流电容

→ 问 153 怎样判断安规电容的等级？——规律法

答 安规电容是指电容失效后，不会导致电击，不危及人身安全的电容。安规电容分为 X 电容与 Y 电容。X 电容的安全等级见表 1-2-17。Y 电容的安全等级见表 1-2-18。

表 1-2-17 X 电容的安全等级

安全等级	应用中允许的峰值脉冲电压	过电压等级(IEC664)
X1	>2.5kV,≤4.0kV	Ⅲ
X2	≤2.5kV	Ⅱ
X3	≤1.2kV	—

表 1-2-18 Y 电容的安全等级

安全等级	绝缘类型	额定电压范围
Y1	双重绝缘或加强绝缘	≥250V
Y2	基本绝缘或附加绝缘	≥150V,≤250V
Y3	基本绝缘或附加绝缘	≥150V,≤250V
Y4	基本绝缘或附加绝缘	<150V

→ 问 154 怎样判断交流电容的好坏？——白炽灯泡法

答 把白炽灯泡与电容串联接在 220V 的交流电源上，观察现象：如果白炽灯泡的亮度与

它直接接在 220V 交流电源上的亮度一样，则说明该电容的内部已经短路。如果白炽灯泡不亮，则说明该电容的内部已经断路。如果白炽灯泡的亮度比把它直接接在 220V 交流电源上暗一些，则说明该电容是好的。

→ 问 155 怎样判断交流电容（电力电容）的容量？——万用表＋公式法

答 没有专用仪表的情况下，可以用万用表检测电力电容的电容量。把熔丝（其规格根据电容的电容量而决定）与待测的电容串联接入 220V 交流电源上。用万用表的交流电压挡测量出电容两端的电压 U（单位为 V），用万用表的交流电流挡测出通过电容的电流 I（单位为 mA）。然后，根据公式 $I=U/X_c$，$X_c=1/(2\pi fC)$，其中 f 是交流电的频率，得到电容为 $C_c=3.18$ (I/U)（单位为微法）。把检测的数值 U（单位为 V）、I（单位为 mA）代入公式中计算得出即可。

→ 问 156 怎样判断是交流启动电容还是直流启动电容？——综合法

答 （1）极性标志法　有极性的启动电容，一般标有＋、－极。无极性的启动电容没有极性标志。有极性的电解启动电容，串联（正极接另一个的正极）后就可以变化成无极性的电容。交流启动电容一般是无极性的启动电容。直流启动电容一般是有极性的启动电容。

（2）符号法　标 DC 的为直流启动电容，标 AC 的为交流启动电容。

→ 问 157 怎样区别运行电容与启动电容？——综合法

答 （1）功能特点法　运行电容与启动电容一般应用在电机启动中，无论哪种电容，在电机启动之初均具有启动作用。当电机达到额定转速大约 75％时，启动电容会自动断开，运行电容则会随电机继续工作。

单相电机没有相位差，产生不了旋转磁场，因此需要利用电容的作用，使电机的启动绕组电流在时间与空间上超前于运行绕组 90°，形成相位差。另外，运行电容还起着平衡主副绕组间电流的作用。

（2）电容耐压法　启动电容是瞬间短时地工作，运行电容要长时间一直工作。因此，运行电容的耐压要比启动电容要高。

1.2.4　电解电容

→ 问 158 怎样判断电解电容在电路中的作用？——功能分析法

答 ① 如果电容位于电源电路中，并且利用该电容的充放电特性，使整流电路后的脉动直流电压变换为相对比较稳定的直流电压，则可以判断该电容是起滤波的作用。

② 如果电容在低频信号的传递与扩大过程中，是为避免前后两级电路的静态作业点相互影响而被应用的，则可以判断该电容是起耦合作用的。

→ 问 159 怎样判断滤波电解电容的大小？——经验法

答 为避免电路各部分供电电压因负载改变而发生改变，因此，一般在电源的输出端与负载的电源输入端接有数十到数百微法的电解电容。但是，大容量的电解电容通常具有一定的电感，对高频及脉冲搅扰信号不能有效地滤除，因此，一些电路在大的电解电容两头并联了一只容量为 0.001～0.1pF 的电容，用来滤除高频及脉冲搅扰。

综上所述，滤波电解电容的大小为大滤波电解电容为数十到数百微法，小的滤波电解电容为 0.001～0.1pF。

→ 问 160 怎样区别电解电容与薄膜电容？——对比法

答 对比法判断区别电解电容与薄膜电容的方法与要点见表 1-2-19。

表 1-2-19   对比法判断区别电解电容与薄膜电容的方法与要点

类型	结构	特点	适于
铝电解电容	铝圆筒作负极，里边装有液体电解质，插入一片曲折的铝带作正极。另外，需要经直流电压处置，作正极的片上构成一层氧化膜作介质	容量大、漏电大、安稳性差、有正负极性	电源滤波或低频电路中使用
钽铌电解电容	金属钽或铌作正极，用稀硫酸等配液作负极，用钽或铌外表生成的氧化膜作介质	体积小、容量大、功能安稳、寿命长、绝缘电阻大、温度功能好	用在需求较高的设备中
薄膜电容	布局相同于纸介电容，介质是涤纶或聚苯乙烯	涤纶薄膜电容介质常数较高、体积小、容量大、安稳性较好。聚苯乙烯薄膜电容器介质损耗小，绝缘电阻高，温度系数大	涤纶薄膜电容适合作旁路电容。聚苯乙烯薄膜电容可以用于高频电路

→ 问 161 怎样判断外壳极性标志不清电解电容的极性？——万用表法

答 把指针式万用表调到 $R \times 10k$ 挡（一般是 $1 \sim 47\mu F$ 的电容，选择 $R \times 1k$ 挡，大于 $47\mu F$ 的电容，选择 $R \times 100$ 测量挡），分别两次对调检测电容两端的电阻值。当万用表表针稳定时，比较两次检测的读数大小。取值较大的读数时，万用表黑笔接的是电容的正极，红笔接的是电容的负极。

说明：该检测方法是利用正接时漏电电流小（电阻值大），反接时漏电电流大的特性来判断。该种方法对本身漏电流小的电解电容，则比较难于区别其极性。

→ 问 162 怎样判断电解电容的极性？——观察法

答 许多电解电容的负电极侧标有"－"标志，如图 1-2-19 所示，则另一边就是正极。

另外，有的电容上面有标志的黑块为负极。在 PCB 上电容位置有两个半圆，涂颜色的半圆对应的引脚为负极。也有的电容用引脚长短来区别正负极：长脚为正极，短脚为负极，如图 1-2-20所示。

图 1-2-19   电解电容的负电极侧标有"－"标志　　　　图 1-2-20　长引脚为正极

说明：铝电解电容外壳上印有白线的一端为负极，有的钽电解电容则相反，表面印有白线的一端是正极。这两种电解电容一般是长引脚为正极。

→ 问 163 怎样检测电解电容的漏电流？——万用表＋稳压电源法

答 检测时，需要根据图 1-2-21 所示连接好电路。下面以检测 $47\mu F/25V$ 电解电容为例进行介绍：先用 $500mA$ 挡给电容充电，如果表针指示值小于 $5mA$ 时换成 $5mA$ 挡，再依次换成

0.05mA 挡。观察表针指示值小于 $10\mu A$ 时，则说明该电容性能是良好的。否则，则说明该电容不良。

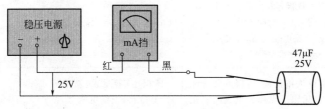

图 1-2-21　万用表＋稳压电源

→ 问 164　怎样检测电解电容的好坏？——万用表法

答　把万用表"＋"表笔接电解电容"－"极，万用表"－"表笔接电解电容"＋"极。刚接触时，显示数值应由大到小，再显示一个较大的数值，则说明该电解电容是好的。如果万用表表笔刚接触时，数值很大或很小，而且没有变化，则说明该电容已经损坏。如果数值很大，则说明该电解电容内部断路。如果数值很小，则说明该电解电容内部短路，出现严重漏电。

另外，用指针式万用表检测，黑笔接电解电容的正极，红表笔接负极。而用数字式万用表检测时，表笔需要互调。

万用表使用的电池电压一般很低，因此，在检测低耐压的电容时比较准确。当电容的耐压较高时，检测时尽管正常，但加上高压时则有可能发生漏电或击穿现象。

说明　检测不同容量的电容，万用表调到的挡位不同：

① 检测 $0.01\sim 1\mu F$ 的电容，用 $R\times 10k$ 挡；

② 检测 $1\sim 100\mu F$ 的电容，用 $R\times 1k$ 挡；

③ 检测 $100\mu F$ 的电容，用 $R\times 100$ 挡；

④ 对充足了电的 $100\mu F$ 以上电解电容检测时，应先将电容放电（短路），以免烧坏万用表。

→ 问 165　怎样检测电解电容的好坏？——指针式万用表法

答　把指针式万用表红表笔接电容的负端，黑表笔接正端，这时万用表指针将摆动，再恢复到零位或零位附近，则说明该电解电容是好的。

电解电容的容量越大，充电时间越长，则检测时的指针摆动得也越慢。

检查电解电容好坏时，对耐压较低的电解电容（例如 6V、10V 的），电阻挡应选择 $R\times 100$ 或 $R\times 1k$ 挡。

→ 问 166　怎样检测电解电容的好坏？——检测电路法

答　图 1-2-22 电路可以检测电解电容的好坏。该电路通过 C_{REF}/R_{REF} 比值可以设定对电解电容泄漏的限制条件。图中的值适用于所有电容的一般检测：$1nF\sim 1000\mu F$。电路中，C_{REF} 的值接近于待测电容值 C_X。

按键开关闭合时，电容 C_{REF} 与 C_X 通过相应的 PNP 晶体管充电。开关打开时，这些电容开始放电。C_{REF} 有额外的放电外接电阻，待测电容 C_X 则可以通过自己的内阻放电。如果 C_X 的泄漏大于 C_{REF} 通过 R_{REF} 的泄漏，则 C_X 电压会下降得更快。这样，运算放大器非反相输入端的电压会低于反相输入端，使运算放大器输出为低，则红色 LED 会发光，该 LED 用于说明被测电容有泄漏。

检测电容的额定值，需要确保其高于将充电的电压值。

→ 问 167　怎样判断电解电容的好坏？——观察法

答　漏液——电解电容损坏。

电容下面的电路板表面有一层油渍——电解电容损坏。

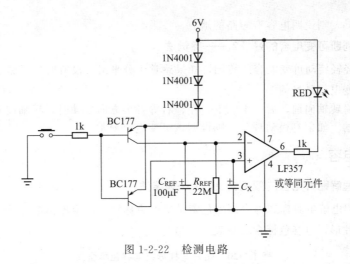

图 1-2-22　检测电路

电容外表有一层油渍——电解电容损坏。

表面鼓起——电解电容损坏。

散热片与大功率元器件附近的电容电解液变干——电解电容损坏。

电容变形——电解电容损坏。

电解电容冒烟——电解电容损坏。

问 168 怎样判断电解电容的好坏？——触摸法

答 一般电子电器用电解电容，在通电开机后不久，漏电严重的电解电容会发热，有的甚至有烫手的感觉。根据该种现象可以判断所检测的电容已经损坏。

问 169 怎样判断电解电容的好坏？——位置法

答 电解电容内部有电解液，如果长时间烘烤，会使电解电容内部的电解液变干，导致电容量减小。因此，判断电解电容的好坏时，可以检查其安装位置是否与散热片、大功率元器件太近。靠得越近，其损坏的可能性越大。

问 170 怎样判断电解电容的好坏？——并联法

答 将一只同容量的电容并在电路中怀疑电容的两端，如果有效果，则说明电路中的电容已失效。

问 171 怎样在线检测电解电容的好坏？——指针万用表法

答 在线电容的检测主要是检测电容的开路和击穿两种故障。如果万用表表针向右偏转后所指示的阻值很小（几乎接近短路），说明该电容已击穿，严重漏电。测量时如果表针只向右偏转，说明该电解电容内部断路。如果表针向右偏后无回转，但所指示的阻值不很小，说明该电容可能开路，则应脱开电路后，做进一步检测。

问 172 怎样在线检测电解电容的好坏？——万用表电压法（或叫做在线通电法）

答 如果可以通电，则首先给电路通电，用万用表直流挡测量该电容两端的直流电压，如果电压很低或为 0V，则说明检测的电容已损坏击穿。

1.2.5　可变电容

问 173 怎样判断可变电容的好坏？——指针式万用表法

答 可变电容有一组定片与一组动片。用万用表电阻挡可检查动、定片间有否碰片。用红、黑表笔分别接动片和定片，旋转轴柄，电表指针不动，则说明动、定片间无短路（碰片）

处。如果指针摆动，则说明电容有短路的地方。

→ **问 174** 怎样判断可变电容的好坏？——感觉法

答 用手轻轻旋动可变电容的转轴，如果感觉十分平滑，没有时松时紧的感觉或者卡滞的感觉，则说明可变电容是好的。

另外，如果将转轴向前、后、上、下、左、右等各个方向推动时，转轴没有松动现象，则说明可变电容是好的。如果有松动现象，则说明该可变电容异常。

1.2.6 贴片电容

→ **问 175** 怎样理解贴片电容的颜色含义？——规律法

答 贴片铝电解电容标志外壳深颜色带是负电极标注，而矩形钽电容外壳深颜色带是正电极标注。贴片圆柱形钽电容色标含义见表1-2-20。

表 1-2-20　贴片圆柱形钽电容色标含义

本体涂色	1 环	2 环	3 环	4 环	标称容量/μF	额定电压/V
粉红色、橙色	茶色	黑色	黄色	粉红色	0.1	35
	茶色	绿色			0.15	35
	红色	红色			0.22	35
	橘红色	橘红色			0.33	35
	黄色	紫色			0.47	35
	蓝色	灰色			0.68	35
	茶色	黑色	绿色	绿色	1	10
	茶色	绿色		绿色	1.5	10
	红色	红色	绿色	绿色	2.2	10
	橘红色	橘红色		黄色	3.3	6.3
	黄色	紫色		黄色	4.7	6.3

→ **问 176** 怎样理解贴片电容的标注含义？——规律法

答 贴片电容的标注，不同厂家有不同的标注方法。KEMET公司的字母＋数字法标注表示的贴片电容识别见表1-2-21。

表 1-2-21　KEMET 公司的字母＋数字法标注表示的贴片电容识别

	9	0	1	2	3	4	5	6	7
A	0.1	1.0	10	100	1000	10000	100000	1000000	10000000
B	0.11	1.1	11	110	1100	11000	110000	1100000	11000000
C	0.12	1.2	12	120	1200	12000	120000	1200000	12000000
D	0.13	1.3	13	130	1300	13000	130000	1300000	13000000

	9	0	1	2	3	4	5	6	7
E	0.15	1.5	15	150	1500	15000	150000	1500000	15000000
F	0.16	1.6	16	160	1600	16000	160000	1600000	16000000
G	0.18	1.8	18	180	1800	18000	180000	1800000	18000000
H	0.2	2	20	200	2000	20000	200000	2000000	20000000
J	0.22	2.2	22	220	2200	22000	220000	2200000	22000000
K	0.24	2.4	24	240	2400	24000	240000	2400000	24000000
L	0.27	2.7	27	270	2700	27000	270000	2700000	27000000
M	0.3	3	30	300	3000	30000	300000	3000000	30000000
N	0.33	3.3	33	330	3300	33000	330000	3300000	33000000
P	0.36	3.6	36	360	3600	36000	360000	3600000	36000000
Q	0.39	3.9	39	390	3900	39000	390000	3900000	39000000
R	0.43	4.3	43	430	4300	43000	430000	4300000	43000000
S	0.47	4.7	47	470	4700	47000	470000	4700000	47000000
T	0.51	5.1	51	510	5100	51000	510000	5100000	51000000
U	0.56	5.6	56	560	5600	56000	560000	5600000	56000000
V	0.62	6.2	62	620	6200	62000	620000	6200000	62000000
W	0.68	6.8	68	680	6800	68000	680000	6800000	68000000
X	0.75	7.5	75	750	7500	75000	750000	7500000	75000000
Z	0.91	9.1	91	910	9100	91000	910000	9100000	91000000

另外，还有 a、b、d、e、f、m、n、t、Y 等表示的，表示规律与上面的倍率关系一样，只是表示的代数不同：a—25，b—35，d—40，e—45，f—50，m—60，n—70，t—80，Y—90。

有时 K 省略了，只有一个字母与一个数字表示。

→ **问 177** 怎样理解贴片电容一个字母＋三位数字法表示的含义？——规律法

答 贴片电容还有一种表示法：一个字母＋三位数字组成。其中字母对应一定的额定电压（表 1-2-22），数字前两数位表示有效数，第 3 位表示 10 的倍率。

表 1-2-22　字母与额定电压对应

字母	额定电压/V	字母	额定电压/V
e	2.5	C	16
G	4	D	20
J	6.3	E	25
A	10	V	35
H	50		

→ **问 178** 怎样判断贴片电容的极性？——观察法

答 ① 有的贴片电解电容的正极一端有一条色带（黄色的电解电容色带一般是深黄色，黑色的电解电容色带一般为白色）。

② 有的颜色鲜艳的贴片金属钽电容，其突出的一端为正极端，则另一端为负极端。

③ 一种长方体形状钽电容，有一标记的一端为正极端，则另一端为负极端。

④ 一种上面为圆形、下面为方形的铝电解，有一标记的一端为负极端，则另一端为正极端。

⑤ 铝贴片电容（圆形银白色）有黑色一道的那边一般为负极端，则另一端为正极端。有的贴片电容有斜角的表示正极端，则另一端为负极端。

⑥ 有的贴片电容，标记了与电容表面不同颜色的一端为负极端，反之为正极端。

问 179 怎样判断贴片电容的极性？——万用表电阻挡法

答 首先把万用表电阻挡的两表笔与电容两端相连，正常情况下，阻值会由小到大显示，最后趋于无穷大。然后将表笔反过来再检测一次，阻值会由小到大显示，最后趋于无穷大。以阻值增加较快的那次测量为依据，正表笔指示的为贴片电容的负极端，则另一端为正极端。

问 180 怎样判断贴片电容的极性？——实物解说法

答 实物解说法判断贴片电容极性的方法与要点见表 1-2-23。

表 1-2-23　实物电容的识读方法

实物	电路图中	识别
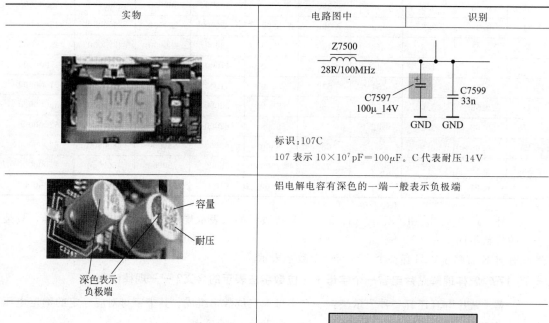	Z7500 28R/100MHz C7597 100µ_14V　C7599 33n GND　GND 标识：107C 107 表示 $10×10^7$ pF$=100\mu$F。C 代表耐压 14V	
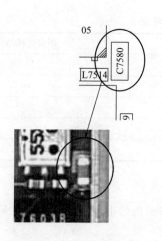 容量 耐压 深色表示负极端	铝电解电容有深色的一端一般表示负极端	
05　L7514　C7580	功率放大器 **WCDMA** N7503 RF9252E8.2 9 Pout　　Pin 2 11 ChipDet 　　　　　Vcc12 5 4 Icont11　Vcc11 7 6 Icont12　Vcc11 12 1,3,8,10,13=GND R7525 10R　GND C7580 1u0 电容上没有任何标识，可以通过观察贴片元件颜色来判断，中间是浅黄色的，一般是电容。电阻大多数为黑色。也可以拆下来检测，如果机械万用表检测有充放电现象，则为电容。另外，还可以根据所连接的集成电路引脚功能来判断，例如电源引脚常外接滤波电容	

→ 问 181 怎样判断贴片电容的好坏？——观察法

答 有的贴片电容外观为棕色，或者咖啡色、灰白色。其外形特征与一些贴片电阻类似。如果贴片电容出现漏电时，则颜色会变得较深。

→ 问 182 怎样判断贴片电容的好坏？——万用表法

答 把数字万用表调到二极管挡，两表笔接触电容两端进行测量。如果是好的贴片电容，则万用表读数一般为无穷大，即显示 1；如果万用表读数为 0，则说明该电容可能存在击穿短路现象。如果贴片电容漏电，则无法用万用表检测，只能够用替换法来判断贴片电容是否损坏。

如果在线检测贴片电容，读数不一定为无穷大，但是，绝对不能接近 0。

→ 问 183 怎样判断数字表示法贴片电容的容量？——规律法

答 数字表示法的贴片电容识别方法与数字表示法的贴片电阻基本一样，只是贴片电容的单位符号为 pF。

另外，有的贴片电容会用一个 n 来表示，其中 n 的意思是 1000。n 所在的位置与容量值有关系，例如：

标称 10n 的贴片电容的容量为 10000pF。

标称为 4n7 的电容的容量就是 4.7nF。

贴片电容的耐压值，有的在电容上标注，有的贴片电容没有标注。

→ 问 184 怎样判断贴片电容的性能？——参数法

答 判断贴片电容的性能可以从这些参数上来判断：容量 Cap、损耗 DF、绝缘电阻 IR、耐电压 DBV。

一般情况，X7R 贴片电容的损耗值 DF≤2.5%，越小越好。IR×Cap>500Ω・F，DBV>2.5U_r。

→ 问 185 怎样判断贴片电容的性能？——LCR 测试仪法

答 用万用表检测贴片电容，结果误差较大，因此，一般情况只能够作为粗略来判断。如果需要精细检测贴片电容，则可以用 LCR 测试仪（L 电感、C 电容、R 电阻）来检测。

→ 问 186 怎样判断小容量贴片电容的好坏？——指针万用表法

答 把万用表调到 $R×10k$ 挡，用万用表表笔同时触碰贴片电容的端头，在触碰瞬间观察万用表指针，应有小幅度摆动。也就是贴片电容的充电过程。如果碰贴片电容没有充电过程，则说明该电容异常。

把万用表的两表笔对调，触碰贴片电容的端头，在触碰瞬间观察万用表指针，应有小幅度摆动。也就是正常的贴片电容的具有反充电与放电过程。如果碰贴片电容没有反充电与放电过程，则说明该电容异常。

如果是过小容量的贴片电容，采用上述检测方法，正常的贴片电容会难以观察到微小摆动。因此，检测过小容量的贴片电容，不能够因指针不摆动就判断其异常。

→ 问 187 怎样判断较小容量贴片电容漏电？——指针万用表法

答 在采用指针万用表检测贴片电容时，如果指针有摆动，并且固定在一定位置不动或者摆动不能够回到原点位置，则一般说明所检测的贴片电容漏电。

→ 问 188 怎样判断较小容量贴片电容击穿短路？——指针万用表法

答 在采用指针万用表检测贴片电容时，如果指针摆动很大，甚至指到 0，不再回归，则说明所检测的贴片电容击穿短路。

→ 问 189 怎样快速判断较小容量贴片电容的好坏？——万用表法

答 采用万用表电阻挡开路检测贴片小电容（也就是贴片小电容如果在电路板上，则需要把它拆下来检测），如果阻值为无穷大，则说明该电容是好的。

→ 问 190 怎样快速判断贴片钽电容的好坏？——万用表法

答 采用万用表电阻挡检测，红笔接正极，黑笔接负极。如果有充放电现象（表笔刚接触电容时，有电阻，然后变大，再到无穷大），则说明该钽电容是好的。

→ 问 191 怎样判断容量较大贴片电容的好坏？——指针万用表法

答 容量较大的贴片电解电容正测时，如果万用表指针摆动大，应慢慢回归无穷大处或者 $500k\Omega$ 位置，电容容量越大，回归越慢。如果回归小于 $500k\Omega$ 数值位置，则说明该电解电容漏电，并且阻值越小，漏电越大。如果指针在 0 位置不动，则说明所检测的贴片电容击穿短路。

说明 指针万用表电阻挡除 $\times 10k$ 挡的电压为 11V 左右外，其他挡电压大约为 1.5V 左右，并且是黑正红负，极性与数字表的相反。指针万用表输出电流能力比数字表也强。11V 电压已经超过很多贴片电容的额定电压。因此，判断贴片电容时，需要谨慎选择指针万用表的电阻挡。

→ 问 192 怎样判断贴片电容的好坏？——数字万用表法

答 可以先用数字万用表的蜂鸣挡给电容充电，再换成电压挡检测电容上的电压，看是否有电压保持现象。如果有，则基本可以判断该被测电容具有储存电荷的功能。

说明 数字万用表的蜂鸣挡表针上有 2.5V 左右的直流电压，红正黑负（红表笔是电流流出端）。数字万用表的电阻挡表针上的电压大概为 0.5V 左右，红正黑负。

→ 问 193 怎样识别贴片电容的命名？——规律法

答 贴片电容的命名可以根据一些厂家的命名规律来识别。三星电子贴片电容的命名规律具体见表 1-2-24。

表 1-2-24　三星电子贴片电容的命名规律

CL	10	A	105	K	Q	8	N	NN
类型：CL 贴片电容	体积：03:0201 05:0402 10:0603 21:0805 31:1206 32:1210 42:1808 43:1812 55:2220	材料 C:CoG P:P2H R:R2H S:S2H T:T2H U:U2J L:S2L A:X5R B:X7R F:Y5V X:X6S	容值：前面两位数字为有效数字，最后面的数字表示有几个零，基本单位是 pF。对于 <10pF，字母 R 则表示小数点	精度 B:±0.1pF C:±0.25pF D:±0.5pF F:±1% G:±2% J:±5% K:±10% M:±20% Z:+80/20%	电压 R:4V Q:6.3V P:10V O:16V A:25V L:35V B:50V C:100V D:200V E:250V G:500V H:630V I:1000V J:2000V K:3000V	厚度编码 3:0.30mm 5:0.50mm 8:0.80mm A:0.65mm C:1.85mm D:1.00mm M:1.15mm F:1.25mm H:1.60mm I:2.00mm J:2.50mm L:3.20mm Q:1.25mm V:2.50mm	无铅	常规

信昌电子贴片电容的命名规律具体见表 1-2-25。

表 1-2-25　信昌电子贴片电容的命名规律

MA	2225	XR	105	K	501
类型：贴片电容	体积：0402、0603、0805、1206、1210、1808、1812、2220、2225	材料 CG:COG/NPO XR:X7R YV:Y5V	容值：前面两位数字为有效数字，最后面的数字表示有几个零，基本单位是 pF。字母 R 则表示小数点	精度 B:±0.1pF；C:±0.25pF；D:±0.5pF；F:±1%；G:±2%；J:±5%；K:±10%；M:±20%；Z:+80/20%	电压：前面两位数字为有效数字，最后面的数字表示有几个零，基本单位为 V

村田贴片电容的命名规律具体见表1-2-26。

表 1-2-26　村田贴片电容的命名规律

GRM	18	8	R7	1E	104	K
类型 GRM： 镀锡电 极电容	体积 03：0201 05：0202 08：0303 11：0504 15：0402 18：0603 21：0805 22：1111 31：1206 32：1210 42：1808 43：1812 52：221 55：2220	厚度 3：0.3mm 5：0.5mm 6：0.6mm 7：0.7mm 8：0.8mm 9：0.85mm A：1.0mm B：1.25mm C：1.6mm D：2.0mm E：2.5mm F：3.2mm M：1.15mm N：1.35mm R：1.8mm S：2.8mm Q：1.5mm	材料 5C：COG R7：X7R R6：X5R E4：Z5U F5：Y5V	电压 0G：4V 0J：6.3V 1A：10V 1C：16V 1E：25V 1H：50V 2A：100V 2D：200V 2E：250V YD：300V 2H：500V 2J：630V 3A：1000V 3D：2000V 3F：3150V	容值：前面 两位数字为有 效数字，最后 面的数字表示 有几个零，基 本单位是 pf。 字母 R 则表示 小数点	精度 B：±0.1pF C：±0.25pF D：±0.5pF G：±2% J：±5% K：±10% M：±20% Z：+80/−20%

风华贴片电容的命名规律具体见表1-2-27。

表 1-2-27　风华贴片电容的命名规律

0805	CG	101	J	500	N
体积： 0402、0603、 0805、1206、 1210、1808、 1812、2220、 2225、3035	材料 CG：COG X：X5R B：X7R E：Z5U、FY5V	容值：前面两位 数字为有效数字， 最后面的数字表 示有几个零，基本 单位是 pf。字母 R 则表示小数点	精度 B：±0.1pF C：±0.25pF D：±0.5pF F：±1% G：±2% J：±5% K：±10% M：±20% S：+50%/−20% Z：+80%/−20%	电压：前面两位 数字为有效数字， 最后面的数字表 示有几个零，基本 单位是 V	端头类别 N：纯银端头 C：纯铜端头 N：三层电镀端头

TDK 贴片电容的命名规律具体见表1-2-28。

表 1-2-28　TDK 贴片电容的命名规律

C2012	X7R	1H	102	K
体积 C1005：0402 C1608：0603 C2012：0805 C3216：1206 C3225：1210 C4532：1812 C5750：2220	材料 X5R Y5V COG	电压 0J：6.3V 1A：10V 1C：16V 1E：25V 1H：50V	容值：前面两位数 字为有效数字，最后 面的数字表示有几个 零，基本单位是 pF。 字母 R 则表示小数点	精度 C：±0.25pF D：±0.5pF J：±5% K：±10% M：±20% Z：+80%/−20%

华新科技贴片电容的命名规律具体见表 1-2-29。

表 1-2-29　华新科技贴片电容的命名规律

0805	B	101	J	500	C
体积： 0201、0402、0603、 0805、1206、1210、 1808、1812	材料 N：NP0 B：X7R D：X7E X：X5R F：Y5V	容值：前面两位 数字为有效数字， 最后面的数字表 示有几个零，基本 单位是 pF。字母 R 则表示小数点	精度 A：±0.05pF B：±0.1pF C：±0.25pF D：±0.5pF F：±1% G：±2% J：±5% K：±10% M：±20% Z：+80%/−20%	电压： 前面两位数字 为有效数字，最 后面的数字表 示有几个零，基 本单位是 V	端头类别 L：银/镍/锡 C：铜/镍/锡

→ 问 194　怎样判断贴片电容的容量？——材料法

答　判断贴片电容的容量可以根据其介质材料来大概估计，具体见表 1-2-30。

表 1-2-30　材料法判断贴片电容的容量

介质材料	介电常数	可做产品容量范围（以 1206 规格为例）	对应容量级别
COG	15～90	1.0～8200pF	B、C、D、F、G、J
X7R	2600～3600	1nF～47μF	J、K、M
Z5U	15000～2000	1nF～47μF	M、S、Z
Y5V	15000～2000	1nF～100μF	M、S、Z

→ 问 195　怎样判断贴片电容的耐压？——系列法

答　贴片电容可以分为 A、B、C、D 等系列，不同的系列对应不同的耐压，具体见表 1-2-31。

表 1-2-31　贴片电容系列与耐压

类型	封装形式	耐压/V
A	3216	10
B	3528	16
C	6032	25
D	7343	35

→ 问 196　怎样判断贴片电容的漏电？——绝缘仪法

答　采用相应电压等级的绝缘仪直接检测贴片电容的 IR 值。如果 IR 值过小，则说明该贴片电容漏电。

→ 问 197　怎样判断贴片电容的容量？——数字电容表法

答　数字电容表如图 1-2-23 所示。

检测前，把电池与保险丝正确安装好；把要测量的电容充分放电；把要测量的电容极性与测量端子的极性保持一致；不要在测量端子加载电压，以免导致严重的损害；不要尝试短接两个输入端子，以免极大地浪费电池电量，并以过载显示；如果被测量的电容是未知的，则可以从最小量程开始测量，以后逐步加大，直到得到合适的值。

把量程调到合适的位置。检测电容值较小的电容时，需要调整 ZERO ADJ 旋钮来校零，以提高精度。把电容根据极性连接到电容输入插座或端子，再根据显示情况来判断：

① 如果仅显示 1 时，说明仪表过载，则需要将量程调到更高的量程，如果在最高位显示 0 时，则可以提高测量分辨力与精度；

② 如果电容短路，数字电容表指示过载，只会显示 1；

③ 如果电容漏电，数字电容表显示值可以高于其真实值；

④ 如果电容开路，数字电容表显示值为 0（在 200pF 量程，可能显示±10pF）；

⑤ 如果一个漏电的电容接入时，数字电容表显示值可能跳动不稳定。

如果使用其他测试表笔来测量电容时，表笔可能带入电容值，在测量前需要记下数值，并在检测值后减掉，即得实际测量值。

图 1-2-23　数字电容表

问 198　怎样判断贴片电容的最大功率？——容量耐压法

答　判断贴片电容的最大功率，可以根据其容量与耐压来判断。一些钽电容的功耗与容量范围见表 1-2-32（在＋25℃、$f=100\text{kHz}$ 条件下按外壳尺寸各种封装的最大允许额定功率）。

表 1-2-32　一些钽电容的功耗与容量范围

外壳尺寸	系列代码	最大功耗/W	4V 电压下最大电容	6.3V 电压下最大电容	10V 电压下最大电容
0603	298D	0.025	47μF	33μF	15μF
0805	292D	0.025	33μF	33μF	15μF
1206	572D	0.060	220μF	100μF	47μF
A	293D	0.075	100μF	47μF	22μF
B	593D	0.085	150μF	100μF	47μF
D	TM8	0.085	100μF	68μF	47μF
E	TM8	0.095	150μF	100μF	68μF
F	TM8	0.075	220μF	150μF	100μF
E	194D	0.095	22μF	15μF	15μF

问 199　怎样判断钽电容的最大允许功率？——公式法

答　判断钽电容的最大允许功率可以根据以下公式来判断：

$$P = I_{\text{rms}}^2 \times \text{ESR}$$

式中　I_{rms}——最大允许交流纹波电流；

P——钽电容外壳尺寸对应的最大允许功率；

ESR——等效串联电阻，可以根据电容的工作频率计算得出。

问 200　怎样判断钽贴片电容的电压额定值？——电路法

答　判断钽贴片电容的电压额定值，可以根据钽贴片电容所在电路的工作电压、电路状态电压来判断。例如电路的工作电压为 3.6V，则钽贴片电容的电压额定值需要取 6.3V，也就是 2 倍左右。

问 201　怎样判断钽贴片电容的电压额定值？——公式法

答　判断钽贴片电容的电压额定值可以根据下面的公式来计算：

$$U_{\text{rated}} = U_{\text{peak}} + U_{\text{dc}}$$

式中　U_{rated}——输出电容的工作电压；

U_{peak}——纹波电压；

　U_{dc}——直流电压噪声。

允许的纹波电压的计算公式：

$$U_{\text{peak}} = IZ$$

式中　Z——电容的电阻；

　　　I——电容流过的电流。

然后根据钽贴片电容的电压额定值大于 U_{rated} 来判断即可。

1.2.7　其他

→ **问 202**　怎样判断差容双连？——连片法

答　① 鉴别固体介质差容双连　连片多的那连容量大，是输入连；另一连则是本振连。

② 鉴别空气介质差容双连　片距大为本振连，另一连为输入连。

→ **问 203**　怎样判断瓷片电容的好坏？——试电笔法

答　① 判断瓷片电容是否短路。可以用万用表的 $R \times 1\text{k}$ 挡检测瓷片电容直流电阻。如果阻值为无穷大，则说明该瓷片电容内部没有短路。如果阻值很小，则说明该瓷片电容内部短路。

② 对内部没有短路的瓷片电容，再判断其是否断路。将试电笔插入 220V 交流电源插座的火线孔内，手拿瓷片电容的一脚，然后将另一脚接触试电笔尾部。如果试电笔中氖灯发亮，则说明瓷片电容内部没有断路，性能良好。如果氖灯不亮，则说明瓷片电容内部断路。所检测的瓷片电容容量越大，试电笔氖管越亮。

说明：用该种方法也可以判断其他小容量电容的好坏。

→ **问 204**　怎样判断非极性电容容量？——计算法

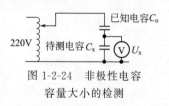

图 1-2-24　非极性电容
容量大小的检测

答　准备一个高精确度已知容量的耐压 250V 以上的电容（即已知电容 C_0）与一个自耦输出电压可调的变压器，以及待测电容 C_x，按如图 1-2-24 所示电路接好。通电，然后检测 C_x、C_0 上各自的分压（注意电源变压后的输出电压不应大于 C_x 的耐压）。根据公式：

$$U_0/U_x = C_0/C_x$$

推算出 C_x 的容量。如果 C_x 的耐压在 300V 以上，则可以直接将两只串联电容接于 220V 的交流电源。

→ **问 205**　怎样判断高压滤波电容软击穿？——兆欧表、万用表法

答　可以采用 ZC4 型 500V 兆欧表作为检测时的电源。万用表调到 500V 直流挡，检测电容两端的电压值。检测时，由慢到快转动兆欧表的手柄，使电容两端的电压从 0V 缓慢升到电容耐压值的 90%。如果在该过程中，电压突变为 0V，或者兆欧表始终指示为 0Ω，则说明该电容存在软击穿现象。

→ **问 206**　怎样判断运转电容与启动电容的好坏？——万用表法

答　万用表法判断运转电容与启动电容好坏的方法与要点如下：先把万用表调到 $R \times 1\text{k}$ 或 $R \times 10\text{k}$ 挡，然后把两表笔分别接触电容的两极端。如果表针先指向低阻挡，然后逐渐退回到高阻值，说明该电容是好的。如果检测时，万用表表针一直在低阻值不动，则说明该电容出现短路情况。如果万用表表针一直在高阻值不动，则说明该电容出现断路情况。

→ **问 207**　怎样判断家电运转电容与启动电容的好坏？——放电法

答　放电法判断家电运转电容与启动电容好坏的方法与要点如下：先把电容直接在 220V 电源充电（充电时间一般不超过 3 秒），再用螺丝刀在安全的情况下，将电容两电极端瞬间短路。

如果此时电容出现强烈火花，则说明该电容是好的。否则，说明该电容已经损坏。

问 208 怎样判断 220V 电源电路全波整流后滤波电容的好坏？——万用表法

答 在 220V 电源电路中的全波整流电路后，一般会连接一个 300V 滤波电容，该滤波电容发生故障率比较高。判断该滤波电容的好坏，可以通过万用表的电压挡在线检测来实现：在安全通电状态下，用万用表的两个表笔分别接滤波电容的两个引脚，此时，正常情况，可以检测直流电压值大约为 310V。如果检测的电压值很小或趋近于 0V，则说明该滤波电容可能击穿了。

问 209 怎样判断 220V 电源电路全波整流后滤波电容的好坏？——保险管法

答 如果滤波电容被击穿，则往往会造成电源电路中的保险管因过流而熔断。因此，电源电路中的保险管熔断，则可能是滤波电容击穿损坏。

问 210 怎样选择与压缩机功率配合的电容？——经验法

答 可以根据压缩机与电容的功率来选配，具体见表 1-2-33。

表 1-2-33 压缩机与电容的功率选配

压缩机功率/kW	0.4	0.75	1.0	1.5	2.0	2.2	3.0	3.7	4.0
电容器容量/μF	20	25	30	40	50	50	50	75	75

1.3 电感与线圈

1.3.1 概述

问 211 怎样判断元件是电感？——命名规律法

答 判断元件是否是电感，可以根据电感的命名规律来判断。电感的命名规律见表 1-3-1。

表 1-3-1 电感的命名规律

用字母表示		用字母与数字混合或数字来表示			用字母表示	
第一部分:主称		第二部分:电感量			第三部分:误差范围	
字母	含义	数字与字母	数字	含义	字母	含义
L 或 PL	电感线图	2R2	2.2	2.2μH	J	±5%
		100	10	10μH	K	±10%
		101	100	100μH		
		102	1000	1mH	M	±20%
		103	10000	10mH		

另外，电感的命名还有一个规律：

第一部分表示主称，一般用字母表示，其中，L 或者 PL 代表电感线圈，ZL 代表阻流圈；

第二部分表示特征，一般用字母表示，其中 G 代表高频；

第三部分表示型式，一般用字母表示，其中 X 代表小型；

第四部分表示区别代号，一般用数字或字母表示。

问 212 怎样判断电路中的元件是电感？——标注法

答 电感在电路中常用 L 加数字表示。例如 L8 表示编号为 8 的电感。

问 213 怎样识读直标法电感参数？——规律法

答 电感直标法是在电感的外壳上直接用文字标出电感的主要参数，例如电感量、误差值、最大直流工作的对应电流等，其中，最大工作电流常用字母 A、B、C、D、E 等标注。字母与电流的对应关系如表 1-3-2 所示。

表 1-3-2　最大工作电流与字母对照

字母	A	B	C	D	E
最大工作电流/mA	50	150	300	700	1600

说明：电感量 L 表示线圈本身固有的特性，其与电流大小无关。除了专门的电感线圈（色码电感）外，电感量一般不专门标注在线圈上，而以特定的名称标注。

问 214 怎样判断电感的芯类型？——性能法

答 磁芯——常用于高频电感中。

铁芯——常用于低频电感中。

问 215 怎样识读数码表示法电感？——规律法

答 数码表示电感，一般采用三位数字与一位字母表示。其中，前两位表示有效数字，第三位表示有效数字乘以 10 的幂次，小数点一般用 R 表示，最后一位英文字母表示误差范围，单位一般为 pH。例如：8R2J 表示 8.2pH 的电感。

问 216 怎样确定电感的感抗？——公式法

答 感抗 X_L 是电感线圈对交流电流阻碍作用的大小，其单位为欧姆。它的大小可以根据下面公式来确定：

$$X_L = 2\pi f L$$

式中　X_L——感抗；

　　　L——电感量；

　　　f——交流电频率。

问 217 怎样判断电感的品质因素？——公式法

答 品质因素 Q 是表示线圈质量的一个物理量，它的大小可以根据下面公式来判断：

$$Q = X_L/R$$

式中　Q——品质因素；

　　　X_L——感抗；

　　　R——等效的电阻。

说明：线圈的 Q 值越高，回路的损耗越小。线圈的 Q 值与导线的直流电阻、骨架的介质损耗、屏蔽罩或铁芯引起的损耗、高频趋肤效应的影响等因素有关。线圈的 Q 值一般为几十到几百。采用磁芯线圈、多股粗线圈可以提高线圈的 Q 值。

问 218 怎样判断电感的允许误差？——字母含义法

答 电感的允许误差是指电感量实际值与标称值之差除以标称值所得的百分数。电感的允许误差常用字母表示，具体含义对照如下：

M——±20%；

K——±10%；

J——±5%。

举例：一电感外壳上标有 3.9mH. A. M 等字样，则说明该电感的电感量为 3.9mH，误差 M 为 ±20%，最大工作电流为 A 挡（50mA）。

→ 问 219 怎样判断空心电感的电感量？——公式法

答 空心电感的电感量可以根据下面公式来确定：

$$L(\text{mH}) = (0.08D \times D \times N \times N)/(3d + 9W + 10H)$$

其中 　L——空心电感的电感量，mH；

　　　D——线圈直径，mm；

　　　N——线圈匝数，mm；

　　　d——线径，mm；

　　　H——线圈高度，mm；

　　　W——线圈宽度，mm。

另外，空心线圈电感量还可以根据下面公式计算：

$$L = (0.01 \times D \times N \times N)/(l/D + 0.44)$$

其中 　L——线圈电感量，μH；

　　　D——线圈直径，cm；

　　　N——线圈匝数，匝；

　　　l——线圈长度，cm。

→ 问 220 怎样判断电感的好坏？——图解数字万用表法

答 把数字万用表的功能/量程开关调到 L 挡，如果被测的电感大小是未知的，则需要先选择最大量程再逐步减小。根据被测电感的特点，用带夹短测试线插入数字万用表的 L_x 两测试端子，保证可靠接触，数字万用表的显示器上即显示出被测电感值，如图 1-3-1 所示。

使用 2mH 量程时，需要先把数字万用表的表笔短路，然后检测引线的电感，再在实测值中减去该值。如果检测非常小的电感，则最好采用小测试孔。

说明：有的数字万用表不能够检测电感的品质因素。

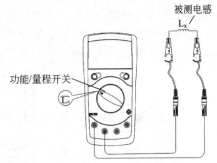

图 1-3-1　图解数字万用表判断电感的好坏

→ 问 221 怎样判断电感的好坏？——指针万用表法

答 把万用表的挡位调到 $R \times 10$ 挡，对万用表进行调零校正。把万用表的红表笔、黑表笔分别搭在电感两端的引脚端上。这时即可检测出当前电感的阻值。一般情况下，能够测得相应的固定阻值。如果电感的阻值趋于 0Ω，则说明该电感内部可能存在短路现象。如果被测电感的阻值趋于无穷大，则需要选择最高阻值的量程继续检测。如果更换高阻量程后，检测的阻值还是趋于无穷大，则说明该被测电感可能已经损坏了。

→ 问 222 怎样判断电感的好坏？——数字万用表法

答 把数字万用表调到二极管挡（蜂鸣挡），把表笔放在电感两引脚端上，观察万用表的读数。

① 贴片电感，读数一般为零。如果万用表读数偏大或为无穷大，则说明该电感可能损坏了。

② 电感线圈匝数较多、线径较细的线圈，读数一般会达到几十到几百。一般情况，线圈的直流电阻只有几欧姆。

→ 问 223 怎样判断电感的好坏？——触摸法

答 有的电感损坏了，只要通电一会儿，在安全的情况下用手触摸就有发烫的感觉。根据这一特点可以判断该电感是否损坏。

→ 问 224 怎样判断电感的好坏？——代（替）换法

答 如果电感线圈损坏不是很严重，又无法确定时，可以用代（替）换法来判断。原则上，应使用与原来性能类型相同、主要参数相同、外形尺寸相近的电感来代换。如果没有同类型的电感，也可以用其他类型的电感来代换。

代换电感时，首先需要考虑其性能参数，例如电感量、额定电流、品质因数等，其次是外形尺寸是否符合要求。

电感的代换方法与要点如下：

① 小型固定电感与色码电感、色环电感间，只要电感量、额定电流相同，外形尺寸相近，即可以直接代换使用；

② 半导体收音机中的振荡线圈，虽然型号不同，但只要其电感量、品质因数、频率范围相同，也可以相互代换；

③ 电视机中的行振荡线圈，一般尽量选用同型号、同规格的产品，以免影响安装与工作状态。

→ **问 225** 怎样判断电感的好坏？——数字电感表法

答 数字电感表外形如图 1-3-2 所示。先按下数字电感表的电源开关接通电源，选择量程开关到最大电感量程，再将鳄鱼夹接到电感两端。按下 TEST 按键进行检测，这时数字电感表的读数为量程选择的电感读数（mH、H）。如果数字电感表的显示器显示 1，则说明超过量程范围。此时，需要更换选择更高量程进行检测。如果数字电感表的显示器显示值前有一个或几个零，则需要将量程改换到较低量程挡以提高测量的分辨率。如果电感值没有标明，则可以从2mH 量程开始逐渐上升直到超量程显示消除并显示读数。使用 2mH 量程时，需要先将表笔短路，测得引线电感值，然后在实测中减去。

检测非常低的电感时，应该使用特别短的导线，以避免引入杂散电感。同一电感量存在不同阻抗时，测得的电感值不同。不同量程通过的电流见表 1-3-3。

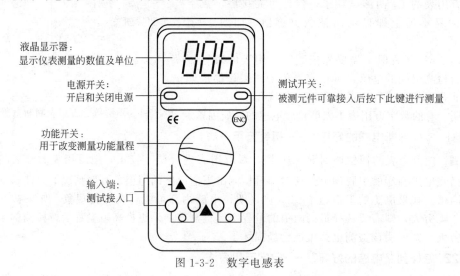

图 1-3-2　数字电感表

表 1-3-3　不同电感表量程通过电流

量程	准确度	分辨力	测试频度/Hz	通过电流/μA
2mH		1μH	1k	150
20mH	±(2.0%+5)	10μH	1k	150
200mH		100μH	1k	150
2H	±(5.0%+5)	1mH	1k	150
20H	±(5.0%+15)	10mH	100	15

→ 问 226 怎样判断电感的好坏？——观察法

答 如果电感出现发黑变色，则说明该电感可能损坏了。

→ 问 227 怎样判断电感的好坏？——电桥法

答 判断电感的好坏与精细检测电感的电感量，可以采用电桥来检测、判断。电桥的外形如图 1-3-3 所示。

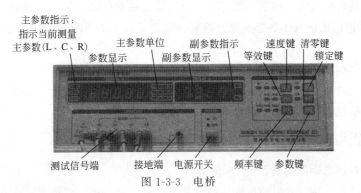

图 1-3-3　电桥

电桥主要操作步骤与要点如下。

① 插上电源插头，将面板开关按到 ON。开机后，电桥功能指示于上次设定状态，预热 10min，等机内达到平衡后，再进行正常检测。

② 检测参数的选择　使用"参数"键选择 L 进行电感的检测。电感的检测单位有 μH、mH、H（连带测试器件 Q 值）。

③ 检测操作者需要根据被测件的测试标准或使用要求按频率键、电压键，选择相应的测量频率、测试电压。选择设置好检测参数、测试频率、激励电压后，再用测试电缆夹头夹住被测器件电感的引脚。等显示屏参数值稳定后，读取数值并记录好。

④ 通过清除存在于测量电缆或测量夹具上的杂散电抗来提高测试精度，这些电抗以串联或并联形式叠加在被测器件上，清"0"功能便是将这些参数测量出来，将其存储在电桥中，在元件测量时自动将其减掉，从而保证电桥测试的准确性。电桥清 0 包括短路清 0、开路清 0。检测电感时，需要用粗短裸体导线短路夹具或测试电缆，按方式键使"校测"灯亮。

⑤ 有的电桥可以同时存放三组不同的清 0 参数，即三种频率各一种，相互并不干扰。电桥在不同频率下其分布参数是不同的，因此，在一种频率下清 0 后转换到另一频率时，需要重新清 0。如果某种频率以前已清 0，则无需再次进行。

说明：电桥的电源输入相线 L，零线 N 需要与电桥电源插头上标志的相线、零线相同。另外，电桥应在技术指标规定的环境中工作，电桥特别是连接被测件的测试导线，需要远离强电磁场，以免对检测产生干扰。

→ 问 228 怎样判断电感 Q 的高低？——万用表电阻挡法

答 采用万用表电阻挡检测出电感的电阻，根据电感量相同的电感，R 越小，Q 越高；R 越大，Q 越低的特点来判断。

1.3.2　铁氧体与磁环

→ 问 229 怎样判断锰锌铁氧体与镍锌铁氧体？——目辨法

答 在光线较明亮的地方观察，如果看见铁氧体的颜色发黑，有比较耀眼的亮结晶，则说明该铁氧体磁芯是锰锌铁氧体的。如果看到铁氧体有棕色，光泽暗淡，晶粒不耀眼，则说明该铁氧体磁芯是镍锌铁氧体的。

→ 问 230 怎样判断锰锌铁氧体与镍锌铁氧体？——高阻计测试法

答 测试前，在磁芯上做两个任意位置的电极。把万用表调到 $R×10k$ 挡，然后把万用表两表笔分别接在待测磁芯两端的电极上，再读出电阻值。一般情况下，阻值在 $150k\Omega$ 以下，说明该铁氧体磁芯是锰锌铁氧体的。如果阻值大，则说明该铁氧体磁芯是镍锌铁氧体的。

→ 问 231 怎样判断锰锌铁氧体与镍锌铁氧体？——高频 Q 表法

答 找一只高频线圈，将磁芯取出来，把待测的铁氧体磁芯装入，然后用高频 Q 表检测。如果 Q 值高，则说明该铁氧体磁芯是镍锌铁氧体磁芯；如果 Q 值低，则说明该铁氧体磁芯为锰锌铁氧体磁芯的。

→ 问 232 怎样判断铁镍钼磁环与常见铁氧体磁环？——外形和颜色法

答 铁镍钼磁环为棕黄色，表面有一层绝缘漆，上下平面的边缘均倒角。铁氧体磁环为黑色或棕红色，重量较轻，磁环上下两面平整，边缘环不倒角。

1.3.3 其他类型电感

→ 问 233 怎样识别色标法电感？——规律法

答 电感的色标法与电阻的色标法规律基本一样：第一环、二环表示有效数字，第三环表示乘幂，第四环表示误差。色环标称法中，色环的基本色码对照见表 1-3-4。

表 1-3-4　色环的基本色码对照

颜色	标称电感量(μH)			感量偏差
	第一色环	第二色环	第三色环	第四色环
	第一数字	第二数字	第三数字	
	1st digit	2nd digit	3rd digit	
黑 Black	0	0	×1	M：±20%
棕 Brown	1	1	×10	
红 Red	2	2	×100	
橙 Orange	3	3	×1000	
黄 Yellow	4	4	×10000	
绿 Green	5	5	×100000	
蓝 Blue	6	6		
紫 Purple	7	7		
灰 Gray	8	8		
白 White	9	9		
金 Gold	—	—	$×10^{-1}$(0.1)	J：±5%
银 Silver	—	—	$×10^{-2}$(0.01)	K：±10%

→ 问 234 怎样判断色码电感的好坏？——万用表法

答 把万用表调到 $R×1$ 挡，红表笔、黑表笔各接色码电感的任一引出端。此时，指针应向右摆动，根据检测出的电阻值大小，进行判断：

① 如果被测色码电感电阻值为零，则说明内部有短路性故障；

② 被测色码电感直流电阻值的大小与绕制电感线圈所用的漆包线径、绕制圈数有直接关系，

只要能够检测出电阻值，则可以说明被测色码电感是正常的。

→ 问 235 怎样判断元件是贴片电感？——颜色法

   答 ① 数码电子产品电路中的贴片电感，外观上一般是深色的。

   ② 一般数码电子产品电源电路中的升压电感外表有白色、浅蓝色、绿色等。

→ 问 236 怎样判断小功率贴片电感的电感量？——标注法

   答 小功率贴片电感的电感一般用代码表示，单位常见的有 nH、μH。用 nH 作单位时，一般用 N 或 R 表示小数点。10pH 是用 100 来表示的。例如：4N7 表示 4.7nH；10N 表示 10nH。

→ 问 237 怎样快速判断贴片电感的好坏？——万用表法

   答 一般贴片电感的电阻比较小，用万用表检测，如果为∞，则说明该贴片电感可能断路。

→ 问 238 怎样判断在线贴片电感的好坏？——对比法

   答 先用贴片电感的电路工作，然后断电。再用手摸电感的温度与周边元件的温度，进行比较：如果摸电感感觉比摸其他元件要烫一些，则说明该电感可能异常；或者电感中有一个比其他的温度均要烫一些，则说明该电感可能异常。

1.3.4 线圈与扼流圈

→ 问 239 怎样判断扼流圈的好坏？——观察法

   答 如果扼流圈结构松散、线圈与铁芯等装配松懈，有明显损伤或者缺陷，表面不平整、存在漆泡、存在漆液、金属部件氧化、锈蚀、有裂纹，线圈与引线破损、有压痕、露铜，引脚氧化、锈蚀、裂纹、折断、松脱等现象，均可以判断扼流圈异常。

→ 问 240 怎样判断扼流圈开路？——万用表法

   答 用万用表二极管检测扼流圈的两组线圈，如果一组不通，则说明扼流圈开路。

→ 问 241 怎样判断防 EMI 电感线圈的好坏？——万用表法

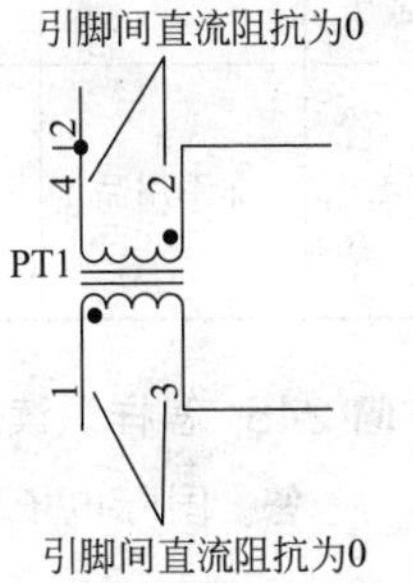

   答 根据防 EMI 电感线圈的结构特点（图 1-3-4），可以用万用表电阻挡检测 2 和 4 端脚间、1 和 3 端脚间的直流阻抗，正常为 0，即导通。如果 2 和 3 端脚间、1 和 4 端脚间的直流阻抗也为 0，即出现两两相互导通，则说明该防 EMI 电感线圈已经损坏。

引脚间直流阻抗为0

PT1

引脚间直流阻抗为0

图 1-3-4　防 EMI 电感线圈的结构特点

1.4 二极管

1.4.1 概述

→ 问 242 怎样判断元件是晶体二极管？——标注法

   答 晶体二极管在电路中常用字母 VD 加数字表示。例如，VD_1 表示编号为 1 的晶体二极管，如图 1-4-1 所示。

→ 问 243 怎样检测二极管的导通阻值？——万用表法

   答 二极管的主要特性是单向导电性，也就是在正向电压的作用下，导通电阻很小；而在反向

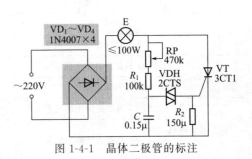

图 1-4-1　晶体二极管的标注

电压作用下导通电阻极大或无穷大。因此，用数字万用表检测二极管时，红表笔接二极管的正极端，黑表笔接二极管的负极端，此时检测的阻值是二极管的正向导通阻值。数字万用表与指针万用表的表笔接法刚好相反。

→ **问 244** 怎样识读美国二极管的型号？——命名规律法

答 美国晶体二极管的型号命名主要由四部分组成。

第一部分：为前缀。

第二部分：表示类别，一般用数字 1 表示晶体二极管。

第三部分：美国电子工业协会（EIA）注册标志，已注册的标志一般用字母 N 表示。

第四部分：登记号，表示此型号在美国电子工业协会（EIA）的登记号，一般用数字表示。

第五部分：规格号，表示同型号的器件不同分挡，一般用字母表示。

美国晶体二极管的型号命名规律见表 1-4-1。

表 1-4-1　美国晶体二极管的型号命名规律

第一部分		第二部分		第三部分		第四部分		第五部分	
符号表示用途的类型		数字表示 PN 结的数目		美国电子工业协会（EIA）注册标志		美国电子工业协会（EIA）登记顺序号		字母表示器件分挡	
符号	意义	符号	意义	符号	意义	符号	意义	符号	意义
JAN 或 J	军用品	1	二极管	N	该器件已在美国电子工业协会注册登记	多位数字	该器件在美国电子工业协会登记的顺序号	A、B、C、D、L	同一型号的不同挡别
		2	三极管						
无	非军用品	3	三个 PN 结器件						
		n	n个 PN 结器件						

→ **问 245** 怎样识读国际电子联合会二极管的型号？——命名规律法

答 国际电子联合会的型号的命名规律见表 1-4-2。

表 1-4-2　国际电子联合会的型号命名规律

第一部分		第二部分				第三部分		第四部分	
字母表示使用的材料		字母表示类型与主要特性				数字或字母加数字表示登记号		字母对同一型号者分挡	
符号	意义	符号	意义	符号	意义	符号	意义	符号	意义
A	锗材料	A	检波、开关、混频二极管	M	封闭磁路中的霍尔元件	三位数字	通用半导体器件的登记序号（同一类型器件使用同一登记号）	A、B、C、D、E、L	同一型号器件根据某一参数进行分挡的标志
		B	变容二极管	P	光敏元件				
B	硅材料	C	低频小功率三极管	Q	发光器件				
		D	低频大功率三极管	R	小功率晶闸管				
C	砷化镓	E	隧道二极管	S	小功率开关管				
		F	高频小功率三极管	T	大功率晶闸管	一个字母加两位数字	专用半导体器件的登记序号（同一类型器件使用同一登记号）		
D	锑化铟	G	复合器件及其它器件	U	大功率开关管				
		H	磁敏二极管	X	倍增二极管				
		K	开放磁路中的霍尔元件	Y	整流二极管				
R	复合材料	L	高频大功率三极管	Z	稳压二极管即齐纳二极管				

→ 问 246 怎样识读日本二极管的型号？——命名规律法

答 日本型号的命名规律见表 1-4-3。

表 1-4-3　日本型号的命名规律

第一部分：器件类型或有效电极数		第二部分：日本电子工业协会注册产品		第三部分：类别		第四部分：登记序号	第五部分：产品改进序号
数字	含义	字母	含义	字母	含义		
0	光敏二极管、晶体管或其组合管	S	表示已在日本电子工业协会(JEIA)注册的半导体分立器件	A	PNP 型高频管	用两位以上的整数表示在日本电子工业协会注册登记的顺序号	用字母 A、B、C、D…表示对原来型号的改进
				B	PNP 型低频管		
				C	NPN 型高频管		
				D	NPN 型低频管		
1	二极管			F	P 门极晶闸管		
2	晶体管			G	N 门极晶闸管		
				H	N 基极单结晶体管		
3	具有四个有效电极或具有三个 PN 结的晶体管			J	P 沟道场效应晶管		
				K	N 沟道场效应晶体管		
				M	双向晶闸管		

→ 问 247 怎样识读欧洲国家二极管的型号？——命名规律法

答 命名规律欧洲国家晶体二极管的型号命名，主要由两部分组成：代表材料、类型及特性，具体见表 1-4-4。

表 1-4-4　欧洲国家型号命名规律

第一部分为材料，用字母表示		第二部分为类型及特性，用字母表示				
字母	含义	字母	含义	字母	含义	
A	锗材料	A	检波、开并和混频晶体二极管	B	变容晶体二极管	
B	硅材料			G	复合器件	
C	砷化镓	E	隧道晶体二极管	X	倍增晶体二极管	
D	锑化钢	H	磁敏晶体二极管	Z	稳压晶体二极管	
R	复合材料	Y	整流晶体二极管			

→ 问 248 怎样识读国产二极管的型号？——命名规律法

答 国产型号的命名规律见表 1-4-5。

表 1-4-5　国产型号命名规律

第一部分:用数字表示器件电极的数目		第二部分:用汉语拼音字母表示器件材料与极性		第三部分:类别		第四部分:用数字表示器件序号	第五部分:用汉语拼音字母表示规格号
主称		材料与极性					
数字	含义	字母	含义	字母	含义		
2	二极管	A	N 型锗材料	P	小信号管(普通管)	用数字表示同一类别产品序号	用字母表示产品规格、档次
				W	电压调整管和电压基准管(稳压管)		
				L	整流堆		
		B	P 型锗材料	N	阻尼管		
				Z	整流管		
				U	光电管		
		C	N 型硅材料	K	开关管		
				B 或 C	变容管		
				V	混频检波管		
		D	P 型硅材料	JD	激光管		
				S	隧道管		
				CM	磁敏管		
		E	化合物材料	H	恒流管		
				Y	体效应管		
				EF	发光二极管		

问 249　怎样判断二极管的种类? ——数字万用表法

答　用数字万用表检测二极管的正向压降。如果数字万用表显示 $0.550\sim0.700\mathrm{V}$,则说明该管为硅管;如果数字万用表显示 $0.15\sim0.300\mathrm{V}$,则说明该管为锗管。

说明:为了检测方便,可以做一个简单电路,用一只 1.5V 的干电池串一只 $1\mathrm{k}\Omega$ 电阻,然后把二极管的正极与电池的正极一端相接,使二极管处于正向导通,再用万用表检测二极管两端的管压降。

问 250　怎样判断硅管与锗管? ——万用表电阻法

答　如果用万用表的 $R\times100$ 挡检测,得到二极管的正向电阻为 $500\Omega\sim1\mathrm{k}\Omega$,则说明该管是锗管;如果检测得到的正向电阻为几千欧到几十千欧,则说明该管是硅管。

问 251　怎样判断硅管与锗管? ——压降法

答　检测二极管的压降,锗管一般为 0.2V 左右,硅管一般为 0.6V 左右。

问 252　怎样判断点接触型二极管与面接触型二极管? ——结构特点法

答　面接触型二极管与点接触型二极管的内部结构如图 1-4-2 所示。

玻璃透明封装的点接触型二极管,往往可以从透明的外壳看到内部结构:由一根很细的金属丝压在光滑的半导体薄片上构成。

图 1-4-2　面接触型二极管与点接触型二极管的内部结构特点

→ 问 253　怎样判断二极管性能好坏？——万用表法

答　用万用表检测二极管的正向、反向电阻值。阻值相差越大，则说明该二极管单向导电性能越好。

→ 问 254　怎样判断二极管正向电阻是否正常？——特点法

答　（1）硅管　中间或中间偏右一点——用万用表检测二极管时，表针指示位置在中间或中间偏右一点，说明该硅管是正常的。

（2）锗管　右端靠近满刻度——用万用表检测二极管时，表针指示在右端靠近满刻度的地方，说明该锗管是正常的。

（3）检波二极管或锗小功率二极管　$100 \sim 1000\Omega$——用万用表 $R \times 100$ 挡检测二极管的正向电阻，一般约为 $100 \sim 1000\Omega$，则说明该二极管是正常的。

（4）硅管　几百欧到几千欧——用万用表检测二极管的正向电阻，一般约为几百欧到几千欧，则说明该二极管是正常的。

说明：二极管的正向、反向电阻值随采用的万用表量程不同，会有一定的数值差异。

→ 问 255　怎样判断二极管反向电阻是否正常？——特点法

答　（1）硅管　靠近∞位置——用万用表检测二极管时，表针一般在左端基本不动，极靠近∞位置，则说明该硅管是正常的。

（2）锗管　不超过满刻度的 1/4——用万用表检测二极管时，表针从左端起动一点，但不应超过满刻度的 1/4，则说明该锗管是正常的。

说明：一般小功率二极管的正、反向电阻检测，不宜使用万用表的 $R \times 1$ 和 $R \times 10k$ 挡。$R \times 1$ 挡通过二极管的正向电流较大，可能会烧毁二极管。$R \times 10k$ 挡加在二极管两端的反向电压太高，容易将二极管击穿。

→ 问 256　怎样判断 2AP、2CP 是否正常？——数值法

答　（1）2AP 型：正 1k，反 100k

锗点接触型的 2AP 型二极管正向电阻一般在 $1k\Omega$ 左右，反向电阻一般在 $100k\Omega$ 以上，则说明该管是正常的。

（2）2CP 型：正 5k，反 1000k

硅面接触型的 2CP 型二极管正向电阻一般在 $5k\Omega$ 左右，反相电阻一般在 $1000k\Omega$ 以上，则说明该管是正常的。

→ 问 257　怎样判断二极管的极性？——观察法

答　① 外表用色圈或者带横线标出的一端，一般为小功率二极管的 N 极负极端，如图 1-4-3 所示。

② 有的采用符号标志 P、N 来确定二极管的极性：P 为正极端、N 为负极端。

③ 发光二极管的正、负极端，可以从引脚长短来判断：长脚为正极端，短脚为负极端。

④ 线路板上的丝印来表示二极管的极性，如图 1-4-4 所示，左侧为负极，右侧为正极。

⑤ 普通表贴二极管也有采用本体上的丝印或染色玻璃来表示负极的。在线路板上也有表示

图 1-4-3　小功率二极管"横线"表示 N 极为负极端

图 1-4-4　线路板上的丝印

二极管的极性的丝印。如图 1-4-5 所示，左侧为正极焊盘，右侧为负极焊盘。

图 1-4-5　普通表贴二极管丝印

⑥ Glass tube diode 二极管——红色玻璃管一端为正极，黑色一端为负极。

⑦ Green LED 二极管——一般在零件表面用一黑点或在零件背面用一正三角形作记号，零件表面黑点一端为正极，黑色一端为负极；如果在背面作标示，则正三角形所指方向为负极。

⑧ Cylinder Diode 二极管——有白色横线一端为负极。

→ 问 258　怎样判断二极管的极性？——万用表法

答　把万用表调到 $R \times 100$ 挡或 $R \times 1k$ 挡，把万用表两表笔分别接二极管的两个电极端，检测得出一个数值后，对调万用表两表笔，再检测出一个数值。两次检测的结果中，检测得出阻值较大的为反向电阻，阻值较小则为正向电阻。以阻值较小的一次检测为依据，黑表笔所接的是二极管的正极端，红表笔所接的是二极管的负极端。

→ 问 259　怎样判断二极管的极性？——数字万用表法

答　数字万用表的红表笔接二极管的正极，黑表笔接二极管的负极，此时测得的阻值是二极管的正向导通阻值，这与指针万用表的表笔接法刚好相反。

用数字万用表二极管挡检测二极管，如果检测连接正常，则为正向压降值。如果接反，则会显示 OL 或超载符号 1，这时应调换表笔再检测。如果显示 0000，则说明该二极管开路。一般正向压降值越小，则说明该二极管性能越好。一些二极管的正向压降值如下：开关二极管 $0.5 \sim 0.7V$；小功率肖特二极管 $0.2V$ 左右；稳压二极管 $0.5V$ 左右。

→ 问 260　怎样判断二极管的极性？——电池＋喇叭法

答　先利用电池＋喇叭＋要判别的二极管组成触碰串联电路，也就是将二极管的一端引线断续触碰喇叭，再把二极管倒头再测一次。听到"咯、咯"声较大的一次为准，电池正极相接的那一根引线为二极管正极，另一根则为二极管的负极。

→ 问 261　怎样判断二极管的极性？——碰触电池法

答　用两根导线把二极管两端接起来，将一根导线接到电池的任意一个输出端子，另一根导线瞬间去碰触电池的另一个输出端子。如果碰触时，能够产生火花，则说明电池正极端所接的为二极管正极端，另一端就是二极管的负极端。

说明：碰触的时间一定要短。

→ 问 262 怎样判断二极管的极性？——数字万用表 NPN 挡法

答 先把数字万用表调到 NPN 挡（C 孔带正电，E 孔
是负极），如图 1-4-6 所示。把二极管插入 C 孔、E 孔。如果
数字万用表数字显示溢出，则说明 C 孔接的是二极管的正极
端，E 孔接的是二极管的负极。如果显示 000，则说明 E 孔
接的是二极管的正极，C 孔接的是二极管的负极。

数字万用表三极管挡

图 1-4-6 数字万用表 NPN 挡

→ 问 263 怎样判断二极管是否是新品？——综合法

答 ① 查看生产日期。新的二极管的生产日期应该在
最近几年。

② 检查二极管的引脚是否生锈无光泽。二极管出厂时间
长，引脚会因时间过久而渐渐氧化，失去光泽。

③ 查看二极管的引脚是否有焊过的痕迹。新的二极管引
脚没有被焊过的痕迹，拆机件往往有被焊过的痕迹。

→ 问 264 怎样判断二极管击穿短路或漏电损坏？——万用表法

答 用万用表检测二极管，如果测得二极管的正向、反向电阻值均接近 0 或阻值较小，则
说明该二极管内部已经击穿短路或漏电损坏。

→ 问 265 怎样判断二极管开路损坏？——万用表法

答 用万用表检测二极管，如果测得二极管的正向、反向电阻值均为无穷大，则说明该二
极管已开路损坏。

说明：检测时，需要根据二极管的功率大小、不同的种类，选择万用表不同倍率的欧姆挡：

小功率二极管——一般选择 $R \times 100$ 或 $R \times 1k$ 挡。

中功率、大功率二极管——一般选择 $R \times 1$ 或 $R \times 10$ 挡。

普通稳压管（只有两只脚的结构）——一般选择 $R \times 100$ 挡。

→ 问 266 怎样判断二极管的好坏？——图解数字万用表法

答 把红表笔插入"$\Omega \mathbf{H} \cdot \mathbf{w}$"插孔，黑表笔插入 COM 插孔，如图 1-4-7 所示。把功能开关
调到二极管与蜂鸣通断测量挡位。如果把红表笔连接到待测二极管的正极，黑表笔连接到负极，
则数字万用表 LCD 上的读数为二极管正向压降的近似值。如果把表笔连接到待测线路的两端，被
测线路两端间的电阻值在 10Ω 以下时，数字万用表内置蜂鸣器会发出声音。如果被测线路两端间
的电阻值大于 10Ω，数字万用表内置蜂鸣器不会发出声音，同时 LCD 显示被测线路两端的电阻值。

如果被测二极管开路或极性接反（也就是黑表笔连接的电极为＋，红表笔连接的电极为－），
数字万用表 LCD 会显示 1。

用数字万用表的二极管挡可以检测二极管及其他半导体器件 PN 结的电压降，对一个结构正
常的硅半导体，正向压降的读数一般为 $500\sim800mV$。为避免数字万用表损坏，在线检测二极管
前，需要先确认电路已切断电源，相关电容已放完电。

一般数字万用表检测时，不要输入高于直流 60V 或交流 30V 的电压，以免损坏数字万用表
与伤害检测操作者。

→ 问 267 怎样判断二极管的好坏？——自制电路法

答 自制电路如图 1-4-8 所示，电路中 T 为 220/3V、2W 变压器。VD1、VD2 为整流二极
管。LED1 为发光二极管，LED2 为也为发光二极管，两发光二极管可以采用不同颜色的管子。
VD_x 为待测二极管。R 可以采用 RTX-0.125W-470Ω 电阻。X1、X2 为连接的插座。检测前，把
待测二极管 VD_x 插到 X1、X2 中，然后通电，观察两发光二极管的情况来判断：如果两只二极管
都发光，则说明该被测二极管存在短路现象，如果两只二极管均不发光，则说明该被测二极管可

能存在开路现象。如果有一只二极管发光，则说明该被测的二极管是好的。

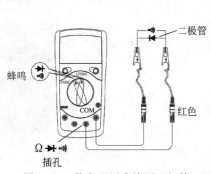

图 1-4-7　数字万用表检测二极管

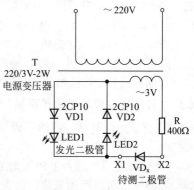

图 1-4-8　自制电路判断二极管的好坏

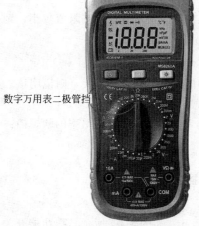

数字万用表二极管挡

图 1-4-9　数字万用表二极管挡

→ **问 268** 怎样判断二极管的好坏？——数字万用表二极管挡法

答　先把数字万用表调到二极管挡（图 1-4-9），两表笔分别接触二极管的两电极端。如果显示值在 1V 以下，则说明该管子正向通电，红表笔接的是二极管的正极端，黑表笔接的是二极管的负极端。如果显示溢出符号 1，则说明黑表笔接的是正极端，红表笔接的是负极端。交换表笔再检测一次，如果两次测量显示 000，则说明该管子已击穿。如果两次均显示溢出符号，则说明该二极管内部已经开路。

→ **问 269** 怎样判断二极管的好坏？——指针万用表法

答　把万用表调到 $R \times 100$ 或 $R \times 1k$ 挡，黑表笔接 P 极（图 1-4-10），红表笔接 N 极，正常阻值在 $10k\Omega$ 左右（锗管一般在 $100\Omega \sim 1k\Omega$，硅管在 $1k\Omega \sim$ 几千欧）。对调万用表表笔检测时，阻值为无穷大（阻值应在几百千欧以上），则说明该二极管是好的，否则说明该二极管坏了（指硅管）。

正反向电阻差异越大，说明该管子的性能越好。

说明：对于面接触型的大电流整流管，可采用万用表的 $R \times 1$ 或 $R \times 10$ 挡来检测。

$$P \;\text{—}\!\!\blacktriangleright\!\!\text{—}\; N$$

图 1-4-10　二极管

→ **问 270** 怎样判断普通二极管的好坏？——MF47 型万用表测量法

答　用 MF47 型万用表（图 1-4-11）检测时，需要把红表笔、黑表笔分别接二极管的两端，然后读取检测数值，再把万用表表笔对调检测。根据两次检测的结果来判断：

一般小功率锗二极管的正向电阻值为 $300 \sim 500\Omega$；

硅二极管正向电阻值约为 $1k\Omega$ 或更大些；

锗管反向电阻为几十千欧；

硅管反向电阻在 $500k\Omega$ 以上（大功率二极管的数值要小得多）；

好的二极管正向电阻较低，反向电阻较大，正反向电阻差值越大越好。

如果检测得到正向、反向电阻很小，均接近于零，则说明该二极管内部已经短路。如果正向、反向电阻很大或趋于无穷大，则说明该二极管内部已经断路。

→ **问 271** 怎样判断普通二极管的好坏？——数字万用表法

答　把万用表调到检测二极管的功能挡位，把两支表笔分别接在二极管的两个电极端，再观察数字万用表显示屏显示的数字（显示的数字是二极管的压降值），然后对换数字万用表表笔再进行一次检测。如果两次检测中一次有压降值，另一次无压降值（数字万用表显示屏显示为无穷大），则说明该二极管是好的；如果两次检测均无压降值，则说明该二极管内部出现断路现象；如果两次检测均显示较小的压降值，则说明该二极管内部已经出现短路现象。

→ 问 272 怎样判断普通二极管的好坏？——晶体管图示仪测试法

答 检测时，把图示仪的旋钮与开关调整到正确的位置，通过晶体管图示仪测的标尺刻度直接读取被测二极管的参数即可。根据检测的数值与标准数值比较，来判断普通二极管的好坏。

晶体管图示仪外形如图 1-4-12 所示。

图 1-4-11　MF47 型万用表

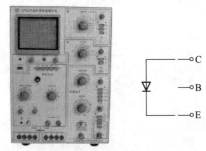

图 1-4-12　晶体管图示仪

→ 问 273 怎样判断普通二极管的好坏？——测电笔法

答 一手接触电笔的笔帽，一手捏住二极管的一脚，用测电笔笔尖与二极管的另外一脚接触，如果测电笔发光，则说明与笔尖相接的脚为二极管负极。再把引脚反过来接触，正常一般为不发光。

如果两次接触电笔都发光，则说明该二极管内部短路。

如果两次接触电笔都不发光，则说明该二极管内部断路或正向、反向电阻都太大。

→ 问 274 怎样判断二极管是正向导通？——电位法

答 电子电路中，将二极管的正极接在高电位端，负极接在低电位端，这样二极管就会导通。这种连接方式也叫做正向偏置。因此，可以通过在路检测二极管的正极、负极的电位情况来判断二极管是否处于正向导通。

→ 问 275 怎样判断二极管是反向截止？——电位法

答 电子电路中，将二极管的正极接在低电位端，负极接在高电位端，这样二极管中几乎没有电流流过，也就是说二极管处于截止状态。这种连接方式也叫做反向偏置。因此，可以通过在路检测二极管的正极、负极的电位情况来判断二极管是否处于反向截止。

→ 问 276 怎样判断二极管在线状态？——电位法

答 判断二极管是导通还是截止，可以首先假设二极管移开，通过计算或者测量二极管的阳极、阴极间的电位差，如果该电位差大于零，则说明该二极管可能导通；如果电位差小于或等于零，则说明该二极管截止。

→ 问 277 怎样判断二极管的最高工作频率？——观察法

答 用眼睛直接观察二极管内部的触丝：如果是点接触型二极管，则属于高频管；如果属于面接触型二极管，则多为低频管。

→ 问 278 怎样判断二极管的最高工作频率？——万用表法

答 可以采用万用表的 $R \times 1k$ 挡进行检测，一般正向电阻小于 $1k\Omega$ 的多为高频管。

→ 问 279 怎样判断二极管的击穿电压？——最高反向工作电压法

答 二极管最高反向工作电压也就是二极管承受的交流峰值电压。最高反向工作电压不是二极管的击穿电压。一般情况下，二极管的击穿电压要比最高反向工作电压高得多（约高一倍）。因此，根据击穿电压要比最高反向工作电压高一倍左右来估计。

1.4.2　稳压二极管

→ 问 280 怎样判断硅二极管与稳压二极管？——兆欧表 + 万用表法

答 根据图 1-4-13 所示连接好电路，根据万用表法的数值来判断：检测的反向击穿电压数值较低的为稳压二极管，检测的反向击穿电压数值在 40V 以上的为普通二极管。

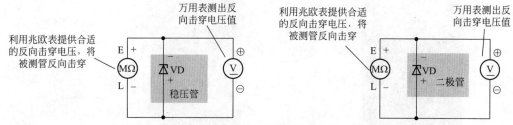

图 1-4-13　兆欧表＋万用表法判断硅二极管与稳压二极管

说明：① 万用表一般情况选择直流 10V 或 50V 挡；
② 有一些例外，例如 2AP21 反向击穿电压一般为低于 15V；2AP8 反向击穿电压一般为 20V；
③ 注意一些稳压二极管稳压电压本身就大于 40V。

→ 问 281 怎样判断普通二极管与稳压二极管？——万用表法

答 把万用表调到 $R \times 1k$ 挡，检测其正向、反向电阻，再确定被测管的正极端、负极端。把万用表调到 $R \times 10k$ 挡，万用表黑表笔接负极，红表笔接正极，如图 1-4-14 所示。这样利用万用表表内的 $9 \sim 15V$ 叠层电池提供反向电压。然后根据读数来判断：电阻读数较小（万用表指针向右偏转较大角度）的为稳压管，电阻为无穷大的则为普通二极管。

说明：该方法只能检测反向击穿电压比 $R \times 10k$ 挡电池电压低的稳压管。

→ 问 282 怎样判断元件是稳压二极管？——标注法

答 稳压二极管在电路中一般用 VZD、VS、VDW 加数字表示，如图 1-4-15 所示。例：VZD8 表示编号为 8 的稳压二极管；VS6 表示编号为 6 的稳压二极管。

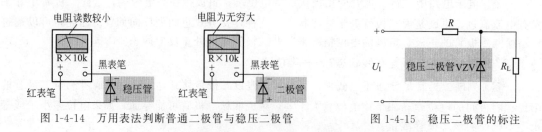

图 1-4-14　万用表法判断普通二极管与稳压二极管　　　　图 1-4-15　稳压二极管的标注

→ 问 283 怎样判断元件是稳压二极管？——符号法

图 1-4-16　稳压二极管表示符号

答 根据稳压二极管的符号表示来判断。稳压二极管表示符号如图 1-4-16 所示。

→ 问 284 怎样判断稳压二极管与普通开关二极管？——万用表法

答 先把万用表调到电阻 100Ω 挡，然后检测，通过正向导通电阻来区别判断：稳压二极管正向导通电阻一般为 900Ω 左右；普通开关二极管正向导通电阻一般为 650Ω 左右。

→ 问 285 怎样判断稳压二极管的等级？——万用表法

答 把稳压二极管"带圈"的符号一端与万用表的直流电压 50V 挡的正极相连接，另一端与万用表的负极相连接，然后进行检测。如果检测出的电压读数为 $+18V$，说明该稳压二极管的稳压值就是 $+18V$。如果检测出的电压读数为 $+24V$，则说明该稳压二极管的稳压值就是 $+24V$。以此类推。

→ 问 286 怎样判断稳压二极管的极性？——观察法

答 管壳上带色点的一端为正极端，则另外一端为负极端。

塑封二极管上带色环的一端为负极端，则另外一端为正极端。

同向引线的二极管，引线长的一根为正极端，则另外一根为负极端。

金属封装的稳压二极管管体的正极一端为平面形，负极一端一般为半圆面形。

塑封的稳压二极管管体上印有彩色标记的一端为负极端，另一端为正极。

→ 问 287 怎样判断稳压二极管的极性？——万用表法

答 把万用表调到 $R \times 100$ 挡，两表笔分别接到稳压管的两脚端，根据测得阻值较小的一次为依据来判断：黑表笔所接的引脚端为稳压管的正极端，红表笔所接引脚端为稳压管的负极端。

另外，检测稳压二极管极性也可以采用万用表的 $R \times 1k$ 挡来进行。调好挡位后将万用表两表笔分别接稳压二极管的两个电极端，测得一个数值后，再对调两表笔测量，测得另一个数值。在两次测量结果数值中，选择数值较小那一次，其红表笔接的是稳压二极管的负极，黑表笔接的是稳压二极管的正极。

→ 问 288 怎样判断稳压二极管的稳压值？——电路法

答 用 $0 \sim 30V$ 连续可调直流电源，把电源正极串接一只 $1.5k\Omega$ 的限流电阻，再与被测稳压二极管的负极相连接，电源负极与稳压二极管的正极相连接。然后用万用表检测稳压二极管两端的电压值，该测量的电压数值就是稳压二极管的稳压值。电路如图 1-4-17 所示。

说明：对于 13V 以下的稳压二极管，可以把稳压电源的输出电压调到 15V。如果稳压二极管的稳压值高于 15V，则需要把稳压电源调到 20V 以上。

→ 问 289 怎样判断稳压二极管的稳压值？——指针万用表＋计算法

答 把万用表调到 $R \times 10k$ 挡，红表笔接稳压管的正极，黑表笔接稳压管的负极。等万用表的指针偏转到一稳定值后，读出万用表的直流电压挡 DC10V 刻度线上的表针所指示的值，再根据下式计算出稳压二极管的稳压值：

$$稳压值 U_z = (10V - 读数) \times 1.5$$

其中，单位为 V。

例如，用上述方法测得某一稳压管的读数为直流电压 3V，则：

$$被测管稳压值 = (10V - 3V) \times 1.5 = 10.5V$$

说明：该种方法检测的稳压管稳压值范围受到万用表高阻挡所用电池大小的限制。也就是说该种方法只能检测高阻挡，稳压值在所用电池的电压以下的稳压管。

→ 问 290 怎样判断 $U_z < 9V$ 稳压二极管的稳压值？——指针万用表＋计算法

答 把万用表调到 $R \times 10k$（万用表内部电池电压 $E = 9V$）挡，万用表黑表笔接稳压二极管的负极，红表笔接稳压二极管的正极，稳压二极管处于反向接通状态（图 1-4-18），然后根据公式来计算：

$$U_z = \frac{ER_{DW}}{R_{DW} + R_0 n}$$

式中 E——万用表内部电池电压, $E = 9V$;

　　　R_{DW}——测出的稳压二极管的反向电阻, Ω;

　　　R_0——万用表欧姆挡中心值, Ω;

　　　n——电阻挡倍率数（如果选择电阻挡 $R \times 10k$ 挡, 则 $n = 10k = 10000$);

　　　U_z——稳压二极管的稳定电压。

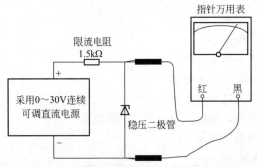

图 1-4-17　判断稳压二极管的稳压值的电路　　　　　图 1-4-18　$U_z < 9V$ 稳压二极管稳压值的检测

→ 问 291　怎样判断 U_z（9～18V）稳压二极管的稳压值？——双万用表+计算法

答　把两只万用串联起来, 把万用表调到 $R \times 10k$（万用表内部电池电压 $E = 9 + 9 = 18V$) 挡, 万用表黑表笔接稳压二极管的负极, 红表笔接稳压二极管的正极, 稳压二极管处于反向接通状态（图 1-4-19), 然后根据 290 问的公式来计算。

说明: 稳压二极管稳定电压在 9～18V 间, 如果用一只万用表是不能满足需要的, 因为它提供的电压不能使稳压二极管工作在反向击穿状态。

→ 问 292　怎样判断稳压二极管的稳压值？——兆欧表+万用表法

答　把兆欧表正端与稳压二极管的负极端相连接, 兆欧表的负端与稳压二极管的正极端相连接, 按要求匀速摇动兆欧表手柄, 同时用万用表检测稳压二极管两端电压值, 等万用表的指针稳定时, 该稳定的电压值就是稳压二极管的稳压值。电路如图 1-4-20 所示。

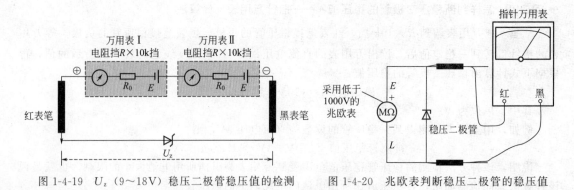

图 1-4-19　U_z（9～18V）稳压二极管稳压值的检测　　　图 1-4-20　兆欧表判断稳压二极管的稳压值

说明: 万用表的电压挡, 需要根据稳定电压值的大小来选择; 一般情况, 选择低于 1000V 的兆欧表即可。当稳压二极管进入稳压区后, 可以略加快摇动兆欧表速度的, 但是不能过快, 以免电压过高损坏稳压二极管。

有时, 还需要将稳压管与一个 $20k\Omega$ 电阻串联后接在兆欧表的输出上。

→ 问 293 怎样判断稳压二极管的稳压值？——自制电路法

答 根据图 1-4-21 所示将电路连接好，把待测的稳压二极管 VD 插入到电路中的插座 X_1、X_2。然后让稳压电源向稳压二极管 VD 加上反向击穿电压，这样就可以通过电压表 V 读出该稳压二极管的稳定电压值 U_z。从串联在电路中的毫安表上，可以读出稳定工作时的电流值。另外，调整电位器 RP，毫安表的指示值也会随着变化。这时观察电压表的变化，以稳压值 U_z 变化越小越好。

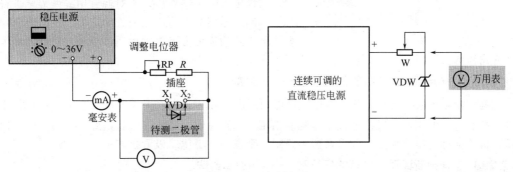

图 1-4-21 自制电路

另外，也可以采用图 1-4-22 所示的电路进行判断：检测时，调整稳压电源输出电压，使其从 0V 开始增大，正确情况下，万用表所检测的电压也会随着增大；当调整稳压电源 GB 的输出电压继续增大，而万用表上的 V 读数不再增大时，此时万用表所检测的电压就是被测稳压管的稳压值。

说明：要求 GB 的最大输出电压必须大于被测稳压管的稳压值 2V。

→ 问 294 怎样判断稳压二极管的稳压值？——电话线检测法

答 利用电话线路具有 50V 左右脉冲电压，电流相对较小，可以测量出稳压二极管的稳压电压。如图 1-4-23 所示，接入稳压二极管后，就只有相当实际于稳压二极管的电压，用万用表测量后就是该稳压二极管的稳压值。

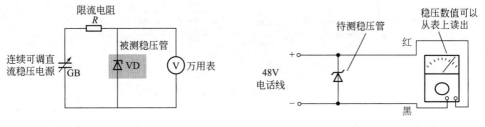

图 1-4-22 检测稳压管稳压值的电路　　　　图 1-4-23 电话线检测稳压二极管

→ 问 295 怎样判断稳压二极管的故障？——特点法

答 稳压二极管开路——电源电压升高。

稳压二极管短路——电源电压/大电流变低到 0V 或输出不稳定。

稳压二极管稳压值不稳定——电源电压变低到 0V 或输出不稳定。

→ 问 296 怎样判断稳压二极管的好坏？——功能原理法

答 稳压二极管的稳压原理，就是利用稳压二极管击穿后，其两端的电压基本保持不变。因此，把稳压管接入电路中后，如果电源电压发生波动，或其他原因造成电路中各点电压变动时，负载两端的电压将会基本保持不变，如图 1-4-24 所示。为此，可以通过检测稳压二极管前面的电压波动时，其稳压后的电压是否保持不变。如果前面的电压波动，其稳压后的电压也波

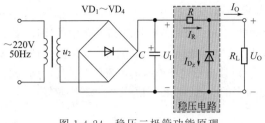

图 1-4-24 稳压二极管功能原理

动，则说明该稳压二极管可能异常。

问 297 怎样判断稳压二极管的好坏？——万用表法

答 把万用表调到 $R \times 1k$ 或者 $R \times 100$ 挡，把两表笔分别接稳压二极管的两个电极端，检测出一个结果后，再对调万用表两表笔进行检测。如果测得稳压二极管的正向、反向电阻均很小或均为无穷大，则说明该稳压二极管已经击穿或者开路损坏。

→ **问 298** 怎样判断稳压二极管的好坏？——电压法

答 在路通电检测稳压管的电压，可以判断出其好坏。用万用表的直流电压挡检测稳压二极管两端的直流电压，如果接近该稳压管的稳压值，则说明该稳压二极管是好的。如果电压偏离稳压二极管标称稳压值太多，或者数值不稳定，则说明该稳压二极管损坏了。

→ **问 299** 怎样判断稳压二极管的好坏？——自制测试器法

答 ① 首先根据图 1-4-25 所示电路连接组装好测试器。

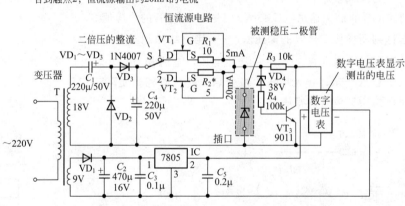

图 1-4-25 判断稳压二极管好坏的自制测试器

② 电路调试的要点 检测 IC7805 的 2、3 脚电压，应为 5V。检测电容 C_4 两端电压应为 40～50V。把开关 S 打到触点 2，将一路电流调在 20mA，在不接测试稳压二极管时，检测 VT3 的集射极电压应该为 0V。接测试稳压管时，同样方法，把开关 S 打到触点 1，用 100Ω 的电位器代替电阻 R_1，不接测试稳压二极管，调整以及检测插口上的电流，应为 5mA，然后确定电位器的阻值后，再用固定电阻代替焊上即可。

③ 通过自制测试器检测稳压二极管的稳压值，然后与稳压二极管的稳压标称值比较，如果有差异，则说明该稳压二极管可能损坏了。如果一致，则说明该稳压二极管是好的。

说明：该测试器能够对 0.5W、1W 的稳压值在 30V 以内的稳压二极管进行检测。

→ **问 300** 怎样判断低压稳压二极管与高压稳压二极管？——稳压值法

答 低压稳压二极管——稳压二极管的稳定电压 U_z 值一般在 40V 以下。

高压稳压二极管——稳压二极管的稳定电压 U_z 值最高可达 200V。

1.4.3 变容二极管

→问 301 怎样判断变容二极管的极性？——观察法

答 有的变容二极管的一端涂有黑色标记，该端表示为负极端，则另一端为正极端。

有的变容二极管的管壳两端分别涂有黄色环与红色环，一般红色环的一端表示为正极端，黄色环的一端表示为负极端。

→问 302 怎样判断变容二极管的极性？——数字万用表二极管挡法

答 用数字万用表的二极管挡检测变容二极管的正向、反向电压降来判断变容二极管正、负极性。正常的变容二极管，检测其正向电压降，一般为 $0.58\sim0.65\text{V}$；检测反向电压降时，一般显示溢出符号 1。

说明：检测变容二极管的正向电压降时，数字万用表的红表笔需要接变容二极管的正极端，黑表笔需要接变容二极管的负极端。

→问 303 怎样判断变容二极管的好坏？——指针式万用表法

答 把指针式万用表调到 $R\times 10\text{k}$ 挡，检测变容二极管的正向、反向电阻值。正常的变容二极管，其正向、反向电阻值均为 ∞（无穷大）。如果被检测的变容二极管的正向、反向电阻值均为一定阻值或均为 0，则说明该变容二极管存在漏电或击穿损坏了。

说明：变容二极管容量消失、内部的开路性故障，采用万用表检测不出来。这时，可采用替换法进行检测、判断。

1.4.4 开关二极管

→问 304 怎样区分开关二极管与齐纳二极管？——观察法

答 玻封的开关二极管阴极环为黑色，玻封的齐纳管（稳压二极管）阴极环为蓝紫色。稳压二极管一般是白色或者彩色的阴极环。

说明：塑封的开关二极管与齐纳管阴极环都是白色，从阴极环一般不能够区分。

→问 305 怎样区分开关二极管与齐纳二极管？——万用表二极管挡法

答 首先把万用表调到二极管挡，然后进行检测。其中：开关二极管的正向导通压降一般为 0.55V 左右（万用表显示 550），齐纳二极管的正向导通压降一般为 0.72V 左右（万用表显示 720）。

→问 306 怎样区分开关二极管与齐纳二极管？——对比法

答 对比法区分开关二极管与齐纳二极管见表 1-4-6。

表 1-4-6 对比法区分开关二极管与齐纳二极管

项目	齐纳二极管	普通二极管
工作状态	一般在反向击穿状态下工作	一般在正向电压下工作
特性	反向电压超过其工作电压 U_z 时，反向电流将突然增大，其两端的电压基本保持恒定。对应的反向伏安特性曲线非常陡，动态电阻很小	反向击穿电压一般在 40V 以上，高的可达几百伏至上千伏，在伏安特性曲线反向击穿的一段不陡，即反向击穿电压的范围较大，动态电阻也比较大
特点	有防浪涌的作用，在开关电源中可以起钳位作用	开关二极管比稳压二极管反应快
应用	常用作稳压器、电压基准、过压保护、电平转换器等	开关二极管常用于电子计算机电路、脉冲电路、开关电路等

问 307 怎样判断玻封硅高速开关二极管的好坏？——万用表法

答 玻封硅高速开关二极管的万用表检测方法与普通二极管的万用表检测方法相同，但是需要注意它们之间的差异：

① 开关二极管比普通二极管正向电阻较大；

② 开关二极管用 $R \times 1k$ 电阻挡测量，一般正向电阻值为 $5 \sim 10k\Omega$，反向电阻值为无穷大 ∞。

1.4.5 整流二极管

问 308 怎样判断整流二极管是优质的？——特征法

答 整流二极管是一种将交流电转变为直流电的半导体器件，一般包含一个 PN 结，有阳极与阴极两个端子。整流二极管具有明显的单向导电性。

具有击穿电压高、反向漏电流小、高温性能良好的硅整流二极管是优质的。

结面积较大（能够通过较大电流，可达上千安）的高纯单晶硅制造的高压大功率整流二极管是优质的。

整流二极管由于通过的正向电流较大，对结电容无特殊要求，所以其 PN 结多为面接触型，因结电容大，故工作频率低。

说明：整流二极管主要用在各种低频整流电路；正向电流在 1A 以上的整流二极管一般采用金属壳封装，以有利于散热；正向电流在 1A 以下的整流二极管一般采用全塑料封装。

问 309 怎样判断整流二极管的导通与截止？——顺口溜法

答 正对正，管通；

负对负，管也通；

正对负，管就不通；

负对正，管依旧不通。

说明：正对正，管通——当交流输入电压的正半周加到整流二极管的正极时，整流二极管导通；

负对负，管也通——当交流输入电压的负半周加到整流二极管的负极时，整流二极管也导通；

正对负，管就不通——交流输入电压的正半周加到整流二极管负极，整流二极管不导通；

负对正，管依旧不通——交流输入电压的负半周加到整流二极管正极时，整流二极管依旧不导通。

问 310 怎样判断整流二极管的导通与截止？——图解法

答 如图 1-4-26 所示。

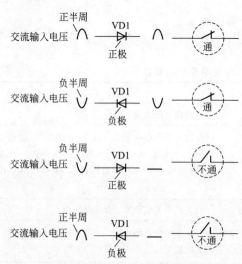

图 1-4-26　判断整流二极管导通与截止的图解

问 311 怎样判断在线整流二极管的好坏？——前后电压比较法

答 将有故障的机器接通电源，把万用表调到交流电压挡，在红表笔接到整流二极管的正极，黑表笔接到整流二极管的负极时，检测得出一个交流电压值。对调万用表表笔，再次检测出一个交流电压值。用同样的办法，把万用表调到直流电压挡，检测得到一直流电压值。如果第一次检测得出的交流电压值约为直流电压值的 2 倍，而第二次检测值为零，则说明该整流二极管是好的。如果两次交流电压值相差不多，则说明该整流二极管已经击穿损坏了。如果两次检测值均为零，则说明该整流二极管出现短路现象。如果第二次测量值不为零，又不小于第一次检测的值，则说明该整流二极管性能不好。

问 312 怎样判断整流二极管的极性？——电池＋灯泡法

答 准备一个与电池输出电压一致的小功率灯泡、一个被检测的整流二极管，用导线把二极管的一极接在灯泡一极，将灯泡的另一极与二极管的另一极去接电池的两个输出端子。如果灯泡亮，则电池的正极所接的是二极管的正极，二极管的另一端就是负极端。

问 313 怎样判断整流二极管的极性？——观察法

答 有白色环端的为负极，也就是 N 极，则另外一端就为 P 极。

问 314 怎样判断整流二极管的极性？——指针万用表法

答 把万用表调到电阻挡，检测整流二极管两端的电阻，并且以检测电阻较小的一次为依据，万用表红表笔接触的为整流二极管的正极 P。

问 315 怎样判断整流二极管的好坏？——万用表法

答 整流二极管的判断与普通二极管的判断方法基本一样，也是根据检测正向、反向电阻来判断。例如，1N4007 正常的正向电阻为 500Ω 左右，反向电阻为无穷大 ∞。如果检测的正、反电阻值与正常参考值相差很大，则说明整流二极管 1N4007 可能损坏了。

1.4.6 肖特基二极管 SBD

问 316 怎样判断肖特基二极管的封装？——经验法

答 ① 中、小功率肖特基整流二极管，一般采用的是 DO-41、DO-15、DO-27、TO-220 等封装。

② 贴片肖特基二极管，一般采用的是 SOD123、SMA、SMB、SMC 等封装。

问 317 怎样区别肖特基二极管与普通二极管？——对比法

答 肖特基二极管与普通二极管在外形上一般没什么区别，可以通过检测正向压降来区别，即直接用数字万用表来检测：

小电流状态下——普通二极管在 0.5V 以上，肖特基二极管在 0.3V 以下；

大电流状态下——普通二极管在 0.8V 左右，肖特基二极管在 0.5V 以下。

另外，根据耐压来判断：

肖特基二极管耐压一般在 100V 以下，没有 150V 以上的管子；

普通二极管有 150V 以上的管子。

问 318 怎样区别肖特基二极管与快恢复二极管？——对比法

答 对比法判断肖特基二极管与快恢复二极管，见表 1-4-7。

表 1-4-7　肖特基二极管与快恢复二极管的区别

名称	特点	正向压降	反向耐压	等级
快恢复二极管	指反向恢复时间很短的二极管（500ns 以下），结构上有采用 PN 结结构，有的采用改进的 PIN 结构	正向压降大于普通二极管（1～2V）	多在 1200V 以下	从性能上可分为快恢复、高效率（特快恢复）、超快恢复等等级。前者反向恢复时间为数百纳秒，后两者在 100ns 以下。快恢复二极管主要应用在逆变电源中作整流元件
肖特基二极管	以金属与半导体接触形成的势垒为基础的二极管	正向压降低（为 0.4～0.5V）	耐压低，一般低于 200V	反向恢复时间很短（10ns 以内），反向漏电流较大，一般用于低电压场合

问 319 怎样判断二端肖特基二极管的好坏？——万用表法

答 先把万用表调到 $R \times 1$ 挡，进行测量，正常时的正向电阻值一般为 2.5～3.5Ω，反向电阻一般为无穷大∞。

如果测得正向、反向电阻值均为无穷大∞或均接近0Ω，则说明所检测的二端肖特基二极管异常。

→ **问 320** 怎样判断三端肖特基二极管的好坏？——万用表法

答 ① 找出公共端，判别出是共阴对管还是共阳对管。

② 测量两个二极管的正、反向电阻值：正常时的正向电阻值一般为 2.5～3.5Ω，反向电阻一般为无穷大∞。

1.4.7 快、超快恢复二极管

→ **问 321** 怎样判断快恢复二极管？——结构法

答 快恢复二极管的内部结构与普通 PN 结二极管不相同。快恢复二极管属于 PIN 结型二极管，也就是在 P 型硅材料与 N 型硅材料中间增加了基区 I，从而构成了 PIN 硅片。快恢复二极管基区很薄，因此其反向恢复电荷很小，反向恢复时间较短，正向压降较低，反向击穿电压（耐压值）较高等。

→ **问 322** 怎样判断快恢复二极管的封装？——经验法

答 ① 8A 以下的快恢复二极管插件封装，一般采用 DO-41、DO-15、DO-27 等规格的封装。

② 8～20A 的快恢复二极管管，一般采用 TO-220FP 塑料的封装。

③ 20A 以上的大功率快恢复二极管，一般采用顶部带金属散热片 TO-3P 塑料的封装。

④ 贴片快恢复二极管，一般采用 SMA　SMB　SMC 等规格的封装。

⑤ 大功率快恢复二极管，一般采用 TO-220、TO-3P 等规格的封装。

⑥ 几十安的快恢复二极管，一般采用 TO-3P 金属壳的封装。

⑦ 几百安～几千安的快恢复管，一般采用螺栓型或平板型的封装。

→ **问 323** 怎样判断快/超快恢复二极管的好坏？——万用表法

答 把万用表调到 $R \times 1k$ 挡，检测其单向导电性。正常情况下，正向电阻一般大约为 45kΩ，反向电阻一般为无穷大。再检测一次，正常情况下，正向电阻一般大约为几十欧，反向电阻一般为无穷大∞。如果与此有较大差异，则说明该快/超快恢复二极管可能损坏了。

说明：用万用表检测快恢复、超快恢复二极管的方法基本与检测塑封硅整流二极管的方法相同。

1.4.8 发光二极管

→ **问 324** 怎样判断发光二极管的极性？——观察法

答 ① 采用长短脚来表示正极、负极端，长脚一般为正极端，短脚一般为负极端。

② 有的发光二极管的一侧切去了一点，则该切点对应的脚表示为负极端，另一端为正极端。

③ 线路板上，一般用丝印＋表示发光二极管的正极端，则另一端为负极端，如图 1-4-27 所示。

④ 有的表贴发光二极管的阴极侧涂有色点或涂有色条，或者切角，一般表示阴极端。

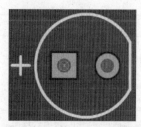

图 1-4-27　丝印＋表示正极

→ **问 325** 怎样判断草帽发光二极管正、负极？——观察法

答 草帽发光二极管负极支架比较大，正极支架比较小。

新的草帽发光二极管正极引脚比较长，负极引脚比较短。

→ 问 326 怎样判断发光二极管的好坏？——单万用表法

答 把万用表调到 $R\times10k$ 挡，检测发光二极管。正常时，发光二极管的正向电阻阻值为几十千欧到 $200k\Omega$，反向电阻值为无穷大 ∞。如果正向电阻值为 0 或为 ∞，反向电阻值很小或为 0，则说明该发光二极管已经损坏。

说明：该种检测方法，因 $R\times10k$ 挡不能向 LED 提供较大正向电流，因此不能看到发光二极管的具体发光情况。

→ 问 327 怎样判断发光二极管的好坏？——双万用表法

答 准备好两块指针万用表，用一根导线把其中一块万用表的＋接线柱与另一块表的－接线柱连接好，剩下的负－表笔连接到被测发光二极管的正极端（即 P 区端），剩下的正＋表笔连接到被测发光二极管的负极端（即 N 区端）。然后把两块指针万用表均调到 $R\times10$ 挡。正常情况下，接通后就能够正常发光。如果亮度很低，以及不发光，则可以把两块指针万用表均调到 $R\times1$ 挡。如果依旧很暗，以及不发光，则说明该发光二极管性能不良或损坏。

说明：不能一开始检测就采用指针万用表 $R\times1$ 挡，以免电流过大，损坏被测的发光二极管。

→ 问 328 怎样判断发光二极管的好坏？——外接电源测量法

答 用 3V 稳压源，或者两节串联的干电池，与万用表连接好（图 1-4-28）来检测：如果检测得到 U_R 为 $1.4\sim3V$，并且发光亮度正常，则说明发光二极管是好的。如果检测得到 $U_R=0$ 或 $U_R\approx3V$，并且发光二极管不发光，则说明发光二极管已经损坏了。

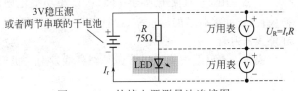

图 1-4-28　外接电源测量法连接图

说明：两块指针万用表最好是同型号的。

→ 问 329 怎样判断单色发光二极管的好坏？——万用表＋干电池法

答 在万用表外部附接一节 $1\sim5V$ 干电池，把万用表调到 $R\times10$ 或 $R\times100$ 挡。这样就相当于给万用表串接上了 $1\sim5V$ 电压，使检测电压增加到 3V，而发光二极管的开启电压一般为 2V。检测时，把万用表两表笔轮换接触发光二极管的两脚端，如果单色发光二极管性能良好，则有一次能够正常发光，这时的黑表笔所接的单色发光二极管端脚为正极端，红表笔所接的单色发光二极管端脚为负极端。

说明：指针万用表电阻挡的表笔输出的电流相对于数字万用表而言，要大一些。因此，指针万用表的 $R\times10k$ 挡，有时可以点亮发光二极管。

→ 问 330 怎样判断红外发光二极管的极性？——观察法

答 ① 红外发光二极管有两只引脚，一般长引脚为正极端脚，短引脚为负极端脚。

② 有的红外发光二极管呈透明状，可以通过管壳看到管内的电极，其中内部电极较宽的一端为负极端，较窄且小的一端为正极端。

→ 问 331 怎样判断红外发光二极管的极性？——万用表法

答 把万用表调到 $R\times1k$ 挡，检测红外发光二极管的正向、反向电阻。正常情况的正向电阻一般在 $30k\Omega$ 左右，反向电阻在 $500k\Omega$ 以上，并且反向电阻越大越好。如果与上述正常情况有差别，则说明该红外发光二极管可能损坏了。

→ 问 332 怎样判断红外发射管与普通发光二极管？——万用表法

答 根据极性，正确地把待判断的元件插入万用表的检测插座 e 与 c 孔内。如果能发光，则说明是普通发光二极管。如果不能发光，则需要进一步用光摄镜头法等方法来判断。

问 333 怎样判断红外发射管与普通发光二极管？——光摄镜头法

答 将待判断的元件插入万用表的检测插座 e 与 c 孔内。如果不能发光，再将数码照相机，或者摄像机、带照相功能的手机等光摄镜头对准待检测的元件。如果能够从光摄镜头设备的 LCD 屏上，显示出发光点，就是红外发射管。如果不能从光摄镜头设备的 LCD 屏上显示发光点，就是已失效的红外发射管，或者是普通发光二极管。

问 334 怎样判断红外发射管与普通发光二极管？——MF47 型万用表法

答 把 MF47 型万用表调到 $R×10k$ 挡，检测管子的正向、反向电阻值。检测每一只管子，当检测得到阻值较小的一次时，就是正向阻值。然后根据正向阻值来判断：发光二极管的正向阻值一般约为 $45k\Omega$；红外线发射二极管的正向阻值一般约为 $25k\Omega$。

如果采用 $R×1k$ 挡来测量，则正向阻值如下：红外线发射二极管的正向电阻值一般约为 $40k\Omega$；发光二极管的正向、反向阻值皆为无穷大。

说明：不管采用 $R×10k$ 挡测量，还是采用 $R×1k$ 挡来测量，两种管子的反向电阻值均应为无穷大。

问 335 怎样判断红外发射管与普通发光二极管？——电路测试法

答 用 3V 直流电源与一只 200Ω 小功率电阻串联，把两种管子分别串入电路中（注意变换极性）。如果管子能够点亮，则说明该管为发光二极管；如果管子不能够点亮，则说明该管为红外线发射管。

说明：不管是发光二极管还是红外线发射二极管，其极片较小的一端为正极端，极片较大的一端为负极端。

问 336 怎样判断红外发光二极管的好坏？——电路法

答 ① 红外发光二极管发射 $1\sim3\mu m$ 的红外光，人眼看不到。一般单只红外发光二极管发射功率只有数毫瓦，不同型号的红外 LED 发光强度角分布也不相同。红外发光二极管的正向压降一般为 $1.3\sim2.5V$，因此不能利用红外发光二极管是否发出可见光来检测、判断，也不能完全根据其 PN 结正向、反向电学特性来判断。

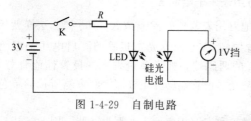

图 1-4-29　自制电路

② 采用自制电路来检测判断，电路如图 1-4-29 所示。其中，采用一只光敏器件，例如 2CR、2DR 型硅光电池，作为接收器。通过用万用表检测光电池两端电压的变化情况，来判断红外发光二极管加上适当的正向电流后是否发射红外光进行判断。

问 337 怎样判断红外发光二极管的极性？——观察法

答 ① 红外发光二极管的引脚有长短之分，一般短脚为其负极端、长脚为其正极端。

② 全塑封装的红外发光二极管直径有 $\phi3$、$\phi5$ 圆形的，其侧面有一个小平面，靠近小平面的一端为其负极端，另一端为其正极端。

③ 红外发光二极管呈透明状，管壳内的电极清晰可见。其中内部电极较宽较大的一个为其负极端，较窄且小的一个为其正极端。

问 338 怎样判断红外发光二极管的极性？——万用表法

答 把万用表调到 $R×1k$ 挡，对红外发光二极管进行检测。正常情况下，正向电阻一般为 $20\sim40k\Omega$，这时黑表笔接的一端为红外发光二极管的正极端，另外一端就是红外发光二极管的负极端。

说明：红外发光二极管要求反向电阻越大越好。

→问 339 怎样区分发光二极管的共阴共阳？——电平法

答 低电平有效（灯亮）——为共阳极发光二极管。

高电平有效（灯亮）——为共阴极发光二极管。

→问 340 怎样判断发光二极管的引脚？——外观法

答 发光二极管的正极引脚比负极引脚长。红外发光二极管呈透明状，因此，管壳内的电极清晰可见：内部电极较宽较大的一个为负极端，较窄且小的一个为正极端。

有的红外发光二极管采用透明树脂封装，管芯下部有一个浅盘，管内电极宽大的为负极端，电极窄小的则为正极端。另外，靠近管身侧向小平面的电极为负极端，另一端引脚则为正极端。

对于管座无凸点标记的发光二极管，可以透过其外表看其内部触片的大小来辨别，其中大的一侧引线为负极端，另一侧即为正极端。对于管座有凸点标记的发光二极管，其凸点处的引脚就是正极。

说明：新的引脚没有被剪过的发光二极管的引脚极性判断，与立式电解电容的极性辨别是一致的。

目前，大多数发光二极管都符合上述结构特点。但是，也有少数发光二极管与此不同。

→问 341 怎样判断发光二极管的引脚？——万用表法

答 把万用表调到 $R×1k$ 或 $R×10k$ 挡位，检测其正向、反向电阻值。一般正向电阻小 $50k\Omega$，反向电阻大于 $200k\Omega$ 以上为正常。如果检测得到其正向、反向电阻为零或为无穷大，则说明该被测发光二极管已经损坏。检测过程中，以测得正向电阻小的一次为依据：黑色表笔所接的是发光二极管的正极，红色表笔所接的是发光二极管的负极。

→问 342 怎样判断发光二极管的好坏？——万用表法

答 把万用表调到 $R×10k$ 挡（内部电池是 9V 或更大），进行检测。一般发光二极管的正向阻值在 $10k\Omega$ 的数量级，反向电阻在 $500k\Omega$ 以上，并且发光二极管的正向压降比较大。在检测正向电阻时，可以同时看到发光二极管发出微弱的光。如果检测得到的正向、反向电阻均很小，则说明该发光二极管内部击穿短路。如果检测得到的正向、反向电阻均为无限大，则说明发光二极管内部开路。

采用万用表 $R×1k$ 挡来检测，这时，因万用表表内工作电压只有 1.5V，因此需要外接一只 1.5V 的干电池。正常情况下：正向检测时，万用表的指针向右大幅度偏转，同时发光二极管发亮；反向检测时，万用表的指针不动，并且发光二极管不亮。

说明：发光二极管的正向阻值比普通二极管正向电阻大。如果用万用表 $R×1k$ 以下各挡检测，因表内电池仅为 1.5V，不能使发光二极管正向导通与发出光。另外，由于 LED 数码管也是由发光二极管组成，因此，上述方法也可以检测判断 LED 数码管。

发光二极管在用万用表 $10k\Omega$ 电阻挡进行测量时，一般好的管子的正向电阻≥15kΩ，反向电阻≥200kΩ。

→问 343 怎样判断发光二极管的好坏？——电路法

答 根据图 1-4-30 所示制作好实验电路，把需要判别的发光二极管正极、负极分两个方向接在电路中。如果二极管正常发光，则与电池正极相接的一脚为二极管正极端，另一脚则为负极端，同时，说明该发光二极管是好的。如果正极、负极两个方向接在电路中，二极管都不发光，则说明该发光二极管是坏的。

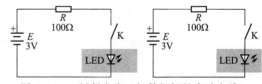

图 1-4-30 判断发光二极管好坏的实验电路

→问 344 怎样判断发光二极管能否代替整流二极管？——参数法

答 一般而言，发光二极管可以代替整流二极管。但是，需要注意发光二极管的最大正向电流一般都不超过 50mA，反向击穿电压一般也都在 100V 以下。发光二极管的管压降一般为

1.6～2V，比普通整流管的 0.6～0.7V 管压降要大。

发光二极管在全波整流电路与桥式整流电路中的应用如图 1-4-31 所示。

→ **问 345** 怎样判断发光二极管的工作电流？——电路 + 计算法

答 发光二极管的工作电流是一个很重要的参数，如果太小，发光二极管点不亮；如果电流太大，又会烧坏发光二极管。

检测发光二极管的工作电流，可以采用如图 1-4-32 所示的电路，用下面公式来计算：

$$R = \frac{E - V_F}{I_F}$$

式中 E——电源电压；

     V_F——发光二极管的正向压降；

     I_F——发光二极管的工作电流；

     R——限流电阻。

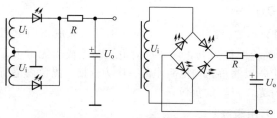 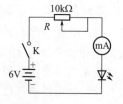

图 1-4-31 　发光二极管在整流电路中的应用 　　图 1-4-32 　判断发光二极管工作电流的电路

→ **问 346** 怎样判断变色发光二极管的好坏？——电路法

答 检测判断变（双）色发光二极管时，首先根据图 1-4-33 所示连接好线路。当开关 K 与 R 端连接时，红色管点亮。当图中转换开关 K 与 G 端连接时，绿色管点亮。如果开关 K 同时接通 G 与 R 端，则红管、绿管同时点亮，形成混合色橙色。如果电源正极连接其中一个管，而该管不亮时，则说明该被测管已经损坏。

说明：图中 $R = 100\Omega$ 是限流电阻（考虑变色发光二极管工作电流在 50mA 左右时较合理）。电源负极与变色发光二极管的公共端极相连。

→ **问 347** 怎样判断两端变色发光二极管的好坏？——电路法

答 检测判断两端变（双）色发光二极管时，首先根据图 1-4-34 所示连接好线路。图中 R 为限流电阻，RP 是一个电位器。如果 RP 调节到 A 点，变色管正常应发红光。如果 RP 调节到 B 点，变色管正常应发绿光。否则，说明被测管异常。

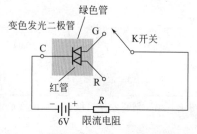 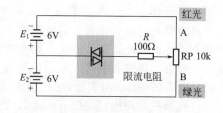

图 1-4-33 　判断变色发光二极管好坏的电路 　　图 1-4-34 　判断两端变色发光二极管好坏的电路

→ **问 348** 怎样判断红外发光二极管的类型？——功率法

答 小功率红外发光二极管 　功率在 1～10mW。

中功率红外发光二极管　功率在 $20\sim50\mathrm{mW}$。

大功率红外发光二极管　功率在 $50\sim100\mathrm{mW}$ 以上。

说明：常用的红外发光二极管发出的红外线波长为 $940\mathrm{nm}$ 左右，外形与普通 $\phi5\mathrm{mm}$ 发光二极管相同，只是颜色不同。红外发光二极管还可以分为透明、黑色、深蓝色等种类。

判断红外发光二极管的好坏与判断普通二极管的方法基本是一样的。单只红外发光二极管的发射功率大约为 $100\mathrm{mW}$。检测红外发光二极管的发光效率一般需要采用专用仪器。业余条件下，只能凭经验用拉距法进行粗略判断。

→ 问 349　怎样检测与判断发光二极管的好坏？——万用表 + 电容法

答　选择一个容量大于 $100\mu\mathrm{F}$ 的电解电容，把万用表调到 $R\times100$ 挡，并且对该电容充电，其中万用表的黑表笔接电容正极，万用表的红表笔接负极，充电完毕后，黑表笔改接电容负极，并且将被测发光二极管接在红表笔与电容正极间。如果发光二极管亮后逐渐熄灭，则说明该发光二极管是好的。此时红表笔接的是发光二极管的负极，电容正极接的是发光二极管的正极。如果发光二极管不亮，将其两端对调，重新接上测试。如果还不亮，则说明该检测的发光二极管已经损坏。

→ 问 350　怎样检测发光二极管的工作能力？——万用表法

答　把万用表调到 $R\times10\mathrm{k}$ 挡，对发光二极管的正向电阻进行检测。如果发光二极管亮，则说明该发光二极管灵敏度较高，适宜在小电流状态下工作。如果发光二极管不亮，则说明该发光二极管灵敏度相对而言低。

→ 问 351　怎样检测发光二极管的工作能力？——观察法

答　一般发光二极管的工作电压为 $1.5\sim1.8\mathrm{V}$，工作电流在 $1\mathrm{mA}$ 以上。在相同条件下检测发光二极管，则发光正常的发光二极管比发光欠佳的发光二极管工作能力要好。

→ 问 352　怎样判断发光二极管的极性？——直观法

答　① 对于管座无凸点标记的发光二极管，可以透过其外表看其内部触片的大小来辨别，其中大的一侧引线为负极端，另一侧即为正极端。

② 对于管座有凸点标记的发光二极管，其凸点处的引脚就是正极端。

→ 问 353　怎样判断单色发光二极管的极性？——万用表法

答　把万用表调到 $R\times10\mathrm{k}$ 挡，两只表笔分别去测发光二极管的正向、反向电阻。如果正向电阻检测为十几千欧左右，则说明黑表笔所接的电极就是发光二极管的正极端，另外一端就是发光二极管的负极端。

如果采用 $R\times1\mathrm{k}$ 挡来检测，则需要外加一节 $1.5\mathrm{V}$ 的干电池，并且干电池的负极接黑表笔，然后用干电池的正极、万用表的红表笔去检测发光二极管的两极。如果万用表的指针大幅度向右偏转，并且发光二极管发亮，则说明与电池正极相接的一端即是发光二极管的正极端，另外一端就是发光二极管的负极端。检测电路如图 1-4-35 所示。

→ 问 354　怎样判断自闪二极管电极的好坏？——万用表法

答　把万用表调到 $R\times1\mathrm{k}$ 挡，红表笔、黑表笔分别接在自闪二极管的两引脚端进行检测，并且读出数值。然后掉换一次表笔检测一次，并且读出数值。比较两次检测的数值，以检测数值电阻大的一次为依据：黑表笔所接的为自闪二极管的正极端，红表笔所接的为自闪二极管的负极端。

也可以采用万用表的 $R\times10\mathrm{k}$ 挡来检测：把万用表调到 $R\times10\mathrm{k}$ 挡，红表笔、黑表笔分别接自闪二极管的两引脚进行检测，并且读出数值。然后掉换一次表笔检测一次，并且读出数值。比较两次数值，电阻大的一次表针具有 $1\mathrm{cm}$ 多的摆幅，并且自闪二极管有一闪一闪亮光，说明该自闪二极管是好的。

→ 问 355 怎样判断变色发光二极管的好坏？——万用表法

答 变色发光二极管是把一只红色发光二极管与一只绿色发光二极管封装在一起，并且它们的负极连在一起，并引出作为公共端。它们的阳极各自单独引出。内部电路结构如图 1-4-36 所示。

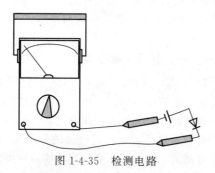

图 1-4-35　检测电路　　　　　　　　图 1-4-36　变色发光二极管内部电路结构

变色发光二极管可以采用 MF47 等万用表来检测。把万用表调到 $R×10k$ 挡，红表笔接任一脚，黑表笔接另外两引脚。如果出现两次低电阻，即大约 $20k\Omega$，则红表笔所接的就是变色发光二极管的公共负极端。然后，判断各自的阳极端，具体方法如下：采用 3V 电池串一只 200Ω 电阻，电池负极接其公共负极端，200Ω 电阻一端分别接另外两端，当接触它一端脚就会发出相应的光，则该端就是对应相应变色发光二极管的阳极端。电路示意图如图 1-4-37 所示。

→ 问 356 怎样检测红外发光二极管的性能？——万用表法

答 把万用表调到 $R×1k$ 挡，检测红外发光二极管的正向、反向电阻，通常正向电阻在 $30k\Omega$ 左右，反向电阻在 $500k\Omega$ 以上，要求反向电阻越大越好。

说明：发光二极管的伏安特性与普通晶体二极管类似，但是发光二极管的正向压降与正向电阻比普通晶体二极管的正向压降与正向电阻要大一些。

→ 问 357 怎样判断发光二极管灯珠的好坏？——万用表法

答 发光二极管灯珠有的采用多个发光二极管串接而成，判断哪个单个发光二极管损坏，可以采用相应数值的电压电源接触各单个发光二极管两引脚，看是否点亮。例如接触某一单个发光二极管不亮，则说明该单个发光二极管损坏了。

串联成组结构，只要有一个发光二极管损坏，则整组就不会亮。

→ 问 358 怎样判断发光二极管的好坏？——电路法

答 根据图 1-4-38 连接好电路，把毫安表调到 500mA 挡，合上开关 S，发光二极管应立即发光。然后调节电位器 RP，使毫安表 PA 显示发光二极管的工作电流为止。如果发光二极管不亮，则需要检查其是否插反，电路是否虚焊，RP 是否接触不良。如果都正常，则可能是发光二极管本身损坏了。

说明：图中 G 为 2 节 1.5V 干电池；S 为电源开关；RP 为电位器；PA 为毫安表；LED 为发光二极管。

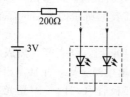
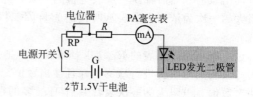

图 1-4-37　变色发光二极管引脚的判断电路示意图　　图 1-4-38　判断发光二极管的好坏的电路

1.4.9 LED 数码管

→ **问 359** 怎样判断 LED 数码管仅小数点亮的故障原因？——综合法

答 ① 可能是外接的 A/D 转换器异常，则需要更换 A/D 转换器。

② 可能是数码管内部异常，则需要更换数码管。

③ 可能是 A/D 转换器与数码管间的连线开路，则需要重新连接或重新焊接。

④ 可能是 A/D 转换器集成元器件损坏，则需要更换集成元器件。

⑤ 可能是 A/D 转换器引脚接触不良，则需要重新焊接。

→ **问 360** 怎样判断 LED 数码管亮度不足的故障原因？——综合法

答 ① 可能是 LED 数码管使用时间太久，发光效率降低，则需要更换新的 LED 数码管。

② 可能是电路板漏电，则需要更换与电路板相连的电容，或清洗电路板。

③ 可能是供电不足，供电电路的连接电阻变值，则需要更换相应件。

④ 可能是滤波电容漏电，则需要更换滤波电容。

⑤ 可能是整流二极管损坏，则需要更换整流二极管。

⑥ 可能是 A/D 电路损坏，则需要更换 A/D 电路。

→ **问 361** 怎样判断 LED 数码管的质量？——外观法

答 颜色均匀、无局部变色、无气泡等情况，说明该 LED 数码可能是好的。

→ **问 362** 怎样判断 LED 数码管的质量？——电池法

答 把 3V 干电池负极引出线固定接触在 LED 数码管的公共负极端上，电池正极的引出线依次移动接触笔画的正极端。正确情况下，该根引出线接触到某一笔画的正极端时，那一笔画就会显示出来。如果某笔画不能显示，则说明数码管该笔画断笔。如果检测某一笔画，而另外的笔画也随着一起显示，则说明该数码管可能存在连笔现象。

说明：①检查共阳极数码管，只需要把电池正极、负极引出线对调一下，然后检测方法同上。

②一般 LED 数码管每笔画工作电流 I_{LED} 一般在 $5\sim10mA$。如果电流过大，会损坏数码管。因此，当电流过大时需要加限流电阻。限流电阻的阻值计算公式如下：

$$R_{限} = (U_o - U_{LED})/I_{LED}$$

式中 U_o——加在 LED 两端的电压；

U_{LED}——LED 数码管每笔画压降（一般约为 2V）；

I_{LED}——限流电流；

$R_{限}$——限流电阻。

→ **问 363** 怎样判断 LED 数码管的好坏？——数字万用表的 h_{FE} 插口法

答 选择 NPN 挡时，C 孔带正电，E 孔带负电（图 1-4-39）。例如检查共阴极 LED 数码管时，可以从 E 孔插入一根单股细导线，把该导线引出端接共阴极端。再从 C 孔引出一根导线，依次接触各笔段电极端，根据是否显示所对应的笔段来判断即可。如果发光暗淡，则说明该 LED 数码管已经老化。如果显示的笔段残缺不全，则说明该 LED 数码管已经局部损坏。

说明：对于型号不明、又无引脚排列图的 LED 数码管，可以预先假定某个电极为公共极，然后根据笔段发光或不发光加以验证。如果笔段电极接反或公共

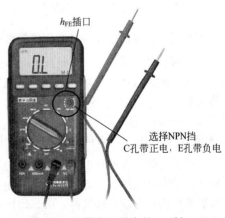

图 1-4-39　数字万用表的 h_{FE} 插口

极判断错误时，该笔段就不能发光。

1.4.10 功率二极管

→ 问 364 怎样判断功率二极管的电极？——观察法

答 ① 外壳上的符号标记　带有三角形箭头的一端为正极端，另一端为负极端。

② 外壳上的色点　点接触二极管的外壳上，一般标有极性色点（白色或红色）。一般标有色点的一端即为正极端，另一端为负极端。

③ 有的二极管上标有色环　带色环的一端为负极端，另一端则为正极端。

④ 小功率二极管的 N 极（负极），在二极管外表大多采用一种色圈标出来，其中色圈表示负极端，如图 1-4-40 所示。

图 1-4-40　色圈表示负极

⑤ 透过玻璃看触针：点接触型玻璃外壳二极管，如果标记已磨掉，则可将外壳上的漆层（黑色或白色）轻轻刮掉一点，透过玻璃看哪头是金属触针，有金属触针的那端就是正极。

⑥ 有些二极管用二极管专用符号来表示 P 极（正极）、N 极（负极）。

⑦ 发光二极管的正、负极可从引脚长短来识别，一般长脚为正极端，短脚为负极端。

→ 问 365 怎样判断小功率二极管的电极？——万用表法

答 采用万用表检测小功率二极管的正向、反向电阻，以阻值较小的一次测量为准，黑表笔所接的一端为其正极端，红表笔所接的一端为其负极端。

→ 问 366 怎样判断小功率二极管最高工作频率 f_M？——观察法

答 小功率二极管最高工作频率 f_M 的判断方法，除了可以通过查阅相关手册获取其最高工作频率 f_M 外，还可以通过观察法来大概判断，即观察二极管内部的触丝来判断，触丝小的点接触型二极管属于高频管，触面大的面接触型二极管多为低频管。

→ 问 367 怎样判断小功率二极管最高工作频率 f_M？——万用表法

答 把万用表调到 $R×1k$ 挡，进行检测，一般正向电阻小于 $1k\Omega$ 的多为高频管。

→ 问 368 怎样判断小功率二极管最高反向击穿电压 U_{RM}？——交流峰值电压法

答 对于交流电来说，最高反向工作电压也就是二极管承受的交流峰值电压。

→ 问 369 怎样判断小功率二极管击穿电压？——最高反向工作电压法

答 小功率二极管击穿电压可以根据小功率二极管的最高反向工作电压来估计判断，二极管的击穿电压要比最高反向工作电压高得多，大约高一倍。

1.4.11 触发二极管（双基极二极管）

→ 问 370 怎样判断双向触发二极管性能？——对比法

答 把万用表调到相应直流电压挡，检测电压采用兆欧表。检测时，摇动兆欧表，万用表所指示的电压值即为被测双向触发二极管的 U_{BO} 值。再调换被测管子的两个引脚，用同样的方法测出 U_{BR} 值。然后将 U_{BO} 与 U_{BR} 进行比较，两者的绝对值之差越小，说明被测双向触发二极管的对称性越好。

→ 问 371 怎样判断双向触发二极管性能？——兆欧表＋万用表法

答 把兆欧表的正极端（E）与负极端（L）分别接在双向触发二极管的两端，然后用兆欧表提供击穿电压，用万用表的直流电压挡检测电压值，图例如图 1-4-41 所示。把双向触发二极管的两极对调后，再检测一次。比较两次检测的电压值的偏差（一般为 3～6V）。偏差值越小，则说明该双向触发二极管的性能越好。

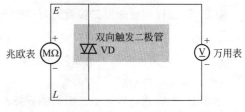

图 1-4-41　兆欧表＋万用表判断双向
触发二极管性能

→ **问 372** 怎样判断双向触发二极管性能？——市电法

答　用万用表检测出市电电压 U，把被测的双向触发二极管串入万用表的交流电压检测回路后，接入市电电压，读出电压值 U_1，再将双向触发二极管的两极对调连接后，读出电压值 U_2。然后比较判断（图 1-4-42）。

（1）不对称　如果 U_1 与 U_2 的电压值相差较大时，说明该双向触发二极管的导通性不对称。

（2）开路损坏　如果 U_1、U_2 的电压值均为 0V 时，说明该双向触发二极管内部已经开路损坏。

（3）短路损坏　如果 U_1、U_2 电压值均与市电 U 相同时，说明该双向触发二极管内部已经短路损坏。

（4）良好　如果 U_1 与 U_2 的电压值相同，但与 U 的电压值不同，说明该双向触发二极管的导通性能对称性良好。

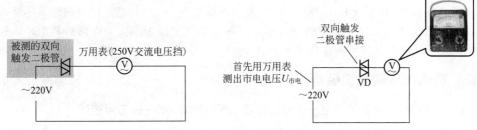

图 1-4-42　双向触发二极管性能的市电电压检测方法电路

→ **问 373** 怎样判断双向触发二极管的转折电压？——连续可调直流电源法

答　用 0～50V 连续可调直流电源，将电源的正极串接一只 20kΩ 电阻后，与双向触发二极管的一端相接，再将电源的负极串接万用表电流挡（需要先把万用表调到 1mA 挡）后，与双向触发二极管的另一端相接（图 1-4-43）。然后逐渐增加电源电压，当电流表指针有较明显摆动时，即几十微安以上时，则说明该双向触发二极管已经导通，此时电源的电压值就是双向触发二极管的转折电压。

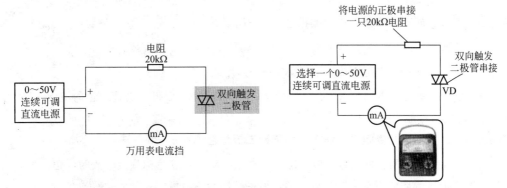

图 1-4-43　连续可调直流电源法判断双向触发二极管的转折电压

→ **问 374** 怎样判断双向触发二极管好坏？——万用表电阻法

答　把万用表调到 $R×1k$ 挡，测双向触发二极管的正向、反向电阻，正常均为无穷大 ∞。如果交换万用表表笔进行检测，万用表指针向右摆动，则说明该被测管具有漏电现象。

→ 问 375 怎样判断触发二极管的好坏？——万用表法

答 触发二极管在正常情况下，直流正向、反向电阻为无穷大。如果采用万用表 $R \times 10k\Omega$ 挡检测，指针有较大的偏转，则说明该触发二极管的性能不好。如果检测得到的阻值为零，则说明该触发二极管内部短路。

→ 问 376 怎样判断双基极二极管的好坏？——万用表法

答 双基极二极管有两个基极 B_1、B_2。两个基极间的正向、反向电阻正常一般均为 $2 \sim 10k\Omega$。如果测得某两极间的电阻与上述正常值相差较大时，则说明该双基极二极管可能异常。

也可以先把万用表调到 $R \times 1k$ 挡，再把黑表笔接发射极 E，红表笔依次连接到两个基极（B_1、B_2）上。正常情况下，均应有几千欧到十几千欧的电阻值。然后把红表笔接发射极 E，黑表笔依次接两个基极，正常情况，阻值为无穷大。

→ 问 377 怎样判断双基极二极管的电极？——万用表法

答 把万用表调到 $R \times 1k$ 挡，用两表笔检测双基极二极管的三个电极中任意两个电极间的正向、反向电阻值，一般会检测出有两个电极间的正向、反向电阻值均为 $2 \sim 10k\Omega$，则说明该两个电极就是基极 B_1 与基极 B_2，另外一个电极就是发射极 E。然后把万用表的黑表笔接在发射极 E 上，用红表笔依次去接触另外两个电极，一般会检测出两个不同的电阻。其中，以阻值较小的一次测量为依据，红表笔所接的是基极 B_2，另一个电极即是基极 B_1。

1.4.12 瞬态电压抑制二极管

→ 问 378 怎样判断单极型瞬态电压抑制二极管（TVS）的好坏？——万用表法

答 把万用表调到 $R \times 1k$ 挡，检测单极型瞬态电压抑制二极管的正向、反向电阻，一般正向电阻为 $4k\Omega$ 左右，反向电阻为无穷大 ∞。

→ 问 379 怎样判断双向型瞬态电压抑制二极管（TVS）的好坏？——万用表法

答 把万用表调到 $R \times 1k$ 挡，检测双向极型瞬态电压抑制二极管（TVS）正向、反向电阻，任意调换红表笔、黑表笔，正常电阻均应为无穷大 ∞。否则，说明所检测的双向极型瞬态电压抑制二极管性能不良或已经损坏。

1.4.13 变阻二极管

→ 问 380 怎样判断高频变阻二极管的极性？——观察法

答 带绿色环的一端为其负极端，不带绿色环的一端为其正极端。

→ 问 381 怎样判断高频变阻二极管的好坏？——万用表法

答 把 500 型万用表调到 $R \times 1k$ 挡，检测，正常的高频变阻二极管的正向电阻一般为 $5 \sim 5.5k\Omega$，反向电阻一般为无穷大 ∞。

→ 问 382 怎样区别高频变阻二极管色标与普通二极管色标？——颜色法

答 普通二极管的色标颜色一般为黑色，高频变阻二极管色标颜色一般为浅色、绿色。高频变阻二极管带绿色环的一端一般为负极端，另一端则为正极端。

→ 问 383 怎样判断变阻二极管的好坏？——万用表法

答 把万用表调到 $R \times 10k$ 挡，检测变阻二极管的正向、反向电阻。正常情况下，高频变阻二极管的正向电阻值（黑表笔接正极端）一般为 $4.5 \sim 6k\Omega$，反向电阻一般为无穷大。如果检测得到其正向、反向电阻值均很小或均为无穷大，则说明该被测变阻二极管已经损坏。

1.4.14　激光二极管

问 384　怎样判断激光二极管的好坏？——万用表法

答　把万用表调到 $R \times 1k$ 或 $R \times 10k$ 挡，把激光二极管拆下来，测量其阻值，正常情况下正向阻值一般为 $20 \sim 40k\Omega$，反向阻值一般为无穷大 ∞。如果所检测激光二极管的正向阻值大于 $50k\Omega$，则说明该激光二极管性能已经下降。如果检测的正向阻值大于 $90k\Omega$，则说明该激光二极管已经损坏。

说明：由于激光二极管的正向压降比普通二极管要大，因此检测激光二极管的正向电阻时，万用表指针可能仅略微向右偏转而已，而反向电阻则为无穷大。

问 385　怎样判断激光二极管的好坏？——电流测量法

答　通过在激光二极管供电回路中设置一只负载电阻来实现对激光二极管的检测，具体电路如图 1-4-44 所示。用万用表直流电压挡检测该负载电阻上的电压降，再用欧姆定律来计算得出电流：

$$I = U/R$$

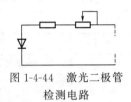

图 1-4-44　激光二极管
检测电路

最后根据计算得出的电流大小，判断激光二极管的工作状态：一般当电流大于 100mA，调节电路中相应的电位器，电流没有任何变化时，则可以判断该激光二极管已经损坏。目前小功率激光二极管的额定工作电流均在 100mA 以下。

问 386　怎样判断激光二极管的好坏？——观察法

答　波长为 780nm 的激光二极管在工作时，从侧面观看出光窗口呈暗红色，从侧面看透镜略见辉光。这些现象，均可以作为判断激光二极管是否正常工作的基本特征。

1.4.15　光电二极管（光敏二极管）

问 387　怎样判断光敏二极管与光敏晶体管？——万用表法

答　把万用表调到 $R \times 1k$ 挡，在被测光敏二极管与光敏晶体管不受光的情况下检测两种光敏管的正向、反向电阻。正向、反向电阻差别大的，则为光敏二极管；正向、反向电阻差别小的，则为光敏晶体管。

问 388　怎样检测红外光敏二极管的灵敏度？——万用表＋遥控器法

答　把万用表调到 $R \times 1k$ 挡，检测光敏二极管的正向、反向电阻值。正常时，正向电阻值（黑表笔所接引脚为正极）一般为 $3 \sim 10k\Omega$ 左右，反向电阻值一般为 $500k\Omega$ 以上。如果检测得到的正向、反向电阻值均为 0 或均为无穷大，则说明该光敏二极管已经击穿或开路损坏。

在检测红外光敏二极管反向电阻值时，可以用电视机的遥控器对着被检测红外光敏二极管的接收窗口。正常情况下，红外光敏二极管在按动遥控器上按键时，其反向电阻值会由 $500k\Omega$ 以上减小到 $50 \sim 100k\Omega$ 间。阻值下降越多，说明该红外光敏二极管的灵敏度就越高。如图 1-4-45 所示。

问 389　怎样检测光敏二极管？——电路法

答　光敏二极管管芯是一个具有光敏特征的 PN 结，具有单向导电性，因此，光敏二极管工作时需要加光照。没有光照时，光敏二极管有很小的饱和反向漏电流，也就是暗电流，此时光敏二极管处于截止状态。光敏二极管受到光照时，饱和反向漏电流大大增加，形成光电流。为了实现对光敏二极管的检测，可以根据图 1-4-46 所示的电路连接好。

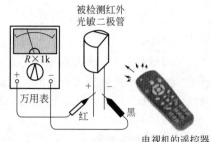

图 1-4-45　万用表＋遥控器法检测红外光敏二极管灵敏度　　　　　图 1-4-46　检测光敏二极管的电路

光敏二极管参数的检测方法见表 1-4-8。

表 1-4-8　光敏二极管参数的检测方法

项目	解说
暗电流	首先用遮光罩盖住光电器件模板,电路中反向工作电压接±12V。打开电源,则微安表显示的电流值就是暗电流。 也可以用万用表 200mV 挡检测负载电阻 R_L 上的压降 $U_暗$,则暗电流: $$I_暗 = U_暗 / R_L$$ 一般锗光敏二极管的暗电流要大于硅光敏二极管暗电流数十倍。
光电流	在没有遮光罩遮住的情况下,微安表上的电流值就是光电流。或者用万用表 200mV 挡检测得到 R_L 上的压降 $U_光$,然后根据公式计算光电流: $$I_光 = U_光 / R_L$$
灵敏度	通过改变仪器照射光源强度与相对于光敏器件的距离,观察光电流的变化情况来判断该光敏二极管的灵敏度

→问 390　怎样判断光电二极管的极性?——观察法

答　外壳标有色点的管脚或靠近管键的管脚为正极,另外一管脚即是负极。

→问 391　怎样判断光电二极管的灵敏度?——万用表法

答　把万用表调到 $R×1k$ 挡,把光电二极管的窗口遮住,检测光电二极管的两管脚引线间正向、反向电阻,正常应为一大一小,正向电阻应在 $10～20k\Omega$,反向电阻应为无穷大 ∞。然后不遮住光电二极管的窗口,让光电二极管接收窗口对着光源,这时万用表表针正常应向右偏转,偏转角度越大,灵敏度越高。

说明:光电二极管又称为光敏二极管,是一种将光能转换为电能的特殊二极管,其管壳上有一个嵌着玻璃的窗口,以便于接受光线。光电二极管工作在反向工作区。无光照时,光电二极管与普通二极管一样,反向电流很小(一般小于 $0.1\mu A$),光电管的反向电阻很大(几十兆欧以上)。有光照时,反向电流明显增加,反向电阻明显下降(几千欧到几十千欧)。

→问 392　怎样判断光电二极管的好坏?——指针万用表电阻法

答　把光电二极管用黑纸盖住,把万用表调到 $R×1k$ 挡,两表笔分别接两管脚,如果指针读数为几千欧左右,则说明黑表笔接的为正极。再将两表笔对调测反向电阻,正常的一般读数为几百千欧～无穷大 ∞(注意测量时窗口应避开光)。

再用手电筒光照管子的顶端窗口,观察万用表表头指针偏转情况:正常应具有明显加大现象。光线越强,反向电阻应越小(仅几百欧)。如果关掉手电筒,即停止光照,万用表指针读数应立即恢复到原来的阻值。如果检测的数值与这一现象相差较大,则说明该光电二极管可能损坏了。

说明:光电二极管的检测方法与普通二极管基本相同。不同之处在于:有光照与无光照两种情况下，光电二极管反向电阻相差很大。如果检测结果相差不大，则说明该光电二极管已损坏或该光电二极管不是光电二极管。

问 393 怎样判断光电二极管的好坏？——指针万用表电压法

答 把指针万用表调到直流 1V 挡，红表笔接光电二极管的正极，黑表笔接光电二极管的负极。在光照下，其电压与光照强度成比例，一般可达 $0.2 \sim 0.4V$。如果检测的数值与这一现象相差较大，则说明该光电二极管可能损坏了。

问 394 怎样判断光电二极管的好坏？——指针万用表短路电流测量法

答 把指针万用表调到直流 $50\mu A$ 或 $500\mu A$ 挡，红表笔接光电二极管的正极，黑表笔接光电二极管的负极，在白炽灯下（一般不能用日光灯），随着光照强度的增加，光电二极管的电流也相应地增大，并且短路电流可达数十到数百微安。如果检测的数值与这一现象相差较大，则说明该光电二极管可能损坏了。

问 395 怎样判断光电二极管的好坏？——数字万用表短路电流测量法

答 采用数字万用表的二极管挡，红表笔接正极，黑表笔接负极，检测正向压降，一般约为 0.6V 左右。如果黑表笔接正极，红表笔接负极，光线不强时，则会显示 1。在灯光下，其阻值会随光线强度增加而减小。如果检测的数值与这一现象相差较大，则说明该光电二极管可能损坏了。

问 396 怎样判断光电二极管的好坏？——自制光电检测器法

答 自制一个光电检测器电路如图 1-4-47 所示。检测时，把光电二极管接在 X_1、X_2 接线端上，然后合上开关 S。在阳光照射下，正常的光电二极管 VDP 接上后，发光二极管 LED 会点亮发光。光照时，LED 会自动熄灭。如果检测的现象与这一现象相差较大，则说明该光电二极管可能损坏了。

说明：上述方法可以用来判断光电三极管等光电元件。

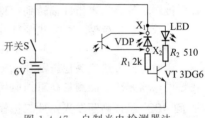

图 1-4-47　自制光电检测器法

1.4.16　贴片二极管

问 397 怎样判断普通贴片二极管的正、负极？——万用表法

答 把万用表调到 $R \times 100$ 或 $R \times 1k$ 挡，用万用表红表笔、黑表笔任意检测贴片二极管两引脚间的电阻，然后对调表笔再检测一次。在两次检测中，以阻值较小的一次为依据：黑表笔所接的一端为贴片二极管的正极端，红表笔所接的一端为贴片二极管的负极端。

问 398 怎样判断普通贴片二极管的好坏？——万用表法

答 把万用表调到 $R \times 100$ 挡或 $R \times 1k$ 挡，检测普通贴片二极管的正向、反向电阻。贴片二极管正向电阻一般为几百欧到几千欧。贴片二极管的反向电阻一般为几十千欧到几百千欧。

贴片二极管的正向、反向电阻相差越大，则说明该贴片二极管单向导电性越好。如果检测得正向、反向电阻相差不大，则说明该贴片二极管单向导电性能变差。如果正向、反向电阻均很小，则说明该贴片二极管已经击穿失效。如果正向、反向电阻均很大，则说明该贴片二极管已经开路失效。

万用表电阻挡法判断贴片二极管好坏的示意如图 1-4-48 所示。

问 399 怎样判断贴片稳压二极管的好坏？——万用表电压挡法

答 利用万用表电压挡检测普通贴片二极管导通状态下结电压，硅管的为 0.7V 左右，锗

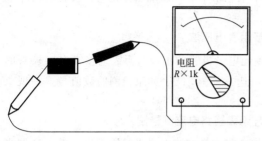

正向电压一般为几千欧，反向电阻一般为∞，个别小功率贴片二极管在几百欧

小功率贴片二极管不能够使用 $R×1$（电流大）挡、$R×10k$（电压高）挡，一般贴片二极管选择 $R×100$挡、$R×1k$挡就没有危险了

电阻 $R×1k$

图 1-4-48　测电阻

管的为 0.3V 左右。稳压贴片二极管检测其实际"稳定电压"（即实际检测值）是否与其标称"稳定电压"一致来判断，一致为正常（稍有差异也是正常的）。

→ 问 400 怎样判断稳压贴片二极管性能的好坏？——万用表法

答 用万用表来检测，正常时一般正向电阻为 10kΩ 左右，反向电阻为无穷大。如果与此相差较大，一般说明该稳压贴片二极管异常。

说明：稳压贴片二极管性能好坏的判别与普通贴片二极管的判别方法基本相同。

→ 问 401 怎样判断稳压贴片二极管的稳压值？——公式法

答 把万用表调到 $R×10k$ 挡，红表笔接稳压贴片二极管正极端，黑表笔接稳压贴片二极管负极端，等万用表指针偏转到一稳定值后，读出万用表的直流电压挡 DC10V 刻度线上指针所指示的数值，再根据下列公式来计算：

$$稳压值 U_z = (10 - 读数) × 15(V)$$

说明：该方法检测稳压贴片二极管的稳压值受到万用表高阻挡所用电池电压大小的限制，也就是说，该方法只能测量高阻挡所用电池电压以下稳压值的稳压贴片二极管。

→ 问 402 怎样判断发光贴片二极管的正、负极？——万用表法

答 把万用表调到 $R×10k$ 挡，用万用表的红表笔、黑表笔分别接发光贴片二极管的两端，以指针向右偏转过半的，以及发光贴片二极管能够发出微弱光点的一组为依据，这时的黑表笔所接的为发光贴片二极管的正极端，红表笔所接为负极端。

说明：发光贴片二极管的开启电压一般为 2V，因此，万用表调到 10kΩ 挡才能使发光贴片二极管导通。

→ 问 403 怎样判断发光贴片二极管的正、负极？——观察法

答 ① 尺寸大的发光贴片二极管在极片引脚附近有一些标记，一般有标志的一边是阴极端。

② 尺寸大的发光贴片二极管引脚大小不一样，引脚小的短的一边是阴极端。

③ 0805、0603 封装的发光贴片二极管底部有 T 字形，或倒三角形符号，则 T 字一横的一边一般是正极端；三角形符号的边靠近的极性一般为正极端，"角"靠近的一端是负极端。

→ 问 404 怎样检测贴片二极管的导通阻值？——万用表二极管挡法

答 把万用表打到蜂鸣二极管挡，红表笔接二极管的正极端，黑笔接二极管的负极端，此时测量的是二极管的正向导通阻值，即贴片二极管的正向压降值。

→ 问 405 怎样检测贴片二极管模块？——内部等价电路法

答 贴片二极管模块的检测，根据内部等价电路不同，其检测的方法与判断的方法也不同。贴片二极管的内部等价电路见表 1-4-9。

表 1-4-9　贴片二极管的内部等价电路

内部等价电路	型号
	HSM88ASR、HSM276ASR、HSM276SR、HVM14SR
	HSM88AS、HSM107S、HSM123、HSM124S、HSM126S、HSM198S、HSM276AS、HSM226S、HSM276S、HVM14S、HVM187S、HVM189S、HRB0103B、HSB88AS、HSB123、HSB124S、HSB226S、HSB276AS、HSB276S
	HSM223C
	HRW0302A、HRW0502A、HRW0503A、HRW0702A、HRW0703A、HRB0103A、HRB0502A、HSB83
	HRW0202A、HRW0202B、HSM88WK、HSM2838C、HVM16、HVM187WK、HSB88WK、HSB226WK
	HSM88WA、HSM2694、HSM2836C、HZM3.3WA、HZM6.2Z4MWA、HZM6.2ZMWA、HZM6.8MWA、HZM6.8Z4MWA、HZM6.8ZMWA、HZM27WA、HSB88WA
	HRW0203B
	RKZ27TWAQE

→ **问 406**　怎样判断 5050 贴片发光二极管正负极？——观察法

答　正方形 5050 贴片发光二极管，4 个直角中有 1 个角带小缺角，其他的直角没有小缺角，带小缺角的那端一般为负极端，另一端是正极端。

→ **问 407**　怎样判断贴片整流桥的好坏？——万用表法

答　把万用表调到 $R \times 10k$ 或 $R \times 100$ 挡，检测贴片整流桥堆的交流电源输入端正向、反向电阻，正常时，阻值一般都为无穷大。如果 4 只整流贴片二极管中有一只击穿或漏电，均会导致其阻值变小。检测交流电源输入端电阻后，还应检测＋与－间的正向、反向电阻，正常情况下，正向电阻一般为 $8 \sim 10k\Omega$，反向电阻一般为无穷大。

1.4.17　高压硅堆

→ **问 408**　怎样判断高压硅堆的好坏？——电阻法

答　高压硅堆在彩电中有应用，高压硅堆内部是由多只高压整流二极管串联组成，可以采用万用表来检测：把万用表调到 $R \times 10k$ 挡，测量其正向、反向电阻值，一般正常的正向电阻值大于 $200k\Omega$，反向电阻值为无穷大∞。如果测得其正向、反向与正常数值偏差较大，则说明所检测的高压硅堆异常。如果检测得其正向、反向均有一定电阻，则说明该高压硅堆已软击穿损坏。

→ **问 409**　怎样判断高压硅堆的好坏？——整流原理法

答　把万用表调到 250V 或 500V 直流电压挡，如图 1-4-49 所示串联高压硅堆，并接在

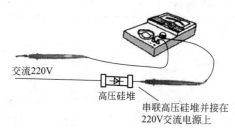

交流220V

高压硅堆

串联高压硅堆并接在
220V交流电源上

图1-4-49　高压硅堆的整流原理检测示意图

220V交流电源上。通过观察万用表指针的偏转（即其偏转反映了半波整流后的电流平均值）情况来判断。

① 当被测高压硅堆正向接法连接时，万用表读数在30V以上，则说明所检测的高压硅堆是好的。如果读数为0，则说明所检测的高压硅堆内部断路。如果读数为220V交流电压值，则说明所检测的高压硅堆短路。

② 当被测高压硅堆反向接法连接时，正常情况万用表指针应反向偏转。如果万用表指针始终不动，则说明高压硅堆内部断路或者击穿。

→ **问410** 怎样判断高压硅堆的好坏？——兆欧表法

答 把兆欧表正极接线柱与负极接线柱分别接高压硅堆的两个金属帽。用额定转速摇动兆欧表，读出兆欧表刻度盘上的电阻值。再对调高压硅堆的极性重新检测一次。如果一次阻值很大，另一次较小，则说明该硅堆是好的，并且阻值相差越大越好。如果两次读数接近，则说明高压硅堆已经失效。如果两次读数均接近零，则说明高压硅堆内部击穿短路。如果两次阻值均接近无穷大，则说明高压硅堆内部开路。

1.4.18　整流桥

→ **问411** 怎样判断桥堆的引脚？——万用表法

答 把万用表调到 $R \times 1k$ 挡，黑表笔接桥堆的任意引脚，红表笔先后测其余3只脚，如果读数均为无穷大∞，则黑表笔所接的是桥堆的输出正极。如果读数为4～10kΩ，则黑表笔所接的引脚为桥堆的输出负极。其余的两引脚则为桥堆的交流输入端。

→ **问412** 怎样判断半桥与全桥的引脚？——综合法

答 ① 长方形全桥组件——输入、输出端直接标在面上，～表示交流输入端，＋、－表示直流输出端。

② 圆柱体全桥组件——表面如果只有＋，那么相对的那端就为－，余下两端为交流输入端。

③ 扁形全桥组件——除了直接标明＋、－极与交流接线符号外，通常以靠近缺角端的引脚为＋（部分国产元件为－），中间两脚为交流输入端。

④ 大功率方形全桥组件——一般外加散热器。一般侧面边上有正极标志。正极的对角线上的引脚为负端，余下的两端为交流端。

→ **问413** 怎样判断桥堆的好坏？——观察法

答 如果桥堆外观具有明显的损伤，引脚氧化、生锈、弯曲，折断，有虚焊等现象，则说明该桥堆存在故障。

→ **问414** 怎样判断桥堆的好坏？——万用表二极管挡法

答 把万用表调到二极管挡，检测桥堆，正确的情况见表1-4-10。

表1-4-10　万用表二极管挡法判断桥堆

连接状态	解说
万用表红笔接桥堆的－,黑笔接桥堆的＋	正常应有0.9V左右的电压降,并且万用表调反没有显示
万用表红笔接桥堆的－,黑笔分别接桥堆的两个输入端	正常均有0.5V左右的电压降,并且万用表调反没有显示
万用表黑笔接桥堆的＋,红笔分别接桥堆的两个输入端	正常均有0.5V左右的电压降,并且万用表调反无显示

→ **问 415** 怎样判断小功率全桥的极性？——数字万用表法

答 把数字万用调到二极管挡，数字万用表黑表笔固定接某一引脚，用红表笔分别接触其余 3 只引脚。如果 3 次显示中两次为 0.5～0.7V，一次为 1.0～1.3V，则说明数字万用表黑表笔接的引脚是小功率全桥的直流输出端正极端；两次显示为 0.5～0.7V，则说明数字万用表黑表笔接的引脚是小功率全桥的交流输入端，另一端则是直流输出端负极端。

如果检测得不出上述结果，则可以将数字万用表黑表笔改换一个引脚重复以上检测步骤，直到得出正确结果，判断出极性即可。

→ **问 416** 怎样判断小功率全桥的性能？——数字万用表法

答 用数字万用表检测小功率全桥任意相邻的两引脚间（即任何一只二极管）的导通电压，一般在 0.5～0.7V 内，4 只二极管的导通电压越接近越好。反偏检测时，数字万用表会显示溢出符号 1。

说明：用检测二极管的方法来判断全桥性能的方法，也适用于检测半桥的性能。

→ **问 417** 怎样判断全桥的好坏？——数字万用表二极管挡法

答 把万用表调到二极管挡，依次检测两个～端与＋端、两个～端与一端间各个二极管的正向压降与反向压降。如果各个二极管的正向压降均在 0.500V 左右，以及检测反向压降时二极管均截止，显示溢出符号 1，则说明该被检测的全桥是好的。

说明：整流二极管属于非线性器件，其正向压降与正向测试电流有关。

→ **问 418** 怎样判断三相整流桥模块的好坏？——数字万用表法

答 把数字万用表调到二极管挡，黑表笔插入数字万用表 COM 孔，红表笔插入数字万用表 VΩ 孔。用红、黑两表笔先后检测 3、4、5 端与 2、1 端间的正向、反向二极管特性来检查判断。如果所检测的正反向特性相差越大，则说明性能越好。如果正向、反向均为 0，则说明所检测的三相整流桥模块的一相已经被击穿短路。如果正向、反向均为无穷大∞，则说明所检测的三相整流桥模块一相已经断路。

只要整流桥模块有一相损坏，则说明该三相整流桥模块已经损坏。

三相整流桥模块实物如图 1-4-50 所示，内部电路结构如图 1-4-51 所示。

 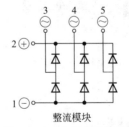

图 1-4-50　三相整流桥模块实物　　　　图 1-4-51　内部电路结构

→ **问 419** 怎样判断桥堆的好坏？——兆欧表＋万用表法

答 根据桥堆耐压特点，选择适合的兆欧表、万用表直流电压挡，利用兆欧表来判断桥堆的好坏。先把兆欧表、万用表的直流电压挡与被测的整流桥交流两端同时并联在一起进行检测。其中，兆欧表的 E 端接正极，L 端接负极进行检测。检测时顺时针方向转动手柄，速度逐渐增到 120r/min，这时万用表的直流电压如果为桥堆的耐压，则说明该整流桥是正常的。如果低于桥堆的耐压，则说明该整流桥继续使用容易被击穿损坏。

→ **问 420** 怎样判断全桥的好坏？——指针万用表法

答 把万用表调到 $R\times100$ 挡或者 $R\times1k$ 挡，检测电极端间的整流二极管的正向电阻与反向电阻。如果检测得到全桥整流器内某一只二极管的正向、反向电阻均为0Ω，则说明全桥内部的二极管已经击穿损坏。如果检测得到全桥整流器内部某一只二极管的正向、反向电阻均为无穷大∞，则说明全桥内部的二极管已经开路损坏。

也可以采用万用表法的10kΩ挡来检测：把万用表调到10kΩ挡，＋表笔接整流器的＋极，－表笔接整流器－极。正确情况下，阻值一般为8～10kΩ左右。如果阻值小于6kΩ，则说明整流器内部有1或2只二极管损坏。如果阻值大于10kΩ，则说明整流器内部有1只二极管短路。

一表笔接全桥＋端，＋表笔接其他3端时，正常情况下，万用表上显示的数值应接近于无穷大。一表笔接全桥－端，＋表笔接其他3端时，正常情况下，阻值一般在4～10kΩ左右。

说明：方形与长方形全桥的斜角的一端为＋极，对应的一端为一极。

→ **问 421** 怎样判断全桥的好坏？——图解法

答 图解法判断全桥的好坏如图1-4-52所示。

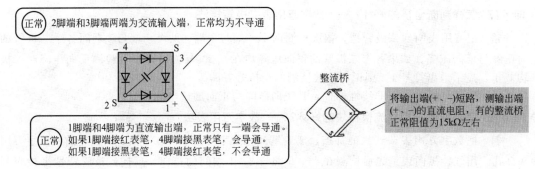

图 1-4-52　图解法判断全桥的好坏

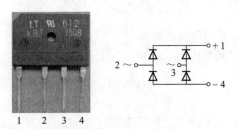

图 1-4-53　全桥的内部结构

→ **问 422** 怎样判断全桥的好坏？——口诀法

答 口诀法判断全桥的好坏的口诀如下：

输出单通　　　输入总断

说明：全桥的内部结构如图1-4-53所示。

采用指针万用表 $R \times 1k$ 挡来检测，1、4脚为输出端，该两脚与任意脚均是单向导通——输出单通。2、3脚为输入端，该两脚间都是断路，不是通路——输入总断。

符合上述条件的全桥是好的，反之则是坏的全桥。

1.5 三极管

1.5.1 通用与概述

→ **问 423** 怎样识别美国三极管的命名？——规律法

答 美国半导体器件型号命名一般由四部分组成，各部分的含义如下：

第1部分用数字表示器件的类别；

第2部分用字母 N 表示该器件已在 EIA 注册登记；

第3部分用数字表示该器件的注册登记号；

第4部分用字母表示器件的规格号。

美国半导体器件型号命名各部分的具体含义见表1-5-1。

表 1-5-1　美国半导体器件型号命名各部分的具体含义

第一部分		第二部分		第三部分	第四部分	第五部分	
用字母表示 用途类型		用数表示 PN 结数目				用字母表示 器件的挡别	
符号	意义	数字	意义	用 N 表 示 登 记 注 册	用多位数 表示该器 件在 EIA 登记序号	字母	意义
无	非军品	1	一个 PN 结、二极管			A B C D —	表示同一型 号器件的不同 档次，字母越 往后器件性能 越好
JAN	军级						
JAN TX	特军级	2	两个 PN 结、三极管				
JAN TXV	超特 军级	3	三个 PN 结				
JANS	宇航级	N	N 个 PN 结				

举例：2N2908A，2 表示三极管，N 为 E1A 注册标志，2908 为 E1A 登记号，A 为规格号。

→ 问 424 怎样识别日本三极管的命名？——规律法

答 日本三极管的型号命名（JIS-C-7012 工业标准）一般由五部分组成，各部分的含义如下：

第 1 部分用数字表示器件的类型或有效电极数；

第 2 部分用字母 S 表示该器件已经在日本电子工业协会（JEIA）注册登记；

第 3 部分用字母表示器件的类别；

第 4 部分用数字表示登记序号；

第 5 部分用字母表示产品的改进序号。

日本半导体器件型号命名的各部分的具体含义见表 1-5-2。

表 1-5-2　日本半导体器件型号命名的各部分的具体含义

第一部分：器件类型 或有效电极数		第二部分：日本电子 工业协会注册产品		第三部分：类别		第四部分： 登记序号	第五部分： 产品改进序号
数字	含义	字母	含义	字母	含义		
0	光敏二极管、晶 体管或其组合管	S	表示已在 日本电子工 业协会 （JEIA）注册 登记的半导 体分立器件	A	PNP 型高频管	用两位以上的 整数表示在日本 电子工业协会注 册登记的顺序号	用字母 A、B、 C、D…… 表示 对原来型号的 改进
				B	PNP 型低频管		
				C	NPN 型高频管		
1	二极管			D	NPN 型低频管		
2	三极管			F	P 门极晶闸管		
				G	N 门极晶闸管		
3	具有四个有效电 极或具有三个 PN 结的晶体管			H	N 基极单结晶体管		
				J	P 沟道场效应晶管		
				K	N 沟道场效应晶体管		
				M	双向晶闸管		

举例：2SC4706（NPN 型高频晶体管），2 表示晶体管，S 表示为 JEIA 注册产品，C 表示为 NPN 型高频管；4706 为 JEIA 登记序号。

→ **问 425** **怎样识别国际电子联合会三极管的命名？——规律法**

答 国际电子联合会半导体器件的型号命名一般由四部分组成，各部分的含义如下：

第 1 部分用字母表示半导体器件的材料；

第 2 部分用字母表示半导体器件的类别；

第 3 部分用数字或字母与数字混合表示序号；

第 4 部分用字母表示器件的规格号（同一类产品的档次）。

其中，国际电子联合会半导体器件的三极管型号命名及含义见表 1-5-3。

表 1-5-3 国际电子联合会半导体器件的三极管型号命名及含义

第一部分:半导体材料		第二部分:类别		第三部分:序号	第四部分:规格号
字母	含义	字母	含义		
A	锗材料	C	低频小功率晶体管	用数字或字母与数字混合表示器件的登记序号	用字母 A～E 表示同一型号器件的档次
		D	低频大功率晶体管		
		F	高频小功率晶体管		
			高频大功率晶体管		
B	硅材料	S	小功率开关管		
		U	大功率开关管		
		R	小功率晶闸管(可控硅)		
R	复合材料	T	大功率晶闸管(可控硅)		
		K	开放磁路中的		
		M	封闭磁路中的霍尔元件		
		G	复合管或其他器件		

举例：BU208（硅材料大功率开关晶体管），B 表示硅材料，U 表示大功率开关管，208 为登记序号。

→ **问 426** **怎样识别中国三极管的命名？——规律法**

答 中国半导体器件型号命名一般由五部分组成，各部分的意义如下：

第 1 部分用数字表示半导体器件有效电极数目，其中 2 表示为二极管，3 表示为三极管；

第 2 部分用汉语拼音字母表示半导体器件的材料与极性，具体含义见表 1-5-4；

表 1-5-4 汉语拼音字母表示半导体器件的材料与极性

字 母	A	B	C	D
二极管（材料）	N 型锗材料	P 型锗材料	N 型硅材料	P 型硅材料
三极管（材料）	PNP 型锗材料	NPN 型锗材料	PNP 型硅材料	NPN 型硅材料

第 3 部分用汉语拼音字母表示半导体器件的类型，具体含义见表 1-5-5；

表 1-5-5 用汉语拼音字母表示半导体器件的类型

字母	类 型	字母	类 型
A	高频大功率管($f>3MHz$、$P_c>1W$)	U	光电器件
B	雪崩管	V	微波管

字 母	类 型	字 母	类 型
C	参量管	W	稳压管
D	低频大功率管($f<3\mathrm{MHz}$、$P_c>1\mathrm{W}$)	X	低频小功率管($f<3\mathrm{MHz}$、$P_c<1\mathrm{W}$)
G	高频小功率管($f>3\mathrm{MHz}$、$P_c<1\mathrm{W}$)	Y	体效应器件
J	阶跃恢复管	Z	整流管
K	开关管	CS	场效应管
L	整流堆	BT	半导体特殊器件
N	阻尼管	FH	复合管
P	普通管	PIN	PIN 型管
S	隧道管	JG	激光器件
T	半导体晶闸管(可控整流器)		

第 4 部分用数字表示序号，没有实际意义；

第 5 部分用汉语拼音字母表示规格号。

例如：3DG6，3 表示三极管，D 表示 NPN 型，G 表示高频，6 为序号。

→ **问 427** 怎样判断元件是三极管？——标注法

答 三极管在电路中常用 VT 或者 Q、V、BG 加数字表示。

例如：VT1 表示编号为 1 的三极管，如图 1-5-1 所示。

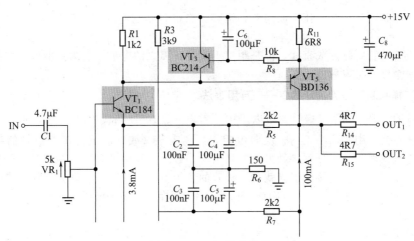

图 1-5-1 三极管的编号

→ **问 428** 怎样判断三极管的极性？——观察法

答 三极管的极性判断，有时可以根据其外形特点来判断。外形常见的极性引脚分布规律如图 1-5-2 所示。

B 型三极管外壳上有一个突出的定位销与 4 根引脚。判断引脚时，可以将管底朝上（引脚向上），从定位销开始顺时针方向依次为 e、b、c 和 d 脚，其中 d 脚为接外壳的引脚。

C 型三极管外壳上也有一个定位销，只有 3 根引脚，3 根引脚呈等腰三角形分布，其中 e、c 脚为底边。

D 型三极管没有定位销，但是 3 根引脚也是呈等腰三角形分布的，其中 e、c 脚为底边。

F 型功率三极管只有两根引脚。判断引脚时，将管底朝上，其中下面的一根是基极 b，上面

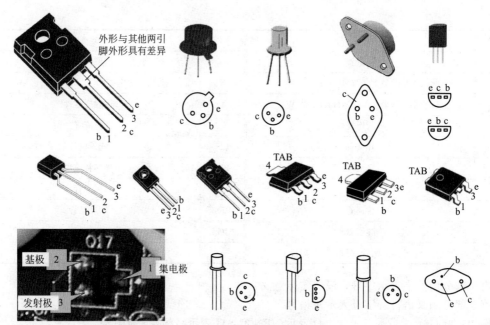

图 1-5-2　观察法判别晶体管的极性

的一根是发射极 e，其管壳是集电极 c。有的在管壳上开有两孔，主要用来固定三极管。

对于等腰直角三角形排列的三极管，直角顶点一般为基极，靠近管帽边沿的电极一般为发射极，则另外一个电极就是集电极。

对半圆形塑封的三极管，让球面向上，管脚朝自己，则从左到右一般依次是集电极、基极、发射极。

有些三极管的管脚排列成直线，但是距离不相等，孤立的电极一般为集电极，中间的一般为基极，则另一个极就是发射极。

→ 问 429 怎样判断三极管的极性？——万用表法

答　检测一般小功率三极管，可以采用万用表 $R \times 100\Omega$ 挡或 $R \times 1k$ 挡，用万用表两表笔检测三极管任意两只引脚间的正向、反向电阻。当黑表笔（或红表笔）接三极管的某一只引脚时，用红表笔（或黑表笔）分别接触另外两只引脚，万用表均指示低阻值。此时，所检测的三极管与黑表笔（或红表笔）连接的引脚就是三极管的基极 b，则另外的两只引脚就是集电极 c 与发射极 e。如果基极所接的是红表笔，则该三极管为 PNP 管。如果基极所接的是黑表笔，则该三极管为 NPN 管。

也可以采用该方法来检测、判断：先假定三极管的任一只引脚为基极，然后与红表笔或黑表笔接触，再用另一表笔去分别接触另外两只引脚。如果检测得出两个均较小的电阻时，则固定不动的表笔所接的引脚就是基极 b，再判断集电极 c 与发射极 e。

比较基极 b 与另外两只引脚间正向电阻的大小。一般，正向电阻值较大的电极为发射极 e，正向电阻值较小的为集电极 c。

如果是 PNP 型晶体管，可以把红表笔接基极 b，用黑表笔分别接触另外两只引脚，一般会检测得出两个略有差异的电阻。然后以阻值较小的一次为依据，黑表笔所接的引脚为集电极 c；以阻值较大的一次为依据，则黑表笔所接的引脚为发射极 e。

如果是 NPN 型晶体管，可以把黑表笔接基极 B，然后用红表笔去分别接触另外两只引脚。以阻值较小的一次为依据，红表笔所接的引脚为集电极 c；以阻值较大的一次为依据，红表笔所接的引脚为发射极 e。

说明：对于 1W 以下的小功率三极管，一般选择万用表的 $R \times 100$ 或 $R \times 1k$ 挡。对于 1W 以上的大功率三极管，一般选择万用表的 $R\times1$ 或 $R\times10$ 挡。

问 430 怎样判断三极管的极性？——数字万用表 h_{FE} 值法

答 利用数字万用表检测三极管 h_{FE} 的功能，来判断三极管的集电极与发射极。先检测判断出三极管的基极 b，以及检测判断出 NPN 型还是 PNP 型三极管，然后把万用表调到 h_{FE} 功能挡，把三极管的引脚分别插入基极孔、发射极孔、集电极孔。此时，从显示屏上读出 h_{FE} 值。再对调一次发射极与集电极，再次检测得出一次 h_{FE} 值。以数值较大的一次为依据，插入的发射极与集电极引脚是正确的。

问 431 怎样判断三极管的极性？——数字万用表二极管挡法

答 把数字万用表调到二极管挡，红笔任接一只引脚，再用黑笔依次接另外两只脚。如果两次检测显示的数值均小于 1V，则说明红表笔所接的是 NPN 三极管的基极 b。如果均显示溢出符号 OL 或超载符号 1，则说明红笔所接的是 PNP 三极管的基极 b。如果两次检测中，一次小于 1V，另一次显示 OL 或 1，则说明红表笔所接的不是基极，需要换脚再检测。

NPN 型中小功率三极管数值一般为 $0.6\sim0.8V$。其中以较大的一次为依据，黑笔所接的电极是发射极 e。与散热片连在一起的，一般是集电极 c，则另一边中间一只脚一般也是集电极 c。

问 432 怎样判断硅三极管与锗三极管？——万用表法

答 在确定待测三极管 PNP 型还是 NPN 型后，把万用表调到 $R\times1k$ 挡。对于 PNP 型三极管，负表笔所接的为发射极 e，正表笔所接的为基极 b，给发射极加一正向电压，然后根据正向电压数值来判断——锗管发射极正向电压为 $0.15\sim0.4V$，硅管发射极正向电压为 $0.5\sim0.8V$。

另外，也可以通过检测三极管 PN 结的正向、反向电阻来判断：一般锗管的 PN 结（b、e 极间或 b、c 极间）的正向电阻为 $200\sim500\Omega$，反向电阻值大于 $100k\Omega$；硅管 PN 结的正向电阻为 $3\sim15k\Omega$，反向电阻大于 $500k\Omega$。如果检测得到三极管某个 PN 结的正向、反向电阻值均为 0 或均为无穷大，则可以判断该三极管已经击穿或开路损坏。

问 433 怎样判断三极管功率与频率的类型？——数值法

答 低频小功率管——$f_a>3MH_Z$，$P_c<1W$；

高频小功率管——$f_a>3MH_Z$，$P_c<1W$；

低频大功率管——$f_a<3MH_Z$，$P_c\geqslant1W$；

高频大功率管——$f_a\geqslant3MH_Z$，$P_c\geqslant1W$。

问 434 怎样判断高频管与低频管？——万用表法

答 把万用表调到 $R\times1k$ 挡，用万用表检测三极管发射极的反向电阻。如果是 NPN 型三极管，则万用表的正端接三极管的基极，负端接三极管的发射极。如果是 PNP 型三极管，则万用表的负端接三极管的基极，正端接三极管的发射极。正常情况下，万用表指示的阻值一般应很大，而且不超过满刻度值的 1/10。然后把万用表调到 $R\times10k$ 挡，如果万用表表针指示的阻值变化很大，超过满刻度值的 1/3，则说明所检测的三极管为高频管。如果把万用表调到 $R\times10k$ 挡后检测，万用表表针指示的阻值变化不大，不超过满刻度值的 1/3，则说明所测的三极管为低频管。

问 435 怎样判断高频管与低频管？——外差收音机法

答 找一台工作正常的半导体超外差收音机，调节好调谐旋钮，使收音机接收一个较强的中频段电台，然后把待检测的三极管基极 b 与集电极 c 跨接在收音机回路。如果收音机接收电台的信号声音完全消失，则说明该三极管是低频管；如果收音机接收电台的声音变小，但是没有消失，则说明该三极管是高频管。

问 436 怎样判断三极管在线处于放大、饱和、截止状态？——电压法

答 对于 NPN 管：$U_C > U_B > U_E$，是判断晶体管是否为放大状态的依据之一；

对于 PNP 管：$U_E > U_B > U_C$，是判断晶体管是否为放大状态的依据之一；

对于 NPN 管：$U_B > U_C > U_E$ 是判断晶体管处于饱和状态的依据；

对于 NPN 管：$U_C > U_E > U_B$ 是判断晶体管处于截止状态的依据。

问 437 怎样检测三极管穿透电流 I_{CEO}？——万用表法

答 万用表检测三极管的穿透电流，可以通过测量晶体管 c、e 间的电阻来估计。万用表检测三极管的穿透电流的连接操作如图 1-5-3 和图 1-5-4 所示。检测时，把万用表调到 $R \times 1k$ 挡，NPN 型管的集电极 c 接黑表笔，发射极 e 接红表笔。PNP 管的集电极 c 接红表笔，发射极 e 接黑表笔。

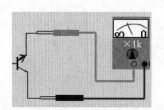　　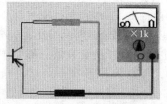

图 1-5-3　检测 NPN 晶体管的穿透电流　　　图 1-5-4　检测 PNP 晶体管的穿透电流

一般情况下，中、小功率锗管 c、e 间的电阻>10kΩ（用 $R \times 100$ 挡测，电阻值大于 2kΩ）；大功率锗管 c、e 间的电阻>1.5kΩ（用 $R \times 10$ 挡测）；硅管 c、e 间的电阻>100kΩ，实测值一般在 500kΩ 以上（用 $R \times 10k$ 挡测）。以上情况，均说明所测量的三极管穿透电流 I_{CEO} 小。

如果检测得到三极管 c、e 间的电阻偏小，则说明该三极管的漏电流较大。如果检测得 c、e 极间的电阻值接近 0，则说明该三极管的 c、e 极间已经击穿损坏。如果三极管 c、e 极间的电阻随着管壳温度的增高而变小许多，则说明该三极管的热稳定性不良。如果阻值为无穷大，则说明该三极管内部已断路。

说明：检测三极管，如选用 $R \times 10k$ 挡，此时万用表电源电压较高（一般为 9～15V）。选用 $R \times 1$ 挡，此时万用表电源电流较大。因此，检测三极管选择 $R \times 10k$ 挡与 $R \times 1$ 挡，可能损坏三极管。

问 438 怎样进行三极管电流放大系数 β 的近似估算？——万用表法

答 把万用表调到 $R \times 100$ 或 $R \times 1k$ 挡，检测三极管 c、e 间的电阻，并且记下读数，再用手指捏住基极与集电极（不要相碰），观察指针摆动幅度的大小。摆动越大，则说明该三极管的放大倍数越大。三极管放大能力的检测操作连接如图 1-5-5 和图 1-5-6 所示。

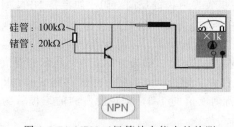　　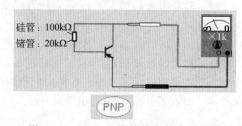

图 1-5-5　NPN 三极管放大能力的检测　　　图 1-5-6　PNP 三极管放大能力的检测

说明：手捏在两电极间，给三极管的基极提供了基极电流 I_b，I_b 的大小与手指的潮湿程度有关。因此，也可以接一只 100kΩ 左右的电阻来进行测试。

用手捏住集电极 c 与基极 b，万用表红表笔接发射极，黑表笔接集电极，检测得到捏住与没有捏的两次电阻。如果两次电阻相差越大，则说明该三极管 β 越高，如图 1-5-7 所示。

上述方法对 NPN 型三极管判断时，黑表笔接三极管的集电极，红表笔接三极管的发射极。如果判断 PNP 型三极管，则黑表笔接三极管的发射极，红表笔接三极管的集电极。

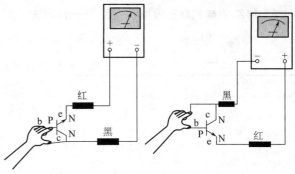

图 1-5-7　手捏住集电极 c 与基极

→ **问 439** 怎样检测三极管电流放大系数 β 值？——指针万用表法

答　把万用表调到 $R \times 1k$ 或 $R \times 100$ 挡，然后检测。

① 对于 PNP 型三极管，指针万用表红表笔接集电极，黑表笔接发射极。检测集电极与发射极间的电阻，并且记下检测阻值。然后把 100k 的电阻接入基极与集电极间，使基极得到一个偏流，这时指针万用表表针所示的阻值比不接电阻时要小。如果表针的摆动变大，则说明该三极管的放大能力好。如果表针摆动与不接电阻时差不多，或者根本不变，则说明该三极管的放大能力很小或说明该三极管已经损坏。

② 对于 NPN 型三极管，放大能力的测量与 PNP 三极管的方法基本一样，只要把指针万用表红表笔、黑表笔对调即可。

电流放大系数 β 值的估测电路如图 1-5-8 所示。

→ **问 440** 怎样检测三极管 h_{FE} 值？——图解数字万用表法

答　把数字万用表的功能/量程开关调到 h_{FE}，根据待测三极管是 PNP 或 NPN 型，正确地把基极 b、发射极 e、集电极 c 对应插入 h_{FE} 测试孔，然后根据数字万用表显示屏上显示的数值读出来，即是被测三极管的 h_{FE} 近似值，如图 1-5-9 所示。

图 1-5-8　电流放大系数 β 值的估测电路图　　图 1-5-9　数字万用表法检测三极管 h_{FE} 值

如果万用表没有 h_{FE} 挡，则可以使用万用表的 $R \times 1k$ 挡来估测三极管的放大能力。检测 PNP 管时，需要把万用表的黑表笔接三极管的发射极 e，红表笔接三极管的集电极 c，在三极管的集电结（也就是 b、c 极间）上并接 1 只电阻（硅管并的电阻为 $100k\Omega$。锗管并的电阻为 $20k\Omega$），然后观察万用表的阻值变化情况。如果万用表指针摆动幅度较大，则说明该三极管的放大能力较强；如果万用表指针不变或摆动幅较小，则说明该三极管无放大能力或放大能力较差。

检测 NPN 管时，需要把万用表的黑表笔接三极管的集电极 c，红表笔接三极管的发射极 e，在集电结上并接一只电阻，再观察万用表的阻值变化情况。如果万用表指针摆动幅度越大，则说明该三极管的放大能力越强。

→ **问 441** 怎样检测三极管 h_{FE} 值？——晶体管直流参数测试表法

答　检测时，把晶体管直流参数测试表的 $h_{FE}/ICEO$ 挡调到 h_{FE}-100 挡或 h_{FE}-300 挡，选择好三极管的极性，将三极管插入测试孔后，按动相应的 h_{FE} 键，然后从测试表中读出 h_{FE} 值，即是三极管的 h_{FE} 值。

→ 问 442 怎样判断三极管 h_{FE} 值？——公司法

答 一些厂家（公司）的三极管 h_{FE} 值的特点见表1-5-6。

表 1-5-6　三极管 h_{FE} 值的特点

厂家（公司）	三极管 h_{FE} 值的特点
东芝	东芝公司 h_{FE} 一般按颜色(英文)的缩写来分挡。 (1)对于中小功率管 　　BL(BLUE 蓝)：为 35～700 　　BN(BROWN 棕)：为 25～50 　　GR(GREEN 绿)：为 200～400 　　OR(ORANGE 橙)：为 70～140 　　R(RED 红)：为 40～80 　　W(WHITE 白)：为 600～1200 　　Y(YELLOW 黄)：为 120～240 (2)TO-3、TO-3P 封装的大功率管 　　R：为 55～100 　　O：为 80～150 　　Y：为 120～240
日立	A：为 60～120 B：为 100～200 C：为 160～320 D：为 250～500 E：为 400～800 F：为 600～1200
三菱	三菱公司小功率管与日立相似,但是需要向后移两个字母。 C：为 60～120 D：为 100～200 E：为 160～320 F：为 250～500 G：为 400～800 H：为 600～1200
三洋	C：为 40～80 D：为 60～120 E：为 100～200 F：为 160～320 G：为 280～560 H：为 480～960
松下	(1)TO-92 封装低频小功率管 　　P：为 90～180 　　Q：为 130～260 　　R：为 180～360 　　S：为 260～520 　　T：为 360～700 　　U：为 520～1040 (2)中功率管 　　P：为 60～120 　　Q：为 80～160 　　R：为 110～220 　　S：为 185～330 (3)TO-3、TO-3P 大功率管 　　O：为 140～280 　　P：为 90～180 　　Q：为 60～120 　　R：为 40～80 (4)高频管 　　A：为 150～100 　　B：为 70～140 　　C：为 110～220 　　D：为 180～860

→ 问 443 怎样判断国产三极管 h_{FE} 值？——颜色法

答 国产三极管用颜色表示放大倍数时，一般颜色与放大倍数对应关系见表 1-5-7。

表 1-5-7　国产三极管颜色与放大倍数对应关系

颜色	棕	红	橙	黄	绿	蓝
h_{FE}	7～15	15～25	25～40	40～55	55～80	80～120

→ 问 444 怎样判断三极管的质量？——万用表法

答 把万用表调到 $R\times10$ 挡，进行调零。将万用表调到 h_{FE} 参数挡上，根据三极管管脚的排列，把三极管脚位对应插入万用表 h_{FE} 参数的测试管座上，然后根据表针所指示的值，读出三极管的直流 h_{FE} 参数值。根据 h_{FE} 参数值来判断三极管质量即可。

→ 问 445 怎样判断三极管的好坏？——口诀法

答 判断三极管好坏的口诀如下：

三次正反，找基极；

PN 结方向，定管型；

顺着箭头，偏转大；

检测不准，动嘴巴。

说明

（1）三次正反，找基极

把指针万用表调到 $R\times100$ 或 $R\times1k$ 挡，任取两电极（如果这次的两个电极分别为 1、2），用万用表两表笔颠倒检测正向、反向电阻，并观察表针的偏转角度。再取 1、3 两电极和 2、3 两电极，分别检测正向、反向电阻，并观察表针的偏转角度。在这三次检测中，必然有两次测量结果相近：检测中表针一次偏转较大，一次偏转较小。剩下的一次必然是检测时指针偏转角度都很小，这一次没有检测的那只管脚就是基极。

（2）PN 结方向，定管型

找到三极管的基极后，根据基极与另外两个电极间 PN 结的方向来确定管子的导电类型。先把万用表的黑表笔接基极，红表笔接另外两个电极中的任一电极。如果表头指针偏转角度很大，则说明该被测三极管为 NPN 型三极管；如果表头指针偏转角度很小，则说明该被测管即为 PNP 型三极管。

（3）顺着箭头，偏转大

找到了基极 b 后，再判断集电极 c 和发射极 e。

① NPN 型三极管　用万用表的黑表笔、红表笔检测两极间的正向、反向电阻 R_{ce} 和 R_{ec}。一般情况下，两次检测中的万用表指针偏转角度都很小，其中有一次偏转角度稍大，此时的电流流向为黑表笔→c 极→b 极→e 极→红表笔，也就是说电流流向与三极管符号中的箭头方向是一致的。因此，此时黑表笔所接的电极为集电极 c，红表笔所接的电极是发射极 e。

② PNP 型三极管　用万用表的黑表笔、红表笔检测两极间的正向、反向电阻，电流的流向为黑表笔→e 极→b 极→c 极→红表笔，其电流的流向与三极管符号中的箭头方向是一致的。因此，此时黑表笔所接的是发射极 e，红表笔所接的是集电极 c。

另外，判别三极管的集电极与发射极也可以通过检测放大倍数的方法来判断，以 NPN 型三极管为例进行介绍。在已经判断出了基极与管型的情况下，假设余下两管脚中一脚为集电极，则把万用表的黑表笔接在所假设的集电极上，红表笔接另外一只引脚上。然后在所假设的集电极与基极间加上一人体电阻，可以是用握三极管手的一个指头，粘上一点水将指头润湿，然后用指头接触 c、b，如图 1-5-10 所示。这时观察万用表的表针的偏转情况，并记住万用表的表针偏转的

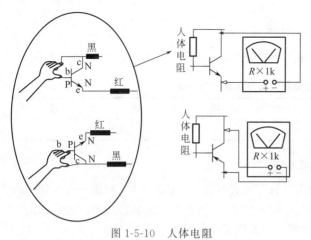

图 1-5-10 人体电阻

位置。交换万用表表笔，再假设管脚中的另一只引脚为集电极，以及在假设的集电极与基极间加上人体电阻，然后观察万用表表针的偏转位置。如果两次假设中，以指针偏转大的一次为依据：黑表笔所接的电极为集电极，另外一只引脚为发射极。

对于 PNP 型三极管，黑表笔接所假设的发射极，并在基极与集电极间加人体电阻，然后观察万用表指针的偏转大小。以指针偏转大的一次为依据：黑表笔接的为发射极，另外一只引脚为集电极。

（4）检测不出，动嘴巴

在"顺着箭头，偏转大"的检测中，如果正向、反向两次检测指针偏转均太小，难以区分时，这时需要动嘴巴了。在正向、反向两次检测中，用两只手分别捏住两表笔与管脚的结合部，用嘴巴含住（或者用舌头抵住）基极 b，然后判别出集电极 c 与发射极 e。

→ **问 446** 怎样判断三极管的好坏？——电路法

答 ① 首先根据如图 1-5-11 所示自制好电路。

② 把待测三极管的 c、b、e 脚分别插入电路 c、b、e 小插孔中。根据以下几种情形来判断。

a. 插入完好的 NPN 型三极管　当 IC DSM-872 的 3 脚为高电平，4 脚为低电平时，被测管导通，则红色发光二极管 LED1 发光。当 IC DSM-872 的 3 脚为低电平，4 脚为高电平时，则管子截止，LED1、LED2 都不亮。

b. 插入完好的 PNP 型三极管　当 IC DSM-872 的 4 脚为高电平，3 脚为低电平时，管子导通，则绿色发光二极管 LED2 发光。当 IC DSM-872 的 4 脚为低电平，3 脚为高电平时，管子截止，则 LED1、LED2 均不亮。

c. 如果被测的三极管极间开路　无论 IC DSM-872 的 3、4 脚高低电平如何，LED2 皆不能发光。

d. 插入的是被击穿短路的 NPN 或 PNP 型管　当 IC DSM-872 的 3 脚为高电平、4 脚为低电平时，LED1 亮、LED2 灭。当 IC DSM-872 的 3 脚为低电平、4 脚为高电平时，LED1 亮，LED2 灭。

→ **问 447** 怎样判断三极管的工作性能？——电路法

答 根据如图 1-5-12 所示自制电路。电路中元件，HFC9300 为音乐集成电路，BL 为喇叭，S 为触发开关，VTx 为一只待测三极管。检测时，把待测三极管插入插座，把三极管管脚的集电极插入 c 连接孔、基极插入 b 连接孔、发射极插入 e 连接孔。如果待测三极管是好管，则喇叭 BL 会播放出歌曲；如果待测三极管是坏的，则喇叭 BL 不会播放出歌曲。

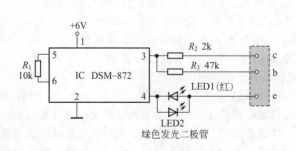

图 1-5-11　判断三极管的好坏的速测电路

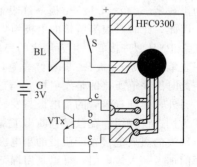

图 1-5-12　判断三极管工作性能的电路

→ 问 448 怎样判断三极管的好坏？——代换法

答 用好的三极管代换怀疑可能有故障的三极管应用于电路中，如果代换后，应用电路正常，则说明原来的三极管怀疑异常是正确的。

说明：好的三极管可以是同型号的，也可能是不同型号的。三极管的代换最好采用相同型号的代换，否则，代换前，需要考虑三极管的电流放大系数、耗散功率、频率特性、集电极最大电流、最大反向电压、三极管的作用等特点。

→ 问 449 怎样检测三极管的噪声系数？——代换法

答 三极管的噪声系数一般符号用 F_n 表示，常见的单位为分贝（dB）。可以通过高阻耳机进行检测、判断。噪声系数测量的示意图如图 1-5-13 所示。

对于 PNP 类型的三极管，检测前，需要将高阻耳机直接与电池相连，根据图示把三极管接入电路中，注意用耳机监听电路连通一瞬间和以后的声音。如果三极管正常，则在刚开始接触与其后很短的时间内能够听到"咝咝"的声音，随后该声音会消失。如果在电路接通后一直能够听到"咝咝"或"哧哧"

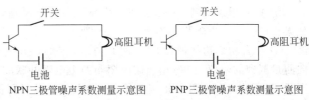
图 1-5-13 噪声系数测量的示意图

声音，则说明该三极管的穿透电流较大，也就是说该三极管很容易产生较大的噪声干扰。如果连通后声音情况与没接三极管的声音大小一样，则说明该三极管已经击穿短路。如果没有声音，则说明该三极管开路。

如果用手指（手指需要比较潮湿）碰触三极管的基极，碰触的瞬间在耳机中能够听到较大的"嘭"的一声，随后声音较快地消失。如果出现的声音听起来比较尖锐刺耳，则说明该三极管的高频分量远远大于其低频分量，也就是说该三极管在使用中会产生很大的噪声干扰。"嘭"的声音越低沉，则说明该三极管越好，也就是该三极管的低频分量越明显越好。

→ 问 450 怎样判断在线三极管的好坏？——电压法

答 三极管在线好坏的检测如果采用检测电阻，往往因三极管与其他元件有关联，检测阻值不能够为判断提供实在依据。因此，三极管的在线检测一般通过检测电压来判断，即采用电压法。

把万用表调到相应直流电压挡，检测被测三极管各引脚的电压，根据三极管所处工作状态下三引脚电压关系来判断三极管是否正常，进而判断三极管的好坏。

→ 问 451 怎样判断三极管的好坏？——数字万用表法

答 把万用表调到二极管挡，分别检测三极管的发射结、集电结的正偏、反偏是否正常。如果万用表检测三极管发射结、集电结的正偏均有一定数值显示，或者正偏万用表显示 000，反偏均显示为 1，则说明该三极管是好的。如果两次万用表均显示为 000，则说明该三极管极间短路或击穿。如果两次万用表均显示 1，则说明该三极管内部已断路。另外，如果在检测三极管中找不到公共 b 极，则说明该三极管损坏了。

→ 问 452 怎样判断三极管的好坏？——指针万用表法

答 如果是好的中、小功率三极管，则用指针万用表检测基极与集电极、基极与发射极正向电阻时，一般为几百欧到几千欧。其余的极间电阻都很高，一般约为几百千欧。硅材料的三极管要比锗材料的三极管的极间电阻高。

如果检测得到的正向电阻近似为无穷大，则说明该三极管内部断路。如果检测得到的反向电阻很小或为零时，则说明该三极管已经击穿或短路。

说明：检测小功率管时，需要选择 $R\times 1\mathrm{k}$ 或 $R\times 100$ 挡，不能够选择 $R\times 1$ 或 $R\times 10\mathrm{k}$ 挡，因为 $R\times 1$ 挡电流较大，$R\times 10\mathrm{k}$ 挡电压较高，都可能造成三极管损坏。

检测大功率管时，需要选择 $R\times 1$ 或 $R\times 10$ 挡，因为大功率率锗管的正向、反向电阻比较小。如果选择其他挡，则容易发生误判。

检测 PN 结面积大的三极管，一般需要选择 $R\times 1$ 或 $R\times 10$ 挡来检测。

1.5.2　功率管

→ **问 453**　怎样判断大功率达林顿管的好坏？——万用表法

答　大功率达林顿在普通达林顿管的基础上内置了功率管、续流二极管、泄放电阻等保护与泄放漏电流元件，内部电路如图 1-5-14 所示。

① 把万用表调到 $R\times 10\mathrm{k}$ 挡，检测 b、c 间 PN 结电阻，正常的正向、反向电阻有较大差异。如果正向、反向电阻相差不大，则说明所检测的三极管可能损坏了。

② 在大功率达林顿管 b、e 间有两个 PN 结，并接有两个电阻。用万用表电阻挡检测时，正向测量测到的阻值是 b-e 结正向电阻与两个电阻并联的结果。反向测量时，发射结截止，测出的则是（R_1+R_2）电阻之和，正常大约为几百欧，且阻值固定，不随电阻挡位的变换而改变。

③ 把万用表调到 $R\times 10\mathrm{k}$ 挡，检测大功率达林顿的集电结（集电极 c 与基极 b 间）的正向、反向电阻值。正常时，正向电阻值（NPN 管的基极接黑表笔时）应较小，有的为 $1\sim 10\mathrm{k}\Omega$，反向电阻值一般接近无穷大。如果检测得到集电结的正向、反向电阻值均很小或均为无穷大，则说明大功率达林顿管已击穿短路或开路损坏。把万用表调到 $R\times 100$ 挡，检测大功率达林顿管的发射极 e 与基极 b 间的正向、反向电阻，正常值均为几百欧到几千欧（具体数值根据 b、e 极间两只电阻的阻值不同有所差异，例如 BU932R、MJ10025 等型号大功率达林顿管 b、e 极间的正向、反向电阻值均为 600Ω 左右）。如果检测得到阻值为 0 或为无穷大，则说明被测的大功率达林顿管已经损坏。用万用表 $R\times 1\mathrm{k}$ 或 $R\times 10\mathrm{k}$ 挡检测达林顿管发射极 e 与集电极 c 间的正向、反向电阻。正常时，正向电阻值（检测 NPN 管时，黑表笔接发射极 e，红表笔接集电极 c。检测 PNP 管时，黑表笔接集电极 c，红表笔接发射极 e）一般为 $5\sim 15\mathrm{k}\Omega$（BU932R 等为 $7\mathrm{k}\Omega$），反向电阻值应为无穷大，否则说明该三极管 c、e 极（或二极管）存在击穿或开路损坏。

另外，有的大功率达林顿管在两个电阻上并接了二极管，因此，检测的等效电阻不同了，正常的数值也具有差异。

因此，对大功率达林顿管的检测，需要根据所检测管子的内部电路结构来判断。

说明：达林顿管的 e、b 极间包含多个发射结，因此，需要选择万用表能够提供较高电压的 $R\times 10\mathrm{k}$、$R\times 1\mathrm{k}$ 等挡位来检测。

→ **问 454**　怎样检测功率管的 h_{FE}？——电路法

答　① 根据图 1-5-15 所示连接好电路。

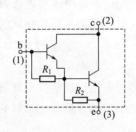

图 1-5-14　大功率达林顿管内部电路

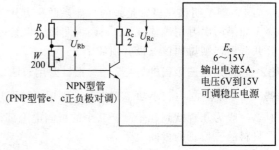

图 1-5-15　检测功率管的 h_{FE} 的电路

R_c——可以用电阻丝截取的 2Ω 电阻，也可以用 4 只 $0.5\Omega/5W$ 水泥电阻串联得到。R_c 用来检测被测管的集电极电流。

U_{Rc}——通过万用表电压挡，检测出的电压值，以便根据 $I_c = U_{Rc}/R_c$，从而经过换算间接得到被测三极管的 I_c。

R——可以选择 $2W/20\Omega$ 的金属膜电阻。

W——可调电阻 W，可以选择精密调整类型的电阻，例如线绕电阻等。可调电阻 W 主要用于保持基极电流 I_b 的稳定性。

U_{Rb}——通过万用表电压挡检测出的电压值。U_{Rb} 就是在 20Ω 电阻与可调电阻 W 上产生的电压降，以便根据 $I_b = U_{Rb}/R_b$，得到被测三极管的 I_b。

得出 I_c、I_b 的目的，就是能根据 $I_c/I_b = h_{FE}$，计算得出 h_{FE}。

② 通过检测不同 I_c 值下的 h_{FE} 值，绘制坐标图，然后与正品管的 h_{FE} 值坐标图对比，相同或接近，则可以使用。

1.5.3 光电管

→问 455 怎样判断光电三极管的极性？——观察法

答 管脚较长的，则为光电三极管的发射极，另外一管脚则是集电极。基极一般为受窗口。

达林顿型光敏三极管封装，缺圆的一侧为 c 极，另外一管脚则是发射极，受窗口一般为基极。

有管键（凸起）的光敏晶体管，靠近管键（凸起）的引脚为发射极 e，离管键较远的另一引脚则为集电极 c。

→问 456 怎样判断光电三极管的灵敏度？——万用表法

答 把万用表调到 $R \times 1k$ 挡，把光电三极管的窗口用黑纸或黑布遮住，检测光电三极管的两管脚引线间正向、反向电阻，正常均为无穷大 ∞。然后不遮住光电三极管的的窗口，让光电三极管接收窗口对着光源，这时万用表表针向右偏转到 $15\sim35k\Omega$，并且向右偏转角度越大，说明该光电三极管的灵敏度越高。

→问 457 怎样判断光电三极管的好坏？——万用表法

答 万用表调到 $R \times 1k$ 挡，把光电三极管的窗口用黑纸或黑布遮住，检测光电三极管的两管脚引线间正向、反向电阻，正常均为无穷大 ∞。如果黑表笔接 c 极，红表笔接 e 极，有时可能指针存在微动。如果检测得出一定阻值或阻值接近 0，说明该光敏三极管已经漏电或已击穿短路。

然后不遮住光电三极管的窗口（亮电阻），让光电三极管接收窗口对着光源，黑表笔接 c 极，红表笔接 e 极，这时万用表表针向右偏转到 $15\sim35k\Omega$，并且向右偏转角度越大，则说明该光电三极管是好的。如果亮电阻为无穷大 ∞，则说明光敏三极管已经开路损坏或灵敏度偏低。

说明：如果万用表黑表笔接 e 极，红表笔接 c 极，无论有无光照，阻值均为无穷大 ∞（或微动）。

亮电阻检测时，如果光线强弱不同，则检测的阻值也不同。

→问 458 怎样判断光电三极管的好坏？——电流法

答 根据图 1-5-16 将线路连接好，其中工作电压一般为 5V，电流表串接在电路中，光电三极管的 c 极接电池的正极，e 极接电池的负极。正常情况下：无光照时小于 $0.3\mu A$。有光照时，电流增加，可达 $2\sim5mA$。

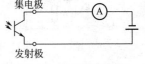

图 1-5-16 电流法判断光电三极管的好坏

→问 459 怎样判断光电三极管的好坏？——数字万用表法

答 把数字式万用表调到 $20k\Omega$ 挡，红表笔接光电三极管的 c 极，黑表笔接光电三极管的 e 极。在完全黑暗环境下检测，数字万用表应显示 1。光线增强时，阻值应随之降低，最小可达 1kΩ 左右。如果与该检测现象相差较大，则说明该光电三极管异常。

→ 问 460 怎样判断光电三极管的好坏？——计算法

答 计算法判断光电三极管好坏的公式如下：

$$I_{ceo} = (1 + h_{FE}) I_{cbo}$$

式中　I_{cbo}——集电极与基极间的饱和电流；

　　　h_{FE}——共发射极直流放大系数。

说明：光敏三极管集电极与发射极间的穿透电流 I_{ceo}，也是光电三极管的暗电流，即 I_{ceo} 就是暗电流。根据暗电流是否正确来判断。

→ 问 461 怎样判断光电三极管与光敏二极管？——检测法

答 光敏二极管与光电三极管在外形上看几乎一样，因此，光电三极管与光敏二极管的区别需要通过检测来判断：在遮住窗口的情况下，检测管子两引脚间的正向、反向电阻，如果电阻有一大一小，说明该管子是光敏二极管；如果正向、反向阻值均为无穷大，则说明该管子是光电三极管。

1.5.4　带阻管

→ 问 462 怎样判断三极管是带阻三极管？——结构特点法

答 带阻三极管就是三极管内置了电阻，即带阻三极管是由一个三极管与内接电阻组成。

带阻三极管在电路中使用时相当于一个开关电路。不同种类的带阻三极管，其内置的电阻结构形式不同，如图 1-5-17 所示。

带阻三极管也叫做数字晶体管、数字三极管。

带双阻三极管中电阻的作用如下：

基极连接的 R_1——决定三极管的饱和深度，R_1 越小，三极管饱和越深，I_c 电流越大，c、e 极间输出电压很低，抗干扰能力就越强。如果 R_1 太小，则会影响开关的速度。

b、e 极间连接的电阻 R_2——减小三极管截止时，集电极反向电流，并减小整机的电源消耗。

带阻三极管中常见的电阻有 4.7kΩ、10kΩ、47kΩ、22kΩ、100kΩ、200kΩ 等。

→ 问 463 怎样判断带阻三极管的好坏？——万用表法

答 把万用表调到 R×1k 挡，检测带阻三极管集电极 c 与发射极 e 间的电阻值（图 1-5-18）。检测 NPN 管时，黑表笔接 c 极，红表笔接 e 极。检测 PNP 管时，红表笔接 c 极，黑表笔接 e 极。正常情况下，集电极 c 与发射极 e 间的电阻一般为无穷大，在检测的同时，如果把带阻三极管的基极 b 与集电极 c 间短路后，则一般有小于 50kΩ 的电阻。如果偏差较大，则说明该带阻三极管不良。

另外，也可以检测带阻三极管的 be 极、cb 极、ce 极间的正向、反向电阻的方法，来估测带阻三极管是否损坏。

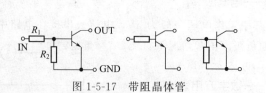

图 1-5-17　带阻晶体管

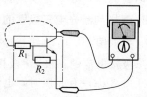

图 1-5-18　带阻三极管检测

说明：带阻三极管内部含有 1 只或 2 只电阻，因此，检测带阻三极管的方法与普通晶体管略有差异。检测带阻三极管之前，应先了解管内电阻的阻值为好。

1.5.5 贴片管

→ 问 464 怎样识别贴片三极管的型号？——代码法

答 代码法判断贴片三极管的型号，就是根据贴片三极管上的代码来得知其型号。由于不同型号的三极管可能具有相同的代码，因此，代码法判断贴片三极管的型号主要是起到参考作用。贴片三极管的代码见表1-5-8。

表 1-5-8　贴片三极管的代码

代码	型号	代码	型号
1A	BC846A	J8	9018
1AM	MMBT3904	M6	9015
1B	BC846B	R23	2SC3356
1E	BC847A	V2	UN2112
1P	MMBT2222	WB	2SC5692
1T	9011	WD	2SC5738
2A	MMBT3906	WE	2SA2061
2L	5401	WF	2SA2056
2T	9012	WG	TTC007
2TY	S8550	WH	TTA007
3E	BC857A	WJ	2SC5784
AD	2SC3838	WK	2SA2065
BA	2SA1015	WL	2SC5755
CR	2SC945	WM	2SA2058
CS	2SA733	WP	2SC5906
G1	5551	WW	2SC5976
HF	2SC1815	Y1	8050
J3	9013	Y2	8550
J3Y	S8050	Y6	9016
J6	9014		

→ 问 465 怎样判断贴片三极管的好坏？——万用表法

答 用万用表对 PN 结的正向、反向电阻进行检测。正常情况下，b、e 极间正向电阻小，反向电阻大。e、c 极间正向、反向电阻都大。

单一贴片三极管的内部结构特点如图 1-5-19 所示。

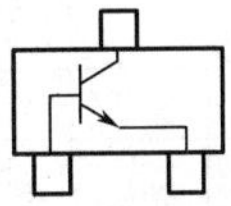

实际中遇到的贴片三极管内部结构有不同的形式。因此，检测时可以根据内部结构的特点来检测。带阻贴片三极管内部结构形式见表 1-5-9～表 1-5-16。

图 1-5-19　单一贴片三极管的内部结构

表 1-5-9　贴片三极管内部结构形式

内部结构	型号举例	内部结构	型号举例
VT1　VT2	MT6L63FS	6 5 4 NPN PNP 1 2 3	TPC6901A、TPC6902
8 7 6 5　1 2 3 4	TPCP8604	8 7 6 5 NPN PNP 1 2 3 4	TPCP8901、TPCP8902
5 4 PNP NPN 1 2 3	HN4B101J、HN4B102J		

表 1-5-10　带阻贴片三极管内部结构形式

VT1		VT2		NPN×2	PNP×2	NPN+PNP	NPN×2
R_1/kΩ	R_2/kΩ	R_1/kΩ	R_2/kΩ				
4.7	4.7	4.7	4.7	RN1701JE	RN2701JE		RN1701
10	10	10	10	RN1702JE	RN2702JE	RN47A3JE	RN1702
22	22	22	22	RN1703JE	RN2703JE	RN47A2JE	RN1703
47	47	47	47	RN1704JE	RN2704JE		RN1704
2.2	47	2.2	47	RN1705JE	RN2705JE		RN1705
4.7	47	4.7	47	RN1706JE	RN2706JE		RN1706
10	47	10	47	RN1707JE	RN2707JE		RN1707
22	47	22	47	RN1708JE	RN2708JE		RN1708
47	22	47	22	RN1709JE	RN2709JE		RN1709
4.7		4.7		RN1710JE	RN2710JE	RN47A1JE	RN1710
10		10		RN1711JE	RN2711JE		RN1711
22		22			RN2712JE		
47		47			RN2713JE		
47	47	10	47			RN47A4JE	
47	47	4.7	10			RN47A5JE	
10	10	4.7	10			RN47A7JE	
10	10	10	47			RN47A8JE	

表 1-5-11　带阻贴片三极管内部结构形式

VT1		VT2		PNP×2	NPN+PNP	NPN×2	PNP×2
$R_1/k\Omega$	$R_2/k\Omega$	$R_1/k\Omega$	$R_2/k\Omega$				
4.7	4.7	4.7	4.7	RN2701		RN1501	RN2501
10	10	10	10	RN2702	RN47A3	RN1502	RN2502
22	22	22	22	RN2703	RN47A2	RN1503	RN2503
47	47	47	47	RN2704		RN1504	RN2504
2.2	47	2.2	47	RN2705		RN1505	RN2505
4.7	47	4.7	47	RN2706		RN1506	RN2506
10	47	10	47	RN2707		RN1507	RN2507
22	47	22	47	RN2708		RN1508	RN2508
47	22	47	22	RN2709		RN1509	RN2509
4.7		4.7		RN2710	RN47A1	RN1510	RN2510
10		10		RN2711		RN1511	RN2511
1	10	1	10	RN2714			
47	47	10	47		RN47A4		
47	47	4.7	10		RN47A5		
100	100	100	100		RN47A6		
10	10	47	10		RN47A7		
2.2		2.2				RN1544	

表 1-5-12　带阻贴片三极管内部结构形式

VT1/kΩ		VT2/kΩ		NPN	PNP	PNP+NPN	NPN×2
R_1	R_2	R_1	R_2				
4.7	4.7	4.7	4.7	RN1901AFS	RN2901AFS	RN4981AFS	RN1961FS
10	10	10	10	RN1902AFS	RN2902AFS	RN4982AFS	RN1962FS
22	22	22	22	RN1903AFS	RN2903AFS	RN4983AFS	RN1963FS
47	47	47	47	RN1904AFS	RN2904AFS	RN4984AFS	RN1964FS
2.2	47	2.2	47	RN1905AFS	RN2905AFS	RN4985AFS	RN1965FS
4.7	47	4.7	47	RN1906AFS	RN2906AFS	RN4986AFS	RN1966FS
10	47	10	47	RN1907AFS	RN2907AFS	RN4987AFS	RN1967FS
22	47	22	47	RN1908AFS	RN2908AFS	RN4988AFS	RN1968FS
47	22	47	22	RN1909AFS	RN2909AFS	RN4989AFS	RN1969FS
4.7		4.7		RN1910AFS	RN2910AFS	RN4990AFS	RN1970FS
10		10		RN1911AFS	RN2911AFS	RN4991AFS	RN1971FS
22		22		RN1912AFS	RN2912AFS	RN4992AFS	RN1972FS
47		47		RN1913AFS	RN2913AFS	RN4993AFS	RN1973FS

表 1-5-13 带阻贴片三极管内部结构形式

VT1/kΩ		VT2/kΩ		PNP×2	NPN×2	PNP×2	NPN＋PNP
R_1	R_2	R_1	R_2				
4.7	4.7	4.7	4.7	RN2961FS	RN1901FS	RN2901FS	RN4981FS
10	10	10	10	RN2962FS	RN1902FS	RN2902FS	RN4982FS
22	22	22	22	RN2963FS	RN1903FS	RN2903FS	RN4983FS
47	47	47	47	RN2964FS	RN1904FS	RN2904FS	RN4984FS
2.2	47	2.2	47	RN2965FS	RN1905FS	RN2905FS	RN4985FS
4.7	47	4.7	47	RN2966FS	RN1906FS	RN2906FS	RN4986FS
10	47	10	47	RN2967FS	RN1907FS	RN2907FS	RN4987FS
22	47	22	47	RN2968FS	RN1908FS	RN2908FS	RN4988FS
47	22	47	22	RN2969FS	RN1909FS	RN2909FS	RN4989FS
4.7		4.7		RN2970FS	RN1910FS	RN2910FS	RN4990FS
10		10		RN2971FS	RN1911FS	RN2911FS	RN4991FS
22		22		RN2972FS	RN1912FS	RN2912FS	RN4992FS
47		47		RN2973FS	RN1913FS	RN2913FS	RN4993FS
47	47	4.7	47				RN49A6FS

表 1-5-14 带阻贴片三极管内部结构形式

VT1/kΩ		VT2/kΩ		NPN＋PNP	NPN＋PNP	NPN＋PNP	NPN＋PNP
R_1	R_2	R_1	R_2				
47	47	47	47		RN49J2FS	RN49J7FS	RN49J2AFS
10	10	10		RN49P1FS			

表 1-5-15　带阻贴片三极管内部结构形式

VT1/kΩ		VT2/kΩ		NPN×2	PNP×2	NPN×2	PNP×2
R_1	R_2	R_1	R_2				
4.7	4.7	4.7	4.7	RN1901FE	RN2901FE	RN1961FE	RN2961FE
10	10	10	10	RN1902FE	RN2902FE	RN1962FE	RN2962FE
22	22	22	22	RN1903FE	RN2903FE	RN1963FE	RN2963FE
47	47	47	47	RN1904FE	RN2904FE	RN1964FE	RN2964FE
2.2	47	2.2	47	RN1905FE	RN2905FE	RN1965FE	RN2965FE
4.7	47	4.7	47	RN1906FE	RN2906FE	RN1966FE	RN2966FE
10	47	10	47	RN1907FE	RN2907FE	RN1967FE	RN2967FE
22	47	22	47	RN1908FE	RN2908FE	RN1968FE	RN2968FE
47	22	47	22	RN1909FE	RN2909FE	RN1969FE	RN2969FE
4.7		4.7		RN1910FE	RN2910FE	RN1970FE	RN2970FE
10		10		RN1911FE	RN2911FE	RN1971FE	RN2971FE
4.7		4.7				RN1970HFE	RN2970HFE
10		10				RN1971HFE	RN2971HFE
22		22				RN1972HFE	RN2972HFE

表 1-5-16　带阻贴片三极管内部结构形式

VT1/kΩ		VT2/kΩ		PNP+NPN	NPN+PNP	NPN+PNP	NPN×2
R_1	R_2	R_1	R_2				
4.7	4.7	4.7	4.7	RN4901FE	RN4981FE		RN1901
10	10	10	10	RN4902FE	RN4982FE	RN4962FE	RN1902
22	22	22	22	RN4903FE	RN4983FE		RN1903
47	47	47	47	RN4904FE	RN4984FE		RN1904
2.2	47	2.2	47	RN4905FE	RN4985FE		RN1905
4.7	47	4.7	47	RN4906FE	RN4986FE		RN1906
10	47	10	47	RN4907FE	RN4987FE		RN1907
22	47	22	47	RN4908FE	RN4988FE		RN1908
47	22	47	22	RN4909FE	RN4989FE		RN1909
4.7		4.7		RN4910FE	RN4990FE		RN1910
10		10		RN4911FE	RN4991FE		RN1911
2.2	47	22	47	RN49A1FE			
4.7		4.7			RN4990HFE		
10		10			RN4991HFE		
22		22			RN4992HFE		

1.5.6 行管

→ **问 466** 怎样检测带阻尼行输出管？——万用表法

答 带阻尼行输出管在彩电中有应用。有的行输出管带阻尼二极管，具有耐高反压，b 与 e 极间接有一只阻值较小的电阻，c、e 极间接有一只二极管，如图 1-5-20 所示。

（1）阻尼二极管的检测

把万用表调到 R×1 挡，黑表笔接 e 极，红表笔接 c 极，即相当于测量带阻尼行输出管内部的阻尼二极管正向电阻，正常值一般较小。然后将红表笔、黑表笔调换接，即相当于测量带阻尼行输出管内部的阻尼二极管反向电阻，正常值一般都较大（大于 300kΩ）。

（2）管内大功率管的检测

将万用表的黑表笔接 b 极，红表笔接 c 极，即相当于测量管内带阻尼行输出管内部的大功率管 b-c 结等效二极管的正向电阻，正常值一般较小。然后将红表笔、黑表笔对调检测，即相当于检测二极管的反向电阻，正常值较大（一般在 1MΩ 以上）。

将黑表笔接 b，红表笔接 e，即相当于测量带阻尼行输出管内部的大功率管 b-e 结等效二极管与保护电阻 R 并联后的值。等效二极管的正向电阻较小，反向电阻较大。两者并联后正向测得的值（相对于等效二极管来说）约为二极管的正向电阻与保护电阻 R 相并联的值，正常值较小，约为 R 电阻的值。正常的反向值约为保护电阻 R 的值。

如果测得的阻值与前述的一致，说明带阻尼行输出管是好的。如果相差较大，则一般说明带阻尼行输出管已经损坏。

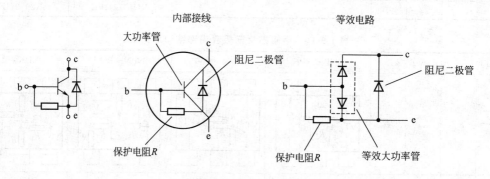

图 1-5-20　带阻尼行输出管

→ **问 467** 怎样检测带阻尼行输出管的放大能力？——万用表法

答 检测带阻尼行输出管的放大能力（即交流电流放大系数 β 值）可以在行输出管的集电极 c 与基极 b 间并接一只 30kΩ 的电位器，然后将行输出管各电极与万用表 h_{FE} 插孔连接，再适当调节电位器的电阻值，从万用表上读出 β 值。

说明：带阻尼行输出管的放大能力（交流电流放大系数 β 值）不能用万用表的 h_{FE} 挡直接检测，主要是因为带阻尼行输出管内部有阻尼二极管与保护电阻。

→ **问 468** 怎样检测行输出管？——电压检测法

答 把万用表调到直流电压 250V 挡，检测行输出管集电极电压，正常情况应接近供电电压值（一般为 110V 左右）。如果行输出变压器存在故障，则行输出管集电极电压偏低，也可能是行输出管本身异常引起的。

1.6 晶闸管

1.6.1 概述

→ 问 469 怎样识读国产晶闸管的型号？——命名规律法

答 国产晶闸管型号的命名主要由四部分组成。

第一部分——主称（一般用字母表示），表示主称为晶闸管。

第二部分——类别（一般用字母表示），表示晶闸管的类别。

第三部分——额定通态电流值（一般用数字表示），表示晶闸管的额定通态电流值。

第四部分——重复峰值电压级数（一般用数字表示），表示晶闸管重复峰值电压级数。

→ 问 470 怎样识读美国晶闸管的型号？——命名规律法

答 美国晶闸管型号的命名主要由五部分组成。

第一部分——类型（一般用符号表示），表示器件用途的类型。

第二部分——PN 结数（一般用数字表示），表示 PN 结的数目。

第三部分——注册标志（一般用字母表示），表示该器件在美国电子工业协会（EIA）中已注册。

第四部分——登记号（一般用数字表示），表示该器件在美国电子工业协会（EIA）中登记的顺序号。

第五部分——类型分挡（一般用字母表示），表示同一型号的器件不同分挡。

→ 问 471 怎样识读国际电子联合会晶闸管的型号？——命名规律法

答 国际电子联合会晶闸管的型号命名方法一般由四部分组成。

第一部分——材料（一般用字母表示），表示器件使用的材料。

第二部分——类型（一般用字母表示），表示器件的类型与主要特征。

第三部分——登记号（一般用数字或字母加数字表示），表示该器件在国际电子联合会中登记的顺序号。

第四部分——类型分挡（一般用字母表示），表示同一型号的器件不同分挡。

除了以上四个基本部分外，有的还加后缀，以区分特性或进一步分类。晶闸管型号常见的后缀一般采用数字表示，通常标出最大反向峰值耐压与最大反向关断电压中数值较小的那个电压值。

说明：欧洲国家一般采用国际电子联合会晶闸管的型号命名方法。

→ 问 472 怎样识读日本晶闸管的型号？——命名规律法

答 日本晶闸管型号的命名主要由五到七部分组成，一般采用前五部分组成。

第一部分——有效电极数或类型（一般用数字表示）。

第二部分——注册标志（一般用字母表示），表示该器件已在日本电子工业协会（JEIA）中注册。

第三部分——材料和类型（一般用字母表示），表示该器件使用材料极性与类型。其中，F表示 P 控制极晶闸管；G 表示 N 控制极晶闸管；M 表示双向晶闸管。

第四部分——登记号（一般用数字表示），表示该器件在日本电子工业协会（JEIA）中登记的顺序号。

第五部分——改进序号（一般用字母表示），表示同型号的改进型产品标志。例如用 A、B、C…表示该晶闸管是原型号的改进产品。

问 473 怎样判断晶闸管的工作性能？——电路法

答 ① 首先根据图 1-6-1 所示连接好电路。

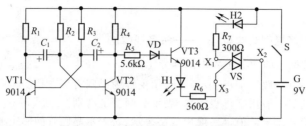

图 1-6-1　判断晶闸管的工作性能电路

图中 VT1、VT2 组成无稳态自激多谐振荡器，其振荡频率一般由 C_1、R_2、R_3、C_2 等决定。本振荡器周期在 4s 左右。

② VT2 输出高电平时，经二极管 VD 整形，三极管 VT3 导通，通过发光二极管 H1、限流电阻 R_6，触发双向晶闸管 VS。正常情况下，晶闸管 VS 应立即导通，发光二极管 H2 发光。VT2 输出低电平时，二极管 VD 截止，三极管 VT3 截止，晶闸管 VS 也截止，发光二极管 H2 不亮。

③ 如果发光二极管 H1、H2 同步闪烁，则说明晶闸管是好的。如果发光二极管 H2 常亮，则说明晶闸管 VS 内部击穿。如果发光二极管 H1、H2 都不闪烁，则说明三极管 VT1、VT2 电路不起振。如果发光二极管 H1 闪烁而发光二极管 H2 总是熄灭的，则说明晶闸管 VS 内部断路。

说明：该检测电路也可以检测二极管，也就是把二极管正极插入 X_1，负极插入 X_2。如果发光二极管 H2 亮，则说明待检测的二极管是好的。然后反向再插，发光二极管 H2 应不亮。

该检测电路还可以检测三极管，也就是把三极管的基极插入 X_3，发射极插入 X_2，集电极插入 X_1。如果发光二极管 H1、H2 同步闪烁，则说明待检测的三极管是好的。

问 474 怎样判断单、双向晶闸管？——指针万用表法

答 首先把指针万用表调到 $R×1$ 挡，然后任意检测两个极。如果正向、反向检测时，指针万用表指针均不动，则可以判断该电极可能是 A、K 或 G、A 极（对单向晶闸管而言），也可能是 T2、T1 或 T2、G 极（对双向晶闸管而言）。如果其中有一次检测指示为几十到几百欧，则说明该晶闸管是单向晶闸管。并且可以判断红笔所接的电极为 K 极，黑笔接的电极为 G 极，剩下的电极为 A 极。

如果正向、反向检测指示均为几十到几百欧，则说明该晶闸管为双向晶闸管。然后把指针万用表调到 $R×1$ 或 $R×10$ 挡进行复测，其中有一次阻值稍大，以稍大的一次为依据：红表笔接的电极为 G 极，黑表笔所接的电极为 T1 极，剩下的电极为 T2 极。

问 475 怎样判断单向晶闸管的性能？——指针万用表法

答 首先把指针万用表调到 $R×1$ 挡，如图 1-6-2 所示。对于检测 1～5A 单向晶闸管，黑表笔接阳极 A，红表笔接阴极 K，此时表针不动，显示阻值为无穷大∞。如果红笔接 K 极，黑笔同时接通 G、A 极（或者用镊子或导线将晶闸管的阳极 A 与门极 G 短路），然后在保持黑笔不脱离 A 极的状态下（相当于给 G 极加上正向触发电压），断开 G 极。观察指针，正常应指示在几十欧到 100Ω（具体因不同的晶闸管而异），则说明此时的晶闸管已被触发，并且触发电压低（或触发电流小）。然后瞬时断开 A 极，再接通，指针万用表的指针应退回到∞位置，则说明该晶闸管良好。如果断开 A 极与 G 极的连接（A、K 极上的表笔不动，只将 G 极的触发电压断掉），表针示值仍保持在几欧到几十欧的位置不动，则说明该晶闸管的触发性能良好。

对于工作电流在 5A 以上的中、大功率普通单向晶闸管，因其通态压降 VT 维持电流 I_H、门极触发电压 U_o 均相对较大。如果采用万用表 $R×1k$ 挡所提供的电流，则偏低，晶闸管不能完全

导通。因此，对于检测工作电流在 5A 以上的中、大功率普通单向晶闸管时，可以在黑表笔端串接一只 200Ω 可调电阻与 1～3 节 1.5V 干电池（工作电流大于 100A 的晶闸管，需要应用 3 节 1.5V 的干电池），相关图示如图 1-6-3 所示，具体检测方法与要点可以参考检测 1～5A 单向晶闸管的方法与要点。

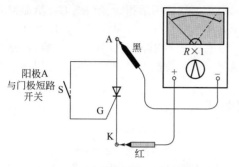

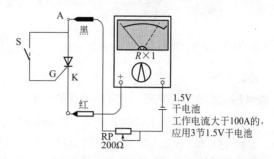

图 1-6-2　判断单向晶闸管的性能　　　　图 1-6-3　工作电流在 5A 以上的中、大功率普通晶闸管

→ **问 476** 怎样检测普通晶闸管触发能力？——兆欧表法

答 ① 兆欧表法检测普通晶闸管触发能力的电路如图 1-6-4 所示。

② 连接好后，先把开关 S 断开，然后以 120r/min 的额定转速摇动兆欧表，正常情况下，兆欧表上的读数会很快地趋于稳定，读数大约为 25MΩ。如果万用表的读数为零，则说明该晶闸管已经正向击穿，把兆欧表输出电压钳位于正向击穿电压。这时由于晶闸管没有导通，因此万用表读数为零。然后把开关 S 合上，则晶闸管导通，会使兆欧表的读数为零，万用表读数一般大约为 0.2mA，说明该晶闸管具有控制能力。

说明：该方法检测晶闸管，兆欧表指零时间宜短，以防止太久损坏兆欧表。

→ **问 477** 怎样检测普通晶闸管触发能力？——电路法

答 ① 首先根据图 1-6-5 所示连接好电路。电路中：GB 为 6V 电源；HL 为 6.3V 指示灯；R 为限流电阻；S 为按钮；VT 为被测晶闸管。

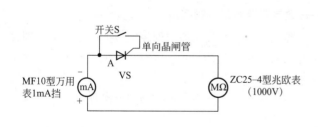

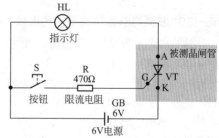

图 1-6-4　兆欧表法检测普通晶闸管触发能力的电路　　图 1-6-5　检测普通晶闸管触发能力的电路

② 按钮 S 没有接通时，晶闸管 VT 处于阻断状态，指示灯 HL 不亮。如果此时 HL 亮，则说明晶闸管 VT 击穿或漏电损坏。

按动一下按钮 S，为晶闸管 VT 的门极 G 提供触发电压。如果指示灯 HL 一直点亮，则说明该晶闸管的触发能力良好。如果指示灯亮度偏低，则说明该晶闸管性能不良，导通压降大。

如果按钮 S 接通时，指示灯亮，但是按钮 S 断开时，指示灯熄灭，则说明该晶闸管已损坏，触发性能不良。

说明：检测电路因检测不同的晶闸管有所差异，例如图 1-6-6 所示。

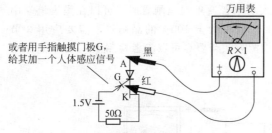

或者用手指触摸门极 G，给其加一个人体感应信号

1.5V　50Ω

万用表　R×1

图 1-6-6　晶闸管触发能力检测电路

➜ 问 478 怎样检测普通晶闸管触发能力？——人体感应信号法

答 首先把万用表调到 R×1 挡，黑表笔接阳极 A，红表笔接阴极 K，检测得到的阻值一般为无穷大。然后用手指触摸门极 G，给晶闸管加一个人体感应信号。如果此时 A、K 极间的电阻由无穷大变为低阻值（也就是数欧姆），则说明该晶闸管的触发能力良好。否则，说明该晶闸管的性能不好。

➜ 问 479 怎样判断普通、双向晶闸管的电极？——观察法

答 从外形封装上判别，外壳一般为阳极，阴极引线一般比控制极引线长。

塑封 TO-220 普通晶闸管的中间引脚一般为阳极，并且多与自带散热片的相连。

平板型普通晶闸管的引出线一般为门极，平面端一般为阳极，另一端则为阴极。

螺栓型普通晶闸管的螺栓一端一般为阳极，较细的引线端一般为门极，较粗的引线端一般为阴极。

螺栓型双向晶闸管，其螺栓一端一般为主电极 T2，较细的引线端一般为门极 G，较粗的引线端一般为主电极 T1

金属封装 To-3 的双向晶闸管的外壳一般为主电极 T2。

塑封 TO-220 双向晶闸管的中间引脚一般为主电极 T2，该电极一般与自带小散热片相连。

普通晶闸管的电极分布如图 1-6-7 所示。

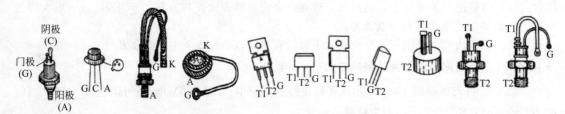

图 1-6-7　一些普通晶闸管的电极分布

➜ 问 480 怎样判断普通晶闸管的电极？——数字万用表二极管挡法

答 首先把数字万用表调到二极管挡，然后把红表笔接在假定的控制极上，黑表笔分别接在晶闸管其他两个极上。如果两次检测，万用表有一定数值的显示，并且正向电阻都很小。如果两次检测，万用表显示为 1，反向电阻都很大。则以电阻小的那一次为依据：红表笔接的是控制极 G，黑表笔接的是阴极 K，剩下的一个电极就是阳极 A。如果检测得到的电阻都很大，则需要重新假定控制极，然后进行检测、判断。

说明：晶闸管的 G、K 电极间是一个 PN 结，相当于一个二极管，并且 G 为正极、K 为负极。

➜ 问 481 怎样判断普通晶闸管的电极？——指针万用表法

答 首先把万用表调到 R×1k 或 R×100 挡，分别检测各脚间的正向、反向电阻。如果检测得到某两脚间的电阻较大（80kΩ 左右），然后把两表笔对调，检测该两脚间的电阻，如果阻值较小（2kΩ 左右），则说明这时黑表笔所接触的引脚为控制极 G，红表笔所接触的引脚为阴极 K，剩余的一只引脚为阳极 A。

另外，晶闸管电极的判断可以首先把万用表 R×1k 挡，检测三脚间的阻值，以阻值小的一次为依据：两脚分别为控制极与阴极，剩下的一脚为阳极。然后把万用表调到 R×10k 挡，并且

用手指捏住阳极与另一脚，同时不让两脚接触，黑表笔接阳极，红表笔接剩下的一引脚。如果万用表表针向右摆动，则说明红表笔所接的为阴极；如果万用表表针不摆动，则说明红表笔所接的为控制极。

说明：检测中，如果出现正向、反向阻值都很大，则需要更换引脚位置，重新检测。

问 482 怎样检测判断晶闸管及其触发回路是否正常？——钳形电流表法

答 因为单向晶闸管工作时流过的是半波交流电流，因此用钳形电流表检测晶闸管阳极或阴极时，钳形电流表表头会有读数显示，从而可以电流的有无、大小等为判断依据。

如果是采用三只单向晶闸管分别工作在 A、B、C 三相负载回路中，则使用钳形电流表分别检测三相情况，看电流读数是否一致，就能够判断单向晶闸管与其触发回路是否正常。

问 483 怎样判断普通晶闸管的好坏？——观察法

答 晶闸管的好坏有时可以通过观察，即目测晶闸管来判断。例如晶闸管表面开裂、引脚端断线等现象，均说明该晶闸管异常。

问 484 怎样判断普通晶闸管的好坏？——数字万用表二极管挡法

答 首先把数字万用表调到二极管挡，然后检测。正常情况下，G、K 与 A 间的正反向电阻都很大（无穷大）。如果万用表正、反接在 G、K 两极间，万用表都显示为 1，则说明 G、K 极间存在开路故障。如果万用表正、反接在 G、K 两极间，万用表都显示为 000，或趋近于零，则说明该晶闸管内部存在极间短路故障。

问 485 怎样判断普通晶闸管的好坏？——指针万用表法

答 首先把万用表调到 $R \times 1k$ 或 $R \times 10k$ 挡，然后检测晶闸管各电极间的正向、反向电阻。正常情况下，阳极 A 与阴极 K 间的正向、反向电阻均为很大。A、K 间电阻越大，说明晶闸管正、反向漏电电流愈小。如果 A、K 间检测得到的阻值很低，或近于无穷大，则说明该晶闸管已经击穿短路或已经开路。

采用 $R \times 1k$ 或 $R \times 10k$ 挡检测阳极 A 与门极 G 间的正向电阻（黑表笔接 A 极），一般为几百欧到几千欧，反向电阻为无穷大。如果检测得到某两极间的正向、反向电阻均很小，则说明该晶闸管已经短路损坏。

采用 $R \times 10$ 或 $R \times 100$ 挡检测控制极和阴极间的 PN 结的正向、反向电阻。如果出现正向阻值接近于零值或为无穷大，则说明控制极与阴极间的 PN 结已经损坏。正常情况下，反向阻值应很大，但是不能够为无穷大，而且正常情况下，反向阻值明显大于正向阻值。

另外，普通晶闸管也可以采用万用表的 $R \times 1\Omega$ 电阻挡来检测，先用红表笔、黑表笔两表笔分别检测任意两只引脚间正向、反向电阻，直到找出读数为数十欧的一对引脚，这时黑表笔接的引脚为控制极 G，红表笔接的引脚为阴极 K，另一空脚为阳极 A。然后把黑表笔接在阳极 A 上，红表笔接在阴极 K 上，这时，万用表指针一般是不动的。然后用短线瞬间短接阳极 A 与控制极 G，这时，万用表电阻挡指针一般向右偏转，并且阻值读数一般大约为 10Ω。如果黑表笔接阳极 A，红表笔接阴极 K 时，万用表指针发生偏转，则说明该普通晶闸管已经击穿损坏。

问 486 怎样判断普通单向晶闸管的好坏？——功能特点法

答 单向晶闸管导通条件是除在阳极、阴极间加上一定大小的正向电压外，在控制极与阴极间加正向触发电压。一旦晶闸管触发导通，控制极即失去控制作用，而晶闸管仍然保持导通。要使晶闸管阻断，必须使阳极电流降到足够小，或在阳极与阴极间加反向阻断电压。如果晶闸管导通条件，或者阻断条件满足，也不能够实现相应的功能，则说明该晶闸管已经损坏了。

问 487 怎样判断普通晶闸管是否具有可控特性？——电路法

答 ① 判断普通晶闸管是否具有可控特性的电路如图 1-6-8 所示。电路中，电源为 6V 直流；R_1、R_2 为 47Ω 电阻；电流表量程选择大于 $100mA$ 的。

② 不合开关 K 时，正常情况下，电流应很小。如果表针指示数很大，则说明该晶闸管已经损坏。

合上开关 K 时，正常情况下，表针应有几十毫安以上数值。如果此时电流很小，或表针几乎不动，则说明该晶闸管已经损坏。

最后把开关 K 断开，正常情况下，这时表针的指示应与断开前的现象是一样的，则说明该晶闸管是好的。如果表针指示降为零，则说明该晶闸管没有可控特性，也就是没有维持导通的功能。

说明：检测晶闸管可控特性的电路还有其他类型的，如图 1-6-9 所示。

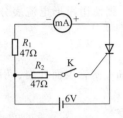
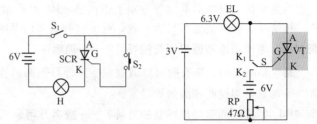

图 1-6-8 判断普通晶闸管是否
　　　　　具有可控特性的电路

图 1-6-9 检测晶闸管可控特性的电路

→ 问 488 怎样判断单向晶闸管的质量？——市电法

答 ① 根据图 1-6-10 连接好电路。电路中，VD 可以选择一只 2CP24 等型号的整流二极管；EL 可以选择 220V、8～15W 的灯泡。

② 首先把万用表调到 $R \times 10$ 挡或 $R \times 100$ 挡，再根据图接好线后，接通电源，这时 EL 灯泡正常情况下为不亮。把万用表的黑表笔接 VT 晶闸管的控制极 G，红表笔接阴极 K，则普通单向晶闸管会立即导通，灯泡会发光。断开万用表的表笔，单向晶闸管 VT 在电源过零时关断，灯泡熄灭。

符合上述情况的晶闸管，说明是好的晶闸管。

如果待检测的普通单向晶闸管的阻断电压大于 600V，则图中的整流二极管 VD 可以省略不用。

说明：检测操作时，需要注意安全。

→ 问 489 怎样判断单向晶闸管的质量？——电池法

答 ① 根据图 1-6-11 连接好电路。电路中，取 4 节 1.5V 电池串联，并且在 1.5V 处抽头接开关 S。电池 E2 负极接晶闸管 VT 的阴极。电池 E1 正极通过灯泡 HL 接普通晶闸管 VT 的阳极。

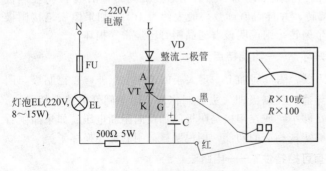
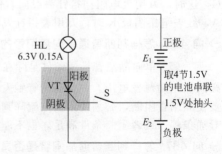

图 1-6-10 市电法样判断单向
　　　　　晶闸管的质量的电路

图 1-6-11 电池法判断单向晶闸管
　　　　　的质量的电路

② 当开关 S 闭合时（开始），灯泡 HL 会发光。再断开开关 S 时，灯泡 HL 也不会熄灭。只有断开普通晶闸管的阳极，或阴极接线后，晶闸管 VT 才会关断，灯泡 HL 才会熄灭。

符合上述情况的晶闸管，说明是好的晶闸管。

→ 问 490　怎样判断晶闸管是好的？——四标准法

答　① 三个 PN 结是完好的。

② 阴极与阳极间电压反向连接时，能够阻断，不导通。

③ 控制极开路时，阴极与阳极间的电压正向连接时，不导通。

④ 给控制极加上正向电流，给阴极与阳极间加正向电压时，晶闸管应当导通。把控制极电流去掉，晶闸管仍处于导通状态。

→ 问 491　怎样判断晶闸管烧坏是电压异常引起的？——现象法

答　一般情况下，晶闸管阴极表面或者芯片边缘有一烧坏的小黑点，芯片中有一个光洁的小孔，有时需用扩大镜才能看见，则说明该晶闸管是由于电压异常引起的。电压异常（管子本身耐压下降或被电路断开时产生的高电压击穿等具体原因）引起烧坏晶闸管的原因，一是晶闸管电压失效（即降伏），二是线路出现问题产生了过电压以及保护措施失效。

→ 问 492　怎样判断晶闸管烧坏是电流异常引起的？——现象法

答　一般阴极表面有较大的烧坏痕迹，甚至将芯片、管壳等金属大面积熔化的现象，有的是芯片被烧成一个凹坑，并且粗糙，其位置在远离控制极上，则往往是电流异常引起的烧坏晶闸管。

→ 问 493　怎样判断晶闸管烧坏是 di／dt 引起的？——现象法

答　一般门极或放大门极附近存在烧成的一小黑点，往往是 di/dt 引起的。

说明：电流上升率损坏一般在控制极附近，或者在控制极上。

→ 问 494　怎样判断晶闸管烧坏是 du／dt 引起的？——现象法

答　一般阴极表面有较大的烧坏痕迹，甚至将芯片、管壳等金属大面积熔化的现象，则可能是 du/dt 引起的。

说明：du/dt 其本身是不会烧坏晶闸管的，只有高的 du/dt 才会使晶闸管误触发导通，从而引发损坏。高的 du/dt 引发损坏的表面现象与电流烧坏引发的表面现象基本一样。

另外，开通时间与 di/dt 的关系比较密切。因此，开通时间引起烧坏晶闸管的现象与 di/dt 引起烧坏晶闸管基本一样。

→ 问 495　怎样判断晶闸管烧坏是关断时间引起的？——现象法

答　关断时间引起烧坏晶闸管的现象比较复杂，有时像电压烧坏一样的现象，有时又像电流烧坏一样的现象。

说明：晶闸管损坏一般会留下痕迹，并且痕迹大多是烧坏的黑色痕迹。该黑色痕迹往往是金属熔化的痕迹。

无论晶闸管的哪个参数造成晶闸管烧坏，最终的结果可以归纳是电压击穿。

→ 问 496　怎样判断晶闸管的反向导通性能？——电阻法

答　首先把万用表调到 $R \times 1k$ 挡，分别把晶闸管的阳极 A 与阳极门极 G_A、阴极 K 与阴极门极 G_K 短接后，再用万用表的黑表笔接阳极 A 极，红表笔接 K 极，正常情况下阻值一般为无穷大。然后把两表笔对调检测，阴极 K、阳极 A 极间，正常情况下电阻值应为低阻值（大约为数千欧姆）。

检测现象与上述相符合的晶闸管，说明是好的管子。

1.6.2 双向晶闸管

问 497 怎样判断双向晶闸管的性能？——指针万用表法

答 首先把指针万用表调到 $R×1$ 挡。对于 $1～6A$ 双向晶闸管，指针万用表的红表笔接 T1 极，黑表笔同时接 G、T2 极。在保证黑表笔不脱离 T2 极的前提下断开 G 极，指针万用表的指针正常应指示几十到一百多欧（具体因不同的晶闸管而异）。然后把指针万用表的两笔对调，重复上述步骤再检测一次，如果指针指示比上一次稍大十几到几十欧，则说明该双向晶闸管良好，触发电压（或电流）小。如果保持接通 A 极或 T2 极时断开 G 极，指针立即退回到∞位置，则说明该晶闸管触发电流太大或损坏。

问 498 怎样判断双向晶闸管的电极？——指针万用表法

答 ① 首先找出主电极 T2。把万用表调到 $R×1$ 或 $R×10$、$R×100$ 挡，分别检测双向晶闸管的三只引脚间的正向、反向电阻。如果检测得到某一管脚与其他两脚均不通，则说明该脚是主电极 T2。或者用黑表笔接双向晶闸管的任一只电极，再用红表笔分别接双向晶闸管的另外两个电极。如果万用表表针不动，则说明黑表笔接的就是主电极 T2。否则，需要把黑表笔再调换到另一个电极上，根据上述方法进行检测，直到找出主电极 T2 即可。

② 再找出主电极 T1 与门极 G。找到 T2 电极后，剩下的两脚是主电极 T1 与门极 G（T1 与 G 间的电阻依然存在正反向的差别）。首先把万用表调到 $R×10$ 或 $R×1$ 挡，检测主电极 T1 与门极 G 两脚间的正向、反向电阻，一般会得到两个均较小的电阻。然后以电阻值较小（一般为约几十欧，正向电阻）的一次为依据，指针万用表的黑表笔所接的是主电极 T1，红表笔所接的是门极（控制极）G。

说明：双向晶闸管是一种 N-P-N-P-N 型 5 层结构的半导体。双向晶闸管除了控制极 G 电极外，另外的两个电极一般不再叫做阳极与阴极，而是统称为主电极 T1 与 T2。

问 499 怎样判断双向晶闸管的好坏？——指针万用表法

答 首先把万用表调到 $R×1$ 或 $R×10$ 挡，检测双向晶闸管的主电极 T1 与主电极 T2 间、主电极 T2 与门极 G 间的正向、反向电阻。正常情况下，均应接近无穷大（万用表指针不发生偏转）。如果检测得到的电阻均很小，则说明该双向晶闸管电极间已经击穿或漏电短路。

检测主电极 T1 与主电极 T2 间电阻为无穷大后，再用短接线把 T2、G 极瞬间短接，也就是给 G 极加上正向触发电压，则正常情况下，T2、A1 间阻值大约 $10Ω$。断开 T2、G 间短接线，这时万用表读数，正常情况下保持 $10Ω$ 左右。然后互换红表笔、黑表笔接线，红表笔接第二阳极 T2，黑表笔接第一阳极 T1。正常情况下，万用表指针应不发生偏转，阻值为无穷大。再用短接线将 T2、G 极间瞬间短接，也就是给 G 极加上负的触发电压，则 T1、T2 间的阻值为 $10Ω$ 左右。然后断开 T2、G 极间短接线，正常情况下，万用表读数不变，保持在 $10Ω$ 左右。符合上述检测规律，则基本说明该被测双向晶闸管是好的。

检测主电极 T1 与门极 G 间的正向、反向电阻，正常情况下，一般在几十欧到 $100Ω$，并且黑表笔接 T1 极，红表笔接 G 极时，检测得到的正向电阻值比反向电阻值略小一些。如果检测得到的 T1 极与 G 极间的正向、反向电阻值均为无穷大（万用表指针不发生偏转），则说明该双向晶闸管已开路损坏。

如果开始不清楚引脚分布情况，则用红表笔、黑表笔分别检测任意两引脚间正向、反向电阻，检测结果中有两组读数为无穷大。如果一组为数十欧时，则以该组为依据：红表笔、黑表笔所接的两引脚，分别为第一阳极 T1 与控制极 G，另一脚为第二阳极 T2。然后检测 T1、G 极间正向、反向电阻，以读数相对较小的那次为依据：黑表笔所接的引脚为第一阳极 T1，红表笔所接的引脚为控制极 G。

问 500 怎样检测小功率双向晶闸管的触发能力？——指针万用表法

答 工作电流在 8A 以下的小功率双向晶闸管，可以选择万用表的 $R×1$ 挡直接来检测。

检测时，先把黑表笔接主电极 T2，红表笔接主电极 T1。再用镊子将 T2 极与门极 G 短路，也就是给 G 极加上正极性触发信号。如果此时检测得到的电阻由无穷大变为十几欧，则说明该晶闸管已经被触发导通，导通方向为 T2→T1（T2 到 T1）。

然后把黑表笔接主电极 T1，红表笔接主电极 T2，再用镊子将 T2 极与门极 G 间短路，也就是给 G 极加上负极性触发信号时，检测得到的电阻应由无穷大变为十几欧，则说明该双向晶闸管已经被触发导通，导通方向为 T1→T2（T1 到 T2）。

如果给 G 极加上正（或负）极性触发信号后，双向晶闸管仍不导通（T1 与 T2 间的正向、反向电阻仍为无穷大），则说明该双向晶闸管已损坏，没有触发导通能力。如果晶闸管被触发导通后断开 G 极，T2、T1 极间不能够维持低阻导通状态而阻值变为无穷大，则说明该双向晶闸管性能不良或已经损坏。

说明：检测较大功率晶闸管时，需要在万用表黑笔中串接 1 节 1.5V 干电池，以提高触发电压。

→ 问 501 怎样检测中、大功率双向晶闸管的触发能力？——指针万用表法

答 工作电流在 8A 以上的中、大功率双向晶闸管，检测判断其触发能力时，可以先在万用表的某支表笔上串接 1～3 节 1.5V 干电池，然后用 $R×1$ 挡进行检测。

检测时，先把黑表笔接主电极 T2，红表笔接主电极 T1。再用镊子将 T2 极与门极 G 短路，也就是给 G 极加上正极性触发信号。如果此时检测得到的电阻由无穷大变为十几欧，则说明该晶闸管已经被触发导通，导通方向为 T2→T1（T2 到 T1）。

然后把黑表笔接主电极 T1，红表笔接主电极 T2，再用镊子将 T2 极与门极 G 间短路，也就是给 G 极加上负极性触发信号时，检测得到的电阻应由无穷大变为十几欧，则说明该双向晶闸管已经被触发导通，导通方向为 T1→T2（T1 到 T2）。

如果给 G 极加上正（或负）极性触发信号后，双向晶闸管仍不导通（T1 与 T2 间的正向、反向电阻仍为无穷大），则说明该双向晶闸管已损坏，没有触发导通能力。如果晶闸管被触发导通后，断开 G 极，T2、T1 极间不能够维持低阻导通状态而阻值变为无穷大，则说明该双向晶闸管性能不良或已经损坏。

→ 问 502 怎样检测耐压为 400V 以上的双向晶闸管的触发能力？——指针万用表法

答 耐压为 400V 以上的双向晶闸管，也可以采用 220V 交流电压来检测其触发能力（图 1-6-12），判断其性能好坏。

电路中，EL 可以为 60W/220V 白炽灯泡；VT 为被测双向晶闸管；R 为 100Ω 限流电阻；S 为按钮。

把电源插头接入 220V 市电后，双向晶闸管处于截止状态，灯泡不亮。如果灯泡微亮，则说明被测的双向晶闸管存在漏电损坏。如果此时灯泡正常发光，则说明被测的双向晶闸管的 T1、T2 极间已存在击穿短路现象。

在开始灯泡正常的情况下，按动按钮 S，也就是为晶闸管的门极 G 提供触发电压信号。正常情况下，双向晶闸管应立即被触发导通，灯泡正常发光。如果按动按钮 S 时，灯泡点亮，松手后灯泡又熄灭，则说明该被测双向晶闸管触发性能不良。如果灯泡不能够发光，则说明该被测的双向晶闸管内部存在开路损坏。

→ 问 503 怎样检测大功率双向晶闸管触发能力？——万用表＋电池法

答 ① 小功率双向晶闸管的触发电流只有几十毫安，可以选择万用表的 $R×1$ 挡直接检查其触发能力。大功率双向晶闸管不能直接利用万用表的 $R×1$ 挡使管子触发，因此，检测大功率双向晶闸管触发能力时，需要给万用表 $R×1$ 挡外接一节 1.5V 电池 E'，这样可以把测试电压升到 3V，同时增加测试电流（可提供 100mA 左右），图例如图 1-6-13 所示。

② 检测时，首先把万用表调到 $R×1$ 挡，把电池 E' 接在万用表的＋插孔与红表笔间，然后检测 T2、T1 间的正、反向电阻，G 极与 T2、T1 间的正、反向电阻，触发 G 极后的 T2、T1 正、

反向电阻，即可判断大功率双向晶闸管的好坏与触发能力。

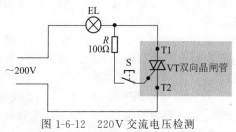
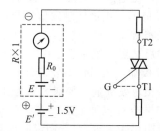

图 1-6-12　220V 交流电压检测　　　　图 1-6-13　万用表＋电池法检测大功率双向
双向晶闸管电路　　　　　　　　　　　晶闸管触发能力的电路

说明：本方法也适用检查大功率单向晶闸管。

问 504 怎样判断双向晶闸管的好坏？——功能特点法

答 双向晶闸管是正、反两个方向均可以控制的一种晶闸管，其结构与符号如图 1-6-14 所示。双向晶闸管不管两个主电极（即 T1、T2 电极）间的电压怎样，正向与反向控制极信号均可以使双向晶闸管导通。如果双向晶闸管失去该功能特点，则说明该双向晶闸管可能损坏了。

问 505 怎样判断双向晶闸管的触发方式？——功能特点法

答 T2 为正、T1 为负、G 相对 T1 为正——Ⅰ＋触发方式。

T2 为正、T1 为负、G 相对 T1 为负——Ⅰ－触发方式。

T2 为负、T1 为正、G 相对 T1 为正——Ⅲ＋触发方式。

T2 为负、T1 为正、G 相对 T1 为负——Ⅲ－触发方式。

说明：上述四种触发方式所需要的触发电流是不一样的，其中Ⅰ＋触发方式与Ⅲ－触发方式所需要的触发电流较小。Ⅰ－触发方式与Ⅲ＋触发方式所需要的触发电流较大。平时使用时，一般采用Ⅰ＋触发方式与Ⅲ－触发方式。

双向晶闸管第一阳极 A1（T1）、第二阳极 A2（T2）、控制极 G。

问 506 怎样判断双向晶闸管的好坏？——数字万用表法

答 首先把数字万用表调到 NPN 挡，让双向晶闸管的 G 极开路 [图 1-6-15(a)]，T2 极经过限流电阻 R（大约为 330Ω）接万用表 h_{FE} 插口的 C 孔，T1 极经过导线连接在 h_{FE} 插口的 E 孔。这时数字万用表显示值为 000，则说明该双向晶闸管处于关断状态。再用一根导线把 G 极与 T2 极短接，用 h_{FE} 插口 C 孔上的＋2.8V 作为触发电压，万用表数字显示变成 578，则说明该双向晶闸管已经导通。

然后将双向晶闸管的 T1、T2 调换过来连接 [图 1-6-15(b)]，仍然把 G 极通过导线与 C 极碰触一下，这时数字万用表显示值从 000 变为 428，则说明双向晶闸管能够在两个方向导通，是好的管子。

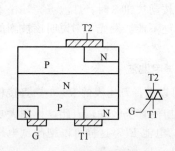
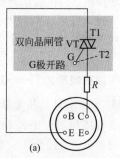
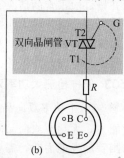

图 1-6-14　双向晶闸管结构与符号　　　图 1-6-15　数字万用表法判断双向晶闸管好坏

说明：图中电阻 R 主要起到防止 h_{FE} 线路过载等作用。

→ **问 507** 怎样判断双向晶闸管的好坏？——表格法

答 判断双向晶闸管的好坏的情况表见表1-6-1。

表1-6-1 表格法判断双向晶闸管的好坏的情况表

黑表笔	红表笔	电阻值
T2	T1	无穷大
T1	T2	无穷大
T2	G	无穷大
G	T2	无穷大
T1	G	20～50Ω
G	T1	20～50Ω

说明：万用电表调到 $R \times 1$ 挡检测。

→ **问 508** 怎样判断双向晶闸管的质量？——电路法

答 ① 判断双向晶闸管的质量的电路如图1-6-16所示。电路中：VT1、VT2（9014）组成无稳态多谐振荡器。该振荡器的振荡周期一般在1～8s间可调。

② VT3 导通时，电流经过发光二极管 LED1、限流电阻 R_6 后直接加到双向晶闸管 SCR 的控制极，从而触发被测双向晶闸管 SCR。晶闸管 SCR 导通，则发光二极管 LED2 会发光。

VT3 不导通时，双向晶闸管 SCR 会截止，则发光二极管 LED2 不亮。

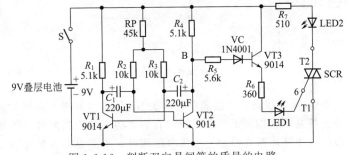

图1-6-16 判断双向晶闸管的质量的电路

如果输入 VT3 的基极是连续的矩阵波时，判断情况如下：

如果发光二极管 LED1、LED2 会同步闪烁——则说明该晶闸管是好的；

如果发光二极管 LED1 闪烁，发光二极管 LED2 熄灭——则说明晶闸管内部断路；

如果发光二极管 LED2 总是发光——则说明晶闸管内部击穿；

如果发光二极管 LED1、LED2 都不闪烁——则说明 VT1、VT2 组成的多谐振荡器不起振。

说明：该电路判断二极管的好坏时，可以把二极管插入 T1、T2 连接处，然后反向检测。如果两次检测中，发光二极管 LED2 发光一次，发光时 T2 孔所插为二极管的正极，则说明该二极管是好的。

1.6.3 温控晶闸管

→ **问 509** 怎样判断温控晶闸管的好坏？——电路法

答 ① 首先根据图1-6-17所示连接好。电路中：C 为抗干扰电容，主要用于防止温控晶闸管 VT 误触发的作用；HL 为 6.3V 的指示灯；R 为分流电阻，主要用于设定温控晶闸管 VT 的开关温度，其阻值越小，开关温度设置值就越高；S 为电源开关。

② 接通电源开关 S，温控晶闸管 VT 不导通，指示灯 HL 不亮。用电吹风的热风挡给温控晶闸管 VT 加温改变其温度。当温控晶闸管温度达到所设定的温度时，指示灯 HL 亮，说明温控晶闸管 VT 已经被触发导通。如果再用电吹风冷风挡给温控晶闸管 VT 降温到一定温度时，指示灯

HL 能够熄灭，则说明该温控晶闸管性能良好。

如果接通电源开关 S 后，指示灯 HL 即亮，或给温控晶闸管加温后，指示灯 HL 不亮，或给温控晶闸管降温后，指示灯 HL 不熄灭，则均说明该被测的温控晶闸管已经击穿损坏或性能不良。

1.6.4　光控晶闸管

→ **问 510**　怎样判断光控晶闸管的电极？——万用表法

答　首先把万用表调到 $R \times 1$ 挡，在黑表笔上串接 $1 \sim 3$ 节 1.5V 干电池，再检测两引脚间的正向、反向电阻。正常的情况下，均为无穷大。然后用小手电筒或激光笔照射光控晶闸管的受光窗口，这时正向电阻一般是一个较小的数值，反向电阻为无穷大。然后以较小电阻的一次检测为依据，黑表笔接的电极为阳极 A，红表笔所接的电极为阴极 K。

→ **问 511**　怎样判断光控晶闸管的好坏？——电路法

答　① 判断光控晶闸管好坏的电路如图 1-6-18 所示。电路中，S 为电源开关；VT 为光控晶闸管；EL 为指示灯。

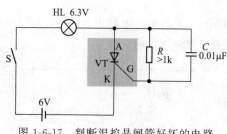

图 1-6-17　判断温控晶闸管好坏的电路　　　图 1-6-18　判断光控晶闸管好坏的电路

② 接好线路，再接通电源开关 S，用手电筒等光源照射光控晶闸管 VT 的受光窗口，这样就为光控晶闸管加上了触发光源，有的大功率光控晶闸管自带光源，则只需要将其光缆中的发光二极管或半导体激光器加上工作电压即可，不需要另外加光源。加上了触发光源后，指示灯 EL 一般会点亮。如果撤离光源后，指示灯 EL 正常应维持发光。

如果接通电源开关 S 后，没有加光源的情况下，指示灯 EL 点亮，则说明该被测晶闸管已经击穿短路。如果加上触发光源后，指示灯 EL 发光，但取消光源照射后，指示灯 EL 马上熄灭，则说明该晶闸管触发性能不良。如果接通电源开关、加上触发光源后，指示灯 EL 仍不亮，被测晶闸管电极在连接正确的情况下，则说明该晶闸管可能内部损坏。

1.6.5　贴片晶闸管

→ **问 512**　怎样判断贴片晶闸管的引脚（电极）？——万用表法

答　首先把万用表调到 $R \times 100$ 或 $R \times 1k$ 挡，分别检测被测晶闸管各电极间的正向、反向电阻。如果检测得到某两电极间电阻值较大（大约 $80k\Omega$），然后对调两表笔检测，以阻值较小（大约 $2k\Omega$）为依据：黑表笔所接的电极为控制极 G，红表笔所接的电极为阴极 K，剩下的电极为阳极 A。

说明：如果检测中正向、反向电阻都很大，则需要更换电极位置重新检测。

贴片晶闸管与插孔晶闸管管芯基本相同，主要差异在于封装不同。因此，插孔晶闸管的检测技巧基本也适用贴片晶闸管的检测。

1.6.6　四端晶闸管与晶闸管模块

→ **问 513**　怎样判断四端晶闸管的关断性能？——电阻法

答 在四端晶闸管被触发导通状态时，如果将阳极 A 与阳极门极 G_A，或阴极 K 与阴极门极 G_K 瞬间短路，则阳极 A、阴极 K 极间的电阻值由低阻值变为无穷大，则说明该被测晶闸管的关断性能是良好的。

→ **问 514** 怎样判断智能移相控制晶闸管模块的好坏？——简单测试法

答 ① 首先把模块的输入端根据电压的要求接好三相或单相交流电源。移相控制晶闸管模块内部结构如图 1-6-19 所示。

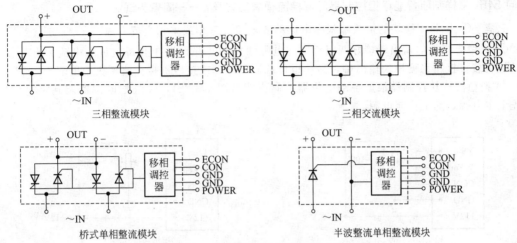

图 1-6-19　移相控制晶闸管模块内部结构

② 把模块的输出端接上电阻性负载。注意负载所提供的电流需要满足大于晶闸管的维持电流。空载时，检测的数据可能不准确。一些负载参考功率如下：

150A 或 150A 以内的交流模块——负载功率 ≥100W；

150A 以上的交流模块——负载功率 ≥500W；

200A 或 200A 以内的整流模块——负载功率 ≥300W；

200A 以上的整流模块——负载功率 ≥1500W。

③ 把模块控制端根据手动电位器控制方式接好（图 1-6-20），然后把电位器调到零电位后，再先上主电源，后上控制电源。

④ 调节电位器旋钮，可以对模块输出电压进行平滑调节。模块输入电压为单相 220V AC、三相 380V AC 时，调节的参考范围如下：

单相交流模块输出电压范围为 0～219V AC；

单相整流模块输出电压范围为 0～197V AC；

三相交流模块输出电压范围为 0～379V AC（三相电压 AB、BC、CA 相同）；

三相整流模块输出电压范围为 0～512V DC。

⑤ 经过上述检测，发现模块无异常，则说明该模块为是好的。

手动（电位器调节）
控制的接法
图 1-6-20　手动电位器控制

说明：加电检测前需要检查线路连接、安全设施是否正确，并且注意使用万用表检测三相交流模块输出电压时表笔连接正确，例如有的为红、黑表笔按 AB（红黑）、BC（红黑）、CA（黑红）相对应检测。

→ **问 515** 怎样判断智能移相控制晶闸管稳压模块的好坏？——简单测试法

答 ① 首先把稳压模块的输入端根据电压的要求接好三相或单相交流电源。

② 把稳压模块的输出端接好两组相同的电阻性负载，注意每组负载电流的正确选取。有的

模块有一组负载直接接模块输出端，另一组负载通过开关或接触器接模块输出端。

③ 把稳压模块控制端根据手动电位器控制方式接好（图1-6-21），然后把电位器调到零电位后，再先上主电源，后在上控制电源。

④ 调节电位器旋钮，一般把模块输出电压调到模块最大输出电压的1/2处，再把另一组负载通过开关或接触器并接在模块输出端，观察稳压模块输出电压能否稳定在所设定的电压值上。

⑤ 经过上述检测，发现模块无异常（能够稳定在所设定的电压值），则说明该模块为是好的。

→问516 怎样判断智能移相控制晶闸管稳流模块的好坏？——简单测试法

答 ① 把稳流模块的输入端根据电压的要求接好三相或单相交流电源。

② 把稳流模块的输出端接好两组相同的电阻性负载，并且选择好每组负载电流。有的模块有一组负载直接接稳流模块输出端，另一组负载通过开关或接触器接稳流模块输出端。

③ 把稳流模块控制端根据手动电位器控制方式（图1-6-22），并且把电位器调到零电位后，再先上主电源，后上控制电源。

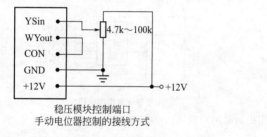

图 1-6-21　稳压模块控制端按照手动电位器控制　　图 1-6-22　稳流模块控制端按照手动电位器控制

④ 调节好电位器旋钮，有的模块可以将稳流模块输出电流调到3A，再把另一组负载通过开关或接触器并接在稳流模块输出端，并且观察稳流模块输出电流能否稳定在3A的电流值上。

⑤ 经过上述检测，发现模块无异常（能够稳定在所设定的电流值），则说明该模块为是好的。

→问517 怎样判断晶闸管模块的好坏？——内部结构法

答 晶闸管模块的内部结构如图1-6-23所示。如果用万用表检测不同方向的多个PN结引脚，则一般为无穷大。另外，如果是两引脚内部是直接采用导线连接的，则两引脚间的电阻为0。

如果检测晶闸管模块的阴、阳极正反向已经短路，或阳极与控制极短路、控制极与阴极反向短路、控制极与阴极断路等情况，均说明该晶闸管模块已经损坏。

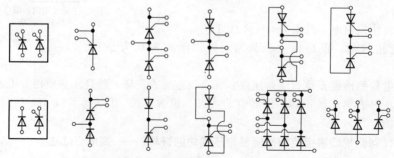

图 1-6-23　晶闸管模块内部结构

1.7 场效应晶体管

1.7.1 概述

→ 问 518 怎样判断元件是场效应晶体管？——特点法

答 场效应晶体管，英文为 Field Effect Transistor，缩写为 FET，简称为场效应管，是一种利用电场效应来控制电流大小的半导体器件。场效应管是由多数载流子参与导电的一种半导体器件，因此，场效应管也称为单极型晶体管。

场效应晶体管具有输入电阻高、噪声功耗低、动态范围大、没有二次击穿、安全工作区域宽等特点。场效应晶体管可以作为可变电阻、恒流器、电子开关等使用。

场效应晶体管有 3 个极性，分别是栅极 G（Gate，相当于双极型三极管的基极）、漏极 D（Drain，相当于双极型三极管的集电极）、源极 S（Source，相当于双极型三极管的发射极）。

说明：场效应管在电路中，常用字母 V、VT、Q 等加数字表示。

→ 问 519 怎样识别国产场效应管的型号？——命名规律法

答 国产场效应管的型号命名一般由三部分组成，各部分的规律如下：

第一部分 类型（一般用字母表示），表示半导体器件的类型，其中 CS 表示场效应晶体管，BT 表示半导体特殊器件，FH 表示复合管；

第二部分 序号（一般用数字表示），表示场效应晶体管的序号；

第三部分 规格（一般用字母表示），表示同一型号中的不同规格。

→ 问 520 怎样识别美国场效应管的型号？——命名规律法

答 美国场效应管的型号命名一般由四部分组成，各部分的规律如下：

第一部分 类别（一般用数字表示），表示场效应晶体管的类别；

第二部分 注册标志（一般用字母表示），表示该产品在美国电子工业协会（EIA）已注册；

第三部分 登记号（一般用数字表示），表示该产品在美国电子工业协会（EIA）的登记号；

第四部分 规格（一般用字母表示），表示同型号的器件不同的分挡。

→ 问 521 怎样识别日本场效应管的型号？——命名规律法

答 日本场效应管的型号命名一般由五部分组成，各部分的规律如下：

第一部分 类型及有效电极数（一般用数字表示），表示场效应晶体管类型及有效电极数；

第二部分 注册标志（一般用字母表示），表示该器件在日本电子工业协会（JEIA）已注册；

第三部分 类别（一般用字母表示），表示场效应晶体管的用途和类别；

第四部分 登记号（一般用数字表示），表示场效应晶体管在日本电子工业协会（JEIA）登记顺序号；

第五部分 改进序号（一般用字母表示），表示场效应晶体管产品改进序号。

→ 问 522 怎样判断东芝公司结型场效应管的 I_{dss} 分挡？——字母代号法

答 字母与不同的 I_{dss} 分挡含义如下：BL 为 6.0～14mA；GR 为 26～6.50mA；O 为 0.6～1.4mA；R 为 0.3～0.75mA；Y 为 1.2～3.00mA。

→ 问 523 怎样判断小功率 JFET 管的好坏？——概述法

答 检测 JFET 漏源极间的电阻时，可以选择 $R \times 100$ 挡，无论正向、反向检测，其漏源极间应没有击穿、开路等异常现象。

检测栅极漏极、栅极源极间的电阻，可以把万用表调到 $R \times 10$ 挡来检测正向电阻，把万用表调到 $R \times 1k$ 挡来检测反向电阻。

说明：对于小功率 JFET 的检测，可以选择普通指针式万用表的欧姆挡。如果 JFET 的参数不明，一般不要使用高压 $R \times 10k$ 挡来检测，也不要选择 $R \times 1$ 挡来检测导通电阻，以免损坏 JFET。

JFET 的输入阻抗较高，功率较小，工作电压较低，因此，注意不要在检测中使其损坏。

JFET 的漏极、源极可以互换。

一些功率极小、耐压较低、新的 JFET 采用了金属箔包装，这样可以起到隔离外界强电场，避免感应电损坏栅极 PN 结的作用。也有新的 JFET 是采用一金属片将栅源极间短路，检测时，不要用手指接触栅极引脚。同时，要先把万用表接入后，再取下短路环，测试后再把短路环还原连接好。实际检测时，需要远离较强的静电场。检测前，需要清水洗手，消除静电。

➔ **问 524** 怎样判断 MOS 场效应管的电极？——万用表法

答 把万用表调到 $R \times 100$ 或者 $R \times 10$ 挡，检测确定栅极。如果一引脚与其他两脚的电阻均为无穷大，则说明该脚为栅极 G。然后交换表笔重新检测，正常情况下，源极与漏极（S-D）间的电阻值应为几百欧到几千欧。以其中阻值较小的那一次为依据，黑表笔所接的电极为漏极 D，红表笔所接的电极是源极 S。

另外，判断出栅极 G，也可以采用下面方法来判断哪个引脚是漏极 D 极，哪个引脚是源极 S。栅极 G 判断后，再把万用表调到 $R \times 10$ 挡，分别测量漏极 D 与源极 S 间的正、反向电阻，其中以测得阻值较大值为依据，用黑表笔与栅极 G 极接触一下，再恢复原状。在此过程中，红表笔应始终与管脚相触，这时万用表的读数会出现两种情况：

① 如果万用表读数没有明显变化，仍为较大值，这时应把黑表笔与引脚保持接触，移动红表笔与栅极 G 相碰，后返回原引脚，此时如果阻值由大变小，则黑表笔所接的管脚为源极 S 极，红表笔所接的管脚为漏极 D；

② 如果读数由大变小，说明万用表黑表笔所接的管脚为漏极 D，红表笔所接的管脚为源极 S。

➔ **问 525** 怎样判断场效应晶体管的电极？——散热片法

答 许多场效应晶体管的散热片与漏极 D 相连，也就是对于背面露有散热金属部分的管型，散热器绝大多数与内部漏极相连。因此，与散热片相连的脚是漏极 D，另一边中间的脚也为漏极 D，如图 1-7-1 所示。

➔ **问 526** 怎样判断场效应晶体管的电极？——漏极特点法

答 根据贴片场效应晶体管漏极往往单独在一边的特点来判断。如图 1-7-2 所示，标示 1 位置一般是线路图上对应 MOS 管的漏极 D。标示 2 位置一般是线路图上对应 MOS 管的栅极 G）。标示 3 位置一般是线路图上对应 MOS 管的源极 S。

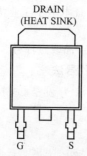

图 1-7-1　场效应晶体管电极的判断

图 1-7-2　MOS 场效应管电极的判断

另外，对于一些插件场效应晶体管判断时，可以将 3 只引脚向下，型号印字面朝向自己，然后判断：左侧引脚一般为栅极，右侧引脚一般为源极，中间引脚一般为漏极。

→ 问 527 怎样判断结型场效应管的电极？——万用表法

答 确定栅极（可以选择万用表 $R×1k$ 挡），也就是用万用表负表笔触碰结型场效应管的一个电极，用正表笔依次触碰另两电极。如果两次检测得出的阻值均很大，则说明刚才的检测均是反向电阻检测，也就是说所检测的结型场效应管属于 N 沟道场效应管，负表笔接的栅极。如果两次检测得出的阻值均很小，则说明均是正向电阻检测，也就是说所检测的结型场效应管属于 P 沟道场效应管，负表笔所接的是栅极。

→ 问 528 怎样判断结型场效应管的放大能力？——万用表法

答 把万用表调到 $R×100$ 挡，正表笔接源极 S，负表笔接漏极 D，这时检测的是漏极源极 D-S 极间的电阻值。用手捏住栅极 G，利用人体的感应电压作为输入信号加到栅极上。由于结型场效应管的放大作用，一般会使 D-S 极间电阻变化，也就是万用表的表针会有较大幅度的摆动。如果手捏栅极 G 时，检测的万用表表针摆动很小，则说明该结型场效应管的放大能力较弱。如果检测的万用表表针不动，则说明该结型场效应管已经损坏。

说明：运用该种方法时，需要注意以下几点。

① 检测场效应管用手捏住栅极时，万用表指针可能向右摆动（电阻值减小），也可能向左摆动（电阻值增加），原因是由于人体感应的交流电压较高，而不同的场效应管用电阻挡测量时的工作点可能不同引起的。多数场效应管的 R_{DS} 增大，也就是表针向左摆动的为多数。少数场效应管的 R_{DS} 减小，也就是表针向右摆动的少些。但是，无论表针摆动方向如何，只要表针摆动幅度较大，则说明该场效应管具有较大的放大能力。

② 上述方法对 MOS 场效应管也适用，只是 MOS 场效应管的输入电阻高，栅极 G 允许的感应电压不应过高。因此，检测 MOS 场效应管时，不要用手直接捏栅极，而应手握螺丝刀的绝缘柄，利用螺丝刀的金属杆碰触栅极，从而防止人体感应电荷直接加到栅极，引起 MOS 场效应管的栅极击穿。

③ 每次检测完后，需要把栅极源极 G-S 极间短路一下，以免栅极源极 G-S 结电容上会充有少量电荷，造成再检测时表针可能不动等现象。

→ 问 529 怎样判断场效应管的类型？——万用表法

答 判断出场效应管的漏极 D 与源极 S 后，如果万用表黑表笔所接为漏极 D，红表笔所接为源极 S，而且用黑表笔能触发栅极 G，这时，可以判断场效应晶体管属于 N 沟道类型的场效应晶体管；如果黑表笔所接为源极 S，红表笔所接为漏极 D，并且需用红表笔才能触发栅极 G，这时，可以判断场效应晶体管属于 P 沟道类型。

→ 问 530 怎样检测场效应管的跨导？——万用表法

答 需要根据不同类型的场效应晶体管来判断。

（1）N 沟道的场效应晶体管

用万用表红表笔接源极 S，黑表笔接漏极 D，万用表读数应较大，这时如果用手指接触栅极 G，万用表读数就会发生变化，变化越明显，说明所检测的场效应晶体管跨导越大。

（2）P 沟道的场效应晶体管

用黑表笔接源极 S 极，红表笔接漏极 D，万用表的读数应较大，这时如果用手指轻碰栅极 G，万用表的读数就会发生变化，变化越明显，说明所检测的场效应晶体管跨导越大。

→ 问 531 怎样检测绝缘栅型场效应管的跨导？——数字万用表法

答 把数字万用表调到 NPN 挡，利用 h_{FE} 插口估测绝缘栅型场效应管的跨导值。如果管子的跨导值高，则说明该管性能良好。

举例：实测一只绝缘栅型场效应管，把该管的 D、S 极分别插入 h_{FE} 插口的 C 孔与 E 孔，在 G 极悬空时，数字万用表显示 95。然后把 G 极插入 B 孔，数字万用表显示 773。然后根据 $g_m=$

$\Delta I_D/\Delta U_{GS}$来计算：

$$g_m = \Delta I_D/\Delta U_{GS}$$
$$= [(773-95)\div100]/2.8$$
$$= 2.4(mA/V)$$

→ **问 532** 怎样判断场效应管的好坏？——数字万用表法

答 需要根据不同类型的场效应晶体管来检测、判断。

（1）N 沟道场效应晶体管

用数字万用表二极管挡检测，红表笔接源极 S 极，黑笔接漏极 D 极，此时数值为 S、D 极间二极管的压降值。如果接反，无压降值，数字万用表显示超载符号 1。G 极与其他各脚无值。

（2）P 沟道场效应晶体管

用数字万用表二极管挡检测，黑表笔接源极 S 极，红笔接漏极 D 极，此时数值为 S、D 极间二极管的压降值。如果接反，无压降值，数字万用表显示超载符号 1。G 极与其他各脚无值。

（3）大功率的场效应晶体管压降值

大功率的场效应晶体管压降值为 0.4～8V，大部分在 0.6V 左右。

损坏的场效应晶体管一般为击穿短路损坏，各引脚间呈短路状态。用数字万用表二极管挡检测其各引脚间的压降值为 0V 或蜂鸣，是管子损坏的标识。

→ **问 533** 怎样判断金属氧化物功率场效应管的好坏与类型？——万用表法

答 （1）栅极 G 的判断

把万用表调到 $R\times100$ 挡，检测场效应管任意两引脚间的正向、反向电阻值，检测中，一次两引脚电阻值为数百欧，这时两表笔所接的引脚分别是 D 极与 S 极，则另外一只未接表笔的引脚为栅极 G 极。

（2）漏极 D、源极 S 及类型的判断

把万用表调到 $R\times10k$ 挡，检测 D 极与 S 极间的正向、反向电阻值，一般正向电阻值大约为 $0.2\times10k\Omega$，反向电阻值大约为 $(5～\infty)\times10k\Omega$。检测反向电阻时，红表笔所接的引脚不变，黑表笔脱离所接的引脚后，与栅极 G 触碰一下，再把黑表笔去接原引脚，这时会出现两种可能：

① 如果万用表读数由原来较大阻值变为零，则说明红表笔所接的电极为源极 S，黑表笔所接的电极为漏极 D，然后用黑表笔触发栅极 G 极有效（也就是使漏极 D 与源极 S 极间正向、反向电阻值均为 0），则说明该场效应管为 N 沟道型管子；

② 如果万用表读数仍为较大值，则把黑表笔接回原引脚，换用红表笔去触碰栅极 G，再把红表笔接回原引脚，这时万用表读数一般由原来阻值较大变为 0，则说明黑表笔所接的电极为源极 S，红表笔所接的电极为漏极 D，如果用红表笔触发栅极 G 有效，则说明该场效应管为 P 沟道型管子。

对于栅极内没有电压钳位的开关管，也就是栅极内部没有防静电保护电路。检测中，需要注意周围 2m 内无高压设备，采用 1.5V 供电的欧姆表，$R\times1$ 或 $R\times1k$ 挡来检测也可。具体要点如下：把指针万用表调到 $R\times1$ 挡，检测 MOSFET 栅极对漏极、栅极对源极的阻值，一般均为无穷大。检测后，用镊子将栅源极短路 10s 以上，再检测漏极、源极正向、反向电阻。红表笔接漏极、黑表笔接源极时，一般为低电阻。把表笔反接检测，一般为无穷大。如果用 $R\times1$ 挡检测 N 沟道 MOSFET，红表笔接漏极，黑表笔接源极，一般电阻为 18～28Ω。如果用 $R\times1k$ 挡检测 N 沟道 MOSFET，红表笔接漏极，黑表笔接源极，一般电阻为 2～5kΩ。如果把表笔对调检测，一般近似为无穷大。

检测 P 沟道 MOSFET 的正常情况则与上述相反。

说明：判断场效应管的好坏也可以采用代换法。场效应管的代换要考虑场效应管的最大漏极功耗、极限漏极电流、最大漏极电压、导通电阻、引脚排列等特征的一致与适用性。

→ 问 534 怎样判断功率场效应管的好坏？——万用表法

答 把万用表调到 $R \times 1k$ 挡，检测场效应管任意两引脚间的正向、反向电阻值。如果出现两次（或两次以上）电阻值较小（大约为0），则说明该场效应管已经损坏了。

如果检测中仅出现一次电阻值较小（一般大约为数百欧），其余各次检测电阻值均为无穷大，则需要再做进一步的检测。万用表调到 $R \times 1k$ 挡，检测漏极 D 与源极 S 间的正向、反向电阻值。对于 N 沟道场效应管，红表笔接 S 极，黑表笔先触碰栅极 G 后，再检测漏极 D 与源极 S 间的正向、反向电阻值。如果检测得到正向、反向电阻值均为0，则说明该场效应管是好的。对于 P 沟道场效应管，黑表笔先触碰源极 S，红表笔先触碰栅极 G 后，再检测漏极 D 与源极 S 间的正向、反向电阻值，如果检测得到正向、反向电阻值均为0，则该场效应管是好的，否则表明该场效应管已经损坏。

说明：一些管子在栅极 G、源极 S 极间接有保护二极管，则上面的检测方法不适用。

→ 问 535 怎样判断场效应管的好坏？——JT-1型晶体管特性图示仪法

答 用 JT-1 型晶体管特性图示仪检测场效应管的方法与一般三极管的检测方法类似，场效应管的源极相当于发射极，栅极相当于基极，漏极相当于集电极。但是，检测场效应管的输入阶梯信号需要为阶梯电压信号，也就是需要采用阶梯电压挡，或者采用阶梯电流挡通过在场效应管的输入端接入一只电阻来形成电压信号输入。检测场效应管时，电流、电压极性的选取需要根据场效应管的类型来选择。

另外，检测绝缘栅场效应管时，需要注意源极接地，以及与机壳接通，以免在检测时损坏绝缘栅场效应管。

说明：JT-1 型晶体管特性图示仪可以检测二极管、稳压管、晶闸管、场效应管、集成电路等的特性与参数，以及比较两个晶体管的同类特性。

1.7.2 各种场效应管

→ 问 536 怎样判断单管八脚场效应管的好坏？——数字万用表的二极管挡法

答 让场效应晶体管面对检测者，八脚场效应晶体管带点的部位在左下角时，则左下从左向右第1脚是 S 极，用数字万用表的二极管挡测量2脚、3脚，如果阻值为0Ω，则再检测上面的1脚、4脚，如果阻值均为0Ω，说明上面4个脚是 D 极，下面的1脚、2脚、3脚是 S 极，4脚是控制极 G。单管八脚场效应晶体管外形与内部结构如图1-7-3所示。

说明：由于八脚场效应晶体管内部结构有多种形式，因此，检测时不同的内部结构具有不同的检测特点。

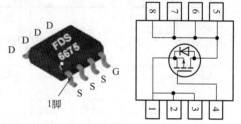

图1-7-3 单管八脚场效应晶体管
外形与内部结构

→ 问 537 怎样判断双栅场效应晶体管的好坏？——万用表法

答 把万用表调到 $R \times 10$ 挡，一般源极 S 与漏极 D 间正常的电阻在 $30 \sim 50\Omega$，如果阻值很小或无穷大∞，则说明该双栅场效应晶体管内部已经产生短路或者断路。另外，双栅场效应晶体管的 G1、G2、D、S 间的电阻均为无穷大∞，如果某电极间的电阻很小，则说明该电极间存在漏电、短路等异常现象。

→ 问 538 怎样判断场效应晶体管模块的好坏？——内部结构法

答 一些场效应晶体管模块的内部结构如图1-7-4所示。

场效应晶体管模块检测的一些特点如下。

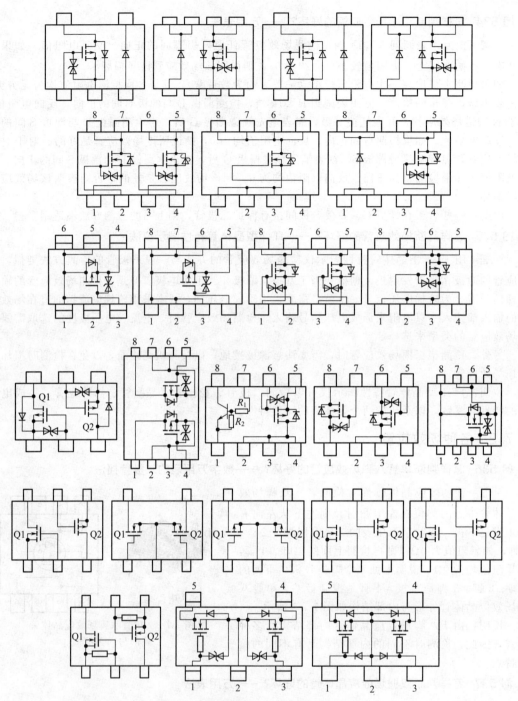

图 1-7-4　场效应晶体管模块的内部结构

① 引脚相通与不相通的检测。如果一些引脚相通，则采用万用表测量阻值为 0。如果一些引脚不相通，则采用万用表测量阻值很大。

② 内部独立元件的检测。如果能够根据内部电路的特点来检测内部独立元件，然后根据独立元件的特点来检测即可。

③ 内置反向保护二极管。如果内置反向保护二极管，则正向检测一般有几欧，反向检测一般为无穷大。

④ 在板上检测。需要考虑外围电路的影响。检测各脚间的阻值会有不同的数值，但有的引脚间不应该存在短路状态，如果出现短路状态，则说明该 MOS 管可能损坏，具体判断需要根据场效应晶体管模块内部结构与检测值来综合判断。

→ 问 539 怎样判断贴片结型场效应管的好坏？——万用表法

答 万用表的红表笔、黑表笔对调检测 G、D、S，除了黑表笔接漏极 D、红表笔接源极 S 有阻值外，其他接法检测均没有阻值。如果检测得到某种接法的阻值为 0，则使用镊子或表笔短接 G、S，然后检测。正常情况下，N 沟道电流流向为从漏极 D 到源极 S（高电压有效），P 沟道电流流向为从源极 S 到漏极 D（低电压有效）。

说明：一般电路中使用贴片结型场效应管（JEFT）、贴片加强型 N 沟道 MOS 管的居多。MOS 管的漏极 D 与源极 S 间加了阻尼二极管，栅极 G 与源极 S 间也有保护措施。

→ 问 540 怎样判断 VMOS 场效应管的好坏？——万用表法

答 把万用表调到二极管挡，检测 N 沟道 VMOS 管时，红表笔接场效应管的 S 极，黑表笔接漏极 D，由于两表笔间串联一个 PN 结，因此，一般应显示 $0.5 \sim 0.6 \mathrm{V}$。如果显示 000，则说明场效应管的 S-D 极间短路。如果显示溢出，则说明场效应管的 S-D 极间开路。然后，把红表笔接场效应管的源极 S，黑表笔接栅极 G，一般应显示 1V 左右。如果交换表笔重测，万用表都应显示溢出，说明场效应管的 PN 结截止。

→ 问 541 怎样判断 VMOS 场效应管的电极？——万用表法

答 （1）栅极 G 的判断

把万用表调到 $R \times 1\mathrm{k}$ 挡，分别检测 3 个管脚间的电阻。如果发现某脚与其他两脚的电阻均呈无穷大，并且交换表笔后仍为无穷大，则说明该脚为栅极 G。

（2）源极 S、漏极 D 的判断

VMOS 场效应管的源—漏间有一个 PN 结，因此，根据 PN 结正向、反向电阻存在差异，可以检测判断源极 S 与漏极 D。也就是把万用表表笔交换两次检测电阻，其中以电阻值较低（一般为几千欧至十几千欧）的一次为正向电阻为依据：黑表笔所接的电极为源极 S，红表笔所接的电极为漏极 D。

说明：VMOS 管也分为 N 沟道管与 P 沟道管。绝大多数产品属于 N 沟道管。对于 P 沟道管的检测，与 N 沟道管检测时的表笔要交换。

说明：有的 VMOS 管在 G-S 极间并有保护二极管，因此，需要注意检测方法的差异。另外，VMOS 管功率模块的检测方法，需要根据其内部结构的特点来检测判断。

→ 问 542 怎样检测 VMOS 场效应管的漏-源通态电阻 R_{DS}(on)？——万用表法

答 把 VMOS 场效应管的 G-S 极短路，选择万用表的 $R \times 1$ 挡进行检测，其中黑表笔所接的电极为源极 S，红表笔所接的电极为漏极 D，并且阻值一般在几欧到十几欧。

说明：由于检测条件不同，检测得出的 R_{DS}（on）值可能比场效应管手册中给出的典型值要高一些。

→ 问 543 怎样检测 VMOS 场效应管的跨导？——万用表法

答 把万用表调到 $R \times 1\mathrm{k}$（或 $R \times 100$）挡，把万用表的红表笔接源极 S，黑表笔接漏极 D（这样相当于在 N 沟道 VMOS 的源、漏极间加了一个反向电压），然后手持螺丝刀碰触 VMOS 场效应管的栅极 G，表针应有明显偏转，而且偏转越大，说明 VMOS 场效应管的跨导越高。如果被测 VMOS 场效应管的跨导很小，用此法检测时，反向阻值变化不大。

→ 问 544 怎样判断双栅场效应管的电极？——观察法

答 多数双栅场效应晶体管的管脚位置排列顺序是相同的，也就是从双栅场效应晶体管的底部（即管体的背面）看，根据逆时针方向依次为漏极 D、源极 S、栅极 G1、栅极 G2。

问 545 怎样判断双栅场效应管的电极？——万用表法

答 把万用表调到 $R\times100$ 挡，用两表笔分别检测任意两引脚间的正向、反向电阻值。如果检测得到某两脚间的正向、反向电阻均为几十欧到几千欧，而其余各引脚间的电阻值均为无穷大，则说明这两个电极就是漏极 D、源极 S，另外两个电极就是栅极 G1、栅极 G2。

问 546 怎样判断双栅场效应管的放大能力？——万用表法

答 把万用表调到 $R\times100$ 挡，把万用表红表笔接源极 S，黑表笔接漏极 D，在检测漏极 D 与源极 S 间的电阻值 R_{SD} 的同时，用手指捏住双栅场效应管的两只栅极引脚，加入人体感应信号。如果加入人体感应信号后，检测双栅场效应管的 R_{SD} 的阻值由大变小，则说明该双栅场效应管是具有一定的放大能力。万用表指针向右摆越大，则说明该双栅场效应管的放大能力越强。

问 547 怎样判断双栅场效应管的好坏？——万用表法

答 把万用表调到 $R\times10$ 挡或 $R\times100$ 挡，检测场效应晶体管源极 S 和漏极 D 间的电阻值。正常情况下，正向、反向电阻均为几十欧到几千欧，万用表黑表笔所接的电极为漏极 D、红表笔所接的电极为源极 S 时，检测得到的电阻值比黑表笔接源极 S、红表笔接 D 时检测得到的电阻值要略大一些。如果检测得到的 D、S 极间的电阻值为 0 或为无穷大，则说明该双栅场效应管已经击穿损坏或已经开路损坏。

把万用表调到 $R\times10k$ 挡，检测其余各引脚（也就是 D、S 极间除外）的电阻值。正常情况下，栅极 G1 与栅极 G2、栅极 G1 与漏极 D、栅极 G1 与源极 S、栅极 G2 与漏极 D、栅极 G2 与源极 S 间的电阻值均为无穷大。如果检测得到的阻值不正常，则说明该双栅场效应管性能变差或者已经损坏。

1.8 IGBT 与 IPM

1.8.1 概述

问 548 怎样判断 IGBT 的放大能力？——万用表法

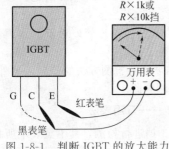

图 1-8-1 判断 IGBT 的放大能力

答 把 MF500 型万用表调到 $R\times10k$ 挡，万用表的红表笔接 E 极，黑表笔接 C 极检测，一般阻值为无穷大。如果这时用手指同时接触一下黑表笔与 G 极，阻值正常应立即降到大约 $100k\Omega$。如果用黑表笔触一下 G 极，再次检测得到 C、E 极间正向电阻，一般应降到大约为 $15k\Omega$，说明该 IGBT 具有放大能力，如图 1-8-1 所示。

说明：判断 IGBT 放大能力的方法与判断三极管放大倍数的方法类似。上述方法也可以作为判断特殊外形的 IGBT 的 C、E 极，则剩下的一管脚就是 G 极。

问 549 怎样识别三菱 IGBT 模块的参数？——型号命名规律法

答 三菱 IGBT 模块的额定电流、额定电压等参数的型号命名规律如图 1-8-2 所示，其中第 2 项为额定电流，第 5 项为额定电压。

问 550 怎样识别三菱 IPM 模块的参数？——型号命名规律法

答 三菱 IPM 模块的额定电流、额定电压等参数的型号命名规律如图 1-8-3 所示，其中第 2 项为额定电流，第 6 项为额定电压。

问 551 怎样识别三菱 DIPIPMTM 模块的参数？——型号命名规律法

答 三菱 DIPIPMTM 模块的额定电流、额定电压等参数的型号命名规律如图 1-8-4 所示，其中第 3 项为额定电压，第 6 项为额定电流。

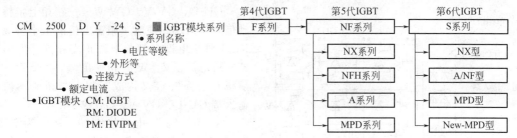

图 1-8-2　三菱 IGBT 模块的命名规律

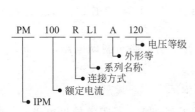
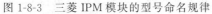

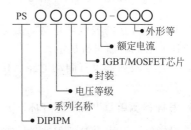

图 1-8-3　三菱 IPM 模块的型号命名规律　　图 1-8-4　三菱 DIPIPMTM 模块型号命名规律

→ **问 552** 怎样判断是 IPM 还是 IGBT？——公式法

答　IPM 即 Intelligent Power Module 的缩写，意为智能功率模块。IPM 是通过优化设计将 IGBT 连同其驱动电路与多种保护电路封装在同一模块内，使系统设计者从繁琐的 IGBT 驱动、保护电路设计中解脱出来，并且 IPM 提高了系统的可靠性。

IPM 与 IGBT 的区别如下：智能功率模块 IPM＝IGBT＋驱动/检测/保护电路。

→ **问 553** 怎样判断单管 IGBT 的极性？——万用表法

答　把万用表调到 $R \times 1k$ 挡，检测得数值，如果某一极与其他两极阻值为无穷大∞，调换表笔后该极与其他两极的阻值仍为无穷大∞，则可以判断该电极是栅极（G）。

其余两极再用万用表测量，如果测得阻值为无穷大∞，调换表笔后测量阻值较小。在测量阻值较小的一次中，红表笔接的电极可以判断为集电极 C，黑表笔接的则判断为发射极 E。

→ **问 554** 怎样判断 NPN 型 IGBT 的好坏？——万用表法

答　把万用表红表笔接 NPN 型 IGBT 的 C 极，黑表笔接 NPN 型 IGBT 的 E 极，正常情况下，阻值在数十千欧到数百千欧间。如果 C、E 极内有保护二极管，则正常情况下 C、E 间阻值为 $20 \sim 30\Omega$。然后对调万用表表笔检测，正确情况下阻值为∞，E、G 极间或 E、G 极间的正反向阻值均为∞。万用表红表笔接 E 极，黑表笔接 G 极（触发 G 极）后，保持万用表红表笔接 E 极不动，然后把万用表黑表笔从 G 极移到 C 极，则正确情况下阻值下降到数十欧。对调表笔后检测，阻值为∞（如果 C、E 极内有保护二极管，则该阻值应比上面提到的数值 $20 \sim 30\Omega$ 有所下降）。

如果检测的结果与上述差距较大，则说明所检测的 IGBT 异常。

→ **问 555** 怎样判断 IGBT 模块的引脚功能？——看图法

答　IGBT 模块引脚功能一般可以通过查看 IGBT 模块内部结构得知，如图 1-8-5 所示。

B——制动控制端。

TH——内部热敏电阻保护输出端。

GX、GY、GZ——三相下半桥驱动信号输入端。一般三相输出桥的下半桥 3 个 IGBT 管集电极 C 分别与 U、V、W 相连，发射极 E 都与电源负端相连，3 个管的栅极 G 与电源负端构成三相下半桥驱动信号输入端 GX、GY、GZ。

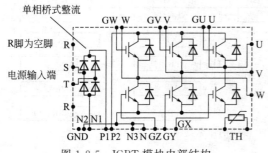

单相桥式整流

R脚为空脚

电源输入端

图 1-8-5　IGBT 模块内部结构

GU-U、GV-V、GW-W——三相上半桥驱动信号输入端。一般三相输出桥的上半桥 3 个 IGBT 管集电极 C 都与电源正端相连。发射极 E 分别是 U、V、W 三相输出端，3 个管的发射极 C 与栅极 G 又构成三相上半桥驱动信号输入端 GU-U、GV-V、GW-W。

R、S、T——电源输入端。R 脚为空脚。S、T 为内部单相桥式整流输入端（图中模块为 220V 输入端）

P1——整流输出正端；N1——整流输出负端。该两脚一般外接滤波电解电容，并且通过互感线圈把 P1 与 P2 连通，N1 与 N2 连通，向内部 6 个 IGBT 组成的输出桥供电。

说明：上述模块内部没有制动电路。IPM 内部含有驱动电路与制动电路，因此，引脚相应多一些。

→ 问 556　怎样检测单管 IGBT 的好坏？——指针万用表法

答　把指针式万用表调到 $R \times 10k$ 挡，红表笔接发射极 E，黑表笔接集电极 C，正常阻值应为无穷大 ∞。

如果用指针万用表的黑表笔触一下 IGBT 栅极 G，则栅极 G 与发射极 E 极间可被触发导通，此时再测得集电极 C、发射极 E 极间正向电阻应为 $16k\Omega$ 左右。当栅极 G 与发射极 E 极间短接时，则 IGBT 模块的集电极 C 与发射极 E 极间可被关断。

另外，也可以这样检测：先把指针式万用表调到 $R \times 10k$ 挡，红表笔接发射极 E，黑表笔接集电极 C，正常阻值应为无穷大 ∞。然后，用手指同时接触一下黑表笔与栅极 G，则集电极 C、发射极 E 极间阻值应立即降到 $100k\Omega$ 左右，再用手指同时触及一下栅极 G 与发射极 E，IGBT 被阻断。此时即可判断 IGBT 是好的。如果与上述检测结果相差较大，则所检测的 IGBT 可能异常。

说明：① 检测 IGBT 好坏时，一定要将万用表拨到 $R \times 10k\Omega$ 挡，因 $R \times 1k\Omega$ 挡以下各挡万用表内部电池电压太低，检测好坏时不能使 IGBT 导通，也就不能够正确判断 IGBT 的好坏。

② 任何指针式万用表均可以用于检测 IGBT。

→ 问 557　怎样检测 IGBT 的好坏？——数字万用表法

答　把数字万用表调到二极管挡，进行检测。一般正常情况下，IGBT 管的 G、C 极间正向压降约为 0.5V。IGBT 管的 E、C 极间正向压降（万用表红表笔接发射极 E，黑表笔接集电极 C）约为 0.43V。如果实际检测与这些参考数值相差较大，则说明所检测的 IGBT 可能存在异常。

说明：用万用表二极管挡检测 IGBT 的极间压降，检测时，二极管压降 U_f 一般是恒定的；从而，可以简单判断二极管是否损坏。需要注意，有时该值显示二极管短路并不完全代表该二极管是短路的，也可能是 IGBT 芯片存在短路。

如果使用不同型号、种类的万用表检测，可能会导致结果存在差异，因此，上述检测值并不能够与其他万用表做基准对比，也不能代表 IGBT 数据手册上的数据，仅供检测参考。

→ 问 558　怎样检测 IGBT 的好坏？——三数字快速判断法

答　数字万用表二极管挡检测 IGBT 好坏可以通过 3 个数字来判断：

$$450\Omega、无穷大、一定阻值$$

具体操作方法如下：

450Ω——红表笔接 IGBT 的发射极，黑表笔接 IGBT 的集电极，正常情况检测的数值约为 450Ω；

无穷大——红表笔接 IGBT 的集电极，黑表笔接 IGBT 的发射极，正常情况检测的数值约为无穷大；

一定阻值——检测控制极与集电极、发射极间电阻，正常情况有一定的电阻值。

说明：如果 IGBT 是带阻尼的管子，则出现 E、C 极间导通，C、E 极间电阻为无穷大，属于正常现象。

→ 问 559 怎样检测 IGBT 的好坏？——数字万用表电阻挡法

答 ① 检测前，需要确定 IGBT 所应用的电路已断电，并且其应用电路外围高压电解电容里的余电已被放完。

② 把万用表调到电阻挡，然后将两只表笔短接在一起，此时有的数字万用表蜂鸣器长叫，并显示 0，这样可以判断万用表电池电量是否足够。

③ 用数字万用表的黑表笔接 IGBT 其中一个管脚，用红表笔接另外任一个管脚，检测 3 个管脚任意两个管脚是否短路（一般数值低于 $1k\Omega$），如果有，则说明所检测的 IGBT 可能已经击穿，即可判断 IGBT 可能损坏了。

→ 问 560 怎样检测 IGBT 的好坏？——电容挡法

答 ① 把万用表调到电容挡，短路 IGBT 模块的集电极 C 与发射极 E。

② 万用表红表笔接门极 G，黑表笔接发射极 E，分别检测 IGBT 管的门极 G 与发射极 E 间的内部电容值，并且记下检测的数据。

③ 更换表笔，也就是黑表笔接门极 G，红表笔接发射极 E，并且记下检测的数据。

④ 利用上述所检测的数据与该万用表测试的其他良好的 IGBT 或者同产家、同型号模块的测量数据进行比较，数值相同或相近，则说明所检测的 IGBT 可能是正常的。如果数值相差较大，则说明所检测的 IGBT 可能是异常的。

说明：① 因万用表检测电容的精度是有限的，因此检测时，建议只检测门极 G 与发射极 E 间的电容即可。IGBT 芯片中门极 G 与发射极 E 间的电容 C_{ge} 是最大的，并且 C_{ge} 电容远远大于 C_{gc} 电容、C_{ce} 电容。

② 不同的万用表检测，可能会造成上述检测数值不同。

③ 上述检测的数值与 IGBT 数据手册上相对应检测值测试条件一般是完全不同的，一般不能作为对比或参照。

→ 问 561 怎样检测 IGBT 的耐压？——兆欧表法

答 对于耐压为 1000V 的 IGBT 模块，可以采用 500V 的兆欧表做正、反向耐压（C-E 极间耐压）检查，从而判断所检测的 IGBT 是否出现击穿损坏现象。

对于耐压为 1500V 的 IGBT 模块，可以采用 1000V 的兆欧表做正、反向耐压（C-E 极间耐压）检测，从而判断所检测的 IGBT 是否出现击穿损坏现象。

对于内含阻尼二极管的 IGBT 模块只能够做正向耐压检测。

说明：一般 IGBT 的型号中有耐压值，例如 1000V、1500V 等。

→ 问 562 怎样检测 IGBT 的好坏？——正常导通与关闭法

答 逆变模块（例如 6MBI50N-120 等）将其模块从应用线路上拆下来检测，如果发现有一路大功率晶体管不能正常导通、关闭，则说明该模块可能损坏了。

→ 问 563 怎样检测 IGBT 的好坏？——观察检查法

答 对于怀疑已经损害的 IGBT，可以在应用设备断电等相关安全环境下，从应用线路上拆下 IGBT 进行外观检查，如果发现底板有开裂变形等异常现象，则说明该 IGBT 可能是底板受热不均匀变形造成 IGBT 损坏。

另外，观察检查 IGBT 固定是否不平整，从而引起 IGBT 底板受热不均匀，使得 IGBT 受应力变形而损坏。观察检查 IGBT 是否没有散热锡箔纸或没有涂散热硅胶而造成散热不良，从而引起 IGBT 损坏。

问 564 怎样检测内含阻尼二极管 IGBT 的好坏？——指针万用表法

答 把指针万用表调到 $R\times 1k$ 挡，并且在检测前把 IGBT 的 3 只引脚短路放电，用两只表笔正、反测门极 G-发射极 E 两极及门极 G-集电极 C 两极间电阻。内含阻尼二极管的 IGBT 正常时，发射极 E、集电极 C 极间正向电阻有的为 $4k\Omega$ 左右。

如果检测得到 IGBT 管 3 引脚间电阻均很小，则说明所检测的 IGBT 管子可能击穿损坏。如果所检测的 IGBT 管 3 脚间电阻均为无穷大 ∞，则说明所检测的 IGBT 管子可能开路损坏。

问 565 怎样判断是含阻尼二极管还是不含阻尼二极管的 IGBT？——指针万用表法

答 把指针万用表调到 $R\times 1k$ 挡，并且在检测前把 IGBT 的 3 只引脚短路放电，用指针万用表的红笔接集电极 C，黑笔接发射极 E，如果所测值在 $3.5k\Omega$ 左右，则说明所检测的 IGBT 管子为含阻尼二极管的 IGBT；如果所检测的值在 $50k\Omega$ 左右，则说明所测的 IGBT 管子内是不含阻尼二极管的 IGBT。

也就是说，含阻尼二极管的 IGBT 的集电极 C-发射极 E 间电阻，比不含阻尼二极管的 C-E 间电阻要小。

问 566 怎样判断 IGBT 的好坏？——实例法

答 下面以 40N150D 为例，介绍检测 IGBT 好坏的方法。40N150D 检测可以采用机械表 $R\times 1k$ 挡、数字表二极管挡来测量，正常情况见表 1-8-1。

表 1-8-1　40N150D 好坏的判断

测量值	C、E 正向电阻	C、E 反向电阻
机械表 $R\times 1k$ 挡	很大	$7k\Omega$

测量值	E、C 正向压降	—
数字表二极管挡	0.47V	—

如果偏离表中数值太多，说明所检测的 40N150D 异常。

问 567 怎样判断 IGBT 模块的好坏？——在路检测法

答 把指针万用表调到 $R\times 1$ 挡，分别正、反检测整流桥的 6 只二极管与输出桥的 6 只 IGBT 的集电极 C 与发射极 E，可判断其是否击穿。用指针万用表 $R\times 1$ 挡分别测量 6 只 IGBT 管的栅极与发射极间的电阻（驱动信号输入端），正常情况是一样的，如果检测出现不同的数值，说明所检测的 IGBT 可能损坏（也可能是驱动电路损坏）。

说明：上述检测一般只能够测出 IGBT 击穿性损坏，检测不出 IGBT 开路性损坏。

IGBT 功率模块在路检测时，需要设备断开电源脱离电网，需要在安全的情况下进行。

问 568 怎样检测双单元 IGBT 的好坏？——万用表法

答 双单元 IGBT 是由两只 IGBT 组成，如图 1-8-6 所示，（a）图为单管 IGBT，（b）图为双单元 IGBT，（c）图为双单元 IGBT 实际外形。

首先将万用表调到电阻 $R\times 10k$ 挡，红表笔接 E（5 端或 7 端）极，黑表笔接 G（4 端或 6 端）极，给 G、E 极间充电。然后将万用表调到 $R\times 1\Omega$ 挡，测量 C、E（1、2 端或 3、1 端）两端，正常正反向阻值为 10Ω 左右。如果黑表笔接 C 极，红表笔接 E 极，则 R_{ce} 为无穷大。如果阻值均为无穷大或者正反向阻值差别为零，说明所检测的 IGBT 已坏掉。

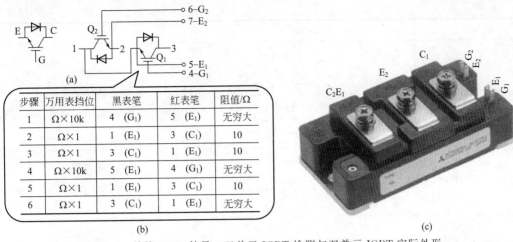

步骤	万用表挡位	黑表笔	红表笔	阻值/Ω
1	Ω×10k	4 (G₁)	5 (E₁)	无穷大
2	Ω×1	1 (E₁)	3 (C₁)	10
3	Ω×1	3 (C₁)	1 (E₁)	10
4	Ω×10k	5 (E₁)	4 (G₁)	无穷大
5	Ω×1	1 (E₁)	3 (C₁)	10
6	Ω×1	3 (C₁)	1 (E₁)	无穷大

(b)　　　　　　　　　　　　　　(c)

图 1-8-6　单管 IGBT 符号、双单元 IGBT 检测与双单元 IGBT 实际外形

→ **问 569** 怎样判断 IGBT（IPM）模块的好坏？——内部结构法

答　IGBT（IPM）模块因内部结构不同，具体的检测方法也不同。一些 IGBT 模块内部结构见表 1-8-2。

表 1-8-2　IGBT 模块内部结构

型号	内部结构	外形
GT10G131		
GT8G151		
SK 75 DGDL 066 T		
SK30GAD066T		
SK80GB063		

型号	内部结构	外形
SKiiP 37NAB065V1	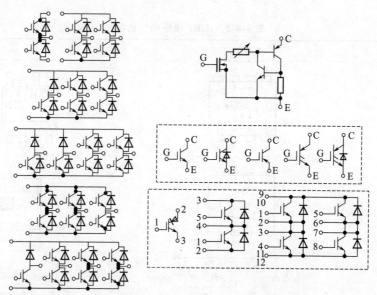	
SKM 200 GARL 066 T		
SKM 400GB066D		

IGBT（IPM）模块一些典型的内部结构如图 1-8-7 所示。

图 1-8-7　IGBT（IPM）模块一些典型的内部结构

IGBT 模块的检测主要是根据内部结构，再结合单一 IGBT 来判断、检测。一般可以先检测容易判断的引脚间的电阻，再检测有关联性的引脚间的电阻，注意并联、串联对检测所带来的影响。

→ **问 570** 怎样检测 IPM/IGBT 模块的性能？——专门测试仪器法

答　对于 IPM/IGBT 模块的电气性能，一般来说出厂前厂家都应测试过。如果需要再测试，可以采用专门的测试仪器来进行，例如 SONY/Tektronix Curve Tracer 370A 或者 371A。该测试仪器外形如图 1-8-8 所示。

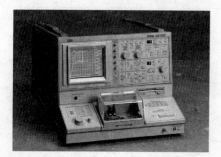

图 1-8-8　测试仪

→ 问 571 怎样检测 IPM/IGBT 模块的好坏? ——万用表法

答 一般而言，仅用万用表简单地测试，是不能完整正确判断 IPM/IGBT 模块的状态的。但是，对于 IPM/IGBT 模块是否发生短路或开路损坏，可以用万用表检测来初步判断，具体方法见表 1-8-3。

表 1-8-3　万用表检测

检测部位	检测结果	判断
制动单元 IGBT 的 C-E 间正向电阻	不导通	好的
	导通	异常
制动单元 IGBT 的 C-E 间反向电阻	导通①	好的
	不导通	异常
逆变器部分 IGBT 的 C-E 间正向电阻。(P-U/V/W)(U/V/W-N)	不导通	好的
	导通	异常
逆变器部分 IGBT 的 C-E 间反向电阻(U/V/W-P)(N-U/V/W)	导通①	好的
	不导通	异常

① (a) 进行方向导通检测时，如果检测得到的电阻明显低于一般良品电阻，则可以判断所检测的 IPM/IGBT 模块存在异常。

(b) 通过检测 IPM/IGBT 模块 C-E 间的电阻，可以判断 IGBT 是否击穿或短路等异常现象。但是，IGBT 由于耐压降低，仅 IGBT 的 C-E 断路而续流二极管等正常的情况，上述方法是不能够正确判断的

检测的要求如下：
① 输出电压需要小于 U_{CES}；
② 待检测的电流需要远大于 I_{CES}，以免不导通的情况可能会被误判为导通；
③ 除待测端子外，其他端子均不应有任何电路的连接；
④ 检测仪器的输出电流应不足以损坏所检测的 IPM/IGBT 模块；
⑤ 检测时 P-N 间不应施加电压，以免可能损坏 IPM/IGBT 模块或伤害测试人员等；
⑥ 考虑二极管的压降，检测仪器的输出电压需要大于 3V，以免在检测方向特性时误判。

→ 问 572 怎样检测 IGBT 逆变电路的好坏? ——静态法

答 把万用表红表笔接 IGBT 逆变电路的 P 端，黑表笔分别接 IGBT 逆变电路的 U 端、V 端、W 端，正常应有几十欧的阻值，并且各相阻值基本一样，反向检测一般是无穷大∞。如果把黑表笔接到 IGBT 逆变电路的 N 端，并且根据以上步骤检测，正常应得到相同的结果，否则说明所检测的 IGBT 逆变模块可能损坏。

另外，也可以用静态测试方法（电阻挡法）来检测如下几项，以达到快速判断的目的：

① 检测 IGBT 管的集电极 C-发射极 E 间的阻值，万用表红表笔接 IGBT 集电极 C，黑表笔接发射极 E，正常模块电阻数值显示在兆欧级以上；

② 检测 IGBT 管门极 G-发射极 E 或者门极 G-集电极 C 间的阻值，万用表量表笔分别接 IGBT 门极 G 和发射极 E 或门极 G 和集电极 C，正常应为高阻抗。

说明：上述高阻抗性的检测，部分万用表检测时可能无法显示有效值。不过，有时显示高阻抗，也不能完全代表 IGBT 模块是正常的，具体还需要进一步检测。

→ 问 573 怎样检测 IGBT 模块的好坏? ——图解法

答 把 IGBT 功率模块从电路板上拆下来（如果新的没有应用的 IGBT 模块就不需要这一步骤），对其内部每个 IGBT 管进行进一步检测，具体操作要点与方法如图 1-8-9 所示。其中，万用表表针在左边表示不导通，在右边表示导通。如果该导通的都能够导通，该截止的没有截止，则说明所检测的 IGBT 可能损坏了。

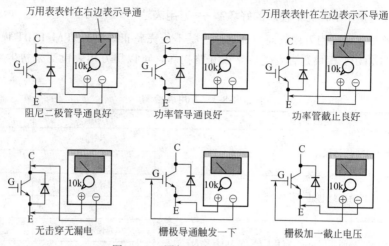

图 1-8-9　图解法检测 IGBT 模块

→问 574 怎样检测 IGBT 驱动板的好坏？——万用表法

答 把万用表调到 $R \times 1$ 挡，正向、反向测量每一组的驱动线，一般正常阻值为十几欧左右。如果阻值太大，则说明所检测的 IGBT 驱动板可能存在断线或有关元器件损坏现象。如果阻值为零，则说明所检测的 IGBT 驱动板可能存在电阻短路或者线间短路等异常现象。

1.8.2　其他型号

→问 575 怎样检测 CM200Y-24NF 模块的好坏？——MF47C 指针式万用表法

答 把 MF47C 指针式万用表调到 $R \times 10k$ 挡，检测 CM200Y-24NF 模块的主端子与触发端子。触发后，正常情况下，C、E 间电阻大约为 250kΩ。如果与正常数值有较大差异，则说明 CM200Y-24NF 模块可能损坏了。

说明：不同型号的万用表检测值会有所差异。

→问 576 怎样检测 CM200Y-24NF 模块的好坏？——电容表法

答 把电容表调到 200nF 挡，检测：正向检测（黑表笔接 CM200Y-24NF 模块的 E 端，红表笔接 CM200Y-24NF 模块的 G 端），正常情况下一般为 36.7nF；反向检测（黑表笔接 CM200Y-24NF 模块的 G 端，红红表笔接 CM200Y-24NF 模块的 E 端），正常情况下一般为 50nF。

→问 577 怎样检测 SKM75GB128DE 模块的好坏？——MF47C 指针式万用表法

答 把 MF47C 指针式万用表调到 $R \times 10k$ 挡，然后检测 SKM75GB128DE 模块的主端子与触发端子。触发后，正常情况下，C、E 电阻大约为 250kΩ。如果与正常数值有较大差异，则说明 SKM75GB128DE 模块可能损坏了。

→问 578 怎样检测 SKM75GB128DE 模块的好坏？——电容表法

答 把电容表调到 200nF 挡，检测：正向检测（黑表笔接 SKM75GB128DE 模块的 E 端，红表笔接 SKM75GB128DE 模块的 G 端），正常情况下一般为 4.1nF；反向检测（黑表笔接 SKM75GB128DE 模块的 G 端，红表笔接 SKM75GB128DE 模块的 E 端），正常情况下一般为 12.3nF。

→问 579 怎样检测 FP24R12KE3 模块的好坏？——MF47C 指针式万用表法

答 把 MF47C 指针式万用表调到 $R \times 10k$ 挡，检测 FP24R12KE3 模块的主端子与触发端子。触发后，正常情况下，C、E 电阻大约为 200kΩ。如果与正常数值有较大差异，则说明 FP24R12KE3 模块可能损坏了。

说明：不同型号的万用表的测量值会有所差异。

→ 问 580 怎样检测 FP24R12KE3 模块的好坏？——电容表法

答 把电容表调到 200nF 挡，检测：正向检测（黑表笔接 FP24R12KE3 模块的 E 端，红表笔接 FP24R12KE3 模块的 G 端），正常情况下一般为 6.9nF；反向检测（黑表笔接 FP24R12KE3 模块的 G 端，红表笔接 FP24R12KE3 模块的 E 端），正常情况下为一般 10.1nF。如果与正常数值有较大差异，则说明 FP24R12KE3 模块可能损坏了。

1.9 单结晶体管

→ 问 581 怎样判断单结管的发射极？——万用表法

答 把万用表调到 $R \times 1k$ 挡或 $R \times 100$ 挡，假设单结晶体管的任一引脚为发射极 E，万用表黑表笔接假设的发射极，万用表红表笔分别接触另外两引脚，检测其阻值。当出现两次低电阻时，则黑表笔所接的引脚就是单结晶体管的发射极。

说明：首先假设发射极 E，用负表笔接 E 极，正表笔依次触碰 B1、B2，检测得出的均为正向电阻，阻值均很小。如果是正表笔接 E 极，负表笔分别触碰 B1、B2，检测得出的均为反向电阻，电阻值均很大。

另外，简单的检测判断如下：

第一基极 B1 对第二基极 B2 相当于一个固定电阻——一般在 3～12kΩ 间（不同的管子有差异）；

发射极与第一基极（E-B1）、发射极与第二基极（E-B2）间的正向电阻（黑表笔接发射极 E，红表笔接基极 B）一般为 5kΩ，反向电阻一般为 ∞。

→ 问 582 怎样判断单结管第一基极 B1 与第二基极 B2？——万用表法

答 把万用表调到 $R \times 1k$ 挡或 $R \times 100$ 挡，黑表笔接发射极，红表笔分别接另外两引脚进行检测。两次检测中，以电阻大的一次为依据：红表笔所接的电极就是 B1 极，也就是说 E 对 B1 的正向电阻稍大于 E 对 B2 的正向电阻。

上述判别 B1、B2 的方法，不一定对所有的单结晶体管均适用，一些管子的 E、B1 间的正向电阻值较小，即使 B1、B2 颠倒了使用，也不会使管子损坏，只会影响输出脉冲的幅度。因此，如果发现输出的脉冲幅度偏小时，则将原来假定的 B1、B2 对调一下即可。

说明：多数单结晶体管 B1 与 B2 分压比大于 0.5，即 E 靠近 B2。

→ 问 583 怎样判断单结管的电极？——数字万用表法

答 把数字万用表调到二极管挡，红表笔固定接在某一电极上，黑表笔依次接触其他两只电极。如果两次检测中的数值均在 1.2～1.8V 内，则说明红表笔接的电极是 E 极；如果两次检测中的数值均为溢出显示，则说明红表笔所接的电极不是 E 极，需要改换其他电极根据上述方法进行重新检测，直到找出 E 极。

确定 E 极后，就是判断 B1、B2 电极。多数单结晶体管，电阻 R_1 大于电阻 R_2，也就是 U_1 大于 U_2。因此，红表笔接 E 极、黑表笔接 B1 极时，显示的电压值较小。

→ 问 584 怎样检测单结管的触发能力？——数字万用表法

答 把单结管的发射极空置，只把第一基极 B1 插入数字万用表 h_{FE} 插口的 E 孔，B2 插入数字万用表 h_{FE} 插口的 C 孔，然后把数字万用表拨到 NPN 挡，此时表内 2.8V 基准电源会加到 B2-B1 上，同时 B2 接表内电源的正极，B1 接表内电源的负极。把 E 极插入数字万用表 h_{FE} 插口的 B 孔，发射极电压迅速升高并超过峰顶电压，使单结晶体管触发。如果单结晶体管不能够触发，则说明该单结晶体管异常。

→ 问 585 怎样检测单结晶体管的好坏？——电路法

答 ① 首先根据图 1-9-1 所示连接好电路。

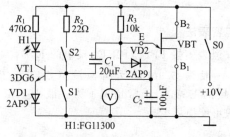

电路中，VBT 为被测单结晶体管；R_3、C_2 与 VBT 组成张弛振荡器；V 为电压表，可以检测得出电容 C_2 两端的电压的情况。

② 被测单结晶体管 VBT 导通时，三极管 VT1 通过偏置电阻 R_2 得到偏置电流（这时 S1 断开，S2 闭合），则发光二极管 H1 发光。10V 电源可以通过 R_3 经 VD2 2AP9 向电容 C_2 充电。E 电极电位达到被测单结晶体管 VBT 的峰值电压时，被测单结晶体管 VBT 的 E、B_1 间便自动导通，电容 C_1 上的电压经

图 1-9-1 单结晶体管性能速测电路

E、B_1 放电，使三极管 VT1 的发射结反偏截止，则发光二极管 H1 熄灭。

如果被测单结晶体管 VBT 是好的，电容 C_1 就会周而复始地充电放电，发光二极管 H1 会明暗交替地闪光。如果发光二极管 H1 一直亮着，可把被测单结晶体管 VBT 的 B_1、B_2 脚调换检测，否则说明该单结晶体管已经损坏。

→ **问 586** 怎样检测单结晶体管的触发能力？——兆欧表法

答 ① 根据图 1-9-2 所示连接好电路。

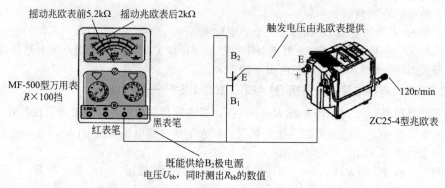

图 1-9-2 兆欧表法检测单结晶体管的好坏的电路

② 先不摇动兆欧表，万用表的读数大约为 5.2kΩ（不同的单结晶体管有所差异）。然后按 120r/min 的速度摇动兆欧表，也就是为单结晶体管加上触发电压，使其 E-B_1 导通，这时万用表的读数变为 2kΩ（不同的单结晶体管有所差异），比原先没有加触发电压下的电阻数值小得多，则说明该单结晶体管具有触发能力。

1.10 电子管

→ **问 587** 怎样识别欧式电子管的型号？——命名规律法

答 欧式电子管型号的命名规律见表 1-10-1。

表 1-10-1 欧式电子管型号的命名规律

第一部分:用字母表示灯丝电压或灯丝电流		第二部分:用字母表示类型		第三部分:用数字表示管外形与序号	
字母	含义	字母	含义	数字	含义
A	4V AC	A	二极管	1~9	边接触式管座
		B	双二极管		

第一部分:用字母表示灯丝电压或灯丝电流		第二部分:用字母表示类型		第三部分:用数字表示管外形与序号	
字母	含义	字母	含义	数字	含义
B	0.18V	C	三极管(功率管除外)	11~19	钢质管座
C	0.2A	D	功率三极管		
		E	四极管(功率管除外)	21~26	自锁式管座
D	1.2~1.4V DC	F	五极管(功率管除外)		
E	6.3V AC	H	六极管或七极管	31~34	普通八脚管座
		K	八极管		
F	12.6V	L	功率五极管或束射四极管	40~49	紧锁式管座
		M	调谐指示管		
G	5V	N	充气三极管或四极管	61~65	超小型管座
H	0.15A	P	二次放射管		
K	2V DC	Q	九极管	71~79	自锁式管座
		T	多种复合管		
M	1.5V,2.4~2.8V	W	充气半波整流管	80~89	指形小九脚管座
		X	充气全波整流管		
P	0.3A	Y	高真空半波整流管	90~99	指形小七脚管座
U	0.1A	Z	高真空全波整流管		
		ABC	高频二极管、双二极三极管		
V	0.05A	AF	二极-五极管		
X	0.6A	BC	二极三极管		
		CH	二极-六极管	100~169	特种管
Y	0.45A	BF	双二极-五极管		
Z	冷阴极	CC	双三极管		
		CF、CL	三极-五极管		

举例:EL34,E表示灯线电压为6.3V,L表示为束射四极管,34表示为普通八脚管座。

→ 问 588 怎样判断电子管引脚序号? ——经验法

答 (1)具有定位键的电子管

把管底向上,管键凸出部分对着自己,键的左边第一个管脚就是第1脚序号,其余依次按顺时针方向确定即可。

(2)小型管

把小型管下方向上,以管脚间距最大的左方一个定为1脚序号,其余依次按顺时针方向确定即可。

(3)管脚间的距离不同

电子管管脚间的距离不同,可以根据该特点来确定电子管的第1脚。电子的第1脚与最后一只脚一般距离较大,形成一个缺口,其余的管脚间的距离一般是相等的。

(4)缺口

对于有缺口的电子管，把管脚朝上，管脚的缺口对着自己，根据缺口左边为第1只脚，顺时针方向数下去为第2、3、4…只脚。

（5）管脚的粗细来区

对于管脚有粗细的电子管，可以根据该特点来确定第1脚。在数管脚时，把电子管管脚朝上，两个粗管脚对着自己，从左边较粗的管脚起为第1脚，顺时针方向数下去为第2、3、4…只脚。

➡ 问589 怎样判断电子管的好坏？——观察法

答 管内——管内是否存在异物，如碎片、云母片、白色氧化物等。如果直接看不到，可以用手指轻轻弹电子管玻璃外壳、轻轻摇动电子管、上下颠倒几下电子管等方法，把隐性的、不明显的异物变得明显些。不过，轻摇也好，颠倒也好，均不能用力过大。

顶部——正常的电子管顶部颜色为黑色、银色。如果顶部为浅黑色、乳白色，则说明电子管出现老化、漏气等故障。

裂纹——电子管的玻璃外壳出现裂纹，则该电子管一般需要更换。

➡ 问590 怎样判断电子管的好坏？——万用表法

答 检测是否衰老、老化——主要通过测量电子管阴极的发射能力来判断：单独给灯丝提供工作电压（即其他各极不加电压），并且预热大约2min，然后用万用表$R \times 100$挡，黑表笔接栅极，红表笔接电子管极阴，一般正常的栅阴极间的电阻应小于3kΩ。偏离该阻值越大，则说明该电子管老化越严重。

检测灯丝电压——一般采用万用表$R \times 1$挡，测量电子管的两个灯丝引脚的电阻值，一般正常值只有几欧。如果测得为无穷大，则说明电子管灯丝已断开。

➡ 问591 怎样判断电子管极间短路？——万用表法

答 用万用表的高阻挡接在电子管相邻电极的引脚上来检测：阳极与栅极、阳极与栅极、栅极与阴极间等。检测时，电子管需要轻度地转动、敲击。如果没有极间短路碰极现象，则用万用表检测时指针不动，即为无穷大。如果电子管转动到某一位置时，万用表指示的电阻值为0Ω，则说明该电子管在该位置发生了极间短路碰极现象。

说明：上述方法主要用于检测电子管受到振动引起的碰极现象。

➡ 问592 怎样判断电子管极间短路？——电路法

答 ① 根据图1-10-1所示电路连接好。

电路中，R为100kΩ限流电阻；S为换接开关；D为0.25W氖泡。

② 检测时，把电子管的灯丝点燃加热，通过换接开关转换，可以把110V的交流电压加在电子管任何一个电极或并联在一起的所有其他极间。正常情况下，氖泡中只有单方向的电流通过，因此，氖泡只有半边发光。如果电极间发生短路现象，则电子管失去整流作用，氖泡会两个半边均发光。如果氖泡闪烁不停地发光，则说明该电子管电极间存在严重漏电。

说明：上述方法主要用于检测电子管工作在热态时发生，冷却后碰极现象随之消失的碰极现象。

➡ 问593 怎样判断电子管阴极发射能力？——比较法

答 ① 比较法检测电路如图1-10-2所示。

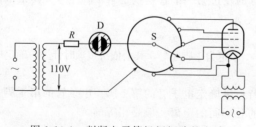

图1-10-1 判断电子管极间短路的电路

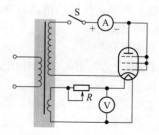

图1-10-2 比较法检测电路

② 比较法检测的电路中，把电子管阴极以外的所有电极全部并联在一起，与阴极间组成为一个二极管。在灯丝上接入电压，调节电阻 R 使电压表的指示数值为电子管的额定灯丝电压。然后按下检测开关 S，这样串接在电路中的毫安表 A 会显示出整流电流的平均值。再调节电阻 R，使灯丝电压降低 10%，这时毫安表 A 中的直流电流会减小一些。如果毫安表 A 上检测得到的读数大，并且降低 10% 的灯丝电压，阴极发射电流也不会降低太多，则说明该检测的电子管效率良好。如果毫安表 A 上检测得到的读数小，并且降低 10% 的灯丝电压，阴极发射电流也会降得很多，则说明该检测的电子管效率不良。

③ 把已知的效率良好的电子管，经过检测电路检测得出的数值与被检测的电子管经过检测电路检测得出的数值进行比较，根据比较结果可以大致判断出电子管阴极发射能力的大小。

说明：简单的比较法可以采用标准的灯丝电压点燃灯丝，然后把屏极、栅极短接，再把万用表调到 50A，或 1mA 挡进行检测，并且红表笔接电子管的阴极，黑表笔接电子管的屏栅极。万用表指示的电流数值，表示该电子管的阴极热发射能力的大小。

→ 问 594 怎样判断电子管极间漏电？ ——交流法

答 ① 判断电子管极间漏电的检测电路如图 1-10-3 所示。

电路中，A 为电流表，一般采用 0～1mA 直流电流挡。

② 检测时，按下检测开关 S，如果电子管阴极与灯丝间不存在漏电，则不会有阳极电流产生，也就是电流表上没有指示电流。电流表上的读数越大，则说明该电子管漏电流越严重。

说明：检测电路是采用交流供电，因此也称为交流法。

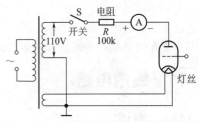

图 1-10-3 电子管极间漏电的检测电路

旁热式电子管的阴极与灯丝碰在一起，时间长了，灯丝上氧化铝绝缘涂层的绝缘性能会降低，从而使阴极与灯丝间产生漏电流，引起交流声。

→ 问 595 怎样判断电子管灯丝断路？ ——万用表法

答 如果用万用表检测电子管灯丝得到的电阻为 0Ω，则说明电子管灯丝没有断路。如果用万用表检测电子管灯丝得到的阻值为无穷大，则说明电子管灯丝已经烧断，或者灯丝与管脚间已经脱焊。

→ 问 596 怎样判断电压放大级电子管是否衰老？ ——万用表法

答 扩音机等一些设备作电压放大级用的电子管，一般是工作在甲类放大状态。电源电压稳定，阳极电流会随信号呈线性变化，如果这时用万用表的直流电压挡检测电子管的阳极电压，无信号输入时检测出一个值，然后检测有信号输入时阳极电压值。如果阳极电压在上述两种状态下均保持不变，则说明该电子管没有衰老。如果阳极电压存在变化，则说明该电子管已经衰老。

→ 问 597 怎样判断功率放大级电子管是否衰老？ ——万用表法

答 一些推挽功率放大初级绕组两半边阻值相等，推挽两管的电路条件相同，静态时电子管的阳极电流分别通过两初级绕组产生的压降也相等。如果两电子管衰老，则两绕组电压降也同时减小，减小的量越大，则说明该电子管衰老越严重。如果两绕组压降不平衡，则说明压降小的一边的电子管衰老较严重。

说明：一些功率放大级电子管是采用双臂推挽放大，工作在甲乙类或乙类状态，电子管阳极电流不会随信号呈线性变化，因此，一般不能采用电极电流来判断。

→ 问 598 怎样判断功率放大级电子管是否衰老？ ——观察法

答 在较暗的环境下，观察功率电子管紫蓝光的闪动情况：工作时，正常电子管的紫蓝光会随着信号的变化而闪动；如果是衰老的电子管，则紫蓝光闪动得比较微弱。

问 599 怎样判断电子管是否衰老？——检测阴极发射能力法

答 给电子管只接通灯丝电压，并且预热 2min。把万用表调到 $R×100$ 挡，正表笔接阴极 K，负表笔接栅极 G，也就是相当于给电子管加上 1.5V 的正栅偏压，这样阴极发射的电子被栅极吸收，并且形成栅流，会引起万用表表针的偏转，一般偏转角度越大，说明阴极发射电子的能力越强。

说明：另外，也可以直接读出栅流值（即阴极电流 I_K）来判断电子管是否衰老。

问 600 怎样判断电子管的寿命？——阴极材料法

答 敷钡阴极——发射电子性能稳定，工作效率较高，为 $60\sim120\mathrm{mA/W}$，工作寿命一般为 $1200\sim1500\mathrm{h}$。

氧化物阴极——发射电子性能稳定性欠佳，工作效率较高，为 $60\sim100\mathrm{mA/W}$，工作寿命一般为 $1500\sim2000\mathrm{h}$。

钨丝阴极——发射电子性能稳定，工作效率较低，为 $4\sim8\mathrm{mA/W}$，工作寿命一般为 $800\sim1000\mathrm{h}$。

敷钍钨阴极——发射电子性能稳定，工作效率较高，为 $30\sim50\mathrm{mA/W}$，工作寿命一般为 $800\sim1000\mathrm{h}$。

说明：上面电子管的工作寿命一般是指连续正常发射电子的寿命。超过正常发射电子的电子管不等于寿命终结，而是进入衰老时期。电子管的衰老过程一般比较缓慢。

1.11 集成电路

1.11.1 概述

问 601 怎样判断门电路的功能是否正常？——真值表法

答 ① 根据门电路的功能，以及输入与输出的特点，列出真值表来判断。

② 根据真值表的输入电平，看它的输出是否符合真值表。

③ 所有真值表的输入状态时，它的输出都符合真值表，则说明该门电路的功能是正常的。否则，说明该门电路功能异常。

问 602 怎样检测组合逻辑电路是否正常？——功能判断法

答 组合逻辑电路出现故障时，一般反映在电位出现逻辑错误上。有时，电位的大小比较模糊，需要根据电路的逻辑功能做进一步判断。

当与非门输出端与外电路隔离后，仍然出现输入端、输出端同时均为 1 电位的现象，则说明该与非门可能损坏。

组合电路的输入端、输出端较多，需要观察电路的输出结果，以及检测各个输入端的逻辑状态综合进行判断。

分析清楚逻辑功能后，可以根据故障现象与检测集成电路引脚电位，来区分故障在集成电路内部还是集成电路外围电路。

举例：分析判断 CD4511 组成 LED 数码管驱动电路是否正常？

CD4511 组成 LED 数码管驱动电路如图 1-11-1 所示，真值表如表 1-11-1。

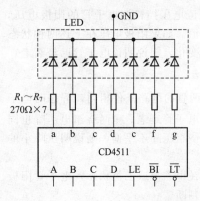

图 1-11-1　CD4511 组成 LED 数码管驱动电路

表 1-11-1　CD4511 真值表

输入							输出							显示
LE	$\overline{BI}$	$\overline{LT}$	D	C	B	A	a	b	c	d	e	f	g	
X	X	0	X	X	X	X	1	1	1	1	1	1	1	8
X	0	1	X	X	X	X	0	0	0	0	0	0	0	
0	1	1	0	0	0	0	1	1	1	1	1	1	0	0
0	1	1	0	0	0	1	0	1	1	0	0	0	0	1
0	1	1	0	0	1	0	1	1	0	1	1	0	1	2
0	1	1	0	0	1	1	1	1	1	1	0	0	1	3
0	1	1	0	1	0	0	0	1	1	0	0	1	1	4
0	1	1	0	1	0	1	1	0	1	1	0	1	1	5
0	1	1	0	1	1	0	0	0	1	1	1	1	1	6
0	1	1	0	1	1	1	1	1	1	0	0	0	0	7
0	1	1	1	0	0	0	1	1	1	1	1	1	1	8
0	1	1	1	0	0	1	1	1	1	1	0	1	1	9
0	1	1	1	0	1	0	0	0	0	0	0	0	0	
0	1	1	1	0	1	1	0	0	0	0	0	0	0	
0	1	1	1	1	0	0	0	0	0	0	0	0	0	
0	1	1	1	1	0	1	0	0	0	0	0	0	0	
0	1	1	1	1	1	0	0	0	0	0	0	0	0	
0	1	1	1	1	1	1	0	0	0	0	0	0	0	
1	1	1	X	X	X	X	—							

根据功能判断法分析如下：

① 正常情况下，无论输入端为何种状态，LED 数码管只会出现 0～9 这 10 个数字符号与全灭共 11 种状态，不会显示 0～9 数字以外的任何符号；

② 当 CD4511 试灯端 LT 有效时（也就是为 0 电位时），无论其他引脚处于什么状态（电位），LED 数码管均应该当显示∞；

③ 当 CD4511 保持端（LE）有效时（也就是为 1 电位时），LED 数码管保持原显示数字不变；

④ 当 CD4511 灭灯端 BI 有效时（也就是为 0 电位时），无论 LT 端、数据输入端处于什么状态，LED 数码管应该没有显示。

如果 LED 数码管显示异常，则需要根据 CD4511 的真值表来判断是否是 CD4511 损坏引起的。

→ **问 603** 怎样识别国产集成电路的型号？——命名规律法

答 国产集成电路的命名规律一般由五部分组成，具体的特点如下：

第一部分——用字母 C 表示该集成电路为中国制造，符合国家标准；

第二部分——用字母表示集成电路的类型；

第三部分——用数字或数字与字母混合表示集成电路的系列和品种代号；

第四部分——用字母表示电路的工作温度范围；

第五部分——用字母表示集成电路的封装形式。

具体的国产集成电路的命名规律见表 1-11-2。

表 1-11-2 国产集成电路的命名规律

第一部分：国际		第二部分：电路类型		第三部分：电路系列和代号	第四部分：温度范围		第五部分：封装形式	
字母	含义	字母	含义		字母	含义	字母	含义
C	中国制造	B	非线性电路	用数字或数字与字母混合表示集成电路系列和代号	C	0~70℃	B	塑料扁平
		C	CMOS 电路				C	陶瓷芯片载体封装
		D	音响、电视电路		G	−25~70℃	D	多层陶瓷双列直插
		E	ECL 电路				E	塑料芯片载体封装
		F	线性放大器					
		H	HTL 电路		L	−25~85℃	F	多层陶瓷扁平
		J	接口电路				G	网络阵列封装
		M	存储器		E	−40~85℃	H	黑瓷扁平
		W	稳压器				J	黑瓷双列直插封装
		T	TTL 电路					
		μ	微型机电路		R	−55~85℃	K	金属菱形封装
		AD	A/D 转换器				P	塑料双列直插封装
		D/A	D/A 转换器					
		SC	通信专用电路		M	−55~125℃	S	塑料单列直插封装
		SS	敏感电路				T	金属圆形封装
		SW	钟表电路					

→ 问 604 怎样识别 ENE 集成电路的标注？——图解法

答 ENE 集成电路的标注，如图 1-11-2 所示。

ENE表示台湾ENE公司的LOGO。几乎每个集成电路厂商都有

表示芯片的具体型号信息
表示元件的子型号，侧重于生产批次
A表示的是集成电路某个晶圆封装厂代码。
0641表示该集成电路的封装日期为2006年第41周

图 1-11-2 图解法判断 ENE 集成电路的标注的图

→ 问 605 怎样识别集成电路的厂家？——前缀法

答 集成电路前缀与其生产厂家对照见表 1-11-3。

表 1-11-3 集成电路前缀与其生产厂家对照

集成电路前缀	生产厂家	举例
AC	美国德克萨斯仪器公司	AC5944
AD	美国模拟器件公司	AD7118
AN	日本松下电器公司	AN5132、AN7081K

集成电路前缀	生产厂家	举例
AY	美国通用仪器公司	AY3-8118
BA	日本罗姆公司	BA328、BA6227
BX	日本索尼公司	BX1303
CA	荷兰菲利浦公司	CA3046
CD	中国华晶公司	CD331CS
CD	美国仙童公司	CD74N00
CX	日本索尼公司	CX20023
CXA	日本索尼公司	CXA1019
D	中国华越公司	D2822M
EF	法国汤姆逊半导体公司	FF4443
FCM	美国仙童公司	FCM7040
HA	日本日立公司	HA12413、HA1361
HD	日本日立公司	HD74LS02
HEF	荷兰菲利浦公司	HEF4001
KA	韩国三星电子公司	KA2101、KA22136
KC	日本索尼公司	KC583
KDA	韩国三星电子公司	KDA0313
KIA	韩国电气公司	KIA6041P/F
KM	韩国三星电子公司	KM7245P
KS	韩国三星电子公司	KS5806
LA	日本三洋电气公司	LA4102、LA4581M
LAG	日本米兹米公司	LAG665
LC	日本三洋电气公司	LC4001B
LF	荷兰菲利浦公司	LF198
LF	美国国家半导体公司	LF357T
LH	美国国家半导体公司	LH2108A
LM	美国国家半导体公司	LM831、LM1800A
LM	日本三洋电气公司	LM8523
LM	美国仙童公司	LM1014A
M	日本三菱公司	M51503L
M	日本三菱电机公司	M51393P
MM	美国国家半导体公司	MM5430
MN	日本松下电器公司	MN3207
NJM	新日本无线公司	NJM2073
SA	荷兰菲利浦公司	SA532
SAA	荷兰菲利浦公司	SAA1045
SAA	美国通用仪器公司	SAA1025-01

集成电路前缀	生产厂家	举例
SAS	日本日立公司	SAS560
SAS	德国德律风根公司	SAS6600
SAS	德国西门子公司	SAS5800
SDA	德国西门子公司	SDA5680
SE	荷兰菲利浦公司	SE5560
SG	美国摩托罗拉半导体产品公司	SG3524
SG	荷兰菲利浦公司	SG2524G
SH	美国仙童公司	SH741
SI	日本三肯电子公司	SI-1030
STK	日本三洋电气公司	STK040A
STR	日本三肯电子公司	STR4090A
T	日本东芝公司	T1400
T	美国通用仪器公司	T1102
TA	日本东芝公司	TA8106P/F、TA7628
TBA	日本日立公司	TBA810
TBA	日本电气公司	TBA810S
TBA	德 ITT 半导体公司	TBA940
TDA	欧洲电子联盟	TDA7273
ULN	美国史普拉格公司	ULN3839A
uPc	日本电气公司	uPc1218H

→ 问 606　怎样识别美光显存的型号？——命名规律法

答　美光显存的型号命名规律如下：

$$MT\ 48LC8M8A2\ TG\text{-}75$$

MT——表示 Micron 的厂商名称；

48——表示内存的类型，其中 48 代表 SDRAM，46 代表 DDR；

LC——表示供电电压，其中 LC 代表 3V，C 代表 5V，V 代表 2.5V；

8M8——表示内存颗粒容量为 8M；

A2——表示内存内核版本号；

TG——表示封装方式，其中 TG 为 TSOP 封装；

75——表示内存工作速率，其中 75 为 133MHz，65 为 150MHz。

→ 问 607　怎样识别 Infineon（亿恒）内存的型号？——命名规律法

答　亿恒内存的型号命名规律如下：

$$HYB25D128323C\text{-}3.3$$

HYB——表示内存编号的开头；

25——表示时间（周）；

D——表示类型，其中 D 代表 DDR 颗粒，S 代表 SDR 颗粒；

128——表示容量，其中 128 代表单颗容量为 $128/8=16M$；

32——表示位宽，其中 32 表示位宽 32bit；

3.3——表示速度，其中 3.3 代表颗粒的速度。

→ 问 608 怎样识别 Samsung（三星）内存的型号？——命名规律法

答 Samsung（三星）内存的型号命名规律如下：

$$K 4 XXXXXXXX - XXXX$$

第 1 位——表示芯片功能，其中 K 代表内存芯片；

第 2 位——表示芯片类型，其中 4 代表 DRAM；

第 3 位——表示更进一步的类型说明，其中 S 代表 SDRAM，D 代表 DDR，G 代表 SGRAM；

第 4、5 位——表示容量，容量相同的颗粒采用不同的刷新速率，也会使用不同的编号，其中：64、62、63、65、66、67、6A 代表 8Mbit 的容量，28、27、2A 代表 16Mbit 的容量，56、55、57、5A 代表 32Mbit 的容量，51 代表 64Mbit 的容量；

第 6、7 位——表示颗粒位宽，其中 16 代表 16 位，32 代表 32 位，64 代表 64 位；

第 11 位——短画线，没有实际意义；

第 12、13 位——表示速度；

第 14、15 位——表示速率数据。

→ 问 609 怎样识别其他内存的型号？——命名规律法

答 其他内存型号命名规律见表 1-11-4。

表 1-11-4　其他内存型号的命名规律

厂家	举例型号	解说
EtronTech（钰创科技）	EM648160TS- 4.5	EM 表示 EtronTech(钰创)的显存； 第 3、4 两位表示容量，其中 64 表示为 64/8＝8MB； 第 6、7 两位表示数据带宽，其中 16 表示为 16bit； 第 9 位表示工作电压，T 表示为 2.5V； 第 10 位表示种类，S 表示为 DDR SDRAM； 第 11、12 位表示显存的速度，4.5 表示为 4.5ns，额定工作频率为 230MHz
Hynix（现代）	HY5DV641622AT-36	第 4 位字母表示类型，其中 D 表示为 DDR； 第 6、7 两位表示容量，其中 64 表示 64/8＝8MB； 第 14、15 两位表示速度，其中 36 表示为 3.6ns
Hynix（现代）	HY57V641620HG T-6	第 6、7 两位表示显存单颗粒，其中 64 表示为 64/8＝8MB； 第 8、9 两位表示显存位宽，其中 16 为 16bit； 第 14、15 两位表示速度，其中 T-6 表示速度为 6ns
MOSEL（台湾茂矽）	V54C365164VDT45	第 6、7 为表示单颗粒的容量，其中 65 表示为 64/8＝8MB； 第 8、9 位表示单颗粒的位宽，其中 16 表示为 16bit； 第 13、14、15 位表示颗粒的速度，其中 T45 表示为 4.5ns
NANYA（南亚科技）	NT5SV8M16CT-7K	第 4 位字母表示类型，其中 S 表示为 SDRAM 显存； 第 6、7 位表示单颗粒容量，其中 8M 表示为 8M； 第 8、9 位表示单颗粒位宽，其中 16 表示单颗粒位宽 16bit； 第 12、13 位表示颗粒速度，其中 7K 表示为 7ns。
winbond（华邦）	W946432AD-5H	第 1 位 W 为台湾华邦显存颗粒开头标志； 第 4、5 为表示单颗粒显存，其中 64 表示为 64/8＝8Mb； 第 6、7 位表示单颗粒位宽，其中 32 表示为 32 位； 第 9 位表示类型，其中 D 表示 DDR 颗粒； 第 11、12 位表示颗粒速度，其中 5H 表示为 5ns

→ 问 610 怎样判断基本逻辑门的种类？——符号法

答 不同的基本逻辑门具有不同的表示符号。

① 集成电路的表示符号有图形符号、文字符号、标注等，见表 1-11-5。

表 1-11-5　基本逻辑门种类的符号

逻辑符号	逻辑功能	真值表	逻辑符号	逻辑功能	真值表
A—[&]—Y B	与 $Y=AB$	A B | Y 0 0 | 0 0 1 | 0 1 0 | 0 1 1 | 1	A—[≥1]—Y B	或非 $Y=\overline{A+B}$	A B | Y 0 0 | 1 0 1 | 0 1 0 | 0 1 1 | 0
A—[&]o—Y B	与非 $Y=\overline{AB}$	A B | Y 0 0 | 1 0 1 | 1 1 0 | 1 1 1 | 1	A—[1]o—Y	非 $Y=\overline{A}$	A | Y 0 | 1 1 | 0
A—[≥1]—Y B	或 $Y=A+B$	A B | Y 0 0 | 0 0 1 | 1 1 0 | 1 1 1 | 1	A—[=1]—Y B	异或 $Y=A\oplus B$	A B | Y 0 0 | 0 0 1 | 1 1 0 | 1 1 1 | 0

② 电路中，集成电路的文字符号一般为 IC、U、N。如果同一块集成电路封装内有多个电路，则在 IC 或者 U、N 后面分别加上数字或字母加以区分。例如：IC1-1、IC1-2 等，或者 IC2-A、IC2-B 等，U1-1、U1-2 等。

③ 集成电路的图形符号主要由外形框、定性符号、输入端引线、输出端引线等构成。

④ 集成电路符号的外形框一般是一个矩形框。集成电路的定性符号一般标在外形框内部，说明该逻辑单元的逻辑功能。

⑤ 基本逻辑门的定性符号如下：

a. 定性符号 1 表示只有输入呈现 1 状态，输出才呈现 0 状态；

b. 定性符号 & 表示与逻辑，也就是只有所有的输入呈现 1 状态，输出才会呈现 1 状态；

c. 定性符号 ≥1 表示或逻辑，也就是只要有 1 个或者 1 个以上的输入呈现 1 状态，输出就呈现 1 状态。

⑥ 一些集成电路的输入端、输出端功能用英文符号直接注明。

⑦ 输入端引线、输出端引线一般均匀分布在图形符号外形框的相对两侧。

⑧ 在输出端引线前靠近矩形框的位置画上一个小圆圈表示是反相输出。

→ 问 611 怎样判断集成电路的引脚？——观察法

答 （1）双列直插式集成电路

从双列直插式集成电路的顶面观察，也就是把集成电路的引脚朝下，把集成电路的引脚识别标记朝向左边，这样左下边第 1 脚就是集成电路的第 1 脚，然后按逆时针方向依次为第 2 脚、第 3 脚、第 4 脚等，如图 1-11-3 所示。

引脚在两侧分布的 DIP 与 SO 封装的集成电路，有的用丝印或激光在上方打一条横线来表示第 1 脚。

（2）半圆形或小方形缺口的集成电路

面对有半圆形或小方形缺口的集成电路型号标志面，把缺口向左，则缺口下方为第 1 脚，然后按逆时针方向由左向右依次为第 2 脚、第 3 脚、第 4 脚等。

（3）凹坑、色点、金属片的集成电路

面对有凹坑、色点、金属片的集成电路型号标志面，把凹坑、色点、金属片标志放在左下方，根据标志下方为第1脚，然后按逆时针由左往右数，依次为第2脚、第3脚、第4脚等，如图1-11-4所示。

图 1-11-3　双列直插式集成电路

第一脚旁边的本体上用丝印打点或直接在注塑时压个凹坑

图 1-11-4　凹坑

（4）斜面、切角的集成电路

有的集成电路的一角或散热片上有一斜面切角。判断时，面对集成电路的型号标志面，把斜面或切角放在左上方，则斜面、切角端的下方为第1脚，由左往右逆时针依次为第2脚、第3脚、第4脚等。

（5）无识别标志的集成电路

把集成电路型号面对着自己，正视型号标志，由左往右逆时针依次为第1脚、第2脚、第3脚、第4脚等。

（6）注意反向标志R

有的集成电路不是由左往右逆时针计数，而是相反的，则在型号末尾往往标有字母R。

（7）双列直插式扁平塑料封装的集成电路

有的双列直插式扁平塑料封装的集成电路有凹槽或印迹，则表示该标志引脚下的起始位置。也就是凹槽左侧邻近的引脚为该集成电路的第1脚，按逆时针判断第2脚、第3脚、第4脚等。

（8）直贴式集成电路

直贴式集成电路的1脚处有的有圆点标示，从标示逆时针确定第2脚、第3脚、第4脚等。

→ **问 612** 怎样判断集成电路的引脚？——图解法

答　集成电路的引脚见表1-11-6。

表 1-11-6　功能集成电路的引脚判断

名称	图例
主控集成电路	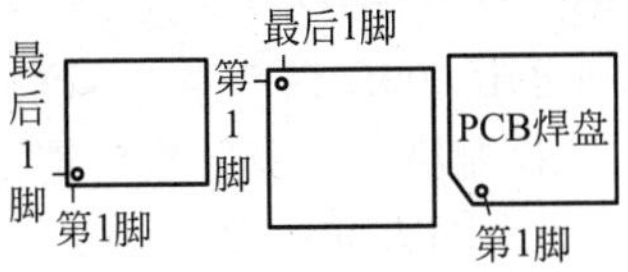 最后1脚　第1脚　　最后1脚　　PCB焊盘　　第1脚
FLASH	 第1脚　　最后1脚　　PCB焊盘
收音模块	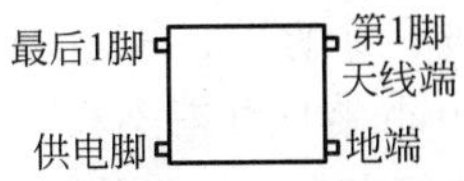 最后1脚　第1脚天线端　供电脚　地端
升压集成电路	 最后1脚　PCB焊盘　第1脚

名称	图例	
双列集成电路	一些集成电路在第一脚的起始边的本体上切一条斜边来表示。这类集成电路在线路板上的符号一般采用顶部带缺口的图形标示,如右图所示	
QFP 封装	QFP 封装的集成电路一般采用在第一脚所对应的本体上采用凹点、丝印圆点,或根据型号丝印来判断方向。有的 QFP 封装的集成电路采用切掉一个角的方法表示第 1 脚,然后按逆时针方向为其他脚。 有时一个 QFP 封装的集成电路上会出现 3 个凹坑,则没有凹坑的一个角对应芯片的右下方,如右图所示	
PLCC 封装	PLCC 封装的集成电路由于本体比较大,一般直接在第 1 脚开始处用凹坑来表示。有的 PLCC 封装的集成电路对芯片左上方做切角处理,如右图所示	
BGA 封装	BGA 封装的集成电路除了采用直接用左下角的镀金铜箔表示第一脚外,有的还采用缺角、凹点,以及丝印圆点的方式来表示第 1 脚的方向。对应线路板上的图形如右图所示(对第 1 脚采用加注丝印圆点和缺角处理)	

说明:三端稳压集成电路一般无引脚标志。

→ 问 613 怎样检测 Top-Switch 器件的好坏? ——数字万用表二极管挡法

答 把数字万用表调到二极管挡,红表笔接 Top-Switch 器件的源极,黑表笔分别接 Top-Switch 器件的控制极与漏极。好的 Top-Switch 器件,数字万用表所显示的数字与该表检测一个正偏硅二极管（例如 1N4007）所显示的数字差不多。再用黑表笔接 Top-Switch 器件的源极,红表笔分别接 Top-Switch 器件的控制极与漏极,好的 Top-Switoh 器件,数字万用表所显示的数字与该表测量一个反偏硅二极管的显示差不多。否则,说明被检测的 Top-SWitch 器件已经损坏。

→ 问 614 怎样检测 Top-Switch 器件的好坏? ——数字万用表电阻挡法

答 把数字万用表调到电阻 200Ω 挡或者 $20k\Omega$ 挡,红表笔接 Top-Switch 器件的源极,黑表笔分别接 Top-Switch 器件的控制极与漏极;然后把黑表笔接 Top-Switch 器件的源极,红表笔分别接 Top-Switch 器件的控制极与漏极,数字万用表显示的数字均应为无穷大。也就是说,Top-Switch 器件的源极与控制极、漏极间的直流电阻均在 $100k\Omega$ 以上,否则说明该被检测的 Top-Switch 器件已经损坏。

→ 问 615 怎样检测 Top-Switch 器件的性能? ——指针万用表法

答 把指针万用表调到 $R \times 1$ 电阻挡,黑表笔接 Top-Switch 器件的源极,红表笔分别接 Top-Switch 器件的控制极与漏极。好的 Top-Switch 器件,所检测得到的直流电阻均为 15Ω 左右。否则,则说明被检测的 Top-Switch 器件性能不良。

→ 问 616 怎样检测集成电路的好坏? ——数字万用表法

答 把数字万用表调到二极管挡,红表笔接集成电路的地端,黑表笔接集成电路其他检测端,正常情况下,数字万用表所显示的数字与检测二极管正偏时所显示的数字差不多（多数在 $500\sim750\Omega$ 间）。然后把黑表笔接地端,红表笔接集成电路其他检测端,正常情况下,数字万用表所显示的数字大于前一次检测所显示的数据，或者为无穷大（多数显示在1kΩ以上）。如果该被检测的集成电路各引脚与地端的检测数据不满足上述检测特点，则说明被检测的集成电路可能损坏了。

→ 问 617 怎样检测集成电路的好坏？——X射线透视法

答 在不破坏芯片的情况下，利用X射线透视元器件（多方向及角度可选），检测元器件的封装情况，如气泡、绑定线异常，晶粒尺寸，支架方向等，如图1-11-5所示。如果发现异常，则可以判断该集成电路损坏了。

图 1-11-5　X射线透视
集成电路

→ 问 618 怎样检测集成电路是否是正品？——外观检查法

答 外观测试是指确认收到的芯片数量、内包装、湿度指示、干燥剂要求、适当的外包装。其次对单个芯片进行外观检测，主要包括芯片的打字、年份、原产国、是否重新涂层、管脚的状态、是否存在重新打磨痕迹、是否存在不明残留物、厂家logo的位置异常等情况，从而判断集成电路是否属于正品。

→ 问 619 怎样检测集成电路是否是次品？——加热化学测试法

答 将芯片放入特殊的化学试剂加热到一定的温度，通过该测试找出集成电路表面是否有磨痕，裂痕，缺口，是否有重新涂层、打字等异常现象，从而达到能够判断的目的。

→ 问 620 怎样判断集成电路的好坏？——目测法

答 其主要检修功底是要找出哪些外表是损坏的。正常的集成电路外表是：字迹清晰、物质无损、表面光滑、引脚无锈等。损坏的集成电路外表是：表面开裂，有裂纹或划痕，表面有小孔、缺角、缺块、板面断线、烧断、起泡、插口锈蚀等。

→ 问 621 怎样判断集成电路的好坏？——感觉法

答 感觉法就是通过人的感觉判断集成电路是否正常。这里的感觉主要有触觉、听觉、嗅觉。感觉法包括集成电路表面温度是否过热，散热片是否过烫，是否松动，是否发出异常的声音，是否产生异常的味道。触觉主要靠手去摸，感知温度，靠手去摇，感知稳度。感知温度是根据电流的热效应判断集成电路发热是否不正常，即过热。集成电路正常在−30～85℃之间，而且安装一般远离热源。影响集成电路温度的因素有工作环境温度、工作时间、芯片面积、集成电路电路结构、存储温度，带散热片的与散热片材料、面积有关。过热往往从温度的三个方面去考虑：温升的速度，温度的持久，温度的峰值。

→ 问 622 怎样判断集成电路的好坏？——电阻检测法

答 电阻检测法是通过测量集成电路各引脚对地正反直流电阻值，和正常参考数值比较，以此来而判断集成电路好坏的一种方法。此方法分为在线电阻检测法和非在线电阻检测法两种。

（1）在线电阻检测法

是指集成电路与外围元器件保持相关电气连接的情况下所进行的直流电阻检测方法。它最大的优点就是无需把集成电路从电路板上焊下来。

（2）非在线电阻检测法

就是通过对裸集成电路的引脚之间的电阻值的测量，特别是对其他引脚跟其接地引脚之间的测量。最大的优点是外围元器件对测量的影响这一因素得以消除。

说明：集成电路没有装入电气电路板前的检测，一般采用万用表欧姆挡来进行，检测各引脚与对接地引脚间的阻值。

→ 问 623 怎样判断集成电路的好坏？——电流检测法

答 电流检测法是指通过测量集成电路各引脚的电流，其中以检测集成电路电源端的电流值为主的一种测量方法。因测量电流需要把测量仪器串联在电路上，所以应用不是很广泛。同时，测电流可以通过测电阻与电压，再利用欧姆定理进行计算得出电流值。

电流检测法中还有一种总电流测量法。该方法是通过检测集成电路电源进线的总电流，来判断集成电路好坏的一种方法。该方法是利用集成电路内部绝大多数为直接耦合，集成电路损坏时一般会引起后级饱和与截止，从而使总电流发生变化。另外，也可以通过检测电源通路中电阻的电压降，然后利用欧姆定律来计算总电流值。

→ 问 624 怎样判断集成电路的好坏？——信号注入法

答 信号注入法是指通过给集成电路引脚注入测试信号（包括干扰信号），进而通过电压、电流、波形等反映来判断故障的一种方法。此方法关键之一，就是用合适的信号源。信号源可以分为专用信号源和非专用信号源。对维修人员来说，非专用信号源实用性强些。非专用信号源可以采用万用表信号源和人体信号源。

→ 问 625 怎样判断集成电路的好坏？——加热和冷却法

答 加热法是怀疑集成电路由于热稳定性变差，在正常工作不久时其温度明显异常，但是又没有十足把握，这时用温度高的物体对其辐射加热，使其出现明显的故障，从而判断集成电路是否损坏。加热的工具可以用电烙铁烤、用电吹风机（热吹风机）吹，烤和吹的时间不能太长，同时不要对每个集成电路都这样进行。另外，对所怀疑的集成电路如果加热了也不见故障出现，则应该考虑停止加热。

冷却法就是对集成电路的温度进行降温，使故障消失，从而判断所降温的集成电路损坏的一种检修方法。冷却的物质或工具可用95％的酒精、冷吹风机，不能够用水、油冷却。

→ 问 626 怎样判断集成电路的好坏？——升压或降压法

答 对所怀疑集成电路的电源电压数值的增加，就是升压法。升压法一般是故障（某各元件阻值变大）把集成电路的电源拉低才采用的一种方法，否则较少采用。而且升压也不能过高，应在集成电路电源允许范围内。对集成电路电源电压的数值减少，就是降压法。集成电路一般工作于低电压下，如果采用了低劣集成电路或其他原因引起集成电路工作电压过高以及引起集成电路自激，为消除故障，可以采用降压法。降压的方法一个是采用电源端串接电阻法、电源端串接二极管法，以及提高电源电压法。

提高电源电压法在实际的检修过程中较少采用，原因是这种方法无论是外接电源、还是改变集成电路电源线的引进路径，都比较费工费时。但不管是升压法还是降压法电压，都要在极限电压以内。

→ 问 627 怎样判断集成电路的好坏？——电压测量法

答 电压检测法就是通过检测集成电路的引脚电压值与有关参考值进行比较，从而得出集成电路是否有故障以及故障原因。但是，需要注意区别非故障性的电压误差。

电压检测法有两种数据：一种参考数据，一种检测数据。

检测集成电路各引脚的直流工作电压时，如果遇到个别引脚的电压（检测数据）与参考数据不符，不要急于判断该被检测的集成电路已经损坏，应该先排除以下一些因素后再确定：

① 参考数据是否可靠；

② 要区别所提供的参考数据的性质，因为一些集成电路的个别引脚电压会随注入信号的不同而明显变化；

③ 需要注意外围元件引起的集成电路引脚电压变化；

④ 要防止由于检测所造成的误差；

⑤ 需要注意不同电压挡上所检测得到的电压会有差别，尤其是采用大量程挡检测，读数偏差影响更明显；

⑥ 注意测试条件是否一致。

电压检测法检测集成电路也可以分为直流工作电压测量法与交流工作电压测量法。

直流工作电压测量法是在通电情况下，采用万用表直流电压挡对直流供电电压、外围元件的工作电压、集成电路各引脚对地直流电压值进行检测，然后把检测数值与正常值进行比较，从而判断集成电路是否异常（如果数值相差比较大，则说明所检测的集成电路异常）。检测直流工作电压需要注意以下几点：

① 万用表需要有足够大的内阻，至少要大于被测电路电阻的 10 倍以上；

② 一般把电路中的各电位器旋到中间位置；

③ 表笔或探头要采取防滑措施；

④ 需要明确集成电路引脚电压会受外围元器件影响；

⑤ 对于动态接收装置，在有无信号时，集成电路各引脚电压是不同的；

⑥ 对于多种工作方式的装置，在不同工作方式下，集成电路各引脚电压是不同的；

⑦ 当测得某一引脚电压与正常值不符时，需要根据该引脚电压对集成电路正常工作有无重要影响力以及其他引脚电压的相应变化进行分析，才能判断集成电路的好坏；

⑧ 如果集成电路各引脚电压正常，则一般认为该集成电路是好的，如果集成电路部分引脚电压异常，则需要从偏离正常值最大处入手，检查外围元件有无故障，如果无故障，则很可能是集成电路损坏。

集成电路交流工作电压的检测，可以选择带有 dB 插孔的万用表对集成电路的交流工作电压进行检测。检测时，万用表调到交流电压挡，然后正表笔插入 dB 插孔进行检测。但是，需要指出的是该方法适用于工作频率比较低的集成电路，例如电视机的视频放大级、场扫描电路等电路中的集成电路的检测。另外，该方法所检测的数据是近似值，所以仅供参考。

说明：对于没有 dB 插孔的万用表，需要在正表笔串接一只 $0.1 \sim 0.5 \mu F$ 隔直电容来检测。

→ 问 628 怎样判断集成电路的好坏？——通电检查法

答 对于明确已经损坏的集成电路应用电路板，有的可以稍微调高一点电压（例如有的可以调高 0.5V，具体视类型、机型不同），然后在开机后，在安全的情况下，用手搓电路板上的集成电路，让有问题的集成电路发热，从而判断出集成电路是否损坏。

→ 问 629 怎样判断集成电路的好坏？——逻辑笔检查法

答 对重点怀疑的集成电路的输入端、输出端、控制端进行信号有无、强弱的检查，从而判断出集成电路是否损坏。

→ 问 630 怎样判断集成电路的好坏？——震动敲击法

答 如果集成电路应用电器出现时好时坏的现象，则可能是焊点虚焊、接插件位置接触不良、集成电路稳定性差等原因造成的。因此，可以用小橡皮锤子轻轻敲击接插件、集成电路，如果电气故障现象恢复正常，则说明故障是插件、集成电路等异常引起的。

→ 问 631 怎样判断集成电路的好坏？——程序诊断法

答 利用一些专门的诊断程序或者软件，经过维修人员分析检测，发现集成电路是否有故障的一种判断方法。

→ 问 632 怎样判断集成电路的好坏？——隔离压缩法

答 根据故障现象与有关部件（集成电路）的关系，暂时将有关部件（包含集成电路）断开的办法来压缩判断故障的范围，最终查找出故障点，判断集成电路是否异常。

→ 问 633 怎样判断常用数字集成电路的好坏？——电源与地端二极管法

答 一些常用数字集成电路，为了保护输入端，以及工厂生产的需要，在每一个输入端分别对电源 V_{DD} 与地端 GND 反接了一个二极管。因此，可以采用万用表检测二极管的效应，正常情况下，电源 V_{DD} 与地端 GND 间的静态电阻为 $20k\Omega$ 以上。如果小于 $1k\Omega$，则说明该被检测的集成电路可能已经损坏了。

→ **问 634**　怎样判断集成电路的好坏？——替换法

答　用替换法来判断集成电路的好坏是比较高效的做法，就是用好的集成电路替换怀疑异常的集成电路，从而证明怀疑异常的集成电路是否真的损坏了。

集成电路代替检测前需要注意的一些事项如下：

① 要更换原机上的集成电路时，首先需要选择适合拆卸集成电路的方法；

② 选同型号的集成电路一般可以直接代替其型号，这样可不改变原机电路等情况；

③ 集成电路的供电电压与集成电路的电源电压的典型值需要相符合；

④ 集成电路各信号的输入、输出阻抗，需要与原电路相匹配；

⑤ 功率放大电路需要考虑散热片的安装；

⑥ 没有判断外围电路是否存在故障，以及没有确认原集成电路损坏前，不要轻易替换集成电路，以免新换上去的集成电路有可能再次报废；

⑦ 有的集成电路虽然型号中的大部分字符相同，但是其后缀不同，两者的引脚功能或引脚序号可能不同；

⑧ 有时可以采用试探性替换，或者利用专用集成电路插座，或用细导线临时连接，并且在电源回路中串联一只直流电流表，以便观察集成电路的总电流是否正常；

⑨ 连接好的集成电路，通电前需要做好检查，以免造成不必要的损坏。

替换法可以分为直接替换与非直接替换，它们的一些特点见表 1-11-7 和 1-11-8。

表 1-11-7　直接替换法

项目	解　说
概念特点	直接代换是指用其他集成电路不经任何改动而直接取代原来的集成电路，代换后不影响机器的主要性能与指标
代换原则	代换集成电路的功能、引脚用途、引脚序号、引脚间隔、性能指标、封装形式等几方面均需要相同。其中，集成电路的功能相同不仅指功能相同，还包括逻辑极性相同等。性能指标是指集成电路的主要电参数、主要特性曲线、频率范围、信号输入、最大耗散功率、最高工作电压、输出阻抗等参数需要与原集成电路相近。如果是功率小的代用件，则代换应用需要加大散热片
同一型号集成电路的代换	同一型号集成电路的代换需要安装可靠，注意方向不要搞错，引脚排列的方向要正确
不同型号的集成电路代换	①型号前缀字母相同、数字不同集成电路的代换。该种代换只要相互间的引脚功能完全相同，其内部电路与电参数稍有差异，也可以相互直接代换。 ②型号前缀字母不同、数字相同的集成电路代换。一般情况下，前缀字母是表示生产厂家与电路的类别，前缀字母后面的数字相同，大多数可以直接代换。但是也有少数，虽然数字相同，但是功能完全不同，则不能够代换。 ③型号前缀字母与数字都不同集成电路的代换。有的厂家引进没有封装的集成电路芯片，然后加工成按本厂命名的产品。还有的为了提高某些参数指标而改进产品。这些产品常用不同型号进行命名或用型号后缀加以区别，这些集成电路有的可以直接代换，有的则不能够直接代换

表 1-11-8　非直接替换法

项目	解　说
概念	非直接代换是指不能进行直接代换的集成电路，稍加修改外围电路，改变原引脚的排列或增减个别元件等，使之成为可代换的集成电路的方法
代换原则	代换所用的集成电路可与原来的集成电路引脚功能不同、外形不同，但集成电路的功能要相同，特性要相近，并且代换后不得影响原机性能

项目	解　说
不同封装集成电路的代换	相同类型的集成电路,但是封装外形不同,代换时只需要将新集成电路的引脚根据原集成电路引脚的形状与排列进行整形
电路功能相同但个别引脚功能不同集成电路的代换	代换时需要根据各个型号集成电路的具体参数与说明进行
类型相同但引脚功能不同集成电路的代换	该种代换需要改变外围电路、引脚排列,因此代换者需要一定的理论知识、实践经验等
有些空脚不应擅自接地	有的集成电路内部等效电路与应用电路中有的引出脚没有标明,遇到空的引出脚时,不得擅自接地,因为这些引出脚有的是备用脚,有的是内部连接用的
用分立元件代换集成电路	有的集成电路可以用分立元件代换集成电路中被损坏的部分,使其恢复功能
组合代换	组合代换就是把同一型号的多块集成电路内部没有受损的电路部分,重新组合成一块完整的集成电路,用以代替功能不良的集成电路的方法

→ 问 635 怎样判断在线集成电路的好坏？——示波器法

答 用示波器检测集成电路引脚的波形,与标准波形进行比较,从中发现问题,进而判断集成电路是否损坏。

说明：在线集成电路好坏判断常见的方法,还有用万用表欧姆挡检测集成电路的电阻、用万用表的直流电压挡检测集成电路各引脚对地的电压,还有替换法。

→ 问 636 怎样判断在线集成电路的好坏？——电阻法

答 把万用表调到欧姆挡,直接在线路板上检测集成电路各引脚,检测外围元件的正反向直流电阻值,然后把检测数值与正常数据进行比较,如果相差比较大,则说明该集成电路异常。

电阻法判断在线集成电路好坏时,需要注意：

① 检测前,需要断开电源,以免检测时损坏万用表、元件,造成人身伤害；

② 一般的集成电路检测,万用表电阻挡的内部电压不得大于 6V,量程一般选择 $R \times 100$ 或 $R \times 1k$ 挡；

③ 检测集成电路引脚参数时,需要注意检测条件、外围电路元件等对检测的影响；

④ 检测时,不要造成引脚间短路。

→ 问 637 怎样判断移动电源芯片技术的好坏？——7 点法

答 第 1 点,是否具有集成了锂电池充电集成电路的全部功能。

第 2 点,是否配置了多个 LED 驱动端口,以及智能地显示电池电量。

第 3 点,是否配备了全方位的可靠性保护设计。

第 4 点,电池电量显示以及升压电路是否可以通过手动开关灵活控制。

第 5 点,电池供电的情况下,关闭系统后的静态电流是否低于 $30\mu A$。

第 6 点,锂电池充电电路系统,是否具有 DC/DC 升压电路系统与电池电量显示功能系统。

第 7 点,电源适配器的情况下,芯片系统是否可以自动调整供给负载的电流与充电电流的大小,优先供给负载的特点。

→ 问 638 怎样检测三端集成稳压器的性能？——直流电源＋万用表法

答 根据图 1-11-6 所示连接好线路,也就是在三端稳压器的第 1、2 脚加上直流电压,即图中的可调直流电源 G 加入。使用时,注意输入电压 U_i 需要比稳压器的稳压值 U_o 至少高 2V,最高不得超过 35V。把万用表调到直流电压挡,再检测三端稳压器的第 3 脚与 2 脚间的电压值,

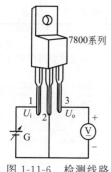

图 1-11-6　检测线路

则该电压就是稳压器的稳定电压。然后根据稳定电压与三端集成稳压器的标称电压进行比较，如果一致，则说明该三端集成稳压器性能良好。如果不一致，则说明该三端集成稳压器性能不良。

→ **问 639** 怎样判断三端集成稳压器的好坏？——外加电压检测法

答　三端集成稳压器又称为三端稳压块、三端稳压器，简称为三端稳压，外形如图 1-11-7 所示。三端稳压器品种很多：专用的集成稳压器、可调式三端稳压器、固定式三端稳压器、正电源三端稳压器、负电源三端稳压器。

不同厂家、不同稳压值、不同批号的三端固定稳压器各管脚间的电阻值差异较大，用万用表无法直接准确判断其好坏，比较简单的方法可以采用外加电压检测法。

从直流稳压电源上取出电源输入电压 U_i（一般电源输入电压 U_i 比 78×× 系列稳压器的稳压值高 3～5V），加到 78×× 稳压器的第 1、2 脚，然后把万用表调到直流电压相应挡，检测第 3、2 脚间的电压值。如果检测值与稳压值相同，则说明该三端稳压器是好的。如果检测值与稳压值不相同，则说明该三端稳压器是坏的。

图 1-11-7　三端稳压器

→ **问 640** 怎样判断三端集成稳压器的好坏？——电压检测法

答　把三端集成稳压器安装在应用设备上（应用电路板中），在安全许可的情况下通电检测三端集成稳压器的直流输出电压，然后把检测电压与标称电压（标准参考电压）比较，如果输出电压过高或过低，则说明三端集成稳压器已经损坏（即排除输入电压、滤波电容、负载电阻等正常情况下）。

→ **问 641** 怎样判断三端集成稳压器的好坏？——直流稳压电源检测法

答　直流稳压电源检测集成稳压器好坏的检测原理如图 1-11-8 所示。检测时，将直流稳压电源 GB 输出电压调到 ××＋5V（其中 ×× 表示集成稳压器的稳压值，79 系列为负电源，78 系列为正电源）。如果万用表 V 的指示为 ×× 电压值，则说明该集成稳压器是好的。如果万用表 V 的指示的不是 ×× 电压值，则说明该集成稳压器不良。如果差值太大，则说明该集成稳压器已经损坏。

→ **问 642** 怎样判断 78×× 三端集成稳压器的好坏？——电阻法

答　把万用表调到 R×1k 挡，检测 78×× 各管脚间的电阻值，再进行判断即可。具体见表 1-11-9。

表 1-11-9　检测 78×× 各管脚间的电阻值

黑表笔位置	红表笔位置	正常电阻值/kΩ	不正常电阻值
U_{IN} 输入端	GND	15～45	0 或 ∞
U_{OUT} 输出端	GND	4～12	0 或 ∞
GND	U_{IN} 输入端	4～6	0 或 ∞
GND	U_{OUT} 输出端	4～7	0 或 ∞
U_{IN} 输出端	U_{OUT} 输出端	30～50	0 或 ∞
U_{OUT} 输入端	U_{IN} 输入端	4.5～5.0	0 或 ∞

→问 643 怎样判断 78××三端集成稳压器的引脚？——图解法

答 78××三端集成稳压器的引脚如图 1-11-9 所示。78××三端集成稳压器的输入端与输出端不能反接，公共端一般接信号地。

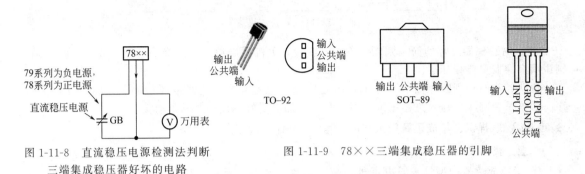

79系列为负电源，78系列为正电源

直流稳压电源

图 1-11-8　直流稳压电源检测法判断
三端集成稳压器好坏的电路

图 1-11-9　78××三端集成稳压器的引脚

说明：78××三端集成稳压器常见的封装形式有 TO-92、SOT-89、TO220 等。

→问 644 怎样判断 7805 三端集成稳压器的好坏？——万用表电阻法

答 使用万用表检测 7805 3 只引脚两两间的电阻，如果存在短路或者电阻小于 100kΩ，则说明该 7805 已经损坏或其外部电路异常。

→问 645 怎样判断 7805 三端集成稳压器的好坏？——万用表电压法

答 使用万用表在通电状态下检测输出端与地端间的直流电压是否为 5V±5%。如果超出 7805 上限电压，则说明该 7805 已经损坏。如果超出下限电压，且输入电压大于 11V，输入端与地端间的电阻大于 1kΩ，则说明该 7805 已经损坏。如果输入电压过大，则需要对输入电源进行检查。

→问 646 怎样判断贴片稳压器的好坏？——电平法

答 贴片稳压块用于电子产品的各种供电电路中，主要为电子产品正常工作提供稳定的、大小合适的电压。稳压块引脚分布如图 1-11-10 所示。判断这些具有控制端的贴片稳压器的好坏，可以通过检测控制端为高电平时（有的贴片稳压器是低电平）输出端是否有稳压输出来判断。高电平有效的，则控制端为高电平，输出端有稳压输出，则说明该贴片稳压器是好的；如果输出端没有稳压输出，则说明该贴片稳压器可能已经损坏了。低电平有效的，则控制端为低电平，输出端有稳压输出，则说明该贴片稳压器是好的；如果输出端没有稳压输出，则说明该贴片稳压器可能已经损坏了。

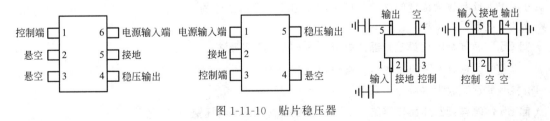

图 1-11-10　贴片稳压器

说明：贴片稳压器与复合三极管（图 1-11-11）在电路中的区分方法如下：贴片稳压器的输入端与输出端一般接有电容，并且贴片稳压器比复合三极管要厚一些。复合三极管周围小电容、小电阻较多。

→问 647 怎样判断变频器存储器的好坏？——参数法

答 变频器存储器的主要作用是把更改后的参数存储起来。变频器出厂参数值一般存储在

第 1 篇　基本元件

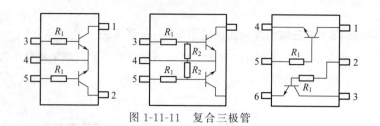

图 1-11-11　复合三极管

CPU 里。对存储器好坏的简单判断：参数改变后，关机再启动时，改变的参数又恢复到出厂值，则说明存储器可能损坏了。

说明：有时候判断存储器是好的，可是应用时总是异常。这时需要检测、判断存储器的程序、数据是否写入，写入是否正确。也就是说存储器的好坏还与其软件有关。

→ 问 648　怎样识别集成运算放大器的型号？——命名规律法

答　我国集成运算放大器的型号命名规律如下。

① 运算放大器的型号一般由字母与阿拉伯数字两部分组成。其中，字母放在首部，统一采用 CF 两个字母，C 表示符合国标，F 表示线性放大器；其后面的阿拉伯数字表示运算放大器的类型。

② 一些企标型号也是由字母与阿拉伯数字组成。不同生产厂字母部分不同，型号后面的数字部分无统一原则。凡是能够与国外同类产品直接互换使用的，一般阿拉伯数字序号大多采用国外同类产品型号中的数字序号。

说明：我国的集成运算放大器是以 F000 系列命名，国产的集成单运算放大器 CF741，部标型号为 F007，相当于国外生产的 A741、LM741、uPC741、CA741 等。

→ 问 649　怎样判断运算放大器是用作比较器还是用作放大器？——反馈电阻法

答　如果外接反馈电阻很大，例如几兆欧以上，则运算放大器是作为比较器用。如果外接反馈电阻小，例如为 0Ω～几十千欧，并且有电阻接在输出端与反向输入端间，则运算放大器是作为放大器用。

→ 问 650　怎样判断作放大器的运算放大器的好坏？——电压法

答　检测同向输入端与反向输入端电压，如果相等或者差别很小（即使有差别也是 mV 级的差别），说明运算放大器正常；如果差别较大（一般也不会超过 0.2V），说明运算放大器已损坏。

→ 问 651　怎样判断运算放大器的好坏？——万用表法

答　把万用表调到直流电压挡，并且测量运算放大器输出端与负电源端间的电压值（静态时电压值较高），用手持金属镊子依次点触运算放大器的两个输入端，也就是加入干扰信号，如果万用表表针有较大幅度的摆动，则说明该运算放大器是好的；如果万用表表针不动，则说明运算放大器可能已经损坏。

→ 问 652　怎样判断运算放大器的好坏？——端电压相等法

答　运算放大器的＋端与－端电压是相等的，即 $U_1=U_2$。如果检测 U_1 不等于 U_2，则说明所检测的运算放大器可能损坏了。

→ 问 653　怎样判断作比较器的运算放大器的好坏？——电压法

答　可以通过检测同相输入端、反相输入端的电压来判断。正常情况：同相电压＞反相电压，则输出电压接近正的最大值；同相电压＜反相电压，则输出电压接近 0V 或负的最大值。如果检测的电压不符合上述规则，说明运算放大器已经损坏。

→ 问 654　怎样判断比较器的好坏？——逻辑关系法

答　一个比较器当其＋端比－端电压高时，其输出端 OUT 为高电平；其＋端比－端电压低时，其输出端 OUT 为低电平。其输出为高电平时，其 U_o 一定要等于 V_{CC1}；当输出为低电平时，其 U_o 一定要等于 V_{CC2}。如果检测时与此不相符合，则说明所检测的比较器可能损坏了。

说明：当 V_{CC2} 接地时，要是输出电压为低电平，实际上测量有零点几伏或者更大的电压时，比较器不一定是损坏了。

→ 问 655 怎样判断集成运算放大器的好坏？——电阻法

答 使用万用表检测集成运算放大器有关引脚间的电阻，可以判断出引脚开路或短路。同时，也可以用相同型号的集成运算放大器的电阻进行比较，如果电阻差异较大，则说明该被测集成电路异常。

举例：用万用表 $R\times 1k$ 电阻挡检测 LM324 的 A1～A4 各运放引脚的电阻值，见表 1-11-10。

表 1-11-10　LM324 电阻值

红表棒	黑表棒	正常阻值/kΩ
V_{CC}	GND	4.5～6.5
GND	V_{CC}	16～17.5
V_{CC}	OUT	21
GND	OUT	59～65
IN+	V_{CC}	51
IN-	V_{CC}	56

LM324 内部结构如图 1-11-12 所示。

→ 问 656 怎样判断集成运算放大器的好坏？——交流放大法

答 交流放大法判断集成运算放大器的好坏如图 1-11-13 所示。

若取 R_f=510kΩ，R_1=5.1kΩ，则 A_v=-100。
输入信号取70mV时，其输出幅度应为7V左右，若无输出或输出幅度偏小，则说明运放损坏或者性能不好

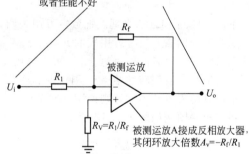

图 1-11-12　LM324 内部结构　　图 1-11-13　交流放大法判断集成运算放大器的好坏

→ 问 657 怎样判断集成运算放大器的好坏？——有无自激振荡法

答 把集成运算放大器接成一简单的跟随器电路，如图 1-11-14 所示。把万用表调到交流电压挡，万用表红表笔与一只电容串联后接在集成运算放大器的输出端上，用表的黑表笔接地，这时万用表检测的读数为零。如果万用表检测为较大读数，则说明该放大器出现了自激振荡。然后通过改进补偿网络，消除自激振荡，如果无法消除，则说明该放大器异常。

→ 问 658 怎样判断集成运算放大器的好坏？——放大系数为 P 环节法

答 把集成运算放大器接成一个放大系数为 1 的 P 环节，反向输入端接 1V 阶跃信号，检

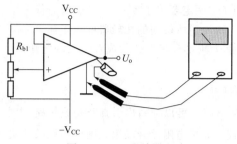

图 1-11-14　跟随器电路

测集成运算放大器输出端的电压值，正常情况下也为1V。如果集成运算放大器输出端的电压值输出不为1V，则说明该集成运算放大器异常。

→ **问 659**　怎样判断集成运算放大器的放大能力？——万用表＋螺丝刀法

答　把集成运算放大器接上合适的电压，把万用表调到一定的直流电压挡，输入端开路，输出端对负电源端的电压为一定放大倍数的电压。然后用螺丝刀触碰同相输入端、反相输入端，则万用表指针应具有较大的摆动，则说明该被测的运放的增益高；如果万用表指针摆动较小，则说明该被测的运放放大能力较差。

说明：判断集成运算放大器的放大能力也可以通过在电路中设置调节电位器，通过调节电位器，同时检测运算放大器输出端的直流电压的变化范围，来判断运算放大器的放大能力。

也可以采用手持金属镊子依次点触运算放大器的两个输入端（加入干扰信号），万用表直流电压挡检测输出端与负电源端间的电压值（静态时电压值较高，加入干扰信号时会较大幅度摆动）来判断。

→ **问 660**　怎样判断集成运算放大器的调零功能？——输出电压法

答　根据厂家规定接入调零电位器，将运算放大器的两输入端短路，调节电位器，输出电压正常情况下应有变化，并且能够达到0，否则，说明该运算放大器调零功能异常。

→ **问 661**　怎样判断光电耦合器的好坏？——数字万用表＋指针式万用表法

答　把数字万用表调到NPN挡，把光电耦合器内部的发光二极管的正极插入c极孔里，负极插入e极孔里。再把另一只指针式万用表调到 $R×1k$ 挡，黑表笔接光敏三极管的集电极，红表笔接发射极，并且利用万用表内部电池作为光敏二极管的电源。c-e极间电阻的变化，会使指针式万用表表针偏转。如果指针式万用表表针向右偏转角度大，则说明该光敏耦合器的光电转化效率高。如果指针式万用表指针不偏转，则说明该光电耦合器的引脚可能存在接触不良等异常情况。

举例：检测EL817光耦。把数字万用表调到NPN挡，把EL817光耦内部的二极管＋端1脚与－端2脚分别插入数字万用表的 h_{FE} 的c、e插孔内。再把EL817光耦内部的光电三极管c极5脚接在指针式万用表的黑表笔上，e极4脚接在红表笔上，把指针万用表调到 $R×1k$ 挡。如果指针万用表指针向右偏转角度大，则说明该EL817光耦的光电转换效率越高，也就是传输比高。如果指针万用表表针不动，则说明该光耦已经损坏。

检测相关图例如图1-11-15所示。

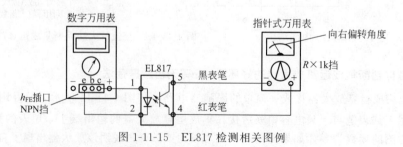

图 1-11-15　EL817检测相关图例

→ **问 662**　怎样判断光电耦合器的好坏？——数字万用表二极管挡法

答　把数字万用表调到二极管挡并检测，其中测量输入侧正向压降一般为 1.2V，反向为

元部件检测判断通法 与 妙招随时查

无穷大∞。输出侧正向压降与反向压降均接近无穷大∞。如果与正常值偏离太大，则说明单光电耦合器异常。

→问663 怎样判断单光电耦合器的好坏？——双机械万用表法

答 把一只万用表调到$R\times100$，或者$R\times1k$、$R\times10k$电阻挡检测发光二极管（红表笔接发光二极管的负极），把另一只万用表调到$R\times100$挡，同时检测光电耦合器的3、4脚（具体根据电耦合器来定），也就是光敏晶体管集电极与发射极间的电阻，然后交换3、4脚的表笔，再检测一次，两次中有一次检测得到阻值较小，一般大约为几十欧，此时黑表笔所接的就是光敏晶体管的集电极，红表笔所接的是发射极。保持该种接法，将接1、2脚的万用表调到$R\times100$挡，如果这时单光电耦合器3、4脚间的阻值发生明显变化，则说明该光电耦合器是好的。如果单光电耦合器的3、4脚间的阻值不变或变化不大，则说明该光电耦合器可能损坏了。

该方法检测如图1-11-16所示。

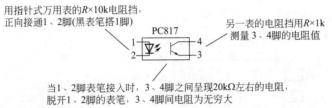

图1-11-16 单光电耦合器好坏的判断（双机械万用表法）

→问664 怎样判断单光电耦合器的好坏？——电阻法

答 把万用表调到$R\times100$电阻挡，万用表红表笔、黑表笔接输入端，检测发光二极管的正向、反向电阻，正常情况下，正向电阻一般为数十欧，反向电阻一般为几千欧到几十千欧。如果正向、反向电阻接近，则说明该被检测的发光二极管已经损坏。

选择万用表$R\times1$电阻挡，再把红表笔、黑表笔接到输出端检测正向、反向电阻，正常情况下均要接近于∞，否则，说明该单光电耦合器的受光管已经损坏。

把万用表调到$R\times10$电阻挡，再把红表笔、黑表笔分别接到输入端、输出端检测发光管与受光管间的绝缘电阻，发光管与受光管间绝缘电阻正常应为∞，如果为低阻值，则说明该单光电耦合器可能损坏。

单光电耦合器内部结构如图1-11-17所示。

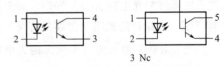

图1-11-17 单光电耦合器内部结构

→问665 怎样判断单光电耦合器的好坏？——三极管放大倍数法

答 采用万用表电阻挡检测发光二极管的好坏，选择万用表的三极管h_{FE}挡来判断受光三极管的好坏，具体见表1-11-11。

表1-11-11 单光电耦合器好坏的判断

项目	解说
发光二极管好坏的判断	选择万用表$R\times1k$挡，测量二极管的正、负向电阻，正向电阻一般为几千欧到几十千欧，反向电阻一般应为无穷大∞
受光三极管好坏——放大倍数的判断	选择万用表的三极管的h_{FE}挡，使用NPN型插座，将e孔连接光电耦合器发射极e，c孔连接集电极c，b孔连接基极e，万用表显示值即为三极管的电流放大倍数。一般通用型光耦电流放大倍数h_{FE}值为100至几百。如果显示值为零或溢出为无穷大∞，则说明所检测的光电耦合器内部三极管短路或开路，即说明已经损坏

问 666 怎样判断单光电耦合器的好坏？——直流电源＋串接电阻法

答 单光电耦合器好坏采用直流电源＋串接电阻法的判断方法，如图 1-11-18 所示。

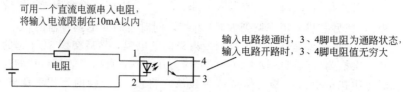

图 1-11-18　单光电耦合器好坏的判断（直流电源＋串接电阻法）

一般情况，电池可以采用 1.5V 的电池。电阻可以采用一只 50～100Ω 的电阻。

问 667 怎样判断线性光电耦合器的好坏？——在线检测法

答 线性光电耦合器的内部电路如图 1-11-19 所示。在可行的情况下短接输入端，检测输出端的电压，正常的情况下输出端的电压应为 0。

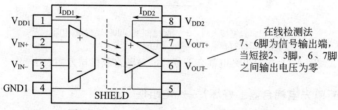

图 1-11-19　线性光电耦合器的内部电路

问 668 怎样判断光电耦合器的好坏？——对比法

答 把怀疑有问题的光耦拆下，用万用表测量其内部二极管、三极管的正向、反向电阻。然后用同样的方法检测与其为同型号的光电耦合器对应脚的值。进行数值对比，如果相差甚小，则说明所怀疑的光电耦合器是好的。如果阻值相差较大，则说明所怀疑的光电耦合器是坏的。

问 669 怎样判断光电耦合器的好坏？——代换法

答 对怀疑有可能发生故障的光电耦合器使用正常的光电耦合器进行代换，从而判断原光电耦合器是否损坏。

光电耦合器代换时，需要注意的一些事项如下：

① 使用代换法时，需要注意安全性原则，不得使故障范围扩大；

② 使用代换法时，要坚持由简到繁、先易后难的原则；

③ 使用代换法时，尽可能使用与原机参数相同的光电耦合器，如果没有，可以根据实际条件用跟原机参数相近或等级更高一些的光电耦合器来代换；

④ 常见的光电耦合器见表 1-11-12，其中第一类与第二类可以代换，但是需要对应好相同引脚功能。原则上，第三类可以代换第一、二类，但是需要选择功能相同的引脚接入。第一类、第二类一般不可以代换第三类。

表 1-11-12　常见的光电耦合器

引　脚	符　号	功　能
第一类	PC817、PC818、PC810、PC812、PC507、TLP521、TLP62	

引　脚	符　号	功　能
第二类	TLP632、TLP532、TLP519、TLP509、PC504、PC614、PC714	⑥ ⑤ ④ ① ② ③
第三类	TLP503、TLP508、TLP531、PC503、PC613、4N25、4N26、4N27、4N28、4N35、4N36、4N37、TIL111、TIL112、TIL114、TIL115、TIL116、TIL117、TLP631、TLP535	⑥ ⑤ ④ ① ② ③

→ 问 670　怎样判断光电耦合器的好坏？——加电检测法

答　根据如图1-11-20所示的检测线路连接好，即输入端接＋5V电源，并且经限流电阻 R。输出端接万用表的红表笔、黑表笔。万用表调到 $R×1$ 或 $R×10$ 挡，检测正向电阻，正常情况下为 $10～100Ω$ 左右。然后调换红表笔、黑表笔，检测反向电阻，正常情况下为 $∞$。如果正向电阻偏差太大，则说明该光电耦合器损坏。如果反向电阻太小，则说明光电耦合器出现绝缘电阻降低、漏电、击穿损坏等异常情况。

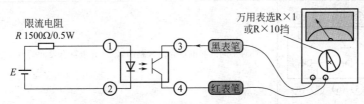

图1-11-20　加电检测判断光电耦合器好坏的电路

→ 问 671　怎样判断光电耦合器的好坏？——2个两数字法

答　2个两数字法简易判断光电耦合器好坏的两个数字如下：

$$1 个约 30kΩ、3 个 ∞$$

1个约 $30kΩ$——万用表调到 $R×1k$ 挡，检测二极管正向阻值大约 $30kΩ$。

3个 $∞$——万用表调到 $R×1k$ 挡，检测二极管反向阻值大约为 $∞$，光电三极管的集电极与发射极间正向、反向阻值均为 $∞$。

如果检测数值与上述有较大差异，则说明该光电耦合器可能异常。

→ 问 672　怎样判断光电耦合器模块的好坏？——结构法

答　不同光电耦合器模块具有不同的结构，其判断的方法也不同，具体见表1-11-13。

表1-11-13　光电耦合器模块的判断

类型	判断方法
⑧ ⑦ ⑥ ⑤ ① ② ③ ④	①看标识，看引脚特点，有时也可以判断出光耦好坏，如下图 ⑧ ⑦ ⑥ ⑤ Anode标志 Anode标志 ① ② ③ ④

类型	判断方法
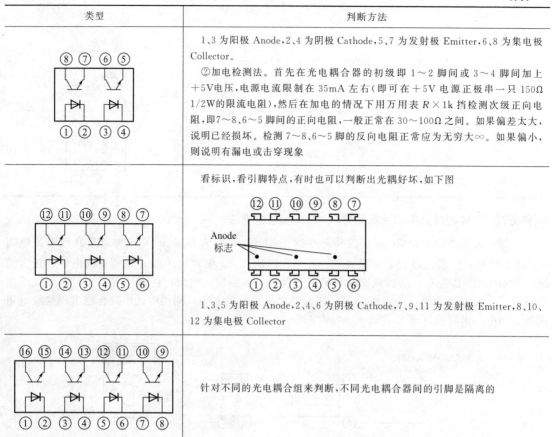	1、3 为阳极 Anode,2、4 为阴极 Cathode,5、7 为发射极 Emitter,6、8 为集电极 Collector。 ②加电检测法。首先在光电耦合器的初级即 1～2 脚间或 3～4 脚间加上＋5V电压,电源电流限制在 35mA 左右(即可在＋5V 电源正极串一只 150Ω 1/2W的限流电阻),然后在加电的情况下用万用表 $R×1k$ 挡检测次级正向电阻,即7～8、6～5 脚间的正向电阻,一般正常在 30～100Ω 之间。如果偏差太大,说明已经损坏。检测 7～8、6～5 脚的反向电阻正常应为无穷大∞。如果偏小,则说明有漏电或击穿现象
	看标识,看引脚特点,有时也可以判断出光耦好坏,如下图 Anode 标志 1、3、5 为阳极 Anode,2、4、6 为阴极 Cathode,7、9、11 为发射极 Emitter,8、10、12 为集电极 Collector
	针对不同的光电耦合组来判断,不同光电耦合器间的引脚是隔离的

问 673 怎样判断光电耦合器的稳定性？——热风枪法

答 采用热风枪加热,利用热辐射使光电耦合器"加热",用万用表 $R×10kΩ$ 挡对二次侧进行测量。如果电阻值有变化,则说明该光电耦合器稳定性差。

说明:一般光电耦合器的检测采用万用表的 $R×10k$ 挡,如果采用万用表的 $R×1k$ 挡进行检测,则可能不能够正确判断。

问 674 怎样判断功放块的好坏？——信号注入法

答 采用信号注入集成电路的输入脚,如果没有声音(杂音),则说明该功放块可能损坏了。

问 675 怎样判断微处理器的好坏？——关键引脚法

答 使用万用表或者其他合适的仪表检测微处理器的关键引脚。常见的引脚有 V_{DD} 电源端、X_{IN} 晶振信号输入端、X_{OUT} 晶振信号输出端、RESET 复位端、相关输入端、相关输出端等。在路检测这些关键脚对地的电阻值、电压值,看是否与正常值相同。如果差异较大,外围无异常时,则可能是该微处理器异常。

说明:不同型号的微处理器的 RESET 复位电压是不相同的,有的为低电平复位,有的为高电平复位。

问 676 怎样判断开关电源集成电路的好坏？——关键引脚法

答 开关电源集成电路的关键引脚包括电源端、激励脉冲输出端、电压检测输入端、电流检测输入端等。如果检测这些引脚对地的电压或者电阻,与正常值相差较大,并且在判断其外围元器件正常的情况下,则可以判断所检测的电源集成电路已经损坏。

另外，一些内置大功率开关管的厚膜集成电路，也可以通过检测其内置的开关管 c、b、e 极间的正向、反向电阻值，来判断该集成电路是否损坏。

问 677 怎样判断音频功率放大集成电路的好坏？——关键引脚法

答 音频功率放大集成电路的检测可以通过检测其关键引脚的电阻或者电压来判断。关键引脚包括电源端、音频输入端、音频输出端、反馈端等。如果检测得到引脚的数值与正常值相差较大，并且其外围元件或者电路均正常，则说明所检测的集成电路可能损坏。

对于引发无声故障的音频功放集成电路的检测，可以在检测其电源电压正常时，再采用信号干扰法来检测：把万用表调到 $R \times 1$ 挡，将红表笔接地，黑表笔碰触音频输入端，如果扬声器具有正常的"喀喀"声，则说明音频功率放大集成电路是好的。如果扬声器没有声音，则说明音频功率放大集成电路可能损坏了。

问 678 怎样判断数字电路存在故障？——概述法

答 数字电路故障是指一个或多个电子元器件的损坏、接触不良、导线短路、假焊、虚焊等原因造成的电路逻辑功能错误的现象。对于组合逻辑电路，如不能按真值表的要求工作，则可以判断该集成电路存在故障。对于时序逻辑电路，如果不能按状态转换图工作，则可以判断该集成电路存在故障。

问 679 怎样判断数字集成电路的故障？——直观检测法

答 通过问、看、闻、摸、测等手段、方法来判断集成电路是否异常。

问——通过对用户进行询问，了解异常现象，从而为判断提供依据。

看——通过观察集成电路有无破损、是否烧断、有无短路、有无色变、有无脱落、有无松动、有无冒烟等情况，从而为判断提供依据。

闻——集成电路通过大电流时，其引脚连接的地方可能会产生异味，从而为判断提供依据。

摸——集成电路外壳发热过度，手摸会感觉烫、温度高，从而为判断提供依据。

测——可以采用专用检测设备对诊断电路进行检测，从而为判断提供依据。

问 680 怎样判断数字集成电路的故障？——顺序检测法

答 从数字集成电路的输入级向输出级逐级检查。该方法一般需要在输入端加相应信号，再沿着信号的流向逐级向输出级进行测量（也就是检测输出级的相应引脚），从而判断数字集成电路是否异常。

问 681 怎样判断数字集成电路的故障？——逻辑检查法

答 利用数字集成电路的输入变量的所有可能的取值作为检测码集合，输入数字集成电路，观察数字集成电路输出是否符合逻辑功能。

逻辑检查法分为群举检测法和伪群举检测法。

举例：74S113 双 J-K 负沿触发器（带预置）的逻辑功能见表 1-11-14，引脚分布如图 1-11-21 所示。

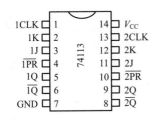

图 1-11-21 74S113 引脚分布

表 1-11-14 74S113 逻辑功能

输入				输出	
预置	时钟	J	K	Q	$\overline{Q}$
L	X	X	X	H	L
H	↓	L	L	Q_0	$\overline{Q_0}$
H	↓	H	L	H	L
H	↓	L	H	L	H
H	↓	H	H	触发	
H	H	X	X	Q_0	$\overline{Q_0}$

Q_0＝建立稳态输入条件前 Q 的电平。

检测逻辑功能可以采用市购的逻辑笔，也可以自己制作的逻辑笔。图 1-11-22 所示是一款能够检测与显示高电平、低电平、开路状态的逻辑笔电路图。

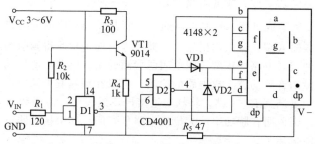

图 1-11-22　逻辑笔电路图

问 682 怎样判断常用数字集成电路的好坏？——万用表法

答 常用数字集成电路为保护输入端与工厂生产的需要，在每一个输入端分别对 V_{DD}、GND 接了一个二极管。如果采用万用表二极管挡检测，可检测出二极管效应。另外，V_{DD}、GND 间的静态电阻一般在 $20k\Omega$ 以上，如果小于 $1k\Omega$，则说明该数字集成电路可能异常。

问 683 怎样判断 TTL 集成电路的引脚？——经验法

答 国产 TTL 74 系列与门、或门、与非门等集成电路的电源端和接地端的位置有两种情况。一种是左上角第 1 脚为电源端，右下角最边上的引脚为接地端，如图 1-11-23 所示。另外一种情况是上边中间一脚为电源端，下边中间一脚为接地端，如图 1-11-24 所示。

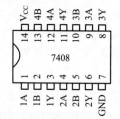

图 1-11-23　电源端、接地端 1

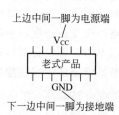

图 1-11-24　电源端、接地端 2

问 684 怎样判断 TTL 集成电路的引脚？——万用表法

答 （1）电源端

把万用表调到 $R\times1k$ 挡，检测中间两个引脚的电阻，如果其阻值不符合要求，则改为检测边上对角的两脚。在不能够确定引脚排列方式时，需要反复检测几次，直到找到合乎要求的两引脚后，以检测得出电阻较大的一次为依据，则黑表笔所接的引脚端为电源正极端，红表笔接的引脚端为接地端。

（2）输入端

集成电路接上合适的电源，把万用表调到 5mA 挡，黑表笔接地，用红表笔依次与各引脚连接接触。如果触碰与非门输入端时，电流表会有读数，正常为 $1\sim2mA$，则可判断出输入端。

国产 TTL 74 系列与门、或门、与非门等集成电路输入短路电流值不大于 $2.2mA$，输出低电平小于 $0.35V$，根据这一点可以判断输入端与输出端。

（3）输出端

集成电路接上合适的电源，万用表调到直流电压 10V 挡，黑表笔接地，红表笔依次与输入端以外的引脚接触检测。如果电压表的电压值为 $0.2\sim0.4V$，则说明红表笔接的是输出端。

（4）同一与非门的输入端与输出端

先把与非门的电源端接＋5V电压，接地端根据要求正确接地。采用指针式万用表的直流10V挡检测，黑表笔接地，红表笔接任一输出端。再用一根导线，逐个把检测出的输入端与地线短路，如果电压表检测的数值大于 2.7V，则说明这对输出端与输入端属于同一与非门。每个输出端可能有多个输入端。

（5）空脚

如果某些引脚在任何检测中都没有反应，则可以认为是空脚，或内部的引线已经断开。

→ 问 685 怎样判断 TTL 集成电路输入脚的好坏？——万用表法

答 万用表调到 5mA 挡，黑表笔接各输入端，红表笔串入一只 450Ω 的电阻接电源。如果万用表的表针微动或不动，则说明输入端是好的。如果万用表表针出现"打表"现象，或者超过数毫安，则说明输入端是坏的。

→ 问 686 怎样判断数字集成电路的电压参数？——对比法

答 数字集成电路电压参数的对比见表 1-11-15。

表 1-11-15　数字集成电路的电压参数

符号	名称	74 系列/V	74LS 系列/V	74HC 系列/V	4000 系列/V
UOH	高电平输出电压	≥2.4	≥2.7	≥4.95	≥4.95
UOL	低电平输出电压	≤0.4	≤0.4	≤0.05	≤0.05
UIH	高电平输入电压	≥2	≥2	≥3.5	≥3.5
UIH	低电平输入电压	≤0.8	≤0.8	≤1	≤1.5

→ 问 687 怎样判断 74 系列 TTL 型集成电路的好坏？——万用表法

答 万用表调到电阻挡进行检测。先检测电源端的正向、反向电阻，正向电阻是把万用表的黑表笔接集成电路的电源正脚 Vcc 端，红表笔接集成电路电源负脚 GND。如果把表笔调换时检测，则为反向电阻检测。74 系列 TTL 型集成电路电源正向电阻值不完全统一，一般在十几千欧到 100kΩ。电源反向电阻一般在 7kΩ 左右。如果检测得到电源正向电阻值大于电源反向电阻值，并且阻值大小与上述数值基本一样，则说明检测的集成电路的电源电路是好的。

再检测电源负极脚端与其他脚端间的正向电阻（红表笔接电源负脚端）、反向电阻值。74 系列 TTL 型集成电路一般反向电阻为 7～10kΩ。74 系列 TTL 型集成电路正向电阻没有统一的数值，但一般是大大地高于反向电阻值，一般在 100kΩ～∞（无穷大）。

说明：上面以 MW7 万用表为例，不适用于个别 TTL 集成电路的检测规律。

→ 问 688 怎样判断 TTL 型集成电路的正反面？——观察法

答 扁平陶瓷外壳盖有型号的一面是正面，没有型号印章的，可以从侧面来判断。把有壳盖一面向上放置，则壳盖为正面，陶瓷外壳为底座，也就是反面。

→ 问 689 怎样判断 TTL 型集成电路的好坏？——对比法

答 先检测出好的 TTL 同型号集成电路的阻值，然后对比被检测的 TTL 集成电路的阻值。如果阻值一致，则说明所检测的 TTL 型集成电路是好的。如果阻值不一致，则说明所检测的 TTL 型集成电路是坏的。

→ 问 690 怎样判断 CMOS 型集成电路的好坏？——电路法

答 根据图 1-11-25 所示连接好电路。以 CD4069 中一个反相器为例进行介绍：如果将 B 端接在 2 脚，A 端接在 1 脚时，万用表读数应为 0V；如果把 C 端接 1 脚时，万用表的读数为 5V。如果满足这两次检测的数值，则说明该反相器是好的。

CD4069 反相器的真值表见表 1-11-16。

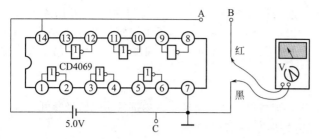

图 1-11-25　判断 CMOS 型集成电路好坏的电路

表 1-11-16　CD4069 反相器的真值表

输入	输出
A	Y
H(高电平)	L(低电平)
L(低电平)	H(高电平)

说明：CMOS 型集成电路输入阻抗很高，一般不宜直接用万用表的电阻挡来检测。

→ 问 691　怎样判断反相驱动集成电路的好坏？——电压法

答　先给反相驱动集成电路通电，然后检测反相驱动集成电路输入端与输出端的直流电压。正常情况下，输出端与输入端电位是相反的。如果检测得到的结果与输入输出状态不相符，则说明该反相驱动集成电路已经损坏了。

→ 问 692　怎样判断反相驱动集成电路的好坏？——电阻法

答　把反相驱动集成电路与控制电路分开，检测反相驱动集成电路各脚端电阻值，再与正常状态下的阻值进行比较。如果不相符合，则说明该反相驱动集成电路已经损坏了。如果相符合，则说明该反相驱动集成电路是好的。

→ 问 693　怎样判断电压比较集成电路的好坏？——电压法

答　电压比较集成电路接通电源，用万用表检测同相输入端与反相输入端的电压，如果同相输入端高于反相输入端的电压，而输出端不为高电平，则说明电压比较集成块可能损坏了。

说明：另外也可以使用万用表检测电压比较集成块管脚的电阻来判断。

1.11.2　具体集成电路

→ 问 694　怎样判断 3842 类电源集成电路的好坏？——万用表法

答　把机械万用表调到 $R \times 1$ 挡，黑表笔接 3842 类电源集成电路的 5 脚，红表笔分别检测其余各脚，正常情况下表针应指到中间位置。另外，检测 7 脚时表针摆动会小一些。如果再交换表笔检测，指针应不动。如果某脚的阻值异常，则可以悬空该引脚复测几遍，看是外围元件异常，还是 3842 类电源集成电路本身异常。

→ 问 695　怎样判断 4N25 光耦的好坏？——万用表法

答　(1) 首先需要了解 4N25 的特点

4N25 光耦（光电耦合器）是由发光二极管与受光三极管封装组成的，采用 DIP-6 封装结构，其中 1、2 脚分别为阳极端、阴极端，3 脚为空脚端，4、5、6 脚分别为三极管的 e、c、b 极端。

(2) 判断发光二极管

把万用表调到 $R \times 1k$ 挡，检测二极管的正向、负向电阻。其中正向电阻一般为几千欧到几十千欧，反向电阻一般为 ∞。如果检测的数值与正常情况下的数据有较大差异，则说明该 4N25 光电耦合器内部发光二极管可能损坏了。

(3) 判断受光三极管

把万用表调到三极管 h_{FE} 挡，使用 NPN 型插座，把 e 孔连接 4N25 光电耦合器的 4 脚发射极，c 孔连接 5 脚集电极，b 孔连接 6 脚基极，万用表会显示三极管的电流放大倍数值。一般通用型光耦 h_{FE} 值为 100 至几百。如果显示值为零或溢出为 ∞，则说明该光电耦合器内部的三极管短路或开路，也就是已经损坏了。

问 696 怎样检测 555 的静态功耗？——万用表法

答 把万用表调到直流电压 50V 挡，测出电源 V_{CC} 的值，再用万用表的直流电流 10mA 挡串入电源与 555 的 8 脚间，测得的数值即为静态电流。再用静态电流乘以电源电压即为静态功耗。一般静态电流小于 8mA 为合格的产品。

说明：555 静态功耗是指 555 无负载时的功耗。

问 697 怎样检测 555 的输出电平？——万用表法

答 把万用表调到直流电压 50V 挡，在 555 的输出端接万用表。闭合 S 时，555 的 3 脚输出低电平 0V。断开开关 S 时，555 的 3 脚输出高电平，万用表测得其值大于 14V。555 输出电平的检测如图 1-11-26 所示。

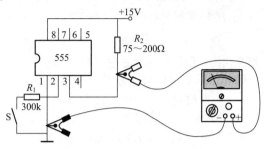

图 1-11-26　555 输出电平的检测图示

问 698 怎样判断 555 集成块是否正常？——带电检测法

答 通过检测输入与输出信号的电位，从而判断 555 集成块是否正常。

说明：555 集成块内部结构如图 1-11-27 所示。

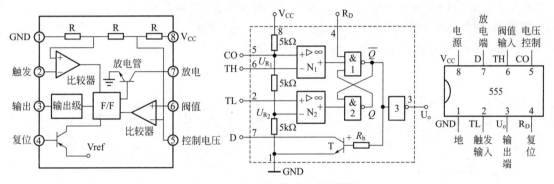

图 1-11-27　555 集成块内部结构

555 定时器的功能表见表 1-11-17。

表 1-11-17　555 定时器的功能表

R_D	TH	TL	Q	$\overline{Q}$	u	T
0	X	X	0	1	0	导通
1	$>\frac{2}{3}V_{CC}$	$>\frac{1}{3}V_{CC}$	0	1	0	导通
1	$<\frac{2}{3}V_{CC}$	$<\frac{1}{3}V_{CC}$	1	0	1	截止
1	$<\frac{2}{3}V_{CC}$	$>\frac{1}{3}V_{CC}$	保持原状态			

问 699 怎样判断 6N137 类光电耦合器的好坏？——电压法

答 输入侧工作压降为 1.5V 左右，输出端有电压输出。如果输入端电压为 0，则输出端没有电压输出。

6N137 类光电耦合器的内部电路结构如图 1-11-28 所示。

说明：6N137 类光电耦合器输入侧采用了延时效应新型发光材料，输出侧采用门电路等。

→ 问 700 怎样判断 78×× 与 79×× 的区别？——输出电压法

答 78×× 与 79×× 均为三端集成稳压器，它们是有差异的，不可以直接代换。其中，78 系列为正电压输出，79 系列为负电压输出。

→ 问 701 怎样判断 78L×× 与 78M××、 78××、 78DL05、 78×× 的差别？——输出电流法

答 78L×× 与 78M××、78×× 为三端稳压集成电路。尽管在一些维修中三者可以完全相互代换，但是需要注意它们对应的型号，尽管输出电压相同，但是最大输出电流不同，其中，L 与 M 表示最大输出电流不同。

78L 系列的最大输出电流为 100mA。

78M 系列最大输出电流为 1A。

78×× 系列的最大输出电流为 1A。

78DL05 最大输出电流为 250mA。

→ 问 702 怎样判断 7805 的引脚？——印制铜箔法

答 7805 是一种笼统的称呼，其具体型号有很多，三脚的分布因具体型号有时有差异。判断的方法很简单，根据应用电器电路板安装的 7805，其中接地端一般直接接地印制铜箔，输出端则一般是加到单片机电源引脚端上，输入端一般来自电源电路。

→ 问 703 怎样判断 TO-220 封装的 7805 的引脚？——观察法

答 TO-220 封装 7805 外形如图 1-11-29 所示。

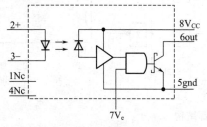

图 1-11-28　6N137 类光电耦合器的内部电路结构　　　图 1-11-29　TO-220 封装 7805 外形

TO-220 封装 7805 引脚判断的突破点，就是散热片与接地端为 GND，另外，接地引脚居中，并且引脚外形与其他两引脚外形具有差异。

→ 问 704 怎样判断 7805 的好坏？——输入端与输出端电压法

答 三端稳压模块 7805 好坏简单实用判断方法，就是检测输入端与输出端电压，如果输入端有 15～22V 左右的电压，输出端没有电压（正常情况应有 5V 输出电压），排除不是后级对地短路外，一般可能是 7805 损坏了。

→ 问 705 怎样判断 AN7805 的好坏？——兆欧表 + 万用表法

答 把被检测的三端稳压器 AN7805 的输入端接在兆欧表 e 端正极，输出端接在万用表直流电压 10V 挡上。把兆欧表的 L 端分别与 LM7805 外壳、万用表负极相接进行检测，正常情况下，检测电压应为 +5V。如果低于 +5V 时，则说明该 AN7805 异常。如果高于 +5V 电压时，则说明该 AN7805 可能击穿损坏了。如果为 0 电压输出，则说明该 AN7805 开路损坏。

→ 问 706 怎样判断 AS1117 的好坏？——输出电压法

答 检测 AS1117 的供电，如果正常，再检查 AS1117 2.5V 输出电压，如果不稳定，有时

升高到 3.9V，则说明该 AS1117 2.5V 集成电路异常。

→ **问 707** 怎样判断 LM339 的好坏？——电路逻辑法

答 LM339 内置 4 个翻转电压为 6mV 的电压比较器，当电压比较器输入端电压正向时（＋输入端电压高于－输入端电压），LM339 内部控制输出端的三极管截止，此时输出端相当于开路。当电压比较器输入端电压反向时（－输入端电压高于＋输入端电压），LM339 内部控制输出端的三极管导通，如果把比较器外部接入输出端的电压拉低，这时输出端为 0V。如果 LM339 的功能逻辑与上述存在差异，则该 LM339 可能损坏了。

说明：LM339 集成电路的引脚分布、内部结构如图 1-11-30 所示。

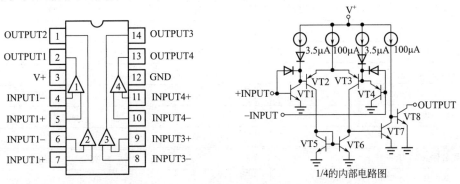

图 1-11-30　LM339 集成电路的引脚分布、内部结构

其中，LM339 集成电路的 3 脚为电源端；12 脚为地端；4 脚、6 脚、8 脚、10 脚为 4 个电压比较器的反向输入端；5 脚、7 脚、9 脚、11 脚为 4 个比较器的正向输入端；1 脚、2 脚、13 脚、14 脚为 4 个电压比较器的输出端。

→ **问 708** 怎样判断 LM339 的好坏？——自制检测仪法

答 根据图 1-11-31 所示的电路自制好 LM339 检测仪。图中的 LM339 位置可以采用 LM339 集成电路座安装，这样方便集成电路的检测。检测时，把拆下来的 LM339 插在 LM339 检测仪的管座上，然后接通电源，4 只发光二极管 VD1～VD4 会发光。如果按下图中的 SW2 开关，则 LM339 同相端的电位大于反相端的电位，集成电路输出高电平，发光二极管 VD1～VD4 熄灭。从而根据 LM339 翻转情况，可以判断 LM339 的好坏，即按下图中的 SW2 开关，发光二极管 VD1～VD4 会由亮转为熄灭，则说明该集成电路是好的。如果按下图中的 SW2 开关，发光二极管 VD1～VD4 状态不变，则说明该集成电路是坏的。

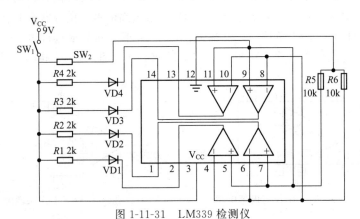

图 1-11-31　LM339 检测仪

→ **问 709** 怎样判断电流取样比较器 LM339 的好坏？——电平法

答 用于电流取样比较的 LM339 四电压比较器，一般使用时比较器的正向输入端接地，反向输入端接取样整流电压。正常工作时，反向输入端为高电平，比较器输出端为低电平。当出现过流情况时，反向输入端为负压，比较器输出端为高电平。这样通过检测输入端与输出端的电平情况，来判断该电流取样比较器 LM339 是否存在故障。

说明：LM339 使用时，不能够超过其相关参数，因此根据其相关参数也可以判断其是否异常。LM339 相关参数见表 1-11-18。

表 1-11-18　LM339 相关参数

参数名称	符号	数值	单位
电源电压	V_{CC}	± 18 或 36	V
差模输入电压	VID	± 36	V
共模输入电压	VI	$-0.3 \sim V_{CC}$	V
功耗	Pd	570	mW
工作环境温度	Topr	$0 \sim +70$	℃
储存温度	Tstg	$-65 \sim 150$	℃

参数名称	符号	测试条件	最小	典型	最大	单位
输入失调电压	VIO	$U_{CM}=0 \sim V_{CC}-1.5 U_{o(p)}=1.4V, R_s=0$	—	± 1.0	± 5.0	mV
输入失调电流	IIO	—	—	± 5	± 50	nA
输入偏置电流	Ib	—	—	65	250	nA
共模输入电压	VIC	—	0	—	$V_{CC}-1.5$	V
静态电流	ICCQ	$V_{CC}=+5V$ 无负载	—	1.1	2.0	mA
		$V_{CC}=+30V$ 无负载	—	1.3	2.5	mA
电压增益	AV	$V_{CC}=15V, R_L>15k\Omega$	—	200	—	V/mV
灌电流	Isink	$V_i(-)>1V, V_i(+)=0V, V_o(p)<1.5V$	6	16	—	mA
输出漏电流	IOLE	$V_i(-)=0V, V_i(+)=1V, V_o=5V$	—	0.1	—	nA

注：电特性（除非特别说明，$V_{CC}=5.0V$，$T_{amb}=25℃$）。

→ **问 710** 怎样判断电流取样比较器 LM393 的好坏？——电平法

答 用于电流取样比较的 LM393 双电压比较器，一般使用时比较器的正向输入端接地，反向输入端接取样整流电压。正常工作时，反向输入端为高电平，比较器输出端为低电平。当出现过流情况时，反向输入端为负压，比较器输出端为高电平。这样通过检测输入端与输出端的电平情况来判断该电流取样比较器 LM393 是否存在故障。参见图 1-11-32 和图 1-11-33。

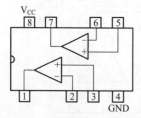
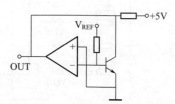

图 1-11-32　LM393 比较器内部电路图　　图 1-11-33　比较器工作原理图

LM393 的 8 脚为 V_{CC} 电源端，4 脚为地端，2 脚与 6 脚为两个电压比较器的反向输入端，3

脚与 5 脚为两个比较器的正向输入端，1 脚与 7 脚为两个比较器的输出端。

说明：LM393 好坏的判断，还可以采用集成电路通用的检测判断方法，例如电阻法、电压法等。

LM393 使用时，不能够超过其相关参数，因此，根据其相关参数也可以判断其是否异常。LM393 相关参数见表 1-11-19。

表 1-11-19　LM393 相关参数

参数名称	符号	数值	单位
电源电压	V_{CC}	±18 或 36	V
差模输入电压	VID	±36	V
共模输入电压	VI	$-0.3 \sim V_{CC}$	V
功耗	Pd	570	mW
工作环境温度	Topr	$0 \sim +70$	℃
储存温度	Tstg	$-65 \sim 150$	℃

参数名称	符号	测试条件	最小	典型	最大	单位
输入失调电压	VIO	$U_{CM}=0 \sim V_{CC}-1.5$ $U_{o(p)}=1.4V, R_s=0$	—	±1.0	±5.0	mV
输入失调电流	IIO	—	—	±5	±5.0	nA
输入偏置电流	Ib	—	—	65	250	nA
共模输入电压	VIC	—	0	—	$V_{CC}-1.5$	V
静态电流	ICCQ	$R_L=\infty$	—	0.6	1.0	mA
		$R_L=\infty, V_{CC}=30V$	—	0.8	2.5	mA
电压增益	AV	$V_{CC}=15V, R_L>15k\Omega$	—	200	—	V/mV
灌电流	Isink	$U_{i(-)}>1V, U_{i(+)}=0V, U_{o(p)}<1.5V$	6	16	—	mA
输出漏电流	IOLE	$U_{i(-)}=0V, U_{i(+)}=1V, U_o=5V$	—	0.1	—	nA

注：电特性（除非特别说明，$V_{CC}=5.0V$，Tamb=25℃）。

→ 问 711　怎样判断 LM1203 视频放大集成电路的好坏？——电压法

答　根据 LM1203 视频放大集成电路在应用电路中各引脚电压的情况，来判断 LM1203 是否正常。LM1203 视频放大集成电路的 4、6、9 脚和 16、20、25 脚的电压一般是一致的。11 脚为基准电压，一般大约为 2.3V。另外，联机，开主机、关主机，输入钳位 5、8、10 脚，黑电平钳位 14 脚的电压均有明显的变化。

说明：LM1203 视频放大集成电路在不同的实际电路中有不同的实际检测值。LM1203 在一款显示器中的参考电压值见表 1-11-20。

表 1-11-20　LM1203 视频放大集成电路参考电压值

引脚号	符号	功能名称	电压/V
1	Vcc1	供电 1 端	11.45
2	Contrast CAP	对比度控制电路外接滤波电容端	5.49
3	Contrast CAP	对比度控制电路外接滤波电容端	5.27
4	R Video In	红视频信号输入端	2.03
5	R Video CAP	红信号放大通道钳位电路外接电容端	2.16
6	G Video In	绿视频信号输入端	2.02

引脚号	符号	功能名称	电压/V
7	GND	接地端	0
8	G Video CAP	绿信号放大通道钳位电路外接电容端	2.36
9	B Video In	蓝视频信号输入端	2.04
10	B Video CAP	蓝信号放大通道钳位电路外接电容端	2
11	VREF	基准电压输出端	2.07
12	Contrast	对比度控制电压输入端	10.39
13	Vcc2	供电 2 端	11.45
14	CLAMP CATE	负极性钳位脉冲输入端	5.63
15	R Clamp(+)	红视频通道钳位比较器正端	2.61
16	R Out	红视频信号输出端	3
17	R Clamp(-)	红视频通道钳位比较器负端	3
18	B Drive	亮平衡蓝信号增益调节信号输入端	0.22
19	G Clamp(+)	绿视频通道钳位比较器正端	3
20	G Out	绿视频信号输出端	5.54
21	G Clamp(-)	绿视频通道钳位比较器负端	5.54
22	G Drive	亮平衡蓝信号增益调节信号输入端	0.16
23	Vcc3	供电 3 端	11.45
24	B Clamp(+)	蓝视频通道钳位比较器正端	1.92
25	B Out	蓝视频信号输出端	4.35
26	B Clamp(-)	蓝视频通道钳位比较器负端	4.35
27	B Drive	亮平衡绿红信号增益调节信号输入端	0.24
28	Vcc4	供电 4 端	11.46

问 712 怎样判断 LM1203 视频放大集成电路的好坏？ ——代换法

答 用 LM1203A，或者 LM1203B、LM1203N、DBL2056、KA2139、MTV005、TFKU2203、MN1203 等型号的集成电路代换 LM1203 应用在电路中，如果故障排除，则说明原来的 LM1203 已经损坏了。

问 713 怎样判断 TDA4950 集成电路的好坏？ ——电压法

答 一般可以检测 TDA4950 第 3 脚外接电阻产生的压降，以及 7 脚的电压来判断。

说明：TDA4950 引脚功能如图 1-11-34 所示。

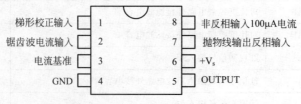

图 1-11-34　TDA4950 引脚功能

→ **问 714** 怎样判断 TDA16846 电源集成电路的好坏？ ——电压法

答 在路通电后，一般可以检测 TDA16846 的第 14 脚，正常情况下，该脚的电压上升到 14.5V 后返回到稳定的＋12V。如果电压在 7～14V 间变化，则可以判断 TDA16846 集成电路损坏了。

说明：TDA16846 在彩电中的应用检测参考数据见表 1-11-21。

表 1-11-21　TDA16846 在彩电中的应用检测参考数据

| 引脚 | 符号 | 功　　能 | 康佳 T3498K | | | | 康佳 T2168K | |
| | | | 对地电压/V | | 对地电阻/kΩ | | 对地电压/V | |
			开机	待机	红笔测	黑笔测	红笔测	黑笔测
①	OTC	断路时间控制	2.7	2.6	8.5	21	2.7	2.7
②	PCS	初级电流检测	1.6	1.5	9	∞	1.8	1.8
③	RZL	过零检测输入	1.7	0.8	3.9	3.9	1.7	0.7
④	SRC	软启动输入	5.6	5.6	9	20	5	2.2
⑤	OCL	光电耦合输入	2.4	1.6	8.5	19	2.8	1.8
⑥	FC2	故障比较器 2	0	0	0	0	0	0
⑦	SYC	固定/同步输入	5.6	5.6	9	120	5.2	5.2
⑧	NC	空脚	0	0	∞	∞	5.2	5.2
⑨	REF	参考电压/电流	5.6	5.6	9	120	5.2	5.2
⑩	FC1	故障比较器 1	0	0	0	0	0	0
⑪	PVC	初级电压检测	4.1	4.2	8.5	65	2	2
⑫	GND	接地	0	0	0	0	0	0
⑬	OUT	输出驱动	2.2	0.9	4.5	4.5	2.4	2
⑭	Vcc	电源	13.2	12.2	5.5	400	13	12

→ **问 715** 怎样判断 TDA4605 电源集成电路的好坏？ ——电压法

答 TDA4605 电源集成电路检修检测参考数据（包括参考电压，在厦华一高清彩电上检测）见表 1-11-22。

表 1-11-22　TDA4605 检修检测参考数据

| 脚号 | 符号 | 功　　能 | 电压/V | 在路电阻/kΩ | |
				正测	反测
①	V2	稳压控制信号输入端	0.42	0.2	0.2
②	I1	初级电流输入端	1.24	9.2	205
③	V1	初级电压检测输入端	3.2	2.4	2.4
④	GND	接地端	0	0	0
⑤	OUT	激励脉冲输出端	3.2	2.1	2.1
⑥	VS	启动电源及电源检测信号输入端	13.2	6.8	16.4
⑦	SOFA	软启动外接充/放电电路端	1.9	9.8	13.2
⑧	FB	振荡器反馈输入端	0.45	8.0	10.2

说明：TDA4605、TDA4605-2、TDA4605-3 的主要性能相同，后者依次比前者控制功能更完善，驱动能力更强大。因此，后者完全能够代替前者。

问 716 怎样判断 TLP251 光耦驱动电路的好坏？——电路法

答 根据图 1-11-35 所示连接好检测电路，按动开关，使 10V 电源与 3kΩ 电阻断开或接通时，TLP251 光耦驱动集成电路的 6 脚应有 0V 或 9V 的高低电压变化，如果没有变化，则说明所检测的 TLP251 异常。

说明：TLP251 内部电路如图 1-11-36 所示。

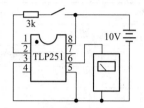
图 1-11-35 TLP251 光耦驱动集成电路检测电路

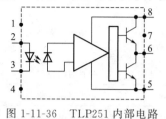
图 1-11-36 TLP251 内部电路

问 717 怎样判断 TLP521、TLP421 的好坏？——万用表法

答 万用表调到 $R \times 1k$ 挡，检测其 1、2 脚的电阻值，正常情况为 1kΩ。3、4 脚的电阻值，正常情况为无穷大。如果偏差较大，则说明 TLP521、TLP421 可能损坏了。

问 718 怎样判断 TLP621 的好坏？——万用表法

答 万用表 MF47 调到 $R \times 1k$ 挡，黑表笔接 1 脚，红表笔接 2 脚，正常电阻为 30kΩ 左右。再把表笔反过来检测，电阻为无穷大 ∞。然后用 $R \times 10Ω$ 挡，红表笔接 3 脚、黑表笔接 4 脚，正常电阻为无穷大 ∞；再把表笔反过来检测，正常电阻大于 200kΩ，否则说明该 TLP621 光电耦合器已经损坏了。

该集成块是一个集电极开路的七非门电路，具有达林顿输出，最大驱动能力为 50V、500mA

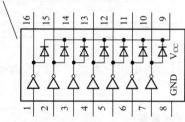
图 1-11-37 ULN2003 的内部结构

问 719 怎样判断 ULN2003 反向驱动器的好坏？——电平法

答 ULN2003 的输入、输出特性相当于一个反向器，因此，当 ULN2003 输入端为高电平时，对应的输出端为低电平。当 ULN2003 输入端为低电平时，对应的输出端为高电平。如果检测输入端与输出端的电位正好相反，则说明该集成电路是好的。如果检测输入端与输出端电位相同，则说明该集成电路已经损坏了。

说明：ULN2003 的内部结构如图 1-11-37 所示。

问 720 怎样判断 ULN2003 反向驱动器的好坏？——电阻法

答 通过检测 ULN2003 反相驱动器的电阻，根据检测数值与参考标准数值比较，判断 ULN2003 反相驱动器是否损坏。ULN2003 检测参考电阻见表 1-11-23。

表 1-11-23 ULN2003 检测参考电阻

黑笔所测管脚	1	16	2	15	3	14	4	13	5	12	6	11	7	10	8	9
红笔所测管脚	16	1	15	2	14	3	13	4	12	5	11	6	10	7	9	8
电阻值/kΩ	18.5	∞	18.5	∞	18.5	∞	18.5	∞	18.5	∞	18.5	∞	18.5	∞	9	∞

注：MF47 指针式万用表 20MΩ 挡。

问 721 怎样判断 WT8043 的好坏？——电压变化法

答 一般情况下，无论联机、开主机、关主机，WT8043 的 12、13 脚电压应由高变低，或者由低变高，则可以判断该 WT8043 基本正常。

说明：WT8043 引脚功能见表 1-11-24。

表 1-11-24　WT8043 引脚功能

脚　号					脚　名	功　能
N16	N20P1	N20P4	N20P7	N24		
1	1	1	1	1	OSCIN	振荡器输入,外接晶体
2	2	2	2	2	OSCOUT	振荡器输出,外接晶体
3	3	3	3	3	HSIN	行同步信号输入
4	4	4	4	4	VSIN	场同步信号输入
5	5	5	5	5	H_OUT	行同步信号输出
				6	1280×1024	1280×1024 模式控制输出
	6			7	V_OUT	场同步信号输出
6		6	6	8	F60k	行频输入 60kHz 鉴别
	7			9	F52k	行频输入 52kHz 鉴别
	8	7	7	10	F45k	行频输入 45kHz 鉴别
7	9	8	8	11	F36k	行频输入 36kHz 鉴别
8	10	9	9	12	Vss	地
9		10	10	13	F33k	行频输入 33kHz 鉴别
10	11	11	11	14	640×350NEC	模式为 640 × 350（1BMVGAVESAV NEC640×400,24.8kHz/56.4H)
11	12	12	12	15	640×400	模式为 640×400(1BMVGAVESAV)
12	13	13	13	16	640×480	模式为 640×400(1BMVGAVESAV)
13	14	14	14	17	800×600	VESASVGA 模式行频为 35kHz
14	15	15	15	18	800×600	欧洲 SVGA 模式行频为 37.5kHz
	16	16	16	19	800×600	VESAnewSVGA 模式行频为 48kHz
15	17	17	17	20	1024×768l	1BM8514/A 隔行模式
	18	18	18	21	1024×768m	1BM8514/A 逐行模式
16	19	19	19	22	1024×768 57k	XGA1024×768 模式行频为 57kHz
	20	20	20	23	F72k	行频输入 72kHz 鉴别
				24	V_{DD}	电源

→ **问 722** 怎样判断 TA8316 的好坏？——万用表法

答 使用万用表检测 TA8316 的 1 脚与 2 脚、1 脚与 4 脚、7 脚与 2 脚、7 脚与 4 脚间是否存在短路现象。如果存在短路现象，则说明该 TA8316 异常。

说明：TA8316 引脚分布如图 1-11-38 所示，引脚开路参考电阻见表 1-11-25。

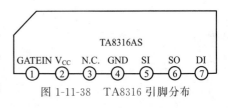

图 1-11-38　TA8316 引脚分布

表 1-11-25　TA8316 引脚开路参考电阻

引脚	开路电阻/kΩ		引脚	开路电阻/kΩ	
	黑笔④脚	红笔④脚		黑笔④脚	红笔④脚
1	81	27	1	8	27
2	6.5	36	2	6.5	36
3	∞	∞	3	7	40
4	0	0	4	0	0
5	7.5	44	5	7.5	44
6	10	44	6	10	44
7	10	100	7	7.5	100

→问 723 怎样判断 Viper12A 的好坏? ——观察法

答 Viper12A 芯片损坏一般会从外表上观察出来,常见的故障现象有鼓包、裂纹、变色等。如果 Viper12A 集成块炸裂,一般需要对其外围的尖峰吸收回路、+300V 整流滤波电路进行检查。

说明:Viper12A 引脚分布如图 1-11-39 所示。

→问 724 怎样判断电饭煲开关电源管理芯片 PI364 的好坏? ——3 点法

答 ① 断电状态下,PI364 的 D 脚与 S 脚没有短路,说明 PI364 是好的。

② 通电状态下,PI364 的 BP 脚对地电压大约 5.8V,说明 PI364 是好的。

③ 正常工作时,电压时有时无,需要确认 PI364 的输出端是否存在短路现象。

说明:PI364 的引脚分布如图 1-11-40 所示。

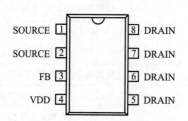

图 1-11-39　Viper12A 引脚分布

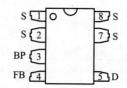

图 1-11-40　PI364 的引脚分布

第 **2** 篇

实用件

2.1 熔断器

2.1.1 概述

→问 725 怎样判断玻璃熔断器的参数？——观察法

答 玻璃熔断器常见的参数有额定电压、额定电流，其数值一般均会在其外表标示，如图 2-1-1 所示。

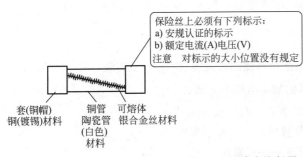

保险丝上必须有下列标示：
a) 安规认证的标示
b) 额定电流(A)电压(V)
注意 对标示的大小位置没有规定

套(铜帽)　铜管　可熔体
铜(镀锡)材料　陶瓷管　银合金丝材料
　　　　　　(白色)
　　　　　　材料

图 2-1-1　玻璃熔断器

说明：熔断器就是保险丝，是一种安装在电路中，保证电路安全运行的电气元件。熔断器也被称为保险管、熔断体（fuse-link）。熔断器会在电流异常升高到一定的程度与一定时候，自身熔断切断电流，从而起到保护电路安全运行的作用。

→问 726 怎样进行熔断器的分类？——表格法

答 熔断器的分类见表 2-1-1。

表 2-1-1　表格法判断熔断器的分类

依据	说　明
尺寸	3.6×10、3×10、5×20、6×30、6×32、6×25、10×38、2.4×7、2.5×6、3×8、2.5×9、8.5×8、8.5×8×4、3.5×10、3.5×9 等,单位为 mm
保护形式	过电流保护熔断器与过热保护熔断器。用于过电流保护的熔断器就是平时常见的保险丝、限流保险丝。过热保护的熔断器一般被称为温度保险丝。温度保险丝又可以分为低熔点合金形熔断器、感温触发形熔断器、记忆合金形熔断器等。温度保险丝主要是防止发热电器或易发热电器温度过高而进行的一种保护
使用范围	电器仪表保险丝、电子保险丝、电力保险丝、机床保险丝、汽车保险丝等

依据	说　明
体积	大型熔断器、中型熔断器、小型熔断器、微型熔断器
额定电压	高压保险丝、低压保险丝、安全电压保险丝
分断能力	高分断能力保险丝和低分断能力保险丝
形状	尖头管状熔断器、铡刀式熔断器、螺旋式熔断器、插片式熔断器、平头管状熔断器(其可以分为内焊熔断器、外焊熔断器)、平板式熔断器、裹敷式熔断器、贴片式熔断器等
材料	陶瓷熔断器和玻璃熔断器
熔断速度	特慢速熔断器(一般用 TT 表示)、慢速熔断器(一般用 T 表示)、中速熔断器(一般用 M 表示)、快速熔断器(一般用 F 表示)、特快速熔断器(一般用 FF 表示)
标准	欧规熔断器(VDE)、美规熔断器(UL)、日规熔断器(PSE)

→ **问 727** 怎样判断熔断器的发热量？——公式法

答 熔断器的发热量的公式如下：

$$Q = 0.24 I^2 R T$$

式中　Q——发热量；

　0.24——一个常数；

　　I——流过导体的电流；

　　R——导体的电阻；

　　T——电流流过导体的时间。

→ **问 728** 怎样判断 IEC 规格与 UL 规格熔断器的额定电流？——公式法

答 IEC 规格与 UL 规格熔断器的额定电流的公式如下：

IEC 规格—I_n = 稳态电流/0.9

UL 规格—I_n = 稳态电流/0.75

→ **问 729** 怎样判断熔断器损坏的原因？——观察法

答 熔断器烧后的颜色为黑色或炸裂——说明交流严重短路。

熔断器的玻璃壳内壁有黑斑或黄斑——说明有过流现象。

熔断器烧后的颜色为黄白烟色或炸裂——说明交直流整流部分严重短路。

熔断器的玻璃壳只是轻微地有黄斑——说明过流情况不是很严重，可能是熔断器本身损坏造成的。

熔断器烧后的颜色为白烟色或炸裂——说明直流部位有较重短路。

熔断器烧后的颜色为无色、也无炸裂——说明多为过流、过压、过载、轻微短路造成，多数更换后就可正常工作。

熔断器松脱——熔断器夹片太松。

→ **问 730** 怎样判断熔断器的好坏？——万用表二极管挡法

答 用万用表二极管挡检测熔断器两端，如果检测的电阻为无穷大，则说明该熔断器烧断。如果电阻接近 0，则说明该熔断器是好的。

→ **问 731** 怎样检测保险丝？——在线电压法

答 检测电压时，保险丝前端有电压，保险丝后端没有电压，则说明该保险丝存在开路故障。

→ **问 732** 怎样判断普通保险丝的好坏？——观察法

答 如果有内部熔丝熔断、内部发黑、两端封口松动等情况，则说明该保险丝已经损坏了。

2.1.2 各种保险丝

→ **问 733** 怎样判断温度保险丝的好坏？——万用表电阻挡法

答 用万用表电阻挡检测保险丝两端，如果电阻为无穷大，则说明该保险丝烧断。如果电阻接近 0，则说明该保险丝是好的。

说明：电压力锅应用的温度保险丝可以采用该种方法来检测。

→ **问 734** 怎样判断自恢复熔断器的好坏？——加热法

答 万用表调到低阻挡，检测其常温阻值。然后把热源（例如吹风机、电烙铁）靠近自恢复熔断器，再次检测其热态阻值，此时热态阻值应不断增大。把热源撤掉，等一段时间冷却后，检测其冷态阻值，正常情况应恢复到常温的低阻状态。检测时，如果与上述规律相符合，则说明该自恢复熔断器是好的。如果与上述规律不相符合，则说明该自恢复熔断器是坏的。

说明：自恢复熔断器正常时的常温阻值为 0.02～5.5Ω。容量（电流）越小，常温阻值越高。

→ **问 735** 怎样判断自恢复熔断器的好坏？——电流法

答 根据图 2-1-2 所示连接好检测电路，也就是把自恢复熔断器、万用表、可调稳压电源串联好。把可调稳压电源慢慢从 0V 逐渐调高，如果万用表的读数等于或者大于 I_H 时就立即减小，则说明该自恢复熔断器进入保护状态。然后把可调稳压电源关断，等一段时间其阻值应恢复到常温低阻。检测时，如果与上述规律相符合，则说明该自恢复熔断器是好的。如果与上述规律不相符合，则说明该自恢复熔断器是坏的。

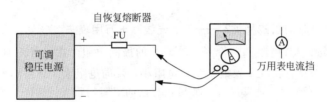

图 2-1-2 判断自恢复熔断器好坏的电路

电路中，万用表需要调到电流挡，并且检测范围要大于自恢复熔断器的 I_H。可调稳压电源的输出电流要大于自恢复熔断器容量的 I_H。

2.2 红外管与激光管（头）

→ **问 736** 怎样判断红外对管的极性（引脚）？——观察法

答 ① 红外对管的两引脚一般一长一短，其中长引脚是正极，短引脚是负极，实物极性判断如图 2-2-1 所示。

② 红外发射管内部管芯中央凹陷，类似聚光罩的形状。红外接收管内部管芯中央的平台上有红外感光电极。具体如图 2-2-2 所示。

一种常用红外发射接收二极管（红外接收头）的外形有 3 只引脚，也就是电源正端（V_{CC}）、电源负端（GND）、数据输出端（OUT）。一些红外接收头的引脚排列如图 2-2-3 所示。

③ 常见的红外接收二极管外观颜色呈黑色。识别

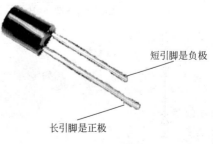

短引脚是负极

长引脚是正极

图 2-2-1 红外管

引脚时，面对受光窗口，从左到右分别为正极端与负极端。另外，在红外接收二极管的管体顶端有一个小斜切平面，通常带有此斜切平面一端的引脚为负极端，另一端为正极端。

说明：红外对管包括红外发射管与红外接收管。

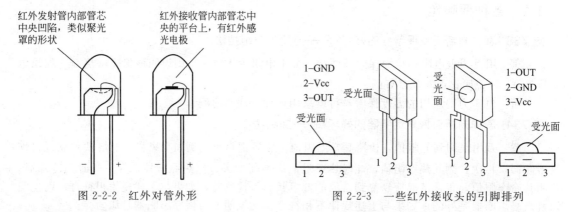

红外发射管内部管芯中央凹陷，类似聚光罩的形状

红外接收管内部管芯中央的平台上，有红外感光电极

1—GND
2—Vcc
3—OUT
受光面

受光面

1—OUT
2—GND
3—Vcc

受光面

图 2-2-2　红外对管外形　　　　　图 2-2-3　一些红外接收头的引脚排列

→ 问 737 怎样判断红外接收头的引脚？——万用表法

答　万用表调到电阻 $R \times 1k$ 挡，假设接收头的某一脚为接地端，并且该假设的接地端与黑表笔连接，用红表笔分别去测另外两引脚的电阻。然后对比两次所测的电阻，正常一般在 $4 \sim 7k\Omega$ 范围，其引脚的判断如下：电阻较小的那次红表笔所接的引脚为 +5V 电源端；阻值相比较大的那脚则为信号脚。

再用红表笔接已知接地脚，黑笔分别测已知电源脚及信号脚，正常阻值均在 $15k\Omega$ 以上，其引脚的判断如下：电阻较大的那次黑表笔所接的引脚为信号脚；电阻较小的那次黑表笔所接的引脚为 +5V。

→ 问 738 怎样判断红外对管的种类？——不受光线照 + 万用表法

答　万用表调到 $1k\Omega$ 电阻挡，检测红外对管的极间电阻。在红外对管的端部不受光线照射的条件下测量，一般正常情况下发射管正向电阻小，反向电阻大。如果黑表笔接正极时（正向检测），电阻小的（$1 \sim 20k\Omega$）是发射管。如果正、反向电阻均很大的管子，则为接收管。

→ 问 739 怎样判断红外对管的种类？——受光线照 + 万用表法

答　万用表调到 $1k\Omega$ 电阻挡，黑表笔接负极（即反向检测），进行检测。如果检测的电阻大（即指针基本不动），则说明所检测的管子是发射管。如果检测的电阻小，并且万用表指针随着光线强弱变化时，指针能够摆动的，则为接收管。

→ 问 740 怎样判断红外对管的种类？——遥控器法

答　用一只发光二极管（发光二极管主要用来显示被测红外管的工作状态）、一只电阻（阻值一般取 $220 \sim 510\Omega$，主要起限流作用）与被测的对管串联，如图 2-2-4 所示，用遥控器对着被测管，按下遥控器的任意键，如果 LED 亮，则说明被检测的管子是红外接收管；如果 LED 不亮，则说明所检测的管子是红外发射管。

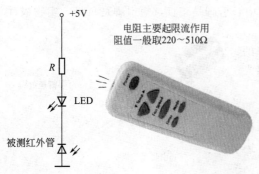

+5V

电阻主要起限流作用
阻值一般取220~510Ω

R

LED

被测红外管

图 2-2-4　红外对管种类的判断（遥控器法）

→ 问 741 怎样判断红外接收二极管的电极（引脚）？——万用表法

答　把万用表调到 $R \times 1k$ 挡，进行正、反两次检测。正常情况下，所检测得到阻值为一大一小。以阻值较小的一次为依据，红表笔所接的

管脚为其负极端，黑表笔所接的管脚为其正极端。

→问 742　怎样检测红外发射接收二极管的好坏？——万用表法

答　用万用表电阻挡检测红外接收二极管正向、反向电阻，根据正向、反向电阻值的大小，即可初步判定红外接收二极管的好坏。具体判别方法与判断普通二极管的方法相同。

→问 743　怎样判断红外接收二极管的好坏？——万用表法

答　万用表调到 $R×1k$ 挡，检测红外接收二极管的正向、反向电阻，也就是交换红表笔、黑表笔，两次检测红外接收二极管两引脚间的电阻值。正常情况下，检测得到的阻值是一大一小，以阻值较小的一次为依据，红表笔所接的红外接收二极管管脚为负极端，黑表笔所接管脚为正极端。

说明：红外接收二极管又叫做红外光电二极管。

→问 744　怎样判断红外接收二极管的性能？——万用表法

答　采用万用表电阻挡，检测红外接收二极管正向、反向电阻，根据正向、反向电阻的大小来判断红外接收二极管的性能：正常情况下，正向、反向电阻相差大；如果相差不大，则说明该红外接收二极管的性能不好，或者说明红外接收二极管已经损坏。

→问 745　怎样判断对射式光电开关的管脚？——万用表法

答　（1）判断红外发射二极管的管脚

万用表调到 $R×1k$ 挡，用一只手堵住光电开关的发射管与接收管，用黑表笔、红表笔分别检测每只管子的两根引脚的电阻，然后把万用表的红表笔、黑表笔对调一下后，再检测每只管子的两根引脚。当找到正向电阻在 $20kΩ$ 左右的那两根引脚时，万用表红表笔接的那只引脚就是红外发射二极管的负极端，万用表黑表笔接的那只引脚就是正极端。

（2）判断光敏三极管的发射极 e 与集电极 c

把接收管对着自然光，用红表笔、黑表笔分别检测光敏三极管的两引脚，再把红表笔、黑表笔对调，检测接收管的两引脚，然后以两次测量中阻值小的那次为依据，万用表红表笔所接的引脚为光敏三极管的发射极 e，黑表笔所接的引脚为集电极 c。

说明：普通光电开关有对射式、反射式之分，它们都具有 4 只引脚。其中，两只引脚是红外发射二极管的引脚，另外两只是光电三极管的引脚。

→问 746　怎样判断光电开关的好坏？——双表法

答　万用表调到 $R×1k$ 挡，黑表笔接光敏三极管的集电极 c，红表笔接发射极 e，在光线较暗的环境中检测，万用表指示的阻值一般很大。把另一块万用表调到 $R×10k$ 挡，并且黑表笔接红外发射管的正极端，红表笔接负极端，正常情况下，这时检测得到的光敏三极管阻值减小很多。如果检测与上述情况差异较大，则说明该光电开关已经损坏。

→问 747　怎样判断圆形全息激光器激光头的好坏？——电池法

答　把 2 节 $1.5V$ 的电池串接一只 $2.2Ω$ 电阻，构成如图 2-2-5 所示的连接方式，即给激光头加电。观看圆形全息激光器构成的激光头的物镜光斑形状进行来判断：

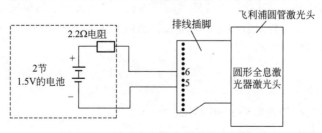

图 2-2-5　圆形全息激光器激光头的检测

① 无暗红光斑，说明该管为死管；

② 只在物镜中央出现几点微弱暗红光斑，说明该管严重老化；

③ 有清晰可见、向边缘扩散、耀眼的暗红光斑，说明该管为可修复的好管。

2.3 传感器

问 748 怎样判断温度传感器的好坏？——CPU 输入电压法

答 有的温度传感器把感知的温度信号传到单片微电脑 CPU 中，通过单片微电脑 CPU 进行控制。因此，从温度传感器输入单片微电脑 CPU 的电压值分析当前温度是否正确，以此来判断温度传感器是否不良、损坏。其规律是：温度与电压一般是成正比的，也就是温度越高，温度传感器与单片微电脑 CPU 连接引脚的电压越高。如果不符合此规律，则说明该温度传感器可能异常。

问 749 怎样判断温度传感器的好坏？——模拟法

答 根据各种温度传感器检测的温度或人工模拟温度来分析温度与阻值的变化关系是否正常，来判断温度传感器是否不良、损坏。温度与阻值成反比。如果不符合此规律，则说明该温度传感器可能异常。

问 750 怎样判断传感器的好坏？——观察法

答 ① 传感器的连线断开、接触不良，则说明该传感器损坏了。

② 传感器的插接件接触不良，有的可以重插排除异常。

③ 传感器感温元件焊点断裂变形，则说明该传感器损坏了。

④ 传感线产生裂纹，有水分渗入内部引起参数恶化，则说明该传感器损坏了。

⑤ 感温头受剧烈撞击变形损坏。

⑥ 感温头密封裂纹，则说明该传感器损坏了。

问 751 怎样判断传感器（热敏电阻）的好坏？——手握法

答 用手握住热敏电阻大约 5min，用万用表的电阻挡检测传感器（热敏电阻）的阻值，看是否变化：如果有变化，则说明该传感器（热敏电阻）是好的；如果没有变化，则说明该传感器（热敏电阻）损坏了。

问 752 怎样判断压力传感器的好坏？——桥路法

答 万用表调到欧姆挡，检测压力传感器输入端间的阻抗、压力传感器输出端间的阻抗。如果阻抗为无穷大，则说明桥路断开了，也就说明传感器异常或者引脚定义错误。

说明：桥路的检测，主要是检测传感器的电路是否正确。

问 753 怎样判断压力传感器的好坏？——零点检测法

答 万用表调到电压挡，检测在没有施加压力的条件下，传感器的零点输出。正常情况下，该输出一般为 mV 级的电压。如果超出正常电压，则说明该传感器的零点偏差超出范围。

问 754 怎样判断压力传感器的好坏？——加压检测法

答 给传感器供电，用嘴吹压力传感器的导气孔，再用万用表的电压挡检测传感器输出端的电压变化情况。如果压力传感器相对灵敏度大，则该变化量明显。如果丝毫没有变化，则需要改用气压源施加压力来检测判断。

2.4 磁头

问 755 怎样判断磁头的寿命？——观察法

答 露出铁芯截面积大——寿命短。

光洁度高、工作面积小——磁头寿命长。

➡ 问 756 怎样判断磁头内部断线、短路？——手指触碰法

答 把电器接通电源后，打开盒带仓门，将音量调至合适位置，再按下放音键，用干净的手指头轻触碰磁头工作面。如果手指断续触碰磁头表面瞬间，喇叭发出清脆的"嗒嗒"或"嗡嗡"的交流感应声，则说明磁头没有内部断线。如果手指反复几次碰击磁头面均没有声响，则说明磁头内部已经短路或者断线。

2.5 晶振与振荡器、石英谐振器、压电陶瓷片

2.5.1 晶振与振荡器

➡ 问 757 怎样判断有源晶振的引脚？——观察法

答 有源晶振型号多，每一种型号的引脚定义可能有所差异，常见的四脚有源晶振的引脚为1脚悬空端、2脚接地端、3脚输出端、4脚接电压端。引脚判断为：有点标记的为第1脚，管脚向下，按逆时针分别为2、3、4。有的DIP8封装正方形有源晶振的引脚分布为：打点标记的为第1脚，第4脚为GND端，第5脚为OUTPUT端，第8脚为Vcc端。有的DIP14封装长方形有源晶振的引脚分布为：打点标记的为第1脚，第7脚为GND，第8脚为OUTPUT，第14脚为Vcc。

举例：如图2-5-1所示，晶振本体上的缺口标志与PCB上的"白线"方向一致，同时和线路图上的1脚对应好。

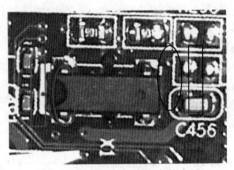

图2-5-1 晶振在电路板中的应用

➡ 问 758 怎样区别有源晶振与无源晶振？——对比法

答 有源晶振与无源晶振的区别见表2-5-1。

表2-5-1 有源晶振与无源晶振的区别

项目	无源晶振	有源晶振
引脚	2只引脚的无极性元件	4只引脚，具有完整的振荡器
英文名称	Crystal(中文含义为晶体)	oscillator(中文含义为振荡器)
振荡情况	需要借助于时钟电路才能够产生振荡信号，自身无法振荡起来	除了石英晶体外，还含有晶体管与阻容元件

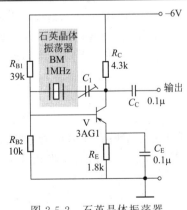

图2-5-2 石英晶体振荡器
在电路中常用符号

➡ 问 759 怎样判断元件是石英晶体振荡器？——符号法

答 根据石英晶体振荡器电路图形符号、文字符号来判断。石英晶体振荡器在电路中常用字母XT、B、BC、Z、X、G、BM等来表示，如图2-5-2所示。

说明：石英晶体振荡器也可以称为石英晶体谐振器，可以用来稳定频率与选择频率。石英晶体振荡器也可以取代LC谐振回路的晶体谐振元件。

➡ 问 760 怎样判断晶振的好坏？——观察法

答 观看晶振外壳没有裂痕，引脚没有断，晶体表面整洁等，则说明该晶振是好的。如果晶振外壳出现裂痕、引脚异常等情况，则说明该晶振是坏的。

→ 问 761 怎样判断晶振的好坏？——代换法

答 利用好的晶振代换怀疑可能损坏的晶振，如果代换后，故障排除，则说明原晶振是坏的。

→ 问 762 怎样判断晶振的好坏？——声音法

答 把晶振轻摇，如果有声音（需要仔细听），则说明该晶振内部的晶体可能碎了，也就是说该晶振可能坏了。

→ 问 763 怎样判断晶振的好坏？——数字电容表法

答 选择好数字电容表或者数字万用表的电容挡，检测晶振的电容量。一般损坏的晶振电容量是明显减小的。

① 把数字万用表拨到 CAP 挡。

② 把被测石英晶体插入数字万用表的 Cx 测试孔。

③ 根据读数来判断：如果检测得到电容出现偏离值，则说明晶振内部可能发生变化；如果检测晶振的电容出现溢出 1，则说明该晶振出现漏电或短路现象；如果检测得到的电容值不稳定，则说明该晶振接触不良或晶体片脱落等异常现象；如果检测石英晶体的电容 C_0 值比正常值小许多，或者为 0pF，则说明该晶振内部可能存在断路，或者晶振出现碎裂现象。

举例：遥控发射器中常用的 45kHz、480kHz、500kHz、560kHz 石英晶体振荡器的电容近似值分别为 296～310pF、350～360pF、405～430pF、170～196pF。当采用数字电容表法判断晶振时，如果检测得到石英晶体振荡器的容量大于近似值，或者检测无容量，则说明该石英晶体振荡器已经变值或开路损坏。

说明：不同的晶振其正常容量具有一定的范围，一般在几十到几百皮法。

→ 问 764 怎样判断晶振的好坏？——万用表电阻法

答 万用表调到 $R×10k$ 挡，检测晶振两端的电阻值，如果检测得到为无穷大∞，则说明该晶振没有短路或漏电。然后把试电笔插入市电插孔内，用手指捏住晶振的任一引脚，并将晶振的另一引脚碰触试电笔顶端的金属部分，如果试电笔氖泡发红，则说明该晶振是好的；如果氖泡不亮，则说明该晶振已经损坏。

如果把万用表调到 $R×10k$ 挡，检测石英晶体两引脚间的电阻值不为无穷大∞，而是一低数值，甚至是接近于零的数值，则说明该被测的晶振漏电或存在击穿损坏。

说明：万用表电阻法检测晶振，只能检测晶振是否漏电，不能检测出晶振内部是否断路。

→ 问 765 怎样判断晶振的好坏？——电压法

答 如果输出的是正弦波（峰峰值接近源电压），则用万用表检测晶振输出脚电压，一般正常情况下，大约是电源电压的一半。如果检测的电压差异较大，则说明该被测的晶振异常。

另外，也可以用万用表检测晶振两个引脚的电压来判断，正常应为芯片工作电压的一半。例如芯片工作电压为 5V 的，如果检测得到晶振两个引脚的电压是 2.5V 左右，则说明该晶振启振了。

说明：该方法主要用于一些芯片应用的晶振检测。

→ 问 766 怎样判断晶振的好坏？——电池法

答 用一节 1.5V 的电池接在晶振的两端，把晶振放到耳边仔细听，如果听到晶振有"嗒嗒"的声音，则说明该晶振起振了，即可判断晶振是好的。如果听不到晶振发出声音，则说明该晶振可能损坏了。

→ 问 767 怎样判断晶振的好坏？——试电笔法

答 把一支试电笔插入市电插座的火线孔内，然后用手指捏住晶振的任一引脚，同时把晶振的另一引脚触碰试电笔顶端的金属部分。如果试电笔的氖泡发红，一般说明晶振是好的。如果试电笔的氖泡不亮，则说明该晶振可能损坏了。

→ 问 768 怎样判断晶振的好坏？——数字万用表二极管挡法

答 数字万用表调到二极管挡，检测晶振两引脚间的数值，正常情况下为无穷大∞。如果检测得到有数值，则说明该晶振已经损坏或者与其连接的元件损坏。

但是，需要注意数字万用表显示数值为无穷大∞，不能够判断晶振是否正常。

→ 问 769 怎样判断晶振的好坏？——示波器法

答 用示波器检测石英晶体振荡器的输出端脚，正常情况下，起振会有正常的波形，不起振则无波形，从而可以判断晶振是否损坏。

→ 问 770 怎样判断晶振的好坏？——镊子碰触法

答 用万用表检测晶振两个引脚的电压，如果用镊子碰触晶振的一个脚，芯片工作电压的一半电压有明显变化，则说明该晶振起振了，也就是说明该晶振是好的。

→ 问 771 怎样判断晶振的好坏？——电路法

答 根据图 2-5-3 所示的电路连接好检测电路（该电路可以测量 $10\text{kHz} \sim 100\text{MHz}$ 晶振）。如果晶振是好的，则电路会驱动 LED 发光。如果晶振是坏的，则电路不会驱动 LED 发光，即 LED 不亮。

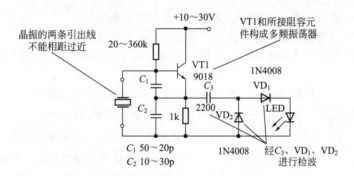

图 2-5-3　石英晶体振荡器好坏的判断（电路法）

判断晶振好坏的检测电路也可以采用如图 2-5-4 所示的电路：把被检测的晶振（石英晶体）接入 X_1、X_2 端。如果晶振能够起振，则说明该晶振是好的；如果不能够起振，则说明该晶振是坏的。图中被检测晶振与三极管 V_1 构成一个振荡器。起振信号经过 C_3 耦合，经过 VD_2 整流，C_4 滤波，放大电路放大，驱动 LED 发光。如果晶振损坏，振荡器不能够起振，则 LED 不能够发光。

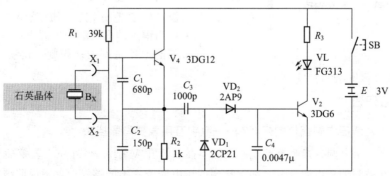

图 2-5-4　石英晶体检测电路

判断晶振好坏的检测电路还有如图 2-5-5 所示的电路：被检测的石英晶体连接在 XS1、XS2 两个插口端，如果 LED 能够发光，则说明被检测的石英晶体是好的；如果 LED 不能够发光，则说明被检测的石英晶体是坏的。

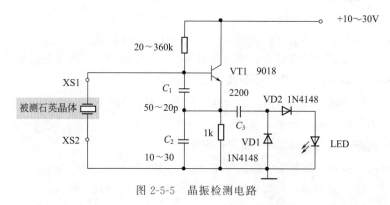

图 2-5-5　晶振检测电路

说明：上述电路检测的石英晶体的频率很宽，最佳工作频率为几百千赫到几十兆赫。

→ 问 772　怎样检测晶振相位噪声？——相噪测试仪法

答　① 选择一只相噪优于 $-160\mathrm{dbc/Hz}$（在 1kHz）的 100MHz 晶振作为测试源。

② 相噪测试仪连接好电脑。

③ 把测试源、被测晶振、相噪测试仪通电预热大约半小时。

④ 给晶振的频率调谐端提供合适的压控电压，将晶振频率校准到标频。

⑤ 调整相噪测试仪的微调旋钮，使仪器的失锁灯处于关闭状态，指针稳定在 0 刻度没有抖动现象。

⑥ 开始测试，同时观察电脑上生成的测试曲线，读出晶振噪声值即可。

→ 问 773　怎样判断晶振的好坏？——指针万用表＋数字万用表法

答　把指针万用表与数字万用表以及所测量的晶振根据图 2-5-6 所示的方式连接起来，其中

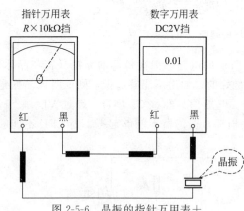

图 2-5-6　晶振的指针万用表＋
数字万用表好坏的判断

指针万用表提供检测电压，一般选择 $R \times 10\mathrm{k}\Omega$ 挡。数字万用表作为高灵敏电流检测用，一般选择 DC2V 挡。当数字万用表显示的数值小于 0.01V，则说明所检测的晶振是好的；当数字万用表显示的数值大于 0.01V，则说明所检测的晶振是坏的。

→ 问 774　怎样判断石英谐振器的好坏？——在路测电压法

答　万用表调到直流 10V 挡，黑表笔接电源负极，红表笔分别检测石英谐振器的两脚端。如果检测得到的电压约为电源电压的 1/2，则说明该石英谐振器是好的；否则，说明该石英谐振器可能异常。

2.5.2　压电陶瓷片

→ 问 775　怎样判断压电陶瓷片的好坏？——数字万用表蜂鸣器挡法

答　数字万用表调到蜂鸣器挡，一支表笔插入插孔 V·Ω，另外一支表笔插入插孔 COM，然后把表笔接在被测的压电陶瓷片。如果被测的压电陶瓷片不能够发声，则说明该被测陶瓷片已经损坏了；如果被测的压电陶瓷片能够发声，则说明该被测陶瓷片是好的。

问 776 怎样判断压电陶瓷片的好坏？——万用表电阻挡法

答 万用表调到 $R \times 1$ 挡，把万用表表笔触碰压电陶瓷片的两电极端。开始（即第 1 次）触碰时，正常情况下，能够听到较响的"卡兹"声。再触碰时，声音会变小。第 3 次触碰时，声音变微（几乎不能够听到），则说明该被测压电陶瓷片是好的。如果第 1 次触碰时压电陶瓷片不发出声，把万用表表笔对调，再去触碰压电陶瓷片，依然无声，或者用导线把压电陶瓷片两电极端短路后，再用万用表表笔去触碰时也无声，则说明该压电陶瓷片已经损坏了。

问 777 怎样判断压电陶瓷片的好坏？——电池法

答 用一节电池引出两电线，去触碰压电陶瓷片的两电极端。如果压电陶瓷片能够发声，则说明该压电陶瓷片是好的；如果压电陶瓷片不能够发声，则说明该压电陶瓷片可能损坏了。

问 778 怎样判断压电陶瓷片的好坏？——电流法

答 万用表调到 $50\mu A$ 挡，一只表笔接压电陶瓷片的基片，另一只表笔触碰镀银层。如果每触碰一下，万用表指针均具有微小摆动，则说明该压电陶瓷片具有压电效应。如果触碰时，万用表表针不摆动，则说明该被测压电陶瓷片已经损坏了。

2.5.3 VCO 组件

问 779 怎样判断 VCO 组件的引脚？——特点法

答 根据有的 VCO 组件上，有一个小的方框或一个小黑点标记为 1 端起始点，以及具体 VCO（压控振荡器）引脚分布规律来判断。

另外，也可以根据以下特点来检测、判断：

① VCO 组件的接地端对地电阻一般为 0，可以用万用表检测电阻来判断；

② VCO 组件电源端的电压与射频电压接近；

③ VCO 组件的控制端一般接有电阻或电感，在一些电器待机状态下，启动发射时，该端口有脉冲控制信号；

④ VCO 组件的输出端可以用频谱分析仪来检测，正常情况下，应有射频信号输出。

举例：手机 13MHz 因机型不同，具体采用的电路形式也不同。有的采用晶振，有的采用 VCO 组件。

VCO 组件可以分为单频 VCO 组件、多频 VCO 组件，有 6 端、8 端、14 端等 VCO 组件。VCO 组件上常有一个小方框，或一个小黑点，或圆圈标记为 1 端起始点，如图 2-5-7 所示。

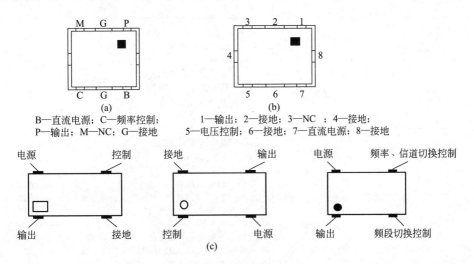

(a)

B—直流电源；C—频率控制；
P—输出；M—NC；G—接地

(b)

1—输出；2—接地；3—NC；4—接地；
5—电压控制；6—接地；7—直流电源；8—接地

(c)

图 2-5-7　VCO 组件引脚

2.6 电池

2.6.1 通用与概述

→ **问 780** 怎样识别镍镉镍氢电池？——命名规律法

答 IEC 标准镍镉镍氢电池的命名规律见表 2-6-1。

表 2-6-1　IEC 标准镍镉镍氢电池的命名规律

序号	项目	解　说
1	电池种类	KR——表示镍镉电池。 HF——表示镍氢电池。 HR——表示型镍氢电池
2	电池尺寸	圆形电池的直径、高度。 方形电池的高度、宽度、厚度。 说明：数值间用斜杠隔开，单位为 mm
3	放电特性符号	L——表示适宜放电电流倍率在 0.5C 以内。 M——表示适宜放电电流倍率在 $(0.5\sim3.5)C$ 以内。 H——表示适宜放电电流倍率在 $(3.5\sim7.0)C$ 以内。 X——表示电池能在 $(7\sim15)C$ 高倍率的放电电流下工作
4	高温电池符号	用 T 表示
5	电池连接片	CF 代表无连接片，HH 表示电池拉状串联连接片用的连接片，HB 表示电池带并排串联连接用连接片

举例：HF18/07/49，表示宽为 18mm、厚度为 7mm、高度为 49mm 的方形镍氢电池。

→ **问 781** 怎样识别二次锂电池？——命名规律法

答 IEC61960 标准二次锂电池的命名规律为：

3 个字母＋5 个数字（数字圆柱形电池）或 6 个数字（方形电池）

各部分的特点见表 2-6-2。

表 2-6-2　IEC61960 标准二次锂电池的命名规律

序号	项目		解　说
1	第一个字母	电池的负极材料	I——表示有内置电池的锂离子。 L——表示锂金属电极或锂合金电极
2	第二个字母	电池的正极材料	C——表示基于钴的电极。 N——表示基于镍的电极。 M——表示基于锰的电极。 V——表示基于钒的电极
3	第三个字母	电池的形状	R——表示圆柱形电池。 L——表示方形电池
4	数字圆柱形电池 5 个数字	电池的尺寸规格	分别表示电池的直径、高度。直径的单位为 mm，高度的单位为 1/10mm，直径或高度任一尺寸大于或等于 100mm 时，两个尺寸间应加一条斜线
5	方形电池 6 个数字	电池的尺寸规格	分别表示电池的厚度、宽度、高度，单位为 mm，3 个尺寸任一个大于或等于 100mm 时，尺寸间应加斜线。3 个尺寸中，如果有任一小于 1mm，则在此尺寸前加字母 t，该尺寸单位为 1/10mm

→ 问 782 怎样判断三星电池的序列号？——命名规律法

答 三星电池序列号的命名规律如下：

S/N 为 11 位序号，由数字与字母组成，格式为 123-ABCD-EF-GH。

说明：第二位 2 表示电芯，其中，A 表示 SDI 公司的电芯；H 表示 HITACHI（日立）公司的电芯；O 表示 SONY 公司的电芯；G 表示 GSMT 公司生产的电芯。第四到七位分别用 A、B、CD 表示生产年、月、日。

→ 问 783 怎样判断充电电池是否充足电量？——时间法

答 根据充电时间估测充电电池是否充足。

电池充电时间（h）见表 2-6-3。

表 2-6-3 电池充电时间

项 目	解 说
充电电流小于等于电池容量的 5% 时	充电时间(h)＝电池容量(mA·h)×1.6÷充电电流(mA)
充电电流大于电池容量的 5%，小于等于 10% 时	充电时间(h)＝电池容量(mA·h)×1.5÷充电电流(mA)
充电电流大于电池容量的 10%，小于等于 15% 时	充电时间(h)＝电池容量(mA·h)×1.3÷充电电流(mA)
充电电流大于电池容量的 15%，小于等于 20% 时	充电时间(h)＝电池容量(mA·h)×1.2÷充电电流(mA)
充电电流大于电池容量的 20% 时	充电时间(h)＝电池容量(mA·h)×1.1÷充电电流(mA)

说明：如果充电时，充电器电源有间断现象，或者电池在充电器里存在接触不良时，单依靠充电时间来判断充电电池是否充足是很片面的，判断的准确率也很低。

→ 问 784 怎样根据电池、充电器规格来判断充电电池的充电时间？——估算法

答 充电时间的估算公式如下：

（1.2～1.5）×电池容量(mA·h)÷充电电流(mA)＝充电时间(小时)

举例：电池的规格 1.2V，7 号/(AAA)；容量 2500mA·h。

充电器的规格：充电电流 170～190mA（快充电流）、90～120mA（慢充电流）。

则 7 号 1.2V、2500mA·h 电池的快充时间（小时）估算如下：

（1.2～1.5）×电池容量(mA·h)÷充电电流(mA)

＝1.2×2500mA·h÷170mA＝15(h)

→ 问 785 怎样判断充电电池是否充足电量？——试触法

答 把万用表调到大于 5A 的电流挡，快速试触检测，也就是万用表黑表笔接触充电电池的负极，红表笔碰一下充电电池的正极后就迅速离开，同时仔细查看电流表的最大电流值。

举例：一般 1300mA·h 的镍氢电池，充足电后使用试触法，检测电流值应达到 4A 以上。

说明：不同毫安时的充电电池充足电后正常达到的电流值是不同的，因此，可以首先用一节同类型的好电池，通过检测得出一个参考值，这样在检查时就可以作为判断的比较依据。

→ 问 786 怎样判断电池的使用时间？——估算法

答 估算法判断电池的使用时间就是根据电池的容量与电池放电的电流来估算电池的使用时间。

举例：一电池的容量为 1300mA·h，如果以 0.1C（C 为电池容量）即 130mA 的电流给这只电池放电，则该电池可以持续的工作时间：

1300mA·h/130mA＝10h

说明：衡量电池容量大小的单位为 mA·h，衡量大容量电池一般用 A·h 来表示。其中，1A·h＝1000mA·h。

→ 问 787 怎样判断反极电池？——特点法

答 带负载的情况下，逐个检测各个电池的电压，如果发现哪个电池的端电压相反，则说明该电池是反极故障电池。

断开电路或无回路时，检测单个电池，发现极性正常，电压较低，则说明该电池是反极性电池。

说明：反极故障电池会影响整个电池组的电压（即下降），如果该电池反充电时间较长，故障电池将真正反极。反极电池，需要进行单独的过充电，以及反复充放电，直到电池容量恢复正常。

2.6.2 蓄电池

→ 问 788 怎样判断蓄电池的正负极？——二极管法

答 用导线连接好二极管、电池，等一定时间，如果电池发热，则与二极管正极相连的那端极为电池的正极，反之则为电池的负极。

说明：如果二极管为发光二极管，则电池正负极接上发光二极管亮时，与二极管正极相连的一端为电池的正极，则另一端为负极。

→ 问 789 怎样判断蓄电池的好坏？——观察法

答 通过观察蓄电池的情况来判断。如果蓄电池有外壳裂纹、极柱腐蚀、极柱松动、封胶干裂、变形、凸出、漏液、破裂炸开、烧焦、螺丝连接处有氧化物渗出等情况，则说明该蓄电池异常。

→ 问 790 怎样检测蓄电池的内阻？——密度法

答 通过测量蓄电池电解液的密度来估算蓄电池的内阻。

说明：密度法检测蓄电池的内阻常用于开口式铅酸电池的内阻测量，不适合密封铅酸蓄电池的内阻测量。

→ 问 791 怎样检测蓄电池的内阻？——开路电压法

答 通过测量蓄电池的端电压来估计蓄电池的内阻。

说明：开路电压法检测蓄电池的内阻精度很差，有时可能得出错误结论。这是因为一个容量已经变得很小的蓄电池，在浮充状态下其端电压可能表现得很正常，从而检测电压时，会出现电压正常，其实蓄电池已经出现故障。

→ 问 792 怎样检测蓄电池的内阻？——直流放电法

答 通过对电池进行瞬间大电流放电，检测电池上的瞬间电压降，通过欧姆定律计算出电池内阻。

说明：直流放电法对蓄电池内阻进行检测，必须是在静态或是脱机状态下进行，无法实现在线检测。并且大电流放电会对蓄电池造成损害。

→ 问 793 怎样检测蓄电池的内阻？——交流注入法

答 通过对蓄电池注入一个恒定的交流电流信号 I_s，检测出蓄电池两端的电压响应信号 U_o，两者的相位差 θ，然后根据阻抗公式来计算

$$Z = U_o / I_s \ \text{及} \ R = Z\cos\theta$$

说明：交流注入法不需要对蓄电池进行放电，可以实现安全在线检测电池内阻。该方法需要检测交流电流信号 I_s、电压响应信号 U_o、电压与电流间的相位差 θ，因此带来一些干扰因素，增加系统的复杂性与检测精度。

问 794 怎样检测蓄电池的内阻？——四端子测量法

答 把蓄电池两端上的电压响应信号，通过交流差分电路与产生恒定交流源的正弦信号经过模拟乘法器相乘，把模拟乘法器的输出电压信号再通过滤波电路，使交流信号转为直流信号，然后把直流信号经过直流放大器放大后，进行模数转换，再把转换后的值送到单片机微处理器进行简单的处理，最后通过显示器显示出来。

问 795 怎样检测蓄电池的质量？——人工检测法

答 ① 人工检查法除了放电测试外，主要是检测电池组电压、单电池电压、温度、单电池内阻。

② 温度的检测可以发现电池的工作环境是否通风不良、温度过高等情况。

③ 电池内阻的检测可以发现电池容量下降与电池老化。

④ 电池组电压的测量可以发现充电机的参数设置是否正确。

⑤ 单电池电压的检测可以发现单电池浮充电压是否正确、单电池是否被过充电、过放电等情况。

说明：人工检测的一些不足如下：

① 人工检测的准确度受诸多因素的影响；

② 人工测量安全性差；

③ 放电测试对蓄电池会造成无法恢复的伤害等情况。

问 796 怎样判断蓄电池的极性？——看极柱法

答 一些蓄电池，呈棕色的极柱是正极端，呈灰色的极柱是负极端。

问 797 怎样判断蓄电池的极性？——厂牌法

答 一些蓄电池，靠近蓄电池生产厂厂牌一端的极柱是正极端，则另一端为负极端。

问 798 怎样判断蓄电池的极性？——极柱大小法

答 如果蓄电池的极柱大小不同，一些蓄电池，大极柱为正极端，小的极柱为负极端。

问 799 怎样判断蓄电池的极性？——浸入法

答 把两根导线分别接在蓄电池的极柱上，然后将两根导线的另一端的端头浸入到稀硫酸或稀盐酸溶液中。如果有气泡产生，则该端为蓄电池的负极端，另外一端为蓄电池的正极端。

问 800 怎样判断蓄电池的极性？——马铃薯或红薯法

答 把蓄电池两极柱分别连上引线，把引线插在切开的马铃薯或红薯的同一剖面。如果导线周围的薯切面变绿，则说明该引线连接的极柱为正极端，另外一端为负极端。

问 801 怎样判断蓄电池的极性？——断锯条法

答 用断锯条分别在蓄电池的两极柱上撩划，其中，手感质硬的极柱为正极端，极柱质软的为负极端。

问 802 怎样判断蓄电池的放电程度？——硅橡胶与聚苯乙烯法

答 把硅橡胶与聚苯乙烯材料自制两种小球或剪成小方块，直接放入蓄电池的电解液中，观察情况就可以判断出放电程度。蓄电池充电时，两种球均浮在电解液面。蓄电池放电到一半时，硅橡胶开始下沉。蓄电池完全放电时，聚苯乙烯球也下沉。

问 803 怎样判断蓄电池的质量？——外观检测法

答 蓄电池标志与标识、生产厂家、规格型号、商标、正负极等完整清晰，外壳完好、注液孔完好等情况，均说明该蓄电池质量可能比较好。如果规格标志与标识、内容缺漏，外壳破损，则说明该蓄电池质量差。

→ 问 804 怎样检测蓄电池低温启动能力？——低温室内或低温箱法

答 把蓄电池完全充电后 $1\sim5h$ 内放入温度 $-18℃\pm1℃$ 的环境中，至少持续 20h 以上。然后把蓄电池从低温室内或低温箱内取出，1min 内用大电流放电，根据检测的放电时间与标准进行比较，如果相符合，则说明该蓄电池低温启动能力强。

说明：蓄电池低温启动能力标准要求使用 $4.5\sim5$ 倍 C_{20} 的电流放电，5s 时，蓄电池单体电压不得低于 1.5V；60s 时，蓄电池单体电压不得低于 1.4V。

→ 问 805 怎样检测蓄电池的耐温变性能？——试验法

答 把蓄电池分别放在高于 65℃ 与低于 -30℃ 的环境中放置 24h，然后在 $25℃\pm10℃$ 的环境中放置 12h，再进行气密性试验。如果试验合格，则说明该蓄电池耐温变性能良好。

说明：根据标准给蓄电池每个单体充入或者抽出气体，看单体与单体、单体与外界间产生的压差在 $3\sim5s$ 内是否变动，从而可以确定气密性是否完好。

→ 问 806 怎样判断蓄电池是否老化？——电池放电模式下测量法

答 在电池放电模式下，检测电池组中各个电池的端电压。如果其中一个或多个电池的端电压明显高于或者低于蓄电池的标称电压，则说明该蓄电池已经老化了。

→ 问 807 怎样判断蓄电池是否老化？——市电模式下测量法

答 在市电模式下检测电池组中各个电池端的充电电压。如果其中一个或多个电池的充电电压明显高于或者低于其他电压，则说明该蓄电池已经老化了。

→ 问 808 怎样判断蓄电池是否老化？——总电压法

答 检测电池组的总电压，如果电池组的总电压明显低于标称值，并且在充电 8h 后依旧不能够恢复到正常值，则说明该蓄电池已经老化了。

→ 问 809 怎样判断蓄电池是否老化？——仪器测试法

答 可以采用蓄电池放电测试仪对蓄电池进行检测，即把蓄电池的测试仪两正负测钳分别夹持在蓄电池的正、负电极上，按下测试按钮，观察测试仪表指示情况来判断（以标称电压为 12V 电池为例）：

① 如果仪表指示电压为 9V 以上，则说明该蓄电池状态良好；

② 如果仪表指示电压低于 9V，但是指针处于某个数值不动，则说明蓄电池处于亏电状态，该故障需要补充充电解决问题；

③ 如果仪表指针快速下降为 0V，则说明该蓄电池内部存在断路现象；

④ 如果仪表指示指针慢慢下降，则说明该蓄电池内部存在短路现象。

→ 问 810 怎样判断蓄电池是否老化？——经验法

答 ① 通过用手敲击蓄电池的两个电极桩，如果听到有空洞的声音，则说明极桩与极板发生断裂。

② 通过观察蓄电池底部是否有沉淀物来判断，如果有沉淀物，则说明该蓄电池极板脱落。

③ 通过观察蓄电池电解液是否浑浊来判断，如果浑浊，则说明该蓄电池正极板软化。

④ 通过用一粗导线短路正、负极桩，以及观察蓄电池各个加液孔，如果发现某隔出现气泡现象，则说明该蓄电池的隔已经损坏。

→ 问 811 怎样判断铅酸电池的荷电量？——电压表法

答 ① 选择好电压表。

② 把蓄电池断开电路，停放至少 1h。

③ 将电压表调到直流电压挡，电压表的正极接在电池的正极端上，负极接在电池的负极端上，这样可以检测蓄电池的开路电压。等读数稳定后，读出数值。一般正常的 12V 蓄电池，其

开路电压为 $11\sim13.5V$ 的某一数值。

④ 一般来说，蓄电池完全放电时的电压为 $11\sim11.5V$，充满电时的电压为 $13\sim13.5V$，因此，荷电量与电压的关系：

$$SOC=（电压-11）\times50$$

举例：如果检测某一蓄电池的开路电压为 $12.2V$，则其荷电量为：

$$（12.2-11）\times50=60$$

也就是说该电池还有大约 60% 的电。

⑤ 如果不知道蓄电池满荷电时的电压，但是知道蓄电池满荷电时的电解液的密度，则可以通过下式计算出电池满荷电时的开路电压：

$$开路电压=（电解液密度+0.84）\times6$$

举例：某一蓄电池满荷电时的电解液相对密度为 1.35，则其满荷电时的电压为：

$$（1.35+0.84）\times6=13.14V$$

说明：上述方法是利用铅酸蓄电池的开路电压与荷电量呈线性关系来作为判断的依据。数值只能是估算数值，精确度不高。

2.6.3 纽扣电池与锂电池

→ 问 812 怎样判断纽扣电池是否损坏？——观察法

答 纽扣电池异常凸起，则说明该纽扣电池可能损坏。

→ 问 813 怎样判断纽扣电池是否损坏？——触摸法

答 让纽扣电池应用一段时间，用手触摸电池，如果烫手，则说明该纽扣电池可能异常。

→ 问 814 怎样判断微型扣式电池的好坏？——万用表法

答 万用表调到直流 $1mA$ 挡位，把万用表的正表笔接触电池的金属外壳，负表笔迅速在电池负极处点触一下。在万用表表笔碰触的瞬间，万用表的表针如果迅速朝满刻度方向摆动，则说明该电池容量足，也就是说该微型扣式电池是好的。如果在万用表表笔碰触的瞬间，表针略有晃动，但是晃动的幅度很小，或者根本不晃动，则说明该电池电容量基本耗尽，也就是说该电池已经损坏。

说明：微型扣式电池由于放电终止电压明显低于标准值，因此，用一般低阻万用表检测其电池的电压，不能够准确判断该电池质量的好坏。

→ 问 815 怎样判断磷酸铁锂电池的好坏？——四点法

答 四点法判断磷酸铁锂电池的好坏见表 2-6-4。

表 2-6-4 四点法判断磷酸铁锂电池的好坏

项目	解　　说	检测方法
一致性	一致性不好的锂电池组,其容量将表现为最低,这样会造成整个电池组会因一个电芯的原因,既不能充分地释放电能,也不能充分地吸收电能。如果电池组不加保护板,不但有容量损失,也有可能发生安全问题	把需要进行检测的电芯串联起来,做 $1C$ 充电与 $3C$ 放电,再在其充放电过程中,看电芯电压的升降差异
自放电率	一般要求电池组自放电率应小于每个月 2%	将容量相等的电池充饱后静置一个月后,量度其电容量值
高倍率	能够经受高倍率充放电的电池组,其快速充放电的能力就强	根据锂电池生产厂家提供的条件,用最高倍率测试。一般来说,动力锂电池组要满足 $3C$ 充电、$30C$ 放电的安全性要求
长寿命	一般情况,磷酸铁锂电池在 $1C$ 放电 2000 次后还有 85% 的容量,在 3000 次后还有 80% 的容量	测试方法以厂家提供的数据为依据进行

2.6.4 其他

→ 问 816 怎样判断 UPS 电池是否老化？ ——带载测量法

答 UPS 工作在电池模式下，并带一定量的负载。如果放电时间明显短于正常的放电时间，充电 8h 后依旧不能够恢复到正常的备用时间，则可以判断该 UPS 电池老化了。

→ 问 817 怎样判断太阳能电池的好坏？ ——万用表法

答 万用表调到 $R \times 10k$ 挡，把万用表表笔的正、负极分别与电池的正、负极相连接，此时万用表显示的正常电池电阻值应为无穷大 ∞。然后将电池板移到白炽台灯下照射，此时万用表显示的电阻值正常应由无穷大 ∞ 降到 $10 \sim 20k\Omega$ 间，这种情况可以判断所检测的太阳能电池是好的。

2.7 灯泡

→ 问 818 怎样判断白炽灯泡是否损坏？ ——综合法

答 综合法判断白炽灯泡是否损坏的方法与要点见表 2-7-1。

表 2-7-1　综合法判断白炽灯泡是否损坏的方法与要点

方法	说　明
观察法	观察钨丝是否断开，如果断开了，则说明该白炽灯泡已经损坏
听声音法	首先摇动白炽灯泡，听是否有断的钨丝摩擦玻璃的声音
电阻法	如果用万用表检测白炽灯泡的两引线端电阻，如果发现检测为无穷大，则说明该白炽灯泡已经损坏

→ 问 819 怎样判断液晶投影电视机灯泡是否损坏？ ——综合法

答 综合法判断液晶投影电视机灯泡是否损坏的方法与要点见表 2-7-2。

表 2-7-2　液晶投影电视机灯泡损坏的判断

方法	说　明
有"啪啪"响声	投影机电路正常情况下，其灯泡不能点亮，在电路启动时，可听到"啪啪"的响声，则说明该液晶投影电视机的灯泡可能损坏
看有没有闪光点	确认灯泡不能够点亮，在开机的情况下，从镜头向内看，看不到灯泡任何的闪光，则说明该液晶投影电视机灯泡可能损坏
查看灯泡	把灯泡卸下来，查看灯泡，如果中间的发光管比正常的灯泡大，以及具有龟裂、黑点等现象，则说明该液晶投影电视机灯泡可能损坏

2.8 变压器

→ 问 820 怎样判断变压器的种类？ ——命名规律法

答 变压器的型号命名一般由三部分组成：主称用大写字母表示变压器的种类，额定功率直接用数字表示，序号用数字表示。具体格式见表 2-8-1。

表 2-8-1　变压器型号命名规律具体格式

第一部分:主称		第二部分:额定功率	第三部分:序号
字母	含　义		
CB	音频输出变压器		
DB	电源变压器		
GB	高压变压器		
HB	灯丝变压器	用数字表示变压器的额定功率	用数字表示产品的序号
RB 或 JB	音频输入变压器		
SB 或 ZB	扩音机用定阻式音频输送变压器(线间变压器)		
SB 或 EB	扩音机用定压或自耦式音频输送变压器		
KB	开关变压器		

→ **问 821**　怎样判断电压互感器与变压器?——特点法

答　电压互感器与变压器的区别见表 2-8-2。

表 2-8-2　电压互感器与变压器的区别

项目	电压互感器	变压器
概念	电压互感器是一种电压变换装置,能够将高电压变换为低电压,以便能够用低压量值反映高压量值的变化	变压器是变换交流电压、电流与阻抗的器件,当初级线圈中通有交流电流时,铁芯(或磁芯)中便产生交流磁通,使次级线圈中感应出电压(或电流),用于改变电压等级
特点	电压互感器是一种电压变换装置	变压器的种类多
	电压互感器的容量很小,一般为几十到几百伏安	变压器的容量由小到大,从几十伏安到几十兆伏安
	电压互感器一次侧电压即电网电压,不受二次负荷影响	变压器的一次侧电压受二次负荷影响较大
	二次侧负荷主要是仪表、继电器线圈,它们的阻抗很大,通过的电流很小	变压器二次侧负荷就是各种用电设备,通过的电流较大
	用电压互感器来间接测量电压,能准确反映高压侧的量值 不管电压互感器初级电压有多高,其次级额定电压一般都是一定数值的	变压器一次侧电压不论多高,均可根据需要升高或降低二次电压 变压器的外形与体积因容量的不同有时很大
	电压互感器常用于变配电仪表的测量与继电保护等回路	变压器常用于多种场合
	电压互感器负载电压精度较高	变压器负载电压精度较低
	电压互感器有相位精度的要求	变压器无相位精度的要求

说明:电压互感器的工作原理与一般的变压器相同,只是在结构型式、所用材料、容量、误差范围等方面存在差异。

→ **问 822**　怎样判断变压器的好坏?——直观检查法

答　① 线圈外层绝缘介质颜色出现发黑、碳化。

② 变压器出现焦孔现象。

③ 变压器出现引线松动、断裂。

④ 变压器出现引脚断开。

⑤ 变压器有打火烧焦的痕迹。

⑥ 变压器外表太脏。

⑦ 变压器引脚间存在污物。

⑧ 变压器存在引脚虚焊。

⑨ 变压器硅钢片锈蚀。

⑩ 绝缘材料有烧焦痕迹。

⑪ 绕组线圈有外露现象。

⑫ 变压器铁芯紧固螺杆松动。

⑬ 变压器线圈断裂。

以上现象，均说明该变压器可能已经损坏或者异常。

→ 问 823 怎样判断变压器的好坏？——绝缘性能检测法

答 变压器的线圈与线圈间、线圈与铁芯间的绝缘性能，一般家用电器选择 500V 兆欧表检测，正常绝缘电阻不小于 1000MΩ。也可以采用万用表 10kΩ 挡来检测，正常一般为无穷大 ∞，也就是指针万用表指针不动。如果检测发现为低值，则说明该变压器异常。

→ 问 824 怎样判断变压器的好坏？——铭牌法

答 变压器铭牌上变压器的初级、次级电压均有标注，有的甚至具有绕组结构图示。因此，根据这些信息进行检测判断，即可判断变压器是否异常。如果实际检测数值与图示上存在差异，则说明变压器可能损坏了。

说明：一些电源变压器初级引脚与次级引脚一般是分别从其两侧引出的，初级绕组往往标有 220V 字样，次级绕组则往往标有一些额定电压值，例如 12V、24V、36V 等电压值。根据这些标记也可以作为判断变压器好坏的依据。

→ 问 825 怎样判断变压器的绝缘性？——万用表法

答 万用表调到 $R×10k$ 挡，分别测量铁芯与初级、铁芯与各次级、初级与各次级、静电屏蔽层与初次级、次级各绕组间的电阻值，万用表指针均应指在无穷大 ∞ 位置不动。否则，说明该变压器绝缘性能不良。

另外，也可以通过万用表 $R×1$ 挡检测绕组阻值来判断。把万用表调到 $R×1$ 挡，检测其绕组，如果某组绕组的电阻值为无穷大，则说明该绕组存在断路故障，也就说明该变压器损坏了。如果某组绕组的电阻值为 0 或者为一很低的数值，则说明该变压器是好的。

→ 问 826 怎样判断变压器绕组局部短路故障？——对比法

答 变压器绕组漆包线如果绝缘性能不好，易发生局部短路故障。局部短路，会使得绕组的直流电阻值减小。因此，测量绕组的实际电阻值与变压器被测绕组的正常电阻值比较，可以判断出变压器绕组是否局部短路。

→ 问 827 怎样判断 220V 以下变压器的额定电压？——电路法

答 ① 采用卡尺测需要检测电压绕组的线径，并且查出线径的载流量。

② 根据电容容量（单位 μF）$C＝15A$，选择电容容量。另外电容耐压应选择交流耐压 400V，无极性的电容。

③ 把选择的电容与所需要检测的绕组串接。

④ 接入 220V 电源，然后用万用表检测变压器绕组两端的电压，该电压就是所检测的变压器额定电压。

变压器额定电压的判断电路图如图 2-8-1 所示。漆包线载流量速查见表 2-8-3。

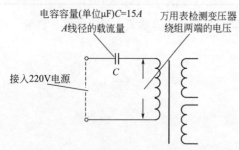

电容容量（单位 μF）$C＝15A$
A 线径的载流量

万用表检测变压器绕组两端的电压

接入 220V 电源

C

图 2-8-1 变压器额定电压的判断电路图

表 2-8-3　漆包线载流量速查

线径/mm	电流/A	线径/mm	电流/A
0.05	0.005	0.31	0.187
0.06	0.007	0.35	0.242
0.07	0.01	0.38	0.284
0.08	0.013	0.41	0.325
0.09	0.016	0.44	0.375
0.1	0.02	0.47	0.45
0.11	0.024	0.51	0.5
0.12	0.029	0.55	0.6
0.13	0.033	0.64	0.8
0.15	0.044	0.72	1.05
0.17	0.057	0.8	1.26
0.19	0.071	0.9	1.59
0.21	0.087	1	1.96
0.23	0.105	1.2	2.9
0.25	0.122	1.4	3.85
0.27	0.143	1.62	5.4
0.29	0.165		

→ 问 828 怎样判断多绕组变压器的同名端？——直流毫伏表法

答 根据图 2-8-2 所示的电路，任意找变压器的一组绕组线圈接上 1.5～3V 电池，把其余各绕组线圈抽头分别接上直流毫伏表。接通电源的瞬间，连接表的指针会很快摆动一下。如果指针反向偏转，则说明接电池正极的接头与接电表负接线柱的接头是同名端。如果指针向正方向偏转，则说明接电池正极的接头与接电表正接线柱的接头是同名端。

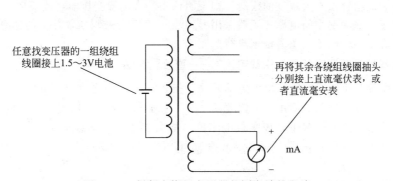

图 2-8-2　判断多绕组变压器的同名端的电路

说明：① 接通电源瞬间，指针会向某一方向偏转。断开电源时，自感作用下指针将向相反方向倒转。因此，接通电源后要等几秒后再断开电源，以保证检测的准确。

② 如果变压器的升压绕组接电池，则电表一般选用最小量程，使指针摆动幅度较大，有利于观察。如果变压器的降压绕组接电池，则电表一般选用较大量程，以免损坏电表。

→ 问 829 怎样判断变压器的好坏？——电压法

答 如果使用万用表的欧姆挡，检测初级、次级电阻均正常，则把变压器在安全的情况下接通电源，检测其输出电压是否在正常范围内。如果不在正常范围内，则说明该变压器可能损坏了。

说明：具体输出电压数值，因具体型号与具体应用变压器而异。

→ 问 830 怎样判断小功率变压器的好坏？——电压法

答 在安全的情况下使一般小功率变压器在低压电源上通电，检测其两端电压，再把检测的电压数值与标出的电压比较。如果相差在许可范围或者相同，则可以判断该一般小功率变压器是好的。如果检测的数值与标准参考数值相差较大，则可以判断该小功率变压器是坏的。

说明：一般小功率变压器的次级线圈较粗，匝数较少，如果用万用表测量电阻值，比较难准确判断其好坏，尤其是小功率变压器存在匝间短路现象。因此，对于一般小功率变压器，不常采用电阻检测法，而往往采用电压法。

→ 问 831 怎样判断小型变压器的相位？——电压法

答 在具有 3 组小型变压器任意一组绕组上输入一低于标称值的交变电压 U，检测另外两组绕组的电压 U_1、U_2，以及两组绕组串联后的电压 U_1+U_2。如果 U_1+U_2 大于 U_3，则说明绕组相位为异名串联；如果 U_1+U_2 小于 U_3，则说明绕组相位为同名串联。

→ 问 832 怎样判断小型变压器的相位？——磁铁感应法

答 将磁铁吸在待测变压器的铁芯上，迅速把磁铁移开，再根据感生电压极性来判断相位。具体实施可以采用万用表的 μA 挡，两表笔接触绕组两端，再将磁铁吸在待测变压器的铁芯上，然后迅速把磁铁移开。如果万用表的表针摆向相同，则说明该变压器的两绕组为同相位。如果万用表的表针摆向不相同，则说明该变压器的两绕组为异相位。

→ 问 833 怎样判断 30W 左右电源变压器的好坏？——万用表+擦磨法

答 把万用表调到 $R\times1$ 挡，用万用表的表笔轻轻擦磨变压器的初级接头，正常情况下可以看到小火花（由线圈的电感造成的火花）。如果该电源变压器内部已经短路，则万用表只能够检测出直流电阻（可能是异常数值），擦磨也看不到火花。

→ 问 834 怎样判断小功率电源变压器的好坏？——万用表+电池+擦磨法

答 把万用表调到低压直流挡（例如 2.5V 挡），接在初级上，再用一节电池在小功率电源变压器的次级端擦磨（也就是快速通断），正常情况下，此时万用表的指针会有大幅度的摆动。如果此时万用表的指针没有大幅度的摆动，则说明该小功率电源变压器可能损坏了。

说明：对于一些功率小的电源变压器采用万用表+擦磨法来判断，并不能达到很好的效果，因此需要采用万用表+电池+擦磨法来进行判断。

→ 问 835 怎样检测电源变压器的空载电流？——直接测量法

答 把电源变压器次级所有绕组全部开路，把万用表调到交流电流 500mA 挡，再串入初级绕组中。当电源变压器初级绕组接入需要的 220V 交流市电时，万用表所指示的数值就是电源变压器空载电流值。正常情况下，该空载电流值不能大于变压器满载电流的 10%～20%。一般常见电子设备的电源变压器正常空载电流大约为 100mA。如果超过太多，则说明该变压器可能存在短路故障。

→ 问 836 怎样检测电源变压器的空载电流？——间接测量法

答 在电源变压器的初级绕组中串联一只 10/5W 的电阻，把电源变压器的次级全部调整为空载。把万用表调到交流电压挡，然后加入正常安全的电到电源变压器，用万用表的两表笔测出电阻 R 两端的电压降 U，再根据欧姆定律算出空载电流 I，计算公式为 $I=U/R$。

→ 问 837 怎样检测电源变压器的空载电压？——万用表法

答 将电源变压器的初级接上所需要的 220V 市电，把万用表交流调到电压挡，把表笔接入次级绕组，即依次测出各绕组的空载电压值。正常情况下，该检测数值需要符合要求值，一般允许误差范围为：高压绕组≤±10%，低压绕组≤±5%，带中心抽头的两组对称绕组的电压差≤±2%。

→ 问 838 怎样判断电源变压器的允许温升？——经验法

答 一般小功率电源变压器允许温升为 40～50℃。如果该电源变压器所用质量较好的材料，则允许温升在此基础上还可提高一些。

→ 问 839 怎样判断电源变压器的短路性故障？——发热法

答 电源变压器出现短路性故障后的主要现象，为发热严重、次级绕组输出电压异常、空载电流值大。

一般而言，电源变压器线圈内部匝间短路越严重，则短路电流越大，变压器发热则越严重，也就是向烫手方面发展，并且短路越严重，发热越快。因此，根据上述特点可以判断电源变压器是否出现短路性故障。

→ 问 840 怎样判断电源变压器的短路性故障？——空载电流值法

答 正常的电源变压器空载电流值小于满载电流的 10%。因此，根据该规律可以判断电源变压器是否出现短路性故障，即如果电源变压器空载电流值大于满载电流的 10% 很多，则说明该电源变压器可能出现短路性故障。

→ 问 841 怎样判断电子小型变压器的好坏？——手摸法

答 电子小型变压器如果短路严重，则其在加电空载后几十秒内会迅速发热发烫。如果用手触摸会有烫手的感觉，可以根据这一特征来判断电子小型变压器是否坏了。

→ 问 842 怎样判断电子小型变压器的好坏？——空载电压法

答 给电源变压器的初级接上安全要求的电压，用万用表相应电压挡依次测量变压器各绕组的空载电压值，正常需要符合要求值，包括在允许偏差范围内。如果数值偏差太大，则说明所检测的小型变压器异常。

说明：根据电子小型变压器的初级直接接的电压与次级空载输出电压的数值，可以判断电子小型变压器是否损坏。

→ 问 843 怎样判断开关电源变压器断线处？——镊子法

答 如果开关电源变压器存在线圈断路现象，则需要在断电的安全情况下，采用镊子轻轻拨弄各引出线引脚处，如果能够拨出断线头，则说明开关电源变压器该处断路。

→ 问 844 怎样判断一般开关电源变压器的好坏？——绕组电阻法

答 一般的开关电源变压器，每个绕组的电阻值为几欧内（可以采用万用表拨欧姆挡来检测）。如果检测时，超过该数值较多，则说明该检测的开关电源变压器可能存在异常。

说明：工频变压器绕组的电阻值比开关电源变压器绕组的电阻值要大一些。

→ 问 845 怎样判断中周变压器的好坏？——绕组特点法

答 万用表调到 $R\times1$ 挡，根据中周变压器的内部结构特点与各绕组引脚排列规律，逐一检查各绕组的通断情况，也就是该通的时候要通，该断的时候要断，即可判断中周变压器是否正常。

→ 问 846 怎样判断中周变压器的好坏？——绝缘性能法

答 把万用表调到 $R\times10k$ 挡，进行初级绕组与次级绕组间、初级绕组与外壳间、次级绕组与外壳间的电阻检测。再根据检测的结果来判断，参考依据如下：

阻值为零——有短路性故障；

阻值小于无穷大∞，但大于零——有漏电性故障；

阻值为无穷大∞——正常。

问 847 怎样判断中频变压器磁芯是中频磁芯还是高频磁芯？——应用法

答 中频磁芯一般用于调幅收音机中，高频磁芯一般用于电视机与调频收音机中。

说明：中频变压器一般是由磁芯、胶水底座、磁帽、尼龙骨架、金属屏蔽罩、绕在磁芯上的线圈等构成。

问 848 怎样判断输入、输出变压器？——线圈圈数比法

答 音频变压器一般是由骨架、铁芯、线圈等构成。铁芯一般采用日字型硅钢片组成，骨架一般采用尼龙或塑料压制而成。线圈一般绕在骨架上。

音频变压器可以分为输入变压器、输出变压器。输入变压器与输出变压器的判断可以根据初级、次级线圈的圈数比来进行：

输出变压器初级、次级线圈的圈数比一般为 10：1～7：1。

输入变压器的初级、次级线圈的圈数比一般为 3：1～1：1。

问 849 怎样判断输入、输出变压器？——线圈特点法

答 ① 输入变压器的初级导线一般具有较细、圈数多、直流电阻大等特点。

② 输出变压器的次级导线一般具有线粗、圈数少、直流电阻小等特点。

问 850 怎样判断输入、输出变压器？——阻值法

答 万用表调到 $R \times 1$ 挡，用表笔测量有两根引线的一边。如果检测得到的阻值大约为 1Ω，则说明所检测的变压器是输出变压器。如果检测得到的阻值为几十欧到几百欧，则说明所检测的变压器是输入变压器。

问 851 怎样检测判断音频变压器线圈的匝数？——公式法

答 把被检测变压器的铁芯拆下，在原线包外层绕 100 圈漆包线，插上铁芯。然后把 $50\,\mathrm{Hz}$ 或 $1000\,\mathrm{Hz}$ 的适宜电压加在原线圈上，利用万用表检测出原线圈的电压 U_1 与新绕线圈的电压 U_2。根据公式 $U_1/U_2 = N_1/N_2$，计算出音频变压器原线圈的匝数。

2.9 电机与压缩机

问 852 怎样判断制冷设备压缩机的维修价值？——特征法

答 制冷设备压缩机的维修价值见表 2-9-1。

表 2-9-1 制冷设备压缩机的维修价值

类型	情　况
可以开壳修理	工作正常,但有共振声,减振簧脱位
	线圈完好,但采用在 380V 的电压下,配用 $100\mu\mathrm{F}$/耐压 450V 的电容,瞬间启动也无法冲开卡死
	制冷效果差,压缩机不停机,人为启动正常,只是运转电流比正常值略高,没有其他异常声音
	一直在使用,突然烧坏线圈
	阀片积炭
	排气压力不够
失去开壳修理意义	在空气中已放置很长时间的、泵体活动部分已锈死
	冷态时能顺利启动,但充分发热后无法启动
	超龄的老式压缩机
	运转正常,但是存在高压管排出气压不足,同时压缩机发出"铃、铃"的金属声,即泵体已磨损
	倒出的冷冻油变黑,甚至含有铁铝粉

→ 问 853 怎样判断单相压缩机的端子？——万用表法

答 万用表调到 $R \times 1$ 挡，检测单相压缩机的线圈，也就是对压缩机 3 个接线柱间的阻值进行检测。检测得到阻值最大时，所对应的另外一根接线柱就是公用端子。再以公用接线柱为依据，分别检测另外两个接线柱。其中，电阻值小的一接线柱为运行端，电阻值大的一接线柱为启动端。

→ 问 854 怎样判断三相压缩机的好坏？——万用表法

答 万用表调到 $R \times 1$ 挡检测电阻。压缩机的功率大，则其电阻值就小；压缩机的功率小，则其电阻值就大。三相压缩机电机线圈间的电阻值一般是相同的，其中 3 根接线柱间电阻值也是基本一样的，个别压缩机线圈间电阻值不同。

说明：对于一些功率较大的压缩机，可以采用电桥来检测。

2.10 阀

→ 问 855 怎样判断电磁阀的好坏？——通电检测法

答 给电磁阀通被控制的介质，给电磁阀线圈通电。如果被控制介质有从通到断或者从断到通的状态变化，则说明该电磁阀是好的。如果被控制介质没有从通到断或者从断到通的状态变化，则说明该电磁阀异常。

→ 问 856 怎样判断电磁阀的好坏？——电阻法

答 万用表调到电阻挡，测量其线圈的通断情况。如果检测线圈阻值趋近于零或无穷大，则说明该电磁阀线圈短路或断路。如果检测阻值为几十欧，则说明该电磁阀线圈可能是好的。

2.11 霍尔元件

→ 问 857 怎样判断霍尔元件的好坏？——电阻法

答 霍尔元件具有＋、－、输出端，正常时的直流电源"＋"与"－"间大约为 10Ω，其输出端与电源＋或－间电阻为无穷大 ∞。

→ 问 858 怎样判断线性霍尔元件的好坏？——改变磁场法

答 给线性霍尔元件通电，输出端接上电压表，然后把磁铁从远到近逐渐靠近线性霍尔元件，该线性霍尔元件的输出电压逐渐从小到大变化，则说明该线性霍尔元件是好的；如果输出电压保持不变，则说明该线性霍尔元件已经损坏了。

说明：线性霍尔元件 A1302、SS495A 等适应该方法的检测判断。

→ 问 859 怎样判断线性霍尔元件的好坏？——改变恒流源法

答 保持磁铁不动（即对线性霍尔元件加入一个固定不变的磁场），使得线性霍尔元件恒流源的电流从零逐渐地向额定电流变化时（不能超过线性霍尔元件的额定电流），如果线性霍尔元件的输出电压也从小逐渐地向大变化，则说明被测的线性霍尔元件是好的；如果电压保持不变，则说明被测的线性霍尔元件已损坏。

→ 问 860 怎样判断开关型霍尔传感器的好坏？——万用表法

答 根据图 2-11-1 所示连接好电路，把 12V 的直流电源的正极接在开关型霍尔传感器的 1脚，负极接开关型霍尔传感器的 2 脚。然后把万用表调到直流 50V 挡，万用表的红表笔接开关型霍尔传感器的 3 脚，黑表笔接 2 脚，再仔细观看万用表的指针变化。如果用磁铁 N 极接近传感器的检测点时，万用表的指针由高电平向低电平偏转。如果磁铁的 N 极远离传感器的检测点时，万用表指针由低电平向高电平偏转，则说明该开关型霍尔传感器是好的。如果磁铁 N 极接近或远离传感器检测点时，万用表的指针均不偏转，则说明传感器已经损坏了。

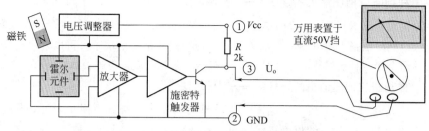

图 2-11-1　判断开关型霍尔传感器的电路

说明：霍尔器件有型号标记的一面一般为敏感面，需要正对永久磁铁的相应磁极，也就是 N 型器件正对 N 极，S 型器件正对 S 极，以免影响霍尔器件的灵敏度。

→ 问 861　怎样判断单极开关型霍尔元件的好坏？——输出电压法

答　将单极开关霍尔元件通电 5V，输出端串联电阻。当磁铁靠近开关霍尔元件时，开关霍尔元件的输出电压为低电平（+0.2V 左右）；当磁铁远离开关霍尔元件时，开关霍尔元件的输出电压为高电平（+5V），则说明该开关开型霍尔元件是好的。如果靠近或离开霍尔开关，输出电平保持不变，则说明该霍尔开关已经损坏了。

说明：线性霍尔元件 A1104、SS443、US5881 等适应该方法的检测判断。

→ 问 862　怎样判断双极锁存霍尔开关元件的好坏？——磁铁法

答　当磁铁 N 极或 S 极靠近霍尔开关，输出是高电平或低电平，然后拿开霍尔元件，电平应保持不变。再用刚才相反的磁极，靠近霍尔开关元件，正常应得到与刚才检测结果相反的电平。如果当霍尔元件靠近时，得到的电平在磁铁离开后不锁存，说明该霍尔元件已经损坏了。如果磁铁用相反的极性靠近霍尔元件，得不到与另一个极性靠近霍尔所得出相反的电平，则说明该霍尔元件也损坏了。

说明：线性霍尔元件 A3212、SS441、US4881 等适合该方法的检测判断。

2.12　开关

→ 问 863　怎样判断一般开关的好坏？——万用表法

答　一般开关的检测主要是通过检测开关的接触电阻、绝缘电阻、通断情况是否符合规定要求来判断。使用前，把万用表调到欧姆挡，在开关接通时，用万用表检测相通的两个接点脚端间的电阻值，该数值越小越好，一般开关接触电阻应小于 $20m\Omega$。一般检测情况下，检测结果基本上是零。如果检测得到的电阻值不为零，而是有一定的电阻值或为无穷大，则说明该开关已经损坏了。

对于开关不相接触的各导电部分间的电阻值，一般是越大越好。如果使用万用表欧姆挡检测，阻值基本上是无穷大。如果检测得到的数值是零或有一定的阻值，则说明该开关已经损坏了。

对于开关断开时，导电联系部分应充分断开。如果使用万用表欧姆挡检测该断开部分的电阻值，一般情况下该阻值为无穷大。如果检测得到的数值或者阻值为零，则说明该开关已经损坏了。

→ 问 864　怎样判断一刀两位开关的好坏？——万用表法

答　把万用表调到最小量程的欧姆挡，或者选择蜂鸣器挡，一只表笔与刀连接（如图 2-12-1 中的 2 脚），另外一只表笔分别与两个位端连接（如图 2-12-1 中的 1 脚、3 脚）。如果开关处于接通位置，万用表指示阻值一般为 0Ω（或者蜂鸣报警），则说明该开关接触良好。如果开关处于断开位置，万用表指示阻值一般为 ∞（或者蜂鸣器不响），则说明该开关是好的。如果开关处于接通位置，万用表检测有阻值或∞，则说明该开关刀与位间存在接触不良，或者没有接通的异常现象。如果开关处于关闭位置，万用表为接通数值，则说明该开关已经损坏。

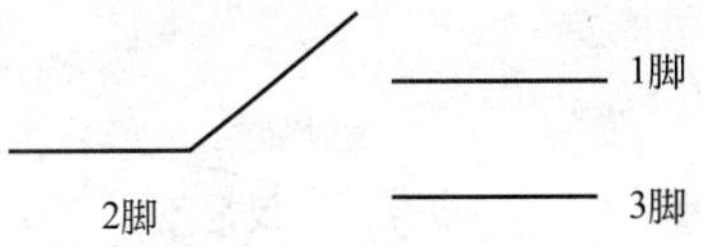

图 2-12-1　一刀两位开关

说明：一般的开关是通过一定的机械动作完成电气连接与断开的一种元件。其常串接在电路中，实现信号与电能的传输与控制。也有的开关是通过半导体的特点来实现电气连接与断开的功能的。

问 865　怎样判断槽型光电开关的引脚？——万用表法

答　以电动绕线机上计数用的槽型光电开关、凹型光电开关为例进行介绍。把万用表调到 $R \times 100$ 挡，两表笔分别检测 C、E 脚端的正向、反向电阻，正常情况下，电阻为无穷大。如果检测电阻得到一定数值，则说明该槽型光电开关已经损坏了。

把万用表的黑表笔接在 C 脚端，红表笔接在 E 脚端，再把另一只万用表调到 $R \times 1$ 挡，黑表笔接在 A 脚，红表笔接在 K 脚，正常情况下，C、E 脚端的电阻值应降到一较小的数值。拿掉 A、K 脚端的表笔，则 C、E 脚端的电阻值应恢复到无穷大。

如果把万用表的黑表笔接在 K 脚端，红表笔接在 A 脚端，则 C、E 脚端的电阻值为不变的无穷大，则说明该光电开关是好的。

如果把接在 A、K 脚端的万用表调到 $R \times 10$，或 $R \times 100$ 挡进行检测，则 C、E 脚端的导通电阻值应逐步增大，则说明该光电开关是好的。

说明：实际中，光电开关的大小与形状多样化。槽式光电开关一般是标准的凹字形结构，其光电发射管与接收管分别位于凹形槽的两边，并且形成一光轴。当被检测物体经过凹形槽，以及阻断光轴时，光电开关会产生检测到的开关信号。光电开关的结构如图 2-12-2 所示。

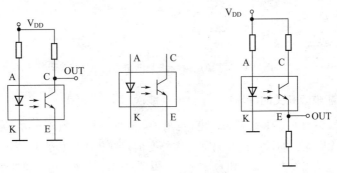

图 2-12-2　光电开关

问 866　怎样判断反射式光电开关的好坏？——原理法

答　反射式光电开关是把发光器与光接收器同装在一个侧面，且相距很近（大约 2mm），如图 2-12-3 所示。正常情况下，在发射器（窗）前边放一块反射板，通过反射，把光反射到光接收器（窗）。如果光路被检测物体挡住，则光接收器收不到光，那么光电开关就会输出一个开关控制信号。如果光路被检测物体挡住，光接收器不能够输出开关控制信号，则说明该反射式光电开关异常。

问 867　怎样判断对射式光电开关的好坏？——原理法

答　红外对射式光电开关多数做成开槽式，也就是把一个光发射器（红外发光二极管）与一个光接收器（光敏晶体管）分别装在槽的两侧，如图 2-12-4 所示。如果发光器能够发出红外光或者可见光，在无阻挡的情况下，光接收器能够接收到光。如果有被检测的物体从槽中通过时，光被遮挡，光电开关会输出一个开关控制信号，则说明该对射式光电开关是好的。如果与上述工作特点有差异，则说明该对射式光电开关可能损坏了。

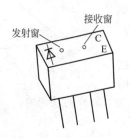

图 2-12-3　反射式光电开关

图 2-12-4　对射式光电开关

→ 问 868 **怎样判断微动开关的好坏？——电阻法**

答 采用万用表检测微动开关的常开触点，正常情况下，微动开关电阻趋近于无穷大。采用万用表检测常闭触点，正常情况下，微动开关电阻趋近于零。

说明：微动开关常见故障有本体破裂、触点接触不良、触点烧黑、按键无法复位等。

→ 问 869 **怎样判断电源开关的好坏？——触点通断法**

答 把万用表调到 $R \times 1k$ 电阻挡，检测开关的两个触点间的通断。开关关断时，两个触点间阻值正常为无穷大。开关打开时，两个触点间阻值正常为 0。否则，说明该开关已经损坏了。相关图例如图 2-12-5 所示。

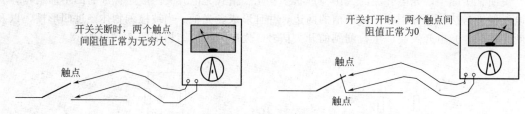

图 2-12-5　触点通断法判断电源开关好坏

→ 问 870 **怎样判断电源开关的好坏？——绝缘性能法**

答 把万用表调到 $R \times 1k$ 或者 $R \times 10k$ 电阻挡，检测不同极的任意两个触点间的绝缘电阻，正常情况下，应为无穷大。如果电源开关是金属外壳的，则还需要检测每个触点与外壳间的绝缘电阻，正常情况下，也均为无穷大。如果存在一小阻值，则说明该电源开关性能差，或者损坏了。

→ 问 871 **怎样判断按钮开关的好坏？——电阻法**

答 ① 常开按钮开关，平时状态下，静触点、动触点间不通（电阻为无穷大）。当按下按钮时，静触点、动触点间连通（电阻为 0）。如果与正常有差异，则说明该按钮开关异常。

② 常闭按钮开关，平时状态下，静触点、动触点间连通（电阻为 0）。当按下按钮时，静触点、动触点间不通（电阻为无穷大）。如果与正常有差异，则说明该按钮开关异常。

③ 转换按钮，平时状态下，静触点 1 与动触点 1 接通，静触点 2 与动触点 3 断开（电阻为无穷大）。当按下按钮时，静触点 1 与动 1 断开，静触点 2 与动触点 3 连通（电阻为 0）。如果与正常有差异，则说明该按钮开关异常。

检测按钮开关一般需要根据按钮开关的结构特点来判断。按钮开关是一种不闭锁的开关，按下该按钮时，开关会从原始状态切换到动作状态。松开按钮后，开关会自动回复到原始状态。按钮开关分为单断点式按钮开关与双断点式按钮开关。其中单断点式按钮开关由于动触点具有弹性，平时向上弹起，只有按钮被按下时才使触点闭合，如图 2-12-6 所示。双断点式按钮开关由于弹簧的作用，固定在按钮上的动触点平时向上弹起，当按钮被按下时，该开关才接通左、右静触点，如图 2-12-7 所示。

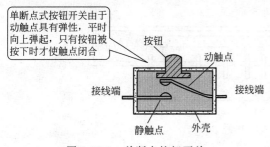

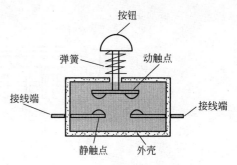

单断点式按钮开关由于动触点具有弹性，平时向上弹起，只有按钮被按下时才使触点闭合

图 2-12-6　单断点按钮开关　　　　　　　　图 2-12-7　双断点按钮开关

→ 问 872 怎样判断旋转开关的好坏？——电阻法

答　旋转开关一般由转轴、接触片、动触点、静触点等组成。旋转开关可以分为 1 层旋转开关、2 层旋转开关、3 层旋转开关以及更多层的旋转开关。旋转开关的每层可以是一组开关，也可以是多组开关。相关图例如图 2-12-8 所示。

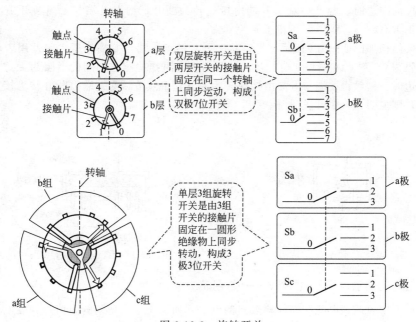

双层旋转开关是由两层开关的接触片固定在同一个转轴上同步运动，构成双极7位开关

单层3组旋转开关是由3组开关的接触片固定在一圆形绝缘物上同步转动，构成3极3位开关

图 2-12-8　旋转开关

检测旋转开关，把万用表调到电阻挡，表笔接触动触点、静触点，检测它们之间的电阻。如果静触点、动触点间不通，则它们之间的电阻为无穷大。如果静触点、动触点间连通，则它们之间的电阻为 0。如果与正常有差异，则说明该旋转开关异常。

检测旋转开关的静触点、动触点间的连通情况，还需要转动转轴，检测其他层静触点、动触点的连通情况是否正常。

→ 问 873 怎样判断直推开关的好坏？——电阻法

答　直推开关是一种拨动开关，其拨动部分的一端有一推柄，另外一端有复位弹簧，如图 2-12-9 所示。

从图 2-12-9 发现，平时状态下，直推开关各组的 a 端与 b 端是相通的，用万用表电阻挡检测它们间的电阻为 0。a 端、b 端均与 c 端是断开的，用万用表电阻挡检测它们间的电阻为无穷大。按下推柄时，a 端与 b 端由接通转为断开，b 端与 c 端由断开转为接通，用万用表检测断开状态，电阻为无穷大，检测相通状态时电阻为 0。如果与正常有差异，则说明该直推开关异常。

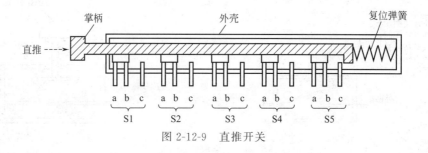

图 2-12-9　直推开关

问 874 怎样判断拨动开关的好坏？——电阻法

答 拨动开关是通过拨动实现操作功能的一种开关。其广义上包括钮子开关、直拨开关、直推开关等。

钮子开关结构如图 2-12-10 所示，平时状态下，触点 a 端与 b 端接通，用万用表电阻挡检测它们间的电阻为 0。触点 b 端与 c 端断开，用万用表电阻挡检测它们间的电阻为无穷大。如果将钮子状拨柄拨向左边时，触点 a 端与 b 端由接通转为断开，触点 b 端与 c 端断开由断开转为接通。如果与正常有差异，则说明该钮子开关异常。

直拨开关结构如图 2-12-11 所示，平时状态下，触点 a 端与 b 端接通，用万用表电阻挡检测它们间的电阻为 0。触点 b 端与 c 端断开，用万用表电阻挡检测它们间的电阻为无穷大。如果将拨柄推向右边时，则触点 a 端与 b 端由接通转为断开，触点 b 端与 c 端由断开转为接通。如果与正常有差异，则说明该直拨开关异常。

图 2-12-10　钮子开关结构　　　　图 2-12-11　直拨开关结构

问 875 怎样判断触点开关的好坏？——万用表法

答 把万用表调到电阻挡，检测触点的电阻。如果所检测得到的阻值达到兆欧以上时，说明该触点开关两触点存在严重接触不良异常现象。如果阻值为无穷大，说明该触点开关两触点没有接触。如果阻值大于 0.2Ω，则说明该触点开关存在接触不良的异常现象。如果检测得到阻值为 0Ω，或者接近 0Ω，则说明该触点开关接触良好。

2.13 电声器件

2.13.1 扬声器

问 876 怎样判断元件是扬声器？——符号法

答 扬声器又叫做喇叭，是能够将电信号转换成声音信号的一种电声器件。扬声器在电路中用文字符号 B，或 BL、SP、Y 等表示，如图 2-13-1 所示。

问 877 怎样判断扬声器的种类？——频率法

答 频率法判断扬声器种类的方法与要点如下：

低音扬声器　频率范围为：$30\,\mathrm{Hz}\sim3\,\mathrm{kHz}$；
中音扬声器　频率范围为：$500\,\mathrm{Hz}\sim5\,\mathrm{kHz}$；
高音扬声器　频率范围为：$2\sim15\,\mathrm{kHz}$。

说明：理想的扬声器频率特性一般为 $20\,\mathrm{Hz}\sim20\,\mathrm{kHz}$，这样能够把全部音频均匀地重放出来，然而这是无法做到的，因此，一般采用每一只扬声器只能较好地重放音频的某一部分。

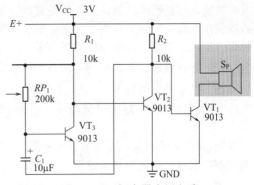

图 2-13-1　扬声器应用电路

→ **问 878**　怎样判断扬声器的类型？——外观法

答　扬声器的类型如图 2-13-2 所示。

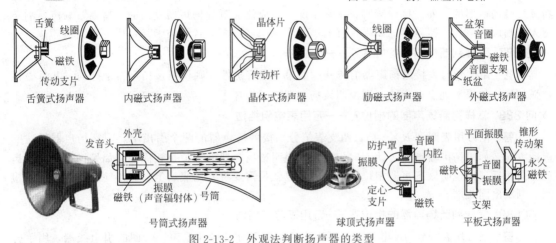

舌簧式扬声器　　内磁式扬声器　　晶体式扬声器　　励磁式扬声器　　外磁式扬声器

号筒式扬声器　　　　　球顶式扬声器　　　　平板式扬声器

图 2-13-2　外观法判断扬声器的类型

→ **问 879**　怎样判断扬声器纸盆的好坏？——观察法

答　如果扬声器的纸盆破损、被虫子蛀蚀咬破等情况，则说明该扬声器纸盆已经损坏了。

→ **问 880**　怎样判断扬声器音圈与磁钢相碰？——轻按法

答　用手指轻按扬声器纸盆，如果纸盆难以按下，则说明该扬声器线圈被磁钢卡住。

→ **问 881**　怎样判断压电陶瓷式扬声器的好坏？——观察法

答　如果压电陶瓷式扬声器的表面有破损、开裂以及引线脱焊、引线虚焊等现象，则说明该压电陶瓷式扬声器损坏了。

→ **问 882**　怎样判断压电陶瓷式扬声器的好坏？——万用表＋轻压法

答　把万用表调到微安挡，两表笔接在压电陶瓷式扬声器的两极引出线上，再用铅笔的橡皮头轻压平放于桌面上的压电陶瓷式扬声器，观察轻压时万用表指针是否摆动。如果万用表表针有明显摆动，则说明该压电陶瓷式扬声器完好。否则，则说明该压电陶瓷式扬声器异常。

→ **问 883**　怎样判断家用动圈式传声器的好坏？——万用表法

答　把万用表调到 $R\times100$ 挡，检测家用动圈式传声器的插头中心端与外壳，并打开传声器开关置于 ON 处，一般家用动圈式传声器的直流电阻均为 $600\,\Omega\pm10\,\Omega$。如果测不出阻抗，则说明该传声器从插头→开关→音头处有断路等现象。

→ **问 884**　怎样判断扬声器线圈的好坏？——万用表法

答　把万用表调到 $R\times1$ 挡，两表笔点触扬声器线圈的接线端。如果能够听到明显的"咯咯"声，则说明该扬声器的线圈是好的。然后观察万用表表针停留的位置，如果指示的阻抗与标称阻抗相近，则说明所检测的扬声器是好的。如果指示的阻值比标称阻值小很多，则说明该扬声器的线圈存在匝间短路等现象。如果阻值为无穷大∞，则说明该扬声器的线圈内部有断路、接线端脱焊、接线端断线、接线端虚焊等现象。

→ 问885 怎样判断扬声器线圈的阻抗？——万用表法

答 把万用表调到 $R×1$ 挡，检测扬声器两引脚端间的直流电阻，正常情况下，检测的直流电阻要比铭牌上扬声器的阻抗略小。一般可以根据 $1.25R_0$ 来估计，其中 R_0 为扬声器直流电阻。

举例：8Ω 的扬声器，阻抗＝直流电阻×1.25。

→ 问886 怎样判断扬声器的好坏？——听声法

答 把万用表调到 $R×1$ 挡，万用表的一只表笔固定在扬声器的接线端上，另外一只表笔断续接触扬声器的另外一接线端脚，正常情况下，应能够听到扬声器发出的"喀喇"响声。响声越大，则说明该扬声器越好。如果没有响声，则说明该扬声器音圈被卡死，或者音圈损坏。

→ 问887 怎样判断扬声器的好坏？——磁性法

答 用螺丝刀去接触扬声器的磁铁，如果发现有磁性，则说明该扬声器是好的，并且磁性越强越好。如果发现没有磁性，则说明该扬声器已经损坏了。

→ 问888 怎样判断扬声器的相位？——万用表电阻挡法

答 把万用表调到 $R×1$ 挡，两支表笔分别接触扬声器的两个引出端，观察扬声器纸盆的运动方向。如果扬声器纸盆运动方向相同，则说明该扬声器的相位是相同的。如果扬声器纸盆运动方向相反，则说明该扬声器相位是不同的，也就是需要将万用表表笔对调再检测一下，从而检测、判断出同相端。

→ 问889 怎样判断扬声器的相位？——万用表电流挡法

答 把万用表调到 μA 电流挡，万用表两根表笔分别接在扬声器音圈的引出线端，用手轻轻快速地压迫扬声器的纸盘（向里推动纸盘），正常情况下，万用表的指针会摆动。如果指针摆动的方向相同，则说明该扬声器的接法是同相位的，做出同相端记号标志即可。如果万用表的表针向右偏转，则红表笔所接的引脚端为扬声器的正极，黑表笔所接的引脚端为扬声器的负极；如果指针向左摆动偏转，则需要把万用表红表笔、黑表笔互相反接一次后再检测。

说明：当用手按下扬声器纸盆时，由于音圈存在移动，因此，扬声器音圈切割永久磁铁的磁场，在音圈两端产生感生电动势，该电动势很小，能够采用万用表的小电流挡检测得到。

→ 问890 怎样判断扬声器的相位？——弹指法

答 用两根塑料绝缘电线把两只扬声器连接起来，形成闭合回路，如图 2-13-3 所示。用手轻弹 BL1 扬声器的纸盆，以及观察 BL2 扬声器纸盆的运动方向。如果 BL2 扬声器纸盆向内运动，则说明该两只扬声器为同相连接。如果 BL2 扬声器纸盆向外运动，则说明该两只扬声器为反相连接。

说明：口径不同的两只扬声器一起检测、判断时，一般是用手轻弹小口径的扬声器。

→ 问891 怎样判断两只扬声器的相位？——扩音机法

答 把两只扬声器并联起来接到扩音机的输出端上，并且把两只扬声器面对面靠近，如图 2-13-4所示。开启扩音机，这时如果声音能够增大，则图中表示的 A 与 B 端为同相端。如果声音变小，则说明图中表示 A 与 B 端是反相端。

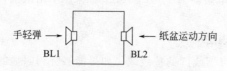

图 2-13-3　两根塑料绝缘电线连接扬声器

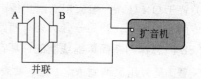

图 2-13-4　扩音机法判断两只扬声器的相位

→ 问 892 怎样判断几只扬声器的相位？——扩音机法

答 把几只扬声器并联连接到扩音机上，扬声器口都朝上平放在桌子上。拿着一只扬声器，并且口朝下，分别靠近其他扬声器。如果靠近的扬声器声音增大，则说明它们为同相连接；如果靠近的扬声器声音声音减小，则说明它们为反相连接。

说明：扬声器的相位就是指扬声器在串联、并联使用时的正极、负极的接法。也就是当使用两只以上的扬声器时，需要保证流过扬声器的音频电流方向的一致性，使扬声器的纸盆振动方向保持一致，从而不会降低放音效果。因此，串联使用扬声器时，需要一只扬声器的正极接另外一只扬声器的负极，也就是正负、正负连接起来。并联使用扬声器时，需要各只扬声器的正极与正极相连，负极与负极相连，这样才能够达到同相位的要求与目的。

扬声器的引脚极性是相对的，只要一致性即可。

→ 问 893 怎样判断组合音箱中扬声器的相位？——扩音机法

答 把一只扬声器并联到音频输出线，接到扩音机上。再打开扩音机，并拿着这只扬声器分别靠近音箱的每一个扬声器。如果靠近时，音箱中的扬声器发声一致，则说明该音箱中扬声器接线的相位情况是对的；如果靠近时声音减小，则说明手中这只扬声器与音箱中扬声器是反相的。

→ 问 894 怎样判断扬声器的额定电压值？——公式法

答 扬声器额定电压值的公式如下：

$$电压 = 功率 \times 阻抗的平方根$$

举例：10W/8Ω 扬声器

$$额定电压 = 10 \times \sqrt{8}$$

→ 问 895 怎样判断扬声器的频率范围？——口径法

答 一般而言，扬声器的口径越大，额定功率也越大，低音也越丰富。

不同的电动式低音扬声器的标称功率与有效频率范围对照如表 2-13-1 所示。

表 2-13-1　标称功率与有效频率范围对照

扬声器口径		标称功率 /W	频率范围 /Hz	相对应的椭圆的形扬声器(短轴×长轴)	
mm	in			mm	in
65	2.5	0.25	300～3500	50×80	2×3
80	3	0.4	250～4000	65×100	2.5×4
100	4	0.5	200～5000	80×130	3×5
130	5	1	150～5500	100×160	4×6
165	6.5	2	100～7000	120×190	5×8
200	8	3	80～7000	160×240	6×10
250	10	5	55～5500	—	—
300	12	10	50～5000	—	—

→ 问 896 怎样判断舌簧扬声器的质量？——分压比较法

答 检测时，把质量好的扬声器的线圈直流电阻调到与电阻 R 的阻值近似，从而使得分压也近似，如图 2-13-5 所示。如果扬声器的电压大致在 1.5V，声音也较大，则说明舌簧扬声器是好的；如果扬声器线圈局部短路，线圈的直流电阻会降低，则在扬声器线圈上分得直流电压也会降低，从而使扬声器所发出的声音比好的扬声器小得多。

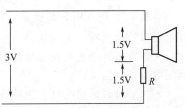

图 2-13-5　分压比较法判断
舌簧扬声器的质量

问 897 怎样判断扬声器的极性？——功率放大器法

答 两只扬声器利用导线把引脚任意并联起来，接在功率放大器的输出端，使两只扬声器同时发出声音。然后把两只扬声器口对口接近。这时，如果扬声器的声音越来越小，则说明该两只扬声器是反极性并联的，也就是一只扬声器的正极与另外一只扬声器的负极相连接成并联关系。

说明：两只扬声器反极并联时，一只扬声器的纸盆会向里运动，另外一只扬声器的纸盆会向外运动，这时，两只扬声器口与口间的声压会减小，从而使声音变低。

问 898 怎样判断扬声器的极性？——电池法

答 选择一节或两节串联的电池，把电池的正极、负极分别接在扬声器的两引脚端，仔细观察在电源接通瞬间扬声器的纸盆振动方向。如果扬声器的纸盆向靠近磁铁的方向运动，则说明电池负极连接的一端是扬声器的正极引脚端，另外一端就是扬声器的负极引脚端。

2.13.2 送话器（麦克风）

问 899 怎样判断弱电声器件的好坏？——舌面法

答 把弱动圈扬声器的焊片或压电陶瓷发声片的引线接触到人的舌面，用手指快速地弹击扬声器的纸盆或者压电陶瓷发声片的极板面，正常情况下，人能够感受到电量刺激舌面产生的瞬间的麻电感与浅微的咸味。如果弹击弱电声器件时舌面没有感觉，则说明该弱电声器件可能已经损坏了。

问 900 怎样判断送话器的好坏？——数字万用表法

答 把数字万用表的红表笔接在送话器的正极端，黑表笔接负极端。对着送话器说话，应可以看到万用表的读数发生变化。如果万用表的检测数字不动，则说明该送话器已经损坏了。

问 901 怎样判断送话器的好坏？——指针万用表法

答 把指针万用表的红表笔接在送话器的负极端，黑表笔接正极端。对着送话器说话，应可以看到万用表的指针摆动。如果万用表的指针不动，则说明该送话器已经损坏了。

问 902 怎样判断送话器的好坏？——万用表电阻挡法

答 把万用表调到电阻挡，检测受话器，正常情况下，送话器电极端间的电阻一般为几十欧。如果检测的直流电阻明显变小或很大，则说明该受话器可能损坏了。

2.13.3 受话器（话筒）

问 903 怎样判断受话器的好坏？——碰触法

答 可以用电源表 1.5V 碰触受话器两极，正常受话器会发出杂音。如果碰触时，受话器没有任何声音发出，则说明该受话器可能异常。

说明：受话器又叫做听筒、喇叭、扬声器等。

问 904 怎样判断驻极体传声器（话筒）的好坏？——万用表法

答 ① 把万用表调到 $R \times 100$ 挡，红表笔接传声器的金属屏蔽网，黑表笔接其芯线，此时万用表指针应指在一定的数值。然后对着话筒吹气：

• 如果指针毫无反应，则把表笔调换检测，对着话筒吹气时仍无反应，则说明该驻极体传声器漏电等异常情况；

• 如果对着话筒吹气，指针有一定幅度的摆动，则说明该驻极体话筒完好；

• 如果直接测试话筒引出线无阻值，则说明该驻极体话筒内部驻极体开路；

• 如果阻值为零，则说明该驻极体话筒驻极短路；

• 如果驻极体完好，则该驻极体话筒的外部引线等可能有断路、短路等现象。

② 把万用表调到 $R \times 100$ 或者 $R \times 1k$ 电阻挡，黑表笔接任意一极，红表笔接另外一极端，读出电阻值数。然后对调两表笔，再检测其电阻。正常情况下，检测的电阻值应是一大一小。如果正向、反向电阻值相等，则说明该被测话筒内部场效应管栅极与源极间的晶体二极管已经开路。如果正向、反向电阻值均为∞，则说明该被测话筒内部的场效应管可能开路了。如果正向、反向电阻值均接近或为 0Ω，则说明该被测话筒内部的场效应管已经击穿或出现了短路现象。

说明：驻极体话筒的结构如图 2-13-6 所示。

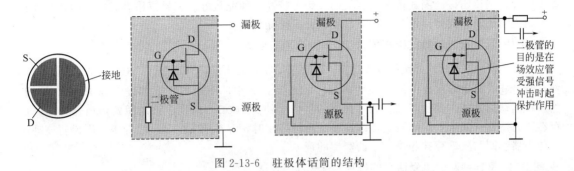

图 2-13-6　驻极体话筒的结构

→ 问 905 怎样判断驻极体话筒的极性？——万用表法

答 把万用表调到 $R \times 100$ 或者 $R \times 1k$ 挡，黑表笔接任一极，红表笔接另一极进行检测。然后对调表笔检测。比较两次测量的结果，其中以阻值较小的一次为基准，其中红表笔接的是漏极 D，黑表笔接的是源极 S。

如果驻极体话筒的金属外壳与所检测出的源极 S 电极相连，则说明该被检测的话筒是两端式驻极体话筒，也就是说其漏极 D 电极即是正电源/信号输出端，源极 S 电极即是接地引脚端。如果驻极体话筒的金属外壳与漏极 D 相连，则其源极 S 电极即是负电源/信号输出脚端，漏极 D 电极即是接地引脚端。如果被检测的驻极体话筒的金属外壳与源极 S、漏极 D 电极均不相通，则说明该驻极体话筒是三端式驻极体话筒，也就是说其漏极 D 为正电源引脚端（或者信号输出端），源极 S 为信号输出脚端（或者负电源端），金属外壳为接地端。

说明：在场效应晶体管的栅极与源极间接一只二极管，即利用二极管的正向、反向电阻特性来判别驻极体话筒的漏极 D、源极 S。

→ 问 906 怎样判断话筒的灵敏度？——万用表法

答 把万用表调到 $R \times 100$ 挡，红表笔接话筒的外壳，黑表笔接话筒的输出端。正常情况下，这时万用表的表针指示值一般为 40～50Ω。对话筒吹一口气，正常情况下，这时万用表的指针应摆动，并且摆动角度越大，说明话筒的灵敏度越高。不吹气时，如果万用表的指针摆动不稳，则说明该话筒稳定性差。吹气时，如果万用表的指针摆动幅度较小或不动，则说明该话筒灵敏度低。

→ 问 907 怎样判断驻极话筒的好坏？——万用表法

答 把万用表调到 $R \times 100$ 挡，将驻极体话筒加上正常的偏置电压，万用表的两表笔分别接驻极话筒的两芯线，也就是相当于给话筒内部的源极、漏极间加上电压。正常情况下，这时的万用表指针应在一定的刻度上（也就是有一定的数值）。然后对驻极话筒吹气，如果万用表的指针有一定幅度的摆动，则说明该驻极体话筒是好的。如果没有反应，则说明该驻极话筒漏电。如果直接检测驻极话筒引线间电阻为无穷大，则说明该驻极话筒内部开路。如果直接检测驻极话筒引线间电阻为零，则该驻极话筒内部短路。

→ **问 908** 怎样判断动圈式传声器音头的性能？——指针万用表法

答 把万用表调到 $R \times 10$ 挡，用万用表的表笔断续碰触音头线圈的两输出端，正常情况下，动圈式传声器音膜会发出"啪啪"的声音。如果发出声音较大、生硬、干涩，则说明该动圈式传声器音头性能较差。如果发出的声音比较柔和、细腻，则说明该动圈式传声器音头性能较好。

→ **问 909** 怎样判断动圈式传声器音头的性能？——电流法

答 把指针万用表调到 DC 50μA 挡或其他更小电流挡，万用表的表笔接动圈式传声器音头线圈两端的输出端，再用嘴向音膜吹气，观察万用表表针的偏转角度。如果万用表表针的偏转幅度较大，则说明该动圈式传声器音头的灵敏度较高，性能较好。如果万用表表针的偏转幅度较小，则说明该动圈式传声器音头的灵敏度较差，性能较差。

→ **问 910** 怎样判断动圈式传声器异常？——万用表法

答 把动圈式传声器旋开音头前罩，观察振动膜有无压扁，有无弹性。把万用表调到 $R \times 1\Omega$ 挡，两表笔点触动圈式传声器音头的两端。如果声音太小，则需要把万用表调到 $R \times 100\Omega$ 挡，然后检测动圈式传声器的阻抗。如果检测的阻抗大约为 300Ω，则说明该动圈式传声器音圈内部存在匝间短路。如果点触动圈式传声器音头两接线端时，存在明显的"沙沙"声，则说明该动圈式传声器音圈与磁钢存在相碰产生的摩擦的现象。

→ **问 911** 怎样判断手机受话器的好坏？——万用表法

答 把万用表调到电阻挡，检测手机受话器的直流电阻。正常情况下，手机受话器的直流电阻一般在几十欧。如果检测得到直流电阻明显变小或很大，则说明该受话器可能损坏了。

万用表法判断手机受话器的好坏，也可以采用下面方法与要点来进行：把数字万用表的红表笔接在送话器的正极端，黑表笔接在负极端（如果使用指针万用表，则表笔与送话器的引脚端连接是相反的），对着送话器说话，正常情况下，能够看到万用表的读数发生变化，或者指针发生摆动现象。

说明：驻极体送话器的阻抗很高，可以达到 $100M\Omega$。

2.13.4 压电蜂鸣片

→ **问 912** 怎样判断压电蜂鸣片的灵敏度？——万用表法

答 万用表调到 $R \times 1$ 挡，把万用表的表笔一端接压电片基片（金属壳体），另一端不时轻轻叩击压电片镀银层片极，正常情况下，万用表的指针有一定幅度的摆动，万用表指针摆动的幅度越大，说明该压电蜂鸣片的灵敏度越高。如果反复叩击，万用表的指针没有摆动，则说明该压电片压电蜂鸣片质量差或者损坏了。

→ **问 913** 怎样判断压电蜂鸣片的好坏？——电压法

答 把万用表的量程开关调到直流电压 2.5V 挡，左手拇指与食指轻轻捏住压电陶瓷片的两面，右手拿好万用表的表笔。其中，红表笔接金属片，黑表笔横放在电蜂鸣片的陶瓷表面上，左手稍用力压压电陶瓷片一下，随后松开，这样，在压电陶瓷片上产生两个极性相反的电压信号，在万用表上的显示为：万用表指针先向右摆动，后回零，随后向左摆一下，摆幅大约为 $0.1 \sim 0.15$V。摆幅越大，说明该压电蜂鸣片灵敏度越高。如果万用表指针静止不动，则说明压电蜂鸣片内部漏电，或者该压电蜂鸣片已经损坏。

说明：不能用湿手捏住压电陶瓷片。检测时，万用表不能用交流电压挡。

→ **问 914** 怎样判断压电蜂鸣片的好坏？——电阻法

答 把万用表的量程开关调到 $R \times 10$k 挡，检测其绝缘电阻，正常情况下，绝缘电阻为无穷大。如果用 $R \times 10$k 挡检测压电蜂鸣片两极电阻，正常情况下，阻值为 ∞。轻轻敲击陶瓷片，正常情况下，万用表的指针有微摆动。

如果与上述正常情况有差异，则说明该压电蜂鸣片可能损坏了。

→ 问 915 怎样判断压电蜂鸣片的好坏？——观察法

答 蜂鸣片如果具有裂缝与裂痕、边角毛刺、变形、氧化、生锈、引脚弯折与断裂、外壳涂层不完整、外壳起泡等现象，均是不正常的标志，均说明该压电蜂鸣片异常。

2.13.5 耳机

→ 问 916 怎样判断耳机的好坏？——听声法

答 ① 万用表调到电阻挡，用表笔接触耳机的引线端，正常情况下，会听到"咯咯"的声音。如果接触时，没有声音发出，则说明该耳机可能损坏了。

② 选择好一节电池或者两节串接的电池，从电池正极、负极引出两根导线，把导线一搭一放接触到耳机的引线端，正常情况下，会听到"咯咯"的声音。如果一搭一放接触时，没有声音发出，则说明该耳机可能损坏了。

→ 问 917 怎样判断耳机的好坏？——万用表法

答 万用表调到电阻挡，检测耳机的直流电阻。如果检测得到的直流电阻值略小于耳机的标称电阻值，则说明该耳机是好的。如果检测得到的直流电阻值远大于耳机的标称电阻值，则说明该扬声器内部线圈可能存在断线故障。如果检测得到的直流电阻值极小，则说明该耳机内部可能存在短路故障。

说明：耳机的功能、作用与扬声器功能、作用基本一样。

→ 问 918 怎样判断耳机的质量？——原理结构法

答 原理结构法判断耳机质量的方法与要点如下：耳机的振动膜片离铁芯太远时，耳机的振动幅度会小。耳机的振动膜片离铁芯太近时，膜片振动时会碰到铁芯，声音也小，并且常出现"劈啪"声。因此，耳机膜片与骨架之间一般垫一定厚度的纸圈。如果纸圈过厚，则该耳机可能异常。

→ 问 919 怎样判断耳机的质量？——摩擦法

答 把耳机线的两个端子相互摩擦，听耳机内的声音大小来判断。如果耳机内的声音响，则说明该耳机灵敏度高，质量好。

→ 问 920 怎样判断单声道耳机的好坏？——万用表法

答 万用表调到 $R \times 10$ 挡或 $R \times 100$ 挡，把万用表的两只表笔分别断续接在耳机引线端的地线与芯线上。正常情况下，能够听到耳机发出"咯咯"的声音，则说明该耳机是好的。如果万用表表笔断续触碰耳机的输出端引线时，听不到"咯咯"声，则说明该耳机异常。

→ 问 921 怎样判断两幅或两幅以上耳机的灵敏度？——万用表法

答 万用表调到 $R \times 10$ 挡或 $R \times 100$ 挡，把万用表的两只表笔分别断续接在耳机引线端的地线与芯线上。正常情况下，能够听到耳机发出"咯咯"的声音，则说明该耳机是好的，并且声音较大的耳机属于灵敏度较高的耳机。

→ 问 922 怎样判断双声道耳机的好坏？——万用表法

答 把万用表调到 $R \times 1$ 挡，检测耳机音圈的直流电阻。也就是把万用表的一只表笔接触耳机的公共地线端，另外一只表笔分别接触耳机的两芯线端，正常情况下，阻值均应小于耳机的交流阻抗（有的立体声耳机的交流阻抗为 32Ω，则检测的电阻小于 32Ω）。如果检测得到的阻值过小或超过其交流阻抗很多，则说明该耳机损坏了。如果在检测的同时，能够听到左声道、右声道耳机发出的"咯咯"声，则说明该耳机是好的。如果在检测的同时，不能够听到左声道、右声道耳机发出的"咯咯"声，则说明左声道、右声道或者左右两声道异常。

说明：一般双声道耳机的直流阻值大约为20～30Ω。选择电阻挡时，指针万用表的表笔输出电流相对数字万用表来说要大得多，一般情况下，用 $R\times1\Omega$ 电阻挡可以使扬声器发出响亮的声音。

→ **问923** 怎样判断耳机的音质？——参数法

答 判断耳机音质的参数见表2-13-2。

表2-13-2　判断耳机音质的参数

参数	解　说
耳机灵敏度	耳机灵敏度越高，意味着达到一定的声压级所需的功率越小。一般动圈式监听级耳机的灵敏度在90dB/mW以上。随身听选耳机，灵敏度一般要在100dB/mW或更高
频率响应	频率响应是指耳机能够表现的频率范围，一般为20～20000Hz(低音～高音)
信噪比	一般而言，耳机信噪比越大，则说明混在耳机信号里的噪声越小，声音回放的音质量越高。耳机的信噪比一般不应低于70dB
总谐波失真	总谐波失真表明了耳机的音质平稳、清晰、保真程度。一般的耳机为0.7％左右，该值越小越好

→ **问924** 怎样判断耳机音圈的好坏？——听声法

答 如果耳机声音发闷，或者耳机出现"沙沙"的声音时，则可能是耳机磁钢与音圈产生相互摩擦引起的。

→ **问925** 怎样判断耳机音圈的好坏？——轻按法

答 用手指轻按耳机纸盆，如果纸盆难以上下动作，则说明该耳机线圈与磁钢可能卡住了。如果用手指轻按耳机纸盆，能够上下动作，但是根本不发声，则说明该耳机音圈可能断线，或者可能松脱了。

2.13.6　音箱

→ **问926** 怎样判断音箱的谐振频率？——轻按法

答 把话筒放大器的音量关闭，紧靠在待检测的扬声器前面，再慢慢开大音量，直到产生自激。自激音调的高低可以代表该扬声器谐振频率的高低，这样就可以判断出音箱的谐振频率。

2.14　连接器

→ **问927** 怎样判断连接器的好坏？——观察法

答 正常的连接器具有以下一些特征。

① 有关紧固件齐全，安装正确。

② 元件引脚无虚焊、假焊等异常情况。

③ 本身完好。

④ 当装的零部件上的裂纹不大于装配孔到部件边缘距离的50％，则还可以接受。

连接器出现连接松动、引脚存在虚焊/假焊等异常现象，引脚断裂、裂纹从装配孔到部件边缘，引脚存在应力等情况，均需要改换引脚或者调整连接器。

另外，判断连接器的好坏还需要观察其连线是否异常。

→ **问928** 怎样判断连接器眼针的好坏？——观察法

答 有的电子电器采用了连接器眼针实现电气的连接。连接器眼针与压接器插针异常，一般可以采用观察法来检修。正常的连接器眼针与压接器插针没有弯曲，没有受损，没有断裂，与基板连接稳固，接触簧片没有断裂，接触簧片扭曲，接触缝隙在要求公差范围内，没有焊盘损伤，接触簧片一般位于绝缘座里，簧片台肩与焊盘间有符合起拔工具需要的空间，可分离式连接器眼针应没有缺口/毛刺等要求。如果出现异常现象，则说明该连接器眼针已经损坏了。

→ 问 929 怎样判断压接器插针的好坏？——观察法

答 有的电子电器采用压接器插针实现电气的连接，如图 2-14-1 所示。

压接器插针正常状态没有扭曲，位置适当，没有损伤，安装稳固。另外，如果插针具有轻微弯曲或者偏离中心线没有超过插针厚度的 50%、插针高度在偏差范围内、连接无松动、功能盘只有稍许脱离基板等现象，则该压接器插针还可认为正常。

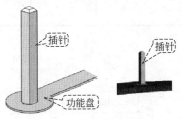

图 2-14-1　压接器插针

压接器插针如果出现明显弯曲、功能盘脱离基板、功能环圈翘起大于其宽度的 75%、有毛刺、缺块、镀层脱落、出现蘑菇头等现象（图 2-14-2），则说明该压接器插针异常。

→ 问 930 怎样检测线束的好坏？——观察法

答 正常的线束扎点整齐、紧固、具有合理的间距位置。扎带末端伸出不超过扎线带的厚度，刮断面应与扎线带结扣面平行，导线固定在线束内等。如果电子设备出现故障，有时是线束异常所致。线束异常有时可以通过观察法来判断。图 2-14-3 所示就是线束捆绑线出现损伤的现象。

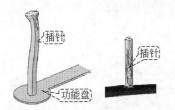

图 2-14-2　压接器插针异常

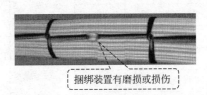

图 2-14-3　线束捆绑线出现损伤

→ 问 931 怎样判断连接器排线的好坏？——观察法

答 连接器排线如果硬化、破损、有压痕、外皮突起、没有光泽、锈蚀、折断、弯曲、变黑、裂纹、插针氧化、端子塑胶破损、插针与导线接触不牢固、导通电阻大、耐压差、脱落、松动、露芯碰触、导线太小、端子拉力小等，则说明该连接器排线异常。

→ 问 932 怎样判断接线柱虚焊？——放大镜法

答 接线柱虚焊有时人眼直接观察，比较难以发现问题。如果借助放大镜来查看，则接线柱假焊、虚焊等情况容易被发现。

→ 问 933 怎样判断连接器的好坏？——万用表法

答 把万用表调到电阻挡，检测连接器接触对的断开电阻和接触电阻。连接器接触对的断开电阻一般为∞，如果断开电阻值为零，则说明该连接器接触对存在短路现象。连接器接触对的接触电阻值一般应小于 0.5Ω。如果连接器接触对的接触电阻大于 0.5Ω，则说明该连接器接触对存在接触不良等故障。

→ 问 934 怎样判断双芯插座插头连接器的好坏？——万用表法

答 把万用表调到电阻挡检测。当插头没有插入到插座时，定片 1 与动片 1 接通。当插头插入后，动片 1 与定片 1 断开，动片 2 与插头尖 3 接通，外壳与插头套接通。凡是接通的情况，用万用表检测两端头电阻时为 0，凡是断开的情况，用万用表检测两端头电阻时为∞。

2.15 继电器

问935 怎样识别继电器的型号？——命名规律法

答 继电器型号的命名一般是由主称代号、外形符号、短画线、序号、特征符号等组成。继电器型号的命名规律见表2-15-1。

表2-15-1 继电器型号的命名规律

分类号	名　称	第1部分 主　称	第2部分 外形符号	第3部分 短画线	第4部分 序　号	第5部分 防护特征	斜线	规格序号
	直流电磁继电器							
1	微功率	JW						
	弱功率	JR						
	中功率	JZ						
	大功率	JQ						
2	交流电磁继电器	JL						
3	磁保持继电器	JM						
4	混合式继电器	见注	W（微型）			M（密封）	/	
5	固态继电器	JG		—				
6	高频继电器	JP	C（超小型）			F（封闭）		
7	同轴继电器	JPT	X（小型）					
8	真空继电器	JPK						
9	温度继电器	JU						
10	电热式继电器	JE						
11	光电继电器	JF						
12	特种继电器	JT						
13	极化继电器	JH						
14	电子时间继电器	JSB						

注：混合式继电器的型号为被组合的电磁继电器型号中的外形符合后加标字母 H（混）。

问936 怎样检测电磁式继电器吸合电压？——可调式直流稳压电源法

答 把被测继电器电磁线圈的两端接上电流为2A、电压为0～35V的可调式直流稳压电源，将稳压电源的电压从低逐步调高，当听到继电器触点吸合动作声时，此时的电压值即为或者接近继电器的吸合电压。

问937 怎样检测电磁式继电器吸合电压？——额定工作电压法

答 根据额定工作电压一般为吸合电压的1.3～1.5倍来判断，也就是根据额定工作电压来判断电磁式继电器吸合电压。

问938 怎样判断电磁式继电器释放电压？——电路检测法

答 在继电器触点吸合后，逐渐降低电磁线圈两端的电压。当调到某一电压值时继电器触点释放，这时的电压就是继电器的释放电压。

问 939 怎样判断电磁式继电器吸合电流？——工作电流法

答 根据电磁式继电器吸合电流与工作电流的关系来判断，也就是根据继电器的工作电流一般为吸合电流的 2 倍来判断。

问 940 怎样判断电磁式继电器吸合电流？——电路法

答 根据图 2-15-1 所示的电路来组建检测判断电路。把继电器线圈串联到电路中，电压表并联在线圈的两引脚端上，电流表串入电路中。接好后，给稳压电源通电，逐渐增加电压的数值，直到听见电磁式继电器衔铁发出"咔"的一声，说明磁铁已经把衔铁吸住，这时电压表、电流表的数值就是电磁式继电器的吸合电压与吸合电流。逐渐降低供电电压，当听到电磁式继电器再次发生释放的声音时，这时的电压与电流，就是释放电压与释放电流。

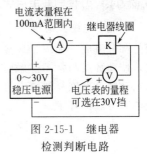

图 2-15-1　继电器
检测判断电路

问 941 怎样判断电磁式继电器释放电压是否正常？——吸合电压法

答 一般情况下，继电器的释放电压大约为吸合电压的 $10\%\sim50\%$。如果该继电器的释放电压太小，或者小于 $1/10$ 的吸合电压，则说明该继电器可能异常。

问 942 怎样判断电磁式继电器的工作电压？——估计法

答 把继电器与检测电路断开，用万用表的电阻挡测量电磁线圈的直流电阻值，用测得的电阻值乘以继电器的工作电流，就可以得到继电器的工作电压值。

问 943 怎样判断干簧式继电器的好坏？——万用表法

答 把万用表调到 $R\times1$ 挡，两表笔分别接干簧式继电器的两端，然后根据相关现象判断。

① 正常——如果将干簧式继电器靠近永久磁铁或万用表中心调节螺钉处时，万用表指示阻值为 0Ω。如果将干簧式继电器离开永久磁铁后，万用表指针返回，阻值变为无穷大 ∞，则说明该干簧继电器是正常的，其触点也是正常的。

② 异常——如果将干簧式继电器靠近永久磁铁后，其触点不能够闭合，说明该干簧式继电器已经损坏了。

问 944 怎样判断磁保持湿簧式继电器的好坏？——直流稳压电源法

答 采用 $6\sim24V$ 的直流稳压电源给磁保持湿簧式继电器的激励线圈加一个正脉冲电压或负脉冲电压，看湿簧式继电器的衔铁片是否动作。如果能够动作，则说明该磁保持湿簧式继电器是好的。如果磁保持湿簧式继电器衔铁片不动作，则说明该磁保持湿簧式继电器激励线圈异常。

问 945 怎样判断磁保持湿簧式继电器的好坏？——万用表法

答 把万用表调到电阻挡，检测线圈的电阻。如果检测得到线圈电阻的阻值为无穷大 ∞，说明该磁保持湿簧式继电器激励线圈可能开路了。

说明：万用表法对于磁保持湿簧式继电器激励线圈局部短路，一般不能够正确地检测。

问 946 怎样判断固态继电器的好坏？——万用表法

答 把万用表调到电阻挡，检测两引脚间的电阻。如果检测得到某两引脚间的正向、反向电阻均为 0Ω，说明该固态继电器已经击穿损坏。如果检测得到固态继电器各引脚间的正向、反向电阻值均为无穷大 ∞，则说明该固态继电器已经开路。

问 947 怎样判断继电器的好坏？——听音法

答 在继电器线圈脚间加上额定的电压，听继电器吸合的声音是否正常。如果有正常的吸合声音，说明该继电器是好的。如果没有吸合声音，则说明该继电器异常。

问 948 怎样判断继电器的好坏？——图解法

答 通过检测继电器需要动合的触点是否动作来判断，也就是通电动断的触点是断开，通电动合的触点是合。该特点的检测示意图如图 2-15-2 所示。

问 949 怎样判断电磁式继电器的好坏？——工作原理法

答 电磁式继电器主要由铁芯、线圈、动触点、常开静触点、常闭静触点、衔铁、返回弹簧等部分组成，如图 2-15-3 所示。当线圈通电后，铁芯被磁化而产生足够的电磁吸力，吸动磁铁，使动触点与常闭静触点断开，而与常闭静触点闭合。当线圈断电后，电磁力消失，衔铁返回，动触点也恢复到原先的位置。如果电磁式继电器与其工作原理特点有差异，则说明该电磁式继电器可能损坏了。

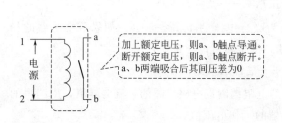

加上额定电压，则a、b触点导通。
断开额定电压，则a、b触点断开。
a、b两端吸合后其间压差为0

图 2-15-2　继电器的检测

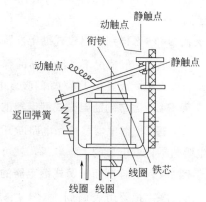

图 2-15-3　电磁式继电器

问 950 怎样区别直流继电器与交流继电器？——短路环法

答 交流继电器的铁芯上有一个铜制的短路环，直流继电器的铁芯上没有这个铜制的短路环。

说明：直流继电器与交流继电器的区别也可以从外观上来判断。

问 951 怎样判断电磁继电器的好坏？——静态按动法

答 把万用表调到 $R \times 1$ 挡，检测常闭触点的电阻值，正常情况下为 0。然后把衔铁按下，这时常闭触点的阻值应为无穷大。如果在没有按下衔铁时，检测得出常闭触点某一组有一定的阻值或为无穷大，则说明该组触点已经烧坏或氧化。

问 952 怎样判断电磁继电器的常闭与常开触点？——电阻法

答 把万用表调到电阻挡，检测触点与动点间的电阻。其中：

常闭触点——检测常闭触点与动点间的电阻一般为 0；

常开触点——检测常开触点与动点的阻值一般为无穷大。

问 953 怎样判断电磁继电器的好坏？——线圈法

答 把万用表调到 $R \times 10$ 挡，测量继电器线圈的阻值，从而通过检测线圈是否存在开路现象来判断。正常情况下，磁式继电器线圈的阻值一般为 $25\Omega \sim 2k\Omega$。额定电压低的电磁继电器线圈的阻值较低，额定电压高的电磁继电器线圈的阻值较高。如果检测得到其阻值为无穷大，则说明该电磁继电器线圈已经断路损坏。如果检测得到其阻值低于正常值很多，则说明该电磁继电器线圈内部存在短路故障。

说明：如果该电磁继电器线圈有局部短路，使用该方法不容易检测发现。

→问 954 怎样判断固态继电器的引脚？——标志法

答 ① 交流固态继电器的壳体上，有的对输入端标有＋、－、INPUT 等字样，对输出端则不分正、负。有的对输出端标有 LOAD 等字样。

② 直流固态继电器，有的在输入端与输出端均标有＋、－。有的直流固态继电器标有 IN（输入端）、OUT（输出端）等字样。

→问 955 怎样判断固态继电器的引脚？——指针万用表法

答 把指针式万用表调到 $R×10k$ 挡，万用表的两表笔分别接到固态继电器的任意两脚上，仔细观察其正向、反向电阻值的大小。当检测得出其中一对引脚的正向阻值为几十欧～几十千欧、反向阻值为无穷大时，说明该两引脚即为输入端，其中黑表笔所接的引脚为输入端的正极，红表笔所接的引脚为输入端的负极。然后需要确定输出端：

① 对于交流固态继电器，除了输入端外，剩下的两引脚就是输出端，交流固态继电器的输出端是没有正、负极之分的；

② 对于直流固态继电器，一般与输入端的正极、负极平行相对的就是输出端的正极、负极。

说明：有的直流固态继电器的输出端带有保护二极管。该保护二极管的正极一般接在固态继电器的负极上，负极与固态继电器的正极相接，如图 2-15-4 所示。

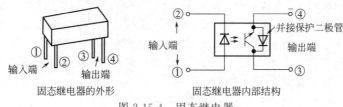

固态继电器的外形　　　　固态继电器内部结构

图 2-15-4　固态继电器

→问 956 怎样判断固态继电器的好坏？——万用表法

答 把万用表调到 $R×10k$ 挡，检测继电器输入端的电阻，一般正常情况下，正向电阻为十几千欧左右，反向电阻为无穷大。然后采用同样的电阻挡位来检测输出端，一般正常情况下，阻值均为无穷大。如果与上述正常阻值相差太远，则说明该继电器可能损坏了。

→问 957 怎样判断固态继电器的引脚？——数字万用表法

答 把数字万用表调到二极管挡，分别对 4 个引脚端进行正向、反向检测。检测时，其中有两脚在正向检测时显示 1.2～1.6V，反向检测时显示溢出符号 1，则说明该两引脚是固态继电器的输入端，其中以显示 1.2～1.6V 的一次为依据，数字万用表红表笔所接的引脚是正极，黑表笔所接的引脚为负极。直流固态继电器找到输入端后，一般情况下与其横向两两相对的引脚就是输出端的正极与负极。

说明：使用不同型号的数字万用表检测固态继电器的内部发光二极管时，有的数字万用表显示值只是瞬间闪出读数，接着便显示溢出符号 1。这时可以反复交换数字万用表表笔多检测几次，直到得出正确的检测结论。

→问 958 怎样判断固态继电器的好坏？——带负载法

答 根据固态继电器的参数和图 2-15-5 所示连接好电路。如果闭合开关 S_1 时，灯泡能够正常发光，断开开关 S_1 时，灯泡能够立即熄灭，说明该被测交流固态继电器是好的。否则，则说明该被测交流固态继电器异常。

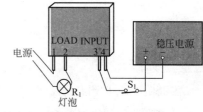

图 2-15-5　带负载法判断固态继电器的电路

→问 959 怎样判断干簧管继电器的好坏？——万用表法

答 把万用表调到 $R×1$ 挡，两表笔分别接在干簧管继电器的两端，拿一块永久磁铁靠近干簧管继电器。正常情况下，这时万用表的检测数值一般为0。然后把永久磁铁远离干簧管继电器，正常情况下，这时万用表的检测数值一般为无穷大。如果不符合正常情况，则说明该干簧管继电器异常了。

→ **问 960** 怎样判断干簧管继电器的好坏？——通电法

答 把万用表调到$R\times 1$挡，检测干簧管继电器触点引脚间的电阻。然后给干簧管继电器通电，再检测干簧管继电器触点引脚间的电阻。正常情况下，干簧管继电器的触点引脚间阻值会由无穷大变为0。如果阻值始终为无穷大，或者始终为0，则说明该干簧管继电器异常。

→ **问 961** 怎样判断步进继电器的好坏？——驱动脉冲电压法

答 给步进继电器的线圈加上符合要求的驱动脉冲电压，查看其机械系统动作情况，如果机械系统不动作，则说明该继电器异常。

→ **问 962** 怎样判断步进继电器的好坏？——万用表法

答 把万用表调到电阻挡，检测电磁线圈。如果步进继电器电磁线圈的电阻值为无穷大，则说明该步进继电器的电磁线圈已经开路损坏。

→ **问 963** 怎样判断磁保持湿簧式继电器的好坏？——万用表法

答 把万用表调到$R\times 1$挡，检测磁保持湿簧式继电器衔铁片（动触点）外接线端与两组静触点的外接线端间的电阻值。正常情况下，衔铁片应与某一个静触点接通（也就是检测的电阻值应为0），而与另外一个静触点断开（也就是检测的电阻值应为无穷大）。如果检测得到衔铁片与两个静触点间的电阻值均为无穷大，则说明该磁保持湿簧式继电器内部的触点已经损坏了，或磁保持湿簧式继电器存在接触不良等现象。

→ **问 964** 怎样判断磁保持湿簧式继电器的好坏？——加电压法

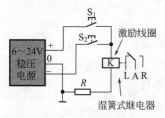

图 2-15-6　磁保持湿簧式继电器

答 根据图 2-15-6 所示连接好线路，用直流稳压电源（6～24V）给磁保持湿簧式继电器的激励线圈加上一个正脉冲电压或负脉冲电压，然后观察湿簧式继电器的衔铁片是否能够动作。如果衔铁片不动作，则说明该磁保持湿簧式继电器的激励线圈已经损坏了。

→ **问 965** 怎样检测固态继电器的好坏？——通电检测法

答 把固态继电器的输入端根据电压要求接好三相或单相交流电源。把固态继电器的输出端接电阻性负载，负载所提供的电流需要大于晶闸管的维持电流。空载时，检测出的数据不准确。一般要求负载功率如下：

150A 或 150A 以内固态继电器　　　　负载功率≥100W
150A 以上固态继电器　　　　　　　　负载功率≥500W

然后把固态继电器控制端根据要求接好控制线后，合上固态继电器输入电源。如果固态继电器有控制信号，则固态继电器全压输出，即输出电压等于输入电压，工作指示灯亮。如果固态继电器没有控制信号，则固态继电器没有输出，即输出电压为0V，工作指示灯不亮。

如果与上述检测相符合，则说明该固态继电器是好的；否则，说明该固态继电器可能异常。

2.16　控制器

→ **问 966** 怎样检测温度控制器的好坏？——万用表法

答 把万用表调到相应的电阻挡，万用表的两根表笔分别接在温度开关的两只引脚端。常温下，万用表检测的阻值一般为0。然后用烧热的电烙铁给温度开关的金属外壳加热大约2～3min（也就是达到温度开关的动作温度），温度开关响一声，同时用万用表检测阻值，一般正常情况为无穷大。如果拿开电烙铁，等温度控制器的温度下降后，温度控制器又发出响声，同时用万用表检测的阻值为零。上述情况，说明该温度控制器是好的。否则，说明该温度控制器异常。

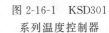

说明：KSD301 系列是常见的温度控制器，其外形如图 2-16-1 所示。

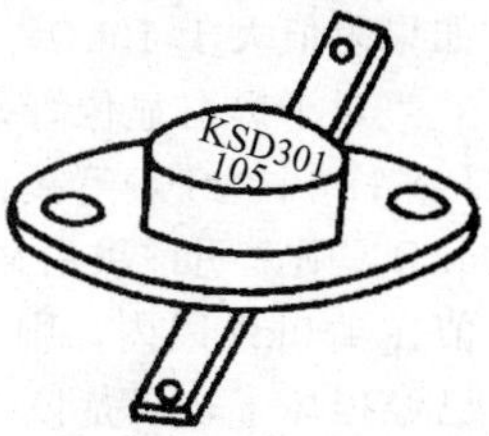

→ 问 967 怎样检测双金属片温控器的好坏？——直观法

答 ① 观察温控器校准螺钉是否松动，如果松动，则需要重新进行调整。

图 2-16-1　KSD301 系列温度控制器

② 观察温控器的调温旋钮是否损坏，如果损坏，则需要更换温控器。

③ 观察温控器的触点动作是否正常，如果不正常，则需要更换温控器。

④ 观察温控器是否有老化、触点是否氧化、触点是否被电弧烧熔黏合等现象。如果触头老化、触头氧化，则可以用油石或者细砂纸对触点打磨修正。

→ 问 968 怎样检测双金属片温控器的好坏？——万用表法

答 把万用表调到电阻挡，检测常温下双金属片温控器的触点，正常是闭合状态，使用万用表电阻挡检测时，其阻值是很小的。如果使用万用表电阻挡检测时，其阻值是很大或者为无穷大，则说明该双金属片温控器异常。

→ 问 969 怎样检测磁控温控器的好坏？——综合法

答 综合法检测磁控温控器好坏的方法与要点见表 2-16-1。

表 2-16-1　综合法检测磁控温控器好坏的方法与要点

名称	说　明
直观法	直观检查按键是否灵活、连杆是否变形、杠杆是否变形、触点是否烧焦等
电阻法	按下磁控温控器启动开关，同时测量触点开关的电阻，正常情况下该电阻为零。如果该电阻很大，或者为无穷大，则说明该磁控温控器异常

2.17　液晶屏

2.17.1　CRT 显像管

→ 问 970 怎样判断 CRT 显像管的好坏？——电压法

答 首先给 CRT 彩电通电，如果显像管灯丝不亮，则检测灯丝两脚上的电压是否正常。如果灯丝两脚上有电压，但是灯丝不亮，则说明显像管灯丝已经断线。如果给彩电通电的情况下，显像管灯丝被点亮，但是屏幕没有光栅，则可以检测显像管各极电压来判断。如果显像管各极的供电电压正常，则说明该显像管异常。

→ 问 971 怎样判断 CRT 显像管的好坏？——电流法

答 首先把万用表调到电流挡，检测显像管阴极电流来判断，当把亮度调到最大时，显像管正常发射电流值应为 0.6~1mA。如果电流在 0.3mA 以下，则说明该显像管已经衰老。

→ 问 972 怎样判断 CRT 显像管的好坏？——电阻法

答 首先把万用表调到 $R \times 1k$ 挡，把万用表黑表笔接栅极，红表笔接阴极。一般正常的显像管栅极、阴极间电阻大约为 $1k\Omega$，老化明显的显像管栅极、阴极间电阻大约为 $10k\Omega$ 以上。

另外，也可以首先给彩色显像管灯丝加上 6.3V 交流电压，让其他管脚空着。把万用表调到 $R \times 100$ 挡，黑表笔接调制栅极，红表笔分别接红、绿、蓝阴极，进行电阻值的测量。如果阻值为 $1~4k\Omega$，则说明该彩色显像管是好的。如果阻值为 $4~10k\Omega$，则说明该彩色显像管已经老化。

如果阻值大于 10kΩ，则说明该彩色显像管老化严重。

对于黑白显像管，首先给灯丝上加额定工作电压，使其他管脚不使用。然后把万用表调到 $R\times1k$ 挡，红表笔接阴极，黑表笔接栅极，检测显像阴极与栅极间的电阻值：如果阻值小于 5kΩ，则说明该黑白显像管是好的；如果阻值为 $5\sim15$kΩ，则说明该黑白显像管比较好；如果阻值在 100kΩ 以内，则说明该黑白显像管质量一般；如果阻值大于 100kΩ，则说明该黑白显像管已经损坏了，只是该损坏可以通过提高灯丝电压来延长显像管的使用寿命；如果阻值在 500kΩ 以上，则说明该黑白显像管不能够使用了。

→ **问 973** 怎样判断 CRT 显像管的灯丝电压？——对比法

答 首先用直流可调稳压电源向灯丝提供 $6.1\sim6.3$V 的直流电压，等稳定 $1\sim2$min 后，检测出阻值最小的枪阴极对栅极的阻值。在维修开关电源、更换 FBT 时，采用改变与显像管灯丝串联电阻阻值等手段，使最小的枪阴极对栅极的阻值与原来一样，此时的灯丝电压就是匹配的灯丝电压。

说明：在维修开关电源、更换 FBT 时，有时需要调整 CRT 灯丝电压，而具体的匹配的 CRT 灯丝电压采用万用表、示波器难以检测实际匹配数值。

→ **问 974** 怎样判断 CRT 显像管的好坏？——观察法

答 ① 直接观察显像管，如果发现机械损伤、玻壳破裂、管尾外伤、附件异常、偏转焦烟等异常，则说明该显像管异常。

② 直接观察显像管无损伤后，可以给 CRT 显像管通电后观察。如果发现极间有拉火、冒紫光、工作电压偏离等现象，则说明该显像管异常。

说明：CRT 显像管出现异常现象，有的不可修复，有的可以修复。

→ **问 975** 怎样判断 CRT 显像管阴极与灯丝碰极？——电阻法

答 首先把万用表调到电阻挡，然后检测 CRT 显像管阴极与灯丝间的电阻。如果灯丝与某一阴极相碰，则对应枪的电位会明显下降，检测的阻值一般接近于零。

有的阴极与灯丝碰极需开机一段时间后才出现。这时，需要迅速拔下尾板，检测 CRT 显像管阴极与灯丝的阻值一般也是接近于零。另外，CRT 屏幕上会出现碰极的相应阴极的单色高亮度回扫线。

如果 CRT 显像管阴极与灯丝没有碰极，则阴极与灯丝间的电阻一般为无穷大。

→ **问 976** 怎样判断 CRT 显像管栅极和阴极碰极？——电阻法

答 首先把万用表调到电阻挡，检测 CRT 显像管栅极和阴极间的电阻。如果栅极和阴极相碰，则检测它们间的阻值一般接近于零。如果 CRT 显像管栅极和阴极没有碰极，则栅极和阴极间的电阻一般为无穷大。

→ **问 977** 怎样判断显像管衰老？——综合法

答 判断显像管衰老的方法与要点见表 2-17-1。

表 2-17-1　判断显像管衰老的方法与要点

方法	解　说
现象法	CRT 显像管出现图像暗淡、清晰度差，或者因某一枪因老化底色变差、白平衡无法调整等异常，则说明该 CRT 显像管可能老化了
电阻法	首先给灯丝加上额定电压，然后用万用表 $R\times1k$ 挡检测栅极-阴极间的电阻，其中红表笔接阴极，黑表笔接栅极。一般新 CRT 显像管在 1000Ω 以下，如果栅极-阴极间的电阻为几十千欧，则说明该 CRT 显像管出现衰老迹象。如果栅极-阴极间的电阻大于 100kΩ，则说明该 CRT 显像管已经明显衰老了。 CRT 显像管三个阴极与栅极要分别检测，并且阻值差别越小越好
电流法	首先把万用表调到电流挡，检测阴极的电流，并且把亮度调到最大，把万用表串入阴极回路中。如果检测的电流在 0.3mA 以下，则说明该 CRT 显像管已经明显衰老了，并且检测的电流值越小，说明该显像管越衰老

→ 问 978 怎样判断 CRT 彩管磁化？——观察法

答 一般屏幕四周小范围内，多在彩管四个角的某一个角出现色斑，则说明该 CRT 彩管磁化了。

→ 问 979 怎样判断 CRT 彩管极间跳火？——观察法

答 三阴极间存在杂质，产生三阴极间放电。极间跳火时，CRT 屏幕大面积受磁，伴有黑线干扰，时有时无。严重时，图像时有时无地抖动。

→ 问 980 怎样判断 CRT 彩管漏气？——观察法

答 开机时，CRT 彩管电子枪内发出"嗞嗞"声，可以看到管颈内冒紫光。另外，CRT 彩管靠近锥体石墨层有 1～2cm 长透明的、白色或是金黄色，如果变为发黑、暗，则说明该 CRT 彩管存在漏气现象。

→ 问 981 怎样判断 CRT 彩管漏气？——电阻法

答 首先把万用表调到 $R \times 1k$ 挡，检测栅极-阴极间的电阻一般大约为 1～4kΩ（具体不同型号的万用表检测得到的数值有差异）。如果检测得到 CRT 栅极-阴极间电阻接近 0Ω 或者小于 0Ω，则说明该 CRT 已经出现漏气现象。

上述方法只能够检测 CRT 开始漏气现象。

→ 问 982 怎样判断 CRT 彩管漏气？——通电法

答 首先单独给 CRT 灯丝通电，如果灯丝不亮，或者亮度不明显，但是采用万用表检测灯丝又是通的，则说明该 CRT 已经严重漏气。如果灯丝的亮度基本正常，再把万用表调到 $R \times 1k$ 挡，检测栅极-阴极间的电阻（R_{gk}），如果 $R_{gk} \leqslant 0$，则说明该 CRT 已经漏气了；如果 $R_{gk} > 0$，但小于正常值，则可以继续给灯丝通电，并且仔细观察栅极-阴极间的电阻变化情况。如果栅极-阴极间的电阻逐渐变小，则说明该 CRT 已经轻微漏气；如果栅极-阴极间的电阻逐渐变大，则需要持续观察 CRT 灯丝的亮度；如果亮度逐渐变暗，则说明该 CRT 已经严重漏气。

→ 问 983 怎样判断 CRT 彩管偏转短路？——万用表法

答 首先把万用表调到电阻挡，检测行偏转线圈间电阻和场偏转线圈电阻。正常情况下，行偏转线圈与场偏转线圈是开路的，也就是它们间的电阻为无穷大。另外，正常情况下，场偏转线圈阻值一般为 3～5Ω，行偏转线圈阻值一般为 1～3Ω。如果检测的数值与正常参考值有差异，则说明该 CRT 彩管可能存在偏转短路现象。

→ 问 984 怎样判断 CRT 彩管偏转啸叫？——听声法

答 CRT 彩电偏转啸叫是一种类似行偏转的叫声，时有时无，声音不大。

说明：只要是 CRT 彩管偏转磁芯松动，一般会造成 CRT 彩管偏转啸叫。该异常现象用硅胶把磁芯固定即可解决。

→ 问 985 怎样判断 CRT 彩管黄斑？——观察法

答 黄斑主要在屏幕纯平管比较多，其是荧光粉长期受强电流轰击老化造成的。黄斑一般在红场信号、蓝屏信号反映不出来，只有在其他信号下才可以看见图像局部反黄。

2.17.2 液晶屏

→ 问 986 怎样判断液晶屏花屏的原因？——对比法

答 花屏在反复上电情况后，花的条纹与色彩有变化，则说明驱动板异常情况居多；花的条纹与色彩没有变化，则说明液晶屏本身异常情况居多。

说明：液晶屏花屏故障可能是液晶屏异常，也可能是液晶驱动板、驱动集成电路等引起的。

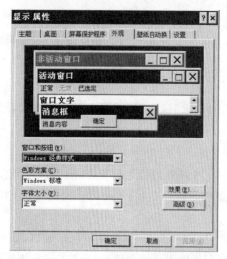

图 2-17-1 "属性"窗口中选择"外观"

问 987 怎样判断液晶屏是否有缺陷？——软件法

答 液晶屏幕"点缺陷"也就是坏点、亮点、暗点，用软件法检测的方法与要点如下。对于液晶显示器，可以用鼠标在桌面上单击右键，选择"属性"，再在打开的窗口中选择"外观"（图 2-17-1），在"色彩方案"一栏中选择"黑色"或"白色"，最后点"确定"即可。这样，在桌面全黑或全白或红、绿、蓝的背景下仔细观察液晶屏上有无"点缺陷"。

说明：判断液晶屏的坏点，还可以使用一些软件中的功能来检测、判断，例如 Everest、Nokia-MonitorTest、MonitorsMatterCheckScreen 等。

问 988 怎样判断液晶屏的好坏？——看图法

答 判断液晶屏好坏的图例见表 2-17-2 和表 2-17-3。

表 2-17-2 判断液晶屏好坏的图例（一）

现象	图例	解　说
一条或多条垂直的线条		该类现象一般说明该屏损坏。判断屏是否损坏的方法如下：切换屏显模式法、菜单字符法、双画面/画中画法、画面移动法等
一条或多条水平的线条		该类现象一般说明该屏损坏。判断屏是否损坏的方法如下：双画面/画中画法、菜单字符法、画面移动法等
阴影		阴影包括屏幕角上阴影、屏幕两侧垂直分布的阴影、屏幕水平分布的阴影。该类现象一般说明该屏损坏。判断屏是否损坏的方法如下：菜单字符法、切换屏显模式法、双画面/画中画法、画面移动法等
一条或多条垂直的色带，从屏幕上沿延续到下沿		该类现象一般说明该屏损坏。判断屏是否损坏的方法如下：菜单字符法、画面移动法、切换屏显模式法、双画面/画中画法等
"漏液"状的色斑		如果不是高原地区的低气压引起的，则可能是屏异常引起的
以屏幕垂直中心线为界，屏幕左右两边的颜色表现出现差异，一半正常，另一半颜色异常		该类现象一般说明该屏损坏。判断屏是否损坏的方法如下：双画面/画中画法、切换屏显模式法、菜单字符法等

表 2-17-3　判断液晶屏好坏的图例（二）

故障现象	图例	可否修复	备　注
出画不良		可修复	
方块不良		可修复	出现水平或垂直亮带,可能是屏驱动 IC 不良引起的
刮伤		可修复	刮伤在表面一层没有伤及玻璃基板,则可以维修
阶调不良		可修复	可能是屏电路不良
亮点		不可修复	可能是屏驱动 MOS 管开路引起的
亮度均匀度不良		可修复	可能是屏灯管亮度不均引起的
亮线		可修复	可能是屏驱动 IC 不良或 IC 连接不良引起的
漏光		可修复	可能是屏灯管不良等情况引起的
屏裂		不可修复	

故障现象	图例	可否修复	备注
犬足		不可修复	可能是屏液晶配向不良等情况引起的
污点		可修复	可能是屏背光源内有杂质引起的
压伤		不可修复	可能是屏人为压伤等原因引起的
液晶外漏		不可修复	可能是屏灯管、逻辑控制板拆卸不当等原因引起的

问989 怎样判断 TFT、CSTN 屏？——外观法

答 CSTN 屏的屏幕颜色是全黑的，TFT 屏的屏幕颜色比较淡一些，像液晶屏。

问990 怎样判断 OLED、CSTN 屏？——色彩法

答 ① OLED 是一种自发光、不需要背景光源的材料。因此，OLED 屏在色彩上显得均匀，色泽比较鲜艳，接近原物效果。

② CSTN 色彩级别与透光性比 OLED 要差，在显示纯黑画面时，CSTN 依旧会透出非常轻微的背景光线，使得整个色彩显得不匀称。有的 CSTN 屏在日光下看不清内容，有的播放动画也有拖尾的现象。

③ OLED 屏的清晰度与锐化度高出 CSTN 屏好几倍。从色彩对比、饱和度上比较，OLED 屏表现出色彩鲜明、画面逼真的特点，CSTN 屏表现出灰暗无光、画显迟钝、呆板等特点。

问991 怎样判断液晶屏灯管的好坏？——更换法

答 更换法判断液晶屏灯管的好坏就是根据更换好灯管的效果、情况，来判断原来的灯管是否异常的一种方法。如果更换好灯管后，液晶屏恢复正常，则说明原来的灯管异常。液晶屏灯管的更换需要根据表 2-17-4 的情况来考虑灯管是否可以更换。

表 2-17-4 液晶屏灯管是否可以更换的情况

厂商	型号	尺寸/in	灯管数量	灯管排列	可否直接更换
中华(CPT)	CLAA150XE01	15	4	上下各两根	可直接更换灯管
中华(CPT)	CLAA150XG-01	15	2	上下各一根	可以，须拆铁框
中华(CPT)	CLAA150XA03	15	2	上下各一根	可直接更换灯管
三星(SEC)	LT150X1-051	15	4	上下各两根	—

厂商	型号	尺寸/in	灯管数量	灯管排列	可否直接更换
三星(SEC)	LTM150X1-A02	15	4	上下各两根	可直接更换灯管
LPL	LM151X2-C2TH	15	2	上下各一根	可直接更换灯管
LPL	LM151X4	15	2	上下各一根	可直接更换灯管
LPL	LM151X05	15	2	上下各一根	可直接更换灯管
AUO	L150X3M	15	2	上下各一根	可直接更换灯管
AUO	L150X2M-1	15	2	上下各一根	可直接更换灯管
AUO	L150XN05	15	2	上下各一根	可直接更换灯管
SHARP	LQ150X1DG51	15	4	上下各两根	不可以
HYDIS	HT15X11-200	15	4	上下各两根	可直接更换灯管
HSD	HSD150MX41	15	2	下面两根	可直接更换灯管(粘在铁片上)
HSD	HSD150SX82	15	2	下面两根	可直接更换灯管(粘在铁片上)
HSD	HSD150SX84	15	2	上下各一根	可直接更换灯管
HSD	HSD150SX83	15	4	上下各两根	可直接更换灯管
SANYO	TM150XG-26L06A	15	4	上下各两根	可直接更换灯管
CMO	M150x3-T05	15	4	上下各两根	可直接更换灯管
HYDIS	HT17E11-100	17	4	上下各两根	可直接更换灯管
HYDIS	HT17E11-300	17	4	上下各两根	可直接更换灯管
AUO	L170E3 EC;-5	17	4	上下各两根	可直接更换灯管
AUO	M170EN05	17	4	上下各两根	不可以
AUO	M170ES05	17	4	上下各两根	可直接更换灯管
CMO	M170E1-01	17	4	上下各两根	可直接更换灯管
SEC	LTM170EH-L01	17	4	上下各两根	可直接更换灯管
SEC	LTM170EU-L01	17	4	上下各两根	可直接更换灯管
CPT	CLAA181XA01	18	4	上下各两根	可直接更换灯管
CMO	M180E1-L03	18	4	上下各两根	可直接更换灯管
SANYO	TM181SX-76N02	18	4	上下各两根	可直接更换灯管
FJT	KLC48SXC8V	19寸	4	上下各两根	—

→ 问 992 怎样判断 OLED、CSTN 屏？——角度法

答 ① OLED 屏的可视角度非常大，能够达到170°。不管在哪个角度，都能够清晰地看到显示屏上面的字体与色彩。OLED 屏在阳光下同样能看清屏幕显示的内容。

② CSTN 屏可视角度远不如 OLED 屏，并且 CSTN 屏只能够从屏幕正面看到里面的色彩，从其他角度看，CSTN 屏不能够清晰显示屏幕的色彩。CSTN 屏在阳光下屏幕会变暗。

→ 问 993 怎样识读 LG-PHILIPS TFT 液晶面板的型号？——图解法

答 LG-PHILIPS TFT 液晶面板的型号的图例如图 2-17-2 所示。

说明：LG-PHILIPS 液晶面板的型号一般以 LP、LM、LS、LA、LC 等字母开头，并且大屏幕液晶电视中，一般采用字母 LC 开头的屏。

图 2-17-2　LG-PHILIPS TFT 液晶面板的型号

→ 问 994 怎样识读三星 TFT 液晶面板的型号？ ——图解法

答　三星 TFT 液晶面板的型号的图例如图 2-17-3 所示。

图 2-17-3　三星 TFT 液晶面板的型号

说明：三星液晶面板的型号一般以 TM、LT、LTN、LTA 等字母开头，并且大屏幕液晶电视中，一般采用字母 LTA 开头的屏。

→ 问 995 怎样识读友达（AUO）TFT 液晶面板的型号？ ——图解法

答　友达（AUO）TFT 液晶面板的型号的图例如图 2-17-4 所示。

图 2-17-4　友达（AUO）TFT 液晶面板的型号

说明：友达（AUO）液晶面板的型号一般以 T、M 等字母开头，并且大屏幕液晶电视中，一般采用字母 T 开头的屏。

→ 问 996 怎样识读奇美（CHI MEI）TFT 液晶面板的型号？ ——图解法

答　奇美（CHI MEI）TFT 液晶面板的型号的图例如图 2-17-5 所示。

说明：奇美（CHI MEI）液晶面板的型号一般以 N、M、V 等字母开头，并且大屏幕液晶电视中，一般采用的是 V 开头的屏。

图 2-17-5　奇美（CHI MEI）TFT 液晶面板的型号

→ **问 997**　怎样判断 LCD 无局部损坏？——放大镜法

答　首先打开 LCD 电视（或者相关电器），仔细观察，对屏幕上某一部位出现无光或者黑块的位置做上记号。然后关断电源，再使用 10 倍放大镜对屏幕进行仔细观察。如果看到屏幕上的无光区有裂纹痕迹，则说明该 LCD 可能局部损坏了。

说明：液晶显示屏裂纹一般是属于不可修复损坏，只能够采用更换维修处理。

→ **问 998**　怎样判断 LED 显示屏的好坏？——短路检测法

答　首先把万用表调到短路检测挡（一般具有报警功能），或者电阻挡，检测是否存在短路现象。如果发现短路情况下，则说明该 LED 显示屏异常。

说明：采用万用表电阻挡检测时，可以首先检测一块同类型同应用特点的 LED 显示屏，这样得到参考数据，以便检测 LED 显示屏对比判断。

→ **问 999**　怎样区别液晶拼接屏软屏与硬屏？——综合法

答　区别液晶拼接屏软屏与硬屏的方法与要点见表 2-17-5。

表 2-17-5　软屏与硬屏的区别

名称	解　说
手指法	用手指在液晶拼接屏的屏幕上轻轻地划几下，如果屏幕上出现明显的手痕的痕迹，则说明该液晶拼接屏是软屏。如果屏幕上不出现明显的手痕的痕迹，则说明该液晶拼接屏是硬屏。 说明：用手指在屏幕上划的时候要轻点，注意不要用指甲弄花了屏幕
看保护膜法	观察液晶拼接屏的屏幕上是否贴有保护膜：如果贴有保护膜，则说明该屏幕是硬屏；如果没有贴有保护膜，则说明该屏幕是软屏

→ **问 1000**　怎样判断液晶显示器 LCD 的坏点？——综合法

答　综合法判断液晶显示器 LCD 的好坏见表 2-17-6。

表 2-17-6　综合法判断液晶显示器 LCD 好坏的方法与要点

名称	解　说
测试软件法	使用 Monitors Matter Check Screen 等测试软件检测
调整桌面背景法	Windows XP 系统为例，桌面上右击"属性"→桌面标签→选择"无"→再选中其中的"外观"标签→点击"高级"→在该界面中的项目下拉菜单中选定"桌面"→在颜色的下拉选择中分别点选颜色为白色、黑色、蓝色、红色等各种颜色→点击"应用"→再用"Win+D"快捷键切换到桌面→仔细观察有无坏点
写字板检测法	"开始"菜单中→打开"运行"→在其中输入 WORDPAD→打开写字板→将写字板用鼠标在桌面上随意慢慢拖动→尽量将每一块都拖动过→对拖动过的地方仔细地检查，看液晶显示器 LCD 是否有坏点

→ **问 1001**　怎样判断 VFD 荧光显示器的好坏？——万用表法

答　首先根据 VFD 荧光显示器的型号要求，给 VFD 荧光显示器的灯丝加上 2.5～3.8V

交流电压，用手挡住外界光照射，正常情况下，一般能够隐约看到横向灯丝呈微红色。

另外用万用表检测 VFD 荧光显示器灯丝电压是否正常。如果灯丝电压正常，但是看不到灯丝发红光，则说明该 VFD 荧光显示器已经损坏了。

→ 问 1002 怎样判断液晶屏内裂？——目测法

答 眼睛与屏成 60°左右夹角观察液晶屏，如果在屏的四周边缘各有一条颜色稍微浅的区域，则说明该液晶屏可能出现内裂现象。

→ 问 1003 怎样判断液晶屏内裂？——指压法

答 首先得保证屏面干净，如果有油渍，要先用布擦干净。用手压液晶屏。如果液晶屏出现内屏裂时，用手压屏时液晶会走动，并且动态的情形比静态的情形更容易发现。

2.17.3 等离子屏

→ 问 1004 怎样判断长虹虹欧屏等离子屏的好坏？——自检法

答 长虹等离子电视出现故障时，可以通过自检方式来判断故障是主板引起的，还是屏组件或屏本身故障引起的，也就是说通过自检法可以判断等离子屏是否异常。长虹电视等离子屏的自检方法见表 2-17-7。

表 2-17-7　长虹电视等离子屏（虹欧屏）的自检方法

项目	说　明
PM42HD2000 屏	1）将逻辑板插座位号 U4 短接。 2）将电源板的 CN802 的最右侧下端的 1 脚与 3 脚短接
PM50H3000 屏	电源上 PS-ON 低电平（接地），VS-ON 高电平（接 5V-VSB）
PM50HD-1000 屏	1）首先把逻辑板上开关 U4 的 1、2 脚拨到 ON 位置，3、4、5 脚拨到 OFF 位置。 2）然后把电源板上插座 CN803[1]脚 5VVSB 与[3]脚 PM-ON 短接。 说明：逻辑板接外部信号时，开关 U4 的 1、2、3、4、5 均要拨到 OFF 位置
PM50HD-1000 屏 （红、绿、蓝交替出现）	1）逻辑板上开关 U4 的 1、2、3 脚拨到 ON 位置。4、5 拨到 OFF 位置。 2）电源板上插座 CN803[1]脚 5VVSB 与[3]脚 PM-ON 短接。 说明：要固定一种显示颜色时，当该颜色出现时马上把 U4 的 3 脚也拨到 OFF 位置
PM50HD-2000 屏	1）将电源板上插座 CN802 的 PS-ON 与地短接。 2）将逻辑板上自检开关 1、2 脚短接开机是全白场
PM50HD-2111 屏	1）将逻辑板插座位号 U4 短接。 2）将电源板的 CN802 的最右侧下端的 1 脚与 3 脚短接

→ 问 1005 怎样判断 LG 等离子屏的好坏？——自检法

答 LG 等离子电视出现故障时，可以通过自检方式来判断故障是主板引起的，还是屏组件或屏本身故障引起的，也就是说通过自检法可以判断等离子屏是否异常。LG 电视等离子屏的自检方法见表 2-17-8。

表 2-17-8　LG 电视等离子屏的自检方法

项目	说　明
32in LG 屏（PDP32F10000、 PDP32F1T374、PDP32F1X374、 PDP32F1T031、PDP32F1X031、 PDP32G1T001）	1）将主板上所有的连接排线全部断开。 2）将逻辑板上 R117、R118 处旁边的两个小孔短接。 3）通电，屏幕一般会出现自检测试画面

项目	说　明
LG42G1T245	1)将电源板插座 P8813 的 RL-on 与 5V 脚短接。 2)将逻辑板上 R211、R241 旁两测试孔短接
LG-V7 屏	1)将电源板上的输出端的 SUB 模块上的 SW601 的 AUTO 端与中间的两个针短接。 2)如果电源板上 SW601 是拨动开关,需要将 SW601 拨到 AUTO 的一端。 3)将主板上使用的排线断开。 4)将逻辑板上 R407 取掉,也就是断开 R407。 5)通电后,屏幕一般会出现自检测试画面。 说明:LG-V7 屏使用了两种电源板,自检方法基本相同,只是电源板 SW601 的位置有所差异
PDP42G1T001	1)将电源板与主板连接线断开。 2)将逻辑板上 R211、R241 旁两测试孔短接
PDP50X4TA35	逻辑板 P1 插座,4 个针短路

→ **问 1006** 怎样判断三星等离子屏的好坏? ——自检法

答 三星等离子电视出现故障时,可以通过自检方式来判断故障是主板引起的,还是屏组件或屏本身故障引起的,也就是说通过自检法可以判断等离子屏是否异常。三星电视等离子屏的自检方法见表 2-17-9。

表 2-17-9　三星电视等离子屏的自检方法

项目	说　明
S42SD-YD04(V2)	1)将电源板上的 CN802(3)GND 与 (4)PS-ON 脚短接。 2)将逻辑板上 SW2001 拨为 1、3 上,2、4 下。自检完后,恢复为正常工作模式,即 SW2001 拨为 1、2、4 上,3 下。 3)断开主板使用连接排线,接通 AC 220V 电压,屏幕显示正常的白场信号,则说明屏与屏上组件组件是好的
S42SD-YD05(V3)	1)将电源板上的 JP8005 短接。 2)将逻辑板上 SW2001 拨动开关设置为 1、3 上,2、4 下。自检完成后恢复为正常工作模式下的情况,也就是 SW2001 拨动开关为 1、2、4 上,3 下。 3)断开主板上使用连接排线,接通 AC 220V 电压,屏幕显示正常的白场信号,则说明该屏与屏上组件组件是好的
S42SD-YD07(V4)	1)将电源板上 CN8007 的 3 脚 GND 与 4 脚 Relay 脚短接。 2)将逻辑板上 CN2034 的 3、4 脚短接。 3)断开主板使用连接排线,接通 AC 220V 电压,屏幕显示正常的白场信号,则说明该屏与屏上组件组件是好的
S42SD-YD09(V5)	1)将电源板 CN8003 的 3 脚 GND 与 4 脚 PS-ON 脚短接(从下往上数)。 2)将逻辑板上的 CN2034 的 3、4 脚短接(左右短接)。 3)断开主板使用连接排线,接通 AC220V 电压,屏幕显示白场,则说明该屏与屏上组件组件是好的
S42AX-YD01 屏	1)将电源板上插座 CN8007 的 3 脚 GND 与 4 脚 Relay 短接,以及将逻辑板上插座 CN2072 短接。 2)接通 AC 220V 电压,屏幕显示正常的白场信号,则说明该屏与屏上组件组件是好的
S42AX-YD02 屏	1)将电源板上插座 CN8003 的 8 脚 PS-on 与 9 脚 GND,逻辑板上插座 CN2072 的 3 脚与 4 脚短接。 2)将主板上所有的连接排线断开,接通 AC 220V 电压,屏幕显示正常的白场信号,则说明该屏与屏上组件组件是好的
S42AX-YD03 屏	1)将电源板上的 PS-ON 与地短接。 2)将逻辑板上的 CN2013 插座水平方向短接。 3)将主板所有的连接排线断开,接通 AC 220V 电压,屏幕显示正常的白场信号,则说明该屏与屏上组件组件是好的

项目	说明
S42AX-YD05 屏	1)将电源板上的 CN8003 的 3、4 脚短接,也就是 PS-ON 与地短接。 2)将逻辑板上的 CN2007 的 3、4 脚短接,也就是水平方向短接。 3)将主板上所有的连接排线断开。 4)通电后会出现屏自检画面,9 种变化的屏保画面,则说明该屏与屏上组件组件是好的
S42AX-YD09 屏	1)把主板的使用连接线断开。 2)把电源板上 CN801 的 2 脚 PS-ON 与 3 脚 GND 短接。 3)把逻辑板上 CN2007 的 3、4 脚短接
S42AX-YD11 屏	1)将电源板上的 CN801 的 1 脚 PS-ON 与 4 脚 GND 短接。 2)将逻辑板上 F2000 旁边的插座(无位号)的 3、4 脚短接。 3)将主板上所有的排线断开,通电后屏幕出现自检测试画面
S42AX-YD12 屏	1)将电源板上 CN801 的 1、5 脚短接。 2)将逻辑板的 CN2007 的 3、4 脚短接。 3)将主板上所有连接排线断开,通电后屏幕出现自检测试画面
S42AX-YD13 屏	1)将电源板上 CN801 的 1、5 脚短接。 2)将逻辑板的 CN2007 的 3、4 脚短接。 3)将主板上所有连接排线断开,通电后屏幕出现自检测试画面
S42AX-YD15 屏	1)将电源板上 CN801 的 1、5 脚短接。 2)将逻辑板的 CN2007 的 3、4 脚短接。 3)将主板上所有连接排线断开,通电后屏幕出现自检测试画面
S50HW-YD01 屏 (PT5016 机器使用)	1)将电源板上 CN8002 的 3、4 脚短接,也就是 PS-ON 与地短接。 2)将逻辑板上 CN2012 短接。 3)断开主板使用连接排线
S50HW-YD02 屏	1)将电源板上 CN8003 的 3、4 脚短接,也就是 PS-ON 与地短接。 2)将逻辑板上 CN2007 的 3、4 脚短接,也就是 VS-ON 与 D5V 短接。 3)将主板上使用连接排线断开
S50HW-YD09 屏	1)将电源板上 CN8003 的 3、4 脚短接,也就是 PS-ON 与地短接。 2)将逻辑板上 CN2007 的 3、4 脚短接,也就是 VS-ON 与 D5V 短接。 3)将主板上使用连接排线断开
S50HW-YD11 屏	1)将电源板上 CN801 的 1、4 脚短接,也就是 PS-ON 与地短接。 2)将逻辑板上 F2000 旁边的插座(无位号)的 3、4 脚短接。 3)将主板上使用连接排线断开
S50HW-YD13 屏	将 PS-ON 接地、VS-ON 接 D5V,更改逻辑板上的跳线
S50HW-YD15 屏	将 PS-ON 接地、VS-ON 接 D5V,更改逻辑板上的跳线
S50HW-XD02 屏	1)把主板到逻辑板的连接线断开。 2)将逻辑板上的拨动开关设置为 1、4、5 上;2、4、6 下。正常状态为 2、4 上;1、3、5、6 下。 3)通电二次开机,即可实现自检
S50HW-XD03 屏	1)把主板到逻辑板的连接线断开。 2)将逻辑板上的拨动开关设置为 1、2、3、4、5 上;6 下。正常状态为 1、3 上;2、4、5、6 下。 3)通电二次开机即可实现自检

→ **问 1007** 怎样判断松下离子屏的好坏? ——专用遥控法

答 松下屏的自检,只能够使用松下公司的专用遥控器与接收头。然后根据指示灯的闪烁次数来判断故障范围。

松下屏上的 SS 板需要反馈 STB-PS 信号，因此不能断开 SS 板进行故障判断。当电视机出现不开机，或者是屏幕黑屏的故障时，可以把与主板的所有连接线断开，然后给电源板供 220V 电压。如果屏幕会点亮，则说明该屏与屏上组件是好的。

说明：松下屏不能够实现屏的自检，因此，其不能够通过自检方式来判断故障是主板引起，还是屏组件或屏本身故障引起的。

问 1008 怎样识读等离子屏幕的型号？——图解法

答 等离子屏幕型号的图例如图 2-17-6 所示。

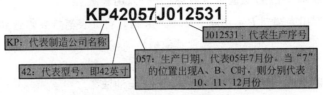

图 2-17-6　等离子屏幕型号

说明：根据上述板号，则可判断该板为 05 年 7 月份生产，需要同时更换改良的 X、Y、Z 板。

2.17.4　其他显示屏

问 1009 怎样判断液晶显示数码屏的引脚？——加电显示法

答 首先取万用表的两只表笔，使其一端分别与电池组的正极＋、负极－相连。其中，一只表笔的另一端搭在液晶显示屏上，与屏的接触面越大越好。用另一只表笔的另外一端依次接触各引脚。这时与各被接触引脚有关系的段、位便在屏幕上显示出来。如果遇不显示的引脚，则说明该引脚必为公共脚（COM）。一般液晶显示屏的公共脚有多个。检测图示如图 2-17-7 所示。

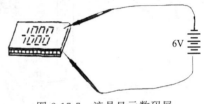

图 2-17-7　液晶显示数码屏的引脚判断（加电显示法）

问 1010 怎样判断液晶显示数码屏的引脚？——数字万用表法

答 首先把万用表调到二极管挡，把万用表两只表笔依次测量各脚，当出现笔段显示时，即说明两只表笔所接触的引脚中有一引脚为 BP（COM）端，由此就可依次确定各笔段。对于动态驱动液晶屏而言，其 COM 不止一个，同时，其能在一个引出端上引起多笔段显示。

问 1011 怎样判断液晶数字屏的好坏？——软导线法

答 首先取一根 30～46cm 长的软导线，靠近 50Hz 交流电源线，一端悬空，一端将导线的塑料皮剥去 2cm 左右，并且将露出的铜丝部分捻紧。再用手指接触液晶数字屏的公共电极，用导线，即经捻紧的铜丝部分，依次接触笔画电极，注意手指不要触及导线露出的铜丝部分，如果依次显示出相应的笔画，则说明液晶数字屏是好的。否则，说明该液晶数字屏已经损坏了。

说明：50Hz 的交流电在导线上的感应电位与人体有一个电位差。因此，软导线与 50Hz 交流电源线不要靠得太近，以免电压过高显示过强，影响或者损坏液晶数字屏。

问 1012 怎样判断液晶数字屏的好坏？——万用表法

答 首先根据液晶数字屏的特点来选择万用表的电阻挡，把万用表的任意一根表笔固定接触在液晶显示屏的公共电极上，另外一根表笔则依次移动接触笔画电极的引出端。当接触某一笔画引出端时，该笔画正常应显示出来。如果不显示或者显示不正常，则说明该液晶数字屏可能损坏了。

说明：如果液晶数字屏的阈值电压小于 1.5V，工作电压低，则一般选择万用表的 $R \times 1k$ 挡。如果液晶数字屏的阈值电压大于 1.5V，则可以选择 $R \times 10k$ 挡。为了安全、保险起见，实际检测中在两支表笔上并联一个 30～60kΩ 的电阻。

→ 问 1013 怎样判断单体 LED 数码管的好坏？——观察法

答 正常的 LED 数码管外观上应没有局部变色、颜色均匀、没有气泡、亮度足够、笔画全、没有可见损伤、没有可见变形、没有可见崩缺、表面漆层无脱落、底层胶没有裂纹、引脚与本体无松动、引脚与本体无位移等现象。如果出现异常外观，则可能是 LED 数码管损坏。

→ 问 1014 怎样判断单体 LED 数码管的好坏？——万用表法

答 首先把万用表调到 $R \times 10k$ 或 $R \times 100k$ 挡，将红表笔与数码管（以共阴数码管为例）的"地"引出端相连，黑表笔依次接数码管其他引出端，七段均应分别发光，否则，说明该数码管损坏了。

→ 问 1015 怎样判断单体 LED 数码管的好坏？——电池法

答 首先根据如图 2-17-8 所示电路连接好。注意：检测共阴极 LED 数码管，是连接电池正极的线依次接触数码段端，与负极连接的线则固定不动与共阴极公共端相连。检测共阴极 LED 数码管，是连接电池负极的线依次接触数码段端，与正极连接的线则固定不动与共阳极公共端相连。

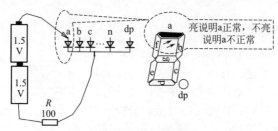

图 2-17-8　共阴极 LED 数码管检测示意图

→ 问 1016 怎样判断点阵的引脚？——纽扣电池法

答 首先将纽扣电池的斜边对应点阵引脚，使正极、负极分别接触点阵的两个引脚，再依次逐个接触两两引脚。检测过程中，一般能够看到点阵的一些点发光，从而可以判断点阵的颜色与亮度。

图 2-17-9　点阵

检测点阵是单色的，或是双色的，可以将纽扣电池从上向下依次逐个接触两两引脚。如果没有点被点亮，则可以把电池极性反转，再从下向上依次逐个接触两两引脚进行检测。

一般情况下，将有标号的一面朝下。点阵引脚顺序的行、列如图 2-17-9 所示。

说明：矩阵管是指发光二极管阵列，又称为点阵显示器。

→ 问 1017 怎样判断点阵的引脚？——指针万用表法

答 首先把指针万用表调到 $R \times 10k$ 挡，用黑表笔随意选择一个引脚，红表笔分别接触余下的引脚，然后观察点阵有没有点发光。如果没有发光，则需要用黑表笔再选择一个引脚，红表笔分别接触余下的引脚；如果点阵发光，则这时黑表笔接触的引脚为正极端，红表笔接触的为负极端。

检测出来引脚正极端、负极端后，需要把点阵的引脚正极端、负极端分布情况确定，一般正极端（行）用数字表示，负极端（列）用字母表示。首先确定负极端编号，使用万用表黑表笔选定一个正极端，红表笔接负极端，然后确定是第几列的点点亮，第一列就在引脚旁写 A，第二列就在引脚旁写 B，依次类推即可。剩下的正极端用同样的方法，使用万用表红表笔选定一个负极端，黑表笔接正极端，看是第几行的点点亮，第一行的亮就在引脚旁标 1，第二行亮就在引脚旁标 2，依次类推即可。

→ 问 1018　怎样判断点阵的引脚？——数字万用表法

答　首先把指针万用表调到二极管挡，或者调到蜂鸣挡，把万用表红表笔固定接触某一引脚，黑表笔分别接触其余引脚进行检测，然后观察点阵有没有点发光。如果没有发光，则需要用红表笔再选择一只引脚，黑表笔分别接触余下的引脚；如果点阵发光，则这时红表笔接触的那只引脚为正极端，黑表笔接触的引脚为负极端。

检测出来引脚正极端、负极端后，需要用红表笔接某一正极端，黑表笔接某一负极端，确定行、列点被点亮，以及在红表笔所接引脚上标出对应行数字，在黑表笔所接引脚上标出相应列字母，依次类推即可。

→ 问 1019　怎样判断数码显示器的好坏？——观察法

答　① 有气泡产生，液晶材料变色，出现黑斑或白斑，则说明该数码显示器直流电压驱动，或者交流脉冲电压中有直流分量造成的。

② 如果数码显示器显示状态混乱，或者所有片段全部显示，则一般是数码显示器公共电极悬空，或者输到公共电极，或者异或门是直流电压造成的。

→ 问 1020　怎样判断辉光数码管的质量？——兆欧表＋万用表法

答　首先把 MF30 型万用表调到 500V 直流挡，如图 2-17-10 所示。转动单刀十位转换开关（根据实际情况选择），再根据 120r/min 的额定转速摇动兆欧表。正常情况下，开关所接通的阴极会显示相应的数码。如果辉光数码管发光正常，数字、或者字母笔画均完整，则说明该辉光数码管是好的。如果辉光

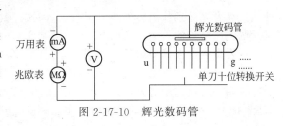

图 2-17-10　辉光数码管

数码管辉光很暗，则说明该辉光数码管已经衰老。如果显示数码笔画不全，则说明该辉光数码管的对应阴极局部开路。

→ 问 1021　怎样区别 LED 软灯条与 LED 硬灯条？——综合法

答　① 柔性 LED 灯带是采用 FPC 做组装线路板，一般用贴片 LED 进行组装。柔性 LED 灯带可以随意剪断，也可以任意延长而发光不受影响。柔性 LED 灯带适合于不规则的地方与空间狭小的地方使用。

② LED 硬灯条是用 PCB 硬板做组装线路板，LED 有用贴片 LED 进行组装的，也有用直插 LED 进行组装的。

③ LED 硬灯条比较容易固定，加工与安装比较方便。但是，LED 硬灯条不能够随意弯曲、不适合不规则的地方应用。

→ 问 1022　怎样判断氖灯、氖管的质量？——笔法

答　① 首先左手捏住被测氖灯、氖管的一极，用右手握住圆珠笔，或者钢笔的塑料笔杆在头发上摩擦几下，使塑料笔杆带上静电。再将塑料笔杆迅速触碰氖灯、氖管的另一极。如果能够看见氖管内部起辉闪烁一下，随即熄灭，则说明该氖灯、氖管是好的。如果内部不起辉，则说明该氖灯、氖管存在故障。

② 也可以用带静电的塑料圆珠笔尖或者笔杆触碰或者靠近氖灯、氖管的玻璃壳。正常情况下，氖灯、氖管的玻璃壳被触碰地方的内部起辉。如果内部不起辉，则说明该氖灯、氖管存在故障。

2.18 接收头与遥控器

→ **问 1023** 怎样判断遥控器的好坏？——测电压法

答 拆下遥控器后盖，接通遥控器电源，用万用表检测红外线发光二极管的两端电压，正常情况下，数值为 0V 或一定的数值，并且是稳定的数值。然后按动遥控器的任意功能键，此时万用表指示的电压值立即上升到某一值或下降到 0V，并且数值是微抖的，则说明该遥控器是好的。否则，说明该遥控器异常。

→ **问 1024** 怎样判断遥控器的好坏？——手机（数码相机）法

答 把手机（数码相机）调到照相功能，将遥控器对准手机（数码相机）的镜头，按下任意键，观察手机（数码相机）屏幕是否见到光点。如果有光点，说明遥控器是好的。如果没有，说明遥控器是坏的。

→ **问 1025** 怎样判断遥控器的好坏？——数码相机法

答 把数码相机调好，将遥控器对准数码相机的镜头，按下任意键，观察数码相机屏幕是否见到光点，如果有说明遥控器是好的；如果没有，说明遥控器是坏的。

→ **问 1026** 怎样判断万能红外线接收头的引脚？——万用表法

答 把万用表调到 $R\times1k$ 挡，假定任一只引脚为接地端，把万用表的黑表笔接假定的接地端，红表笔分别检测另外两只引脚，这时检测得到的电阻为 5～6kΩ，则说明假定脚为接地端是对的。如果检测得到的数值与 5～6kΩ 有差异，则需要重新假设接地端进行检测判断。

用万用表两表笔对未知两只引脚做正向、反向检测，然后以出现较大阻值的一次为依据，这时的红表笔所接的引脚为输出端（OUT），黑表笔所接的引脚为电源端。

说明：常见的塑封万能红外线接收头的引脚分布如图 2-18-1 所示。

→ **问 1027** 怎样判断万能红外线接收头的好坏？——万用表法

答 根据图 2-18-2 所示连接好电路，用遥控器对着接收头操作，同时检测万能红外线接收头输出端的电压，正常情况下一般为 4～4.8V，应有 0.6V 左右下降并且抖动，说明该万能红外线接收头是好的。否则，说明该万能红外线接收头是坏的。

图 2-18-1 常见的塑封万能   图 2-18-2 判断万能红外线接收头好坏的电路
红外线接收头的引脚分布

→ **问 1028** 怎样判断红外接收头的引脚？——指针万用表法

答 把指针万用表调到 $R\times100$ 电阻挡，确定接地脚，一般接地脚与屏蔽外壳是相通的。余下的两只脚，假设为 A 脚与 B 脚，用黑表笔接接地脚，红表笔检测 A 脚或 B 脚的阻值，一般情况下阻值分别大约为 6kΩ 与 8kΩ（具体型号不同数值有所差异）。然后把表笔调换检测，红表笔接地，黑表笔检测 A 脚与 B 脚，一般情况下的阻值分别大约为 20kΩ 与 40kΩ。根据两次测量的阻值来判断，也就是两次测量阻值相对都小的 A 脚就是电源脚，阻值大的 B 脚就是信号输出脚。

说明：采用不同的万用表与检测不同型号的红外接收头，具体检测得到的电阻有所不同。

→ 问 1029 怎样判断遥控器损坏的类型与原因？——表格法

答 判断遥控器损坏的类型与原因见表2-18-1。

表 2-18-1 遥控器损坏的类型与原因

损坏类型	原　因
导电橡胶老化接触阻值变大	遥控器使用环境恶劣,元件不良
电池漏液腐蚀触点及线路板	遥控器电池用久没有及时更换
电池与弹簧夹接触不良	遥控器用久以及经常振动,使弹性变差、生锈
发射二极管变质不良,或脱焊	元件不良,性能变差、振动
集成芯片或晶体管不良	元件不良,性能变差
仅有几个键能够使用,其他键失灵	遥控器键盘上的橡胶末与尘土粘在电路触点上,引起导电橡胶与触点接触不良
仅在1m范围内有效	可能是放大电路或发射管存在故障
晶振脱焊或不良	遥控器摔裂、元件不良等
手动正常,遥控失控	可能是遥控器的芯片损坏等原因引起的
遥控器耗电严重	可能是元器件漏电引起的
遥控器时好时坏	遥控器内部晶体松动,接触不良
遥控器线路板裂、导电膜断裂	遥控器使用不当、摔裂,元件耐振性差等
阻容元件变质不良	元件不良,性能变差

→ 问 1030 怎样判断家用电器的接收头的好坏？——代换法

答 用可以代换的接收头代换原有的接收头,如果代换后,故障排除,则说明原来的接收头异常。

说明:代换时需要注意以下几点。

① 安装尺寸要合适。

② 需要注意引脚顺序。对于引脚顺序相同的代换,可以直接根据顺序接入。对于引脚顺序不同的,可以采用细导线引接。

③ 信号极性。多数遥控接收头输出信号极性是负极性的,也就是输出端在无信号时为高电位(一般为4.8~5V)。接收到信号后,信号输出端电压一般会下降。少数接收头输出信号为正极性的。

④ 接收头中心频率需要与遥控发射器频率相同:

a. 多数红外接收头解调中心频率38kHz,也有一些接收头中心频率为36kHz、37kHz、39kHz、40kHz等;

b. 如果发射频率与接收频率相差1kHz,大多可以正常遥控;

c. 如果发射频率与接收频率相差2kHz以上,一般会出现遥控不灵等现象,这种情况,可以通过更换遥控发射器的晶体来解决;

d. 常见的455kHz晶振,对应发射频率38kHz;

e. 429kHz、432kHz、445kHz、465kHz、480kHz等型号的晶振,一般相对应的发射频率分别为36kHz、36kHz、37kHz、39kHz、40kHz等。

→ 问 1031 怎样判断遥控器的好坏？——数字万用表法

答 选择一只红外接收管,将其引脚适当加长后直接插入数字万用表的电容检测端口。再把数字万用表调到2000p或20np挡,这时,数字万用表一般会显示一数值,一般在90~200pF。用待测遥控器对准红外接收管,距离一般不超过0.5m。按动按键,如果数字万用表显示的数值没有变化，说明该遥控器可能损坏了。如果数字万用表显示的数值发生显著变化，说明该遥控器可以发出红外信号。

→ 问 1032 怎样判断遥控器的好坏？——指针万用表法

答 打开遥控器电池盖，把指针万用表调到 50mA 挡，并与电池串联。然后把指针万用表表笔连接好，按下红外遥控器的任一按钮。正常情况下，指针万用表表针应随着按键接通而来回摆动。如果指针万用表表针没有摆动，则说明该遥控器已经损坏了。

→ 问 1033 怎样判断遥控器的好坏？——光电鼠标法

答 在计算机正常工作时，把鼠标的光标调整到屏幕中部，把鼠标底面朝上，用遥控发射器朝向鼠标底面发红光处，然后随意按下任何键，正常情况下，鼠标底面的红光一般会增亮。轻微晃动遥控器，正常情况下，屏幕上的鼠标箭头会随着晃动，则说明该遥控器是好的。如果屏幕上的箭头不随着晃动，则说明该遥控器可能损坏了。

说明：鼠标是基于红外线工作的，所以它对遥控发射器发出的红外线光也敏感。

→ 问 1034 怎样判断遥控器的好坏？——机械式鼠标法

答 打开鼠标盖，找到接收管，并在计算机正常工作时，使用遥控发射器对准一只接收管的感光面，按下遥控发射器上的任一按键，同时，轻微晃动遥控器，正常情况下，屏幕上的鼠标箭头也会随着晃动。如果屏幕上的箭头不随着晃动，则说明该遥控器可能损坏了。

→ 问 1035 怎样判断红外线接收管的好坏？——指针万用表法

答 把指针万用表 MF50 调到 $R \times 1k$ 挡。光耦合器内的红外线接收管一般有 3 只引脚，用万用表的黑表笔接中间引脚，红表笔接两边的任意一引脚，正常情况下，该电阻值一般为 $80k\Omega$。如果用遥控发射器对准接收管的感光面，并且按下遥控发射器任一按键，正常情况下，阻值会减小，有的减小大约到 $70k\Omega$。如果该阻值不减小，则说明该遥控发射器存在故障。

→ 问 1036 怎样判断红外线接收管的好坏？——代替法

答 如果怀疑遥控发射器的红外线发射管损坏，可以使用机械鼠标内的红外线发射管来代替。代替时，需要注意发射管的极性与原发射管一致，发射管的半圆球突起面需要朝向光线射出的方向。如果代替后，故障排除，则说明该遥控发射器的红外线发射管已经损坏。

说明：鼠标内的红外发射管实际工作时需要的发射距离近，工作电流小于遥控发射器内的发射管，因此，代换后的灵敏度与寿命较低。

→ 问 1037 怎样判断红外遥控器的好坏？——万用表法

答 把遥控器面板拆开，并且把镶有橡胶按键的一面取下，把胶垫按键对准遥控器按键触点，并把万用表调到直流 0.25V 挡，再把万用表的红表笔接红外发射管的正极端，黑表笔接红外发射管的负极。这时，按下红外遥控器任一按键，正常情况下，万用表指针会不停地大幅度地摆动。如果这时万用表指针不摆动，则说明该红外遥控器没有启振，或者其电路损坏。

→ 问 1038 怎样检测红外遥控器发射频率？——数字万用表（可测频率的）法

答 取一只红外线接收二极管，把其两极分别接到调到 2kHz 频率挡的数字万用表（可测频率的）的两表笔上（有的需要加辅助电路）。再把遥控器的发射管对准接收管，距离越近越好。这时，按动遥控器上的一个键不放，直到数字万用表显示稳定数值，此时的数字万用表读数就是该遥控器的发射频率。

说明：有的遥控器发射频率有几个。

第 **3** 篇

应用部件

3.1 电视机

3. 1. 1 CRT 电视机

→ 问 1039 怎样判断彩电即将损坏？——先兆法

答 先兆法判断彩电即将损坏的方法与要点见表 3-1-1。

表 3-1-1 先兆法判断彩电即将损坏的方法与要点

先兆现象	判断
开机后，图像画面逐渐缩小、变暗	说明行输出部分、稳压电源可能异常
开机后图像模糊，过 10~50min 后逐渐变清	说明显像管座受潮击穿
屏幕上突然出现水平，或者垂直方向的一条亮线，其余部分没有光	说明扫描部分可能异常
收看电视时看不到图像，只有伴音	说明行输出变压器高压包可能异常
图像忽大忽小、不稳定	说明彩电内的高压供电系统可能异常
图像有黑色、白色的打火麻点，甚至四边上出现黑条、黑带，以及还可以闻到异味	说明机内打火严重

→ 问 1040 怎样判断彩色电视机消磁电阻的好坏？——听音法

答 如果彩色电视机消磁电路工作正常，在开机瞬间，彩色电视机机内消磁线圈应发出极短促的"唰"声或"嗡"声。如果听不到该声音，则说明消磁电路有问题，即可能是消磁电阻存在故障引起的。

→ 问 1041 怎样判断彩色电视机消磁电阻的好坏？——色斑法

答 消磁电阻主要用在 CRT 的彩色电视机中，如果消磁电阻异常，则 CRT 的彩色电视机的屏幕上可能会出现色斑。因此，可以利用色斑法来判断消磁电阻是否异常：用小块磁铁靠近荧光屏一角，人为地在光栅上造成一小块色斑；关机一段时间后再开机试看，如果色斑依旧存在，则说明消磁电路没有正常工作或者消磁能力弱。在排除没有其他（非消磁电阻）异常的情况下，则说明消磁电阻可能损坏。

→ 问 1042 怎样检测彩色电视机消磁电阻？——常温检测法

答 彩色电视机 PTC 消磁电阻一般是一种正温度系数的热敏电阻，阻值随温度升高而增大。把万用表调到 $R \times 1$ 挡进行检测。如果实际阻值与标称阻值相差 $\pm 2\Omega$ 内，则说明所检测的消磁电阻是好的。如果实际阻值与标称阻值相差大于 5Ω 或小于 8Ω 时，则说明该消磁电阻性能不良或已经损坏。

检测时，需要注意以下几点：

① 检测彩色电视机的消磁电阻，需要把消磁线圈插头拔下，以免消磁线圈对检测消磁电阻的影响；

② 不能在断电关机后立即检测热敏电阻的常温下阻值，如果这时检测，消磁电阻温度很高，所测得的阻值应大于标称值；

③ 对消磁电阻进行焊接或者拆下后立即测其阻值，与常温下的阻值应不同。

→问 1043 怎样判断电视机高压滤波电容软击穿？——图解法

答 判断电视机高压滤波电容软击穿的方法与要点如图 3-1-1 所示。

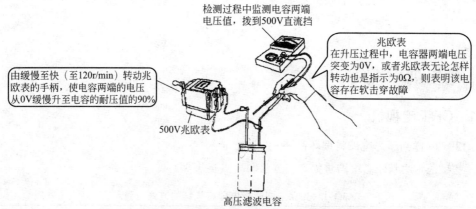

图 3-1-1　判断电视机高压滤波电容软击穿的方法与要点

问 1044 怎样判断电视机消磁线圈是否异常？——听音法

答 如果在电视机开机时存在异常响声，可以拔下消磁线圈插头，试听声音有无变化来分析判断。如果拔下消磁线圈插头后，彩电"吱、吱"声消失，则说明电视机消磁线圈可能异常。

说明：电视机消磁线圈位置固定不好，或部分金属件固定松动，也可能引发故障。电视机电源电路中滤波电容漏电或短路，或者容量减小、开路，也会引起彩电"吱吱"声。

问 1045 怎样判断彩电行偏转线圈的好坏？——检测＋现象法

答 如果彩电荧光屏出现行幅度缩小，暗光栅失真，及主电压被拉低，检查其他电路没有发现异常，行偏转线圈支路中的 S 校正电容没有短路漏电。断开场偏转线圈，给彩电行偏转线圈通电，如果这时屏幕上显示三条不同位置的红、绿、蓝横斜条，且斜条两边都没有到屏幕左右边缘，则说明该彩电行偏转线圈已经损坏了。

问 1046 怎样判断彩电行偏转线圈的好坏？——灯泡法

答 如果主电压被严重拉低，荧光屏不能够出现光栅，而串在行偏转线圈支路中的 S 校正电容没有短路、漏电等异常情况。此时断开行偏转线圈，串入 60～100W 灯泡。如果灯泡发光，主电压回升到正常值，则说明该彩电行偏转线圈已经损坏了。

问 1047 怎样判断 CRT 彩电行偏转线圈的好坏？——故障现象法

答 判断 CRT 彩电行偏转线圈好坏的方法与要点见表 3-1-2。

表 3-1-2　判断 CRT 彩电行偏转线圈好坏的方法与要点

方法	解　说
磁化	出现磁化现象，说明该偏转线圈可能存在松动、移位或者受到地磁影响
行、场偏转线圈短路	一般正常情况下，行偏转线圈与场偏转线圈是开路的，并且场偏转线圈阻值一般为 3～5Ω，行偏转线圈阻值一般为 1～3Ω。如果检测的阻值与正常数值有差异，则说明该行、场偏转线圈可能损坏了

方法	解　说
行幅缩小,并且失真的暗光栅,主电压也被拉低	其他电路没有异常,可能是行偏转线圈异常,具体检测与判断方法如下:用万用表检测串在行偏转线圈支路中的S校正电容,如果该电容没有短路漏电,断开场偏转线圈,再给电视机通电,如果这时屏幕上显示三条不同位置的红色、绿色、蓝色横斜条,并且斜条两边均没有到屏幕左、右边缘,则说明该行偏转线圈损坏了
主电压严重拉低,荧光屏没有光栅	可能是行偏转线圈异常,具体检测与判断方法如下:在检测串接的S校正电容没有短路或漏电的情况下,断开行偏转线圈,串入60～100W灯泡,如果灯泡发光,主电压回升到正常值,则说明该行偏转线圈存在严重短路现象

→问 1048 怎样判断永久磁钢的彩电行线性校正电感的极性? ——交流电压法

答 ① 把永久磁钢的彩电行线性校正电感 L 随意接入电路中,电路如图 3-1-2 所示。开机后,用万用表的交流 50V 挡进行检测,把红表笔接电路的热端 A 处,黑表笔接电路的冷端 B 处,检测永久磁钢的彩电行线性校正电感 L 的正向电压降,并且记下该读数,假设为 $U_\text{正}$。

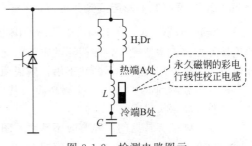

图 3-1-2　检测电路图示

② 把万用表的两只表笔位置对调检测,即黑表笔接电路的热端 A 处,红表笔接电路的冷端 B 处,检测永久磁钢的彩电行线性校正电感 L 的反向电压降,并且记下该读数,假设为 $U_\text{反}$。

③ 比较 $U_\text{正}$ 与 $U_\text{反}$ 的大小:

$U_\text{正} > U_\text{反}$,则永久磁钢的彩电行线性校正电感 L 在路极性接对了,并且一般情况 $U_\text{正}$ 比 $U_\text{反}$ 大 2V 以上;

$U_\text{正} < U_\text{反}$,则永久磁钢的彩电行线性校正电感 L 在路极性接反了,并且一般情况 $U_\text{正}$ 比 $U_\text{反}$ 小 1V 左右。

→问 1049 怎样判断电视机色度延迟线的好坏? ——万用表法

答 把万用表调到电阻挡,检测色度延迟线两输入端间或两个输出端间,及输入、输出端的电阻值。正常情况下,均为无穷大。如果各引脚间存在一定的阻值读数,则说明该延迟线损坏了。

→问 1050 怎样判断电视机亮度延迟线的好坏? ——万用表法

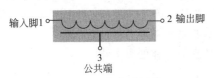

图 3-1-3　亮度延迟线

答 把万用表调到 $R \times 1$ 电阻挡检测。亮度延迟线的输入端 1 与输出端 2（图 3-1-3）是导通的,也就是检测的直流电阻值为数十欧（具体阻值与延迟线的时间长短有关）。输入端 1、输出端 2 与公共端 3 是不通的,也就是检测的直流电阻值为无穷大。如果输入端 1 与公共端 3 间电阻为零,则说明该亮度延迟线已经短路。如果输入端 1 与输入端 2 的电阻为无穷大,则说明该延迟线已经开路了。

→问 1051 怎样判断电视机行振荡器是否工作? ——收音机法

答 接通半导体收音机的电源,打开电视机的机壳并开机。当收音机靠近电视机的行扫描电路时,如果收音机能够发出“兹兹”的干扰声,则说明该行振荡器已经振荡。一般情况下,距离电视机大约为 50cm 能够收到干扰声,则说明该行振荡器振荡较强,能够满足行输出级的要求。如果只有把收音机放到距离行扫描电路很近的地方,才能够收到干扰声,则说明该行振荡器振荡较弱。

→ 问 1052 怎样判断彩电 CPU 有无字符信号输出？——原理法

答 ① 检查 CPU 的字符振荡与行场脉冲信号。判断字符振荡常用方法：一般情况下（多数 CPU），字符振荡脚正常工作时是低点位，大约 2.5V；不正常时，出现高点位与零电位。

② 检查行、场脉冲信号。正常情况下，一般用示波器可以直接检查、观察行脉冲信号，用直流电压测量行脉冲信号一般为 4V。如果没有信号输入电压上升到 5V，则说明行脉冲异常。正常情况下，一般用示波器可以直接检查、观察场脉冲信号，用直流电压测量场脉冲信号一般为 5V。如果数值更高或零电压，则说明场脉冲异常。

③ 检查 CPU 的信号输出。用直流电压 0.25V 挡检测字符输出电压，一般有字符输出其电压大约为 0.5V，无字符输出大约为 0.015V 或大约 5V。无字符信号输出，则说明该 CPU 自身异常。

→ 问 1053 怎样判断彩电高频头的好坏？——万用表法

答 把高频头的 BT 端掏空脱离外围电路，万用表调到 $R \times 10k$ 挡，黑表笔接 BT 端，红表笔接外壳。正常情况下，该检测的阻值为无穷大。如果高频头存在漏电阻，则会引起彩电跑台等现象。如果万用表指针不断往下滑，则说明跑台越严重。

把万用表调到 $R \times 1k$ 挡，检测高频头其他各脚。正常情况下，不能够有直接短路现象，否则，说明该高频头异常。

说明：高频头常见的故障有收不到台、图像不清、收台少、缺段少台、跑台等。

→ 问 1054 怎样判断彩电高压包的好坏？——镊子法

答 如果彩电行电路没有短路，但是主电压上不去。这时，可以用镊子短路一下行推动级变压器的初级，如果行管的集电极电压恢复了，则说明该彩电高压包是好的。

→ 问 1055 怎样判断电视机行输出变压器的好坏？——电感替代法

答 把行输出变压器初级接＋B 端开路，用一只 3.3mH 左右的电感接在行输出变压器的初级，也就是代替原行输出变压器初级绕组。接入后开机，再根据行输出电流的变化来判断。如果各行输出电流大幅下降，则说明原行输出变压器存在匝间短路或绝缘被击穿等异常情况。

100V 以下低压供电的彩电，行输出变压器初级电感量一般大约为 2mH。100～150V 供电的彩电，行输出变压器初级电感量一般为 2～4mH。

说明：3.3mH 左右的电感可以用废弃的彩电行输出变压器制作，也可在磁芯上卷一层绝缘纸以及用直径 0.31mm 以上的高强度漆包线绕 120～130 圈。

→ 问 1056 怎样判断电视机高压帽嘴附近产生打火？——现象法

答 在收看电视节目时，屏幕上出现较多跳动似电波干扰状的小圆点，并且在无电视信号的频道上也出现，则说明高压帽嘴附近可能产生打火，只是打火程度并不严重。

说明：高压打火严重时，机壳上方能嗅到打火时产生的臭氧气体的腥臭味。

→ 问 1057 怎样判断电视机内部有无高压？——铅笔法

答 取出一只普通铅笔削好，安全地把高压帽从显像管上取下。用铅笔尖放在距高压帽 3～7mm 时，正常情况下，会产生蓝色火苗，说明该电视机内部有正常的高压。如果出现黄色火苗，则说明该电视机内部电压不足。如果没有火苗，则说明该电视机内部无电压。

→ 问 1058 怎样判断电视机内部高压打火？——观察法

答 如果电视机满屏幕出现如同汽车点火系统干扰而造成的麻点时，则说明电视机内部可能存在高压打火。

也可以把电视机的后盖打开，安全放在黑暗处，不必接输入天线。然后开机，如果能够看到高压打火造成的蓝绿光束或光斑，则说明该电视机内部可能存在高压打火。

→ 问 1059 怎样判断电视机内部高压打火？——听声法

答 如果扬声器里发出"吱吱"的干扰音，并且与屏幕上出现的干扰同步，在把音量关闭时，也能够听见电视机内部发出很强的"吱吱"的声音，则说明该电视机内部可能存在高压打火。

→ 问 1060 怎样判断电视机高压包的好坏？——灯泡法

答 在安全的情况下，在行管集电极 c 上串接一只 60W 的灯泡，然后开机。如果灯泡暗红，则说明电视机高压包正常。如果灯泡亮，则说明该高压包损坏了。

→ 问 1061 怎样判断电视机脉冲变压器的好坏？——吱吱法

答 电视机脉冲变压器产生"吱吱"声，多数情况是电视机内部存在漏电或局部短路故障，致使开关电源电路负载加重，从而造成脉冲变压器产生"吱吱"声。少数情况是电视机脉冲变压器自身损坏引起的。

→ 问 1062 怎样判断 CRT 彩电行输出变压器异常？——短路检测法

答 采用导线把行推动变压器的初级瞬间短路一下，快速观察短路时主电源电压是否上升，如果仍然为 50V 左右，则说明该行输出管可能异常。如果短路时主电源电压上升到正常值，则说明该行输出变压器内部可能存在短路现象。

→ 问 1063 怎样判断 CRT 彩电行输出变压器异常？——外接低压电源检测法

答 ① 准备好一台输出电压为 30V、输出电流大于 1A 的直流稳压电源。

② 断开行输出变压器供电支路（例如有的为 110V），把限流电阻从电路板上焊开一端即可。

③ 把万用表调到直流电流挡，并且注意挡位要大于 1A。

④ 把准备好的直流稳压电源负极与彩电主板地连接，其正极接万用表的红表笔，万用表的黑表笔直接接在行输出变压器的供电输入脚上，其余引脚保持与原机相接不变。

⑤ 断开彩电主机电源，断开 30V 直流低压供电电源，观察万用表指针指示的电流值大小。正常情况下，电流一般小于 100mA。如果检测数值大于 100mA，则说明该行输出变压器的绕组可能存在匝间短路现象。

→ 问 1064 怎样判断 CRT 彩电行输出变压器异常？——电感模拟检测法

答 根据大多数 CRT 彩电的主电路供电电压是 110V，行输出变压器一次绕组为 100 匝左右，电感量一般为 3～8mH 等特点，可以自制一个电感线圈来替代行输出变压器一次绕组，装入电路中进行试验，从而判断 CRT 彩电行输出变压器是否损坏。

→ 问 1065 怎样判断 CRT 彩电行输出变压器异常？——电感检测法

答 根据大多数 CRT 彩电的主电路供电电压是 110V，行输出变压器一次绕组为 100 匝左右，电感量一般为 3～8mH 等特点，可以在断电安全的情况下，把彩电的行输出变压器从电路板上拆下来，然后用电感表检测 CRT 彩电行输出变压器一次绕组的电感量是否在正常的范围内，如果差异较大，说明该行输出变压器可能存在异常情况。

→ 问 1066 怎样判断 CRT 彩电行输出变压器异常？——温度检测法

答 把 CRT 彩电开机几分钟后关机，马上检查行输出变压器的温度。正常情况下，行输出变压器工作温度不是很高。如果用手摸行输出变压器，存在感觉较热，甚至烫手，则说明该行输出变压器内部可能存在短路现象。

→ 问 1067 怎样判断 CRT 彩电行输出变压器的好坏？——直观检查法

答 直观检查法就是采用眼看、手摸、耳听、鼻闻等来判断。

举例：看外部有没有损坏、拉弧放电、鼓泡、烧焦、凹坑、磁芯断裂、砂眼、表面发黄等现象。如果有，则说明该行输出变压器异常。

鼻闻就是闻臭氧味是否很浓、是否具有烧焦味等来判断。

手摸可以在关机后手摸行输出变压器，如果发现局部某处温度比周围高，则该处可能存在局部短路的现象。特别是高压整流部分损坏时，行输出变压器会发热。如果手摸很热，一般是内部硅堆有问题。

说明：谨慎触摸行输出管外壳是否发热，有时行输出管发烫严重，并非是其出现问题，而是行输出变压器与相关电路引起的。

→ 问 1068 怎样检测行输出变压器的好坏？——行输出管法

答 把万用表调到直流电压 250V 挡，检测行输出管集电极电压，正常情况应接近供电电压值（一般为 110V 左右）。如果行输出变压器存在故障，则行输出管集电极电压偏低，也可能是行输出管本身异常引起的。

→ 问 1069 怎样判断行输出变压器的好坏？——电流检测法

答 （1）检测行输出管集电极电流的大小

彩电正常行输出管集电极电流一般在 270～350mA。37cm 的 CRT 彩电略小一些，一般为 230mA 左右。51cm 或 56cm 的 CRT 彩电稍大一些，一般在 340～420mA 左右。断开行偏转线圈（注意：此时应同时拔下显像管尾板，以防止过亮的亮度烧伤显像管荧光粉），再检测一次行输出管集电极电流。这时，电流值要小许多，一般为 95mA 左右。如果电流值明显偏大，则说明该行输出变压器可能存在故障。

（2）检测行输出变压器的空载电流大小

断开行偏转线圈与彩电主板的连线（或直接拔掉行偏转线圈的插头），用吸锡烙铁吸掉除行输出变压器初绕组的其他各引脚上的焊锡，使这些引脚与彩电主板脱开，只保留一次绕组在路。然后把调到直流电流挡的万用表串在行输出管集电极电路中。开机加电，检测行输出管的集电极电流。正常情况下，该电流值一般为 40～65mA。如果检测得到的空载电流值大于该正常值较多，则说明该行输出变压器可能存在匝间短路性故障。

说明：一般彩电的行电流大都在 350～500mA，如果相差大于 20%，则说明该行输出变压器可能存在故障。

→ 问 1070 怎样判断 CRT 彩电行输出变压器的好坏？——模拟法

答 检测 CRT 彩电行输出变压器好坏的模拟法，就是用另外一只好的行输出变压器的初级接入故障机电路中的行输出的初级端，测电流看是否有过流现象，进而判断行输出变压器是否损坏。

→ 问 1071 怎样判断 CRT 彩电行输出变压器的好坏？——直接互换法

答 怀疑 CRT 彩电行输出变压器损坏了，可以采用好的 CRT 彩电行输出变压器代换怀疑坏的行输出变压器。代换后，故障排除了，说明怀疑是正确的。

→ 问 1072 怎样判断 CRT 彩电行输出变压器的好坏？——电阻法

答 行输出变压器绕组间正常的电阻为无穷大 ∞。如果检测的电阻数值很小，则说明该行输出变压器可能存在短路现象。

→ 问 1073 怎样判断 CRT 彩电行输出变压器的好坏？——模拟电压测试法

答 正常的 CRT 彩电行输出变压器的输出电压与输入电压的比是固定的，耗用的电流一般不会超过一定值。因此，行输出变压器的判断可以采用模拟电视机环境的电路来检测，并且进行数据检测，然后进行对比，从而判断该行输出变压器是否损坏。

→ 问 1074 怎样判断 CRT 彩电行输出变压器的好坏？——电压法

答 CRT 彩电行输出变压器的初级电压、输出电压如果超过正常数值范围，则说明该行输出变压器可能损坏了。

说明：如果彩电行输出变压器匝间发生短路，彩电整机电压将会下降大约 30%～40%。如果采用万用表直流电压挡检测直流电压越低，说明该彩电行输出变压器匝间短路现象越严重（具体情况视不同机芯其电压值有所差异）。

→ **问 1075** 怎样判断 CRT 彩电行输出变压器的好坏？——行管的集电极法

答 把指针万用表调到 $50\mu A$ 挡，红表笔与显像管的高压嘴相接，黑表笔与公用地线相连，然后把一个 3V 的电源（可以是两节 1.5V 电池串接而成）的正极接在公用地线上，负极去触碰行管的集电极，这时通过指针万用表的表针指示情况来判断，具体见表 3-1-3。

表 3-1-3 指针万用表的表针指示情况

现象	说明情况
万用表的表针在电源接通与断开行管集电极时表针向不同的方向摆动	说明高压整流二极管短路
万用表的表针有明显的正摆动	说明高压包及高压整流二极管是好的
万用表的表针无摆动或几乎看不到摆动	说明高压包可能短路、局部短路、高压整流二极管开路、内阻变大

说明：判断 CRT 彩电行输出变压器的好坏，可以利用给行输出变压器初级通上电流，使高压包的感应电流通过整流后推动万用表的指针，来判断行输出变压器的好坏。

→ **问 1076** 怎样判断 CRT 彩电行输出变压器初、次级绕组间短路？——兆欧表法

答 把兆欧表的一个线夹夹在行输出变压器初级引线的任意一脚，另一线夹夹在次级绕组引线的任意一脚，摇动兆欧表摇柄，观察表针阻值的大小。如果兆欧表表针偏转，则说明该行输出变压器初、次级间有短路故障。

→ **问 1077** 怎样判断 CRT 彩电行输出变压器内部滤波电容漏电与击穿？——兆欧表法

答 把兆欧表的一个测试夹夹在行输出变压器内部电容的接地引线端，另一个测试夹夹在该电容的另一端，然后摇动兆欧表。如果兆欧表表针指为 0，则说明该电容已经击穿损坏。如果兆欧表表针偏转，则说明该行输出变压器电容漏电。

→ **问 1078** 怎样判断 CRT 彩电行输出变压器内部高压硅堆击穿？——兆欧表法

答 把兆欧表一个测试夹夹在高压输出端，另一端夹在硅堆正极线圈引出线端。硅堆正常时的反向阻值一般为无穷大∞。如果兆欧表表针偏转，阻值在数百千欧到几兆欧，则说明该行输出变压器的硅堆可能击穿损坏了。

→ **问 1079** 怎样判断 CRT 彩电行输出变压器匝间短路故障？——兆欧表法

答 把怀疑内部有短路故障的行输出变压器从电路板上拆下，用两根导线将其初级连接到电路板上对应的初级位置上，并在行管集电极回路串入一支毫安表。断开行偏转线圈或拔下行偏转线圈的插头，然后开机。这时，电流表指示在 $50\sim60mA$ 一般为正常。如果指示过大，则说明该行输出变压器匝间可能存在短路故障。

→ **问 1080** 怎样判断 CRT 彩电行输出变压器的好坏？——在路检查法

答 行输出变压器好坏的在路检查判断方法见表 3-1-4。

表 3-1-4 行输出变压器好坏的在路检查判断方法

情况	解 说
行电路工作电压降低	如果彩电行电路工作电压降低，则记录故障时的工作电压。测量行输出逆程电容、偏转线圈、耦合电容是否良好。如果良好，则断开偏转线圈开机，再测量工作电压，如果工作电压还是低，则依次断开行输出变压器输出侧的外部元件，再开机测试，如果工作电压还是低，则可以判断该彩电行输出变压器损坏了
在路外观	行输出变压器外观有无烧焦，外壳有无气泡、裂纹、发热等现象，如果有，则说明该彩电行输出变压器异常
在路异常现象	行输出变压器有无拉弧、打火、臭氧气味，有其中之一现象则可判断行输出变压器损坏

→ 问 1081 怎样判断彩电高压包的损坏？——原因法

答 ① 高压包包内初级、次级线圈短路——该高压包损坏了。

② 高压包包内聚焦组件老化，使聚焦、加速电压不稳定——该高压包损坏了。

③ 高压包包内高压线圈匝间短路——该高压包损坏了。

④ 高压包包内高压硅堆漏电或击穿——该高压包损坏了。

⑤ 高压包包体绝缘性能下降，使高压包对内或对外打火——该高压包损坏了。

⑥ 高压包包内高压滤波电容击穿——该高压包损坏了。

说明：高压包也叫做行输出变压器。

→ 问 1082 怎样判断电视机高压包内部打火？——收音机法

答 把收音机与电视机均打开，将收音机接收频率调到无电台处，然后靠近高压包 5～10cm 处。如果高压包内部有打火，则收音机中除了有"兹兹"的行频干扰声外，还有阵阵的"喀喀"声。

→ 问 1083 怎样判断电视机高压包的相位？——万用表法

答 取下损坏的高压包，用万用表检测，如果内部没有断路，则把高压包的高压输出端与万用表的红表笔相接，高压包的接地端与黑表笔相接，把万用表调到 μA 挡。检测操作时，需要将磁铁在高压包的中心小孔内迅速插入、拔出，观察插入时表针的偏转方向，并且记住（或者记录）数值。然后把新的高压包根据上述方法接好，用同一磁铁的同一端头，在新的高压包中心小孔插入、拔出，观察插入时表针的偏转方向是否与已损坏的高压包是一致的。如果是一致的，即可直接代换使用。如果不一致，则必须另换与原高压包的相位完全相同的品种才能够代换使用。

→ 问 1084 怎样判断电视机行输出变压器的好坏？——谐振测试法

答 用可调频率方波发生器串接 $0.1\mu F$ 的电容接到行输出变压器初级绕组，将交流电压表并接上去。然后调节频率从 $10～25kHz$ 变化，绕组没有短路的行输出变压器在约 $20kHz$ 处有一个谐振峰，绕组有短路的行输出变压器由于无谐振出现，谐振电压基本无很大的起伏变化。

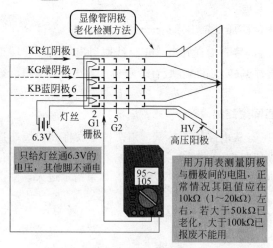

图 3-1-4　判断电视机显像管阴极老化的图例

→ 问 1085 怎样判断电视机显像管阴极老化？——万用表法

答 只给灯丝通 $6.3V$ 的电压，其他显像管脚不通电。用万用表检测阴极与栅极间的电阻。正常情况下，阴极与栅极间阻值一般为 $10～20k\Omega$。如果大于 $50k\Omega$，说明该显像管已经老化了。如果大于 $100k\Omega$，则说明该显像管已应报废了。相关图例如图 3-1-4 所示。

3.1.2　背投电视机

→ 问 1086 怎样判断背投彩电投影管高压帽高压泄漏？——现象法

答 如果背投彩电出现整个画面光线较暗，图像完全散焦，色彩偏色或缺色；调帘栅电压时，其中一枪会影响其他两枪。当背投彩电出现上述故障现象时，则可以判断该投影管存在漏液现象。

说明：背投彩电投影管高压帽高压泄漏时，不能通电太久，以免损坏投影管。

→ 问 1087 怎样判断背投彩电投影管高压帽高压泄漏？——处理法

答 把背投彩电断开电源，把投影管相应高压线拔掉，再将投影管视放板偏转取下，取出投影管组件，然后把高压帽四周硅胶处理干净，对原高压帽周围均匀涂抹 3mm 厚的硅胶，并用起子搅动硅胶，将内部空气泡挤出。处理后把投影管放置几小时，然后装好机，试机。如果故障排除，说明该背投彩电投影管高压帽高压存在泄漏现象。

3.1.3 PDP 等离子电视机

→ 问 1088 怎样判断等离子电视屏的好坏？——观察法

答 在等离子电视没有通电的情况下，从侧面看其整个屏幕的灰度，正常情况下，灰度基本是一致的，没有特别亮的斑块。如果灰度不一致，存在特别亮的斑块，则说明等离子电视屏的保护膜已经损坏了。

说明：等离子屏的表面镀有一层保护膜，该膜具有滤除不良辐射、滤除杂散光波等作用。

→ 问 1089 怎样判断等离子电视屏的坏点？——观察法

答 给等离子电视通电，观察整个等离子屏，如果存在不亮的点或常亮的点，则说明等离子电视屏存在坏点。

说明：有的点是在白光栅或其他单色光栅下才可以看得到，因此，在检测、判断时最好使用不同颜色的光栅来检测。

→ 问 1090 怎样判断等离子显示屏的好坏？——工厂模式法

答 把等离子显示屏进入工厂模式，让等离子显示屏分别显示白场、绿场、蓝场、红场，如果出现半屏有竖条暗线，则说明可能是屏坏，也可能是 X 驱动板异常。鉴于 X 驱动板共有 4 块 X1、X2、X3、X4，该 4 块 X 驱动板分别对应显示屏的左上、右上、左下、右下 4 部分。如果等离子显示屏右上部分存在竖条，则可以把 X2 驱动板取下，观察效果，如果这时发现右上区域还存在竖线，则说明该等离子显示屏已经损坏了；如果右上部分为黑屏，则说明该部分的显示屏是好的。同理，其他地域的竖条的判断也基本一样。

说明：等离子显示屏出现竖条还与 X 驱动板和逻辑板的连接数据线异常有关系。

→ 问 1091 怎样判断等离子组件的屏漏气？——图例法

答 判断等离子组件的屏漏气的图例见表 3-1-5。

表 3-1-5 判断等离子组件的屏漏气的图例

现象	图例	解 说
屏漏气		因抽气孔破裂或其他原因引起屏气体泄漏，将引起无图像或屏内发出"嗡嗡"声

→ 问 1092 怎样判断 PDP 等离子电视逻辑板的好坏？——现象法

答 如果 PDP 等离子电视出现图像异常、图像不良、白场黑白相间、字符异常、绿场蓝场闪烁、菜单抖动、字符抖动等异常情况，可能是 VSC 板异常引起的。

说明：VSC 板异常包括板块、线材、连接等异常。

→ 问 1093 怎样判断 PDP 等离子电视电源线的好坏？——综合法

答 （1）观察法

仔细观察电源线的外表是否异常，电源连接线两端的插口是否正确，电源连接线是否一一对应，如果出现异常情况，说明该电源连接线可能已经损坏了。

（2）万用表法

用万用表检查电源线插座上的电压输入点与地间是否存在短路，如果存在短路，则说明该PDP等离子电视电源线异常。

→问 1094 怎样判断 PDP 等离子电视电源板的好坏？——直观判断法

答 对电源板进行目测检查，看电源板上电容是否起鼓或炸裂、烧黑，电阻是否烧黑、烧断，晶体管是否损坏、连接是否断开等，如果发现异常情况，则说明该 PDP 等离子电视电源板存在异常。

→问 1095 怎样判断 PDP 等离子电视电源板的好坏？——指示灯法

答 对电源板而言，通过观察电源板上与逻辑板上的指示灯，可以大致判断电源板的好坏以及故障原因。

举例 判断康佳 PDP4218 彩电的好坏：

• 插上电源后，LED8003 一般会点亮，如果不亮，则说明整机供电或 VSB 形成电路异常；

• 发出开机指令后，LED8002 一般会点亮，如果不亮，则说明 RELAY 信号异常；

• 发出开机指令后，LED8002 一般会点亮，随着 LED8001 一般会点亮，如果不亮，则说明 AC220V 或 PFC 电路异常；

• LED8001 点亮后，逻辑板上的指示灯 LED2000 一般会闪亮，如果不亮，则说明 D5VL 与 D3V3 形成不良；

• LED2000 点亮后，电源板各组电压一般会正常输出，如果不正常，则说明 VS、VSET、VSCAN、VE 电压形成电路可能异常；

• 保护电路启动后，LED8004 一般会点亮，说明电路异常。

→问 1096 怎样判断 PDP 等离子电视电源板的好坏？——电压法

答 把万用表调到电压挡，测量各个输出电压是否正常。如果输出电压不正常，说明该 PDP 等离子电视电源板异常。

说明：有时检测电压，可以拔掉与电源板相连的其他电路板。调节电源板上的电压，可根据电阻的调整方向，一般顺时针调整为电压升高，逆时针调整为电压降低。

→问 1097 怎样判断 PDP 等离子电视电源板的好坏？——短路法

答 短路电源电路中光电耦合器的光敏接收管的两脚，也就是相当于减小了光敏接收管的内阻，然后检测主电压。如果没有变化，说明该光电耦合器后的电路或者元件异常；如果有变化，则说明光电耦合器前的电路或者元件异常。

说明：对于采用了带光电耦合器的直接取样稳压控制电路的等离子彩电电源电路，当某一路输出电压升高时，可以采用该方法（短路法）来判断。

→问 1098 怎样判断 PDP 等离子电视电源板的好坏？——分割法

答 把等离子（PDP）彩电的电源板电路分解分割成一些电路或者部分来检测。

举例 ① 如果某一路开关电源输出电压异常，说明该路电源电路可能异常。

② 如果各路电源均无输出，说明可能没有 AC220V 引入。

③ 如果只有待机电源正常，其他开关电源电路输出均异常，则说明 PFC 电路可能异常，或可能是待机控制电路异常，也可能是保护电路异常。

→问 1099 怎样判断 PDP 等离子电视电源板的好坏？——贴纸法

答 检测 PDP 等离子电视电源板的各路输出电压，如果与屏右上角上贴的贴纸里标的要求是一样的，则说明该 PDP 等离子电视电源板是好的。如果检测得到的电压与屏上标的要求不一样，则说明可能是电源板本身损坏、电源板负载存在问题等。

→ 问 1100 怎样判断 PDP 等离子电视屏 X 驱动板的好坏？——现象法

答 出现黑屏、图像很暗、图像无对比度、图像层次感很差、图像上有色斑块等异常现象，则说明该 PDP 等离子电视屏 X 驱动板可能损坏了。

→ 问 1101 怎样判断 PDP 等离子电视屏 X 驱动板的好坏？——拆下法

答 如果怀疑 X 驱动板损坏了，可以把该 X 驱动板从电路中拆下脱开。如果把 X 驱动板拆下后，图像没有变化，则说明该 X 驱动板可能损坏了。

也可以用好的 X 驱动板代换怀疑 X 驱动板，如果故障排除，则说明原 X 驱动板损坏了。

→ 问 1102 怎样判断 PDP 等离子电视屏 Y 驱动板的好坏？——现象法

答 水平亮线或黑线或亮带或黑带、上半部亮屏或下半部亮屏、黑屏、上半部黑屏或下半部黑屏、花屏、烧 Y 上/下选址电路板等异常现象，则说明该 PDP 等离子电视屏 Y 驱动板可能损坏了。

→ 问 1103 怎样判断 PDP 等离子电视屏逻辑板的好坏？——现象法

答 如出现控制失效、无图像、花屏、黑屏、水平和垂直方向上的竖线或横线或竖带或横带等异常现象，说明该 PDP 等离子电视屏逻辑板可能损坏了。

→ 问 1104 怎样判断 PDP 等离子电视 COF 选址电路与 COF 插头的好坏？——现象法

答 PDP 等离子电视出现垂直方向上的竖亮线或竖亮带，或竖黑线，或竖黑带等异常现象，则说明该 PDP 等离子电视 COF 选址电路与 COF 插头可能损坏了。

→ 问 1105 怎样判断 PDP 等离子电视元件的好坏？——现象法

答 判断 PDP 等离子电视元件好坏的方法与要点见表 3-1-6。

表 3-1-6　判断 PDP 等离子电视元件好坏的方法与要点

故　障	相关元件
DVI，HDTV VGA 没有伴音	可能是开关集成电路等损坏引起的
HDTV. /VGA 黑屏	可能是 A/D 转换等损坏引起的
N 制电台没有图像输出	可能是 N 制的 Y/C 分离集成电路等损坏引起的
TV，AV，S-video 没有图像	可能是视频解码集成电路等损坏引起的
TV，AV，S 端子黑屏，竖线干扰	可能是隔行转逐行集成电路等损坏引起的
TV 搜不到台、TV 无伴音、TV 黑屏、搜不到台	可能是高频头等损坏引起的
不规则蓝屏	可能是驱动板、电源板等损坏引起的
不开机	可能是 CPU 等损坏引起的
不开机，不遥控，音量失控	可能是门电路等损坏引起的
不开机，黑屏，花屏，彩条干扰	可能是图像处理、比例缩放主芯片等损坏引起的
黑屏、花屏	可能是图像处理芯片等损坏引起的
花屏，菜单干扰，菜单不良，不开机	可能是存储器等损坏引起的
连接到视频输入端时，图像不良	可能是视频开关等损坏引起的
屏幕分为上下两部分，以及出现竖条纹	可能是连接器等损坏引起的
屏幕左上方为粉色	可能是寻址驱动器板 12V 电源导线开路等引起的
搜不到台	可能是 AFT 信号转换成数字信号给 CPU 切换集成电路等损坏引起的
无伴音	可能是伴音功放集成电路等损坏引起的
无伴音(所有信号)，可以听到喇叭有"啪啪"的声音	可能是晶振等损坏引起的
无伴音输出	可能是音频处理集成电路等损坏引起的

3.1.4 液晶电视机

→ 问 1106 怎样判断液晶电视机高压板背光板的好坏？——现象法

答 如果液晶电视机出现瞬间亮后马上黑屏、通电灯亮但是无显示、三无、亮度偏暗、电源指示灯闪、水波纹干扰、画面抖动/跳动、星点闪烁等异常现象，说明该液晶电视机高压板背光板可能损坏了。

→ 问 1107 怎样判断电源与升压一体板是哪部分异常？——切断法

答 电源与升压为一体的板，需要判断是电源部分存在问题还是升压部分存在问题，可以通过切断升压线路的供电线路，再检测电源输出的 12V 或 5V 等是否正常来判断。如果切断升压线路的供电线路后，电源输出正常，则说明升压部分异常。如果切断升压线路的供电线路后，电源输出不正常，则说明电源部分异常。

说明：切断升压的供电线路时，需要仔细，不要直接切断 12V 或 5V 整流线路，以免导致电源没有反馈电压而升压过高，导致爆炸等故障的发生。

→ 问 1108 怎样判断常规液晶屏输入接口的定义？——表格法

答 判断常规液晶屏输入接口定义的速查、对照见表 3-1-7。

表 3-1-7　判断常规液晶屏输入接口的定义的速查、对照表

类型	接口的定义	检测
20PIN 单 6	1:电源端;2:电源端;3:地端;4:地端;5:R0−端;6:R0＋端;7:地端;8:R1−端;9:R1＋端;10:地端;11:R2−端;12:R2＋端;13:地端;14:CLK−端;15:CLK＋端;16:空端;17:空端;18:空端;19:空端;20:空端	正常情况下，每组信号线间电阻数字表为100Ω左右，指针表为20～100Ω，并且 4 组阻值相同
20PIN 双 6	1:电源端;2:电源端;3:地端;4:地端;5:R0−端;6:R0＋端;7:R1−端;8:R1＋端;9:R2−端;10:R2＋端;11:CLK−端;12:CLK＋端;13:RO1−端;14:RO1＋端;15:RO2−端;16:RO2＋端;17:RO3−端;18:RO3＋端;19:CLK1−端;20:CLK1＋端	正常情况下，每组信号线间电阻数字表为100Ω，指针表为20～100Ω，并且 8 组阻值相同
20PIN 单 8	1:电源端;2:电源端;3:地端;4:地端;5:R0−端;6:R0＋端;7:地端;8:R1−端;9:R1＋端;10:地端;11:R2−端;12:R2＋端;13:地端;14:CLK−端;15:CLK＋端;16:地端;17:R3−端;18:R3＋端	正常情况下，每组信号线间电阻数字表为100Ω左右，指针表为20～100Ω，并且 5 组阻值相同
30PIN 单 6	1:空端;2:电源端;3:电源端;4:空端;5:空端;6:空端;7:空端;8:R0−端;9:R0＋端;10:地端;11:R1−端;12:R1＋端;13:地端;14:R2−端;15:R2＋端;16:地端;17:CLK−端;18:CLK＋端;19:地端;20:空−端;21:空端;22:空端;23:空端;24:空端;25:空端;26:空端;27:空端;28:空端;29:空端;30:空端	正常情况下，每组信号线间电阻数字表为100Ω，指针表为20～100Ω，并且 4 组阻值相同
30PIN 单 8	1:空端;2:电源端;3:电源端;4:空端;5:空端;6:空端;7:空端;8:R0−端;9:R0＋端;10:地端;11:R1−端;12:R1＋端;13:地端;14:R2−端;15:R2＋端;16:地端;17:CLK−端;18:CLK＋端;19:地端;20:R3−端;21:R3＋端;22:地端;23:空端;24:空端;25:空端;26:空端;27:空端;28 空端;29 空端;30 空端	正常情况下，每组信号线间电阻数字表为100Ω，指针表为20～100Ω，并且 5 组阻值相同
30PIN 双 6	1:电源端;2:电源端;3:地端;4:地端;5:R0−端;6:R0＋端;7:地端;8:R1−端;9:R1＋端;10:地端;11:R2−端;12:R2＋端;13:地端;14:CLK−端;15:CLK＋端;16:地端;17:RS0−端;18:RS0＋端;19:地端;20:RS1−端;21:RS1＋端;22:地端;23:RS2−端;24:RS2＋端;25:地端;26:CLK2−端;27:CLK2＋端	
30PIN 双 8	1:电源端;2:电源端;3:电源端;4:空端;5:空端;6:空端;7:地端;8:R0−端;9:R0＋端;10:R1−端;11:R1＋端;12:R2−端;13:R2＋端;14:地端;15:CLK−端;16:CLK＋端;17:地端;18:R3−端;19:R3＋端;20:RB0−端;21:RB0＋端;22:RB1−端;23:RB1＋端;24:地端;25:RB2−端;26:RB2＋端;27:CLK2−端;28:CLK2＋端;29:RB3−端;30:RB3＋端	正常情况下，每组信号线间电阻数字表为100Ω左右，指针表为20～100Ω，并且 10 组阻值相同

→ **问 1109** 怎样判断液晶电视数字信号处理板的好坏？——图例法

答 判断液晶电视数字信号处理板好坏的图例见表 3-1-8。

表 3-1-8　判断液晶电视数字信号处理板好坏的图例

现象	图例	解　说
花屏，满屏竖线		液晶屏不良、数字信号处理板不良、LVDS 线接触不良、LVDS 线本身不良等原因引起的
颜色异常，颜色失真		可能是数字信号处理板不良等原因引起的
具有一定规律性的线条		可能是数字信号处理板不良等原因引起的
屏幕偏暗、偏亮		可能是数字信号处理板不良等原因引起的

→ **问 1110** 怎样判断液晶彩电屏灯管的好坏？——点灯器法

答 把点灯器线的插针插到待测灯管的两端，给该点灯器接上符合规定要求的供电电源，再按动轻触开关，然后观察灯管的发光情况。如果灯管发光，说明该液晶屏灯管是好的；如果灯管不发光，则说明该液晶屏灯管已经损坏了。

说明：点灯器可以直接在市场购买，也可以自己制作。

→ **问 1111** 怎样判断液晶彩电屏灯管的好坏？——电子打火机法

答 把一次性电子打火机中放电器的导线头靠近灯管的引线端，按动放电器的按钮，同时观察灯管的发光情况。正常情况下，靠近放电器的灯管一端应发光（白色）。如果靠近放电器的灯管一端没有发光，则说明该液晶屏灯管异常。如果检验中，发现某只灯管虽然能够发光，但是发出的是非白色光，则说明该液晶屏灯管已经损坏了。

说明：使用一次性电子打火机内部放电器检验灯管好坏时，一般需要拆下灯管与高压板，移走高压板，远离信号板、逻辑板等电路，以防高压放电损坏其他元器件。

→ **问 1112** 怎样判断液晶彩电屏灯管的好坏？——数字万用表法

答 把数字万用表调到 AC750V 挡，一只表笔接地，另外一只表笔靠近（不是接触）灯管插座或者高压变压器的高压输出端。然后通电，在通电瞬间仔细观察万用表的读数，如果读数不断增加，则说明该高压端有高压输出，也就是说明彩电屏灯管可能异常，而高压板可能正常。

保证万用表表笔头与高压输出端距离不变的情况下，检测各高压输出端的电压值，并记录下来，再进行比较。如果读数明显低于其他输出端的电压，则说明液晶彩电高压输出变压器可能存在局部短路现象，也可能是灯管异常。

→ **问 1113** 怎样判断电视液晶屏是硬屏还是软屏？——特点法

答 硬屏（IPS）屏体像素是全像素的鱼鳞状，即人字状像素，因此，可以使用微距镜或者放大镜来观察液晶面板的像素点。如果呈现的是全像素鱼鳞状，则说明该屏幕为 IPS 硬屏。

→ **问 1114** 怎样判断电视液晶屏是硬屏还是软屏？——手指法

答 用手指在液晶屏上轻轻滑过，观察滑过的痕迹。如果手指滑过的地方出现明显的水痕，则说明该屏幕是软屏；如果手指滑过的地方没有水痕，或者水痕不明显，则说明该屏幕是硬屏。

→问 1115 怎样判断液晶电视背光板升压变压器的好坏？——电阻法（万用表法）

答 ① 使用万用表 $R \times 1$ 挡检测，升压变压器初级绕组阻值一般大约为 0.5Ω，两个绕组串起来阻值一般大约为 1Ω（有的液晶电视是直接将两个初级绕组串起来，初级绕组的另一端悬空）。

② 使用万用表 $R \times 100$ 挡检测，升压变压器次级绕组阻值一般为 $500 \sim 1000\Omega$。

如果检测的绕组阻值存在异常，则说明该升压变压器可能损坏了。

→问 1116 怎样判断液晶电视背光板 MOS 管的好坏？——电阻法

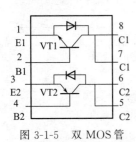

图 3-1-5　双 MOS 管

答 一些液晶电视背光板上常用的 MOS 管电路为双 MOS 管集成电路。检测时，可以根据内部结构特点来检测引脚间的电阻是接通还是断开（无穷大）。

举例：如图 3-1-5 所示的双 MOS 管，可以用万用表单独检测各 MOS 管。其中，5、6 脚是相通的，7、8 脚是相通的，也就是用万用表检测 5、6 脚和 7、8 脚间的电阻为 0。1、8 脚间和 3、6 脚间接有反向保护二极管，因此，正向检测时一般有几千欧姆阻值。其他引脚间因不接通，或者存在 PN 结，阻值一般均为无穷大。

→问 1117 怎样判断液晶电视灯管（CCFL）的好坏？——高压测试棒触碰法

答 开机后，马上用高压测试棒（或者采用万用表）触碰高压输出插头焊脚，并观察是否有火花。如果有微弱蓝色的火花出现，并且灯管不亮，则说明该灯管或接插件可能损坏了。

如果在保护电路没有工作时，检测没有放电火花产生，可检测各级供电电压、背光灯启动信号电平。如果正常，则使用示波器检测末级驱动管或者控制集成块信号输出端是否有 $50Hz$ 以上波形。如果有波形，则说明该高压变压器、次级高压输出电容或灯管可能损坏了。

说明：液晶电视灯管损坏，一般会引起电视机黑屏。

→问 1118 怎样判断液晶电视灯管（CCFL）的好坏？——图例法

答 液晶电视出现黑屏故障，判断图例如图 3-1-6 所示。

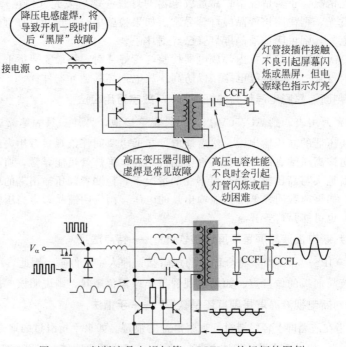

图 3-1-6　判断液晶电视灯管（CCFL）的好坏的图例

问 1119 怎样判断液晶电视灯管（CCFL）的好坏？——观察法

答 一般而言，如果灯管顶端有类似普通荧光灯老化后的发黑现象，说明该灯管可能老化损坏了。

问 1120 怎样判断液晶电视背光灯的好坏？——条件法

答 液晶电视背光灯有 4 大工作条件：从电源到背光灯升压板的供电、CPU 到背光灯升压板电路的 ON/OFF 点亮控制电压、背光灯亮度调光电压 BRI/PWM、背光灯管本身。如果液晶电视背光灯这些工作条件均满足了，但是液晶电视出现黑屏，则说明该液晶电视背光灯可能损坏了。

问 1121 怎样判断液晶电视高压板电路中电流检测线圈的好坏？——万用表法

答 把万用表调到电阻挡，万用表的红、黑两只表笔分别检测线圈绕组的电阻值，正常情况下，检测的电阻值大约为 250Ω。如果检测得到的电阻值为零或无穷大，则说明该电流检测线圈内部有短路现象或开路。电流检测线圈的结构如图 3-1-7 所示。

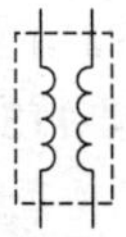

图 3-1-7 电流检测线圈

3.1.5 卫星接收机

问 1122 怎样判断卫星接收机高频头的好坏？——万用表法

答 高频头的工作电压一般为 $15 \sim 24\text{V}$，工作电流一般大约为 150mA。采用万用表 $R \times 1\text{k}$ 挡检测信号输出电缆芯线与屏蔽层间的正、反向电阻，应有明显差别。如果实测值与上述值相差悬殊，则说明该高频头异常。

问 1123 怎样判断卫星接收机高频头的好坏？——噪波法

答 接通接收机电源，观察监视器屏幕上的噪波强度。关断电源，断开高频头输入电缆后再开机。如果屏幕上噪波强度前后变化很大，则说明该高频头有放大作用；如果噪波强度变化很少，或者观察不出变化，则说明该高频头已经损坏。

3.1.6 电视机遥控器

问 1124 怎样判断电视机遥控器晶振的好坏？——指针万用表法

答 把指针万用表调到 $R \times 1\text{k}$ 挡，在路检测电阻：一般高阻值（数十千欧）为正常；不在路检测电阻：一般无穷大∞为正常。

问 1125 怎样判断电视机遥控器晶振的好坏？——数字万用表法

答 把数字万用表调到电容挡，如果检测容量为 $300 \sim 500\text{pF}$，说明所检测的晶振是好的。如果大于 500pF，则说明该晶振可能存在漏电。如果所检测容量很小或无容量，则说明该晶振可能开路了。

遥控发射器中常用的有 455kHz、480kHz、500kHz、560kHz 石英晶体振荡器，它们的电容近似值分别为 $296 \sim 310\text{pF}$、$350 \sim 360\text{pF}$、$405 \sim 430\text{pF}$、$170 \sim 196\text{pF}$。

问 1126 怎样判断电视机红外线遥控发射器的好坏？——收音机法

答 把半导体收音机打开，接收任意频率，放在距发射器 $20 \sim 30\text{cm}$ 处，按动发射器上的任意指令键。如果收音机中发出持续且间隔均匀的"嘟嘟"声，说明该发射器工作正常；如果按到某一指令键时收音机中无声或声音很小，则说明该指令电路故障或电池失效。

问 1127 怎样判断电视机遥控器的好坏？——收音机法

答 把遥控器靠近晶体管收音机磁棒，把收音机频率调到中波低频无台处，按遥控器任意键。如果能够听到喇叭中有"嘟嘟"声，则说明该电视机遥控器是好的；否则，说明该遥控器异常。

→ 问 1128 怎样判断红外遥控器的好坏？——收音机法

答 对着中波段收音机的磁棒天线位置，按下红外遥控器的任一按钮。正常的情况下，收音机会有"吱吱"声；如果中波段的收音机没有"吱吱"声，则说明该红外遥控器可能异常。

→ 问 1129 怎样判断电视机遥控器的好坏？——电压法

答 按遥控器任意键，并且用万用表测发射管两端电压，如果按动不同的按键有电压，并且电压幅度不同，则说明该电视机遥控器是好的。

→ 问 1130 怎样判断彩电遥控器的好坏？——交替法

答 把遥控器对准遥控功能正常的同型号的相同的彩电做检测。如果均不起作用，则说明该遥控器本身异常。

另外，也可以用一只好的同型号的遥控器对彩电做检测，如果能够正常遥控动作，则说明原遥控器本身异常。

→ 问 1131 怎样判断彩电遥控器的好坏？——收音法

答 选择一台半导体收音机，将频率调到中波 455～650kHz，把遥控器对准靠近收音机 0.3m 内，按下任一键时，收音机能够发出"嗒嗒"的声音。如果重复按键时，则听到收音机能够发出"嗒嗒嗒"的声音，说明该遥控器的振荡电路与键盘电路是好的，但是红外发射管的好坏不能够完全确定。如果按下键时，没有上述正常现象，则说明该遥控器已经损坏了。

说明：对于发射器内部的红外线发射二极管击穿短路，或者丧失红外线发射能力，但是发射器内部的振荡电路依然工作时，利用收音机法检测发射器时依旧会发出"嘟嘟"声响。

→ 问 1132 怎样判断彩电遥控器的好坏？——测量法

答 按下遥控器任一键，同时使用万用表检测彩电机内遥控接收窗的信号输出电压变化幅度，正常情况下，一般为 0.11～0.3V。另外，也可以在按下遥控器任一键时，使用万用表检测彩电机内主控 CPU 芯片的遥控信号输入端电压变化幅度，正常情况下，一般为 0.25～0.4V。如果检测值与正常数值相符合，则说明该彩电遥控器是好的；否则，说明该彩电遥控器可能已经损坏了。

→ 问 1133 怎样判断彩电遥控器的好坏？——电流法

答 ① 静态电流——遥控器在不按任何键时的静态电流一般小于 $1\mu A$，个别彩电遥控器不按任何键时的静态电流小于 $3\mu A$。

② 动态电流——遥控器在按动按键时的动态电流一般为 4～8mA。

③ 指示灯电流——有指示灯的遥控器，指示灯电流一般大约为 2mA。

④ 遥控器静态电流、动态电流均为 $180\mu A$，则说明遥控器的晶振开路。

⑤ 动态电流为 $200\mu A$，说明遥控器的发射二极管损坏。

⑥ 动态电流为 $150\mu A$，说明遥控器的电源滤波电容开路，或者容量减小。

⑦ 动态电流为 $200\mu A$，说明遥控器的集成块内部某些电路失效。

⑧ 动态电流为 2mA，说明遥控器的电池电量明显不足。

⑨ 动态电流在 1.5～3mA 间变化，说明遥控器的电池弹簧生锈。

⑩ 遥控器静态电流、动态电流均为 10mA，说明遥控器的电路板键位存在传输、短路等异常情况。

⑪ 通电开始时，静态电流正常，但是动态电流以及松开后的静态电流均为 25mA，则说明遥控器振荡电容开路，或者电容容量小于 2pF。

⑫ 通电开始时，静态电流正常，但是动态电流以及松开后的静态电流均为 65mA，则说明遥控器晶振变质，频率提高过多等异常情况。

说明：遥控器使用的集成电路尽管型号多，但是其工作电流大小相近，因此，为采用检测工作电流检测遥控器提供了判断依据。

→ 问 1134 怎样判断电视机的接收头的好坏？——输出法

答 检测接收头的输出端，如果没有输出信号，但是电视机能够开机，说明该接收头可能损坏了。

→ 问 1135 怎样判断电视机的接收头的好坏？——排除法

答 ① 如果电视机出现遥控故障，先判断遥控板的好坏。如果遥控板是好的，则说明接收头可能损坏了。如果接收头是好的，则说明遥控板可能损坏了。

② 具体判断方法如下：按遥控板任意键，对准收音机，如果收音机发出"嘟嘟"叫声，则说明该遥控板是好的。

也可以用万用表的电压挡接在发射头的两端，按遥控板任意键，如果读数存在变化，则说明该遥控板是好的；如果读数没有变化，则说明接收头可能损坏了。

→ 问 1136 怎样判断电视机的接收头的好坏？——电压法

答 找到 CPU 与接收头相连的引脚端，把万用表调到电压挡进行检测。在按动遥控板的同时，观察检测的电压有无高低变化。如果检测的电压有高低变化，则说明该接收头已经损坏。

3.2 电冰箱

→ 问 1137 怎样判断电冰箱环境补偿加热开关的好坏？——万用表法

答 拔掉电源插头，用十字螺丝刀卸下冰箱压缩机后盖板，再卸下压缩机接线盒后的电气接线盒，拉出所有接线，断开自动温度补偿开关的黄色接头，先用万用表测量补偿加热器的两端，在确认补偿加热器完好的情况下，测量自动温度补偿开关的两端，在开关表面温度低于 10℃时，开关应接通；否则，说明该电冰箱环境补偿加热开关已经损坏了。

→ 问 1138 怎样判断电冰箱低温补偿开关（冷冻室温度补偿开关）的好坏？——现象法

答 判断电冰箱低温补偿开关（冷冻室温度补偿开关）好坏的方法与要点见表 3-2-1。

表 3-2-1 判断电冰箱低温补偿开关（冷冻室温度补偿开关）好坏的方法与要点

现象	解 说
冷藏补偿加热器不能断开	首先检查冷冻室温度是否足够低(低于−14℃)，如果冷冻温度很低而冷藏室接水口处仍然发热，可能是低温补偿开关的故障
冷冻室制冷能力弱	例如冷冻温度高于−8℃压缩机仍不能正常运行，手摸冷藏室接水口处无热度；那么，可以将温控器拨到 0 位，并且拔掉电源插头，打开压缩机箱内的接线盒，用万用表测量蓝线与黄线间的阻值。如果蓝线与黄线间为开路，则说明加热器损坏；如果阻值在 6000~7000Ω，说明是低温补偿开关的故障
低温补偿开关损坏	可以采用环境温度补偿开关进行取代

→ 问 1139 怎样判断电冰箱磁控开关的好坏？——万用表法

答 由于一般磁控开关的测量端子安装在温控盒内，因此，需要先根据磁控开关探头安装的位置来判断其类型，然后拆下温控器盒，再用万用表检测其两接线端子，检查感温探头在一定温度下的通断状况。

说明：当温度到达某一节点时，磁控开关才转换为另一状态。电冰箱磁控开关的类型见表 3-2-2。

表 3-2-2 电冰箱磁控开关的类型　　　　　　　　　　　　　　　　　℃

品 牌	低温型		环温型	
	导通点	断开点	导通点	断开点
美菱	−9	−14.5	9	15
	−11	−16.5		
海尔	—	—	13	19
新飞	—	—	11±1	16±1
美的	—	—	11.5	16.5

→ 问 1140 怎样判断电冰箱电磁阀的好坏？——听声音法

答 电冰箱电磁阀在进行通电测试时，正常能够听到电磁阀阀芯吸合、释放发出的清脆冲击声音，电磁阀进气管、两个出气管有通、断转换功能。如果通电测试时，没有正常的冲击声音，说明该电冰箱电磁阀已经损坏了。

→ 问 1141 怎样判断变频冰箱双稳态电磁阀的好坏？——敲击法

答 变频冰箱双稳态电磁阀常见故障有线圈短路、线圈开路、不能切换、阀芯内部损坏等。对不能切换的电磁阀确认后，如果用螺丝刀敲击无反应，则说明该电磁阀可能损坏了。

→ 问 1142 怎样判断冰箱外在式传感器的好坏？——观察法

答 温探头开裂、连接线断开等情况，说明该冰箱外在式传感器异常。

→ 问 1143 怎样判断电冰箱传感器的好坏？——万用表＋温度计法

答 用较高精度灵敏性温度计检测三组温度，用万用表检测对应三组电阻值，然后把检测得到的值与电冰箱传感器温度参数表对应检查，如果存在差异，则说明该电冰箱传感器可能损坏了。

具体的检测要点如下。

① 把传感器与数字温度计的感温头绑在一起，可以从数字温度计上得到传感器处的实际温度。如果是内藏式传感器，则需要把数字温度计的感温头放到传感器对应的外部位置，并且内外位置尽可能地一致。

② 根据检测的温度从表 3-2-3 中查出传感器对应的阻值，再对比实际检测阻值，一般相差不超过 5%，则说明该传感器是好的；否则，说明该传感器异常。

表 3-2-3　传感器阻值表

冷冻传感器阻值对应表　　偏差：2%

温度	下限值	基准值	上限值	温度	下限值	基准值	上限值
−30	31.36	33.07	34.86	−2	6.895	7.173	7.460
−29	29.58	31.16	32.81	−1	6.546	6.817	7.097
−28	27.91	29.37	30.89	0	6.216	6.480	6.753
−27	26.35	27.69	29.09	1	5.905	6.162	6.427
−26	24.88	26.12	27.40	2	5.610	5.861	6.119
−25	23.50	24.64	25.82	3	5.332	5.576	5.828
−24	22.20	23.25	24.34	4	5.070	5.306	5.552
−23	20.99	21.95	22.95	5	4.821	5.051	5.290
−22	19.84	20.73	21.65	6	4.586	4.810	5.042
−21	18.76	19.58	20.43	7	4.364	4.581	4.807
−20	17.75	18.50	19.28	8	4.154	4.365	4.584
−19	16.79	17.49	18.20	9	3.955	4.160	4.373
−18	15.90	16.54	17.19	10	3.766	3.965	4.173
−17	15.05	15.64	16.24	11	3.588	3.781	3.983
−16	14.26	14.80	15.35	12	3.419	3.606	3.809
−15	13.51	14.00	14.51	13	3.259	3.440	3.631
−14	12.80	13.25	13.72	14	3.107	3.283	3.468
−13	12.13	12.55	12.98	15	2.963	3.134	3.313
−12	11.51	11.89	12.28	16	2.826	2.992	3.167
−11	10.91	11.27	11.62	17	2.697	2.858	3.027
−10	10.36	10.68	11.00	18	2.574	2.730	2.894
−9	9.828	10.12	10.42	19	2.457	2.609	2.768
−8	9.331	9.60	9.874	20	2.346	2.493	2.648
−7	8.861	9.108	9.357	21	2.241	2.384	2.534
−6	8.418	8.643	8.870	22	2.141	2.280	2.426
−5	7.999	8.204	8.411	23	2.047	2.180	2.322
−4	7.603	7.790	7.978	24	1.956	2.086	2.224
−3	7.228	7.398	7.569	25	1.871	1.997	2.130

说明：判断时，需要考虑检测误差与传感器电阻的上限值、下限值（表 3-2-4）。另外，需要注意内置传感器一般是感受蒸发器温度，以及传感器可能会在常温下正常而在低温下不正常。

表 3-2-4　传感器参数

温度值	阻值 min	阻值 mon	阻值 max
−30.0	31.36	33.07	34.86

注：min 表示允许出现的最小值；max 表示允许出现的最大值；mon 表示在 min 与 max 间的数值是正常的。

→ 问 1144　怎样判断电冰箱感温头的好坏？——综合法

答　电冰箱感温头异常，可以检查感温头线束与主控板的连接是否牢靠，用万用表从接插件端测感温头电阻值，以判断是否短路或断路。

如果确定冷藏室或冷冻室感温头短路或者断路，则需要打开感温盒盖板，拉出感温头并剪断感温头连线，采用相同规格的感温头代换。

→ 问 1145　怎样判断电冰箱感温头的好坏？——电阻法

答　电冰箱感温头可以采用万用表测电阻值来判断，如果是 0Ω 或者 ∞，则说明该感温头损坏了。但是，如果是有一读数，则可以参照表 3-2-5 来判断：如果偏差超 10%，则说明该感温头可能损坏了。

表 3-2-5　感温头电阻-温度特性

R5=5.06kΩ±2%				B5/25=3839K±2%			
T_x/℃	R_{min}/kΩ	R_{mon}/kΩ	R_{max}/kΩ	T_x/℃	R_{min}/kΩ	R_{mon}/kΩ	R_{max}/kΩ
−30.0	31.90	33.81	35.82	1.0	6.028	6.175	6.324
−29.0	30.09	31.85	33.70	2.0	5.378	5.873	6.008
−28.0	28.39	30.01	31.72	3.0	5.464	5.587	5.710
−27.0	26.79	28.29	29.87	4.0	5.205	5.316	5.428
−26.0	25.30	26.68	28.14	5.0	4.959	5.060	5.161
−25.0	23.89	25.17	26.51	6.0	4.717	4.818	4.919
−24.0	22.57	23.76	24.99	7.0	4.488	4.589	4.690
−23.0	21.33	22.43	23.57	8.0	4.272	4.372	4.472
−22.0	20.17	21.18	22.23	9.0	4.067	4.167	4.256
−21.0	19.07	20.01	20.97	10.0	3.874	3.972	4.071
−20.0	18.04	18.90	19.80	11.0	3.690	3.788	3.886
−19.0	17.08	17.87	18.69	12.0	3.517	3.613	3.710
−18.0	16.16	16.90	17.66	13.0	3.352	3.447	3.543
−17.0	15.31	15.98	16.68	14.0	3.197	3.290	3.385
−16.0	14.50	15.12	15.77	15.0	3.049	3.141	3.234
−15.0	13.74	14.31	14.90	16.0	2.909	2.999	3.091
−14.0	13.02	13.55	14.10	17.0	2.776	2.865	2.956
−13.0	12.34	12.83	13.33	18.0	2.650	2.737	2.827
−12.0	11.71	12.16	12.62	19.0	2.530	2.616	2.704
−11.0	11.11	11.52	11.94	20.0	2.417	2.501	2.587
−10.0	10.54	10.92	11.31	21.0	2.309	2.391	2.476
−9.0	10.00	10.36	10.71	22.0	2.206	2.287	2.370
−8.0	9.496	9.820	10.15	23.0	2.109	2.188	2.270
−7.0	9.019	9.316	9.619	24.0	2.016	2.094	2.174
−6.0	8.568	8.841	9.119	25.0	1.929	2.005	2.083
−5.0	8.141	8.392	8.647	26.0	1.845	1.919	1.996
−4.0	7.738	7.968	8.202	27.0	1.765	1.838	1.913
−3.0	7.357	7.568	7.782	28.0	1.690	1.761	1.834
−2.0	6.997	7.190	7.386	29.0	1.618	1.687	1.759
−1.0	6.656	6.833	7.011	30.0	1.549	1.617	1.687
0.0	6.333	6.495	6.658				

→ 问 1146 怎样判断电冰箱补偿加热器的好坏？——万用表法

答 由于磁控开关与补偿加热器串联在一起，它们与温控器是并联的，因此，检测前需要把温控器的两端头断开。设磁控开关处在导通状态下，通过直接检测电源线插头 N 端与 L 端来判断（在关闭冰箱冷藏室门的状态下）：如果检测得到的阻值大约为 $6k\Omega$，说明电冰箱补偿加热器是好的；如果检测得到的阻值为无穷大，说明电冰箱补偿加热器或者磁控开关异常；如果检测得到的阻值大约为 25Ω，说明电冰箱补偿加热器异常。

→ 问 1147 怎样判断电冰箱温控器的好坏？——压缩机法

答 在压缩机停机 5min 后，把温控器开关调到相应挡（例如 6～7 挡），则压缩机开始工作。工作 5～7min 后，将温控器拨回原挡（例如 1～2 挡），此时压缩机应停止工作。等再停止 5min 后，将温控器再拨到 6～7 挡，压缩机能够正常工作。如果温控器开关调到相应挡时，压缩机工作不正常，则说明该电冰箱温控器可能异常。

→ 问 1148 怎样判断电冰箱温控器是否异常？——现象法

答 如果发现电冰箱冷冻室不结霜而是结冰，则是该电冰箱温控器温差过大、停机时间过长等引起的异常现象。

如果直冷式双门电冰箱的冷藏室蒸发器总是结满霜，而不是结霜、化霜交替变化，则说明该电冰箱温控器异常。

→ 问 1149 怎样检测电冰箱温度控制器的好坏？——万用表法

答 把万用表调到相应电阻挡，表笔接到温度控制器的接线柱上，并且转动旋钮到相应的关、开位置，检测触点断开、接通下的电阻是否正常来判断。

→ 问 1150 怎样判断电冰箱 PTC 元件的好坏？——灯泡法

答 把 PTC 与一只 100W 灯泡串联，并接入电源。如果开始时灯泡能够正常发光，然后灯泡慢慢变暗直到熄灭，或者微亮，则说明该 PTC 元件是好的。否则，说明该 PTC 元件异常。

→ 问 1151 怎样判断电冰箱压缩机的好坏？——电阻法

答 对于全封闭式 220V 电源的分相式单相感应电动机的压缩机，可以选择万用表电阻挡来检测，即采用万用表检测其电机绕组的通断状态来判断。正常情况下，压缩机电机绕组断路时，其电阻很大；绕组短路时，其电阻值减小很多。

→ 问 1152 怎样判断电冰箱压缩机的好坏？——电流法

答 通过检测电机电流值的大小来判断。正常情况下，一般的压缩机启动工作电流为 3～5A，运行时的正常工作电流一般小于 1A。如果与正常数值相差较大，则说明该电冰箱压缩机损坏了。

→ 问 1153 怎样判断电冰箱压缩机的好坏？——排空冰箱管路中制冷剂检测法

答 把电冰箱管路系统中的制冷剂液全部放干净，再接通电冰箱电源。如果这时压缩机能够恢复正常启动，以及能够运行，说明压缩机是好的，而管路系统中的高压可能被堵塞。如果一旦放尽制冷剂液后，压缩机也无法启动，则说明压缩机异常。

→ 问 1154 怎样判断电冰箱压缩机的好坏？——电机人为短路检测法

答 把电冰箱底部的压缩机电源接线盒打开，接线柱上的压缩机电机 3 根电源线与电冰箱电路引线全部断开，找一根带电源插头的电源线，把电源线分别与运行绕组、启动绕组端接线相连。连接完成后，再把插头插入电源插座内。这时，用一根导线分别在运行绕组与启动绕组的两接线柱间短路碰触，以促使电机启动绕组通电启动。如果用导线短路通电的瞬间，压缩机立即启动，而拿掉短路导线后电机应能够正常运行，则说明该电冰箱压缩机是好的。通电试机过程中，如果压缩机通电后出现"嗡嗡"噪声，则说明该电冰箱压缩机启动绕组断路；如果压缩机通电后没有任何声响，并且不启动，则说明该电冰箱压缩机运行绕组断路了。

说明：压缩机电机通电时间一般不允许超过30s，以免烧毁压缩机。另外，压缩机电机3根引线：B一般为运行绕组接线端；A一般为启动绕组接线端；C一般为运行绕组与启动绕组共用接线端。

→ 问 1155　怎样判断电冰箱压缩机的好坏？——串灯测试法

答　准备一只40W的白炽灯泡，把灯泡一端与压缩机钢壳体连接，灯泡的另一端与电源接地处连接。然后把220V电源的火线与压缩机绕组接线柱相连，也就是与运行绕组和启动绕组并线柱端相连。接通电冰箱电源，如果当压缩机电机绕组通电后，串入的白炽灯泡马上闪亮发光，则说明该电冰箱压缩机内存在漏电。如果灯泡不闪亮，灯丝不发红，则说明该电冰箱压缩机无漏电。

→ 问 1156　怎样判断电冰箱压缩机的好坏？——温度法

答　压缩机机壳的温度一般在70℃以下。即使长时间工作，压缩机机壳温度也不得超过85℃。如果超过该正常温度，则说明该电冰箱压缩机可能异常。

→ 问 1157　怎样判断电冰箱压缩机的好坏？——绕组断路法

答　正常情况下，电机运行绕组电阻（R_{mc}）一般为10～20Ω，启动绕组电阻（R_{sc}）一般为30～50Ω，两绕组端间电阻为两者之和（$R_{ms}=R_{mc}+R_{sc}$）。如果检测的R_{ms}、R_{mc}、R_{sc}与正常数值有差异，则说明该电冰箱压缩机可能损坏了。

举例　一台冰箱，冷机启动30min后过载保护，热机启动后几分钟内过载保护。

先检测冰箱电源电压，发现正常。检查冰箱保护器、启动器、压缩机的温度，都正常。检测工作电流时，发现工作电流大于额定值。如果拆下压缩机，则空载电流大于正常值，但是保护器不跳开。于是检查运行绕组，发现压缩机局部短路。更换新压缩机后，试机，冰箱一切正常。

→ 问 1158　怎样判断电冰箱压缩机的好坏？——冷冻机油法

答　用兆欧表检查压缩机的绝缘电阻。如果绝缘电阻小于2MΩ，再通过检查压缩机的冷冻机油来判断。如果冷冻机油有烧焦的气味，以及呈棕红色，则说明该压缩机异常。如果冷冻机油呈黄色，则说明该压缩机需要更换机油，并需要烘干处理。

说明：压缩机冷冻机油的作用为润滑作用、降温作用、密封作用等。

→ 问 1159　怎样判断电冰箱压缩机的好坏？——听声法

答　① 如果压缩机运转时，机壳内有明显的喷气声，说明该压缩机排气缓冲管断裂漏气。

② 如果压缩机运转时，压缩机机壳内有破裂声，则说明该压缩机高压、低压阀片破裂、漏气。

③ 如果压缩机运转时发出"当当"声，则说明压缩机进排气阀内的支撑弹簧断裂，或疲劳变形。

④ 如果压缩机刚停机时能够听到机壳内有明显的跑气声，则说明该压缩机阀座高压、低压纸垫被击穿，排气减震管泄漏，阀片磨损，阀片积碳，阀口处积碳。

→ 问 1160　怎样判断电冰箱蒸发器的好坏？——听声法

答　① 如果高压液态制冷剂通过毛细管进入蒸发器，迅速蒸发，同时发出"嘶嘶"的气流声，并时常伴随流水的声音，则说明电冰箱蒸发器是好的。

② 如果听到蒸发器内有"叽叽"声，或者有断断续续的憋气声，则说明电冰箱出现脏堵、油堵或冰堵。

③ 如果蒸发器内只有气流声，但不结霜，则说明电冰箱系统内制冷剂基本泄漏完。

→ 问 1161　怎样判断电冰箱毛细管半堵塞？——摸蒸发器法

答　用手触摸蒸发器表面，如果发现蒸发器结不满霜，则说明毛细管半堵塞。也可能是制冷剂不足引起的。

→ 问 1162 怎样判断电冰箱毛细管脏堵？——高压氮气法

答 利用焊炬烘烤焊口，并拔下低压回气管。等降温后，从该管口充入大约为 0.6MPa 的高压氮气。然后观察毛细管口是否有氮气排出。如果没有氮气排出，则说明该毛细管脏堵。

说明：电冰箱制冷系统的堵塞有脏堵、油堵、冰堵。脏堵一般出现在毛细管或干燥过滤器中。

→ 问 1163 怎样判断电冰箱元件的好坏？——现象法

答 判断电冰箱元件好坏的方法与要点见表 3-2-6、表 3-2-7。

表 3-2-6　判断电冰箱元件的好坏的方法与要点（一）

故障现象	蒸发器结霜	毛细管声音	冷凝器温度
堵死	无	无	无温升
微堵	无,或者很少	断断续续微弱声音	温升小
微漏	无,或者很少	断断续续微弱声音	温升很小
泄漏	无	极微弱的声音	无温升
压缩机不工作	无	无	无温升

表 3-2-7　判断电冰箱元件的好坏的方法与要点（二）

部位名称	温度特征	现象	原因	处理方法
压缩机	微热	箱内温度偏高	温控器失调	更换温控器
	过热	箱内温度偏低	温控器失调	更换温控器
		箱内温度偏高	部分制冷剂泄漏	检漏、重抽、重充
			制冷剂过多	排放多余制冷剂
			压缩机排气效率低	更换压缩机
			管路部分堵塞	吹污、重抽、重充
	超热	不制冷	电压过低,或过高	调节电压
			启动器损坏	更换
			压缩机匝间短路,或卡死	更换
冷凝器	不热	不制冷	制冷系统全部泄漏	检漏、重充
			管路堵塞	吹污、重抽
	微热	箱内温度偏高	部分制冷剂泄漏	检漏、重充
			管路部分堵塞	吹污、重抽
			压缩机效率低	更换
	过热	箱内降温缓慢	制冷剂过多	排放
	前部分过热 后部分过凉	箱内降温缓慢	系统内存有部分空气污染	干燥抽空
蒸发器	过热	结浮霜	制冷剂过多	排放
		结小珠	压缩机排气效率低	更换
	前部分正常结霜 后部分温度偏高,不结霜	箱内降温缓慢	制冷剂不足	重抽、重充
	发热	冰箱融化	处于除霜状态	
		开门后有热气冲出	温控器故障	更换
	冷藏室温度过低	结冰	温控档位选择不当	调整
过滤器	过热	箱内降温缓慢	制冷剂过多	排放
	过冷	不制冷	过滤器堵塞	更换
毛细管	过热	箱内降温缓慢	部分制冷剂泄漏	检漏、重充
	过冷	箱内降温缓慢	过滤器堵塞	更换

→ 问 1164 怎样判断电冰箱的好坏？——摸干燥过滤器法

答 如果干燥过滤器有热的感觉，则说明干燥过滤器是好的。如果干燥过滤器温度升高异常，则说明电冰箱制冷系统可能过脏。如果干燥器过热，则说明电冰箱毛细管阻流可能偏大，制冷剂充入量可能过多。

→ 问 1165 怎样判断电冰箱制冷系统是否异常？——现象法

答 如果在压缩机运转时，电冰箱蒸发器表面无霜、结不满霜或结霜不实，则说明该电冰箱制冷系统异常。

→ 问 1166 怎样判断电冰箱制冷系统的好坏？——元件法

答 冰箱通电后，冷凝器温度略高于环境温度 $15℃$，手感较热。干燥过滤器手感微热。打开门，能够听到蒸发器内制冷剂液化的气流声。大约 30min 后，冷冻室蒸发器能够均匀结霜，低压回气管有冰手的感觉。上述就是一些元件在通电后的正常情况。如果通电后出现的情况与上述不同，则说明该电冰箱制冷系统可能异常。

→ 问 1167 怎样判断电冰箱冰堵？——现象法

答 如果电冰箱启动后，电冰箱的工作情况是压缩机高压排气管与冷凝汽温度上升，蒸发器温度下降（或有薄霜），压缩机低压回气管温度低于室温。一段时间后，以上部件恢复到原来的温度，电冰箱不制冷。再过几分钟后，电冰箱又制冷如此反复，则说明该电冰箱发生冰堵。

→ 问 1168 怎样判断电冰箱微漏？——铁盒法

答 制作一只能够盛水的铁盒，套在被查接头的两端，用橡皮泥堵塞，再向铁盒里面注满水，然后观察。如果 2～3min 不冒气泡，则说明电冰箱不存在微漏；如果冒气泡，则说明电冰箱存在微漏。

→ 问 1169 怎样判断电冰箱制冷剂泄漏？——观查法

答 用毛笔沾肥皂水涂抹接口处、管路表面、接表处等如果产生气泡，则说明该电冰箱制冷剂泄漏。

→ 问 1170 怎样判断电冰箱制冷剂泄漏？——气压听诊法

答 把毛细管从过滤器接口处焊下封口，把压缩机与低压回气管结合处焊开，再接上表，加压 $0.08MPa/cm^2$，然后用医用听诊器听筒放在主副蒸发器内表面，并不时移动，静听漏气声音。出现声音最大处，就是该处泄漏，也说明该电冰箱制冷剂泄漏。

说明：该方法主要用于主副蒸发器的查漏。

→ 问 1171 怎样判断电冰箱渗漏？——油渍法

答 检查制冷系统管路、焊接处、蒸发器表面，如果发现存在油渍痕迹，则说明电冰箱该处存在渗漏现象。

→ 问 1172 怎样判断电冰箱制冷剂泄漏？——气压浸水法

答 把压缩机、温控器取下，将放水孔堵住，把冰箱平放加水到蒸发器最高位置以上。如果有气泡产生，则说明该电冰箱制冷剂泄漏。

说明：该方法主要用于直冷式电冰箱双门副蒸发器冷剂的查漏。

→ 问 1173 怎样判断电冰箱制冷剂充注量？——看电流表法

答 观察电流表的读数，如果超过电冰箱铭牌上标注的额定电流值，则说明该电机超载了，制冷剂充注量多了。如果电流表的读数小于电冰箱铭牌上标注的额定电流值，则说明负荷不够，制冷剂充注量少了。如果电流表的读数正好等于电冰箱铭牌上的标注额定电流，则说明制冷剂充注量合适。

说明：对于轻微的过量或不足，根据电流表的读数是难以判断的。

→ **问 1174** 怎样判断电冰箱制冷剂充注量？——看真空压力表法

答 观察压力表的读数，如果出现高于或低于所需的值，则说明该电冰箱制冷剂过量或充注少了。

→ **问 1175** 怎样判断电冰箱制冷剂充注量？——看蒸发器法

答 观察蒸发器，如果蒸发器表面积霜不均匀，单门冰箱蒸发器进口处可能无霜出口处有霜，则说明制冷剂充注量不足。如果蒸发器表面积霜不匀，有时存在单边结霜，霜层厚薄不一，对于双门冰箱有时出现冷藏室里温度低，冷冻室温度降不下来的异常现象，则说明制冷剂充注量不足。如果蒸发器表面积霜均匀，薄而光滑，用手握着有黏手的感觉，则说明制冷剂充注量准确。

→ **问 1176** 怎样判断电冰箱制冷剂充注量？——摸高压排气管法

答 摸高压排气管，如果用手摸排气管烫手，则说明制冷剂充注量准确。如果用手摸排气管不烫，则说明制冷剂充注量不足。如果用手摸排气管较正常情况下要烫，则说明制冷剂充注量过量。

说明：正常情况下，排气温度一般为72℃。

→ **问 1177** 怎样判断电冰箱制冷剂充注量？——摸低压回气管法

答 摸低压回气管，如果用手摸感到较凉，则说明制冷剂充注量准确，低压回气管正常。如果用手摸低压回气管有温暖的感觉，则说明制冷剂充注量不足。如果低压回气管有冷的感觉，甚至发现凝霜的现象，则说明制冷剂充注量过多。

→ **问 1178** 怎样判断电冰箱制冷剂充注量？——摸冷凝器法

答 摸冷凝器，如果上部管子感觉烫手，中下部感觉较烫，冷凝器最末一根管子，感觉与环境温度相差不大，则说明制冷剂充注量正常。如果不能够摸出上述三种温度，冷凝器表面只有温暖的感觉，则说明制冷剂充注量不足。如果不能够摸出三种温度，冷凝器表面烫手，则说明制冷剂充注量过多。

→ **问 1179** 怎样判断电冰箱制冷剂充注量？——摸过滤器法

答 摸过滤器，如果过滤器比正常时较冷，则说明制冷剂充注量不足。如果过滤器较正常时烫手，则说明制冷剂充注量过多。如果过滤器与环境的温度基本一样，与冷凝器最末一根出口管等温，则说明制冷剂充注量正常。

→ **问 1180** 怎样判断电冰箱制冷剂充注量？——摸压缩机回气管法

答 摸压缩机回气管，如果有热感，则说明压缩机正常工作，制冷剂充注量正常。如果温度过高，则说明制冷剂充注量不足、管路堵塞，或系统中混入空气。如果感觉冷，或有露水，甚至结霜，则说明制冷剂量充注量过多。

→ **问 1181** 怎样判断电冰箱制冷剂充注量？——综合法

答 综合法判断电冰箱制冷剂充注量见表3-2-8。

表3-2-8　充注制冷剂量与电冰箱参数、部件性能的关系

部件 制冷剂	电流表	低压压力表	低压回气管	高压排气管	冷凝器	蒸发器	过滤器
过多	高于额定电流	大于蒸发压力	结霜	过烫	烫	积霜差	烫
略少	低于额定电流	小于蒸发压力	温	不烫	温和	积霜不均	冷
稍多	高于额定电流	大于蒸发压力	凉	烫	烫	积霜厚	热

部件 制冷剂	电流表	低压压力表	低压回气管	高压排气管	冷凝器	蒸发器	过滤器
太多	高于额定电流	大于蒸发压力	过冷、水	过烫	上下全烫	全是水	烫
太少	低于额定电流	小于蒸发压力	温	不烫	温和	半面霜	冷
制冷剂准确	额定电流值	蒸发压力正常 0.2～0.3	略温	烫	上热、中温	积霜多	略高于环境温度

举例：康佳冰箱制冷剂充注量与干燥过滤器对应关系见表 3-2-9。

表 3-2-9　康佳冰箱制冷剂充注量与干燥过滤器对应关系

型号	R12	R134a	HCF152/HCF22	R405
BCD-182	100	90	79	
BCD-203	106	95	83	
BCD-161	108	100	82	100
BCD-180	116	105	87	110
BCD-181	120	110	91	120
BCD-201	128	117	95	125
BCD-206	145	128	100	126
BCD-218	145	132		126
BCD-238	145	137		130
BCD-236	146	132		
BCD-256	148	137		
BCD-181E		96		
BCD-201E		105		
干燥过滤器	XH5XH9	XH9	XH9	XH9

3.3 洗衣机

→ 问 1182 怎样判断洗衣机电容的好坏？——万用表法（电容挡）

答　把万用表调到电容挡，检测电容容量。正常情况下，检测的容量不得低于电容容量 5%。

说明：检测在线的电容，需要拆下电容后，用金属线对电容正负极放电，再采用万用表电容挡测量。

→ 问 1183 怎样判断洗衣机电容的好坏？——万用表法（电阻挡）

答　把万用表调到 $R \times 1k$ 或 $R \times 10k$ 挡，两根表笔分别接到电容的两个接线端子上进行检测。如果两端子间为通路，也就是万用表表针大幅度摆到零位置，并且不再返回，说明该洗衣机电容已经击穿。如果万用表表针大幅度摆向零位置方向，然后又慢慢地回到几百千欧的位置，则说明该洗衣机电容是好的。

→ 问 1184 怎样判断洗衣机电容的好坏？——500V 兆欧表法

答　把电容的两引线端头接在兆欧表的两接线端子上，摇动兆欧的摇把。摇表的指针开始时指向零位置，随后逐渐上升，直到为几十兆欧或几百兆欧，这时，停止摇动兆欧表，用安全工具松开电容的两接线头（这时绝对不可以用手直接碰电容的两个接线头），然后在安全的情况下，把电容的两接线头相碰，正常情况下，会发出很强的电火花与"劈啪"声，说明该电容是好的。否则，说明该洗衣机电容异常。

问 1185 怎样判断洗衣机电源开关的好坏？——现象法

答 反复按动电源开关，正常情况下，开关灵活，无卡滞现象。如果按动电源开关，感觉不灵活，存在卡滞等异常现象，则说明该洗衣机电源开关异常。

问 1186 怎样判断洗衣机电源开关的好坏？——万用表法

答 把电源开关从控制面板上卸下来，万用表调到电阻挡，进行检测。对电源开关的常开触点进行检测时，按下开关键时检测，常开触点接通，常闭触点断开；松开开关键时检测，常开触点断开，常闭触点接通。上述情况，说明该电源开关是好的；否则，说明该电源开关异常。

问 1187 怎样判断洗衣机电源开关的好坏？——万用表法

答 用于全自动洗衣机上的电源开关有普通式与自动断电式两种。新型号全自动洗衣机电源开关已装配在电脑板上。自动断电式电源开关可用万用表检测线圈两个接线片间的电阻，正常值在700Ω左右。如果检测的电阻与正常数值相差较大，则说明该自动断电式电源开关可能损坏了。

问 1188 怎样判断洗衣机安全开关的好坏？——电阻法

答 把万用表调到电阻挡，检测安全开关触点间的电阻。也就是平时于控制状态下，触点断开与闭合要控制可靠。安全开关触点通时，触点间的电阻为0；安全开关触点断时，触点间的电阻为无穷大。

说明：安全开关又称为门开关、微动开关，是一种触点式开关，由门盖来控制其通断，是控制洗衣机运转过程的重要部件。

问 1189 怎样判断洗衣机门开关的好坏？——万用表法

答 把滑块向尾部推动，露出PTC元件挡块，给L与N端子供电，观察PTC元件挡块是否能够迅速动作。如果可以，则再断开L端子与M端子，用万用表检测L端子与C端子，正常情况下，其阻值为0。PTC限位块保持30～120s时间后断开，则L端子与C端子的阻值，正常情况下，为∞。然后把滑块向尾部推动，则滑块会将瞬动开关合上。这时，使用万用表检测尾部的两个端子，正常情况下，阻值为0。

如果检测过程中与上述检测情况有较大差异，则说明该洗衣机门开关可能损坏了。

问 1190 怎样判断洗衣机水位开关的好坏？——现象法

答 把程控器设定在脱水状态，水位开关调到原始位置闭合，然后检测。如果桶内能够高速旋转，排水泵工作正常，则说明该水位开关触点完好；如果洗衣机内桶不转，则说明该水位开关触点没有复合工作。

问 1191 怎样判断洗衣机水位开关的好坏？——万用表法

答 把万用表调到电阻挡，检测水位开关触点间电阻。如果应闭合触点的万用表检测数值为无穷大，则说明该触点已经损坏，也就是洗衣机水位开关异常。正常情况下，当水位到达设定值时，其常开触点应闭合导通，否则，说明该水位开关损坏了。

另外，如果把水源截门关闭，断开电源，卸下洗衣机上盖，再用万用表的电阻挡检查水位开关的常闭触点引出端是否断开。如果处于闭合状态，则说明该水位开关已经损坏。

问 1192 怎样判断洗衣机水位开关的好坏？——听音法

答 用嘴吹水位开关管口，正常情况下，有动作的"喀嗒"声。松开后，正常情况下，有复位产生的"喀嗒"声。如果没有正常的声音，则说明该洗衣机水位开关异常。

问 1193 怎样判断洗衣机水位开关的好坏？——触点法

答 在没有加压（1标准大气压）的正常情况下，常闭触点间应为通路状态（也就是阻值为0），常开触点P应为断开状态。

水位开关动作后，正常情况下，常闭触点为断开状态，常开触点应为通路状态。

→ 问 1194 **怎样判断洗衣机水位开关是否漏气？——吹气法**

答 从管口吹气，使开关动作，然后迅速封住管口，仔细观察水位开关是否漏气。如果能够听到内部触点复位的"喀嗒"声，则说明该洗衣机水位开关漏气。

说明：水位开关橡皮膜严重漏气时，用嘴通过软管向压力室吹气，橡皮膜基本不会动，水位开关各触点也不会动作，排气导管有空气排出。

水位开关橡皮膜漏气不严重时，用嘴吹气，排气导管没有空气排出，相应的触点会动作。

→ 问 1195 **怎样判断洗衣机水位开关是否漏气？——U形管＋加压气囊法**

答 根据图3-3-1所示的图连接好。用手按压加压气囊时，U形管内的液体会受压，并且压力传到橡皮膜上。如果水位开关的橡皮膜是好的，则会向上鼓起，从而使水位开关的触点COM端与ON端连通，COM端与NC端断开。如果水位开关的橡皮膜有漏气现象，则加压后橡皮膜不会向上鼓起，水位开关的各触点不会发生通断转换。如果加压过程中，水位开关的触点间通断状态与转换情况异常，以及橡皮膜鼓起情况异常，则说明该水位开关异常。

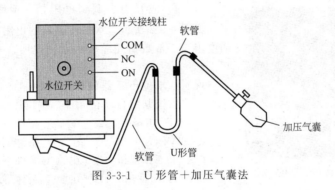

图3-3-1　U形管＋加压气囊法

→ 问 1196 **怎样判断洗衣机温控开关的好坏？——现象法**

答 当洗衣机处于加热状态时，水温超过38℃，正常情况下，洗衣机应不运转，说明该温控开关是好的。如果水温超过38℃，洗衣机依旧在运转，则说明该温控开关可能损坏了。

→ 问 1197 **怎样判断洗衣机温控开关的好坏？——万用表法**

答 当洗衣机处于加热状态时，水温超过38℃，洗衣机依旧在运转。这时断开电源，用万用表检测温控开关的常开触点是否关闭。如果此时温控开关的常开触点没有关闭，则说明该温控开关已经损坏了。

→ 问 1198 **怎样判断洗衣机电磁阀的好坏？——感觉法**

答 把程控器拨到进水位置，接通电源，用手感觉电磁阀进水口处是否有轻微的电磁振动。如果电磁阀进水口处没有振动，则说明该电磁阀异常，或者电磁阀两端没有通电。

→ 问 1199 **怎样判断洗衣机电磁阀的好坏？——电压法**

答 把万用表调到电压挡，打开洗衣机上盖，用万用表检测电磁阀两端电压。如果电压正常，说明该电磁阀异常。如果电磁阀两端电压不正常，则说明该电磁阀可能是好的。

→ 问 1200 **怎样判断洗衣机进水电磁阀的好坏？——电阻法（万用表法）**

答 把洗衣机进水电磁阀电路断开，测量进水电磁阀的阻值，正常情况下，一般为40～60Ω。如果电阻为0，或者为∞，则说明该电磁阀可能损坏了。

说明：进水阀控制洗衣机的自动进水和自动停止供水。通常自来水管路的水压范围为0.03～0.1MPa。进水阀在不得电情况下，阀芯不动作，水便被控制住进入不到洗衣机内。全自动进水阀主要有一进一出和一进两出两种类型。进水阀线圈烧坏一般会引起电脑板进水晶闸管的损坏。

→ **问 1201** 怎样判断洗衣机进水电磁阀的好坏？ ——看滤网法

答 观察进水电磁阀的滤网，如果电磁阀滤网上存在铁锈、污物，则说明该进水电磁阀可能是污物堵塞造成异常现象，或者污物进入阀芯造成阀芯封闭不严，处于常通状态，从而造成进水不止等异常现象。

→ **问 1202** 怎样判断洗衣机进水阀的好坏？ ——工作电流法

答 进水阀额定工作电流一般为（26±5）mA。如果检测的工作电流与正常数值相差较大，则说明该进水阀可能损坏了。

→ **问 1203** 怎样判断洗衣机进水阀的好坏？ ——观察法

答 仔细观察进水阀，如果发现阀被杂物堵塞、存在开裂等异常情况，则说明该进水阀可能损坏了。

→ **问 1204** 怎样判断洗衣机水位传感器的好坏？ ——电阻法

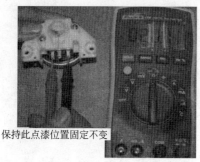
保持此点漆位置固定不变

图 3-3-2　检测水位传感器的电阻

答 把万用表调到电阻挡，检测水位传感器的电阻，如图3-3-2所示。水位传感器的电阻为20Ω，如果检测的电阻与正常数值相差较大，则说明该水位传感器可能损坏了。

说明：水位传感器的作用是控制注水与注水量，是参与自动洗衣控制的自动化元件。水位传感器的电阻如下：

Q88NF　$R\approx20.2\Omega$（在20℃条件下）；

Q602VL　$R\approx20.2\Omega$（在20℃条件下）；

Q580J　　$R\approx20.3\Omega$（在20℃条件下）；

Q2508G　$R\approx20.1\Omega$（在20℃条件下）。

→ **问 1205** 怎样判断洗衣机齿条式牵引器的好坏？ ——电阻法

答 把万用表调到电阻挡，检测牵引器内继电器线圈的电阻及其与电机绕组的并联阻值。牵引器内继电器的线圈的电阻如下：

Q802CL $R\approx12.13k\Omega$（在20℃条件下）；

PQD-7　$R\approx13.51k\Omega$（在20℃条件下）。

牵引器内继电器的线圈电阻与电机绕组的并联阻值如下：

Q802CL $R\approx3.76k\Omega$（在20℃条件下）；

PQD-7　$R\approx3.83k\Omega$（在20℃条件下）。

如果检测数值与正常数值相差较大，则说明该齿条式牵引器异常。

说明：牵引器是控制洗衣机离合器从洗涤状态转入脱水状态，以及控制洗衣机排水阀的重要部件。牵引器主要有齿条式牵引器、钢索式牵引器两种。

→ **问 1206** 怎样判断洗衣机钢索式牵引器的好坏？ ——电阻法

答 把万用表调到电阻挡，检测牵引器的电机绕组。钢索式牵引器的电机绕组检测如图3-3-3所示。

钢索式牵引器的电机绕组的电阻如下：

Q199G　　　$R\approx5.94k\Omega$（在20℃条件下）；

Q3608PCL $R\approx6.05k\Omega$（在20℃条件下）；

Q290G　　　$R\approx6.15k\Omega$（在20℃条件下）。

如果检测数值与正常数值相差较大，则说明该钢索式牵引器异常。

→ 问 1207 怎样判断洗衣机电机的好坏？——电阻法

答 把万用表调到电阻挡，检测电机绕组电阻，检测图例如图 3-3-4 所示。

140W 电机绕组电阻如下：

主绕组（黄-蓝间）28.30×(1±7%) Ω（在 20℃条件下）；

副绕组（黄-红间）29.09×(1±7%) Ω（在 20℃条件下）。

180W 电机绕组电阻如下：

主绕组（黄-蓝间）19.72×(1±7%) Ω（在 20℃条件下）；

副绕组（黄-红间）20.03×(1±7%) Ω（在 20℃条件下）。

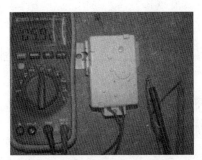

图 3-3-3 排水牵引器（钢索式）

图 3-3-4 检测图例

说明：洗衣机电机一般由定子、转子、端盖、轴承等组成。

举例：小天鹅全自动洗衣机主要采用 140W 电机，目前主要用于 4kg 以下洗衣机上。180W 电机目前主要用在 5kg 以上洗衣机。

→ 问 1208 怎样判断洗衣机同步电机的好坏？——万用表法

答 在程控器处于洗涤状态时，接通电源，如果听不到运转声，再用万用表交流挡检测同步电机上两根引线的端电压，如果电压为同步电机正常的引入电源电压，则说明该电机绕组可能存在断路异常现象。

→ 问 1209 怎样判断洗衣机水泵电机的好坏？——万用表法

答 断开电源，把万用表调到电阻挡，检测水泵电机绕组线圈的直流电阻值。正常情况下，水泵电机的电阻值大约为 28Ω。如果与正常数值相差较大，则说明该洗衣机水泵电机可能损坏了。

→ 问 1210 怎样判断美菱全自动滚筒洗衣机 XQG52-1301 电机的好坏？——图解法

答 判断美菱全自动滚筒洗衣机 XQG52-1301 电机好坏的方法与要点如图 3-3-5 所示。

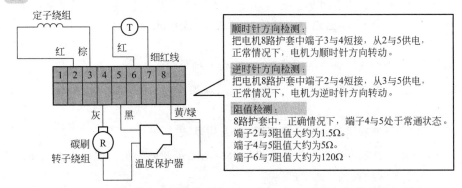

图 3-3-5 判断美菱全自动滚筒洗衣机 XQG52-1301 电机好坏的方法与要点

→ **问 1211** 怎样判断美菱全自动滚筒洗衣机 XQG70-1302 电机的好坏？——图解法

答 判断美菱全自动滚筒洗衣机 XQG70-1302 电机好坏的方法与要点如图 3-3-6 所示。

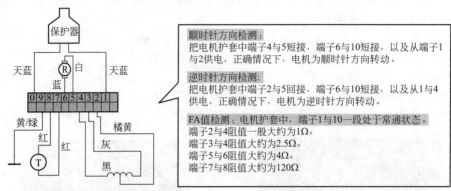

顺时针方向检测：
把电机护套中端子4与5短接，端子6与10短接，以及从端子1与2供电，正确情况下，电机为顺时针方向转动。

逆时针方向检测：
把电机护套中端子2与5回接，端子6与10短接，以及从1与4供电，正确情况下，电机为逆时针方向转动。

FA值检测：电机护套中，端子1与10一段处于常通状态。
端子2与4阻值一般大约为1Ω。
端子3与4阻值大约为2.5Ω。
端子5与6阻值大约为4Ω。
端子7与8阻值大约为120Ω

图 3-3-6 判断美菱全自动滚筒洗衣机 XQG70-1302 电机好坏的方法与要点

→ **问 1212** 怎样判断美的洗衣机电机的好坏？——图解法

答 判断美的洗衣机电机好坏的方法与要点如图 3-3-7 所示。

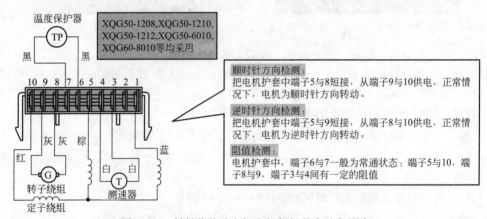

XQG50-1208,XQG50-1210,
XQG50-1212,XQG50-6010,
XQG60-8010等均采用

顺时针方向检测：
把电机护套中端子5与8短接，从端子9与10供电，正常情况下，电机为顺时针方向转动。

逆时针方向检测：
把电机护套中端子5与9短接，从端子8与10供电，正常情况下，电机为逆时针方向转动。

阻值检测：
电机护套中，端子6与7一般为常通状态：端子5与10，端子8与9，端子3与4间有一定的阻值

图 3-3-7 判断美的洗衣机电机好坏的方法与要点

→ **问 1213** 怎样判断洗衣机定时器的好坏？——观察法

答 如果怀疑定时器出现故障，可以在断电的情况下，从控制座上卸下定时器，拧下定时器上盖固定螺钉，取下上盖后观察。把洗衣机定时器发条拧紧，仔细观察其凸轮、齿轮机构运转情况，以及触点闭合断开情况。如果有发条脱落或发条断裂、齿轮损坏、齿轮啮合不良、凸轮组件损坏或者松动、触点打火、受潮或进水等现象，说明该洗衣机定时器异常。

→ **问 1214** 怎样判断洗衣机轴承的好坏？——转动＋润滑油法

答 用手转动电动机转子，如果发现不灵活，加入润滑油，依旧转动不灵活，说明该轴承已经损坏了。

→ **问 1215** 怎样判断洗衣机排水泵的好坏？——万用表法

答 把万用表调到电阻挡，检测电机排水泵两端子间的阻值。如果检测得到的阻值为0或阻值为∞，则说明该洗衣机排水泵已经损坏。

说明：洗衣机排水泵因其功率不同，正常阻值也不是完全一样，一般大约为100Ω。

→ 问 1216 怎样判断洗衣机程控器的好坏？——观察法

答 拆下洗衣机上盖，打开程控器防护盖，观察程控器轴是否运转。如果运转正常，说明该洗衣机程控器可能是好的。如果运转不正常，则说明该洗衣机程控器可能是坏的。

→ 问 1217 怎样判断洗衣机程控器的好坏？——触点法

答 拆下洗衣机上盖，打开程控器防护盖，观察程控器轴是否运转。如果运转正常，再断开洗衣机电源，检查程控器触点间是否连通。如果断开洗衣机电源后依旧连通，且接通电源2min后程控器也不动作，则说明该程控器可能损坏了。

→ 问 1218 怎样判断洗衣机加热器的好坏？——万用表法

答 把万用表调到电阻挡，检测加热器两端子间的阻值。如果检测得到的阻值为 0 或阻值为∞，则说明该洗衣机加热器已经损坏。

说明：洗衣机加热器因其功率不同，正常阻值也不完全一样，一般大约为 40Ω。

→ 问 1219 怎样判断洗衣机加热器的好坏？——万用表法

答 把万用表调到电阻挡，检测加热器两引出端的直流电阻。如果检测的电阻值为无穷大，则说明该加热器已经损坏了。

→ 问 1220 怎样判断洗衣机热保护器的好坏？——万用表法

答 热保护器常态时，其常闭触点为闭合导通状态。如果这时处于断开状态，则说明该热保护器可能损坏了。

→ 问 1221 怎样判断洗衣机导线插接的好坏？——观察法

答 仔细观察导线插接，如果发现导线插接端子松脱、连线折断等异常现象，说明该洗衣机导线插接可能损坏了。

→ 问 1222 怎样判断洗衣机导线插接的好坏？——万用表法

答 把万用表调到电阻挡，检测导线插接触点的电阻值。同根导线的两插接触点应是导通的，也就是检测电阻为 0。如果导通的导线出现检测电阻为无穷大，则说明该洗衣机导线可能异常。

→ 问 1223 怎样判断洗衣机电脑板的好坏？——现象法

答 如果出现程序乱、不进水或进水不止、中途跳电、无输出等异常现象，说明该电脑板可能异常。

→ 问 1224 怎样判断洗衣机一些元件的好坏？——现象法

答 判断洗衣机一些元件的好坏见表 3-3-1。

表 3-3-1　判断洗衣机一些元件的好坏

现象	可能损坏的元件
波轮不转,但洗涤电动机有声音	波轮、皮带、波轮轴
波轮不转,洗涤电动机没有声音	电动机、电源线与插座、机内导线接头、机内洗涤部分的保险丝、洗涤电容、洗涤定时器
波轮时转时停	棘爪拨叉、棘爪或棘爪弹簧、离合器
波轮转动时有异常噪声	轴承、皮带、皮带轮、波轮轴、固定螺钉、轴套、减速器内齿轮、波轮内孔镶套、波轮紧固螺钉、洗涤桶内有硬物
不进水	进水阀、电磁阀、导线
电动机不转或转动无力	启动电容、电动机、程控器
进水不停	进水阀、电磁阀、导线、水位压力开关
排水不畅或排水不出水	排水阀、程控器、阀芯拉簧

现象	可能损坏的元件
脱水内桶不转,脱水的电动机有声音	刹车块与刹车鼓、电动机轴与刹车鼓连接的固定螺钉、联轴器与刹车鼓连接的固定螺钉、脱水电容
脱水内桶不转,脱水电动机无声	机内脱水部分保险丝、脱水盖开关、导线接头、脱水电容、脱水定时器、脱水电动机
脱水时内桶撞击外桶	脱水电动机的减震弹簧支脚
脱水时突然停机	触点簧片或杠杆
脱水桶不排水	排水管
脱水桶漏水	橡胶囊与脱水外桶、橡胶囊内的水封
脱水桶外盖打开 50cm 时,脱水部分不断电	脱水桶外盖开关弹簧、脱水桶外盖开关
脱水桶正常转动时有异常响声	脱水电动机下端的 3 个减震弹簧支座、刹车块与刹车鼓、脱水电动机轴、联轴器与刹车鼓连接的螺钉
脱水桶制动性能不好	刹车拉杆与刹车挂板、刹车块、刹车弹簧、刹车鼓
洗涤电动机启动转矩太小	洗涤电容、皮带
洗涤时波轮不换向	方丝离合器簧、脱水轴
洗涤时波轮不转	皮带、电动机、电气元件、离合器
洗涤时脱水桶跟着转	制动弹簧、离合器、制动带
洗涤桶不排水	排水旋钮、排水拨杆、排水板簧、排水拉带、排水阀杆弹簧
洗涤桶漏水	紧固螺母、密封橡胶圈、轴套内的水封、排水阀、排水橡胶圈、排水位拉带、排水阀杆弹簧
洗衣机工作过程中有异味	皮带轮、皮带、电动机、刹车块
洗衣机工作时振动过大	紧固螺钉、减震垫
洗衣机开机后动作混乱	程控器
洗衣机使用过程中有"麻电"或"电击"现象	电源线、连接线、接线端子、箱体、电动机、电磁铁、电容
洗衣机使用时噪声过大	电动机、棘爪、螺钉、离合器、减震拉杆、水封
洗衣机外箱体等外露金属部分带电	机内导线、电动机、元件

3.4 空调

→ **问 1225** 怎样判断空调变压器的好坏? ——万用表法

答 在通电的情况下,检测变压器的次级是否有 12V 电压输出。如果没有电压输出,说明该变压器异常。

另外,也可以在没有电的情况下,检测变压器的初级与次级阻值。一般情况下,初级阻值大约为几百欧,次级阻值大约为几欧。如果检测的数值与正常的数值相差较大,则说明该变压器异常。

说明:变压器一般用符号 T 表示,其在空调中主要用于将交流 220V 电压转变为供给电脑板使用的 12V 低压电源。

→ **问 1226** 怎样判断空调压敏电阻的好坏? ——万用表法

答 空调用压敏电阻一般采用万用表的 $R \times 10k$ 挡来检测,正常阻值一般大约为 471kΩ。如果检测数值为 0Ω 或者无穷大,则说明所检测的压敏电阻异常。

→ **问 1227** 怎样判断空调压敏电阻的好坏? ——目测法

答 仔细观察空调压敏电阻,如果发现压敏电阻爆裂现象,则说明该压敏电阻可能异常。

→ 问 1228 怎样判断空调压敏电阻的好坏？——万用表法

答 把万用表调到 $R \times 10k$ 挡，检测压敏电阻的阻值，正常情况下，压敏电阻的阻值一般为 $471k\Omega$。如果检测的数值与正常的数值相差较大，则说明该空调压敏电阻可能异常。

说明：压敏电阻在空调电脑板上一般用 ZE 表示，其主要用于过电压等保护。

→ 问 1229 怎样判断空调整流桥的好坏？——万用表法

答 把万用表调到电压挡，检测整流桥的初级端，一般应有适合的电压输入，次级也应有适合的直流电压输出。如果检测时发现没有直流电压输出，则说明该整流桥可能异常。

说明：整流桥在电脑板上一般用 DB 表示，其主要用于把变压器输出的 12V 交流电变成 15V 的直流电。

→ 问 1230 怎样判断空调晶闸管的好坏？——万用表法

答 把万用表调到 $R \times 10k$ 挡，检测 T1、T2 管脚正向、反向阻值，一般情况为无穷大。T1、G 管脚间正向阻值一般为十几欧，反向阻值为无穷大。如果检测的数值与正常的数值相差较大，则说明该空调的晶闸管可能异常。

说明：晶闸管在空调电脑板上用一般用 SR 表示，主要用于室内电机与室外电机的运转、调速。

→ 问 1231 怎样判断空调晶闸管的好坏？——目测法

答 仔细观察空调的晶闸管，如果发现晶闸管表面存在开裂现象，则说明该晶闸管可能异常。

→ 问 1232 怎样判断空调功率模块的好坏？——万用表电压法

答 用万用表检测 P、N 两端（有些标注为 +、-）的直流电压，正常情况下，一般大约为 300V，而且输出的交流电压（U、V、W）一般不高于 200V。如果功率模块的输入端没有 300V 直流电压，则说明该机功率模块是好的，而整流滤波电路可能存在故障。如果有 300V 直流输入，但是没有低于 210V 的交流输出，或 U、V、W 三相间输出的电压不均等，则说明该功率模块可能存在故障。

另外，用万用表电压挡测量功率模块驱动电动机的电压，其任意两相间的电压一般为在 0～180V，并且是相等的。否则，说明该功率模块已经损坏了。

说明：功率模块的作用是将输入模块的直流电压通过其开关作用转变成驱动压缩机的三相交流电源。变频压缩机运转频率的高低完全由功率模块所输出的工作电压的高低来控制。一般情况，功率模块输出的电压越高，压缩机运转频率与输出功率越大。

→ 问 1233 怎样判断空调功率模块的好坏？——万用表电阻法

答 在没有联机的情况下，用万用表的红表笔对功率模块的 P 端，用黑表笔对 U、V、W 三端进行电阻检测，其正向阻值一般是相同的。如果其中任何一相阻值与其他两相不相同，则说明该功率模块已经损坏。如果用黑表笔对 N 端，红表笔分别对 U、V、W 三端，其每相阻值一般是相同的，如果其中任何一相阻值与其他两相不相同，则说明该功率模块已经损坏。

→ 问 1234 怎样判断变频空调功率模块的好坏？——数字万用表法

答 把万用表调到二极管挡，红色表笔接 N 相端子不动，黑色表笔依次检测 P 相、U 相、V 相、W 相。然后黑色表笔接 P 相端子不动，红色表笔依次测量 N 相、U 相、V 相、W 相。正常情况下，上述检测 P、N 间的数值一般为 0.6～0.8，PU、PV、PW 间的数值一般为 0.4～0.6。如果其中任一数值为 0，则说明该功率模块已经失效。

→ 问 1235 怎样检测变频空调交流功率模块 IPM 的好坏？——电压法

答 变频空调交流功率模块有的采用 IPM 模块，而且有采用三相 IPM 的模块。IPM 的好坏可以采用电压法来检测判断。

如果检测 IPM 模块的输入信号有电压，而其 U、V、W 端没有交流电压，则说明所检测的 IPM 模块可能损坏了。

如果用万用表测量 P、N 两端的直流电压，正常情况一般有 310V 左右电压，并且输出的交流电压，即 U、V、W 端电压一般不高于 200V。如果功率模块的输入端没有 310V 直流电压，说明所检测的功率模块 IPM 是好的，故障一般是整流滤波电路等相关电路或者元件异常。如果功率模块的输入端有 310V 直流输入，但是 U、V、W 端电压没有低于 200V 的交流输出，或 U、V、W 三相间输出的电压不均等，说明所检测的功率模块 IPM 可能损坏了。

→ **问 1236** 怎样检测变频空调交流功率模块 IPM 的好坏？——电阻法

答 变频空调交流功率模块 IPM 的好坏，可以在静态下通过测量电阻来判断。

拆下 IPM 部件的＋、－、U、V、W 端子，把万用表调到 $R \times 100$ 挡，按顺序检测＋、－、U、V、W 端子间电阻，正常的参考电阻见表 3-4-1 和表 3-4-2。如果与表中数据相差较大，说明所检测的 IPM 可能损坏了。

表 3-4-1　参考电阻（1）

万用表＋（正表笔）	＋	＋	＋	－	－	－
万用表－（负表笔）	U	V	W	U	V	W
电阻/Ω	500～1000			∞		

表 3-4-2　参考电阻（2）

万用表＋（正表笔）	U	V	W	U	V	W
万用表－（负表笔）	＋	＋	＋	－	－	－
电阻/Ω	∞			500～1000		

没有联机的状态下，万用表的黑表笔接变频空调交流功率模块 IPM 的 N 端，红表笔分别接其 U、V、W 端进行检测，正常情况每相阻值是一样的。如果有任何一相阻值与其他两相阻值不相等，则可以判断所检测的功率模块 IPM 异常。

没有联机的状态下，万用表的红表笔接变频空调交流功率模块 IPM 的 P 端，黑表笔分别接其 U、V、W 端进行检测，正向阻值一般是一样的。如果有任何一相阻值与其他两相阻值不相等，则可以判断所检测的功率模块 IPM 异常。

用万用表测量变频空调交流功率模块 IPM 的 P 端对 U、V、W 端的正向电阻一般约为 500～1000Ω，反向一般为无穷大 ∞。用万用表测量变频空调交流功率模块 IPM 的 N 端对 U、V、W 端的正向电阻一般约为 500～1000Ω，反向一般为无穷大 ∞。否则，说明所检测的功率模块 IPM 可能损坏。

→ **问 1237** 怎样检测空调 IPM 模块的好坏？——万用表二极管挡法

答 ① 把万用表调到二极管挡，将两只表笔短接在一起，有的万用表蜂鸣器应长鸣，并显示为 0，这样即可判断万用表电池电量是否足够。

② 检测前，需要确定 IPM 应用机器（空调）已断电，并且 IPM 应用电路的外围高压电解电容里的余电已被放完。

③ 将空调的压缩机线连接端子从 IPM 模块输出端子上拔下，或将空调压缩机对接线端子拔开。

④ 把万用表的黑表笔接到 IPM 模块的 P 端，红表笔依次接触 IPM 模块的 U、V、W 端子。正常情况，每接触一只端子万用表均会短鸣一声，并且显示值为 0.3～0.5。

⑤ 将红表笔接到 IPM 模块的 N 端，用黑表笔依次接触 IPM 模块的 U、V、W 端子。正常情况，每接触一只端子万用表均会短鸣一声，并且显示值为 0.3～0.5。

如果检测时符合以上情况，则说明所检测的 IPM 模块可能是好的。如果检测时，万用表蜂鸣器长鸣，并且显示 0 数值，则说明所检测的 IPM 模块内部 IGBT 可能击穿了，也就说明 IPM 可能损坏了。

→ **问 1238** 怎样检测空调 IPM 模块的好坏? ——图解法

答 ① 了解 IPM 结构简图及有关引脚间的关系。IPM 内部有驱动电路、保护电路、IGBT。IPM 内部结构如图 3-4-1 所示。

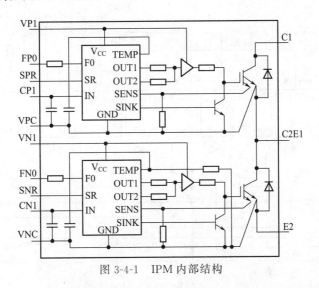

图 3-4-1　IPM 内部结构

② 具体了解 IPM 所在电路板上的特点,正确找到其引脚焊点位置,以便于万用表表笔检测接触,如图 3-4-2所示。

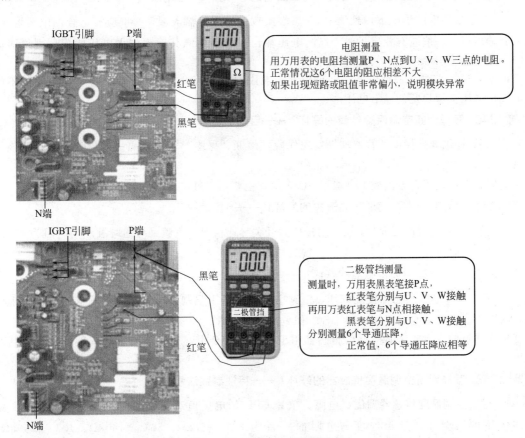

电阻测量
用万用表的电阻挡测量P、N点到U、V、W三点的电阻。
正常情况这6个电阻的阻应相差不大
如果出现短路或阻值非常偏小,说明模块异常

二极管挡测量
测量时,万用表黑表笔接P点,
红表笔分别与U、V、W接触
再用万表红表笔与N点相接触,
黑表笔分别与U、V、W接触
分别测量6个导通压降,
正常值,6个导通压降应相等

图 3-4-2　万用表表笔检测接触

说明：因 IPM 内部具体结构有所差异，因此，实际检测时，需要根据实际型号的 IPM 内部具体结构，判断是否可以采取上述检测方法来进行参考。例如 PM100RL1A060 内部结构如图 3-4-3 所示。

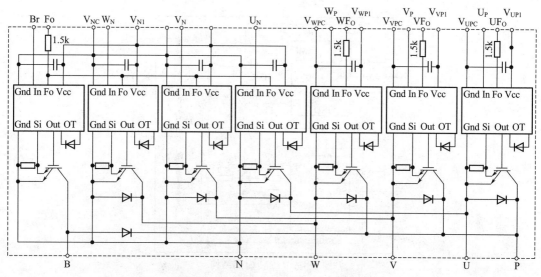

图 3-4-3　PM100RL1A060 内部结构

→问 1239 怎样判断空调 7805 三端集成稳压器的好坏？——万用表法

答 在通电的情况下，检测 7805 三端集成稳压器的输入端，一般应有适合的电压输入。检测其输出端，一般应有稳定的 5V 直流电压输出。如果检测其输出端无电压输出，则说明该 7805 三端集成稳压器异常。

说明：7805 三端集成稳压器在电脑板上一般用 RG 表示，主要用于把经过整流电路的不稳定的输出电压变成稳定的输出电压。

→问 1240 怎样判断空调保险丝管的好坏？——目测法

答 仔细观察保险丝管，如果发现保险丝熔断、保险丝管内壁熏黑等现象，则说明该保险丝管可能异常。

说明：保险丝管在电脑板上一般用 FC 表示，主要用于过电压、过电流的保护。

→问 1241 怎样判断空调高低压力开关的好坏？——万用表法

答 把万用表调到 $R \times 1$ 挡，测量压力开关导通情况，也就是导通时触点间电阻为 0，断开时触点间电阻为无穷大。

→问 1242 怎样判断空调传感器的好坏？——现象法

答 判断空调传感器性能好坏，定频空调应设置于强制制冷状态，变频空调应设置于试运转状态。如果此时空调能够运转，且工作电流基本正常，一般可认为是温度传感器不良。空调温度传感器阻值变大或压缩机温度传感器阻值变小，均会引起变频器输出频率偏低，影响制冷效果。

→问 1243 怎样判断空调温度传感器的好坏？——特性参数法

答 空调温度传感器温度、电阻、单片 CPU 的电压值对应关系见表 3-4-3。另外，变频空调压缩机的温度传感器温度与电阻的关系为 80℃—50kΩ、50℃—160kΩ、40℃—250kΩ、30℃—400kΩ、20℃—600kΩ、10℃—1MΩ。

表 3-4-3　温度传感器温度、电阻、单片 CPU 的电压值对应关系

温度	25℃、5kΩ		25℃、10kΩ		25℃、15kΩ		25℃、23kΩ	
	kΩ	V	kΩ	V	kΩ	V	kΩ	V
0℃	14	2.92	31	1.92	50	1.45	83	0.97
5℃	11	3.18	24	2.25	39	1.67	63	1.2
10℃	9	3.42	16	2.54	30	1.96	48	1.45
15℃	7.5	3.64	15	2.83	24	2.27	37	1.74
20℃	6	3.83	12	3.20	20	2.50	29	2.0
25℃	5	4.0	10	3.33	15	2.86	23	2.3
30℃	4	4.15	8	3.55	12	3.13	18	2.6

表中，温度传感器开路时，输入 CPU 的电压值小于 0.05V；短路时，输入 CPU 电压值大于 4.95V。

问 1244 怎样判断空调温度传感器的好坏？——阻值法

答 空调温度传感器主要采用负温度系数热敏电阻，当温度变化时，热敏电阻阻值也发生变化，温度升高其阻值变小，温度降低其阻值增大。温度传感器主要有短路、断路、阻值发生变化等故障。

各类传感器的阻值在不同温度时各不相同，用万用表测量出传感器的阻值后与相应温度正常情况下的阻值进行比较即可判断其是否损坏。

空调传感器标称阻值速查见表 3-4-4。

表 3-4-4　空调传感器标称阻值速查

品牌	传感器标称阻值/kΩ	封装形式	使用部位
春兰、海尔、长虹等	5	环氧树脂封装	室温
		铜管封装	管温
美的、新飞、松下等	10	环氧树脂封装	室温
格力、松下等	15	铜管封装	管温
	50	铜管封装	管温
华宝、海尔等	20	铜管封装	管温
	50	铜管封装	管温
格力、长虹等	50	铜管封装	管温

问 1245 怎样判断空调过流（过热）保护器的好坏？——万用表法

答 把万用表调到 $R \times 1$ 或 $R \times 10$ 挡，测量热保护器两端的电阻值，正常情况下，阻值一般为 0Ω。如果有偏差，则说明该空调过流（过热）保护器可能损坏了。

说明：空调过流（过热）保护器一般紧压在压缩机的外壳上或者埋在压缩机内部绕组中，其与压缩机电路串联，通过感受压缩机的外壳与电动机的电流，当超过规定值时，其动作会使继电器的触点断开，从而使压缩机停止运转。

问 1246 怎样判断空调接收器的好坏？——电阻法

答 把万用表调到相应电压挡，表笔测量其相应信号输出脚。在接收头收到信号时，两脚间的电压正常一般低于 5V。在没有信号输入时，两脚间的电压正常为 5V。如果检测与上述相差较大，则说明该接收器可能损坏了。

说明：空调中的接收器主要用于接收遥控器所发出的各种运转指令，再传给电脑板主芯片来控制整机的运行状态。

问 1247 怎样判断空调负离子发生器的好坏？——综合法

答 空调负离子发生器主要是通过发射负离子并使其与空气中的颗粒、细菌、烟尘相结合，达到清洁空气、除菌的效果。其检测判断方法见表3-4-5。

表3-4-5 空调负离子发生器的判断

方法	解　说
观察检测板灯法	把负离子检测板放在发生器的前端，当检测到负离子发生器工作时，检测板上的灯就会闪烁，为正常。如果检测板上的灯不闪烁，则说明负离子发生器可能损坏了
专用测电笔法	负离子发生器工作时，采用专用测电笔检测时，正常情况测电笔中的氖管会闪烁。如果不闪烁，则说明负离子发生器可能损坏了
电压法	负离子发生器的工作电压一般是由电脑板供给的直流12V或交流220V，经升压变压器升压后产生3500V左右的直流电。因此，当其供电电路均正常时而其不起作用，则说明该离子发生器可能损坏了

问 1248 怎样判断空调加热器的好坏？——综合法

答 （1）电阻法

采用万用表检测电加热器电阻值，如果阻值为无穷大∞，则说明该电加热器断路。如果阻值很小，则说明该电加热器短路。

（2）绝缘检查法

采用万用表对电加热器接线端子与其外壳的绝缘电阻进行检测，正常的绝缘值一般大于30MΩ。如果检测的绝缘值低于30MΩ，则说明该电加热器的绝缘性能可能存在不足。

（3）指令法

电加热器的工作一般由芯片发出加热指令而启动。如果电加热器有加热指令输入，但是电热器依旧不工作，则说明该电加热器可能存在异常现象。

说明：热泵型大中型空调一般采用电加热管式加热器。

问 1249 怎样判断空调气液分离器的好坏？——现象法

答 气液分离器与压缩机往往是一体的。气液分离器故障主要是制冷系统压缩机产生的机械磨损造成的金属粉末、管道内的一些焊渣、冷冻油内的污物对过滤器产生阻塞，造成压缩机回油回气变差，压缩机工作温度升高，高压压力偏高，易产生过热保护。

说明：可以将系统制冷剂放完以后，再将气液分离器焊下，用四氯化碳、三氯乙烯或RF113进行清洗。堵塞严重时可进行更换。

问 1250 怎样判断空调毛细管的好坏？——观察法

答 如果毛细管出现油污现象，则说明该处可能存在漏点，也就是说该空调毛细管可能损坏了。

另外，如果毛细管出现脏堵、冰堵、油堵后，从表面上看毛细管部位结霜不化，严重时制冷效果下降。

说明：毛细管是制冷系统中的节流装置，一般采用紫铜管。毛细管常见故障有冰堵、脏堵、油堵、有漏点等。

问 1251 怎样判断空调冷凝器的好坏？——观察法

答 如果冷凝器出现油污现象，则说明该处可能存在漏点，也就是说该空调冷凝器可能损坏了。

说明：空调冷凝器主要用于使制冷剂与室外空气进行热量交换。冷凝器常见故障主要是系统中有异物、堵、出现漏点、铝合金翅片附着了大量的灰尘或油垢，阻碍了热交换。

另外，也可以采用水检漏、卤素检测仪检漏等判断冷凝器的好坏。

问 1252 怎样判断空调消声器的好坏？——观察法

答 如果消声器焊接口处有油迹，则说明该空调消声器可能损坏了。

说明：压缩机排出的制冷剂高压蒸气流速很高，一般在 $10\sim25\text{m/s}$，这样就会产生一定的噪声。因此压缩机的高压出气管上通常装有消声器。消声器主要故障是焊漏。

问 1253 怎样判断空调蒸发器的好坏？——观察法

答 如果蒸发器出现油污现象，则说明该处可能存在漏点，也就是说该空调蒸发器可能损坏了。

说明：蒸发器主要用于使制冷剂与室内空气进行热量交换。蒸发器常见故障是系统中有异物堵，出现漏点，铝蒸发器进风口有异物和灰尘，阻碍了热交换。

另外，也可以采用水检漏、卤素检测仪检漏等判断蒸发器的好坏。

问 1254 怎样判断空调电抗器的好坏？——观察法

答 如果电抗器外表锈蚀或者破损，线束任一端与壳体相连对地短路，则说明该空调电抗器异常了。

说明：电抗器主要用于变频空调器的电源直流电路中，由铁芯、绝缘漆包线组成。电抗器一般固定在室外机底盘上。

问 1255 怎样判断空调电抗器的好坏？——万用表法

答 把万用表调到 $R\times1$ 挡，检测电抗器绕组的阻值，正常情况下，电抗器绕组的阻值大约为 1Ω。如果检测的数值与正常的数值相差较大，则说明该空调电抗器可能异常。

问 1256 怎样判断空调进气节流阀的好坏？——压表法

答 如果高压表显示正常压力，但是低压表显示高压，则说明空调进气节流阀、蒸发器压力调节器、热气旁通阀等可能存在故障。

问 1257 怎样判断空调二通阀、三通阀的好坏？——肥皂水法

答 用肥皂水对工艺口、阀芯、配管接口处进行检漏（也就是涂抹在这些地方），如果有气泡产生，则说明该二通阀、三通阀可能异常。

说明：二通截止阀一般安装在空调室外机组配管中的液管侧，由定位调整口与两条相互垂直的管路组成。

问 1258 怎样判断空调电磁四通阀的好坏？——万用表法

答 把万用表调到 $R\times10$ 挡，检测电磁阀线圈的电阻值。正常情况下，电磁阀线圈的电阻值大约为 700Ω（有的四通阀线圈的电阻值为 $1.2\sim1.8\text{k}\Omega$）。如果检测得到的阻值小于或等于 0，说明空调电磁四通阀线圈存在匝间短路现象；如果检测得到线圈的阻值为无穷大，则说明空调电磁四通阀线圈已经断路。

问 1259 怎样判断空调电磁四通阀的好坏？——触摸法

答 在安全的情况下，用手触摸连接电磁四通阀的相应管道。如果相应管道处发热，则说明该电磁四通阀动作不良。

问 1260 怎样判断空调电磁四通阀的好坏？——电压法

答 四通阀线圈的供电电压一般为 AC220V。如果检测四通阀线圈没有供电电压，说明室内或室外电脑板、室内外机信号连接线可能异常。如果检测四通阀线圈有正常的供电电压，但是四通阀不工作，则说明该四通阀可能异常。

问 1261 怎样判断空调电磁四通阀的好坏？——听声法

答 如果四通阀的阀芯卡住，无法正常换向，可以监听四通换向阀线圈在上电时是否有

阀芯动作的响声。如果此时没有响声，则说明该电磁四通阀可能异常。

→ 问 1262 怎样判断空调单向阀的好坏？——现象法

答 判断空调单向阀好坏的方法与要点见表3-4-6。

表3-4-6 单向阀的判断

故障	检测
关闭不严	制热时,制冷剂通过关闭不严的单向阀,造成制热效果差。为此,可以采用试调后,看效果是否改善。如果能够改善,则说明单向阀关闭不严
堵	单向阀芯被堵后会出现结霜的现象。疏通堵的单向阀或者更换单向阀能够解决问题,则说明该单向阀芯被堵

说明：空调单向阀即空调止逆阀，是由尼龙阀针、阀座、限位环及外壳组成的一种防止制冷剂反向流动的阀门。

→ 问 1263 怎样判断空调换向阀的好坏？——电压法

答 给电磁换向阀线圈提供符合规则的额定电压，检测阀芯是否产生吸附作用。如果没有吸附作用，则说明该电磁换向阀可能异常。

说明：空调电磁换向阀又称为空调四通阀，是热泵型空调中的一种控制切换阀。

→ 问 1264 怎样判断空调换向阀的好坏？——电阻法

答 把万用表调到欧姆挡 $R\times1k$ 挡，测量换向阀线圈两插头的阻值。正常情况下，阻值一般为 $1300\sim2000\Omega$，具体根据型号不同而有所差异。如果阻值与正常偏差太大，则说明该电磁换向阀可能损坏了。

→ 问 1265 怎样判断空调电子膨胀阀的好坏？——电阻法

答 确定线圈牢固固定在阀体上后，采用万用表检测电子膨胀阀线圈两公共端与对应两绕组的阻值，正常情况一般为 50Ω。如果数值为无穷大 ∞，说明电子膨胀阀线圈开路了；如果数值太小，则说明电子膨胀阀线圈存在短路现象。

说明：空调电子膨胀阀一般是利用线圈通过电流产生磁场，并作用于阀针，驱动阀针旋转。如果改变电子膨胀阀线圈的正、负电源电压与信号时，电子膨胀阀也会随着开启、关闭或改变开启与关闭间隙的大小，进而达到控制系统中制冷剂的流量与制冷、热量的大小。一般而言，电子膨胀阀阀芯开启越小，制冷剂流量越小，其制冷、热量越大。

→ 问 1266 怎样判断空调电子膨胀阀的好坏？——听声音法

答 给电子膨胀阀通电，如果通电时，电子膨胀阀复位，并能够发出清脆的声音，说明该电子膨胀阀是好的。如果电子膨胀阀不能够复位，也不能够发出声音，说明该电子膨胀阀可能异常。

→ 问 1267 怎样判断空调电子膨胀阀的好坏？——断开线圈引线法

答 在关机状态下，阀芯一般处在最大开度。此时，断开电子膨胀阀线圈的引线，再开机运行。如果此时制冷剂无法通过，说明该电子膨胀阀出现堵的现象。

→ 问 1268 怎样判断空调四通阀的好坏？——通电法

答 把四通阀上的两根线接在220V插座上（一般四通阀的线圈用电压是220V）。如果能够听到"趴"的一声，说明该四通阀线圈与滑块是好的。然后在断电的情况下，用一根塑料软管插在阀的任意一个管上，用压缩机的排气管给这个管打气，并观察剩下的3根管向外排气情况，找到了排气的管子也就判断出哪两根是一组，则剩下的那两根管即为另外一组。然后通电，如果原来的那两组的排气通道改变了，则说明该阀是好的。

→ 问 1269 怎样判断空调膨胀阀的好坏？——压力表法

答 如果排出空气温度较高，但是压力表压力指示正常，或高压、低压略有增加，则说明该空调膨胀阀滤网可能阻塞了。

→ 问 1270 怎样判断空调加热器阀的好坏？——热水＋热气法

答 如果加热器中有热水，蒸发器放出热气，空调出现不制冷现象，则说明该加热器阀可能异常。

→ 问 1271 怎样判断空调压缩机舌型阀的好坏？——压力表法

答 如果发动机处于任一转速时，高低压表的读数只有轻微的变化，以及空调出现不制冷现象，说明该空调压缩机舌型阀可能异常。

→ 问 1272 怎样判断空调干燥器滤网阻塞？——压力表法

答 如果高压表指示超过正常压力，低压表指示低于正常压力，以及接收干燥器与管路结冰，说明该空调接收干燥器滤网可能阻塞了。

→ 问 1273 怎样判断空调调温器的好坏？——压力表法

答 如果低压表指示过高或过低，以及调节调温器不起作用，从而使空调制冷不持续，出现断断续续，说明该空调调温器可能出现故障了。

→ 问 1274 怎样判断空调继电器的好坏？——万用表法

答 把万用表调到欧姆挡，检测空调继电器线圈的阻值，正常情况下一般为150～180Ω。如果检测得到空调继电器阻值为无穷大∞，则说明该继电器线圈可能断路了，也就是继电器已经损坏了。

另外，用万用表欧姆挡检测继电器表面两个触点，正常情况下应是不导通的，即阻值为无穷大∞。如果两触点在没有通电情况下导通，则说明该继电器两触点出现粘连现象，即继电器已经损坏了。如果给继电器上电，继电器应能够处于闭合状态，触点处于同电位状态，即接触良好的状态。否则，说明该继电器可能损坏了。

→ 问 1275 怎样判断空调继电器的好坏？——万用表法

答 一般空调继电器的工作电压为12V，如果电脑板在接到运转信号后继电器不吸合，需要检测继电器是否有工作电压。如果继电器有正常的工作电压，但是继电器不动作，则说明该继电器可能存在异常情况。

说明：空调继电器一般在电脑板上用RL表示，主要用于控制压缩机、电机、电加热等部件的开停。

→ 问 1276 怎样判断空调压缩机的好坏？——万用表法

答 把万用表调到 $R \times 1$ 挡，检测R（运转端）、S（启动端）、C（公共端）3个接线柱间的阻值。正常情况下，R（运转端）与S（启动端）两个接线柱间的阻值为R（运转端）与C（公共端）及S（启动端）与C（公共端）端子间绕阻值之和。如果检测的数值与正常的数值相差较大，则说明该压缩机异常。

说明：压缩机为空调制冷系统的核心部件，为整个系统提供循环的动力。

→ 问 1277 怎样判断空调同步电机的好坏？——万用表法

答 把万用表调到交流250V挡，检测连接插头处是否有220V电压输出。如果连接插头处有220V电压输出，说明该同步电机已经损坏了。如果连接插头处无220V电压输出，则说明空调电脑板异常。

说明：空调同步电机主要用于窗式与柜式机的导风板导向使用。一般空调同步电机的工作电压为交流220V，由电脑板供给。

→ 问 1278 怎样判断空调步进电机的好坏？——拨动法

答 在安全的情况下，用手拨动导风叶片，如果转动灵活，说明该步进电机风叶片可能是好的；如果转动不灵活，说明该步进电机叶片变形或某部位被卡住。

说明：空调步进电机主要用于控制分体壁挂式空调的风栅，使风向能够自动循环控制，气流分布均匀。

→ 问 1279 怎样判断空调步进电机的好坏？——电压法

答 把电机插头插到控制板上，分别检测电机工作电压及电源线与各相间的电压。如果检测电源电压或相电压存在异常，说明控制电路可能异常。如果检测电源电压或相电压正常，说明该步进电机可能异常。

说明：空调步进电机额定电压为 12V 的电机相电压大约为 4.2V，额定电压为 5V 的电机相电压大约为 1.6V。

→ 问 1280 怎样判断空调步进电机的好坏？——电阻法

答 把电机插头拔下，用万用表欧姆挡检测每相线圈的电阻值。如果检测得到某相电阻太大或太小，说明该电机线圈已经损坏了。

说明：空调步进电机一般额定电压为 12V，每相电阻大约为 $200\sim400\Omega$。5V 的电机，每相电阻大约为 $70\sim100\Omega$。

举例：海尔 KFR-26GW/CA、KFR-35GW/CA 变频空调步进电机的阻值——雷利型步进电机的红线与其他几根接线间阻值一般都为 $300\Omega+20\%$。

→ 问 1281 怎样判断空调内外风机电机的好坏？——电阻法

答 把电机插头拔下，用万用表欧姆挡检测内外风机电机每相线圈的电阻值。如果检测得到某相电阻太大或太小，说明该内外风机电机线圈已经损坏了。

说明：有的空调器内外风扇电机采用的是电容感应式电机，有启动与运转两个绕组，启动绕组串联了一个容量较大的交流电容器。

内外风扇电机型号不同，电机绕组的阻值与测量端子有所差异。

举例：海尔 KFR-26GW/CA、KFR-35GW/CA 变频空调室内、外风扇电机的阻值——主绕组的阻值大约为 $285\Omega\pm10\%$，副绕组的阻值大约为 $430\Omega\pm10\%$。

→ 问 1282 怎样判断空调遥控器的好坏？——观察法

答 跌落导致液晶显示板破裂、电池损坏、电池弹簧接触不良等现象，说明该空调遥控器可能异常。

→ 问 1283 怎样判断空调交流接触器的好坏？——万用表法

答 ① 检测线圈绕组的阻值，以判断是否断路或者短路。如果断路或者短路，均需要更换交流接触器。

② 检测接点。把万用表调到欧姆挡，表笔检测交流接触器上下接点的通断情况：没有通电的状态下，上、下触点间的阻值应为无穷大∞；如果有阻值，则说明该交流接触器内部触点可能存在粘连现象。

③ 按下交流接触器表面的强制按钮，用万用表测量上、下触点的阻值，每组阻值正常一般为 0。如果为无穷大∞或阻值变大，则说明该交流接触器内部触点表面可能存在挂弧现象。

说明：交流接触器是由铁芯、线圈和触头组成的一种利用电磁吸力，使电路接通和断开的自动控制器。

→ 问 1284 怎样判断空调干燥过滤器的好坏？——目测法

答 观察干燥过滤器表面是否结霜，如果结霜，则说明该干燥过滤器可能异常。

说明：干燥过滤器用于吸收系统中的水分，阻挡系统中的杂质使其不能通过，防止制冷系统管路发生冰堵、脏堵。由于系统最容易堵塞的部位是毛细管，因此，干燥过滤器一般安装在冷凝器与毛细管之间。

→ 问 1285 怎样判断单相供电的压缩机的好坏？——兆欧表法

答 采用兆欧表检测正常压缩机的绕组与外壳绝缘电阻。检测时，兆欧表一端接压缩机的绕组端子，另一端接压缩机的外壳，正常的电阻值一般大于 $3M\Omega$ 以上。如果小于正常数值，则说明该压缩机可能异常。

→ 问 1286 怎样判断空调步进电机的好坏？——综合法

答 判断空调步进电机的好坏见表 3-4-7。

表 3-4-7　判断空调步进电机的好坏

名称	解　说
观察法	观察电机插头与控制板插座是否插好，如果没有插好，说明故障系插头与插座松动所致。如果观察电机发现有异常裂纹、烧焦等现象，则说明该电机可能损坏了
电压法	把电机插头插到控制板上，分别检测电机的工作电压、电源线与各相间的电压。一般额定电压为 12V 的电机相电压大概为 4.2V 左右。额定电压为 5V 的电机相电压大概为 1.6V 左右。如果电源电压或相电压异常，说明控制电路可能损坏了。如果电源电压或相电压正常，则说明步进电机可能损坏了
电阻法	拔下电机插头，用万用表欧姆挡检测每相线圈的电阻值，一般额定电压为 12V 的电机，每相电阻正常为 $200\sim400\Omega$。5V 的电机，每相电阻正常为 $70\sim100\Omega$。如果某相电阻出现太大或太小，说明该步进电机线圈已经损坏了
转动法	步进电机有时被卡住引发故障。因此，可以在空载时用手慢慢地转动转轴，看受力是否均匀。如果不均匀，说明该步进电机可能存在卡住等异常现象

说明：空调步进电机主要用于控制分体壁挂式空调的进风栅、导风板，使风向能自动循环控制、气流分布均匀等。

→ 问 1287 怎样判断空调风机电机的好坏？——阻值法

答 以空调 PKPEK74L-6 内风机电机为例进行介绍。空调 PKPEK74L-6 内风机电机功率为 70W，电容 $4\mu F$，白色线为公共端，红色线为高速端，蓝色线为中速端，黑色线为低速端，黄色线与灰色线接电容。白色线与红色线绕组间的阻值，正常情况下，一般为 111Ω。白色线与蓝色线间正常一般为 159Ω。白色线与黑色线间，正常情况下，一般为 217Ω。如果检测的数值超过 20%，则说明该电机可能损坏了。

→ 问 1288 怎样判断空调压缩机润滑油是否变质？——颜色法

答 （1）轻度变质——润滑油的颜色是透明的，如果采用石蕊试纸检验呈淡黄色，而正常的应为白色。

（2）严重变质——闻润滑油可以闻到焦油味，并且润滑油的颜色是黑色的。如果采用石蕊试纸浸入油中，5min 后试纸变成红褐色。

→ 问 1289 怎样判断空调是否漏氟？——手摸法

答 用手摸空调后面的冷凝百叶扇，如果手感温度不凉，或者没有热度，但是压缩机依旧可以工作，说明该空调已经跑氟。

→ 问 1290 怎样判断空调是否漏氟？——观察法

答 在制冷状态，调整温度控制器，使其设置的温度比室温低 $6\sim8℃$，运行 15min 后，看室内机液压管的结霜情况。正常情况下应没有结霜现象。如果存在结霜现象，则说明该机存在漏氟现象。

另外，还可以观察铜管连接头是否有油迹：如果存在油迹，则说明该空调有漏氟现象。

→ **问 1291** 怎样判断空调是否漏氟？——耳听法

答 如果压缩机自开机时就一直在工作，没有停机的震动，并且压缩机自震的声音比新购时要大，则说该空调可能有漏氟现象。

→ **问 1292** 怎样判断空调是否漏氟？——测温法

答 找一只温度计，靠近冷风出口，看温度计指示是否比室温低 6～8℃。如果低于该温度或不足 5℃，或者与室温没有什么差异，并且压缩机依旧在工作，则说明该空调已经跑净氟了。

→ **问 1293** 怎样判断空调是否漏氟？——鼻闻法

答 在安全的情况下把房间密闭，开空调一段时间，如果在空调边上闻到煤气与臭鸡蛋混合一样的气味，说明该空调可能存在小量泄漏现象。

→ **问 1294** 怎样判断空调元件的好坏？——现象法

答 判断空调元件好坏的一些现象见表 3-4-8。

表 3-4-8　判断空调元件好坏的一些现象

现象	可能损坏的元件
空调不够冷	进气孔、冷凝器线圈与散热片、制冷剂、鼓风机电机、进气滤芯、蒸发器等
空调制冷不持续,断断续续	电路开关、风机开关、风机电机、压缩机线圈、电磁阀、连接线、压缩机等
空调不制冷	压缩机驱动皮带、保险丝、连接导线、压缩机耦合线圈与电磁阀、调温器电气触头、温度感应元件、风机、点火开关和继电器、压缩机、冷媒管路、压缩机油封等
空调产生噪声	排气窗叶片、压缩机驱动皮带、压缩机、安装螺栓、连线、电磁阀等

3.5　电脑

→ **问 1295** 怎样判断主板 Award BIOS 启动时的提示？——声音法

答 1 短——表示系统正常启动，也就是说明电脑是好的。

1 长 1 短——表示内存或主板报错。

1 长 2 短——表示显示器或显示卡错误。

1 长 3 短——表示键盘控制器错误。

不断地响（长声）——表示内存条未插紧或损坏。

无声音无显示——表示电源存在问题。

→ **问 1296** 怎样判断主板 AMI BIOS 启动时的提示？——声音法

答 1 短——表示内存刷新失败。

2 短——表示内存 ECC 校验错误。

3 短——表示系统基本内存（第 1 个 64KB）检查失败。

4 短——表示系统时钟出错。

5 短——表示中央处理器（CPU）错误。

6 短——表示键盘控制器错误。

7 短——表示系统实模式错误，不能切换到保护模式。

8 短——表示显示内存错误。显示内存有问题。

9 短——表示 ROM BIOS 检验和错误。

1 长 3 短——表示内存错误。

1 长 8 短——表示显示测试错误。显示器数据线没插好或显示卡没插牢。

问 1297 怎样判断笔记本电脑上的电阻大小？——关系法

答 电阻大小与主板的 Trace、Copper 的长度、宽度、厚度有关。Trace 与 Copper 的长度越短、宽度越宽、厚度越厚，电阻值越小；Trace 与 Copper 的长度越长、宽度越窄、厚度越薄，电阻值越大。当电阻一定时，流过 Trace 的电流越大，Trace 上的压降越大。

问 1298 怎样判断电脑电容的好坏？——观察法

答 观察电容，如果发现电容爆浆、脱落，则说明该电容异常了。

问 1299 怎样判断平板电脑电解电容的好坏？——指针万用表法

答 把滤波电容两端短路，放掉残余电荷，把指针万用表调到 $R×1k$ 挡，用表笔接触电容两端，正常情况下，指针万用表表针会向右偏转一个角度，再缓慢向左转回，最后万用表表针停下来的阻值就是该电容的漏电电阻。电容的漏电电阻越大越好，如果漏电电阻只有几十千欧，则说明该电容漏电严重。万用表表针向右摆动的角度越大，则说明该电容的容量越大；如果向右摆动的角度越小，则说明该电容的容量也小。

问 1300 怎样判断电脑开关电源中电容的好坏？——现象法

答 ① 开关电源不起振，没有电压输出——可能是电解电容损坏引起的。

② 电压不稳而发生逻辑混乱，引起电脑工作时好时坏或开不了机——可能是电容损坏引起的。

问 1301 怎样判断电脑 CPU 的好坏？——检测卡法

答 ① 检测卡显示代码 FF，供电、时钟、复位、PG 均正常，但是 CPU 不工作，说明 CPU 座可能存在虚焊，也可能需要刷 BIOS。

② 检测卡显示代码 C0、CF、F0，说明 CPU 座可能虚焊、时钟芯片可能异常等情况。

问 1302 怎样判断主板晶振的好坏？——电压法

答 ① 时钟晶振 14.318MHz 与时钟芯片相连，如果其损坏，则主板不能启动。其开机对地有电压 1～1.6V。

② 实时晶振 32.768kHz 与南桥芯片相连，如果其损坏时不准或不能启动，其开机对地电压 0.5V 左右。

③ 声卡晶振 24.576MHz 与声卡芯片相连，如果其损坏声音变质或无声，其开机对地电压为 1.1～2.1V。

④ 网卡晶振 25.000MHz 与网卡芯片相连，如果其损坏网卡不能工作，其开机对地电压为 1.1～2.1V。

如果检测的电压与正常数值有差异，则说明所检测的晶振可能异常。

问 1303 怎样判断主板晶振的好坏？——二极管挡法

答 把万用表调到二极管挡，检测其两引脚间的数值，正常情况下为无穷大。如果检测得到一定的数值，则说明该晶振已经损坏，或者与其连接的集成电路已经损坏。

如果检测得到的数值为无穷大，不一定说明该晶振正常。

问 1304 怎样判断主板晶振的好坏？——更换法

答 用好的晶振更换怀疑可能损坏的晶振，如果更换后，试机，故障排除，则说明原晶振已经损坏。

说明：更换晶振时，一般需要用相同型号与频率的晶振，并且后缀字母也尽量一致，以免影响正常工作。

→ 问 1305 怎样判断主板三极管的好坏？——数字万用表二极管挡法

答 把万用表调到二极管挡，红笔任接三极管的一只引脚，黑笔依次去接另外两只脚。如果两次显示都小于1V，说明红笔所接的引脚是NPN三极管的基极B极；如果都显示溢出符号OL或超载符号1，则说明红笔所接的引脚是PNP三极管的基极；如果两次检测中，一次小于1V，另外一次显示OL或1，则说明红笔所接的引脚不是基极。需要换脚再测。NPN型中小功率三极管数值一般为$0.6\sim0.8V$，其中检测较大数值的一次，黑表笔所接的引脚是发射极e极，与散热片连在一起的是集电极c极。另外一边，中间的一引脚也为集电极c极。

→ 问 1306 怎样判断主板场效应管的好坏？——数字万用表二极管挡法

答 把万用表调到二极管挡，红笔接S源极，黑笔接D漏极，此时的数值为S-D极间二极管的压降值（N沟道场效应管而言），如果接反检测，则一般无压降值，也就是万用表显示超载符号1。另外，G极与其他各脚间，正常情况下，万用表为无值。

如果是P沟道场效应管，则万用表红笔接D极，黑笔接S极，检测时才有压降值。大功率的场效应管压降值一般为$0.4\sim8V$。

另外，也可以采用下面方法来检测、判断场效应管：把万用表调到二极管挡，用两表笔任意触碰场效应管的3只引脚。好的场效应管，最终测量结果一般只有一次有读数，并且大约为500。如果在最终测量结果中，检测得到只有一次有读数，并且为0时，则用表笔短接场效应管G引脚，再测量一次。如果又检测得到一组大约为500的读数时，则说明该管场效应管是好的。如果检测结果、数据与上述规律不符合，则说明该场效应管已经损坏了。

说明：与场效应管散热片相连的脚一般是D漏极。

→ 问 1307 怎样判断笔记本电脑主板的好坏？——公共关键点法

答 判断笔记本电脑主板好坏的方法与要点见表3-5-1。

表 3-5-1　判断笔记本电脑主板的好坏的方法与要点（公共关键点）

公共关键点检测数值	说　　　明
公共点对地间阻值正常一般为$400\sim600\Omega$	如果检测的数值在正常数值内，则说明笔记本电脑主板主供电、各单元电路是正常的
公共点对地阻值大约为200Ω	该检测的数值，说明该笔记本电脑主板单元电路中的供电芯片可能损坏，或者相连的场效应管损坏异常引起的
公共点对地阻值大约为几十欧到100Ω	该检测的数值，说明该笔记本电脑主板存在微短路，损坏的元件可能是单元电路与主供电相连的场效应管击穿或阻值偏小引起的
公共点阻值为0	该检测的数值，说明该笔记本电脑主板存在严重短路，可能损坏的元件主要有滤波电容

→ 问 1308 怎样判断笔记本电脑主板的好坏？——3V与5V单元电路的电感法

答 判断笔记本电脑主板好坏的方法与要点见表3-5-2。

表 3-5-2　判断笔记本电脑主板的好坏的方法与要点（电感法）

3V与5V单元电路的电感检测数值	说　　　明
3V与5V单元电路的电感正常的对地阻值一般为$80\sim120\Omega$	如果检测的数值在正常数值内，说明笔记本电脑主板与此相连的各个芯片、单元电路、元件是好的
3V与5V单元电路的电感对地阻值为0	该检测的数值，说明该笔记本电脑主板单元电路存在严重短路，可能损坏的元件有场效应管、供电芯片、网卡声卡芯片等
3V与5V单元电路的电感对地阻值大约为$7\sim30\Omega$	该检测的数值，说明该笔记本电脑主板单元电路存在微短路，可能损坏的元件有场效应管、电容、供电芯片等

→ 问 1309 怎样判断笔记本电脑主板的好坏？——CPU 单元电路电感法

答 装好 CPU 后，检测 CPU 单元电路的电感对地阻值。迅驰一代 CPU 单元电路的电感对地阻值大约为 10Ω。迅驰二代 CPU 单元电路的电感对地阻值大约为 7Ω。双核 CPU 单元电路的电感对地阻值大约为 3Ω。P4 CPU 单元电路的电感对地阻值一般为 20Ω。

如果不装 CPU，CPU 单元电路的电感对地阻值一般大约为 200Ω。如果检测测得的数值不是以上阻值，则说明 CPU，或者场效应管、电容、电阻可能存在异常。

说明：CPU 单元电路的电感对地阻值可以反映整个单元电路中各个相连电子元件的工作情况。

→ 问 1310 怎样判断笔记本电脑主板的好坏？——南北桥内存显卡供电单元电路电感法

答 通过检测南北桥内存显卡供电单元电路电感的对地阻值来判断单元电路、南北桥显卡的情况。正常情况下，一般阻值大约为几十欧到 200Ω。如果对地阻值偏低或是 0，则说明整个单元电路存在断路，或者微短路等异常情况。常见损坏的元件有场效应管、电容、芯片等。

→ 问 1311 怎样判断笔记本电脑主板的好坏？——充放电管理单元电路的电感法

答 通过检测充放电管理单元电路电感的对地阻值，可以反映出电路中充电管理芯片、场效应管、电容的情况。如果检测的阻值偏低，或者为 0，则说明该充放电管理电路中的芯片、场效应管等元件可能异常。

→ 问 1312 怎样判断电脑主板的好坏？——观察法

答 在安全的情况下仔细观察电脑主板，如果 I/O 卡槽异常、芯片裂纹、存在烧坏痕迹、插头歪斜、插座歪斜、元件引脚相碰、元件表面烧焦、主板铜箔烧断、异物掉入主板、连线断、烧糊、烧断、起泡、板面断线、插口锈蚀、主板安装不当、机箱变形、少装了用于支撑主板的小柱、跳线异常、电池损坏、芯片散热差、风扇损坏、电容老化或者损坏、铜箔烧断等情况，说明电脑主板存在异常情况。

→ 问 1313 怎样判断电脑主板的好坏？——电源与 GND 间电阻法

答 把万用表调到电阻挡，检测 $+5V$ 与 GND 间的电阻，如果在 50Ω 以下，则说明该电脑主板可能异常。

另外，主板芯片的电源引脚与地间的电阻，在没有插入电源插头时，正常情况下大约为 300Ω，最低一般不低于 100Ω。然后检测反向电阻，数值略有差异，但是一般不会相差过大。如果检测得到的正向、反向阻值很小或接近导通，则说明该主板可能存在短路现象。

→ 问 1314 怎样判断电脑主板上电源芯片的好坏？——数字万用表法

答 把数字万用表调到二极管挡，检测电源芯片相关的电感与地的通断情况。如果万用表检测的阻值为无穷大 ∞，则说明该电源芯片是好的。如果检测电感对地短路，则说明主板电源部分异常。

说明：电源芯片坏了，CPU 一般无温度。另外，更换主板电源部分的元件、零件，以及安装 CPU 前，一般需要先检测电感上的电压，正常情况下，一般为 $1.5\sim2.0V$ 才能够安装 CPU。

→ 问 1315 怎样判断电脑主板上的 IC 的好坏？——通电检查法

答 如果已经明确主板损坏了，可以略调高主板电压 $0.5\sim1V$。开机后，用手搓主板上的 IC，这样让有问题的芯片发热，从而通过感知来判断 IC 的好坏（如果发热，则说明该芯片是引起主板异常的原因）。

→ 问 1316 怎样判断电脑主板的好坏？——逻辑笔法

答 通过用逻辑笔对重点怀疑的集成电路输入端、输出端、控制端信号的有无、强弱进行判断，从而判断电脑主板的好坏。如果逻辑笔检测集成电路，发现电路逻辑错误，则说明该电脑主板可能损坏了。

→ 问 1317 怎样判断电脑主板损坏原因？——分隔法

答 将电源插上，加电检测。一般情况，检测+5V电源与+12V电源。当发现某一电压值偏离标准太远时，可以采用分隔法，或者割断某些引线，或者拔下一些芯片，再检测电压。如果割断某条引线，或者拔下某块芯片时，电压变得正常了，则说明这条引线引出的元器件，或者刚才拔下来的芯片，是故障原因所在。

→ 问 1318 怎样判断电脑主板故障还是 I/O 设备故障？——拔插交换法

答 关机，把插件板逐块拔出，并且每拔出一块板就开机观察电脑的运行状态。如果拔出某块插件板后主板运行正常，则说明该插件板、或者相应 I/O 总线插槽、或者负载电路存在异常。如果拔出所有插件板后，电脑系统启动仍不正常，则说明该主板可能异常。

说明：拔插交换法可以确定故障是在主板上，还是在 I/O 设备上。拔插交换时，需要用同型号插件板或芯片相互交换检测。

→ 问 1319 怎样判断电脑主板的好坏？——动态测量分析法

答 编制专用论断程序或人为设置正常条件，在电脑运行过程中，用示波器检测观察有关组件的波形，把检测的波形与正常的波形进行比较，如果有较大差异，说明该主板可能异常。

→ 问 1320 怎样判断电脑主板键盘、鼠标口的好坏？——阻值法

答 把万用表调到电阻挡，检测信号线对地间的阻值，正常情况下，一般大约为 600Ω，并且几根信号线对地间的阻值相差不大。如果检测的信号线对地的阻值比正常值高，甚至为无穷大，说明电脑主板键盘、鼠标口异常，可能是有关电感、保险、I/O、南桥、跳线等元件或者部件异常引起的；如果比正常值低，甚至为短路，则说明电脑主板键盘、鼠标口异常，可能是有关电容、I/O、南桥等元件或者部件异常引起的。

→ 问 1321 怎样判断电脑主板 USB 接口的好坏？——阻值法

答 把万用表调到电阻挡，检测信号线对地间的阻值，正常情况下，大约为 500Ω。如果与正常数值相差较大，则说明该电脑主板 USB 接口，或者与接口相关的电容、电感、保险等元件损坏。

→ 问 1322 怎样判断电脑主板 COM 接口的好坏？——阻值法

答 把万用表调到电阻挡，检测信号线对地间的阻值，正常情况下，一般为 $1000\sim 1700\Omega$，并且几根信号线对地间的阻值相差不大。如果与正常数值相差较大，则说明该电脑主板 COM 接口，或者与接口相关的电容、串口芯片等元件损坏。

→ 问 1323 怎样判断电脑主板打印口（LPT）的好坏？——阻值法

答 把万用表调到电阻挡，检测信号线对地间的阻值，正常情况下，大约为 600Ω，并且几根信号线对地间的阻值相差不大。如果与正常数值相差较大，则说明该电脑主板 COM 接口，或者与接口相关的电阻、电容、二极管、I/O 等元件损坏。

→ 问 1324 怎样判断电脑 IDE 口（硬盘、光驱接口）的好坏？——阻值法

答 把万用表调到电阻挡，检测信号线对地间的阻值，正常情况下，一般为 600Ω，并且几根信号线对地间的阻值相差不大。如果与正常数值相差较大，则说明该电脑 IDE 口（硬盘、光驱接口），或者与接口相关的电阻、南桥、电容、实时晶振、二极管、I/O 等元件损坏。

→ 问 1325 怎样判断电脑电源输出导线的功能？——表格法

答 电脑电源输出导线的功能见表 3-5-3。

表 3-5-3　电脑电源输出导线的功能

输出导线颜色	功能	可能应用举例
白色线	-5V	提供逻辑电路判断电平
橙色线	$+3.3\text{V}$	提供内存电源、新的 24pin 主接口电源等
红色线	$+5\text{V}$	提供给 CPU、PCI、AGP、ISA 等集成电路的工作电压
黄色线	$+12\text{V}$	提供硬盘、光驱、软驱主轴电机与寻道电机电源、ISA 插槽工作电压、串口等电路逻辑信号电平
灰色线	P-OK	提供电源信号电压
蓝色线	-12V	提供串口逻辑判断电平
绿色线	P-ON	提供电源开关信号电压
紫色线	$+5\text{VSB}$	提供 5V 待机电源

→ **问 1326** 怎样判断电脑硬盘元件或者零部件的好坏？——现象法

答 判断电脑硬盘元件或者零部件好坏的方法与要点见表 3-5-4。

表 3-5-4　判断电脑硬盘元件或者零部件好坏的方法与要点

现象	可能异常的元件或者零部件
硬盘无法读写数据	硬盘数据接口与前置放大器间的电阻或者排阻、电容，磁头芯片等
硬盘通电后没有反应	电源接口、电源管理芯片、电机驱动芯片、电机、供电电路元器件、其他电路上的元器件等

→ **问 1327** 怎样判断电脑内存条的好坏？——观察法

答 仔细观察内存条，如果发现内存条金手指烧灼、脱落等异常现象，则说明该内存条损坏了。

→ **问 1328** 怎样判断电脑 CPU 的好坏？——观察法

答 仔细观察 CPU，如果发现 CPU 根针弯曲、散热保护片脱落、CPU 芯片碎裂、人为物理损坏、CPU 芯片存在高温烧灼的痕迹或蹦射状灰迹等异常现象，说明该 CPU 损坏了。

→ **问 1329** 怎样判断电脑硬盘的好坏？——观察法

答 仔细观察硬盘，如果发现硬盘接口断裂、断针或折针、弯针，电路板损坏、元件脱落、元件丢失、元件烧灼损毁等异常现象，则说明该硬盘损坏了。

→ **问 1330** 怎样判断电脑电源的好坏？——观察法

答 仔细观察硬盘，如果发现电源内部电容爆浆、内部存在烧灼、电源输出线破损、接口损坏等异常现象，则说明该电脑电源损坏了。

→ **问 1331** 怎样判断电脑主板集成显卡的好坏？——阻值法

答 把万用表调到电阻挡，检测红、绿、蓝三基色对地间的阻值，正常情况下，一般为 $75\sim180\Omega$，并且几根三基色对地间的阻值相差不大。行、场同步信号对地阻值，正常情况下，一般为 380Ω。如果与正常数值相差较大，则说明该电脑主板集成显卡，或者相关北桥、电阻、电感、二极管等元件损坏。

→ **问 1332** 怎样判断显卡金手指的好坏？——观察法

答 通过观察，发现金手指被氧化了，说明该显卡异常，需要处理。用橡皮擦金手指的氧化部分，擦亮即可。

→ **问 1333** 怎样判断电脑元件或者零部件的好坏？——观察法

答 仔细观察电脑，如果发现电源线断裂、保险丝熔断、印制线路板断裂、电阻线断或脱焊、电容线断或脱焊、晶体管引线断或脱焊、元器件相碰、元器件与屏蔽罩金属底板散热板间相互接触、电容外壳炸裂或电解液流出、元器件有放电打火的痕迹、电阻过载烧焦变色、印制板被过热元件烤焦、印制板被高压打火炭化、电感线圈中的磁芯脱落或碎裂等，说明该电脑相应元件或者零部件已经损坏。

→问1334 怎样判断 MOS 管的类型？——万用表二极管挡法

答 把万用表调到二极管挡，万用表黑笔接 MOS 管的 D 极，红笔接 MOS 管的 S 极。如果检测得到的阻值为 $400\sim700\Omega$，反向阻值为无穷大，说明该管为 N 沟道的 MOS 管。如果红笔接 MOS 管的 D 极，黑笔接 MOS 管的 S 极，检测得到的阻值为 $400\sim700\Omega$，反向阻值为无穷大，则说明该管为 P 沟道的 MOS 管。

MOS 管的外形如图 3-5-1 所示。

图 3-5-1 MOS 管的外形

→问1335 怎样判断 MOS 管的好坏？——万用表二极管挡法

答 把万用表调到二极管挡，检测极间电阻。正常情况下，D、S 极正向阻值为 $400\sim700\Omega$，反向阻值为无穷大。另外，正常情况下，G/D 和 G/S 正反向阻值一般均为无穷大。如果检测的数值与正常数值有较大差异，则说明该 MOS 管已经损坏了。

→问1336 怎样判断电脑主板上晶振的频率？——特点法

答 ① 主时钟晶振 14.318MHz——一般在时钟集成电路旁边。

② 声卡晶振 24.576MHz——一般在声卡集成电路旁边。

③ 网卡晶振 25.00MHz——一般在网卡集成电路旁边。

④ 1394 晶振 25.00MHz——一般在 1394 集成电路旁边。

⑤ RTC 实时晶振 32.768kHz——一般在南桥旁边。

→问1337 怎样判断电脑主板中的晶振？——特点法

答 ① 14.318MHz 晶振为时钟晶振，工作电压一般为 $1.1\sim1.6V$。

② 24MHz 晶振为 BGA 内部 VGA 部分提供相关工作时钟。

③ 24.576MHz 晶振用于音效芯片，工作电压一般为 $1.1\sim2.2V$。

④ 25MHz 晶振用于网卡部分，为网卡提供工作时钟，电压一般为 $1.1\sim2.2V$。

⑤ 32.768kHz 晶振为实时晶振，工作电压一般为 1.4V 左右。

→问1338 怎样判断电脑主板变压器的性能？——万用表法

答 把万用表调到 $R\times1$ 挡，分别检测变压器的一次、二次绕组间的电阻值。正常情况下，电脑主板变压器一次绕组的电阻值大约为几十欧到几百欧，其中变压器功率越小，电阻值越小。电脑主板变压器二次绕组的电阻值在几欧到几十欧间。如果存在一绕组的电阻值为无穷大 ∞，则说明该绕组存在断路现象。如果存在一绕组阻值为零，则说明该绕组存在内部短路现象。

把万用表调到 $R\times1k$ 挡，再检测每两个绕组线圈间的绝缘电阻值，正常情况下，绝缘电阻为无穷大 ∞。如果正常，把万用表保持在 $R\times1k$ 挡，再检测出每个绕组线圈与铁芯间的绝缘电阻值，正常情况下为无穷大 ∞。否则，说明该变压器的绝缘性能不好。

→问1339 怎样判断串口管理芯片的好坏？——阻值法

答 把万用表调到电阻挡，检测串口插座到串口管理芯片中的数据线对地面间的阻值。如果所有数据线对地面间的阻值相同，说明该串口管理芯片是好的。如果所有数据线对地面间的阻值不相同，则说明该电脑串口管理芯片可能损坏了。

→问1340 怎样判断并口连接滤波电容的好坏？——万用表法

答 把万用表调到 20k 电阻挡，把两表笔分别接在电容的两端。如果万用表检测的显示值从 000 开始增加，最终显示溢出符号 1，说明该电容是好的。如果万用表检测的显示值始终为溢出符号 1，说明该电容内部极间开路了。如果万用表检测的显示值始终显示为 000，则说明该电容内部短路了。

→ **问 1341** 怎样判断 USB 电路的好坏？ ——万用表法

答 把万用表调到电阻挡，检测 USB 接口电路中数据线对地间的阻值。如果所有数据线对地阻值均为 $180\sim380\Omega$，说明 USB 电路是好的。如果所有数据线对地阻值均在 $180\sim380\Omega$ 范围内，则说明 USB 电路异常。

→ **问 1342** 怎样判断 BIOS 芯片的好坏？ ——在线检测法

答 把万用表调到电阻挡，检测 BIOS 芯片的 V_{cc} 脚与 V_{pp} 脚间的电压。如果检测得到的电压不正常，说明主板电源插座到 BIOS 芯片的 V_{cc} 脚或 V_{pp} 脚间的电路中的元器件存在异常。

如果检测 BIOS 芯片的 Vcc 脚与 Vpp 脚间的电压正常，可以再检测 BIOS 芯片的 CE/CS 片选信号脚端的信号。如果没有片选信号，说明 CPU 没有选中 BIOS 芯片，故障可能是 CPU 本身，或者是前端总线异常引起的。如果 BIOS 芯片有片选信号，可以再检测 BIOS 芯片的 OE 脚端信号。如果 OE 脚端没有跳变信号，说明该电脑的南桥，或者 I/O 芯片，或者 PCI 总线、ISA 总线出现故障。如果能够检测得到 BIOS 芯片的跳变信号，则说明 BIOS 内部程序，或者 BIOS 芯片可能损坏了。

→ **问 1343** 怎样判断电脑电池的好坏？ ——电压法

答 把万用表调到电压挡，测量电池的电压。正常情况下，电池电压一般为 3V。如果检测的数值与正常数值有较大的差异，则说明该电脑电池可能损坏了。

→ **问 1344** 怎样判断电脑 CPU 供电电路场效应管的好坏？ ——万用表法

答 把万用表调到 $R\times100$ 挡，万用表两表笔分别接在场效应管的漏极 D 与源极 S 端，用螺丝刀的金属杆接触场效应管的栅极 G 端。正常情况下，万用表检测显示的数字会变大或变小，并且数字变化越大，说明该场效应管的放大能力越好。如果数字不发生变化，则说明该场效应管已经损坏了。

→ **问 1345** 怎样判断电脑晶振的好坏？ ——波形法

答 把示波器调好，检测晶振引脚的波形。如果波形严重偏移，说明该晶振已经损坏了。如果晶振波形正常，则说明该晶振是好的。

→ **问 1346** 怎样判断电脑电源的好坏？ ——脱机带电检测法

答 把电脑电源脱机，单独给电脑电源带电，检测电脑电源的 PS-ON 与 PW-OK 两路电源信号。一般情况下，待机状态下的 PS-ON 与 PW-OK 的两路电源信号，一个是高电平，则另一个是低电平。如果检测的电压与正常数值相差较大，则说明该电脑电源可能异常。

→ **问 1347** 怎样判断电脑电源的好坏？ ——人为唤醒电源检测法

答 用一根细导线把 ATX 插头的 14 脚 PS-ON 线与另一端的第 15、16、17、5、7、13、3 脚中的任一短脚连接，这样可以使 ATX 电源在待机状态下人为地唤醒启动。此时的 PS-ON 信号正常情况为低电平，PW-OK、+5VSB 信号为高电平。另外，观察开关电源风扇的旋转情况。如果电源风扇旋转，则说明该电源是好的。

→ **问 1348** 怎样判断电脑电源的好坏？ ——开机信息诊断法

答 电脑接通电源后，进入开机信息诊断、自检、初始化阶段，如果该阶段风扇不转动，电源指示灯不亮，则说明电脑电源可能异常。

说明：电脑开机的程序为：接通电脑电源，系统在主板 BIOS 的控制下进行自检与初始化。

正常的特征如下：电源风扇会转动，机箱上的电源指示灯一般会长亮。硬盘与键盘上的"Num Lock"等 3 个指示灯会亮一下，然后再熄灭。显示器会发出轻微的"唰"声，表示显示卡信号已经送到显示器。

问 1349 怎样判断电脑硬盘的好坏？——开机信息诊断法

答 电脑接通电源后，进入开机信息诊断、自检、初始化阶段。如果该阶段电源指示灯亮、硬盘指示灯长亮不熄，说明硬盘可能异常（可能是硬盘数据线插反，或者硬盘本身物理故障）。

问 1350 怎样判断电脑硬盘的好坏？——屏幕提示法

答 电脑接通电源后，进入开机信息诊断、自检、初始化阶段。电脑系统发出"嘟"的一声，说明开机阶段正常且无致命性硬件故障，电脑进入非致命性的硬件故障测试阶段。非致命性的硬件故障包括 IDE 接口设备检测。如果 IDE 接口设备检测信息如下：

Detecting Primary Master... None

Detecting Primary Slave... None

Detecting Secondary Master... None

Detecting Secondary Slave... Philips CD-ROM DRIVE 40X MAXIMUM

为两个 IDE 接口没有找到硬盘，说明硬盘没接上，或者硬盘异常。

问 1351 怎样判断电脑硬盘电源的好坏？——电压法

答 一般与硬盘相连的电源接头中间的 2 插头是接地端，两边的接头是＋5V DC、＋12V DC。如果采用万用表检测，发现电压异常，说明电脑硬盘电源可能异常。

另外，也可以采用相应的好的小电机接在该电源上，如果小电机能够转动，说明电源供电是正常的；如果小电机不转动，则说明电源供电异常。

问 1352 怎样判断电脑硬盘的好坏？——望闻问切法

答 望——看包装、外形是否完整，商标、条码是否完好。

闻——安装后，听运行时的声音是否均匀、细小。

问——向使用过同型号硬盘的人询问使用情况。

切——使用一些硬件检测软件进行检测。

问 1353 怎样判断 DELL 笔记本电脑硬盘的好坏？——自带程序测试法

答 DELL 笔记本电脑开机后，看到 DELL 的启动画面时，在出现 F2、F12 的提示后，按下 F12 键。用下箭头把高亮光标移动到 Diagnostics 上面，再按回车键，会出现蓝底白字的 DELL 自检程序界面。如果该电脑异常，则会出现一些错误代码。硬盘常见的故障码有 0150、0141、0142、0143、0144、0145、0146 等。

问 1354 怎样判断风扇的引脚？——观察法

答 （1）两引线风扇

两根引线的风扇，有的是机箱风扇，有的是显卡、南北桥的风扇。两根引线的风扇一般黑色引线为 0V 的地线，黄色引线为 12V 的电源线或红色的 5V 电源线。

（2）三引线风扇

三根引线的风扇，一般黑色引线为 0V 的地线、黄色或红色引线为 12V 或 5V 电源线，绿色或者黄色线表示检测风扇转速的 TACH 线。

（3）四引线风扇

四引线智能温控风扇，一般前面三只针脚的定义与三引线风扇完全相同，并且具有防误插错设计。第四针脚一般是蓝色线的风扇调速线。

有关风扇引脚分布如图 3-5-2 所示。

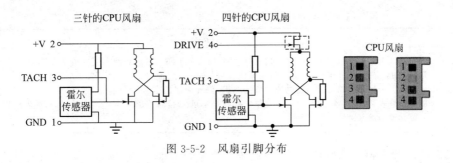

图 3-5-2 风扇引脚分布

→ **问 1355** 怎样判断风扇的质量？——比较法

答 判断风扇质量的方法与要点见表 3-5-5。

表 3-5-5 判断风扇的质量的方法与要点

项目	质量好的	相对质量次的
插头质量	好	劣质
导线长度与种类要求	满足	可能不满足
极性保护	具有	没有
转子制动保护	具有	没有

→ **问 1356** 怎样判断显卡 PCI 接口的差别？——表格比较法

答 表格比较法判断显卡 PCI 接口的差别见表 3-5-6。

表 3-5-6 判断显卡 PCI 接口的差别

接口标准	总线	时钟	传输速度
PCI 32bit	32bit	33MHz	133Mb/s
		66MHz	266Mb/s
PCI 64bit	64bit	33MHz	266Mb/s
		66MHz	533Mb/s
PCI-X	64bit	66MHz	533Mb/s
		100MHz	800Mb/s
		133MHz	1066Mb/s
PCI-E X1	8bit	2.5GHz	512Mb/s(双工)
PCI-E X4	8bit	2.5GHz	2Gb/s(双工)
PCI-E X8	8bit	2.5GHz	4Gb/s(双工)
PCI-E X16	8bit	2.5GHz	8Gb/s(双工)

→ **问 1357** 怎样判断网卡的优劣？——综合法

答 判断网卡优劣的方法与要点见表 3-5-7。

表 3-5-7 判断网卡优劣的方法与要点

名称	方法与要点
焊接质量	正规的网卡焊接质量好，一般没有堆焊、虚焊等异常现象，并且所有焊点看上去基本一样。非正规的网卡，焊接质量较差，焊点看上去不一样
接口法	目前，一般 PC 上使用的网卡是 RJ-45 与 BNC 两种接口类型。一般情况下，10M 网卡多数使用一个 RJ-45 接口或 RJ-45 和 BNC 两个接口。100M 网卡或 100/10M 自适应网卡多数仅有一个 RJ-45 接口。如果出现带 BNC 接口的 100M 或 10/100M 网卡，则说明该网卡可能是伪劣的

名称	方法与要点
网卡卡号	每块网卡都有一个固定的卡号,且任何一块的卡号都不同。正规的网卡上一般都直接标明了卡号,一般是一组12位的16进制数。其中,前6位代表网卡的生产厂商,后6位表示生产厂商自行分配给网卡的唯一号码。卡号还可以通过自带的驱动程序测得,保证测得的卡号与网卡上所标的卡号一致。有些网卡只用6位数表示卡号,这6位一般是12位中的后6位,前6位可查阅网卡生产商的号码,或者使用网卡自带的驱动程序盘来测试

➜ 问 1358 怎样判断网卡的好坏? ——连通法

答 出现一种网络运用故障时,如果无法接入 Internet,可以先尝试运用连通其他网络来判断。例如查找网络中的其他电脑,或运用局域网中的 Web 阅读,或者 ping 到其他电脑等。如果其他网络运用连通可以正常运用,则说明该网卡是好的;如果其他网络运用也不能够连通,则说明该网卡可能异常。

➜ 问 1359 怎样判断网卡的好坏? ——LED 灯法

答 观察网卡的指示灯是否正常。正常情况下,在不传送数据时,网卡的指示灯会闪烁较慢;传送数据时,网卡的指示灯会闪烁较快。如果不亮、常亮不灭,则说明该网卡可能异常。

一般网卡有两个指示灯,红的一般是电源指示灯,绿的一般是网络通不通的指示灯。

说明:对于 Hub 的指示灯,凡插有网线的端口,其指示灯都亮。因此,其指示灯的作用只能指示该端口能否衔接有末端设备,不能够显示通信状态。

➜ 问 1360 怎样判断网卡的好坏? ——ping 命令法

答 首先运用 ping 命令,ping 本地的 IP 地址或电脑名,从而检查网卡与 IP 网络协议是否正常与安装完整。如果能够 ping 通,说明该电脑的网卡、网络协议设置正常。如果不能够 ping 通,则说明 TCP/IP 协议异常。这时,可以通过电脑中的系统查看网卡是否安装,是否出错。如果将未知设备或带有黄色的网络适配器删除,刷新后,重新安装网卡,把网卡正确安装、正确配置网络协议后还不正常,则说明该网卡可能损坏了。

说明:如果可以确定网卡与协议都正确,但是网络依旧不通,可能是 Hub 与双绞线异常引起的。

➜ 问 1361 怎样判断 uATX 与 ATX 电脑主板的区别? ——特点法

答 ① uATX 板型是通用的小机箱用的主板;ATX 板型是标准的主板,只能够使用普通的大机箱。

② uATX 板型面积较小,接口、插槽数量设计紧凑、有限;ATX 板面积较大,接口、插槽数量相对宽余。

➜ 问 1362 怎样判断笔记本液晶屏幕的厂家? ——软件法

答 选择、安装 AIDA64 测试硬件信息与系统信息的软件,通过该软件的界面(操作),可以判断出笔记本液晶屏幕的厂家。

➜ 问 1363 怎样判断笔记本 APU 的 A6 与 A8 的区别? ——比较法

答 ① A6 4400M 是双核心双线程的处理器,A8 4500M 是四核心四线程的处理器。

② A8 4500M 性能要比 A6 4400M 高不少。

③ A6 4400M 的核心主频是 2.7~3.2GHz,A8 4500M 的核心主频是 1.9~2.8GHz,但是 A8 4500M 核心数比 A6 4400M 多一倍。

④ A8 4500M 集成了 Radeon HD 7640G,A6 4400M 集成了 Radeon HD 7520G。

⑤ A6 适用于普通应用与办公,A8 适合更好一点的要求。

→ 问 1364 怎样判断笔记本液晶屏灯管的好坏？——排除法

答 如果笔记本开机后，液晶屏上显示的文字或者图像非常暗淡，说明背光灯管没有工作。出现该种情况的原因主要有驱动背光灯管的升压电路损坏、灯管自身损坏。如果确定排线、升压板没有问题，则说明灯管笔记本液晶屏灯管可能损坏了。

说明：笔记本主板所提供的低压直流电一般是先进入升压电路板，然后通过开关电路转换为高频高压电，再将液晶屏背光灯管点亮。

→ 问 1365 怎样判断笔记本暗屏的原因？——现象法

答 判断笔记本暗屏原因的方法与要点见表 3-5-8。

表 3-5-8　判断笔记本暗屏原因的方法与要点

原　因	可能涉及的元件或者零部件
电流过大造成连接线烧坏、断裂	液晶屏的连接线等
重压液晶屏致使灯管破损	灯管等
主板电源受阻无法供到高压包	高压板、芯片、高压包等

→ 问 1366 怎样判断笔记本暗屏的原因？——四点法

答 四点法判断笔记本暗屏的原因如下：

① 灯管断开；
② 高压包没电供到灯管；
③ 主板没电供到高压包；
④ 连接线断开。

→ 问 1367 怎样判断笔记本内存问题？——六点法

答 六点法判断笔记本内存问题如下：

① 内存不规范；
② 内存形状不对；
③ 内存不兼容；
④ 耗电量与发热异常；
⑤ 最大内存支持不对；
⑥ 专用内存有误。

→ 问 1368 怎样判断光电鼠标电缆芯线断？——现象法

答 如果光标不动或时好时坏，或用手推动连线，光标抖动，都说明该光电鼠标电缆芯线可能断路。

→ 问 1369 怎样判断 USB 接口动力不足？——外接电源法/接口替换法

答 如果直接使用 USB 接口有一些异常情况，怀疑是 USB 接口动力不足引起的，则可以为 USB 设备单独提供外接电源或另外换一接口。如果故障消除，则说明怀疑是正确的。

→ 问 1370 怎样判断 USB 接口动力不足？——降低功率法

答 如果直接使用 USB 接口有一些异常情况，怀疑是 USB 接口动力不足引起的，则可以选用消耗功率低的 USB 设备，或者选用独立电源供电的 USB 设备。如果选用这两种设备使用后，故障消除，则说明怀疑是正确的。

说明：一般情况下，主板中的每个 USB 端口的供电电源大约为 0.5A。

→ 问 1371 怎样判断 USB 接口动力不足？——排除异己法

答 如果直接使用 USB 接口有一些异常情况，怀疑是 USB 接口动力不足引起的，则可以暂时把用不到的其他 USB 设备从主板的 USB 端口中拔出来，仅留下需要工作的 USB 设备。这样可以让主板单独为该 USB 设备提供动力。如果拔出其他 USB 设备后，故障消除，则说明怀疑是正确的。

→ 问 1372 怎样识别 USB 接口的引脚？——图解法

答 识别 USB 接口的引脚如图 3-5-3 所示。

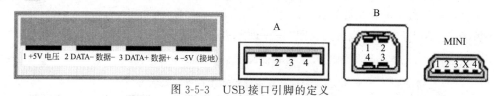

图 3-5-3　USB 接口引脚的定义

Type A USB 接口：一般用于 PC 中。

Type B USB 接口：一般用于 USB 设备中。

Mini-USB 接口：一般用于数码相机、数码摄像机、测量仪器、移动硬盘等设备中。

USB 接口引脚的定义，一般的排列方式是从左到右为红白绿黑，其中：

黑线——表示地线 GND；

红线——表示电源 V_{cc}；

绿线——表示 USB 数据线 data＋；

白线——表示 USB 数据线 data－。

→ 问 1373 怎样识别 USB 鼠标电路板上 GVCD 接口的引脚？——字母法

答 G——GND 电源地线的首字母，一般是黑色的导线。

V——V_{cc} 电源正极的首字母，一般是红色的导线。电源正极与地线间一般接有一个滤波电容。

C——CLOCK 时钟的首字母，一般是白色的导线。

D——DATA 数据的首字母，一般是绿色或蓝色的导线。

→ 问 1374 怎样判断光电鼠标的好坏？——指示法

答 如果移动鼠标时，箭头不动，光电鼠标红色灯不亮，则说明该光电鼠标可能损坏了。

→ 问 1375 怎样判断光电鼠标的好坏？——观察法

答 如果发现鼠标摔裂、碰坏、导线拉拽掉、机械传动卡死、微动开关断脚、鼠标电缆断等异常情况，则说明该光电鼠标损坏了。

→ 问 1376 怎样判断三键式鼠标微动开关的好坏？——替换法

答 卸下鼠标背面的螺钉，取下橡胶球，拨动舌卡，打开鼠标外壳。再取下内部电路板，并拨动鼠标机械部分与电路板连接处的长舌，取下机械部分。此时，可以看到电路板上有 3 个微动开关，把怀疑坏的微动开关取下，使用其中间对应的好的微动开关替换怀疑坏的微动开关，然后装好鼠标即可。如果替换后，三键式鼠标能够正常工作，则说明该三键式鼠标原来怀疑坏的微动开关确实损坏了。

→ 问 1377 怎样判断键盘或鼠标上拉电阻的好坏？——现象法

答 如果键盘或鼠标工作不稳定，有时能够使用、有时不能够使用，则说明该键盘或鼠标上拉电阻可能损坏了。

→ 问 1378 怎样判断键盘连线的好坏？——万用表法

答 键盘的连线一般用红色、黑色、绿色、黄色四芯线缆连接，该线缆的功能分别对应为电源线、地线、信号线、时钟线。使用万用表电阻挡检测时，同线缆两端是导通状态，不同线缆间是断开状态。如果检测数值与正常情况有差异，则说明该键盘连线可能损坏了。

→ 问 1379 怎样判断鼠标元件的好坏？——现象法

答 现象法判断鼠标元件的好坏见表 3-5-9。

表 3-5-9　现象法判断鼠标元件的好坏

现象	可能损坏的元件或者零部件
鼠标按键失灵	微动开关、塑料簧片、碗形接触片等
鼠标的灵活性下降	机械定位滚动轴、鼠标滚动球等
找不到鼠标	连接串口或 PS/2 接口、主板、多功能卡、线路等

→ 问 1380 怎样判断键盘按键的好坏？——万用表法

答 把万用表调到电阻挡，检测按键接点的通断状态。如果按键始终不导通，说明该按键损坏了。如果通断正常，则说明该键盘按键正常。故障可能由虚焊、脱焊等原因引起的。

→ 问 1381 怎样判断键盘按键的好坏？——感觉法

答 如果按下键盘上的某个字符需要花费很大的力气，才能够被显示出来，则说明键盘该键的触点接触不良。

→ 问 1382 怎样判断键盘按键的好坏？——现象法

答 如果使用键盘时，遇到光标停不住，字符也输不进去的异常现象，则说明该键盘空格键或某一字符键复位弹簧可能疲劳失效了。

→ 问 1383 怎样判断双绞线的类型？——标识法

答 通过观看网线上的标注来判断双绞线的类型。

举例：双绞线标有 CAT 3，则表示该双绞线为 3 类线；双绞线标有 CAT 5，则表示该双绞线为 5 类线。

→ 问 1384 怎样判断双绞线的类型？——测试法

答 打开电脑，在 Windows 95/98 中的"系统监视器"，或者 Windows NT Server4.0 等系统中的"网络监视器"中进行测试。如果测试速度达到了 100Mbps，则说明所使用的双绞线可能为 5 类双绞线；如果测试速度只有 10Mbps，则说明所使用的双绞线可能为 3 类双绞线。

说明：进行网络速度测试时，双绞线的长度一般为 100m 的标准长度。否则，测试出的数据没有判断意义。

→ 问 1385 怎样判断双绞线的质量？——表格法

答 判断双绞线的质量的方法与要点见表 3-5-10。

表 3-5-10　判断双绞线的质量的方法与要点

项目	质量好的双绞线	假的或者质量欠佳的双绞线
耐温性	较高的耐温性（好的双绞线在周围温度达到 35～40℃时，其外面的一层胶皮不会变软）	耐温性差（双绞线在周围温度达到 35～40℃时，其外面的一层胶皮会变软）
电缆外包抗拉性	较强的抗拉性	抗拉性差
双绞线电缆的线芯	金属铜	铜中添加了其他的金属元素
双绞线电缆的线芯	易弯曲	不易弯曲
双绞线外面的胶皮的抗燃性	具有抗燃性	抗燃性差
屏蔽层	有金属网与绝缘材料	无，或者质量不合格

→ 问 1386 怎样判断电脑电磁波的泄漏？——收音机法

答 把电脑打开，打开中波收音机，并把收音机放在离机箱 20～30cm 的附近。如果听不到收音机里有"沙沙"的噪声，说明该电脑电磁波泄漏比较少；如果能够听到收音机里有"沙沙"的噪声，则说明该电脑电磁波泄漏比较多。

→ **问 1387** 电脑死机有哪些原因？——硬件 16 点法

答 散热不良、硬盘故障、CPU 超频、硬件资源冲突、移动不当、灰尘杀手、设备不匹配、软硬件不兼容、内存条故障、内存容量不够、劣质零部件、板/卡接触不良/松动、插槽坏、电源坏、外设坏、线接触不好或坏了等原因，均会引起电脑死机。

电脑死机时多表现为无法启动系统、蓝屏、软件运行非正常中断、画面定格无反应、鼠标/键盘无法输入等。

→ **问 1388** 电脑死机有哪些原因？——软件 20 点法

答 软件升级不当、非法卸载软件、使用盗版软件、非法操作、滥用测试版软件、启动的程序太多、非正常关闭计算机、病毒感染、CMOS 设置不当、系统文件的误删除、初始化文件遭破坏、动态链接库文件 DLL 丢失、硬盘剩余空间太少、硬盘空间碎片太多、BIOS 升级失败、应用软件的缺陷、内存中冲突、超频超过火了、软件的 Bug 导致死机、错误修改了系统注册表信息等原因，均会引起电脑死机。

→ **问 1389** 怎样判断电脑配件的好坏？——观察法

答 观察法判断电脑配件好坏的方法与要点见表 3-5-11。

表 3-5-11 判断电脑配件的好坏的方法与要点

配件名称	方法与要点
CPU	好的：四周没有破损，脚针没有歪曲等
光驱	好的：包装齐全、两侧没有花痕、保修标签完整等
机箱电源	好的：结实、电源稳定、USB 口合理质量连接好
内存	好的：质量好、有厂家验证信息。需要注意打磨条、冒充条的区别
显卡	需要注意显卡类型、带宽
硬盘	需要注意水货还是行货
主板	好的：包装与配套的配件要完整，型号要对，标签完整，整块板没有损坏的痕迹，槽没有灰尘，接口没有花痕，具有免费热线电话等

→ **问 1390** 怎样判断键盘、鼠标的好坏？——另接法

答 需要判断电脑中的键盘、鼠标是否正常，可以把键盘、鼠标接在另一台正常的电脑上，观察是否正常。如果不正常，则说明该键盘、鼠标损坏。如果正常，则说明该键盘、鼠标是好的。

→ **问 1391** 怎样判断键盘、鼠标的好坏？——代替法

答 如果怀疑键盘、鼠标存在问题，可以先把好的键盘、鼠标取下，接上代替的键盘、鼠标在电脑上，观察是否能够使用。如果键盘鼠标能够使用，说明该键盘鼠标可能存在兼容问题。如果也不能使用；则说明键盘、鼠标的主板的接口可能存在接触不良、虚焊等异常情况。

→ **问 1392** 怎样判断鼠标微动开关的好坏？——触发法

答 鼠标内的微动开关，是一种内部采用金属簧片触发的部件。如果按下鼠标上的按键后，微动开关内的金属簧片触发一次，并且向电脑传送出一个电信号后再复位。如果按下鼠标上的按键后，微动开关内的金属簧片不触发一次，也没有向电脑传送出一个电信号，或者不能够复位，则说明该鼠标微动开关损坏了。

→ **问 1393** 怎样判断电脑致命性硬件故障？——报警声法

答 电脑检测 CPU、内部总线、基本内存、中断、显示存储器等核心部件时，一般会通

过扬声器发出的"嘟"声的次数来提示故障部位，从而可以根据"嘟"的报警声来判断有关元件的好坏。

扬声器发出的"嘟"声的次数表示提示异常的元件如下：

电脑发出 1 长 1 短报警声——说明内存或主板异常；

电脑发出 1 长 2 短报警声——说明键盘控制器异常；

电脑发出 1 长 3 短的警报声——说明显示器或显示卡异常；

电脑发出 1 长 9 短报警声——说明主板 Flash ROM、EPROM，或者 BIOS 异常；

电脑发出重复短响——说明主板电源异常；

电脑发出不间断的长嘟声——说明系统检测到内存条异常。

→ 问 1394 怎样判断电脑是否中毒？——现象法

答 ① 经常报告内存不够。

② 启动黑屏。

③ 数据丢失。

④ 系统自动执行操作。

⑤ 经常死机。

⑥ 系统无法启动。

⑦ 文件打不开。

⑧ 键盘或鼠标无故锁死。

⑨ 系统运行速度慢。

⑩ 软盘等设备没有访问时，出现读写信号。

⑪ 出现大量来历不明的文件。

→ 问 1395 怎样判断电脑元件的好坏？——现象法

答 现象法判断电脑元件好坏的方法与要点见表 3-5-12。

表 3-5-12　现象法判断电脑元件好坏的方法与要点

现　象	可能损坏的元件
AGP 槽不能用	北桥、插槽等
CPU 不工作	BIOS 座、I/O 坏、南北桥、时钟发生器、监控芯片、集成声卡、网卡、DMA66 芯片等
IDE 口不能检测到	IDE 插口针、排阻、PCB 短路或开路、南桥等
LOGO 死机	时钟发生器、I/O、南桥或北桥等
不能保存 CMOS 信息	电池、CMOS 跳线、电池座、南桥、PCB 断线、二极管等
不能开机	CMOS 电池、CMOS 跳线、电源控制芯片、逻辑门电路、实时时钟、I/O 芯片、南桥等
不正确识别 CPU	CPU、时钟芯片、外围电路等
复位不正常	I/O 芯片、BIOS 芯片、32.768 晶振、声卡、网卡、75232 串口芯片、南桥、电容、I/O 坏等
工作一段时间后死机	芯片、滤波元件等
供电不正常	电源插座＋5V、电源插座＋12V、电源插座＋3.3V、芯片、电感线圈、电解电容、场效应管、电源控制器、北桥、I/O、时钟发生器等
花屏	屏幕、显卡
检测 CPU、内存时死机	CPU、内存等
键盘口不能用	键盘跳线、键盘口座、滤波电容、电感、I/O 坏、I/O 外围电路、南桥等
进操作系统过程中死机	CPU、内存超频、CPU 供电滤波元件、芯片等

现　　象	可能损坏的元件
内存识别错误	内存、北桥等
内置的显卡、声卡、网卡不能用	相关的电路、相关芯片等
时钟不正常	时钟芯片、晶振、滤波电容、北桥等
显示到 CPU 主频时不动	CPU 插座、北桥、跳线等
显示到内存死机	内存、插槽、北桥等
显示器水波纹闪烁	线材、VGA 线、DVI 线、HDMI 线
主板不启动,开机无显示,无报警声	CPU、CPU 插座、风扇、电池、跳线等
主板不启动,开机无显示,有内存报警声	内存接触不良、内存插槽等
主板不启动,开机无显示,有显卡报警声	显卡松动、显卡损坏等
主板自动保护锁定	
自动开机	内存、显卡、电容、逻辑门电路、I/O 芯片、南桥等

3.6　微波炉

→ 问 1396 怎样判断微波炉高压电容的好坏? ——指针万用表法

答 把万用表调到 $R×10k$ 或 $R×1k$ 挡,测量高压电容:

- 如果万用表指针摆动一定角度后逐渐回到 $9～12MΩ$ 处,说明该高压电容是好的;
- 如果电阻小或者导通,说明该高压电容漏电或者击穿;
- 如果万用表指针不摆动,即指在 $9～12MΩ$ 处,说明该电容开路损坏;
- 如果测量电容两端与外壳间电阻不为无穷大,则表明该电容与外壳绝缘不良。

说明:微波炉高压电容的内部有一只 $10MΩ$ 的电阻,因此,正常的检测现象与普通的电容有所差异。

→ 问 1397 怎样判断微波炉主板高压二极管的好坏? ——万用表法

答 把指针万用表调到 $R×10k$ (一般内电压为 $9～15V$) 挡,检测高压二极管的正反向电阻。如果检测的正反向电阻为 0,则说明该高压二极管已经损坏。

说明:微波炉高压二极管内部是由多个二极管串联而成,普通数字万用表的二极管挡内电压只有 3V,不足以使微波炉高压二极管导通,只能够检测其是否短路。

→ 问 1398 怎样判断微波炉高压二极管的好坏? ——万用表法

答 微波炉中的高压二极管正向电阻一般为 $20～300kΩ$ 左右,反向电阻一般为无穷大 ∞。非对称保护二极管,可用 $R×10k$ 挡测量:正常的正反向电阻都应为无穷大。

注意:① 高压二极管的导通阈值电压较高,如果用内电池电压为 1.5V 的普通万用表测其正向电阻,测出阻值可能很大,表针往往不动,因此,一般采用内电池大于 6V 的或者 $9～15V$ 万用表的 $R×10k$ 挡来测量。

② 测量时不可短路两测量端,也不要去测量已知内阻不正常(过小)的高压二极管。为保险起见,可以串联一个合适的限流电阻后再使用。

说明:微波炉中的高压二极管实际上是几个二极管串联而成的,因此,内阻比普通二极管的内阻要高。

→ 问 1399 怎样判断微波炉高压二极管的好坏? ——兆欧表法

答 一般正常正向电阻小于 $2kΩ$,反向电阻为无穷大 ∞。如果与该正常数值相差较大,则说明该微波炉高压二极管异常。

→ **问 1400** 怎样判断联锁开关的好坏？——观察法

答 微波炉联锁开关异常可以通过炉门、门钩、门封等损坏或失效情况来判断，例如塑料门体老化变形、门铰链位移、门缝间隙增大、炉门松动或损坏、门垫异常、观察窗异常等异常情况，则说明该联锁开关异常。

→ **问 1401** 怎样判断微波炉磁控管的好坏？——电阻法

答 （1）灯丝电阻的检测

把万用表调到 $R \times 1$ 电阻挡检测。正常情况下，灯丝电阻一般小于 1Ω。如果检测得到的数值与正常数值有较大差异，则说明该微波炉磁控管可能损坏了。

（2）灯丝与外壳间电阻

把万用表调到 $R \times 10k$ 挡，检测灯丝任一脚对地（金属机壳）的电阻。正常情况下，一般都为无穷大 ∞。如果灯丝对外壳阻值为 0Ω，则说明该灯丝碰极，即说明该磁控管损坏了。

→ **问 1402** 怎样判断微波炉转盘电机的好坏？——万用表法

答 微波炉转盘电机的绕组电阻正常情况下一般为 $10 \sim 20k\Omega$。较早产品的转盘电机电阻小于 $10k\Omega$，大约为 $4 \sim 8k\Omega$。如果与正常值相差较大，则说明该微波炉转盘电机可能损坏了。

→ **问 1403** 怎样判断微波炉冷却电机的好坏？——万用表法

答 微波炉的冷却电机绕组电阻正常情况下一般为 $100 \sim 250\Omega$。如果与正常值相差较大，则说明该微波炉冷却电机可能损坏了。

→ **问 1404** 怎样检测判断微波炉高压变压器的好坏？——综合法

答 综合法检测判断微波炉高压变压器的好坏见表 3-6-1。

表 3-6-1　综合法检测判断微波炉高压变压器的好坏

方法	解　说
电压法	高压变压器初级绕组一般接 220V 市电交流电，次级一般有两组电压输出：一组提供 3.4V 灯丝电压，另一组提供大约 2000V 的高压。如果检测的电压与规定的数值电压存在较大偏差，则说明该高压变压器可能损坏了。采用电压法检测一定要注意安全操作
电阻法	采用万用表的电阻挡检测高压变压器的绕组，其初级绕组一般为 2.2Ω，高压绕组一般为 130Ω。如果检测的数值与规定的数值偏差较大，则说明该高压变压器可能损坏了
材料特点法	高压变压器低压侧的引线一般较细，绝缘皮薄且为低压材料。高压变压器的高压侧引线较粗，绝缘采用高压材料

→ **问 1405** 怎样检测微波炉微波泄漏？——收音机法

答 把半导体收音机打开，并靠近炉门周围。如果收音机有干扰，则说明该微波炉微波可能发生泄漏。

3.7 电磁炉

→ **问 1406** 怎样判断电磁炉电压检测电阻的好坏？——阻值法

答 电磁炉的电压检测电阻如果与原阻值相差 $20k\Omega$ 以上，则说明该电阻异常。

→ **问 1407** 怎样判断电磁炉压敏电阻的好坏？——兆欧表 + 万用表法

答 首先采用 1000V 的 IC25-4 型兆欧表、500 型万用表的直流电压挡 2500V 与被测的压敏电阻并联连接进行检测。如果被检测电压为 390V，则说明该压敏电阻是正常的。如果被检测电压大于 400V 时，则说明所检测的压敏电阻异常。

→ **问 1408** 怎样识读电磁炉跨线滤波电容与电磁炉谐振电容？——图解法

答 电磁炉跨线滤波电容与电磁炉谐振电容的判断图解如图 3-7-1 和图 3-7-2 所示。

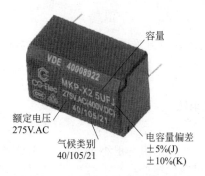

容量

额定电压 275V.AC

气候类别 40/105/21

电容量偏差 ±5%(J) ±10%(K)

图 3-7-1　电磁炉跨线滤波电容识读

容量

电容量偏差

额定电压

气候类别

图 3-7-2　电磁炉谐振电容识读

➡ 问 1409 怎样判断电磁炉共振电容的好坏？——万用表法

答 首先把 500 型万用表调到直流电压挡 2500V，然后与被测的共振电容同时并联在一起。这时万用表的直流电压 650V 为正常值。如果被测共振电容耐压为 100V 时，则说明该共振电容耐压已经下降。

➡ 问 1410 怎样判断电磁炉共振电容的好坏？——兆欧表法

答 首先把 1000V 的兆欧表与被测的共振电容同时并联在一起，其中，兆欧表 E 端为正极，L 端为负极进行检测。检测时，顺时针方向转动兆欧表的手柄，并且速度逐渐增到 120r/min。这时，如果被测共振电容耐压为 100V，则说明该耐压电容已经下降，不宜继续使用，以免出现间隔性损坏 IGBT 的疑难故障发生。

➡ 问 1411 怎样判断电磁炉共振电容的好坏？——兆欧表＋万用表法

答 采用 1000V 的 IC25-4 型兆欧表、500 型万用表的直流电压挡 2500V 与被测的共振电容同时并联在一起。其中，兆欧表的 E 端接正极，L 端接负极进行检测。检测时，顺时针方向转动兆欧表的手柄，并且速度逐渐增到 120r/min。这时，万用表的直流电压如果为 650V，则说明该共振电容是正常的。如果被测的共振电容耐压为 100V，则说明该共振电容异常。

➡ 问 1412 怎样判断高压滤波与谐振电容容量的好坏？——经验法

答 电磁炉 300V 高压滤波与谐振电容，精度一般均应在 5% 以内。如果发现容量超过 5%，维修时，直接换掉。这样可以排除一些很难找到根源的疑难故障。

➡ 问 1413 怎样判断电磁炉扼流圈短路？——现象法

答 如果电磁炉扼流圈测量正常，但一通电就烧保险管，其他元件正常，说明扼流圈可能存在短路现象。

➡ 问 1414 怎样判断电磁炉电路图中的变压器与电流互感器、扼流圈？——图例法

答 图例法判断电磁炉电路图中的变压器与电流互感器、扼流圈的图例如图 3-7-3 所示。家用电磁炉变压器的初级一般会与中性线以及一根相线相连，即是并联关系，次级则不会与主电路并联，而是组成独立的电压输出电路。电流互感器的初级一般是串接在线路上，

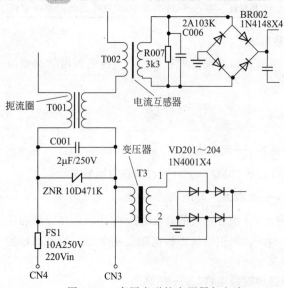

图 3-7-3　家用电磁炉变压器与电流互感器、扼流圈在电路图中的识别

而次级则不会与主电路串接，而是组成独立的电流检测电路。扼流圈则一般是一组线圈串接一根主线路，另外一组线圈串接另外一根主线路上。

→ 问 1415　怎样判断电磁炉互感器的好坏？——万用表法

答　首先把万用表调到电阻挡，然后进行检测。正常情况下，互感器的次级电阻大约80Ω、初级电阻大为0Ω。如果测得的数值与正常数值相差较大，则说明该互感器可能异常。

→ 问 1416　怎样判断电磁炉 IGBT 传感器的好坏？——观察法

答　IGBT 传感器引线如果坚硬、露铜、破损、压痕，则说明 IGBT 传感器总成异常。如果感温头头部裂缝、破损以及感温头与导线、端子与导线结合松弛或者松动，甚至脱落，线耳生锈等，均说明该 IGBT 传感器总成异常。

→ 问 1417　怎样判断电磁炉桥堆的好坏？——兆欧表法

答　首先把整流桥的交流两端与兆欧表并联在一起，进行检测。正常时检测电压为650V，低于正常值时，说明耐压下降，如果继续则会引起整机短路、击穿整流桥等疑难故障的发生。

→ 问 1418　怎样判断电磁炉桥堆的好坏？——万用表直流电压挡法

答　首先把整流桥的交流两端与万用表并联在一起，进行检测。正常时检测电压为650V，低于正常值时，说明耐压下降，如果继续则会引起整机短路、击穿整流桥等疑难故障的发生。

→ 问 1419　怎样判断电磁炉桥堆的好坏？——兆欧表 + 万用表法

答　采用 1000V 的 IC25-4 型兆欧表、500 型万用表的直流电压挡 2500V 与被测的整流桥交流两端同时并联在一起进行检测。其中，兆欧表的 E 端接正极，L 端接负极进行检测。检测时顺时针方向转动手柄，速度逐渐增至 120r/min，这时万用表的直流电压如果 650V，则说明整流桥正常。如果低于 650V，则整流桥容易被击穿损坏。

→ 问 1420　怎样检测 IGBT 的好坏？——兆欧表 + 万用表法

答　首先根据所检测的 IGBT 选择恰当量程的兆欧表与万用表，把兆欧表、万用表的直流电压挡与被测的 IGBT 连接进行检测。其中，兆欧表的 E 端接 IGBT 集电极 C、万用表的正极，兆欧表的 L 端接 IGBT 发射极 E、万用表的负极进行检测。检测时顺时针方向转动手柄，速度逐渐增至 120r/min，并且读出万用表的直流电压，根据该数值来判断 IGBT 是否正常的。

万用表调到直流电压 50V 挡上进行检测，正常时耐压读数为 45V。如果电压偏低，说明耐压下降。如果电压超过 100V 以上（万用表需要调到更高直流电压）时，说明 IGBT 开路损坏。

说明：以上方法主要是检测电磁炉中的 IGBT 所得出的经验。检测其他的 IGBT，则可能 IGBT 集电极 C、IGBT 发射极 E 间的耐压数值有可能存在差异。

→ 问 1421　怎样判断电磁炉单片机的好坏？——万用表二极管挡法

答　用万用表二极管挡测量电磁炉单片机与接地端，一般均有 0.7V 左右的电压降。如果万用表红笔接地，黑笔接电磁炉单片机按键端口，如果检测得到的电压为 0，则说明该电磁炉单片机按键端口击穿的现象。

→ 问 1422　怎样判断电磁炉蜂鸣器的好坏？——开机听声法

答　许多电磁炉在按开/关键或者开键时，一般蜂鸣器会叫一短声。如果没有此短声发出，则说明该电磁炉蜂鸣器可能损坏了。

→ 问 1423　怎样判断小型无源蜂鸣器与小型有源蜂鸣器的区别？——观察法

答　① 把小型无源蜂鸣器与小型有源蜂鸣器的引脚朝上放置时，可以看到电路板的一种则是无源蜂鸣器，没看到电路板而用黑胶封闭的一种为有源蜂鸣器。

② 小型无源蜂鸣器与小型有源蜂鸣器两者的高度略有区别，有源蜂鸣器高度要比无源蜂鸣器高一点。

→ 问 1424 怎样判断小型无源蜂鸣器与小型有源蜂鸣器的区别？——万用表法

答 首先把万用表调到 $R \times 1$ 电阻挡，再用黑表笔接蜂鸣器的＋端，红表笔碰触另一引脚，如果碰触时能够发出"咔、咔"声，并且电阻只有 8Ω 或 16Ω 的蜂鸣器是无源蜂鸣器。如果能发出持续声音，且电阻在几百欧以上的，则是有源蜂鸣器。

→ 问 1425 怎样判断小型无源蜂鸣器与小型有源蜂鸣器的差别？——特点法

答 有源蜂鸣器直接接上额定电源（新的蜂鸣器在标签上都有注明）就可连续发声。无源蜂鸣器则与电磁扬声器一样，需要接在音频输出电路中才能发声。

有源蜂鸣器工作的理想信号是直流电，一般标示为 VDC、VDD 等。无源蜂鸣器没有内部驱动电路，其工作的理想信号为方波。

→ 问 1426 怎样判断蜂鸣器的好坏？——外观法

答 蜂鸣器有裂缝与裂痕、边角毛刺、变形、氧化、生锈、引脚弯折与断裂、外壳涂层不完整、外壳起泡等现象，均是蜂鸣器不正常的标志。

说明：有的蜂鸣器具有正、负电极标志，可以观察出是否接线错误。

→ 问 1427 怎样判断蜂鸣器的好坏？——声音法

答 正常的蜂鸣器声音应该清脆，没有变音、嘶哑等现象，并且具有一定的输出声压。如果有蜂鸣器嘶哑、变音等异常现象，则说明该蜂鸣器可能异常。

→ 问 1428 怎样判断电磁炉保险丝的好坏？——综合法

答 综合法判断电磁炉保险丝好坏的方法与要点见表 3-7-1。

表 3-7-1　判断电磁炉保险丝好坏的方法与要点

名称	解　说
对着亮光看	断电后，把保险丝拔出来，对着亮光看就知道了：烧了的中间断开，好的是连接的
万用表电阻	万用表电阻挡测通断：通为好的，断为烧断了。 万用表电阻挡检测注意以下几点： ①如果积有灰尘，则用吹气球把灰尘吹掉，如果不吹掉容易出现接触不良，则检测的数据不稳定； ②在线检测会受到电路的影响，检测不确定，因此，一般要离线检测

→ 问 1429 怎样判断商用电磁炉开关电位器与编码器的好坏？——声音法

答 扭动开关把手时，一般电位器与编码器旋钮应一起转动。电位器的开关，在开关不通时，一般还会"嘟、嘟"地一直报警。如果与正常现象有差异，则说明商用电磁炉开关电位器与编码器可能损坏了。

→ 问 1430 怎样判断电磁炉接线柱与跳线的好坏？——综合法

答 （1）外观法

如果接线柱与跳线表面不平整、缺块、裂缝、裂痕、镀层不均匀、无光泽、镀层损坏、出现边角毛刺、有变形、氧化、生锈、引脚弯折、断裂等现象，说明接线柱与跳线可能损坏，维修时，最好更换，以免产生疑难故障，难以修复或者增加维修难度。

（2）尺寸

如果尺寸不对、跳线线径不对（可以采用游标卡尺来测量），会导致安装松弛、接触不良，从而引发难以琢磨的疑难故障。因此，遇到这种情况，应该采用正确的线径接线柱与跳线。

（3）万用表检测

可以通过万用表检测接触电阻来判断接线柱与跳线是否正常，接线柱与跳线的接触电阻一般小于 0.01Ω。

（4）放大镜

可以用放大镜来查看接线柱与跳线引脚假焊、虚焊等情况，从而杜绝接线柱与跳线引发的疑难故障。

→ 问 1431 怎样判断电磁炉散热器的好坏？——综合法

答 如果有散热器变形、螺孔变形、材质不对、长宽高等尺寸不对、螺钉安装不紧/滑丝/损坏、散热器安装不平（一般要求 $\leqslant0.2mm$）、重量不对（$260mm\times64mm\times32mm$ 一般为 $140g\pm3g$）、皱纹等现象，则说明该电磁炉异常可能与散热器异常有关。

→ 问 1432 怎样判断电磁炉连接器的好坏？——观察法

答 如果有连接器端子塑胶破损、裂纹、插针氧化、锈蚀、折断、弯曲、变黑等现象，则说明该电磁炉异常可能与该连接器异常有关。

→ 问 1433 怎样判断电磁炉连接器排线的好坏？——综合法

答 连接器排线如果硬化、没有光泽、破损、压痕、外皮突起、端子塑胶破损、裂纹、插针氧化、锈蚀、折断、弯曲、变黑、插针与导线接触不牢固、脱落、松动、露芯碰触、导线太小、导通电阻大（一般小于 1Ω）、耐压差（一般要求 1000V AC）、端子拉力小等，则说明该连接器排线可能异常。

3.8 电饭煲与电压力锅

3.8.1 电饭煲

→ 问 1434 怎样判断电饭煲热敏电阻的好坏？——阻值法

答 采用万用表的欧姆挡检测，热敏电阻的阻值，如果检测得到的数值为 0 或者无穷大，则说明该热敏电阻异常。电饭煲常见热敏电阻的阻值见表 3-8-1。

表 3-8-1　电饭煲常见热敏电阻的阻值

室温/℃	5	10	15	20	25	30	35	40
阻值/kΩ	121	96	77	62	50	41	33	27

→ 问 1435 怎样判断电饭煲热敏电阻的好坏？——观察法

答 外观检查压敏电阻是否有烧爆等损坏异常，如果存在烧爆、烧断等异常现象，则说明该热敏电阻已经损坏。

→ 问 1436 怎样判断电饭煲限流电阻的好坏？——万用表法

答 采用万用表的欧姆挡检查。如果检测数值为无穷大∞，则说明该限流电阻断路。另外需要注意：如果该限流电阻熔断，必须采用同型号限流电阻代替，不能直接用导线代替。

说明：电饭煲限流电阻异常，往往是熔断。

→ 问 1437 怎样判断电饭煲快速开关二极管的好坏？——数字万用表二极管挡法

答 断电情况下，直接用数字万用表二极管挡检查：

① 万用表正极连接二极管阳极，负极接二极管阴极，正常情况下，电阻显示 $400\sim700\Omega$；

② 万用表正极连接二极管阴极，负极接二极管阳极，正常情况下，电阻显示为无穷大。

→ 问 1438 怎样判断电饭煲中晶闸管的好坏？——电路分析法

答 晶闸管在电饭煲中的应用电路如图 3-8-1 所示。晶闸管可以用来作高电压与高电流的

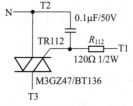

图 3-8-1　晶闸管在电饭煲
中的应用电路

控制。如果电流过大，晶闸管会发热。晶闸管在电饭煲中可以用于控制小功率的发热带开关。

检测图中晶闸管的好坏，需要先检查 VDD 5V 电压是否正常。如果 VDD 5V 正常，则可在断电的情况下，把晶闸管的电极 T1 悬空，然后在连接发热组件等情况下，检查电极 T3、T2 间输出的电压，正常一般为市电 AC220V。如果电极 T1 与电源地 GND 存在短接现象，则电极 T3 与 T2 间电压输出一般会变为 0V。如果符合以上情况，则说明该晶闸管是好的。

→ 问 1439 怎样判断电饭煲指示灯的好坏？——电烙铁法

答 把外热式电烙铁通好电，用烙铁头碰指示灯的一只引脚，用手捏住指示灯的另外一只引脚。如果指示灯发光，则说明该指示灯是好的。

→ 问 1440 怎样判断电饭煲线性变压器的好坏？——万用表法

答 把万用表调到欧姆挡，检测变压器初级电阻，正常情况下，电阻值为几欧。如果检测值为几千欧以上，或者呈开路状态，则说明该变压器初级已经损坏。

把变压器次级连接的板块（负载）拿开，用万用表检测其次级电阻，正常情况下，变压器电阻次级电阻为几欧。如果检测得到的数值过大，或者出现短路现象，则说明该变压器已经损坏。

如果变压器初级、次级电阻均正常，则可以连接好电源板接通电源，进行电压检测判断。

→ 问 1441 怎样判断电饭煲继电器的好坏？——万用表法

答 电饭煲继电器的主要作用是用低压信号控制高压信号，从而实现发热盘通断的控制，其结构如图 3-8-2 所示。在断电状态下检测 4、5 脚间的电阻为低阻值，如果电阻为无穷大 ∞，则说明该继电器已经损坏了。在断电状态下，检测 1、3 脚间的电阻正常为开路，否则，说明该继电器已经损坏了。在断电状态下，检测 1、2 脚间的电阻正常为接通状态，否则，说明该继电器已经损坏了。

图 3-8-2　继电器

→ 问 1442 怎样判断电饭煲继电器的好坏？——观察法

答 观察继电器，如果继电器烧坏、变形、表面裂痕等，则说明该继电器可能损坏了。

→ 问 1443 怎样判断电饭煲温控器的好坏？——电烙铁法

答 把磁铁用连杆推上去让它吸住铝罩下面的软铁，用 100～150W 的电烙铁给铝罩加热，也就是给磁铁加热。加热 5～10min 后，如果磁铁能够掉下去，说明该磁铁温控器是好的。如果磁铁用连杆推上去，吸不住铝罩下面的软铁，或能够吸上去，但是加热不失磁（也就是不掉下来），则说明该磁铁传感器是坏的。

说明：电饭煲中控制温度的传感器主要是由一块遇到 105℃ 左右高温就会失去磁性的磁铁组成，该磁铁温控器的结构如图 3-8-3 所示。

图 3-8-3　磁铁温控器的结构

→ 问 1444 怎样判断电饭煲煮饭按键的好坏？——观察法

答 电饭煲煮饭按键是一个杠杆式按键。当按下时，杠杆另一端被磁性开关吸住，此时杠杆中段不压微动电门，相关触点（例如触点 1、3）接通。如果不按该键时，杠杆另一端为释放状态，则杠杆的自重压在微动电门上，此时，另外相关触点（例如触点 1、2）接通。如果在按下时，或者不按时，相关触点的状态与正常情况下的状态特点不相符合，则说明该电饭煲煮饭按键异常。

→ 问 1445 怎样判断电饭煲微动电门的好坏？——观察法

答 当电门相关触点（例如触点1、3）接通时，则电饭煲发热盘会工作。如果另外相关触点（例如触点1、2）接通时，则电饭煲文火发热盘工作。如果发热盘与文火发热盘需要工作时，相关触点的状态与正常情况下的状态特点不相符合，则说明该电饭煲煮饭微动电门异常。

→ 问 1446 怎样判断电饭煲双金属片控制器的好坏？——观察法

答 双金属片控制器是利用热膨胀系数不相等的金属，在高温下双金属片可以发生弯曲的特性，使常温下常闭触点断开来工作。双金属片控制器触点断开的温度可以通过一个小螺钉来进行调整。如果高温下，常温下的常闭触点不能够断开，则说明该双金属片控制器异常。

→ 问 1447 怎样判断电饭煲温度继电器 KSD-85 的特点？——参数法

答 温度继电器 KSD-85 的型号中带有 D 字母，表示其为常闭温度继电器，其触点负载电流为 10A（220V）。KSD-85 在温度大约 85℃ 时，其常闭触点断开。当温度降到大约 60℃ 时，其常闭触点接通。

说明：温度继电器 KSD-85 一般装在电饭煲的内胆壁上。

→ 问 1448 怎样判断电饭煲定时器的好坏？——观察法

答 定时器一般内设有几组触点，不同的功能下，其相关触点会呈接通或者断开。当功能转换后，凸轮的作用下，原来接通或者断开的触点会发生相应的变化。如果在相应的功能下，相关触点的状态与正常情况下的状态特点不相符合，则说明该电饭煲定时器异常。

→ 问 1449 怎样判断电饭煲发热管（电热盘）的好坏？——万用表法

答 采用万用表的欧姆挡检测，如果检测的阻值为无穷大，则说明该电饭煲发热管已经断路。

说明：电饭煲发热管异常，往往是烧断。特别是没有限流电阻的电饭煲长时间工作，烧断发热管现象更为常见。

→ 问 1450 怎样判断电饭煲发热管（电热盘）的好坏？——现象法

答 电饭煲通电后，其工作灯亮，但是电热盘不加热，则说明电热盘可能异常。

→ 问 1451 怎样判断电饭煲限压阀的好坏？——观察法

答 如果发现限压阀的阀柄与阀体分离，不能密封，则说明该限压阀可能异常。

→ 问 1452 怎样判断电饭煲突跳机构的好坏？——感觉法

答 如果旋转电饭煲突跳机构时，感觉突跳弹簧或杠杆组件异常，则说明该突跳机构可能异常。

→ 问 1453 怎样判断电饭煲止开阀的好坏？——观察法

答 如果发现止开阀内有异物，则说明该止开阀可能异常。

→ 问 1454 怎样判断电饭锅元件（零部件）的好坏？——综合法

答 综合法判断电饭锅元件（零部件）好坏的方法与要点见表 3-8-2。

表 3-8-2　判断电饭锅元件（零部件）好坏的方法与要点

名称	图例	解　说
保温加热盘		用万用表测量保温加热盘的电阻,正常情况下,检测阻值应大约为 1.5kΩ。如果阻值为无穷大,则说明该保温加热盘烧断了

名称	图例	解　说
保险电阻		用万用表电阻挡测量其电阻,正常时电阻值很小。如果熔断后,则电阻值为无穷大
磁钢限温器		常温下,用手压下感温磁铁与永久磁铁应能够吸合住。如果压下感温磁铁与永久磁铁不能够吸合住,则说明该磁钢限温器可能异常
加热盘		加热盘的表面要平整,无凹陷、发黄、发黑等现象,否则说明该加热盘异常。 用万用表电阻挡测量其电阻(表笔分别接到接线柱的两端)。正常情况下,阻值为几十欧。如果阻值为无穷大,则说明该加热盘损坏了
开关触点		开关触点断开时,其检测电阻值为无穷大。闭合时,其检测电阻值很小。如果无法断开,则说明该触点粘连。如果闭合时,电阻值很大,则说明该触点氧化
双金属片温控开关		双金属片温控开关触点应当光洁平整,有金属光泽。如果外观没有光泽,则说明该双金属片温控开关可能异常。 常温下用万用表检测接线端子应能导通,万用表测量时也能够测量出触点间的通断变化。如果检测时,双金属片温控开关触点间通断异常,则说明该双金属片温控开关可能异常。 如果用手推动双金属片时,应能够听到触点通断的声音。如果推动时没有声音,则说明该双金属片温控开关可能异常

3.8.2　电压力锅

→问 1455 怎样判断电压力锅干簧管的好坏？——观察法

答　拿一只同型号好的锅盖或单独一只磁铁放在中板的干簧管位置上方,按面板上的功能键。如果不能够选择功能,则说明干簧管可能开路。

→问 1456 怎样判断电压力锅干簧管的好坏？——万用表法

答　把万用表调到欧姆挡,检测干簧管两端的电阻值。常态下干簧管的电阻值为无穷大。如果检测得到的数值与正常数值有较大差异,则说明该干簧管异常。

→问 1457 怎样判断电压力锅密封圈的好坏？——综合法

答　密封圈老化或破损、胶圈收缩、密封磨损、密封圈粘有食物渣滓等现象,则说明该密封圈可能异常。

→ 问 1458 怎样判断电压力锅密封圈胶圈收缩？——综合法

答 ① 将胶圈取下，用开水泡一下。如果这时可以装入了，则说明密封圈原来装不下可能是收缩引起的。

② 用力拽一拽胶圈，后再装入。如果这时可以装入了，则说明密封圈原来装不下可能是收缩引起的。

→ 问 1459 怎样判断电压力锅保温和限温开关的区别？——感觉法

答 把如图 3-8-4 所示手动把形状相同的开关断开几次，感觉用力小的，说明为保温开关。感觉用力大的，则为限温开关。

图 3-8-4 手动把形状相同的开关

→ 问 1460 怎样判断电压力锅传感器的好坏？——显示信号法

答 电压力锅传感器的有关显示信号见表 3-8-3。

表 3-8-3 电压力锅传感器的有关显示信号

显示信号	现象	原因	机型举例
数码管显示 E1	传感器开路	检查传感插座有无松动	九阳电压力煲 M40、M50、G42、G52、G62、G54、G64、G51、G61 等
数码管显示 E2	传感器短路	检查传感器	九阳电压力煲 M40、M50、G42、G52、G62、G54、G64、G51、G61 等
数码管显示 E3	感温器探头与内胆底部间有异物	清理感温器头与内胆底部	九阳电压力煲 M40、M50、G42、G52、G62、G54、G64、G51、G61 等
显示 E1 或 E2	传感器线断线或松现象		海尔一款电压力煲

→ 问 1461 怎样判断电压力锅压力开关的好坏？——显示信号法

答 电压力锅压力开关显示信号见表 3-8-4。

表 3-8-4 电压力锅压力开关的有关显示信号

显示信号	现象	原因	机型举例
数码管显示 E4	信号开关失灵	压力开关断开	九阳电压力煲 M40、M50、G42、G52、G62、G54、G64、G51、G61 等
显示板出现 E4	压力开关失灵	需要更换压力开关	海尔一款电压力煲

→ 问 1462 怎样判断电压力锅电源板、线路的好坏？——显示信号法

答 电压力锅有关电源板、线路显示信号见表 3-8-5。

表 3-8-5 电压力锅电源板、线路的有关显示信号

显示信号	现象	原因	机型举例
显示板出现 E1 或 E2	电源板失灵,线路短路	更换电源板	海尔一款电压力煲

→ 问 1463 怎样判断电压力锅锅盖手柄浮子阀总成的性能？——综合法

答 可以通过检查开合盖是否畅通、浮子是否在浮子阀中央等现象来判断。如果开合盖不畅通、浮子不在浮子阀的中央，则说明该锅盖手柄浮子阀总成异常。

说明：不同的电压力锅，具体状态有所差异。

→ 问 1464 怎样检测电压力锅锅盖密封圈、浮子阀密封圈、限压放气阀的性能？——试验法

答 在内锅放 1/5 的水；设保压时间 5min，并启动加热直到转入保温状态；观察浮子能否上升起压。如果无漏气现象，则说明该电压力锅锅盖密封圈、浮子阀密封圈、限压放气阀性能是好的。

说明：不同的电压力锅，具体状态有所差异。

→问 1465 怎样检测电压力锅内部连接线、保温器的性能？——试验法

答 在内锅放 1/5 的水；将旋钮转任意位置，并通电；加热灯亮，当达到保温温度时，加热灯灭，保温灯亮；将旋钮调到任意分钟位置，这时应加热灯亮，保温灯灭。

如果试验情况与上述正常情况有差异，则说明该电压力锅内部连接线、保温器的性能不好。

说明：不同的电压力锅，具体状态有所差异。

→问 1466 怎样检测电压力锅内部连接线、电源板、显示板、传感器的性能？——试验法

答 插好电源插头，这时显示的为初始状态；内锅放 1/5 的水；按一下保温/取消键，则保温灯亮，并可以听到继电器吸合声。再按下保温/取消键，则保温灯灭，并能够听到继电器断开声。

分别按一下各功能键，则相应的指示灯亮。闪烁 8s 后，加热，并能够听到继电器的吸合声。

如果试验情况与上述正常情况有差异，则说明该电压力锅内部连接线、电源板、显示板、传感器的性能不好。

说明：不同的电压力锅，具体状态有所差异。

3.9 热水器

3.9.1 燃气热水器与电热水器、太阳能热水器

→问 1467 怎样判断燃气热水器水控电源总开关的好坏？——掰动法

答 燃气热水器水控电源总开关其右侧面有一片小铁片压着一个小触点，该触点一般压着是关，松开是开。检测时，可以用指甲往右掰小铁片，人为地松开开关，正常就会立即打火。如果没有打火，则说明该电源总开关已经损坏了。

→问 1468 怎样判断热水器电源变压器的好坏？——万用表法

答 把万用表调到交流电压挡，检测其输入电压（一般是红线与红线间）大约为 220V。检测（一般是蓝线与黑线间）输出电压大约为 12V（空载情况，具体数值因机型有差异）。否则，说明该热水器电源变压器已经损坏了。

→问 1469 怎样判断热水器出水温度传感器的好坏？——阻值法

答 把万用表调到电阻挡，测量出水温度传感器的阻值。正常情况下，25℃时热水器出水温度传感器阻值大约为 10kΩ。如果检测的数值与正常的数值相差较大，则说明该热水器出水温度传感器可能损坏了。

→问 1470 怎样判断热水器防冻温度传感器的好坏？——阻值法

答 把万用表调到电阻挡，测量防冻温度传感器的阻值。正常情况下，25℃时热水器防冻温度传感器阻值大约为 10kΩ。如果检测的数值与正常的数值相差较大，则说明该热水器防冻温度传感器可能损坏了。

→问 1471 怎样判断热水器水流量传感器总成的好坏？——万用表法

答 给热水器通电 220V（一般的热水器是 220V），打开水阀，当有水流量大于 3.5L/min 流过流量传感器时，用万用表检测工作电压，正常情况下，一般大约为 5V（一般是红线、黑线间），检测输出电压，正常情况下，大约为 2.5～3V（一般是白线、黑线间）。如果检测的数值与正常的数值相差较大，则说明该热水器水流量传感器损坏了或磁轮不转。

→问 1472 怎样检测电热管的好坏？——万用表法

答 把万用表调到电阻 $R \times 10$ 挡，检测电热管两端子间的电阻。正常情况下，1500W 的电热管电阻一般为 307～358Ω。如果检测的数值为无穷大，则说明该电热管已经开路了。如果检

测的数值太小，则说明该电热管老化了。

另外，把万用表调到 $R \times 10$ 或 $2\text{M}\Omega$ 电阻挡，红表笔接端子，黑表笔接安装盘。如果检测得到的阻值大于 $2\text{M}\Omega$，则说明该电热管是好的。如果检测得到的阻值小于 $2\text{M}\Omega$，则说明该电热管绝缘损坏。

电热管的外形结构如图 3-9-1 所示。

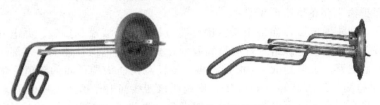

图 3-9-1　电热管的外形结构

说明：电热管是把电能转化成热能的一种装置。

→ **问 1473**　怎样判断太阳能热水器真空管的好坏？——综合法

答　判断太阳能热水器真空管好坏的方法与要点见表 3-9-1。

表 3-9-1　判断太阳能热水器真空管好坏的方法与要点

名称	解　说
表面上分析	好的真空管没有划痕、裂痕，管的内外干净。另外，好的真空管的镀膜纯正光亮，有深蓝色的光影，同一批产品的颜色一致性好
材质上分析	好的真空管是采用高硼硅玻璃制作的，透光性好，耐冲击，遇到突冷突热的水不容易炸裂，直观看上去比较透亮
从尺寸上看	好的真空管直径在标准直径范围内，误差小于 0.1mm，长短与标准长度比误差在 0.5mm 范围内。差的真空管一般直径都比较小，长度也不够，一般会超出规定的范围
重量上分析	好的真空管比较重，受到各种的冲击不容易破碎

→ **问 1474**　怎样判断热水器脉冲点火器的好坏？——电压法

答　高压点火时，用万用表直流电压挡检测（红—黑）线工作电压，正常情况下大约为 5V。如果用交流电压挡检测（蓝—黑）线反馈信号输出电压，大约为交流 15V。如果检测的数值与正常的数值相差较大，则说明该热水器脉冲点火器可能损坏了。

说明：上述是以某一型热水器为例进行的介绍。

→ **问 1475**　怎样判断热水器直流电机的好坏？——电压法

答　用万用表直流挡检测电机的工作电压。如果直流电机的工作电压正常，但是电机不运转，则说明该电机异常。

→ **问 1476**　怎样判断热水器燃气比例阀总成的好坏？——万用表法

答　把万用表调到直流挡，检测电磁阀的两端电压。电磁阀正常情况下大约为 12V，比例阀线圈两端电压大约为 10～24V。如果采用万用表电阻挡检测电磁阀的两端电阻，正常情况下大约为 130Ω，比例阀两端电阻大约为 80Ω。如果检测的数值与正常的数值相差较大，则说明该热水器燃气比例阀总成可能损坏了。（举例说明）

→ **问 1477**　怎样判断热水器 LCD 显示屏控制板总成的好坏？——万用表法

答　把万用表调到直流挡，检测 LCD 显示屏连接排线的电源端输入电压（有的机型为 5V），如果测得的电压正常，按下开关键时，LCD 显示屏没有任何反应，则说明该显示器可能损坏了。

怎样检测漏电保护插头开关的好坏？——万用表法

答 通电后按试验按钮，漏电开关应立即跳闸。漏电保护插头复位后，拔下插头。把万用表调到 $R\times10$ 电阻挡，红表笔接插头一端子，黑表笔接在连线端子，插头端子与连线末端端子正常情况下是一一对应导通的，也就是 L、N、G 线两端头是一一对应导通的。如果检测得到电阻为无穷大，则说明该线可能断路了。不同线间的电阻应是不导通的，如果检测得到电阻为 0Ω，则说明该漏电保护插头存在短路现象。

四线漏电保护插头通电后，如果用蓝色接线端与超温信号线端相接触，漏电开关正常应立即跳动闸。如果按下复位键，电源指示灯应是亮着的。如果把漏电保护插头线全部从热水器上拆下后，再复位，然后把万用表调到 $R\times10k$ 挡，再检测任意两插头端子间的阻值，正常情况下，应大于 $7M\Omega$。如果检测得到的阻值小于 $7M\Omega$，则说明该四线漏电保护插头损坏了。

说明：当电热水器有漏电或电流过大时，或者负载电流大于额定电流时，漏电保护插头线即时断开电源，从而起到保护人身安全与热水器的作用。

→ 问 1479 怎样判断热水器电源盒总成的好坏？——万用表法

答 给热水器通电 220V（一般的热水器是 220V），按下显示器开关键，正常情况下，显示屏会亮屏工作。然后把万用表调到 700V 交流电压挡位，检测输入电压（一般是红线、红线间），正常情况下，一般为 220V。把万用表调到直流电压挡，检测排线中的 5V 电压线（一般是红线、黑线间）。当脉冲高压点火工作时，检测交流反馈电压线（一般是蓝线、黑线间），正常情况下，一般为十几伏。当微动开关接通后，检测风机调速信号电压（一般是黄线、白线－黑线），正常情况下，一般小于 5V。检测风机输出电压（一般是棕线、蓝线间），正常情况下，一般为 60～210V。如果检测的数值与正常的数值相差较大，则说明该热水器电源盒总成可能损坏了。

→ 问 1480 怎样检测漏电保护插头开关（漏电保护器）的好坏？——工作原理法

答 接地可靠的情况下，漏电保护器是由内部比较器检测流过电源相线与零线的电流是否一样来判断是否漏电。如果达到比较器漏电动作范围，则漏电保护插头内部的继电器会动作截断。如果没有达到动作漏电电流，则漏电保护插头内部的继电器会不动作。

保护器电路中的试验键按动时，会产生一个模拟动作电流，使继电器动作，切断电源。

说明：漏电保护器分为三极断、二极断。其中三极断就是在发生漏电时，能够将火线、零线、地线 3 根线同时切断。二极断在发生漏电时，只能够把火线、零线切断。漏电保护器的内部结构与外形如图 3-9-2 所示。

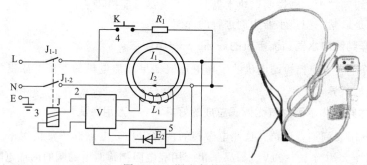

图 3-9-2 漏电保护插头

→ 问 1481 怎样判断热水器控制器的好坏？——万用表法

答 给热水器通电 220V（一般的热水器是 220V），按下显示屏开关键，正常情况下，显示屏会亮屏工作。然后把万用表调到直流电压挡，检测与电源盒连接的输入电压排线（一般是红线、黑线间），正常情况下，一般为 5V。如果检测的数值与正常的数值相差较大，则说明该热水器控制器可能损坏了。

元部件检测判断通法与妙招随时查

→ **问 1482** 怎样判断热水器控温器的好坏？——工作原理法

答 液体膨胀式结构的控温器一般是利用液体热胀冷缩的特性来工作的。液体膨胀式控温器是把特殊的液体密封在探管与毛细管组成的密封腔中，并将探管插到待测温的部位。当该处温度上升时，探管内液体会膨胀，液体沿着毛细管移动到末端。膨胀的液体会使膜盒变形后推动有关触点动作，从而使电路断开，停止加热。

调节控温器上的旋钮，也就是调节触点断开的位移量，而该位移量与感测的温度是具有一定比例关系的。当温度下降后，膨胀后的液体会逐渐缩小体积，触点又会回复到导通状态，从而使发热管重新开始加热。

如果在实际检测中，发现控温器触点该断的时候没有断开，该接通的时候没有接通，则说明该控温器可能异常。

说明：热水器控制与调节热水温度，最高温度一般设定为75℃。控温器的结构如图3-9-3所示。

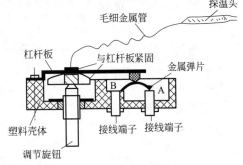

图 3-9-3 控温器的结构

→ **问 1483** 怎样检测液体膨胀式控温器的好坏？——万用表法

答 把控温器连接线拆掉，卸下控温器。把万用表调到电阻 $R \times 10$ 挡，调零后，用表笔检测控温器两端子（触点）。正常情况下，应导通，否则，说明该控温器损坏了。如果用表笔检测控温器的两端子与金属外壳间的电阻，应为不导能状态。否则，说明该控温器损坏了。

→ **问 1484** 怎样检测超温保护器（热断路器）的好坏？——工作原理法

答 超温保护器（热断路器）一般是利用金属片热变形原理来工作的。当热断路器金属片感测到变形温度时，双金属片便会产生整体变形，从而推动顶杆运动使接触点断开，进而切断加热电源回路，这样达到超高温保护的目的。如果在实际检测中，发现热断路器触点该断的时候没有断开，该接通的时候没有接通，则说明该热断路器可能异常。

→ **问 1485** 怎样检测超温保护器（热断路器）的好坏？——万用表法

答 拆下热断路器的连接线，把万用表调到电阻 $R \times 10$ 挡，调零后，用表笔检测热断路器两端子的电阻，常态下为导通。如果常态下为断开状态，则说明该热断路器损坏了。

如果用表笔检测端子与金属外壳，正常情况下应为不导通。否则，说明该热断路器损坏了。

→ **问 1486** 怎样判断单极热断路器的好坏？——特点法

答 当热水器热水温度加热到设定值时，一般会自动跳闸断开电源回路，起到过热保护的作用。如果在实际检测中，发现单极热断路器该断的时候没有断开，该接通的时候没有接通，则说明该单极热断路器可能异常。

→ **问 1487** 怎样判断双极超温器的好坏？——特点法

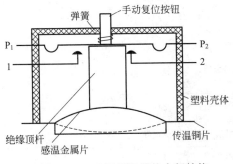

图 3-9-4 双极超温器的内部结构

答 当热水器内胆水温大约达到80℃时，金属片会受热变形向上弹，顶起绝缘顶杆，断开两极，从而断开电路回路，进而实现防超温保护。当双极断开，需要复位时，可以手动按下手动复位键。按下复位键后，可以通过万用表检测双极超温器两极是否相通来判断超温器的好坏。双极超温器的内部结构如图3-9-4所示。

→ **问 1488** 怎样判断热水器元件的好坏？——现象法

答 现象法判断热水器元件好坏的方法与要点见表3-9-2。

表 3-9-2　判断热水器元件好坏的方法与要点

现　象	可能损坏元件	原　因
按试验按钮,不跳	漏电开关	(1)元器件损坏 (2)机械装置卡死
不亮	指示灯	(1)灯丝烧坏 (2)玻璃泡破裂 (3)连接线松脱,或者断开 (4)串联电阻烧断,或开路
不能调温,只能维持某一水温	控温器	旋杆螺纹滑丝
不能够复位	漏电开关	(1)机械装置卡死 (2)热断路器已动作跳开
不能够加热	漏电开关	(1)线烧断 (2)机械触点烧断 (3)元器件损坏
不能加热	电热管	(1)插片松脱 (2)电热管发热丝烧断
不能加热	接插线	(1)接插线松脱 (2)接插线烧断
发热严重,起火	接插线	(1)接插线端子接触不良 (2)接插线端子接触松
复位后仍不能接通加热	超温器	(1)超温器触点烧断 (2)超温器弹片损坏 (3)超温器机械机构失灵
即使出水温度很高,也不跳	超温器	(1)超温器触点烧结 (2)超温器感温金属片性能改变 (3)超温器受压变形 (4)超温器外壳可能没有直接接触到热水器内胆 (5)超温器没有压紧
即使是新超温保护器(热断路器)也经常跳	控温器	(1)控温器内部机械装置损坏 (2)探头脱出盲管或探头没有插入盲管底部 (3)毛细管折叠或折断 (4)触点熔接在一起 (5)控温器在设定温度已经不能断开 (6)超温保护器装配位置偏差过大
漏电	超温器	(1)超温器受压变形 (2)触点接触外壳
漏电	电热管	(1)电热管绝缘破坏 (2)不锈钢电热管内壁腐蚀渗水
漏电	接插线	(1)绝缘层破坏,接触金属器壁 (2)端子松脱悬置于金属器壁上 (3)连接超温器的接插线松脱、烧断等异常情况
频繁跳动	超温器	(1)感温金属片性能异常 (2)安装位置偏差大
频繁跳动	漏电开关	(1)内部元器件损坏或性能不稳 (2)连线绝缘破坏、短路 (3)机械装置不牢靠或损坏
始终加不热水	控温器	(1)触点熔断 (2)机械机构损坏,触点不能够复位吸合

3.9.2 烟道燃气热水器

问 1489 怎样检测烟道燃气热水器微动开关的好坏？——万用表法

答 拆下微动开关的连接线，把万用表调到电阻 $R \times 10$ 挡，调零后进行检测。常态下（也就是压片弹起）用表笔检测两端子（一般三线的微动开关是 1、3 脚），正常情况下，一般为导通状态。如果压下弹片，检测两端子（一般三线的微动开关是 1、3 脚），正常情况下，一般为断开状态。如果检测的数值与正常的数值相差较大，则说明该热水器微动开关可能损坏了。

另外，如果微动开关压片无法自然弹起的，则说该微动开关已经损坏了。

问 1490 怎样检测烟道燃气热水器电磁阀的好坏？——万用表法

答 拆下电磁阀的连接线，把万用表调到电阻 $R \times 10$ 挡，并调零后进行检测。用表笔检测维持线圈（一般是黄线、黑线引线）电阻，正常情况下，一般为 $360 \sim 390\Omega$。检测启动线圈（一般是红线、黑线引线）电阻，正常情况下，一般为 $7 \sim 8\Omega$。如果检测的数值与正常的数值相差较大，则说明该热水器电磁阀可能损坏了。

问 1491 怎样检测烟道燃气热水器脉冲点火器的好坏？——综合法

答 接上电源盒与阀体，打开阀体（也就是微动开关弹起），在保证电源与微动开关正常的情况下，出现以下情况的一种，则说明该脉冲点火器已经损坏了：

① 如果打火连接线没有"啪啪啪"打火声，说明该脉冲点火器已经损坏了。

② 保证反馈针位置、反馈针与脉冲连接线正常的情况下，如果出现打燃火后熄火，说明该脉冲点火器已经损坏了。

③ 把万用表调到直流电压 10V 挡，在打火时，检测输出到电磁阀连接线（一般是红、白端子）的电压，大约为 3V，如果检测的数值与正常的数值相差较大，说明该热水器脉冲点火器可能损坏了。

④ 把万用表调到直流电压 10V 挡，在打火瞬间，检测输出到电磁阀连接线（一般是红、绿连接线）的脉冲电压，大约为 3V，如果检测的数值与正常的数值相差较大，则说明该热水器脉冲点火器可能损坏了。

问 1492 怎样检测烟道燃气热水器水气联动阀的好坏？——综合法

答 检测水气联动阀组件中电磁阀、微动开关、脉冲是否正常。如果这些元件正常，但是水气联动阀不能够启动，或者水气联动阀点燃火后熄火，不能正常调节火力等异常情况，则说明该水气联动阀已经损坏了。

3.10 饮水机

问 1493 怎样判断饮水机钢板外壳的质量？——综合法

答 测量厚度——一般好的饮水机采用优质钢板，厚度 0.8mm。低劣饮水机采用的钢板厚度 0.4mm 或者更小的。

测量抗压——加一桶水，看是否具有微小变形。

敲——对外壳用手轻轻敲，手感钢板的厚薄以及听声音来判断。

说明：钢板外壳主要起到抗压、延长使用寿命、保护内部结构、支撑桶装水等作用。如果钢板太薄，易引起外壳变形断裂，产生漏电危险事故。

问 1494 怎样判断饮水机喷塑件的质量？——综合法

答 好的喷塑件表面光滑平整、色泽均匀、深层牢固、没有裂痕、没有划伤、没有起泡、各接缝处连接匀称等。低劣的喷塑件表面则与此相反。

怎样判断饮水机水龙头的质量？——测试法

答 让瓶装水注入水箱，不按下水龙头。正常情况下，水龙头没有滴水现象。如果有滴水现象，则说明水龙头或者其密封异常。按下水龙头，正常情况下，水龙头应有水流出来，并且出水流畅。如果没有出水或出水慢，说明进水有阻塞或饮水机出现故障。

→ 问 1496 怎样判断聚碳酸酯（PC）饮用水罐的质量？——综合法

答 综合法判断聚碳酸酯（PC）饮用水罐质量的方法与要点见表 3-10-1。

表 3-10-1　判断聚碳酸酯（PC）饮用水罐的质量的方法与要点

项目	指　标	检测方法
变形	不明显，不影响使用	在自然光或者日光灯下目测
擦痕	轻度，不大于表面积的 5%	在自然光或者日光灯下目测
端面	平整	在自然光或者日光灯下目测
罐身	罐身毛边不高于 1mm	在自然光或者日光灯下目测
裂纹孔洞	不准有	在自然光或者日光灯下目测
螺纹	圆滑	在自然光或者日光灯下目测
气泡	(1)泡径≤2mm，圆聚碳酸酯(PC)饮用水罐上总数不超过 10 个。异型聚碳酸酯(PC)饮用水罐总数不超过 15 个，并且每 0.01m² 表面不超过 3 个 (2)泡径≤0.5mm 不计算	用精度为 0.02mm 的游标卡尺来检测
塑化不良	不准有	在自然光或者日光灯下目测
油污	不准有	在自然光或者日光灯下目测
杂质	(1)穿透状与 $L>1.5mm$ 不准有杂质 (2)$0.5mm<L<1.5mm$ 的杂质不允许超过 5 个，并且是分散的 注：L 表示为最大长度	用精度为 0.02mm 的游标卡尺来检测
粘把	中空把手内流通，不积液	灌水检测

→ 问 1497 怎样判断聚碳酸酯（PC）饮用水罐物理机械性能？——综合法

答 综合法判断聚碳酸酯（PC）饮用水罐物理机械性能的方法与要点见表 3-10-2。

表 3-10-2　判断聚碳酸酯（PC）饮用水罐物理机械性能的方法与要点

项目	指标	检测方法
跌落性	没有破损、没有漏液	常温下，空罐以任何角度从 3m 高度自由跌落到水泥地，并且连续 3 次
堆码性	没有倒塌、没有明显变形	常温下，注入公称容量水的罐，用 3 个为 1 组呈三角形放置，堆码 4 层高，每层加硬木板，四周没有依托，放置 48 小时后检查
密封性	没有泄漏	注入公称容量的水，封盖后悬空倒置，3 小时后检查

→ 问 1498 怎样判断聚碳酸酯（PC）饮用水罐是否合格？——标志法

答 聚碳酸酯（PC）饮用水罐是否合格的标志如图 3-10-1 所示。

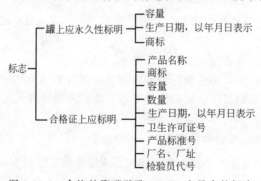

图 3-10-1　合格的聚碳酸酯（PC）应具有的标志

问 1499 怎样判断聪明座的质量？——综合法

答 综合法判断聪明座质量的方法与要点见表 3-10-3。

表 3-10-3　聪明座的质量好坏

方法	解　说
拆装	聪明座装入要牢固,拆卸应顺畅
聪明座的光亮度	劣质塑料制作的聪明座透明度要比"食用级"塑料制作的聪明座光亮度暗、透明性差,可能还有杂质
聪明座的硬度	回收废旧塑料为原料制成的聪明座,硬度差,用手挤压易变形
导柱与聪明座螺纹	导柱与聪明座螺纹结合要牢固。如果不能拧紧,说明导柱与聪明座螺纹结合不良,导柱根部容易脱出或折断
根据故障现象	例如水桶插到聪明座后,水桶的水会自动流入水罐,由于桶内压差作用,桶内应有气泡上升并出现间断性的响声,说明聪明座间没有堵塞现象
看认证	饮水机是否贴有"抗菌认证"。如果没有,则所采用的聪明座是否需要"抗菌"
听声音	好塑料制造的聪明座拍打时发出的声音是"咚咚"的清脆声。废旧塑料制成的聪明座拍打时发出的声音是低沉、无质感的声音

问 1500 怎样判断饮水机磁力封闭门的好坏？——综合法

答 ① 发光手电筒法——在箱或者柜内放一只去掉聚光罩的已经打开的发光手电筒,关闭箱门或者柜门,再检查门缝四周是否有漏光现象,从而判断磁力封闭门是否正常。

② 薄纸条法——将箱门或者柜门关闭,用一片薄纸条,垂直插入门缝的任何一处,纸条不应自由滑落。

问 1501 怎样判断饮水机电源线的质量？——综合法

答 电源线绝缘胶层应没有损伤,并且使用足够容量的电源线与专用电源插头。

问 1502 怎样判断饮水机加热罐电热管的好坏？——万用表法

答 电热管也就是加热管,其外形如图 3-10-2 所示。其正常两端应有一定的电阻,采用万用表测量电热管两端正常电阻一般约为 120Ω,有的为 69Ω 左右。如果测得阻值为无穷大,则一般说明该电热管烧坏了。

图 3-10-2　电热管

另外,还可以通过检测电源插头 L、N 脚的电阻来判断:把定时器复位,用万用表 $R\times1$ 挡将两表笔分别接触电源插头 L、N 脚,闭合加热开关,正常的回路电阻约 120Ω,即电热管内阻。如果检测得到为无穷大,则说明该加热电路断路了,也就是加热罐电热管可能断路了。

问 1503 怎样判断饮水机半导体制冷片的冷、热端？——电池法

答 采用一节干电池连接在半导体制冷片的引线上,感到一端明显发凉、另一端发热,记住引线的极性,从而可以确定制冷器的冷、热端。

问 1504 怎样判断饮水机半导体制冷片的冷、热端？——引线法

答 红线一般为＋,黑或蓝白色线一般为－。

问 1505 怎样判断半导体制冷片的好坏？——电阻法

答 把万用表调到电阻挡,检测半导体制冷片的电阻,正常情况下,半导体制冷片的正向、反向电阻大约为 2.5Ω。如果检测得到的电阻为无穷大,则说明该制冷片出现了断路故障。

说明:如果是在线的半导体制冷片,则需要把半导体制冷片的引线焊下后再检测。

问 1506 怎样判断风扇是否损坏？——感觉法

答 按下制冷开关，用手靠近背板风口。如果存在排风感，说明该风机运转正常。如果不存在排风感，则说明该风机异常。

问 1507 怎样判断饮水机变压器是否损坏？——综合法

答 饮水机变压器是一种常见的电气设备，它主要功能是把某种数值的电压变换为另一数值的电压。

饮水机变压器的检测与判断可以采用电压法，也就是初级输入正常的电压，次级是否输出正常的电压。如果次级输出不正常，则说明该饮水机变压器已经损坏了。

另外，也可以通过检测饮水机变压器线圈的电阻来判断，如果检测饮水机变压器线圈的两端电阻为∞，则说明该饮水机变压器线圈已经开路了。

问 1508 怎样判断继电器的好坏？——综合法

答 （1）电阻法

继电器的线圈检测，一般选择万用表的 $R \times 100$ 挡或 $R \times 1k$ 挡，将两表笔分别接到线圈的两引脚。如果测得的阻值与标称值基本相同，说明该继电器的线圈是好的。如果检测的阻值为∞，则说明该继电器的线圈已经开路了。

（2）电压法

给继电器的线圈通正常的电压，检测其触点动作是否正常，即可判断触点是否正常。

3.11 豆浆机

问 1509 怎样判断豆浆机杯体是否损坏？——观察法

答 直接观察杯体外表，如果有凹凸、裂缝等异常现象，则说明该豆浆机杯体异常。

说明：豆浆机杯体有把手与流口，主要用于盛水或豆浆。杯体有塑料制作的，也有不锈钢制作的，但是均要符合食品卫生标准的不锈钢或聚碳酸酯材质。杯体上标有上水位线与下水位线，可以规范对杯体的加水量。杯体的上口沿恰好套住机头下盖，对机头起固定与支撑作用。

问 1510 怎样判断豆浆机机头是否损坏？——观察法

答 直接观察机头，如果有机头外壳损坏、提手断裂、指示灯损坏、插座损坏等异常现象，则说明该豆浆机机头异常。

说明：豆浆机机头是豆浆机的总成，除杯体外，其余一些零部件均固定在机头上。豆浆机机头外壳分为上盖、下盖。上盖有工作指示灯、提手、电源插座。下盖用于安装各主要部件。下盖上部安装电脑板、变压器、打浆电机。伸出下盖的下部有网罩、防溢电极、温度传感器、电热器、刀片、防干烧电极等。

问 1511 怎样判断豆浆机微动开关是否损坏？——阻值法

答 用万用表表笔检测电路板保险管金属部分与插头 L 端，同时按下微动开关，检测出开关或开关线是否存在接触不良、断线、触点粘连等异常现象。如果存在异常现象，则说明该微动开关异常。

问 1512 怎样判断豆浆机电热器是否损坏？——观察法

答 观察豆浆机电热器，如果发现电热器自身烧坏、内部接线脱落、发热管烧焦等异常情况，则说明该豆浆机电热器异常。

问 1513 怎样判断豆浆机电热器是否损坏？——万用表法

答 把万用表调到电阻挡，检测电热器两端头的电阻，如果检测得到的检测数值为无穷大，则说明该电热器可能断路了。

→ 问 1514 怎样判断豆浆机防溢电极是否损坏？——观察法

答 观察豆浆机防溢电极，如果发现防溢电极自身烧坏、内接线脱落、烧焦、表面不干净、有效长度不对等异常情况，则说明该豆浆机防溢电极异常。

说明：防溢电极主要用于检测豆浆沸腾，防止豆浆溢出。豆浆不宜太稀，否则，防溢电极会失去防护作用，造成溢杯现象。

→ 问 1515 怎样判断豆浆机温度传感器是否损坏？——万用表法

答 把万用表调到 $R \times 1$ 挡，用两表笔接触温度传感器的引出线（或者插座）两引脚，测其阻值，与负温度系数热敏电阻标称阻值对比。如果两者相差在 $\pm 2\Omega$ 内即为正常，相差过大，说明该温度传感器不良或者损坏。如果检测得到的数值为无穷大，则说明该温度传感器已经断路。

说明：豆浆机的温度传感器是一根实心的不锈钢管。钢管内具有温度传感探头，能够把温度转化成电信号。豆浆机的温度传感器其实是钢管内装了一只 NTC 热敏电阻。

豆浆机的温度传感器主要用于检测预热时杯体内的水温。当杯体内的水温达到 MCU 设定温度（一般 $80\,^{\circ}\!\text{C}$）时，会启动电机开始打浆。

→ 问 1516 怎样判断豆浆机防干烧电极是否损坏？——万用表法

答 把万用表调到 $R \times 1$ 挡，用两表笔接触温度传感器的引出线（或者插座）两引脚，测其阻值，与负温度系数热敏电阻标称阻值对比。如果两者相差在 $\pm 2\Omega$ 内即为正常，相差过大，则说明该温度传感器不良或者损坏。如果检测得到的数值为无穷大，则说明该防干烧电极已经断路。

说明：防干烧电极其实是水位探测器，里面还有个温度传感器。也就是不锈钢的圆管内有一只 NTC 负温度系数热敏电阻。防干烧电极外形如图 3-11-1 所示。防干烧电极长度比防溢电极长很多，插入杯体底部。杯体水位正常时，防干烧电极下端是被浸泡在水中的。当杯体中水位偏低或没有水时，或机头被提起时，使防干烧电极下端离开水面时。微控制器通过防干烧电极检测到的状态后，进行相应的处理，停止豆浆机工作。

图 3-11-1　豆浆机防干烧电极

→ 问 1517 怎样判断豆浆机刀片是否损坏？——观察法

答 观察刀片，如果发现其磨损、断裂、卷边、变形等异常现象，则说明该刀片异常。

说明：豆浆机刀片外形酷似船舶螺旋桨，具有高硬度，采用不锈钢材质制作，主要用于粉碎豆粒等作用。

→ 问 1518 怎样判断豆浆机网罩是否损坏？——观察法

答 观察网罩，如果发现其磨损、断裂、变形等异常现象，则说明该网罩异常。

说明：豆浆机的网罩主要用于盛豆子，过滤豆浆。

→ 问 1519 怎样判断豆浆机继电器是否损坏？——万用表法

答 给继电器单独外加一个电源（符合继电器线圈的额定电压即可，豆浆机上一般是12V），如果存在续流二极管，则外加电源的正极要接在续流二极管负极上，负极要接在续流二极管的正极上。正常情况下，接通或断开外加电源，一般能够听到继电器吸合与释放的动作声，并用万用表检测常开或常闭触点，正常情况下，具有接通或断开相应状态。如果继电器没有动作，或者动作错误，则说明该继电器电磁线圈异常。

说明：豆浆机应用的继电器，工作电压一般为 DC12V，触点负载额定电流一般为 10A（28V DC）。

→ 问 1520 怎样判断豆浆机打浆电机是否损坏？——直观检查法

答 观察打浆电机，如果发现其绕组烧焦、绕组短路、绕组断路、换向片损坏、碳刷损坏、电机烧坏痕迹、内接线脱落、电机轴承磨损、电机内接线接触不良、电机上有黑色粉末等异常现象，说明该打浆电机异常。

→ 问 1521 怎样判断豆浆机打浆电机是否损坏？——转动检查法

答 用手转动电机，看是否灵活。如果电机存在工作不正常或不转动、卡住现象，则说明该打浆电机异常。

→ 问 1522 怎样判断豆浆机打浆电机是否损坏？——阻值法

答 断开电机与外部的连接线，把表笔夹分别夹在碳刷后面的引线上，然后用手转动电机轴，逐次检测出每对换向片间的电阻值。正常情况下，豆浆机打浆电机阻值大约为 540Ω。如果豆浆机打浆电机阻值降到 50Ω 以下，则说明连接在该对换向片间的绕组已经烧毁，或者击穿损坏，出现匝间短路现象。

3.12 电水壶

→ 问 1523 怎样判断电水壶钢材质的好坏？——综合法

答 掂——掂重量，杂牌壶身很轻，是不锈铁皮。

看——看光泽，杂牌水壶壶内抛光工艺很差，基本上是粗抛。

→ 问 1524 怎样判断电水壶食品级塑料的好坏？——综合法

答 闻——PC 料，杂牌有异味。

看——杂牌很光亮。美的水壶有很柔和的亚光。

→ 问 1525 怎样判断电水壶壶体的好坏？——观察法

答 观察壶体，如果发现变形、开裂等异常情况，说明该电水壶壶体异常。

→ 问 1526 怎样判断电水壶电源连接器的好坏？——特点法

答 电源连接器由接电底板、接电插座、电源线等组成。电水壶壶体插入接电插座自动通电，拿起壶体自动断电。如果电水壶壶体插入与拿起，电源连接器均不能够正常动作，则说明该电水壶电源连接器异常。

→ 问 1527 怎样判断电水壶发热器的好坏？——万用表法

答 把万用表调到电阻挡，检测发热器的电插头两端，如果检测电阻为无穷大，则说明该电水壶发热器断路了。

说明：发热器自成电源回路。发热器是电水壶烧水的热源，其主要由不锈钢电热管、连接端盖、底座、接电插头等组成。发热器的两引脚通过底座的触点与接电插头连接，同时电热管的中点与连接端盖焊成一体，用于防干烧传递热量。发热器底座内部装置为防干烧温控器，上方装置为蒸汽感应控制器。

→ 问 1528 怎样判断电水壶蒸汽感应控制器的好坏？——原理法

答 蒸汽感应控制器的热双金属片一般是热膨胀系数不同的两种金属片轧制成片状组成，其中一片膨胀系数较大，另一片膨胀系数较小。蒸汽感应控制器在没有按下按键时，摆动架的触杆是压住动触片的，动、静触点是断开状态。按下按键后，则摆动架动作，热双金属片会受压，通过一支点往右摆，同时触杆离开动触片，使动、静触点呈闭合状态，从而接通电源，发热器发热。热双金属片感温后，热膨胀系数大的伸长多，使双金属片向热膨胀系数小的那面弯曲。当水烧开时，大量蒸汽经蒸汽管冲到热双金属片，使其弯曲，并且使双金属片向热膨胀系数小的那面弯曲。当水烧开时，大量蒸汽经蒸汽管冲到热双金属片，弯曲度达到极限，并产生作用力，从而热双金属片闪动复位，带动摆动架，使动、静触点断开。如果实际中应用的蒸汽感应控制器动、静触点状态和动作情况与正常情况下不相符合，则说明该蒸汽感应控制器已经损坏了。

说明：蒸汽感应控制器是在电水壶水烧开后自动断电，主要由热双金属片、动静触点、弹簧片、摆动架、按键等组成。蒸汽感应控制器一般感温部分正对蒸汽管。

→ **问 1529** **怎样判断电水壶防干烧温控器的好坏？——综合法**

答 ① 检测防干烧温控器的双金属片变形动作是否正常。如果不正常，则说明该防干烧温控器已经损坏了。

② 检测防干烧温控器的动静触点状态和动作情况是否与正常情况相符合，如果接通时，触点为断开状态，或者要断开时，触点为接通状态，则说明该防干烧温控器已经损坏了。

3.13 手机

→ **问 1530** **怎样判断手机元件是否漏电？——松香烟法**

答 打开手机，在怀疑的元件上放点松香，如果出现松香烟，则说明该元件发烫，也就是说明该元件存在漏电现象。

→ **问 1531** **怎样判断手机上的贴片电感？——综合法**

答 ① 贴片电感的外形、数字标识与贴片电阻是一样的，只是贴片电感没有数字，取而代之的是一个小圆圈。

② 贴片电感上没有任何标示，有的可以通过其在电路中的符号 L 来识别、判断。

③ 根据贴片电感常见应用来判断。

说明：电感可以分为贴片电感、插件电感、色码电感、叠层电感等。贴片电感特点如下：

颜色——两端银白色中间白色的、两端银白色中间蓝色的、黑色的等类型；

形状——片状、圆形、方形等类型；

电感常见故障——断线、脱焊、变质、失调、老化等现象。

→ **问 1532** **怎样判断手机贴片电容的特点？——观察法**

答 ① 手机上的贴片电容，一般为黄色或淡蓝色，个别电解电容为红色。

② 贴片电解电容稍大，无极性贴片电容很小。

③ 有的电容在其中间标出两个字符，大部分电容没有标出容量。

④ 手机中的电解电容，在一端有一较窄的暗条，表示该端为正极。

⑤ 对于标出容量的电容，一般第一个字符是英文字母，代表有效数字，第二个字符是数字，代表 10 的指数，电容单位一般为 pF。

→ **问 1533** **怎样判断手机 CPU 的好坏？——电压法**

答 如果按开机键，32.768 晶振两边的电压不一样，则大多数情况是 CPU 损坏了。

→ **问 1534** **怎样判断手机的耳机的好坏？——万用表法**

答 把万用表调到 $R \times 1$ 挡，把一只表笔接手机耳机插头的公共端 COM，另外一只表笔断续碰触插头的耳机端，正常情况下，耳机应有较大的"吁吁"声发出。如果碰触插头时没有声音发出，则说明该手机耳机异常。

把万用表调到 $R \times 100$ 挡，红表笔接手机耳机插头的公共端 COM，黑表笔接手机耳机插头的话筒端，用嘴向话筒吹气，正常情况下，万用表指针应向右明显地摆动。如果吹气万用表指针没有动作，则说明该手机耳机异常。

说明：手机的耳机，实际上是耳机＋话筒，如图 3-13-1 所示。

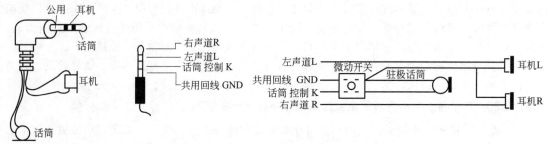

图 3-13-1　手机的耳机

> **问 1535** 怎样判断手机振动器的好坏？——万用表电阻法

答 把万用表调到电阻挡，检测电阻，正常情况下，该阻值一般大约为 30Ω。如果检测该阻值过大或过小，说明该振动器可能已经损坏了。

> **问 1536** 怎样判断手机振动器的好坏？——万用表电压法

答 给振动器加 1.5～3V 的直流电，观察振动情况，如果此时能够正常产生振动，说明该振动器是好的。如果不能正常产生振动，则说明该振动器可能已经损坏了。

> **问 1537** 怎样判断手机振铃（蜂鸣器）的好坏？——电阻法

答 有的手机的振铃是一个动圈式小喇叭，用万用表检测其电阻，正常情况下，在十几欧到几十欧。如果检测的电阻与正常数值相差较大，说明该手机振铃（蜂鸣器）是坏的。

> **问 1538** 怎样判断手机开关（薄膜按键开关）的好坏？——特点法

答 一些手机中使用的开关是薄膜按键开关，一般由触点与触片组成。平时状态下，按键的两个触点不与触片接触。如果按下按键时，触片同时与两个触点接触，使两触点所连接的线路接通，从而实现电气性能的连接。如果该开关平时状态与按键后的状态，跟其正常的状态有差异，则说明该开关已经损坏了。

> **问 1539** 怎样判断 MTK 触摸屏的引脚？——排列法

答 触屏接口一般为 4 根线，并且常见的顺序排列为 X＋、Y＋、X－、Y－，极少数排列顺序为 X＋、X－、Y＋、Y－。

如果触摸屏左边的对应为 X－、右边的对应为 X＋、上边的对应为 Y－、下边的对应为 Y＋，则 X＋、X－为一组的阻值一般是 35～450Ω，Y＋、Y－为一组的阻值一般是 500～680Ω。

> **问 1540** 怎样判断手机不开机是哪些元件引起的？——电流法

答 电流法判断手机不开机是哪些元件引起的方法与要点见表 3-13-1。

表 3-13-1　电流法判断手机不开机是哪些元件引起的方法与要点

电流	现　象	可能涉及的元件
0mA	按开机键时,电流表没有任何反应	电池、线路、开机键、开机线路等
20mA 以内	电流表有指示,但是指针不摆动,定在 20mA	软件、尾插、字库码片相连的电容/稳压管、后备电池、CPU、字库、32.768kHz 晶振、按键等
20mA	松手归零	13M 晶振等
50mA	按下开机键,电流就升到 50mA,松手就回零	程序、字库等
50mA、20mA	按下开机键,手机电流为 50mA,然后回到 20mA	码片、软件等
50mA、20mA	手机的工作电流能够从 50mA 下落到 20mA	软件、初始化等
1000mA	电流高于 1000mA,出现短路保护	B＋电路、电源大滤波电容、电源 IC、开关控制管、逻辑供电管、射频供电管、功放、振动器、排插、后壳等

→ **问 1541** 怎样判断手机干簧管（磁控管）的好坏？——特点法

答 手机的干簧管是利用磁场信号来控制电气性能的一种开关器件。干簧管的外壳一般是密封的玻璃管，在玻璃管中装有两个弹性簧片电极，并在玻璃管中充有某种惰性气体。平时状态下，玻璃管中的两个弹性簧片是分开的。有磁性物质靠近玻璃管时（也就是靠近干簧管），在磁场磁力线的作用下，干簧管的两个弹性簧片被磁化而互相吸引接触，从而使两引脚端所连接的外部电路接通。当干簧管的外部磁场消失后，干簧管的两个弹性簧片由于本身的弹性而分开，从而使外部电路的电气连接断开。如果外部磁场靠近干簧管时，干簧管两个弹性簧片不能够接触，使两引脚端所连接的外部电路接通，则说明该干簧管异常。如果外部磁场远离干簧管时，干簧管两个接触的弹性簧片不能够分离，使两引脚端所连接的外部电路断开，也说明该干簧管异常。

→ **问 1542** 怎样判断手机干簧管（磁控管）的好坏？——故障现象法

答 干簧管损坏时，一些手机会出现一些故障，例如部分或全部按键失灵、不显示、开机困难等。因此，当遇到手机出现部分或全部按键失灵、不显示、开机困难等故障时，则可能是所应用的干簧管损坏了。

→ **问 1543** 怎样判断手机振铃器的好坏？——万用表法

答 ① 手机的振铃器也叫做蜂鸣器。振铃器在电路中，一般用字母 BUZZ 表示。

② 手机的振铃器有两种，一种是动圈式扬声器，一种是电声器件的压电陶瓷蜂鸣器。

③ 用万用表电阻挡检测动圈式扬声器的阻值，正常情况下，一般为十几欧到几十欧。如果检测的数值为无穷大，说明该动圈式扬声器已经损坏了。

④ 压电式蜂鸣器呈电容性，可以使用万用表检测有无充放电现象来判断。把万用表调到 $R \times 10k$ 挡，把一只表笔接在受话器的一端，另一只表笔快速触碰受话器的另一端，并观察表针的摆动。正常情况下，在表笔刚接通的瞬间表针有小摆动，然后返回到电阻无穷大处。如果该压电式蜂鸣器具有充、放电特性，说明该压电式蜂鸣器是好的。如果压电式蜂鸣器没有充、放电特性，说明该压电蜂鸣器内部已经开路了。如果检测压电式蜂鸣器的电阻值为零，则说明该压电式蜂鸣器内部存在短路现象。

→ **问 1544** 怎样判断手机驻极体送话器的好坏？——万用表法

答 把万用表调到 $R \times 100$ 挡，红表笔接送话器的负电源端，黑表笔接送话器的正电源端。对着送话器发声或吹气，这时，如果表针存在明显的摆动，说明该驻极体送话器转换正常；如果万用表表针不摆动，或者用劲吹气时表针才存在微小摆动，则说明该驻极体送话器已经失效，或者说明该驻极体送话器灵敏度很低。

另外，驻极体送话器的阻抗很高，可以达到 $100M\Omega$。

说明：① 送话器又叫做麦克风、拾音器、微音器等，是将声音信号转换为电信号的一种器件，也就是能够将话音信号转化为模拟的话音电信号；

② 送话器在手机电路中，一般用字母 MIC 或 Microphone 表示；

③ 送话器可以分为驻极体送话器、动圈式送话器等种类，其中手机中使用较多的是驻极体送话器；

④ 驻极体送话器有正、负极之分，如果极性接反，则送话器不能输出信号；

⑤ 驻极体送话器在工作时，需要为其提供偏压，否则也会出现不能送话的故障。

→ **问 1545** 怎样判断手机动圈式送话器的好坏？——万用表法

答 把万用表调到 $R \times 1k$ 挡，测量动圈式送话器的接线端，正常情况下，应为几欧到十几欧。如果检测的电阻为无穷大，则说明该动圈式送话器内部已经开路。

→ **问 1546** 怎样判断手机受话器的好坏？——万用表法

答 一般受话器有一个直流电阻，并且电阻值一般为几十欧。如果检测的直流电阻比正常数值小或大，则说明该受话器已经损坏了。

另外，也可以使用万用表 $R\times1$ 挡检测，当表笔接触受话器时，正常情况下，受话器能够发出"嚓嚓"的声音。如果受话器不能够发出"嚓嚓"的声音，则说明该受话器已经损坏了。

说明：① 受话器又叫做听筒、喇叭、扬声器等，是一只电声转换器件，它能够将模拟的电信号转化为声波；

② 受话器在手机电路中，一般用字母 SPK、SPEKER、EAR、EARPHONE 等表示。

→ 问 1547 怎样判断手机受话器的好坏？——电池法

答 用 1.5V 电池轻触受话器两极，正常情况下，能够发出"嚓嚓"声音。如果受话器不能够发出"嚓嚓"的声音，则说明该受话器已经损坏了。

→ 问 1548 怎样判断手机双工滤波器的好坏？——示波器法

答 把示波器调好，检测双工滤波器的输入频率段范围与输出频率段范围，如果输出频率段范围属于正常范围，说明该双工滤波器可能是好的。如果输出频率段范围错误或者混乱，则说明该双工滤波器可能损坏了。

说明：① 双工滤波器可以用来分离发射接收信号，又可以由天线开关电路来分离发射接收信号；

② 双工滤波器在电路图中，一般以 DUP、DUPLEX 来表示；

③ 几乎所有的双工滤波器都有天线端（ANT）、接收端（RX）、发射端（TX）3 个端口，有的双工滤波器还有其他端口。

→ 问 1549 怎样判断手机双工滤波器的好坏？——电流与电压法

答 根据双工滤波器处于不同的模式下，其相关引脚的电压与电流，以及引脚间的电压逻辑状态是不同的，也就是双工滤波器的开关模式。如果检测的引脚的电压与电流数值与所处模式下的正常数值有差异，则说明该双工滤波器可能损坏了。

举例：一手机双工滤波器的开关模式如图 3-13-2 所示。

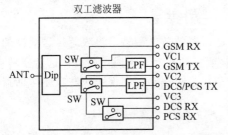

双工滤波器的开关控制模式

模式	VC1	VC2	VC3	电流
GSM(850/900)_TX	2.6V	0V	0V	8mA
DCS/PCS TX	0V	2.6V	0V	8mA
GSM(850/900)_RX	0V	0V	0V	0.01mA
DCS_RX	0V	0V	0V	0.01mA
PCS_RX	0V	0V	2.6V	0.8mA

图 3-13-2 一手机双工滤波器的开关模式

→ 问 1550 怎样判断手机声表面滤波器的好坏？——示波器法

答 表面滤波器是只允许接收的信号频率进入接收电路。因此，采用示波器检测其输出端的频率，如果输出端的频率是允许接收的频率，说明该表面滤波器是好的。如果表面滤波器输出端没有频率信号输出或者输出错误，则说明该表面滤波器可能损坏了。

→ 问 1551 怎样判断手机声表面滤波器的好坏？——电阻法

答 把万用表调到电阻挡，检测输入端与输出端间的电阻，正常情况下为无穷大。如果检测得到一小阻值，则说明该声表面滤波器已经损坏了。声表面滤波器的内部结构如图 3-13-3 所示。

→ 问 1552 怎样判断手机天线开关的好坏？——电阻法

答 把万用表调到电阻挡，检测天线输入端与 TX 端或者与 RX 端间的电阻。如果是接收状态，则天线输入端应与 RX 端接通。如果是发射状态，则天线输入端应与 TX 端接通。如果检测结果与正常情况下有差异，则说明该天线开关可能异常。天线开关与 RX、TX 的连接图如图 3-13-4 所示。

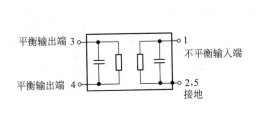

图 3-13-3　声表面滤波器的内部结构

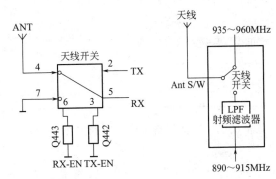

图 3-13-4　天线开关与 RX、TX 的连接图

→ **问 1553**　怎样判断手机 VCO 组件的引脚？——万用表法

答　VCO 组件一般有 4 只引脚，即输出端、电源端、控制端、接地端。VCO 组件接地端的对地电阻一般为 0。控制端接有电阻或电感，在待机状态下或按 112 启动发射时，该端口有脉冲控制信号。电源端的电压与该机的射频电压很接近，则剩下的引脚一般就是输出端。

说明：VCO 电路一般采用的是一个组件，该组件包含电阻、电容、晶体管、变容二极管等。VCO 组件将这些元件封装在一个屏蔽罩内。

→ **问 1554**　怎样判断手机触摸屏的好坏？——综合法

答　综合法判断手机触摸屏好坏的方法与要点见表 3-13-2。

表 3-13-2　综合法判断手机触摸屏好坏的方法与要点

名称	说　明
外观法	如果有明显破裂等异常情况,则说明该手机触摸屏已经损坏了
电压法	拆机,检测手机触摸屏 4 只引脚电压,正常情况,应有两只脚是高电位,两只脚是低电位。如果电压正常,则说明触摸屏可能损坏了

→ **问 1555**　怎样判断手机屏幕的坏点？——综合法

答　① 下载专门的坏点检测软件进行检测。

② 使用纯色图片进行测试。

③ 使用放大镜之类的工具进行测试。

→ **问 1556**　怎样鉴别手机电池板？——综合法

答　综合法鉴别手机电池板的方法与要点见表 3-13-3。

表 3-13-3　鉴别手机电池板的方法与要点

项目	说　明
爱立信(GF788)电池板	正品电池触片排列整齐,高低均匀,铜材质地细腻,色泽偏白 伪品、假冒的电池的铜材质地较粗,仔细观察表面有一丝一丝的拉状,色泽金黄
摩托罗拉(1200mAH)锂离子电池板	标准的电池板大约重 210g,超重或不足者可能是伪品 普通镍镉、镍氢电池内部是 5 节小镍镉、镍氢电芯串联而成,其最高电压为 7.5V,锂离子电池的最高电压超过 8V。因此,充电后,测量电池电压可以判断所用电池是真品电池,还是伪品、假冒的电池

项目	说　明
摩托罗拉（600mA·h）薄镍氢电池板	正品电池板金属触片排列整齐、完全垂直 假冒的电池板金属触片装配粗糙，多数排列不整，高低不匀
摩托罗拉（掌中宝）锂离子电池板	正品电池板大约重91g，容量为500mA·h 检测的重量、容量与正品电池有差异，则说明所用电池可能是伪品、假冒的电池
松下（G500）电池板	正品标贴上的电池板串号数字是刻制上去的，仔细抚摸有凹凸感 伪品、假冒的电池的串号数字是印制上去的，非常光滑

问 1557 怎样判断手机电池的好坏？——灯泡放电法

答 用一只手电筒用的3.6V左右的灯泡，放在要修复的手机电池的两极端进行深度放电，放电到灯泡不亮为止。找一只座充，充电十几秒，再把电池进行放电，然后再充电再放电，如此循环几次，直到灯泡亮的时间很短。如果电池能够恢复使用，说明该电池还是好的。如果不能够恢复使用，则说明该电池已经损坏了。

问 1558 怎样判断索尼爱立信BST-38原装电池与组装电池？——观察法

答 组装电池（高仿电池）的特点为电池纸张发白、印刷粗糙、防伪标签模糊、垃圾桶中间双实线是实线、电池螺丝刀中间三条斜实线模糊不清、电池正极与X交叉处小三角地带模糊不清、标签偏黄等。

问 1559 怎样判断摩托罗拉手机电池的真伪？——观察法

答 观察法判断摩托罗拉手机电池真伪的方法与要点见表3-13-4。

表 3-13-4　判断摩托罗拉手机电池的真伪的方法与要点

项目	正品电池	伪（假冒）电池
看标签材质	标签材质不反光、有韧性	标签材质反光、松软
看标贴与条形码的颜色	电池标贴与条形码两部分颜色有差异	标贴颜色是一样的
看摩托罗拉的M标志	M标志位置端正、字体标准、标志区域与盖为一体	M标志位置偏斜、字体不标准、标志可摔落
看前后盖连接缝隙	焊缝均匀、无异物、连接强度高、抗摔落	焊缝宽窄不一、连接强度低
看塑料表面与塑料材质	防磨面均匀、无脆裂现象	无防磨或过于粗糙、易脆裂
看有无加固门卡	有加固门卡、充电指示滑片不易松动	无加固门卡、充电指示滑片过松

问 1560 怎样判断三洋5号充电电池的真伪？——观察法

答 观察法判断三洋5号充电电池真伪的方法与要点见表3-13-5。

表 3-13-5　判断三洋5号充电电池的真伪的方法与要点

项目	正品电池	伪（假冒）电池
看正极	正极为特殊平滑的方圆造型，圆中见方，方中带圆	都是方圆造型的正极
看透气孔	正极四周有4个对称的形状规则的小透气孔，正极处热缩膜包裹范围较小，正极卡纸贴片粘贴平滑，无扭曲、起泡等现象	正极四周都有4个对称的透气孔
看负极	负极有清晰的小字体HR钢印，以及热缩膜包裹范围较小	负极有不规范的小字体HR钢印

问 1561 怎样判断三星手机电池的真伪？——观察法

答 观察法判断三星手机电池真伪的方法与要点见表3-13-6。

表 3-13-6　判断三星手机电池的真伪的方法与要点

项目	正品电池	伪(假冒)电池
标签	标签粘贴位置标准、无歪斜、无偏差、印刷质量高、字体清晰、颜色均匀、激光防伪标识清晰、有立体感、标签表面为聚酯覆膜、手感细腻等	标签粘贴位置不正、印刷质量不高、字体模糊、颜色有偏差、激光防伪标识粗糙等

→ **问 1562**　怎样识别三星手机电池的型号？——命名规律法

答　三星手机电池的型号命名规律如下：

用 9 位数来表示

前三位数字——表示电池的型号，其中 BEX 表示加厚电池、BST 表示标准电池、BSL 表示超薄电池。

倒数第三位数字——表示电池的容量。

倒数第二位数字——表示电池的颜色。三星原厂电池分别用白色（white）、红色（red）、银灰色（silver gray）、橘红色（jacinth）、蓝灰色（kyanite）等英文的第一个字母代表颜色，也就是用 W 表示白色，用 R 表示红色，用 S 表示银灰色，用 K 表示蓝灰色等。

最后一位数字——表示销往地区。其中，用 C 表示销往大陆、香港、新加坡等亚洲市场；用 E 表示销往欧洲市场。

→ **问 1563**　怎样判断手机电池的真假？——三方面法

答　三方面法判断手机电池真假的方法与要点见表 3-13-7。

表 3-13-7　三方面法判断手机电池的真假的方法与要点

项目	正品电池	伪(假冒)电池
待机时间	电池的待机时间与其说明书上标识的待机时间基本一致	比其说明书上标识的待机时间要短一些
电池容量	手机电池的容量一般为 1000mA·h	没有容量标识，或者容量标识字迹不清
安全性	电池内部设有保护电路	电池内部没有保护电路

→ **问 1564**　怎样判断手机电池的真伪？——三点法

答　三点法判断手机电池的真伪就是看标识、看工艺、看安全性能。具体方法见表 3-13-8。

表 3-13-8　判断手机电池的真伪

方法	解说
看标识	正规的手机电池板上的标识印刷清晰，伪劣产品手机电池板上的标识模糊。真电池板的电极极性符号＋、－一直接做在金属触片上，伪劣产品做在塑料外壳上面或者没有该标志
看工艺	正规的电池板熔焊好，前后盖不可分离，没有明显的裂痕。伪劣产品的电池板一般手工制作，胶水粘合
看安全性能	正规的手机电池板一般装有温控开关，进行保护。伪劣电池板，均无此装置，安全性差

→ **问 1565**　怎样判断手机漏电的类型？——特点法

答　小漏电——漏电在 80mA 以下。

大漏电——漏电在 80mA 以上。

3.14　打印机

→ **问 1566**　怎样判断激光打印机中压敏电阻的好坏？——万用表法

答　压敏电阻一般并联在电路中使用，当电阻两端的电压发生急剧变化时，电阻能够短路，将电流保险丝熔断，从而起到保护的作用。

检查激光打印机电路中的压敏电阻可以采用万用表法：把万用表调到 $R \times 10k$ 挡，两表笔接电阻两端，根据万用表上显示阻值或者指示的阻值得出检测值，然后比较检测值与标称值：如果一致，说明该压敏电阻正常；如果相差较大，说明该压敏电阻异常。

→ 问 1567 怎样判断激光打印机中热敏电阻的好坏？——万用表法

答 激光打印机中的热敏电阻主要功能是调节温度。有的激光打印机中，热敏电阻紧贴在定影上辊或陶瓷加热器上。当温度变化时，热敏电阻阻值发生变化，通过逻辑电路控制加热灯的开关，从而实现对定影温度的调节与恒温控制。

激光打印机中使用的热敏电阻，一般是负温度系数热敏电阻。也就是外部温度越高，热敏电阻的阻值越低。

激光打印机中使用的热敏电阻可以采用万用表来检测判断：选择万用表 $R \times 10k$ 电阻挡，将两表笔分别连接在热敏电阻的两端，得出热敏电阻的检测值。该检测值应与热敏电阻的标称值一致，否则，说明该热敏电阻异常。然后，将热源（例如电烙铁）靠近热敏电阻时（不要接触，以免烧坏热敏电阻），其阻值正常情况应随着温度的升高而变小。如果表针（或数字）不动，或一开始测量显示的数值就偏小，说明该热敏电阻损坏了。

→ 问 1568 怎样判断激光打印机中热敏电阻的好坏？——经验法

答 多数激光打印机中应用的热敏电阻阻值在 $300 \sim 500k\Omega$。检测热敏电阻阻值，在 $300 \sim 500k\Omega$ 内，说明该热敏电阻正常。如果检测阻值在 $300 \sim 500k\Omega$ 区域外，则说明该热敏电阻可能异常。

→ 问 1569 怎样判断激光打印机中热敏电阻的好坏？——清除法

答 热敏电阻是与加热辊或陶瓷加热器靠近的一种元件，早期的激光打印机将其装在加热辊近中心部位，后来改进的是装在加热辊的两头。

由于使用较长时间，热敏电阻外壳会粘上废粉、脏物，从而影响热敏电阻对温度的正常感应，进而造成对加热辊、加速橡皮辊、分离爪等部件的磨损或者损坏。因此，对于应用中的热敏电阻可以通过观察其表面是否有废粉、脏物来判断好坏。

对于表面有废粉、脏物的热敏电阻，可以清除废粉、脏物，用棉花蘸些酒精擦拭其外壳。

→ 问 1570 怎样判断打印机陶瓷电容的好坏？——观察法

答 仔细观察陶瓷电容，如果发现陶瓷电容损坏、烧焦、针脚断裂、虚焊等异常情况，则说明该陶瓷电容已经损坏了。

→ 问 1571 怎样判断打印机陶瓷电容的好坏？——数字万用表法

答 根据陶瓷电容的标称容量，选择好数字万用表的电容挡，将陶瓷电容插入万用表的电容测试孔中，观察万用表的表盘，并且读出显示的测量值。如果检测的数值与电容的标称数值基本相同，说明该陶瓷电容是好的；如果检测的数值与电容的标称数值相差较大，则说明该陶瓷电容已经损坏了。

说明：如果是在线的陶瓷电容，需要把陶瓷电容先卸下来，清洁陶瓷电容的引脚，并且在检测前、先对陶瓷电容进行放电。放电的方法：可以将小阻值电阻的两只引脚与陶瓷电容的两只引脚相连进行放电。或者用导体直接将电容的两只引脚相连放电。

→ 问 1572 怎样判断打印机纸介电容的好坏？——观察法

答 仔细观察纸介电容，如果发现纸介电容烧焦、虚焊、针脚断裂等异常情况，则说明该纸介电容已经损坏了。

→ 问 1573 怎样判断打印机纸介电容薄膜电容的好坏？——万用表法

答 把万用表调到 $R \times 10k$ 挡，用两表笔分别任意接电容的两只引脚，如果指针指在无穷大处，接着将两支表笔对调进行测量，如果电容的阻值依然为无穷大，则说明该纸介电容/薄膜电容是好的。如果检测得到的数值为 0，则说明该纸介电容/薄膜电容已经损坏了。

→ 问 1574 怎样判断打印针线圈故障？——现象分析法

答 打印头出针动作是依赖于打印针驱动线圈通电后产生磁场，吸合或释放衔铁，从而控制打印针的进退。如果相应的打印针不出针，从而造成打印结果为缺点少画，说明该针驱动线圈烧断开路。如果整个打印机不工作，则说明该针驱动线圈击穿短路。

→ 问 1575 怎样判断打印针线圈故障？——万用表法

答 把万用表调到 $R \times 1$ 挡，测量其直流电阻，一般驱动线圈的直流电阻为（33 ± 2）Ω。如果检测的数据为无穷大，则说明该打印针线圈开路损坏了。

→ 问 1576 打印头断针有哪些原因？——7 点法

答 判断打印头断针的 7 点原因如下：

① 打印针老化引起的断针；
② 修饰打印造成的断针；
③ 打印头不洁造成的断针；
④ 打印头与辊筒直接接触造成的断针；
⑤ 操作不当引起的断针；
⑥ 打印针出针板、导向板、定位板等磨损引起的断针；
⑦ 色带引起的断针。

→ 问 1577 怎样判断打印机带基的好坏？——综合法

答 （1）观察法

如果带基出现皱折、疵点、断裂、霉斑，说明该带基可能损坏了。另外，9 针打印机的色带带基一般采用的是普通密度的尼龙带；24 针打印机的色带带基一般采用的是高密度尼龙带。

（2）灯光法

把尼龙带放在灯光下，观察其透光程度一般透光的是普通密度色带，不透光的是高密度色带。一些色带则与之相反，需要采用专门的仪器才能够检测。

→ 问 1578 怎样判断打印机油墨的好坏？——综合法

答 （1）气味

优质的油墨有一种特殊的油墨味。劣质的油墨带有一种近乎柴油的气味。

（2）上墨情况

优质的色带上墨均匀、颜色沉着、含墨稳定。劣质的色带表面呈现一定的光泽。

→ 问 1579 怎样判断打印头电缆的好坏？——万用表法

答 把万用表调到电阻挡，两支表笔分别搭在所查电缆两端的对应线上，检测其电阻值是否为零。如果检测电阻为无穷大，说明该打印头电缆断路了。

另外，必要时要进行折痕处的弯曲试验，和观察万用表上所测阻值有无变化来判断。

说明：通用针式打印机中打印头的连接电缆一般都采用塑料柔性带状电缆（扁平电缆）。

→ 问 1580 怎样判断打印机字节电机的好坏？——万用表法

答 把万用表调到电阻挡，直接测量电机线圈绕组的直流阻值，把检测数值与正常阻值比较。如果检测的电阻数值与正常阻值相差较大，说明该打印机字节电机损坏了；如果检测的电阻数值与正常阻值基本一样，则说明该打印机字节电机是好的。

说明：字节电机本身故障主要是步进电机的一组或多相绕组线圈烧坏。

→ 问 1581 怎样判断打印机字车电机缺相？——万用表法

答 打印机在加电工作后，如果出现字车在原来位置上抖动或字车乏力，甚至不动，说明字车电机的插头接触不良，或断线、或字车电机控制与驱动电路中相位控制部分发生故障、或字车步进电机的四相绕组上有一组或两组开路。

→ 问 1582 怎样判断打印机光电传感器的好坏？——万用表法

答 打印机有的光电传感器为 U 形形状，两端内部各有一只发光二极管与一只光敏二极管。其中，检测判断发光二极管的好坏与普通二极管的检测方法基本一样。光敏二极管可以采用万用表 $R \times 10k$ 挡来检测，其中，检测时万用表＋表笔接 c 端，－表笔接 e 端，正常情况下的正向阻值一般为 $1200k\Omega$ 左右，反向阻值一般为无穷大。否则，说明该光电传感器已经损坏。

说明：光敏二极管的集电极一般定义为 c 极，发射极一般定义为 e 极。发光二极管的＋极一般定义为 K 极，－极一般定义为 A 极。

→ 问 1583 怎样判断 EPSON 打印机是断线还是堵头？——现象法

答 ① 如果发现 EPSON 打印机喷嘴所打的斜条图案中存在缺线，则大部分是打印机发生了断线，少数情况是堵头引起的。

② 如果每次清洗后，图案中缺线位置没有变化，总是在固定的位置存在断线，说明该打印机喷嘴堵住了。如果缺线的位置是变化的，不是固定的，则说明该打印机喷嘴断线了。

说明：EPSON 打印机喷嘴所打的斜条图案中的每一条小横线代表一个喷嘴。

→ 问 1584 怎样判断打印机喷头堵塞？——现象法

答 观察打印机打印出的一些图案，如果图案中的线条有断线的现象，则需要选中打印头清洗，并且清洗一次后再重复喷嘴检查。如果在同一位置仍存在断线，则说明打印机喷头可能严重堵塞。

→ 问 1585 怎样判断打印机出墨口堵塞？——倒置法

答 把外置盒上面密封塞塞好，墨盒倒置，再从外置墨盒上拔出输墨管，检查是否堵塞即可。

→ 问 1586 怎样判断打印机注墨弯头堵塞？——拔下弯头法

答 首先把注墨弯头从墨盒上拔出来，然后从输墨管线端拔下注墨弯头，检查是否堵塞即可。

→ 问 1587 怎样判断打印机输墨管线堵塞？——注射器法

答 在确保出墨口与注墨弯头没有堵塞的情况下，用注射器从墨盒出墨口抽墨，如果外置墨盒中的墨水液面没有下浮，则说明该打印机输墨管线堵塞了。

→ 问 1588 怎样判断灌装与原装墨盒的优劣？——5 点法

答 判断灌装与原装墨盒优劣的方法与要点见表 3-14-1。

表 3-14-1　判断灌装与原装墨盒的优劣的方法与要点

方法	正品	假货或者伪劣品
看打印效果	没有毛刺与模糊现象	有毛刺与模糊现象
看喷头上的密封塑料贴纸	密封薄膜贴得比较紧	密封薄膜贴得比较松
看外包装	印制精美,生产日期序列号等相关文字、数字有凹凸感	翻印的图案与文字比较模糊,生产日期序列号等相关文字、数字比较光滑
看外包装上的封口胶条	胶条质地结实	胶条一般是用印了字的透明胶
看真空包装袋	包装袋与盒体紧贴密实,袋内没有空气	包装内残存有一部分空气,包装袋与墨盒贴得很紧密

→ **问 1589** 怎样判断打印机故障是哪些元件引起的？——现象法

答 根据现象判断打印机故障是哪些元件引起的速查见表 3-14-2。

表 3-14-2　根据现象判断打印机故障是哪些元件引起的速查表

现象	可能损坏的元件
打印白纸	硒鼓没粉、激光器的机械快门没有打开、激光器坏、新硒鼓的封条没有拉等
打印错位	打印头线缆、色带、胶辊底部压纸塑料片等
打印机能打印,但打印不出指定内容	接口电路元件、接口芯片等
打印机无法初始化	ROM、RAM、门阵列等
打印漏点	贴片元件虚焊、功率晶体管模块
打印色淡	碳粉量不足、碳粉不匹配、OPC 老化、磁棍老化、出粉刀安装不好、碳粉的黑度不够、激光器老化或者菱镜不干净等
打印文档出现有规律的黑线	磁辊末端的垫片、磁辊表层、碳粉、废粉刮片、硒鼓芯
打印文件出现暗纹(水印)	定影膜等
打印纸张全黑	机器的高压板异常、充电辊不能放电等
打印纸张中部出现大面积浅色,或打印不出文章	碳粉不足、磁粉棍、磁粉辊弹簧、光学系统等
电机不走或走动异常	电机驱动芯片、驱动外围元件、门阵等
鬼影、重影	OPC、充电辊等
开机,打印机灯一闪即灭	电源元件、打印头线圈等
开机不进纸	传感器
漏粉	碳粉、出粉刀、废粉仓满等
喷墨头清洗系统出现故障	密封橡胶件、主控电路板、走纸电机、字车电机驱动部分
死机,液晶显示黑块	电容、晶体、CUP、门阵等
有底灰	充电辊破损或者不干净、碳粉受潮或者质量差、清净刮刀老化或者变形等
有规律的横纹	磁辊、刮刀等
有规律的竖纹	OPC、刮刀等
有规律黑点	OPC 等
字车的正常运行	字车电机驱动电路的专用门阵列电路
字车就不能正常工作	三极管字车电机驱动器、字车电机驱动器等

3.15 电风扇

→ **问 1590** 怎样判断电风扇电容的好坏？——白炽灯法

答 把电容两端串入有白炽灯的直流回路中,合上开关。如果灯达到最亮后,逐渐熄灭,则说明该电容是好的。如果白炽灯不亮,则说明该电容异常。

白炽灯泡判断电容的电路如图 3-15-1 所示。电路中的 C 为被检测的电风扇电容,S 为开关。

说明:落地扇、台扇使用的电容一般为 $1\sim1.5\mu F/400V$、无极性电容,外形如图 3-15-2 所示,多数情况下采用 $1.2\mu F$ 的电容。

三相电机不需要用电容,因为它是由相同电压、不同相位的三根火线供电。

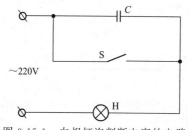

图 3-15-1 白炽灯泡判断电容的电路　　　　图 3-15-2 电容外形

→ 问 1591 怎样判断电风扇电容的好坏？——转动法

答 电风扇出现不转的现象，可以在电扇通电的情况下，在安全措施到位的情况下拨动扇叶，如果这时电风扇能够转起来，则说明该电风扇电容损坏了。

→ 问 1592 怎样判断电风扇电容的好坏？——短接法

答 在电容两端接入适量的直流电压，再断开直流后，短接一下电容两端，如果能够听到"啪啪"声音或者看到火花，则说明该电容是好的。否则，说明该电风扇电容已经损坏了。

→ 问 1593 怎样判断电风扇调速器的好坏？——灯泡法

答 把白炽灯与调速器串接好后，当插上电源插头通电时，如果灯泡不发光，说明该调速器内部已烧毁断线。如果灯泡亮变暗，说明该调速器还可以继续使用。如果串接在电路中的灯泡发光亮度与平时直接点燃亮度基本相同，则说明该调速器内部产生短路。

调速器的灯泡检测电路如图 3-15-3 所示。

说明：调速器在吊扇等设备中有应用，有时内部绕组（线圈）出现短路、断路、烧毁等现象引发故障。

→ 问 1594 怎样判断电风扇家用电扇调速开关的好坏？——内部结构法

答 根据家用电扇调速开关的内部结构（图 3-15-4），如果家用电扇调速开关关断时，开关的触点间电阻，正常情况下均为无穷大。如果开关闭合，触点间电阻为接通状态，应为 0。如果检测的数值与正常的数值有较大差异，则说明该家用电扇调速开关已经损坏了。

图 3-15-3 调速器的灯泡检测电路　　　　图 3-15-4 调速开关的内部结构

对于另外一种方法与要点如下：按下调速开关，两触点间为接通阻值 0。调速开关跳起，则两触点间为断开阻值无穷大。如果检测的数值与正常的数值有较大差异，则说明该家用电扇调速开关已经损坏了。

→ 问 1595 怎样判断电风扇家用电扇调速开关的好坏？——感觉法

答 如果按动或者拨动调速开关时，感觉有卡涩现象或调速开关不能够跳起等现象，则说明该家用电扇调速开关已经损坏了。

→ 问 1596 怎样判断家用电扇安全开关的好坏？——原理特点法

答 家用电扇这类型的安全开关属于倒停开关，有一个 V 形槽与一个圆柱形金属块，结构如图 3-15-5 所示。当电扇正置时，圆柱形金属块向下滚动，使电源两接触片接通，从而使电源接通。当家用电扇倾斜或倒置时，圆柱形金属块滚动离开接触片，从而使电源断开。如果家用电扇倾斜或倒置时，圆柱形金属块不能够断开与接触片的连接，说明该安全开关异常。

说明：家用的座钟式或小型转页扇一般采用了该类型的安全开关。

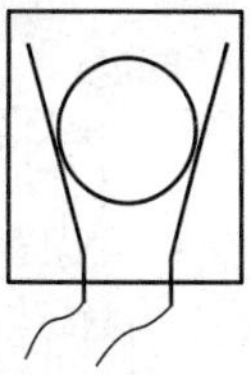

→ **问 1597** 怎样判断家用电扇安全开关的好坏？——电阻法

答 把万用表调到电阻挡，在家用电扇正置时（不通电的状态下），检测安全开关的两引出线间的电阻，正常情况下，是导通数值 0。然后把家用电扇倾斜或倒置（不通电的状态下），检测安全开关的两引出线间的电阻，正常情况下，是断开数值无穷大。如果检测的数值与正常的数值相差较大，则说明该安全开关已经损坏了。

图 3-15-5　安全开关结构

→ **问 1598** 怎样判断家用电扇定时器的好坏？——电阻法

答 把万用表调到电阻挡，在旋转前，检测定时器的触点开关，正常情况下，使用前触点开关是断开的，也就是检测数值应为无穷大。旋转触点开关后，触点开关应闭合，也就是检测数值应为 0。如果检测的数值与正常的数值相差较大，则说明该定时器已经损坏了。

说明：家用电扇的定时器外形如图 3-15-6 所示。

图 3-15-6　家用电扇的定时器外形

→ **问 1599** 怎样判断家用电扇定时器的好坏？——计时法

答 如果检测定时器触点正常，用手机时间来比较定时器的定时时间是否准确。如果定时到时后，定时器能够自动断开，则说明该家用电扇定时器是好的。如果提早动作，或者延时动作，均说明该家用电扇定时器可能损坏了。

说明：无论把定时器旋钮转到时间标志的任一位置，风扇一般应正常运转，直到停止位置时才自动停下。如果电扇停摆，或者走时变慢，可能是定时器内部沾有脏物，卡住了转动轮引起的。

→ **问 1600** 怎样判断家用电扇电抗器的好坏？——电阻法

答 把万用表调到电阻挡，检测绕组、绕组间、绕组与铁芯间电阻。正常情况下，同一绕组不同抽头间的电阻应为低阻状态。不同绕组间引线头间电阻，正常情况下，应为高阻状态。绕组与铁芯间电阻，正常情况下，应为高阻状态。如果检测的数值与正常的数值相差较大，则说明该电抗器已经损坏了。

说明：家用电扇电抗器类型有许多种，但是基本上是由绕组与铁芯组成。家用电扇—电抗器的结构如图 3-15-7 所示。

→ **问 1601** 怎样判断家用电扇电机的接线？——常规法

答 对于 5 根引线的电机，一般红色线接 1 挡，白色线接 2 挡，蓝色线接 3 挡。黄色线与黑色线接电容。黑色线同时接电源的零线。电源火线分别接 1、2、3 挡。

→ **问 1602** 怎样判断家用电扇电机抽头的好坏？——电阻法

答 把万用表调到 $R \times 1$ 电阻挡，检测抽头间、抽头与外壳间的电阻。正常情况下，一般抽头与各个端子都连通，即检测电阻为低阻状态。一般抽头与外壳间的电阻，正常情况下，检测电阻为无穷大。如果检测的数值与正常的数值相差较大，则说明该电机已经损坏了。

另外，一电机 5 条线电阻分别如下：

电容上的两根线间电阻——大约 900Ω；

公共线一根与电机线一根（红快，白中，蓝慢）间电阻——分别大约为 400、500、600Ω（不同的电机差别比较大）。

如果检测的数值太大，说明该电机绕组断路。如果检测的数值太小，则说明该电机绕组短路。电机的外形如图 3-15-8 所示。

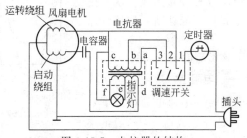

图 3-15-7　电抗器的结构

图 3-15-8　电机的外形

→ 问 1603 怎样判断家用电扇电机的好坏？——兆欧表法

答　把 500V 兆欧表连接好，检测绕组与铁芯间绝缘电阻、绕组与外壳间绝缘电阻。正常情况下，绕组与铁芯间绝缘电阻、绕组与外壳间绝缘电阻应大于 2MΩ。如果检测的数值小于 2MΩ，则说明该电扇的电机绝缘电阻性能下降。

→ 问 1604 怎样判断电扇导线好坏？——电阻法

答　导线通时，检测电阻应为 0；导线断时，检测电阻应为无穷大。如果检测的数值与正常的数值相差较大，则说明该电扇导线已经损坏了。

3.16 视盘机

→ 问 1605 怎样判断影碟机激光二极管的好坏？——激光功率计法

答　采用 630～780nm 波段的激光功率计，把激光功率计的探头直接对准激光头的物镜进行检测，当检测的数值小于 0.1mV，RF 信号输出电压幅度很小，则可以判断影碟机激光二极管损坏了或者老化了。

→ 问 1606 怎样判断影碟机激光二极管的好坏？——万用表法

答　采用万用表检测激光管的正、反向电阻，正常正向电阻大约 20～36kΩ，反向电阻为无穷大 "∞"。如果检测的正向电阻大于 50kΩ，说明激光管性能下降。如果检测的正向电阻大于 70kΩ，说明激光管已经损坏，不能够正常工作。

→ 问 1607 怎样判断影碟机激光二极管的好坏？——电流法

答　通过检测影碟机激光二极管驱动电路中的负载电阻上的电压降，然后估计出影碟机激光二极管的电流，根据电流大小来判断影碟机激光二极管的好坏。如果估计出影碟机激光二极管的电流超过 100mA，并且调节功率设定电位器电流没有变化，说明该影碟机激光二极管已经损坏。如果调节功率设定电位器电流剧增且不可控制，则该影碟机激光二极管已经损坏。

→ 问 1608 怎样判断影碟机激光二极管的好坏？——联动法

答　影碟机不装光盘，拆开上盖，开机关闭托盘，当物镜开始聚焦访问期间，从侧面观察物镜是否有暗红色的光点，如果有说明正常；如果没有正常的光点，说明影碟机激光二极管已经损坏。

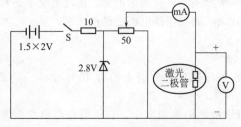

图 3-16-1　判断影碟机激光二极管好坏的电路

→ 问 1609 怎样判断影碟机激光二极管的好坏？——检测电路法

答　根据图 3-16-1 所示连接好检测电路，进行检测判断。

闭合开关 S，调节电位器，使流过激光二极管的电流为 35～60mA，激光二极管两端的电压大约为 2V。然后从影碟机的发射窗（所检测的激光二极管所在的模块）观察亮光情况来判断：没有亮光，说明该激光二极管已经损坏；亮光暗淡，说明该激光二极管已经老化；亮光正常，则说明该激光二极管没有损坏。

→问 1610 怎样判断影碟机激光二极管的好坏？——电器故障现象法

答 判断影碟机激光二极管好坏的方法与要点见表 3-16-1。

表 3-16-1　判断影碟机激光二极管好坏的方法与要点

现象	说明
不能读出目录	可能是激光头脏污、光学器件松动移位、激光过弱等原因引起的
碟片不转	碟片不转，显示屏上出现 NO DISC 字样，则可能是激光二极管老化、激光头脏、物镜或光敏检测器损坏、聚焦线圈开路或虚焊等原因引起的
挑碟	优质的 CD、VCD、DVD 碟片可以播放，质量稍差的就很难读取，甚至不能读碟，则可能是激光头有轻微脏污、激光二极管发射的激光功率减弱、激光头光栅稍有偏移、激光二极管有轻微老化等原因引起的
跳碟或播放停顿	可能是光栅移位、激光功率减弱等原因引起的
选曲难或选曲不准确	需要经过长时间的读碟，才能够选出要播放的曲目，或不能够选出指定的曲目，则可能是物镜脏污受损、聚集线圈支架轻度倾斜、光栅移位、光敏检测器性能不稳定、激光头倾角失调等原因引起的

→问 1611 怎样判断激光唱机激光头的好坏？——万用表法

答 （1）光电二极管的检测——数字万用表法

采用数字万用表的蜂鸣挡检测光电二极管的正向、反向电阻，正常正向电阻显示大约0.700，误差在 0.05 左右。反向电阻为无穷大∞。如果与此偏差很大，则说明该光电二极管已经损坏。

（2）激光管的检测——万用表法

采用万用表的 $R \times 1k$ 挡检测激光管的正向、反向电阻，正常正向电阻大约 18kΩ，反向电阻为无穷大∞。如果与此偏差很大，则说明该激光管已经损坏。

→问 1612 怎样判断 VCD 激光头的好坏？——空盘试机法

答 按 OPEN/CLOSE 键，观察进盒到位瞬间物镜是否有暗红色的激光点。如果有暗红色的激光点，需要与同类正常 VCD 的激光点进行比较判断。有的 VCD 的激光二极管老化较严重，会出现有时有暗红色的激光点，有时没有暗红色的激光点。

→问 1613 怎样判断 VCD 激光头的好坏？——万用表法

答 把激光二极管拆下来，万用表调到 $R \times 1k$ 挡，检测激光二极管的正向、反向电阻。正常情况下，一般激光二极管的正向电阻为 18～50kΩ，反向电阻为无穷大∞。如果正向电阻超过正常范围，则说明该激光二极管击穿或性能不良，也就是 VCD 激光头性能不良。

说明：VCD 激光头激光二极管性能不良，不要急于更换激光二极管，有的可以通过调整或者更换光强电位器来解决。

→问 1614 怎样判断 VCD 激光头的好坏？——负载电阻法

答 通过万用表检测激光二极管电路中负载电阻上的压降，再利用公式 $I = U/R$ 可以计算出流过激光二极管中的电流。然后与激光二极管额定电流比较，检测值以额定值上浮 10% 为上限，如果检测值大于或明显低于上下限值或调节光强电位器电流没有变化，则可以判断激光二极管已经损坏，进而判断 VCD 激光头已经损坏。

说明：有的激光头上的标签上有一行数字（有的带有字母），表示流过激光二极管的额定电流。例如 50559 表示流过激光二极管的额定电流为 50.559mA；B725 表示流过激光二极管的额定电流为 72.5mA。

→ 问 1615 怎样判断 VCD/DVD 激光头的好坏？——电流法

答 把万用表调到电流挡，串接在激光二极管驱动回路中，正常情况下，该电流一般为 35～60mA。如果该电流超过 100mA，并调节激光功率电位器时电流也没有变化，则说明该激光二极管已经老化，进而判断该 VCD/DVD 激光头已经损坏。

说明：VCD/DVD 激光头激光二极管的驱动电流，在 RF 信号≥1.5Vp-p 的情况下，驱动电流一般为＜120mA。如果＞120mA，则说明该激光二极管已经老化。

→ 问 1616 怎样判断 VCD/DVD 激光头的好坏？——激光功率计法

答 把激光功率计探头直接对准激光头物镜，然后开机，正常情况下，激光功率应为 0.1～0.3mW 或以上。如果 RF 信号波形幅度较小，功率计读数小于 0.1mW，则说明该激光二极管老化或损坏，进而判断 VCD 激光头已经损坏。

→ 问 1617 怎样判断 VCD/DVD 激光头的好坏？——观察法

答 激光二极管老化的显著特征就是其发射激光的能力变弱。正常的激光二极管发射的激光束较亮。如果激光二极管发射的激光束的亮点较暗，则说明该激光二极管老化，进而判断 DVD 激光头已经损坏。

说明：观察时，需要注意眼睛与激光头物镜的距离保持在 3cm 以上，以免损伤眼睛。

→ 问 1618 怎样判断 VCD/DVD 激光头的好坏？——示波器法

答 首先开机，放入 VCD/DVD 等碟片，然后用示波器检测 RF 信号的波形。正常情况下，检测的波形幅度应在 1.2～1.5Vp-p，并且清晰，没有网纹干扰。如果 RF 信号＜1.2Vp-p，并且调整功率微调电位器也达不到要求，则说明该激光头老化，也就是激光二极管异常。

→ 问 1619 怎样判断 VCD/DVD 激光头的好坏？——电压法

答 开机，在读碟时，使用数字万用表检测激光头组件印制电路板上与激光管并联的电容两端电压，正常情况下，一般在 1.85～1.95V。如果该电压过高，调整激光功率电位器也无效，则说明该激光头已经老化了。

说明：影碟机使用的一些激光二极管参数见表 3-16-2。

表 3-16-2 影碟机使用的一些激光二极管参数

型号	波长/nm	额定功率/mW	阈值电流/mA	典型工作电流/mA	封装形式
SLD104AU	780	5	45	52	M
RLD78MA	780	5	35	45	M
RLD78AP	780	5	35	45	P
RLD78MV	780	5	45	55	M
RLD78PA	780	5	45	55	M
SLD1122VS	670	5	40	50	N
TOLD9221M	670	5	35	45	N

→ 问 1620 怎样判断视盘机聚焦、循迹线圈的好坏？——电阻法

答 把万用表调到电阻挡，检测循迹、聚焦线圈的阻值。正常情况下，循迹、聚焦线圈的电阻值大约为 8～15Ω。如果检测的数值与正常的数值有较大差异，则说明该视盘机聚焦、循迹线圈已经损坏了。

→ 问 1621 怎样判断激光头功率不可调？——电位器法

答 如果激光头功率下降，一般会引起读碟能力下降。一般情况下，可以通过调整激光头侧面的一只大约 2kΩ 的电位器来调整激光头的功率。如果调整该电位器，激光头功率没有变

化，而该电位器是正常的，则说明该激光头功率不可调或者损坏了。

说明：用小螺丝刀顺时针调节该电位器，一般顺时针是加大功率，逆时针是减小功率。调整时候，一般以 5°为步进进行调整，并且边调边试，直到满意为止。绝对不可以调节过度，以免出现激光头功率过大而烧毁的现象。

→ **问 1622** 怎样判断 VCD/DVD 主轴电机的好坏？——现象法

答 出现主轴承缺润滑油，使电机转动不灵活；整流子短路，使电机不转；整流子漏电，使电机转速慢或者转动无力；电刷整流子磨损；电机线圈断路；电机线圈短路等原因或者现象，说明该 DVD 主轴电机损坏了。

→ **问 1623** 怎样判断 VCD/DVD 主轴电机的好坏？——万用表法

答 万用表调到电压挡，把表笔与电机正、负电极正确连接好，然后快速、连续转动电机主轴。正常的电机，一般有 1.5～1.8V 的电压，有的机型的电压会更高一点。如果电压低于 1V，则说明该 DVD 主轴电机已经损坏了。

→ **问 1624** 怎样判断光驱电机的好坏？——现象法

答 如果光盘打滑引起读盘能力下降，多数情况是由于电机上与光盘接触的橡胶垫在长期使用中变得光滑，没有弹性，使摩擦力下降引起的。

说明：对于该现象，只需要用砂纸轻轻打磨即可（打磨中，需要保护好激光头）。

→ **问 1625** 怎样判断影碟机主轴电机的好坏？——万用表法

答 把万用表调到电压挡，检测主轴电机两端的工作电压。如果低于正常值，说明电机可能存在局部短路。然后把万用表调到电阻挡，检测线圈阻值，一般正常情况下，主轴电机的阻值应大于数十欧。损坏的主轴电机一般只有几欧。

说明：需要注意有时电压正常，电机仍不转动，主要原因可能是主轴电机碳刷氧化、换向器接触不良等引起的。

3.17 显示器

→ **问 1626** 怎样判断显示器元件过热？——触摸法

答 如果用手轻轻触摸元件，发现比正常工作时的温升要快，有的存在烫手现象，有的还伴随异味的出现，则说明该元件存在过热现象。

说明：过热开机时间的长短需要根据实际来决定，并且注意在安全的情况下才能够触摸元件。

→ **问 1627** 怎样判断笔记本或液晶显示器屏幕的好坏？——观察法

答 仔细观察笔记本或液晶显示器，如果发现块状黑斑、明暗不均的斑块、液晶屏漏液、裂纹等异常情况，则说明该笔记本或液晶显示器屏幕已经损坏了。

液晶显示器破裂漏液现象如图 3-17-1 所示。

→ **问 1628** 怎样判断彩显行输出（高压包）的好坏？——电阻法

答 把 500 型万用表调到 $R \times 10k$ 电阻挡，检测高压帽对地电阻。如果检测的数值不为无穷大，则说明该彩显行输出（高压包）已经损坏了。

→ **问 1629** 怎样判断彩显行输出（高压包）的好坏？——高压电容法

答 如果采用 500 型万用表检测高压帽对地

图 3-17-1 液晶显示器破裂漏液

电阻测不出阻值，则可以使用电容表检测高压帽与地间的容量，一般的行输出电容为 2700～3000pF，部分行输出为 4000～6000pF。如果检测的数值小于 2500pF，则说明电行输出已经异常了。

说明：彩显行输出与彩电行输出最大的区别是高压输出端和地间内部并接了一只高压电容，而彩电没有采用该高压电容。98％的彩显行输出损坏原因是该高压电容击穿引起的。

→ **问 1630** 怎样判断液晶显示器高压板电路中高频升压变压器的好坏？——万用表法

答 把万用表调好挡位，用红表笔、黑表笔接在初级线圈绕组的两焊点上，并且观察万用表的读数，正常情况下大约为 0.3Ω，则说明其初级线圈是好的。

然后把万用表调到 $R×100$ 挡，再把红表笔、黑表笔接在次级线圈绕组的两焊点上，观察万用表的读数，正常情况下大约为 11kΩ，说明其次级线圈是好的。如果万用表检测的数值为零或为无穷大∞，则说明次级线圈绕组内部存在短路或开路现象。

→ **问 1631** 怎样判断显示器故障是哪些元件异常引起？——现象法

答 判断显示器故障是哪些元件异常引起的一些故障现象见表 3-17-1。

表 3-17-1　判断显示器故障现象

现　象	可能引起异常的元件
CRT 显示器的屏幕上有不规则的花斑	CRT 常
白屏	主 IC、屏等
不开机，或开机不能正常工作	驱动板（主芯片、MCU、供电电路元件等）
不输出电压或输出电压带不起负载	滤波电路元件、整流二极管、桥堆、电源管理 IC、开关管等
场不同步，即图像在垂直方向翻滚，仅仅是场不能同步，且调整同步电位器旋钮仍不同步	场积分电路电阻、场积分电容、场振荡定时器 RC 等
场线性不好，图像的上部、下部被拉宽或压缩，以及卷边，均属于场线性不良	场扫描锯齿波形成电路中的电容、场输出晶体管、线性补偿网络中元件等
垂直一条直线	行偏转线圈、行幅或行线性调整线圈、枕形变压器、S 校正电容等
单键飞梭旋钮丢失，无法进行 OSD 菜单设置和调整	单键飞梭按钮等
对比度差不可调	电位器、对比度控制电路三极管、电阻、芯片等
光栅（或图像）水平枕形失真	枕形变压器线圈、枕形失真校正电路元件、二极管调制电路元件等
花屏反复上电后，花的条纹、色彩无变化	屏、驱动板等
花屏反复上电后，花的条纹、色彩有变化	驱动板、屏等
屏暗	高压电源板、灯管、屏等
屏花屏竖彩条	COG、TAB 等
屏幕底色过亮并有回扫线出现	视放管、副亮度电位器等
屏幕满幅红色光栅，且有回扫线	亮度电位器、显像管、视频管等
屏幕上有明亮的斑块，或屏幕上有硬物的划痕	CRT 等
缺基色或色不正	视频处理芯片、视放管、显像管等
水平一条亮线	场偏转线圈、场输出电路耦合电容、场扫描芯片、场振荡器 RC 定时电路元件等
图像亮度失控	显像管、亮度电位器、显像管等
外壳摔裂或跌落	引起外壳、元器件等异常
无图像无高压	行扫描芯片、输出管、行推动管、行振荡芯片、逆程谐振电容、行输出变压器、CPU 等
显示器的电源指示灯为绿色，但屏幕上的图像偏色或黑屏无图像显示	显示器 15 针 D 形插头、显示器的信号线

现　　象	可能引起异常的元件
显示器内部冒烟	显示器内部元器件老化或者异常，包括磁芯、电感、PCB、S 校正电容、行频调整电容
显示器内部有轻微的"咔咔"玻璃碰擦的声	CRT 等
显示器信号线插头烧灼	信号线插针等
行不同步	行 AFC 鉴相器、行扫描电路芯片、行振荡器 RC 定时元件、行同步信号极性处理电路元件、CPU 等
液晶显示器灯管根本就不亮	高压板、灯管线、灯管等
液晶显示器灯管能亮一下，很快就不亮了	高压板
有图像但亮度不够，调节电位器无效	显像管等
造成色彩不对或机器不工作	VGA 线

3.18　电动车与充电器

→ 问 1632　怎样判断电动车充电器滤波电容的好坏？——电阻法

答　把万用表调到电阻挡，如果检测的数值为 $R=0$ 或 $R \leqslant 200 \text{k}\Omega$，则说明该滤波电容异常。

→ 问 1633　怎样判断电动车充电器整流管短路？——二极管法

答　把万用表调到二极管挡检测，如果有鸣响，则说明该整流管异常。

→ 问 1634　怎样判断电动车充电器保险管的好坏？——观察法

答　电动车充电器保险管损坏，不要急于更换，需要了解原因后，才能够更换。保险管损坏的原因可以通过观察保险管的状况来大概判断：

• 电动车充电器保险管玻璃壳内壁有黑斑或黄斑——说明过流情况严重，开关管、市电整流滤波元器件击穿引起的；

• 电动车充电器保险管玻璃壳只是轻微的有黄斑——说明过流情况不是很严重，可能是保险管本身损坏造成的。

→ 问 1635　怎样判断电动车充电器互感线圈的好坏？——综合法

答　（1）听声法

如果互感线圈发出"吱吱"声，说明互感线圈绕组可能出现了松动现象。

（2）观察法

如果发现保险管出现过流熔断、互感线圈绕组表面发黑等异常现象，说明互感线圈绕组可能绕组匝间发生了短路现象。

另外，互感线圈的引脚脱焊也可以采用观察法来判断。

→ 问 1636　怎样判断电动车充电器的好坏？——综合法

答　① 把充电器通电，观察电源指示灯，如果不发光，说明该充电器可能没有工作。

② 如果充电器电源指示灯亮，用万用表的直流电压挡检测充电器在空载状态下的输出电压。如果充电器的输出电压异常，则说明该充电器异常。

③ 如果空载时充电器输出电压正常，把市电断开，接好蓄电池组，再接上市电。如果这时充电器指示灯的亮度变暗，则说明该充电器带负载能力差。

另外，判断电动车充电器好坏的其他方法与要点见表 3-18-1。

表 3-18-1 判断电动车充电器好坏的其他方法与要点

方法	说　明
听	(1)让充电器处于充电状态时,仔细听充电器是否有声音发出。如果充电器在没有电压输出的情况下发出高频噪声,则说明该充电器已经工作 (2)在蓄电池本身没有问题的情况下,说明该充电器可能损坏了 (3)充电器不通电,如果轻摇充电器,感觉有元件松脱的声响,则说明该充电器可能损坏了
看	观察充电器,如果发现元器件引脚脱焊、电路板开裂、保险管熔断、电阻烧断等异常情况,说明该充电器可能损坏了。如果充电器外观完好、导线齐全、插头无松脱、指示灯与所有标贴齐全、塑壳无变形、内装无松动、无自行拆装等情况,则说明该充电器是好的
摸	让充电器工作,在安全的情况下用手触摸开关管,如果感觉温度明显高于正常的温度,则说明该充电器可能损坏了
闻	让充电器工作,如果能够闻到有异样的气味,则说明该充电器可能损坏了
电阻检测法	把充电器置于充电状态,使用万用表检测其输出电压。如果充电器的输出电压大于正常的数值,说明该充电器的稳压控制电路可能异常。如果充电器的电压正常,调节调压器使输入市电电压慢慢升高到220V,发现充电器开关电源输出的电压存在变化,则说明该充电器稳压控制电路异常
灯泡限流法	把充电器市电输入回路的保险管卸下,把一只60W的灯泡串联在管座上。接通市电,如果这时灯泡在短时间内发光较强,然后变暗甚至熄灭,说明该充电器开关电源异常。如果灯泡发光较强,并且不会变暗,则说明该充电器异常
测试法	插上电源空载时,充电器红、绿灯全亮。这时,检测输出电压,正常情况应为41～42.4V(以36V充电器为例)。如果检测的输出电压与正常数值有较大差异,则说明该充电器异常
电流法	接上专用测试仪,插上电源,检测电流与电压的情况,36V充电器电流范围一般为1.70～1.90A,这时红灯亮,终止电压一般为44.1～44.5V。如果进入翻转阶段时,转换电流一般为0.3～0.45A,当使充电器翻转时,电压显示一般为41～42.4V,这时红、绿灯全亮,则说明该充电器是好的,否则,说明该充电器异常

→ 问 1637　怎样检测电动车无刷控制器的好坏?——万用表法

答　把万用表调到电阻挡,检测无刷控制器的正负电源进线与电机三根线间的电阻。如果相等,则说明电动车无刷控制器是好的;如果不相等,则说明该电动车无刷控制器可能损坏了。

不过,在判断无刷控制器的正负电源进线与电机三根线间的电阻是正常的情况下,还需要进一步判断霍尔转把的5V电压是否正确。如果正确,才能够判断电动车无刷控制器是好的。

→ 问 1638　怎样判断电动车充电器故障是哪些元件引起的?——现象法

答　现象法判断电动车充电器故障是哪些元件引起的方法与要点见表 3-18-2。

表 3-18-2 现象法判断电动车充电器故障是哪些元件引起的方法与要点

现　象	可能损坏的元件
开关电源启动困难,或者不能够正常启动	限流电阻、开关管等(自激式开关电源)
开关电源启动困难,或者不能够正常启动	限流电阻、电源厚膜电路元件、电源控制芯片、滤波电容等(他激式开关电源)
输出电压异常	误差取样元件、放大电路元件、开关管、光电耦合器等
无电压输出	电源的PWM电路元件、电源IC、开关变压器、开关管等
无电压输出,或者输出电压低	正反馈回路元件、开关管等(并联型自励式开关电源)
无电压输出,或者输出电压低	比较器、定时元件、振荡元件、开关管等(他励式开关电源)

→ 问 1639　怎样判断电动车电机绕组断路/短路?——综合法

答　① 电动车电机同组绕组线两端应是相通的。如果检测得到的数值为无穷大,则说明该电动车电机异常了。

② 绕组线与外壳，正常情况下，阻值为无穷大。如果检测得到的阻值偏小，则说明该电动车电机存在短路现象。

③ 电机存在均匀电磁阻力，没有卡阻现象。如果存在卡阻现象，则说明该电动车电机存在异常现象。

→ 问 1640 怎样判断电动车霍尔转把的好坏？——电压法

答 霍尔转把一般 3 根线：一根红线、一根黑线、一根绿线。准备好一个 5V 的稳压电源，霍尔转把的红线接 5V，黑线接负极。用万用表检测绿线与黑线间的电压，在不转动转把时，电压一般为 0.8～1.2V。如果转动转把，则电压会慢慢升高。如果转到底时，可以达到 4.2V。如果检测情况与上述情况一致，说明该霍尔转把是好的；如果检测情况与上述正常情况相差较大，则说明该霍尔转把异常。

另外，也可以用万用表 20V 电压挡测量控制器的九芯插头。先调好挡位，把黑笔接在细黑线上，红笔接在细黄线上，这时，正常的电压大约为 1V。把转把转到底，万用表检测的正常电压一般大约为 1～4.2V 或 4.8V。如果检测情况与上述情况一致，说明该霍尔转把是好的；如果检测情况与上述正常情况相差较大，则说明该霍尔转把异常。

说明：电动车调速转把一般是用线性霍尔元件来实现的。

→ 问 1641 怎样判断电动车蓄电池的好坏？——观察法

答 仔细检查蓄电池的外形，如果发现外壳凸出、漏液、断隔等异常现象，则说明该电动车蓄电池已经损坏。

→ 问 1642 怎样判断电动车蓄电池的好坏？——触摸法

答 对蓄电池充电 3～6 个小时后，用手触摸电池外壳侧面。如果感觉发热、烫手，则说明该电动车蓄电池已经坏死。如果电池发热，温度大约在 40℃，则说明该电动车蓄电池严重失水。

→ 问 1643 怎样判断电动车蓄电池的好坏？——电压法

答 在给电动车蓄电池进行充电时，分几次检测每节电池的电压，一般每次间隔 20min。如果检测有单体电池的电压超过 15V，或者每块蓄电池电压始终达不到 13V 以上，说明该节电池异常。如果蓄电池处在负载放电中，此时用万用表分别检测每节电池（例如一节电池为 12V）的电压，如果有单块电池的电压下降较快，并且低于 10V，则说明该节电池阴极板软化，或损坏。

→ 问 1644 怎样判断电动车蓄电池是否失水？——电压法

答 打开电池盒密封盖，一般会发现单体电池有 6 个内隔孔，用 10cm 长的竹签插入孔底。如果感觉蓄电池里面的电解液是软绵绵的，则说明该蓄电池失水。如果蓄电池补充水后电解液颜色发黑，说明该蓄电池已经坏死。如果感觉蓄电池里面很干燥，说明该蓄电池电解液水分完全丧失。

→ 问 1645 怎样判断电动车无刷电机的好坏？——电阻法

答 把电机所有线束的插头拔开，用万用表二极管挡检测，把万用表红表笔与电机六芯插头细红线相连，黑表笔与细黄线、蓝线、绿线、黑线相连。正常情况下，数值显示为 900Ω 以上。如果把红表笔接在黑线上，黑表笔接在细黄线、蓝线、绿线、红线上，正常情况下，数值显示为 500～600Ω。如果检测的数值为零或无穷大，则说明该无刷电机已经损坏了。

→ 问 1646 怎样判断电动车无刷电机的好坏？——电压法

答 把万用表调到 200V 直流电压挡，在通电的状态下，把黑表笔接在六芯插头细黑线上，红表笔分别接在细黄线、蓝线、绿线上，然后转动电机，正常情况下，电压显示大约为 0～6.25V，并且 3 根线的最大值与最小值应相差不大。如果检测情况与上述正常情况相差较大，则说明该电动车无刷电机异常。

→ 问 1647 怎样判断无刷低速电机的好坏？——电阻法

答 把万用表调到电阻挡检测。正常情况下，3 根大线是相通的，如果断开，说明该无刷低速电机异常。3 根大线与外壳的阻值正常情况下为无穷大，如果检测的阻值偏小，则说明该无刷低速电机存在短路现象。

→ 问 1648 怎样判断有刷电机的连接？——颜色法

答 有刷电机一般有正负两根引线，它们的区别可以根据引出线的颜色来判断，其中红线一般是电机正极线，黑线一般是电机负极线。

说明：一般情况下，如果将电机正、负极线交换，会使电机反转，一般不会损坏电机。

→ 问 1649 怎样判断无刷电机相角？——霍尔元件排列顺序法

答 无刷电机有 60°相角与 120°相角的。如果霍尔元件排列顺序（有字的一面为正，无字的一面为反）为正正正或者反反反的，该无刷电机是 60°相角的电机。如果霍尔元件排列顺序为正反正的，该无刷电机为 120°相角的电机。

说明：开关型霍尔一般用于电子刹把、无刷电机内部的位置传感器。

→ 问 1650 怎样判断无刷电机的接线？——引线颜色法

答 无刷电机的霍尔元件一般有 5 根引线，分别是霍尔元件的公共电源正极细红线、负极细黑线、细黄线、细蓝线、细绿线。其中，细黄线、细蓝线、细绿线一般分别表示霍尔信号的 A 相、B 相、C 相信号输出引线。

→ 问 1651 怎样判断无刷控制器的好坏？——断电检测法

答 断开电源，把万用表调到二极管挡，检测控制器电源输入正、负极是否短路，如果存在短路，说明该无刷控制器损坏了。如果用黑表笔接检测控制器的电源正极，红表笔分别接检测控制器的黄线、绿线、蓝线 3 根绕组端，正常情况下，一般为 400～700Ω。如果检测情况与上述正常情况相差较大，说明该电动车无刷控制器异常。如果用黑表笔接霍尔信号黑线，红表笔接霍尔信号红线、黄线、绿线、蓝线 4 根线，发现存在短路现象，则说明该电动车无刷控制器异常。

→ 问 1652 怎样判断无刷控制器的好坏？——通电检测法

答 （万用表调到电压挡）：

① 如果检测转把电源有 5V 以上电源，说明该无刷控制器是好的；

② 如果转动转把，检测信号线上有 0.8～4.2V 的变化，说明该无刷控制器是好的；

③ 如果检测控制器电源输入电压有 36V（48V）以上的电压，说明该无刷控制器是好的；

④ 如果检测霍尔信号线有 5～7V 电压，则说明该无刷控制器是好的。

如果检测情况与上述正常情况相差较大，则说明该电动车无刷控制器异常。

→ 问 1653 怎样判断无刷控制器功率管损坏？——万用表法

答 把万用表调到二极管挡，检测控制器的 A、B、C 三相电机接线。其中，万用表的黑表笔接电源红线，红表笔分别接三相电机相线，正常情况下的数值一般为 500～600Ω。如果检测得到某相数值为零或很小，说明该无刷控制器这相的上功率管可能击穿损坏了。如果检测得到某相数值为很大，说明该无刷控制器这相的上功率管可能断路损坏了。

如果把万用表的红表笔接电源地线，黑表笔分别接三相电机的相线，正常情况下，检测的数值一般为 500～600Ω。如果检测得到某相数值为零或很小，说明该无刷控制器这相的下功率管可能击穿损坏了。如果检测得到某相数值为很大，则说明该无刷控制器功率管断路损坏了。

→ 问 1654 怎样判断无刷控制器功率管损坏？——电压法

答 给无刷控制器通电源，用万用表电压挡检测控制器九芯插头中的细红线与细黑线，正常情况下的电压一般为5V。如果检测没有电压，则说明该无刷控制器已经损坏了。

说明：功率管损坏表现为整车不转或缺相等异常现象。

→ **问 1655** 怎样判断有刷控制器的好坏？——断电检测法

答 断开电源，把万用表调到二极管挡检测。其中红表笔接控制器的电源输入正极，黑表笔接控制器的电源输入负极，如果存在充电现象，说明有刷控制器是好的。如果存在短路现象，则说明有刷控制器是坏的。

如果红表笔接控制器电源输入的负极，黑表笔分别接红色、黄色线，存在短路现象，则说明该有刷控制器是坏的。

如果红表笔接控制器的电源输入极，黑表笔接电动机负极（蓝色线或绿色线），正常情况下，数值一般为100～200Ω。如果存在短路现象，则说明该有刷控制器是坏的。

检测转把的红线、黑线、绿线（蓝线），正常没有短路的现象。如果存在短路现象（检测数值为低阻值），则说明该有刷控制器是坏的。

→ **问 1656** 怎样判断有刷控制器的好坏？——通电检测法

答 断开制动断电插头，给有刷控制器通电，检测控制器电源输入正极、负极，正常情况下应有36V或48V以上电压。检测转把电源，正常情况下应有5V以上电压。短路制动断电线（黄线、黑线），正常情况下，控制器应停止输出。转动转把，检测霍尔输出电压，正常情况下应为0.8～4.2V间变化。转动转把，检测控制器（黄线、绿线），正常情况下应无电压输出。

如果检测情况与上述正常情况相差较大，则说明该电动车有刷控制器异常。

→ **问 1657** 怎样判断转把的好坏？——电压法

答 把万用表调到20V电压挡，测量控制器九芯插头，其中，黑表笔接在细黑线上，红表笔接在细黄线上。正常情况下，这时电压大约为1V。如果把转把转到底，正常情况下，检测数值应为1～4.2V或1～4.8V。

如果检测情况与上述正常情况相差较大，则说明该电动车转把异常。

说明：线性霍尔一般用于转把，其输出电压是随磁场线性变化的。

→ **问 1658** 怎样判断线性霍尔转把的引脚？——颜色法

答 霍尔转把一般有3只引脚，即一般分别为绿或蓝（信号）线、红（电源）线、黄或黑线（地线）。霍尔转把的引线一般与控制器匹配，转把的绿线或蓝线、红线、黄线或黑线分别接控制器九芯塑料插头的黄线、红线、黑线。也就是说，颜色相同的线相连。

→ **问 1659** 怎样判断霍尔转把的好坏？——电压法

答 把万用表调到20V或200V电压挡，测量控制器九芯插头，其中，黑表笔接在细黑线上，红表笔接在细黄线上。正常情况下，这时电压大约为1V。如果把转把转到底，正常情况下，检测数值应为1～4.2V或1～4.8V。

如果检测情况与上述正常情况相差较大，或者转动转把时无电压变化，均说明该电动车转把异常（前提是判断控制器正常的情况下）。

→ **问 1660** 怎样判断刹把的好坏？——电压法

答 刹把一般用的霍尔元件为开关型霍尔。当霍尔元件表面有磁场时，刹把会输出低电压。当无磁场时，刹把会输出高电压。如果所用的刹把为电子低电位，表示刹车时，信号输出为低电压。

如果检测情况与上述正常情况相差较大，则说明该刹把异常。

→ **问 1661** 怎样判断刹把的引脚？——颜色法

答 刹把一般有3只引脚，并且一般用绿线表示信号线，红线表示电源线，黑线表示地线。刹把一般需要与控制器相匹配，也就是刹把的绿线、红线、黑线一般分别接控制器九芯塑料插接件的紫线、红线、黑线。有的转把与刹把的红线、黑线共用。

→ 问 1662 怎样判断刹把的好坏？——万用表法

答 把万用表调到 20V 挡或 200V 挡，红表笔接在控制器九芯插接件的紫线上，也就是刹把的绿色信号线上，黑表笔接在控制器九芯插接件的黑线上，也就是刹把的黑线上。然后打开电源，正常情况下，这时万用表检测的电压为 5～6V。如果检测的电压为零，则说明该刹车常断电。

如果握住刹把，正常情况下，万用表检测的数值为零。如果检测的电压为 5～6V，则说明刹车不断电。当刹车常断电时，整车有电，电机会不转。

→ 问 1663 怎样区别电子刹把与机械刹把？——特点法

答 刹把的作用就是当刹车时，控制器检测到刹车信号，无论在什么状态下都断开电机供电。

刹把的类型分为机械常开、机械常闭、电子常高、电子常低等，常见的为电子刹把。

电子刹把一般采用开关型霍尔元件，其一般有 3 条引线，即电源（5V）线、信号线、地线。电子常高、电子常低是指在不刹车时，输出有高低之分。现在市场上常用的是电子常高刹把。电子刹把分为 1200mm 长线的与 450mm 短线的。电子刹把供电电压范围一般为 4.5～24V，也就是与电机霍尔电压相同。

机械常开刹把与电子常高刹把，都可以直接并联工作的（或门）。机械常闭刹把可以串联工作（与门）。

电子常低刹把，可以用附加电路（电子开关线路）工作。

电子刹把的刹车开关一般是由霍尔元件与磁钢组成的，其原理与无刷电机的霍尔一样。

高电平电子刹把：向控制器刹车线里输入电压信号，控制器里的电子开关导通，刹车动作。低电平电子刹把：控制器刹车线向外输出一个电压信号，经过刹把开关，闭合后，刹车动作。

→ 问 1664 怎样判断控制器引线功能？——特点法

答 接通控制器电源，把万用表调到直流电压 20V 挡，检测出 +5V 或 +6.2V 转把供电引线，与 +5V、+12V 或 15V 闸把供电引线，以及地线。其余的几条引线功能可以根据以下方法来判断。

先列出表 3-18-3 所示的开关法引线判断表，判断调速转把的信号引线，也就是当某个开关闭合或断开时，电动机以中等速度转动，则说明该引线是调速转把的信号线。

表 3-18-3 开关法引线判断表

名称	序号	S1	S2	S3	S4	S5	S6	S7	S8
转把	1	●	●	●	●	○	○	○	○
	2	●	●	●	●	○	●	●	○
	3	●	●	●	●	○	○	○	○
	4	●	●	●	●	○	○	○	●
	5	●	○	○	○	●	○	●	●
	6	○	●	○	○	●	●	●	●
	7	○	○	●	○	●	●	●	●
	8	○	○	○	●	●	●	●	●

说明：●表示开关闭合；○表示开关断开。

判断出调速转把的信号引线后，可以使电动机继续以中等速度转动。这时，如果某个开关断开或者闭合，电动机停止转动，则说明该引线是闸把的信号线。

闸把的信号线可能是一条，也可能是两条。如果是两条闸把信号线，说明是分别用于左闸把、右闸把上的引线。

→ **问 1665** 怎样判断电动车控制器的优劣？——5点法

答 5点法判断电动车控制器优劣的方法与要点见表3-18-4。

表3-18-4　5点法判断电动车控制器优劣的方法与要点

项目	优	劣
电流控制能力	快速	差
反压控制能力	好	差
温升	温升慢	温升快
效率	高	低
做工	焊接好、外观精致、散热好	焊接差、外观粗糙、散热差

→ **问 1666** 怎样判断霍尔传感器的引出线？——排列法

答 电动自行车使用的霍尔传感器，一般有4根引出线，也就是输入工作电压一对（两根线）、输出信号电压一对（两根线）。其中，两根接地线并成一根共享线引出。也就是4根引出线，实际上只有3根引出线。

一般共用线位于3根线的中间，两旁一侧的引出线是工作电压为＋5V的正极电压，另外一侧是输出电压线（根据用途不同，输出电压不同）。

另外，还可以这样来判断：正对有字的一面，左侧的是正极线，中间的是负极线，右侧的是信号线。

说明：霍尔传感器是电动自行车经常采用的控制型组件，一般平面尺寸为3mm×4mm，厚1.2mm。调速手柄发出速度控制指令，无刷直流电动机在运转中的换向，一般是采用霍尔器件来完成的。

→ **问 1667** 怎样判断霍尔传感器的好坏？——二极管挡法

答 把万用表调到二极管挡，红表笔接红线，黑表笔接黄线、蓝线、绿线、信号线、黑线，正常情况下，万用表应显示900以上。如果用万用表二极管挡红表笔接黑线，黑表笔接黄线、蓝线、绿线，正常情况下，大约为600～800。如果黑表笔接正极，则电压一般为无穷大。如果给电机通电，检测霍尔信号电压，正常情况下，一般大约在0～5V或0～6.25V。

如果检测情况与上述正常情况相差较大，则说明该电动车霍尔传感器异常。

→ **问 1668** 怎样判断电源锁坏了？——电压显示法

答 用万用表DC挡，检测电池盒触点，观察有无电压显示。如果没有电压显示，打开电源锁，发现仪表盘指示灯不亮，则说明保险管熔丝可能断、电线可能脱落等。如果有电压显示，打开电源锁，仪表盘指示灯不亮，则说明该电动车电源锁坏了。

→ **问 1669** 怎样判断磁钢的好坏？——综合法

答 （1）电阻法

短路无刷低速电机3根大线，正常情况下，有较强的电磁阻力。如果阻力偏小，则说明该磁钢退磁了。

（2）电流法

检测空转电流，如果检测的数值偏大，则说明该磁钢退磁了。

→ **问 1670** 怎样判断电动车电机是多少瓦？——种类法

答 简易电动车电机一般为180～250W。

踏板电动车电机一般为350W。

电摩（电动车电机）一般为 $500\sim800W$。

→ 问 1671 怎样判断电动车电机是 $60°$ 还是 $120°$？——观察法

答 仔细观察无刷电机里的 3 个霍尔组件的摆放情况，即无刷电机里的 3 个霍尔组件都是平行摆放的，则说明该电动车电机是 $60°$ 的电机。如果无刷电机里的 3 个霍尔组件其中有一个呈翻转 $180°$ 位置摆放，则说明该电动车电机是 $120°$ 的电机。

→ 问 1672 怎样判断电动车无刷电机的好坏（不考虑霍尔元件）？——阻力法

答 让电动车无刷电机的 3 根相线悬空，在安全的情况下，用手空转电机，正常情况下，应没有阻力。如果任意两根相线短路，电机存在明显的间断阻力，并且阻力是一致的。

如果检测情况与上述正常情况相差较大，则说明该电动车无刷电机异常。

→ 问 1673 怎样判断电动三轮车电机的类型？——安装位置法

答 轮毂电机——一般安装在电动三轮车的中间位置，通过传动装置传动给后轮。

轴式电机——一般直接安装在后轮中轴。电机一般采用外转子形式，电机直接驱动后轮。

→ 问 1674 电池充不上电或充不足电及行驶路程短有哪些原因？——8 点法

答 电池充不上电或充不足电及行驶路程短常见 8 点原因如下：
① 充电器与交流电源存在接触不良；
② 充电器指示灯异常造成假充满；
③ 充电器与充电插座存在接触不良；
④ 充电器没有电压输出；
⑤ 充电器输出电压低；
⑥ 电池使用寿命已到时间；
⑦ 电池内保险丝已经断了；
⑧ 电池内保险管与座间接触不良。

3.19 汽车

→ 问 1675 怎样判断汽车冷却液温度传感器的好坏？——万用表法

答 把点火开关关闭，拆下传感器的连接器。把汽车专用万用表调到 $R\times1$ 挡，检测传感器两端子间的阻值。根据检测数值与正常参考数值比较，如果有较大差异，说明该冷却液温度传感器损坏了。汽车冷却液温度传感器的电阻值与温度的高低一般是成反比的。如果检测的数值与正常参考数值关系规律有差异，则说明该冷却液温度传感器损坏了。

举例：皇冠 3.0 的 THW 与 E2 端子的正常参考数值如下：

温度为 $0℃$ 时，电阻值一般为 $4\sim7k\Omega$。

温度为 $20℃$ 时，电阻值一般为 $2\sim3k\Omega$。

温度为 $40℃$ 时，电阻值一般为 $0.9\sim1.3k\Omega$。

温度为 $60℃$ 时，电阻值一般为 $0.4\sim0.7k\Omega$。

温度为 $80℃$ 时，电阻值一般为 $0.2\sim0.4k\Omega$。

如果检测值与正常参考数值相差较大，说明该冷却液温度传感器损坏了。如果检测值与正常参考数值相差不大，则说明该冷却液温度传感器是好的。

→ 问 1676 怎样判断汽车冷却液温度传感器的好坏？——万用表单件检查法

答 拆下冷却液温度传感器的导线连接器，从发动机上拆下冷却液传感器。把冷却液传感器放在盛有水的烧杯内，然后加热烧杯中的水。这样，利用传感器随着温度逐渐升高来判断。也就是用万用表的电阻挡检测传感器在不同温度下的电阻值，根据检测数值与正常参考数值比较，如果有较大差异，说明该冷却液温度传感器损坏了；如果检测值与正常参考数值相差不大，则说明该冷却液温度传感器是好的。

说明：汽车上的温度传感器多数是采用负温度系数的热敏电阻。

→ **问 1677** 怎样判断汽车冷却液温度传感器的好坏？——输出信号电压法

答 安装好冷却液温度传感器，把传感器的连接器插好。当点火开关置于 ON 位置时，检测连接器中的 THW 端子（有的车型是 THW 端），或者 ECU 连接器的 THW 端子与 E2 间的输出电压。检测得到的电压，正常情况下，一般与冷却液温度成反比变化。如果检测得到的电压与正常参考数值或者与正常变化规律有较大差异，则说明该冷却液温度传感器损坏了。

如果先拆下冷却液温度传感器线束插头，后打开点火开关，检测冷却温度传感器的电源电压，正常情况下，一般是 5V。如果电源电压正常，则说明可能是冷却液温度传感器本身损坏了。

→ **问 1678** 怎样判断汽车冷却液温度传感器的好坏？——ECU 连接线电阻值检查法

答 把万用表调到高阻抗电阻挡，检测冷却液温度传感器与 ECU 两连接线束的电阻值，也就是冷却液传感器的信号端、地线端分别与对应 ECU 的两端子间的电阻值。正常情况下，其线路是导通的。如果线路不导通，或者电阻值大于规定值，则说明该冷却液传感器线束断路，或者连接器接头接触不良。

→ **问 1679** 怎样判断汽车启动机电磁开关的好坏？——万用表法

答 把万用表调到电阻挡，检测吸引线圈，也就是把万用表的一只表笔接电磁开关吸引线圈的相应端子上，另一只表笔接 C 端子上，正常情况下，阻值一般为 0。如果检测阻值为∞，则说明该吸引线圈存在断路现象。

检测吸引线圈后，可以检测保持线圈来判断。把万用表调到电阻挡，检测保持线圈，也就是把万用表的一只表笔接相应端子上，另一只表笔接电磁开关外壳上，即在检测吸引线圈时的操作下，只需要把接 C 端子的表笔移到电磁开关外壳上就可以了。正常情况下，阻值一般为 0。如果检测阻值为∞，则说明该保持线圈存在断路现象。

→ **问 1680** 怎样判断汽车启动机单向离合器的好坏？——转动法

答 顺时针转动小齿轮，正常情况下，应灵活、没有卡滞现象。然后逆时针转动小齿轮，正常情况下，应立即卡住。如果与上述要求有差异，则说明该单向离合器总成可能异常。

说明：检测方法一般是某一车型上检测的，其他元件检测情况也一样，因此，具体检测时，需要了解检测的相同性与差异性。其他元件的检测就不再说明了。

→ **问 1681** 怎样判断汽车齿轮与轴承的好坏？——观察法

答 仔细检查、观察驱动小齿轮、中间齿轮、离合器齿轮、轴承，如果发现非正常磨损、损坏，则说明该齿轮与轴承异常。

→ **问 1682** 怎样判断汽车轴承的好坏？——转动法

答 在安全的情况下，在轴承内、外圈间施加一定的轴向力，同时转动轴承。如果转动轴承时，感觉到存在阻力，或者存在卡滞现象，说明该轴承可能异常。

→ **问 1683** 怎样判断启动机电刷的好坏？——长度法

答 有的电刷标准长度为 15.5mm，如果用直尺或者游标卡尺检测电刷长度，发现低于 10mm 的最小极限值时，说明该电刷异常了。

→ **问 1684** 怎样判断启动机电刷的好坏？——面积法

答 一般情况下，电刷与换向器的接触面积需要大于电刷端面积的 75%。如果低于 75%，用细砂纸修磨电刷也不能够扩大与换向器的接触面积，则说明电刷可能异常了。

→问 1685 怎样判断启动机电刷弹簧的好坏？——观察法

答 仔细检查、观察电刷弹簧，如果发现变形、折断等异常情况，则说明该电刷可能异常了。

→问 1686 怎样判断启动机电刷弹簧的好坏？——弹簧秤法

答 检查、判断电刷弹簧是否正常，可以采用弹簧秤来判断，也就是用弹簧秤检查弹力，其压紧力需要符合 13.7～19.6N 的规定，否则说明该电刷弹簧异常。

→问 1687 怎样判断启动机电刷架的好坏？——电阻法

答 把万用表调到电阻挡，检测绝缘电刷架与底板间的电阻，正常情况下，电阻值为∞。否则，说明该绝缘电刷架搭铁。

如果用万用表一只表笔与搭铁电刷架相接触，另一只表笔与底相接触，正常情况下，阻值为0。如果检测得到较大的阻值，则说明该电刷搭铁不良。

→问 1688 怎样判断启动机磁场总成的好坏？——观察法

答 仔细观察启动机磁场总成，如果发现磁场线圈断路、摩擦碰损、线头脱焊、线圈包扎层烧焦、脆裂等异常现象，则说明该启动机磁场总成异常。

→问 1689 怎样判断启动机磁场总成的好坏？——电阻法

答 把万用表调到电阻挡，万用表一只表笔接磁场线圈的正极引线端，另一只表笔接正极电刷端，正常情况下，阻值一般为0。如果检测得到的阻值为∞，说明该磁场线圈已经断路。这时，把万用表的一只表笔与其外壳接触，检测的阻值，正常情况下一般为∞，否则，说明该磁场线圈与外壳存在接触异常现象。

→问 1690 怎样判断启动机磁场总成磁场线圈匝间短路？——铁棒法

答 安全的情况下，在磁场线圈中插入一根铁棒，放在电枢检测仪上进行检查。如果通电大约 3min，发现线圈发热，说明该启动机磁场总成磁场线圈存在匝间短路现象。

说明：磁场线圈匝间短路会使通过电流增大、温度升高。

→问 1691 怎样判断启动机电枢总成的好坏？——万用表法

答 把万用表调到电阻挡，两表笔接在换向器上，依次与相邻的两换向片相接，正常情况下，阻值一般为0。如果检测得到的阻值为∞，则说明该电枢绕组存在断路异常现象。

用万用表一只表笔与电枢的铁芯或者电枢轴接触，另外一只表笔接换向器，分别与各换向片接触，正常情况下，阻值一般均为∞。如果检测得到的阻值为0，则说明该电枢绕组存在短路异常现象。

→问 1692 怎样判断启动机电枢换向器的好坏？——观察法

答 仔细观察换向器，如果发现存在脏污、烧蚀等异常情况，说明该换向器异常了。

→问 1693 怎样判断启动机电枢换向器的好坏？——测量法

答 先把槽间杂物清除干净，检查片间凹槽深度，正常的标准深度一般为 0.6mm，如果检测得到的深度少于 0.2mm，说明换向器需要调整或者修整。

如果用游标卡尺检测换向器的直径，正常的标准直径一般为 $\phi 30mm$，最小极限值为 $\phi 29mm$。如果检测得到的直径与正常数值相差较大，则说明该换向器异常。

→问 1694 怎样判断汽车翼板式空气流量计（MAF）的好坏？——万用表法

答 对于有的车型而言，可以打开点火开关，不启动发动机，用数字万用表的 DC 挡测量输出信号电压。在翼板关闭的情况下，输出电压一般为 4V，如果用手慢慢推动流量计的翼板，输出信号电压一般会逐渐下降。翼板全开时，电压会变到大约为 0.5V。如果检测的情况与正常情况不同，则说明该汽车翼板式空气流量计（MAF）已经损坏了。

问 1695　怎样判断汽车频率输出型空气流量计的好坏？——万用表法

答　找到流量计的频率信号输出线，把万用表调到 DC 挡，按 SELECT 功能选择键，转换成 DC＋Hz 挡。然后在启动发动机逐渐加速的情况下观察，主显示直流电压与副显示上的频率是否随转速变化而变化。一般的频率型的空气流量计是随着进气量的增加，频率也在改变。如果检测情况与正常情况不同，则说明该频率输出型空气流量计异常。

说明：有的车的频率输出型空气流量计安装在空气滤清器里，随着进气量的改变，频率与脉冲宽度都在改变。这样，需要使用万用表的频率（Hz）、占空比（DUTY）挡调整功能选择键（SE-LECT）到频率占空比挡。

问 1696　怎样判断汽车节气门位置传感器的好坏？——万用表法

答　通常节气门位置传感器在节气门全开时，会产生大约 5V 的信号电压。节气门位置传感器在节气门关闭时，会产生低于 1V 的电压信号。接通点火开关，不启动发动机，节气门会慢慢由关到开。这样反复做几次，检查电压值，正常情况应在要求的范围内。如果检测的情况与正常情况不同，则说明该节气门位置传感器异常。

说明：节气门位置传感器一般有两种类型，一种是线性式节气门位置传感器，另一种是开关式节气门位置传感器。现代的汽车节气门位置传感器大都是由一个怠速触点与一个可变电阻线性式节气门位置传感器组合的。

问 1697　怎样判断汽车霍尔传感器的好坏？——万用表法

答　把汽车专用万用表调到 DUTY、Hz 挡，检测传感器占空比和频率。正常情况下，霍尔传感器的脉冲幅度不变，频率随转速变化。如果打开点火开关，检测霍尔传感器的三个端子，正常情况下，一个端子与另外一个端子间一般有 5V 或者 12V 的电压。然后将红表笔接到另一端子上，把汽车专用万用表调到直流电压挡，按功能转换键选择 DC 挡与 Hz 挡同时检测，让霍尔传感器的叶片转子转动。这时，万用表的频率与电压就是霍尔传感器的输出信号参数，该频率是随着转速的增加而增加的。如果检测的情况与正常情况不同，则说明该霍尔传感器异常。

说明：汽车霍尔传感器实际上是一个开关量的输出，它不受转速的限制，低速输出信号幅值与高速时是一样的。汽车霍尔传感器一般是由一个几乎完全封闭的包含永久磁铁与磁路组成的结构。

问 1698　怎样判断汽车磁电式转速传感器的好坏？——万用表法

答　把汽车专用万用表调到电阻挡，检测磁电式传感器的线圈。如果检测得到的电阻为无穷大，则说明该磁电式传感器的线圈断路了。

也可以把汽车万用表调到交流 AC 挡，按功能转换键选择 AC 挡与 Hz 挡，同时测量，并让铁质环状齿轮转动。这时，正常情况下，信号幅值与频率一般应随转速的增加而增加。如果幅值较小，或者变化异常，则说明该磁电式转速传感器异常。

说明：磁电式转速传感器一般由线圈、磁铁组成。当铁质环状齿轮转动经过传感器时，其线圈一般会产生交变电压。ABS 车轮转速传感器也是磁电式转速传感器，它输出的信号幅值与频率一般是随转速的增加而增加的。

问 1699　怎样判断汽车氧传感器的好坏？——万用表法

答　启动发动机，使发动机在 2500r/min 运转 90s，预热氧传感器。把汽车万用表调到直流（DC）mV 挡，然后检测氧传感器的输出电压。正常情况下，10s 内传感器电压一般在 100～900mV 内跳变 8 次以上。如果检测的情况与正常情况不同，则说明该氧传感器异常。

说明：氧传感器一般是电子控制燃油喷射系统中重要的一种反馈传感器，其检测排放气体中氧气的浓度、混合气浓度，监测发动机是否根据理论空燃比燃烧。

→ 问 1700 怎样判断汽车喷油嘴的好坏？——万用表法

答 把汽车万用表调到频率 Hz 挡，根据副显示键选择触发正脉冲、负脉冲，检测喷油嘴的喷油脉冲宽度。如果检测的情况与正常情况不同，则说明该喷油嘴异常。

说明：喷油嘴是喷射系统的主要执行元件，其好坏影响发动机的性能。

→ 问 1701 怎样判断汽车燃油泵的好坏？——万用表法

答 把汽车万用表调到电流挡，也就是用 SELECT 调到直流 DC 挡，串在燃油泵线路上。在燃油泵工作时，按下动态记录键 MAX/MIN。如果当车辆行驶中，发现供油异常时，可以观察自动记录的最大值与最小值的电流，与正常参考值比较，如果差异大，则说明该燃油泵异常。

→ 问 1702 怎样判断汽车怠速电磁阀的好坏？——万用表法

答 把汽车万用表调到频率 DUTY-Hz 挡，根据 2nd VIEW 副显示键调整副显示正脉冲、负脉冲占空比，根据检查的数据与标准数值比较，如果差异大，说明该怠速电磁阀异常。

→ 问 1703 怎样判断汽车怠速电磁阀的好坏？——万用表法

答 把万用表调到电阻挡，检测其阻值。由于各种发动机在不同水温下测试，其温度传感器的阻值、电压值需要符合一定的参数，见表 3-19-1（不同车型可能有所不同）。如果检测的数值与标准参考数值存在差异，则说明该怠速电磁阀异常。

表 3-19-1　不同水温下温度传感器的阻值/电压值

温度	0	20	40	60	80	100
电阻/Ω	5911	2471	1114	551	296	164
电压/V	3.50	3.60	1.65	0.99	0.60	0.345

说明：温度传感器一般是由负温度系数的热敏电组构成。温度传感器一般向发动机 ECU 提供 5V 电源信号电压，向发动机 ECU 反馈与温度成反比的电压信号。

→ 问 1704 怎样判断汽车轮胎的规格？——规律法

答 判断汽车轮胎规格的方法与要点见表 3-19-2。

表 3-19-2　判断汽车轮胎规格的方法与要点

项目	解　说
汽车轮胎	汽车轮胎的规格是轮胎几何参数与物理性能的标志数据。汽车轮胎规格一般用一组数字来表示，其中，前一个数字表示轮胎断面宽度，后一个数字表示轮辋直径，一般以英寸为单位。中间的字母或符号有特殊含义，其中 X 表示高压胎；R、Z 表示子午线；一表示低压胎
轮胎层级	轮胎层级是指轮胎橡胶层内帘布的公称层数，与实际帘布层数不完全一致。轮胎层级有的用中文标记，有的用英文标记
帘线材料	帘线材料有的轮胎单独标示，一般标在层级后。有的轮胎厂家把帘线材料标注在规格后，并且用汉语拼音的第一个字母来表示，例如 N 表示尼龙，G 表示钢丝，M 表示棉线，R 表示人造丝
负荷、气压	负荷与气压一般标示最大负荷与相应气压。负荷一般以 kg 为单位，气压一般以 kPa 为单位
轮辋规格	轮辋规格表示与轮胎相配用的轮辋规格
平衡标志	平衡标志一般是用彩色橡胶制成标记形状，印在胎侧，表示轮胎此处最轻
滚动方向	轮胎上的花纹对行驶中的排水防滑特别关键，因此，花纹不对称的越野车轮胎常用箭头标志装配滚动方向，以保证设计的附着力、防滑等性能
磨损极限标志	轮胎一侧用橡胶条、块标示轮胎的磨损极限，一旦轮胎磨损达到该标志位置，需要及时更换，以免因强度不够中途爆胎
生产批号	生产批号一般是用一组数字、字母作为标志，表示轮胎的制造年月与数量
商标	商标是轮胎生产厂家的标志，包括商标文字、图案等
其他标记	其他标记包括产品等级、生产许可证号、其他附属标志等

举例：

185/70R1486H

185——表示轮胎断面宽度（mm）；

70——表示扁平比（胎高÷胎宽）；

R——表示子午线结构；

14——表示钢圈直径（英寸）；

86——表示载重指数（表示对应的最大载荷为530kg）；

H——表示速度代号（表示最高安全极速是210km/h）。

→问 1705 **怎样区别喷粉与烤漆？——特点法**

答 区别喷粉与烤漆的方法与要点见表3-19-3。

表 3-19-3 区别喷粉与烤漆的方法与要点

名称	说 明
烤漆	烤漆是采用专用的静电喷枪，利用压缩空气喷出的气流，与连接漆罐的管内形成气压差，使漆液从漆罐里吸上来，被压缩空气的气流带到喷嘴，吹成细雾均匀地喷涂于工件表面
喷粉	喷粉也就是粉末涂料的静电喷涂，它是采用专用的静电喷枪，涂料借助压缩空气送入喷枪后，在静电喷枪的电晕放电电极附近带上了负电荷，在输送气流压力的推动下，涂料微粒飞离喷枪后沿着电力线飞向带正电的工件，根据工件表面电力线的分布密度排列，从而使涂料牢牢地涂敷在工件的表面

→问 1706 **怎样判断汽车空调制冷剂泄漏？——目测检漏法**

答 仔细观察制冷系统，如果发现系统某处有油迹时，则说明该处可能是空调制冷剂泄漏点。

→问 1707 **怎样判断汽车空调制冷剂泄漏？——肥皂水检漏法**

答 向制冷系统充入 $10\sim20$ kgf/cm^2 （1kgf/cm^2＝0.1MPa）压力的氮气，在系统各部位上涂肥皂水。如果发现存在冒泡处，则说明该处就为渗漏点。

→问 1708 **怎样判断汽车空调制冷剂泄漏？——氮气水检漏法**

答 向系统充入 $10\sim20$ kgf/cm^2 压力的氮气，把系统浸入水中。如果发现存在冒泡处，则说明该处就为渗漏点。

→问 1709 **怎样判断汽车空调制冷剂泄漏？——卤素灯检漏法**

答 点燃检漏灯，手持卤素灯上的空气管，当管口靠近制冷系统渗漏处时，火焰颜色变为紫蓝色，则说明该处就为渗漏点。

→问 1710 **怎样判断汽车空调制冷剂泄漏？——气体差压检漏法**

答 利用系统内外的气压差，将压差通过传感器放大，从而以数字或者声音或者电子信号的方式来表述检漏结果，从而可以找到渗漏点。

→问 1711 **怎样判断汽车空调膨胀阀体的好坏？——经验法**

答 ① 在气温30℃，启动空调后10min内，低压侧压力为40PS（1PS＝6.895kPa）左右，高压侧为1.5MPa左右，说明该汽车空调膨胀阀体是好的。

② 在气温30℃，启动空调10min后，低压侧压力为40PS，高压侧压力为2.0MPa以上，说明该汽车空调膨胀阀体散热不良。

③ 在气温30℃，启动空调系统10min后，低压侧压力为 $25\sim32$ PS，高压侧压力为 $1.4\sim1.7$ MPa，说明该汽车空调膨胀阀体是好的。

④ 在气温30℃，启动空调很久了，高压侧压力也没有达到1.4MPa，低压侧压力为40PS左右，并且空调系统加入了标定的制冷剂，但液窗还在冒气泡，压缩机低压侧的压缩机外壳上有

水，说明该汽车空调膨胀阀体异常。

⑤ 在气温30℃，启动空调很久，高压侧压力没有达到1.4MPa，低压侧压力大约为50PS，空调系统加注标定的制冷剂，但是液窗还在冒气泡，压缩机低压侧的外壳上都有水，说明该汽车空调膨胀阀体与压缩机均异常。

⑥ 在气温30℃，启动空调很久，低压侧压力为30PS以下，高压侧压力为1.7MPa，加大油门低压侧压力迅速到达大约20PS，并不再回升。另外，空调系觉得冷度不够。熄火后，低压侧压力回升很快，说明该汽车空调膨胀阀体异常。

⑦ 在气温30℃，加入300g制冷剂，怠速条件下低压侧压力低于10PS，微加油门就成为0，或者为负值，则说明该汽车空调膨胀阀体异常。

→ 问 1712 怎样判断汽车的好坏？——听声法

答 听声法判断汽车好坏的方法与要点见表3-19-4。

表 3-19-4　听声法判断汽车好坏的方法与要点

声音	说　　明
变调声	可能是电机老化等引起的
"嘀嗒"声	可能是驱动轴的万向节损坏、轮胎里的小石块敲打轮胎、风扇叶片弯曲松动等引起的
轰鸣声	可能是轮子、压缩机或水泵的滚珠轴承坏了，空调或压缩机异常等引起的
尖叫声	可能是刹车等引起的
轻敲声	声音类似重敲声，但是声响要小。可能是使用劣质汽油等引起的
"嘶嘶"声	像气球漏气声，可能是空调或冷却系统异常、轮胎大漏气、发动机真空室漏气等引起的
"嗡叫"声	像蜜蜂发出的声音，可能是某零部件松动、发动机底部的塑胶松动、金属部件松动、空调或压缩机的固定支架松动等引起的
啸鸣声	可能是风扇传动带松动或已磨损、轮胎气量不足等引起的
重敲声	像沉闷的敲门声，可能是发动机内部原因、车辆老化、轴承损害、发动机阀门损害等引起的
撞击声	一种较重的金属铁器撞击的响声，可能是引擎固定架磨损、前后悬架损坏、传动液过少等情况引起的

→ 问 1713 怎样判断汽车发动机有少数缸不工作？——听声法

答 启动发动机后，逐渐加大油门，如果从低速到高速整个加速过程中均能够听到排气消声器内有节奏的"突突"声，并且随着动机转速的升高，"突突"声的频率也随着升高，则说明该发动机存在少数缸不工作的现象。

→ 问 1714 怎样判断汽车点火系统的好坏？——观察法

答 如果某缸不工作，拔下该缸高压分线，并在距火花塞大约5～7mm，观察是否有跳火。如果没有跳火，说明该汽车点火系统是好的；如果有跳火，则说明该汽车点火系统漏电。

另外，也可以把该分线的另一端从分电器插孔拔出一些，观察插孔是否向分线跳火。如果存在跳火，则说明该分线漏电。

如果存在两个缸不工作，则需要拔下两缸的分缸线，并且距离火花塞大约5～7mm，观察是否有跳火。如果均存在跳火，并且发动机转速没有变化，说明该点火系统两缸分线插错，或者两缸火花塞均不工作。如果拆下两缸分线均不跳火，或一个跳火一个不跳火，则可以根据一个气缸不工作的方法来检查。

如果不工作的两缸的分电器盖旁插孔相邻，可以先拔下一个缸的分线，并且距火花塞大约5mm，检查跳火情况。如果没有跳火，或者火弱，则需要把分线装回，并且拔下另一缸分线，检查跳火的情况。如果同样无火或火弱现象，则需要将两根分线同时向气缸体跳火，使两分线距气缸体的距离始终一远一近。如果哪根分线较近，哪根跳火，则说明该两缸分线所在插孔存在窜电现象。

如果高压分线向火花塞跳火，并且火花强烈，但是发现火花塞是好的，则说明发动机机械部分可能存在故障。

说明：电子点火的发动机，需要使用示波器来检查，不能用上述观察法试火检查、判断。

→ 问 1715 怎样判断避震器的好坏？——按压法

答 一般在车子已行驶一定路程后，可以用力地在每一个车轮的上部按压，然后放开，看车子能够弹跳几次来判断。有效的避震器，能够在车子弹跳两次后停下。如果车子弹跳超过两次，则说明该避震器已经耗损。

说明：避震器是汽车悬挂系统的一部分，其主要作用是减低车子的震动。

→ 问 1716 怎样判断离合器的好坏？——熄火情况法

答 把变速杆推到 2 挡或 3 挡，使离合器接合。如果发动机不熄火，转速一阵高一阵低，则说明该离合器可能打滑。

说明：离合器出现打滑，汽车上坡行驶时，发动机的转速一般与车速不成比例。因此，汽车需要修理。

→ 问 1717 怎样检查手动变速箱的性能？——综合法

答 （1）检查离合器是否磨平

① 仔细听离合器是否发出非常高频的声响，测试每一个排挡的情况。测试排挡时，在进每一个排挡后，尽量踩油门让车子加速，并且注意离合器是否会跳离，或者出现跳牙现象。如果汽车的引擎转动速度很快，但是车子前进的速度并没有相应加快，则说明该汽车的离合器已经异常。

② 如果车型的仪表板中有显示引擎转速的仪器，可以通过观察显示板的指针摆动，指针经常突然上升或者突然下降，则说明该汽车的变速箱异常。

（2）检查齿轮同步变速装置是否磨损

① 如果在换排挡时，感觉有砂石般，非常粗糙，则说明该汽车的同步变速装置可能磨损了。

② 如果在起步时进牙很困难，车行时，排挡杆又震动得像要掉出来一样，则说明该齿轮箱已经损坏了。

③ 如果齿轮轴承与齿距已经磨损，仔细听，可以听到变速箱中传出一阵阵刺耳的声音。

→ 问 1718 怎样判断气缸垫密封状态是否良好？——观察法

答 在安全的情况下，打开散热器盖子（特别提醒：热车，不要打开散热器盖，以防烫伤），使发动机保持中速运转。这时，仔细观察汽车散热器，如果散热器存在气泡涌上，则说明该气缸垫密封不良，并且气泡越多说明漏气越严重。

→ 问 1719 怎样判断气缸垫密封状态是否良好？——观察法

答 如果发现气缸垫损坏严重，可以在气缸盖与气缸体结合处的周围抹上润滑油，仔细观察接合处，是否有气泡冒出。如果有气泡冒出，则说明该气缸垫密封性异常。

→ 问 1720 怎样判断车辆故障？——轮胎磨损法

答 轮胎磨损法判断车辆故障的方法与要点见表 3-19-5。

表 3-19-5　轮胎磨损法判断车辆故障的方法与要点

轮胎磨损情况	解　　说
个别轮胎磨损量大	可能是个别车轮的悬挂系统失常、支承件弯曲、个别车轮不平衡、车轮定位异常、独立悬挂弹簧异常、减震器异常等原因引起的
轮胎出现斑秃形磨损	可能是轮胎平衡性差等原因引起的
轮胎的一边磨损量过大	可能是前轮定位失准、前轮的外倾角过大/外倾角过小或没有等原因引起的

轮胎磨损情况	解　说
轮胎的中央部分早期磨损	可能是充气量过大、在窄轮辋上选用宽轮胎等原因引起的
轮胎两边磨损过大	可能是充气量不足、长期超负荷行驶等原因引起的
轮胎胎面出现锯齿状磨损	可能是前轮定位调整不当、前悬挂系统位置失常、球头松旷、车轮发生滑动、行驶中车轮定位不断变动等原因引起的

→ 问 1721 怎样判断车辆故障？——方向盘法

答 方向盘法判断车辆故障的方法与要点见表 3-19-6。

表 3-19-6　方向盘法判断车辆故障的方法与要点

方向盘情况	解　说
中速以上行驶，底盘有周期性响声，严重时驾驶室与车门发抖，方向盘强烈振动，直到手发麻	可能是方向传动装置动平衡被破坏、花键轴磨损过度、传动轴磨损过度、花键套磨损过度等原因引起的
转向时沉重费力	可能是转向系统各部位的滚动轴承与滑动轴承配合过紧、轴承润滑不良、横拉杆的球头销拧得过紧或缺油、转向轴与套管弯曲造成卡滞、转向纵拉杆过紧或缺油、前轮前束调整错误、前桥或车架弯曲变形、轮胎气压不足等原因引起的
方向盘难于操纵。行驶中或制动时，车辆方向自动偏向道路一边，为保证直线行驶，必须用力握住方向盘	可能是两侧的前轮规格或气压不一致、左右两侧轴距相差过大、车轮制动器间隙过小或制动鼓失圆、制动器发卡、两侧的前轮主销后倾角或车轮外倾角不相等、两侧的前轮毂轴承间隙不一致、两侧的钢板弹簧拱度或弹力不一致、车辆装载不均匀等原因引起的
方向发飘	可能是行驶中前轮摆头、传动轴总成动平衡被破坏、减震器失效、前轮总成动平衡被破坏、传动轴总成有零件松动、钢板弹簧刚度不一致、转向系杆件磨损松旷、前轮校准不当等原因引起的
方向盘仅在时速保持在 80～90km 时发抖	可能是车辆轮胎不平衡等原因引起的
打转向时转向发沉	可能是转向系统的拉杆球头或转向轴承配合过紧或缺油、轮胎气压不足等原因引起的

→ 问 1722 怎样检查钣金接缝是否均匀？——插纸法

答 将一张纸多次折叠，并在折叠过程中不断试着插入钣金接缝中。如果感觉正好刚刚插进去，则以此折纸为标准，试插汽车车身其他接缝处，如果刚好能插进去，则说明钣金接缝均匀。如果感觉有地方紧、有地方松，并且相差明显，则说明该汽车的钣金接缝不均匀。

→ 问 1723 怎样判断汽车故障？——油门情况法

答 ① 如果在开车踩油门时，感觉到油门特涩、发卡，说明节气门可能脏了、油门拉线可能缺少润滑。

② 如果加油时，感觉油门没有平时反应快，或者感觉发动机没劲，则说明火花塞、喷油嘴、节气门可能异常。

→ 问 1724 怎样判断汽车故障？——刹车情况法

答 ① 熄火踩刹车踏板时，正常情况下，刹车踏板应有足够的硬度与高度。在用力踩上去保持不动的情况下，刹车踏板应没有任何往下滑的感觉。如果脚部存在随刹车踏板下滑的感觉，则说明刹车系统可能异常（可能漏油）。

② 启动车辆后，用力踩刹车踏板，正常情况下，应没有一脚到底的现象。如果存在一脚到底的现象，则说明刹车系统可能异常。

③ 启动车辆后，用力踩刹车踏板，如果出现第一脚特低，踩过几脚后就正常了。松开刹车踏板几分钟后，再踩又出现第一脚特低，踩过几脚后又正常的异常现象，则说明该刹车系统管路内部存在空气。

→ 问 1725 怎样判断汽车蜡式节温器的好坏？——检测参数法

答 将汽车节温器放在盛有热水的容器中，升温加热检查阀门，测定开始开启温度、完全开启温度、全开时阀门升程等参数。如果这些参数不符合规定的参数，说明该汽车蜡式节温器异常。

→ 问 1726 怎样判断汽车发动机故障？——异味法

答 异味法判断汽车发动机故障的方法与要点见表 3-19-7。

表 3-19-7　异味法判断汽车发动机故障的方法与要点

异味	解　说
车中废气异味	可能是排气管破漏造成排气进入车内引起的
车中汽油味	可能是由于油管或油路泄漏汽油等引起的
排气有臭味	可能是发动机的一氧化碳值调整不当、使用过脏或是品质不佳的机油、堵塞的空气滤芯、气缸活塞环破裂、废气等引起的
烧焦塑胶味	可能是电气系统的电流短路造成电线外皮烧焦等引起的
烧焦橡胶味	可能是频繁紧急制动造成轮胎过热发出的气味
烧焦油味	可能是机油量太少或变速液太少，致使变速器过热，机油滴在发动机最热的部分引起的

→ 问 1727 怎样判断汽车刹车片需要更换？——厚度法

答 新的刹车片厚度一般为 1.5cm。如果观察刹车片厚度已经仅剩原来的 1/3 厚度，也就是大约 0.5cm 时，说明该刹车片需要更换了。

另外，每个刹车片的两侧有一个突起的标志。该标志的厚度在 2～3mm，这也是刹车盘最薄需要更换的极限。如果发现刹车片厚度已经与该标志平行，则说明该刹车片需要更换了。

有的车型在刹车片过薄时，仪表手刹灯位置会有所提示。因此，根据提示情况来判断刹车片是否需要更换即可。

说明：有的车型由于轮毂设计原因，不具备肉眼直接查看刹车片厚度的条件，需要拆卸轮胎才能完成。

→ 问 1728 怎样判断汽车刹车片需要更换？——听声音法

答 如果在轻点刹车的同时伴随有铁蹭铁的"丝丝"声，说明该刹车片需要更换了。

说明：当听见刹车有异常声音时，可能刹车盘已经出现损伤了。因此，该方法判断之前，还需要采用其他方法早点判断刹车片是否需要更换。

→ 问 1729 怎样判断汽车刹车片需要更换？——感觉力度法

答 如果感觉需要更深地踩下制动踏板才能够达到原先轻踩就能达到的制动效果，或者感觉前半程制动效果明显减弱，以及感觉刹车变软，有点刹不住的感觉，说明该刹车片需要更换了。

→ 问 1730 怎样判断汽车烧机油？——观察法

答 观察法判断汽车烧机油的方法与要点见表 3-19-8。

表 3-19-8　观察法判断汽车烧机油的方法与要点

方法与要点	解　说
大油门时冒蓝烟	车辆急加速，或者原地轰油门时，出现冒蓝烟现象，但是怠速时基本没有，说明该汽车存在烧机油的现象
机油注入口冒蓝烟	车辆除了排气口，机油注入口也开始冒蓝烟，说明该汽车存在烧机油的现象
排气管内很黑	首先把排气管内壁擦拭干净，等过一周时间再次擦拭，如果发现排气管内很黑，说明该汽车存在烧机油的现象
早晨冷车启动时冒蓝烟	早晨冷车启动时，观察排气管出口，发现刚启动时排气管冒出蓝烟，说明该汽车存在烧机油的现象

说明：一般而言，每5000km消耗1L机油属于正常情况的，如果超过该标准就需要注意汽车是否烧机油。

问 1731 怎样判断汽车发动机的故障？——观察冒烟法

答 观察冒烟法判断汽车发动机故障的方法与要点见表3-19-9。

表3-19-9 观察冒烟法判断汽车发动机故障的方法与要点

观察冒烟	解　说
排气管冒白烟	可能喷油器雾化不良、喷油器滴油使部分汽油不燃烧、气缸套裂纹、气缸垫损坏、汽油中有水、气缸盖裂纹、机温太低等原因引起的
排气管冒黑烟	说明发动机混合气过浓导致燃烧不充分。可能是空气滤清器过脏、火花塞不良、点火线圈故障等引起的
排气管冒蓝烟	说明机油进入燃烧室参加燃烧。可能是活塞环与气缸套没有完全磨合、机油从缝隙进入、活塞环粘合在槽内、活塞环的锥面装反、活塞环磨损过度、油底壳油面过高等原因引起的

问 1732 怎样判断汽车制动失灵？——感觉力度法

答 ① 连续踩下制动踏板，如果踏板逐渐升高，并且具有弹性感觉，但是，稍停一会儿后再踩踏板时，依旧很低，则说明该制动系统内有空气。

② 踩下制动踏板时，感觉不软弱不沉，但是制动效果不良，则说明车轮制动器异常。

③ 一脚制动不灵，但是连续踩几次踏板时，制动效果好，则说明制动踏板自由行程过大或制动间隙过大。

问 1733 怎样判断汽车灯泡的好坏？——观察法

答 仔细观察灯泡，如果发现灯泡烧坏、插座锈蚀、插头损坏、灯泡裂纹等异常情况，则说明该汽车灯泡异常。

问 1734 怎样检测汽车离合器的好坏？——拨动法

答 拆下离合器的底盖，可以把变速器挂入空挡的位置，再逐渐对离合器踏板加压，直到离合器踏板处于最低的位置。然后用工具拨动从动盘，如果在拨动的过程中很顺利，没有卡滞现象，说明该离合器是好的。如果在拨动过程中，发现从动盘很难移动，或者存在停滞状态，则说明该离合器异常了。

问 1735 怎样判断汽车座椅皮质的好坏？——看摸烧拉擦法

答 看——好皮皮面光滑，皮纹细致。

摸——好皮手感柔软、滑爽有弹性。差皮皮面颗粒多，板硬或发黏。

烧——烧皮样品，差皮有一些焦状物，真皮没有焦状物。

拉——两手拿起皮子向两边拉，差皮会出现缝痕或露出浅白底色。真皮不会出现缝痕等。

擦——用潮湿的布在皮面上来回擦拭，真皮不会脱色，差皮脱色。

问 1736 怎样判断汽车汽缸裂纹？——水压实验法

答 把缸体与缸盖分离，用特定的物件封住水道口，再用水压机加压，然后检测渗漏情况。如果发现存在渗漏点，则说明该汽车汽缸裂纹。

问 1737 怎样判断离合器打滑？——现象法

答 ① 车辆起步时，离合器要抬得很高，说明该离合器可能打滑了。

② 山路长期上坡行驶时，车辆会有异味，并且很明显，说明该离合器可能打滑了。

③ 最近比较费油，可能也是离合器打滑的征兆。

④ 车辆在急加速时，发动机转速迅速提高，但是车辆提速迟些，并且加速度减小，则说明该离合器可能打滑了。

⑤ 车辆在标准状态下无法达到最高车速，说明该离合器可能打滑了。

→ 问 1738 怎样判断离合器打滑？——熄火情况法

答 启动发动机，挂上一挡，不要放开手制动，然后慢抬离合器直到内部抬开。如果汽车马上熄火，说明该离合器不存在打滑现象。如果汽车没有马上熄火，则说明该离合器可能打滑了。

说明：如果将离合器全部抬开时发现汽车没有灭火，则一定要马上踩下去，以免对离合器造成磨损。

→ 问 1739 怎样判断汽车雨刮器需要更换？——观察法

答 把雨刷拉起来，清洁后仔细观察，如果发现橡胶损坏、橡胶叶损坏、叶片老化、叶片硬化、叶片裂纹、雨刷臂弹簧张力变弱、小范围磨损等异常情况，说明该雨刮器异常。

如果下大雨时，使用雨刮器感觉还不错，但是下小雨时，发现雨刮器在玻璃面上留下擦拭不均的痕迹，则说该雨刮器硬化了。

→ 问 1740 怎样判断双向作用筒式减震器的好坏？——综合法

答 ① 让汽车在条件较差的路面上行驶一定路程后停车，用手触摸减震器的外壳。如果发现不够热，说明该减震器内部无阻力，可能没有工作。如果发现外壳发热，则说明该减震器内部缺油或者失效。

② 拆下减震器，将其直立，把下端连接环夹在台钳上，用力拉压减震杆数次，正常情况下应有稳定的阻力，并且往上拉的阻力要大于向下压的阻力。如果出现阻力不稳定，或者无阻力现象，则说明该减震器内部缺油，或者阀门零件损坏。

③ 使汽车缓慢行驶后紧急制动，如果发现汽车震动比较剧烈，说明该减震器异常。

④ 用力按下保险杠，然后松开，如果发现汽车存在 2～3 次跳跃，则说明该减震器是好的。

→ 问 1741 怎样判断汽车蓄电池的好坏？——外观法

答 仔细观察蓄电池的外观，如果发现有变形、破裂炸开、烧焦、凸出、漏液、螺钉连接处有无氧化物、渗出等异常情况，则说明该汽车蓄电池异常。

→ 问 1742 怎样判断汽车蓄电池的好坏？——带载法

答 UPS 工作在电池模式下，并带一定量的负载。如果放电时间明显短于正常放电时间，并且充电 8h 后，依旧不能够恢复到正常的时间，则说该蓄电池老化了。

→ 问 1743 怎样判断汽车蓄电池的好坏？——万用表法

答 万用表法判断汽车蓄电池好坏的方法与要点见表 3-19-10。

表 3-19-10　万用表法判断汽车蓄电池好坏的方法与要点

类型	解　说
电池放电模式下检测	检测电池组中各个电池端电压,如果发现其中一个或多个电池端电压明显高于或低于标称电压,则说明该蓄电池老化了
检测电池组的总电压	检测电池组总电压,如果发现明显低于标称值,并且充电 8h 后依旧不能够恢复到正常值,则说明该蓄电池老化了
市电模式下检测	检测电池组中各个电池端的充电电压,如果发现其中一个或多个电池的充电电压明显高于或低于其他电压,则说明该蓄电池老化了

→ 问 1744 怎样判断汽车坐垫的好差？——外观法

答 编织的坐垫，如果发现粗糙、松散、掉色、容易磨损、透气差等情况，则说明该坐垫质量差。

→ 问 1745 怎样判断汽车脚垫的好坏？——看摸闻法

答 看——好的脚垫做工精细、防滑；差的脚垫表面粗糙、排列无规则等。

摸——好的脚垫摸起来有舒适感；差的脚垫过硬或者过软。

闻——好的脚垫无异味；差的脚垫存在异味。

→ **问 1746** 怎样判断燃油添加剂的真假？——看查法

答 查——商标是否属实，是否注册。

看——该燃油添加剂的牌子是否为专利，是否具有国家权威机构清晰的检查报告，看生产能力等。

→ **问 1747** 怎样判断汽车制动系统的手刹是否正常？——试验法

答 在安全的情况下，把汽车开到坡度较大、路面状况良好的斜坡上，踩住刹车，挂空挡（如果是自动变速的汽车，则需要挂在 N 挡），然后把手刹手柄拉到位，再松开刹车踏板。这时，如果发现汽车没有发生滑动，说明该手刹是良好的。如果在松开踏板后，发现汽车存在轻微滑动，才停住，也就是滑动的距离很小，说明该手刹是正常的。如果发现汽车滑动较长，则说明该手刹异常。

为安全起见，一般需要上坡与下坡均做一次试验。

说明：手刹手柄有一个拉动的行程。一般要求，当手柄提拉到整个行程的 3/4 时，手刹系统应该处于正常的刹车位置。

3.20 变频器

→ **问 1748** 怎样判断变频器桥堆的好坏？——兆欧表＋万用表法

答 首先需要找到变频器内部直流电源 P 端、N 端，再把万用表调到电阻 $R \times 10$ 挡，把红表笔接到 P 端，黑表笔分别接触 R 端、S 端、T 端，正常情况下，阻值一般为几十欧，三组数值基本一样。然后相反将黑表笔接到 P 端，红表笔依次接触 R 端、S 端、T 端，正常情况下，阻值一般是一个接近于无穷大的数值。再把红表笔接到 N 端，进行检测，正常情况下，检测的结果应相同。如果阻值三相不平衡，则说明该整流桥存在故障。如果红表笔接 P 端时，电阻为无穷大，则说明整流桥有故障或启动电阻存在异常情况。

→ **问 1749** 怎样检测变频器中的 IPM/IGBT 模块的好坏？——万用表法

答 （1）准备工作

如果是在电路板上的逆变模块，需要拆下其与外连接的电源线（R、S、T）、电机线（U、V、W）。选择万用表的 1Ω 电阻测量挡或二极管测量挡。测定时必须确认滤波电容放电后，才能进行检测，如图 3-20-1 所示。

（2）检测整流桥

IGBT 模块内部一般由二极管组成单相或三相桥式整流电路。

测量整流上桥——黑表笔接主接线端子上的"＋"，红表笔接 R 端、S 端、T 端。

测量整流下桥——红表笔接主接线端子上的"－"，黑表笔接 R 端、S 端、T 端。

正常情况一般是整流桥压差 0.3～0.5V，六者数值偏差不大。如果与此有差异，则说明整流桥可能损坏了。

检测整流桥可以采用万用表电阻挡，也可以采用数字表二极管挡测量。

（3）检测逆变桥

IGBT 模块内部由六个 IGBT 管与配合使用的六个阻尼二极管组成的三相桥式输出电路。

检测逆变上桥——黑表笔接"＋"，红表笔接 U 端、V 端、W 端。

检测逆变下桥——红表笔接"－"，黑表笔接 U 端、V 端、W 端。

正常情况一般是逆变压差 0.28～0.5V，六者值偏差不大。如果与此有差异，则说明逆变可能损坏了。

（4）检测内置制动

变频器如果有内置制动（端子一般标 B1、B2），其制动管好坏的检测方法如下：红表笔接 B2，黑表笔接 B1，正常一般在 0.4V 左右，如果与此有差异，则说明该制动管可能损坏了。

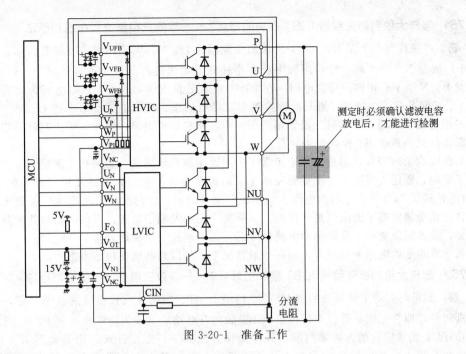

图 3-20-1 准备工作

检测 IPM/IGBT 模块整流、逆变、制动部分好坏的判断图解如图 3-20-2 所示。

		万用表极性		测量值		万用表极性		测量值
		⊕	⊖			⊕	⊖	
整流桥模块	VD1	R/L1	P/+	不导通	VD4	R/L1	N/−	导通
		P/+	R/L1	导通		N/−	R/L1	不导通
	VD2	S/L2	P/+	不导通	VD5	S/L2	N/−	导通
		P/+	S/L2	导通		N/−	S/L2	不导通
	VD3	T/L3	P/+	不导通	VD6	T/L3	N/−	导通
		P/+	T/L3	导通		N/−	T/L3	不导通
逆变器模块	TR1	U	P/+	不导通	TR4	U	N/−	导通
		P/+	U	导通		N/−	U	不导通
	TR3	V	P/+	不导通	TR6	V	N/−	导通
		P/+	V	导通		N/−	V	不导通
	TR5	W	P/+	不导通	TR2	W	N/−	导通
		P/+	W	导通		N/−	W	不导通

用模拟式万用表 $R \times 100$ 电阻挡。

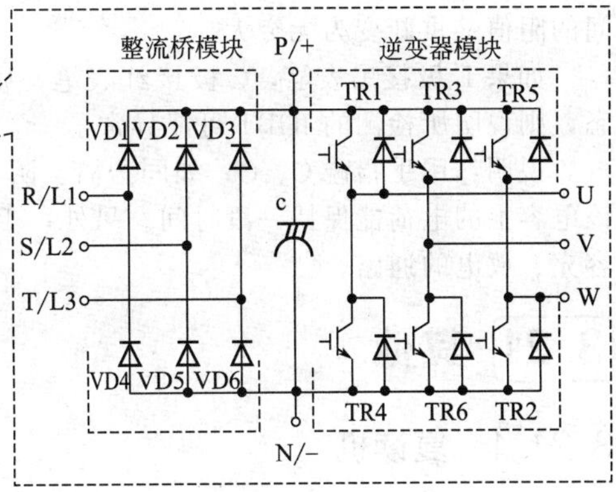

图 3-20-2 逆变模块判断图解

→ 问 1750 怎样检测变频器中的 IPM/IGBT 模块的好坏？——三个数字法

答 检测变频器中的 IPM/IGBT 模块的好坏可以采用数字表二极管挡来测量（主要检测出偏压），检测 IPM/IGBT 模块主要涉及其内部整流桥的检测、逆变桥的检测、制动电路的检测。正常检测的参考数值就是三个数字：

$$0.3 、 0.4 、 0.5$$

说明：0.3～0.5V——检测整流桥，正常情况一般是整流桥压差 0.3～0.5V，六者数值偏差不大。如果与此有差异，则说明整流桥可能损坏了。

0.3～0.5V——检测逆变桥，正常情况一般是逆变压差 0.3～0.5V，六者值偏差不大。如果与此有差异，则说明逆变可能损坏了。

0.4V——检测内置制动，正常一般在 0.4V 左右，如果与此有差异，则说明制动管可能损坏了。

→ 问 1751 怎样大致判断变频器 IGBT 模块的好坏？——等效三相整流桥在线判断法

答 首先找到 5 个端子：IGBT 模块的变频器的 U、V、W 输出端，变频器内部直流主电路 P（＋）端与 N（－）端。然后用数字或者指针式万用表进行测量。正常情况下，U、V、W 端子均对 P、N 端子有正向、反向电阻。在 IGBT 正常的情况下，其 C、E 间电阻为无穷大。如果管子 C、E 间并联了二极管，则只能够检测出二极管的正、反向电阻。如果把 U、V、W 输出端看成三相交流输入端，则六只二极管相当于一个三相整流桥电路。因此，采用判断三相整流桥的方法即可以判断该 IGBT 模块是否异常。

如果在线测量该等效三相整流桥不正常了，则说明该模块异常。如果在线测量该等效三相整流桥是正常的，则还需要进一步测量触发端子、内电路是否正常。如果触发端子上并联了 10kΩ（大功率的并联了 3kΩ 等）左右的电阻，检测触发端子的正、反向在线阻值均为所并联电阻的阻值，并且这几个触发端子的阻值是一样的。如果某一路触发端子的正、反向电阻与其他路的阻值存在差异，或者阻值变小，排除驱动电路故障后，则一般说明该模块异常。

如果触发端子的电阻测量正常，则在一般情况下，可以判断该模块基本正常。

→ 问 1752 怎样大致判断变频器 IGBT 模块的好坏？——等效三相整流桥脱机判断法

答 如果是大功率单模块的 IGBT、双模块 IGBT、新购集成式模块的检测判断，则可以采用脱机测量，即首先把单管、双管模块 IGBT 脱离开电路后（或为新购模块 IGBT），然后采用检测 MOSFET 场效应管的方法来判断，具体操作方法如下：把指针式万用表调到 R×10k 挡，黑表笔接在 C 极上，红表笔接在 E 极上，正常情况，阻值基本上为无穷大。再搭好表笔不动，然后用手指将 C 极与 G 极碰一下后拿开，则正常情况下，指示值应从无穷大阻值降为 200kΩ 左右。等过几十秒或者更长时间，再测量 C、E 间电阻（黑表笔接 C 极、红表笔接 E 极），如果保持 200kΩ 左右阻值不变，则搭好表笔不动，然后用手指短接一下 G、E 极，则正常情况 C、E 极间的阻值又重新变为无穷大。

如果 E 极接黑表笔，C 极接红表笔，则检测的是一只二极管的正向电阻值。如果是开路状态，则说明所检测的 IGBT 可能异常了。

说明：用手指碰 C、G，如同给栅、阴结电容充电。拿开手指后，该电容无放电回路，因此，该电容上的电荷能保持一段时间。另外，手指相当于一只阻值为 kΩ 级的电阻，提供栅阴极结电容充、放电的通路。

3.21 其他

3.21.1 复读机

→ 问 1753 怎样判断复读机磁头是否被磁化？——细棉纱线＋大头针法

答 打开复读机盒带仓门（有磁带时，需要把磁带拿出来），插上电源插头或者直接打开复读机电源开关或者按动开键，然后采用一段细棉纱线与一枚大头针（其中细棉纱线一端扎上大头针的尾部），提起棉纱线吊起大头针，并朝磁头的工作面慢慢地移近，如果大头针靠近磁头表面大约 0.5cm 时，磁头吸住大头针，则说明磁头严重被磁化。如果大头针反复几次靠近磁头面，磁头均没有吸合现象，则说明磁头没有被磁化。

→ 问 1754 怎样判断复读机电机的好坏？——电压法

答 把万用表调到直流电压 10V 挡，在电路供电正常的情况下，按下复读机的放音键。如果电机不转，则用万用表检测电路板上电机两引线的端电压，如果发现与正常的电机端电压（有的机型电机大约为 3V）相差较大，一般小于 1V（如果电机能够转动，但是偏慢时，端电压要接近 2V），此时焊脱电机的一端引线，再检测电路板电机引线接点处的电压，如果能够上升到大约 3V，则说明该电机不良。

→ 问 1755 怎样判断复读机电机的好坏？——电流法

答 焊脱电机引线的一端，在该端串入一只电流表，按下复读机的放音键，检测电机的电流。如果检测的电流明显偏大于正常值，则说明该电机不良。

说明：卸下复读机的皮带，正常的电机电流大约为 15mA。装入复读机的皮带但不放入磁带，正常的电机电流大约为 50mA。装入复读机的皮带并装入磁带，正常的电机电流大约为 70mA。

电流法可以用于检修电机不转或转速慢等现象时对电机的判断。

→ 问 1756 怎样判断复读机电机的好坏？——电阻法

答 把万用表调到 $R \times 1$ 挡，检测复读机电机的两引线端。正常情况下的数值为 90Ω 左右，并且检测时电机可以转动，如果检测的阻值明显偏小，说明该电机已经损坏了。如果检测的阻值为 0 的直通，则说明该电机的电刷、整流子严重脏污，有死点等异常情况，也就说明该电机异常。

→ 问 1757 怎样判断复读机电机的好坏？——手动试验法

答 拆开复读机的机壳，通电，按下复读机的放音键。如果电机不转动，则用手拨动飞轮，同时观察电机能否转动。如果能够转动，再用手按住飞轮，然后把手松开。这样，电机如果又不转，说明该复读机的电机异常。如果能够转动，则再用手按住飞轮，然后把手松开。这时，电机如果能够转动，则说明该复读机的电机是好的。

说明：手动试验法对于判断复读机出现时转时不转的故障比较有效。

3.21.2 收音/录放机

→ 问 1758 怎样判断录放音机磁头内部断线、短路？——电阻法

答 把录放音机的磁头连接线焊掉，把磁头拆下来，用万用表检测磁头的导电阻值大小来判断。如果电阻为无穷大∞，说明磁头内部断线。如果电阻为 0，则说明磁头内部短路。

→ 问 1759 怎样判断录放磁头线圈是否断线？——测电笔法

答 把交流 220V 中的一根相线引出，夹在磁头线圈的一端。磁头线圈的另一端用测电笔去触碰。如果氖泡能够发光，说明磁头线圈是好的。如果氖泡不发光，则说明磁头线圈断线。

→ 问 1760 怎样判断放音机磁头引线是否折断？——现象法

答 按下放音机的放音键，如果扬声器发出"嗡嗡"噪声，且"嗡嗡"噪声的大小随着音量电位器的调整而改变，说明该磁头引线可能折断。

如果是立体声录音机，出现一个声道正常放音，另一个声道出现"嗡嗡"噪声，且噪声低于正常放音的音量，则说明该机的磁头引线可能折断了。

→ 问 1761 怎样判断收音机输入变压器的好坏？——万用表法

答 把万用表调到 $R \times 10$ 挡，进行检测。一般输入变压器的初级、次级直流电阻约为几十欧到几百欧。

→ 问 1762 怎样判断收音机输出变压器的好坏？——万用表法

答 把万用表调到 $R \times 10$ 挡，进行检测。一般输出变压器的初级为几十欧或几百欧，输出次级线圈为几欧。

3.21.3 数码设备

→ 问 1763 怎样判断索尼 T70 数码电池的真假？——观察法

答 观察法判断索尼 T70 数码电池真假的方法与要点见表 3-21-1。

表 3-21-1　观察法判断索尼 T70 数码电池的真假的方法与要点

项目	解　说
电池表面厂家标识	真的 T70 数码电池——电池表面厂家标识包括 SONY、infoLITHIUM、产品型号标记。logo 清晰准确,电池背面黑底白字的 SONY 标识后面还有个带圈的 R(注册商标的意思)。 假的 T70 数码电池——没有带圈的 R、logo 变形、字体错误、字体模糊不清等
电池表面印刷质量	真的 T70 数码电池——电池的印刷字体字号大小均等、清晰。 假的 T70 数码电池——电池的印刷字体突然变细、模糊不清
包装质量	真的 T70 数码电池——电池的外包装表面平滑顺畅。电池的塑料外壳随电池形状起伏而有棱有角。电池的封口打孔严密平整。 假的 T70 数码电池——电池的外包装则底边粗糙、不平整。电池的塑料外壳没有棱角。电池的封口打孔不密实

→ **问 1764** 怎样判断索尼数码电池的真假?——四方面法

答　四方面法判断索尼数码电池真假的方法与要点见表 3-21-2。

表 3-21-2　四方面法判断索尼数码电池的真假的方法与要点

项目	正品电池	伪(假冒)电池
Logo	厂家标识 Logo 清晰准确	没有厂家标识 Logo,或者 Logo 变形、字体出现错误或模糊不清
包装质量	外包装表面平滑顺畅	外包装则底边粗糙、不平整
防伪标志	外包装上贴有 SONY 防伪标志,并且防伪标志的立体感相当强烈	无 SONY 防伪标志,或者 SONY 防伪标志没有立体感、字体模糊
印刷质量	印刷字体字号大小均等、清晰	印刷字体会突然变细、模糊不清

→ **问 1765** 怎样判断数码相机 LCD 的坏点?——综合法

答　综合法判断数码相机 LCD 坏点的方法与要点见表 3-21-3。

表 3-21-3　综合法判断数码相机 LCD 坏点的方法与要点

名称	解　说
观察法	用肉眼观察数码相机 LCD 屏幕取景,不停移动相机对准各种景物,并查看是否有某个点一直不随景物产生变化。如果发现存在这样的点,说明该数码相机 LCD 存在坏点
拍摄法	用数码相机拍摄全黑或全白图,如果屏幕上有一个或几个点不随照片切换而变化的点,说明该数码相机 LCD 存在坏点

3.21.4　剃须刀

→ **问 1766** 怎样判断剃须刀电池的好坏?——万用表法

答　把万用表调到直流电压挡,测试电池。额定电压 1.2V 的充电电池,测试电压≥0.9V,电池往往是正常的;测试电压<0.9V,则说明该电池异常额定电压 2.4V 的充电电池,测试电压≥1.8V,电池往往是正常的;测试电压<1.8V,则说明该电池异常。

→ **问 1767** 怎样判断剃须刀电机的好坏?——稳压电源法

答　准备好一合格的符合要求的稳压电源,在剃须刀电机的二接线柱上接上电机的额定电压。如果电机不转,或者转动无力,说明该电机异常。

3.21.5 MP3/4

→ 问 1768 怎样判断 MP3/4 话筒的极性？——观察法

答 MP3/4 的话筒也叫咪头，英文一般用 MIC 表示，其主要功能是录音。MP3/4 的话筒分正负极，其中咪头与外壳相连的那个脚端为负极，则另外一端就是正极。

→ 问 1769 怎样判断 MP3 接收头的引脚？——规律法

答 ① MP3 上的接收头大多是 3 只引脚，其中，两只脚分别接 5V 的正、负电源，一个脚是信号输出。

② 组合型接收头一般为：中间是信号引脚，两边是电源引脚，接屏蔽的一端是电源负极。

③ 集成型接收头的信号引脚有在中间的，也有在两侧的，需要根据具体型号来判断。

3.21.6 其他

→ 问 1770 怎样判断 iPad mini2 屏是阴阳屏？——检测法

答 把 iPad mini2 连接好 wifi，直接打开 11test.com 地址，按照页面上显示的进行操作，按照页面上提到的，不断地向下拉页面。如果看到了白点，则说明 iPad mini2 屏是阴阳屏。

→ 问 1771 怎样判断电推剪开关的好坏？——万用表法

答 把电推剪的开关调到开的位置，用万用表检查开关的接线柱间是否接通。如果没有接通，则可能是该开关的活动弹簧片失去弹性，或者已经变形，或者开关已经损坏。

参 考 文 献

[1] 阳鸿钧等. 3G 手机维修从入门到精通. 第 2 版. 北京：机械工业出版社，2012.

[2] 阳鸿钧等. 电子维修妙招 600 例. 北京：中国电力出版社，2012.

[3] 阳鸿钧等. 特殊元器件应用与检测. 北京：中国电力出版社，2010.

[4] 阳鸿钧等. 通用元器件应用与检测. 北京：中国电力出版社，2009.

[5] 阳鸿钧等. 图解饮水机快学快修与速查速用. 北京：机械工业出版社，2011.

[6] 阳鸿钧等. 变频器故障信息与维修代码速查手册. 北京：机械工业出版社，2012.

[7] 任立志等. 商用与家用电磁炉维修窍门与疑难故障全攻略. 北京：机械工业出版社，2011.